1-3

Kristall und Technik

Crystal Research and Technology

Akademie-Verlag · Berlin

M 60,–

1.–3. Heft · 8. Jahrgang · 1973

Hinweise für die Autoren

Die Zeitschrift „Kristall und Technik" nimmt folgende Veröffentlichungen auf: Originalarbeiten, Zusammenfassungen, kurze Mitteilungen, Buchbesprechungen, bevorzugt in englischer Sprache.

Alle zum satzreifen Manuskript gehörenden Unterlagen sind beizufügen.

Das Manuskript soll in Maschinenschrift im Format A4 (21 × 29,7 cm) auf weißem, tintenfestem Papier, einseitig, mit zweizeiligem Abstand der Zeilen und einem linken freien Rand von 3 cm geschrieben sein.

Die Manuskriptblätter sind fortlaufend ab „1" zu numerieren.

Noch nicht für den Druck überarbeitete Vortragsmanuskripte werden in der Regel nicht angenommen.

Der Kopf des Manuskriptes soll folgende Zeilen enthalten: Abgekürzte Vornamen und den Familiennamen des Verfassers, genaue Bezeichnung der Arbeitsstelle des Verfassers, Überschrift der Arbeit.

Der Arbeit ist eine Zusammenfassung in der Original- und einer Fremdsprache (deutsch, englisch, französisch oder russisch) voranzustellen.

Formeln, Zeichen, Buchstaben usw., für die keine Schreibmaschinentypen vorhanden sind, müssen deutlich lesbar mit Tinte geschrieben sein.

Nomenklatur des Chemischen Zentralblattes benutzen.

O als Null ist mit der Schreibmaschine einfach zu unterstreichen, der Großbuchstabe O nicht.

Die Absätze sind deutlich im Manuskript zu kennzeichnen (durch Einrücken von mindestens 3 Anschlägen).

Für die Auszeichnung des Manuskriptes ist zu beachten:

Überschriften im Text und zum Beginn des Beitrages sind übersichtlich anzuordnen und nur durch eine einfache Unterstreichung kenntlich zu machen.

Tabellenüberschriften sind nicht besonders hervorzuheben; sie werden normal gesetzt.

Auszeichnungen innerhalb des Textes werden in der Regel von der Redaktion erledigt. Es bedeuten:

hellrot ～～～～～～ = Kapitälchen

blau ～～～～～～ = kursiv

hellrot | (senkrechter roter Strich am linken Manuskriptrand) = Kleindruck

Tabellen sind gesondert als Manuskript zu schreiben und am Schluß des Beitrages anzufügen.

Fußnoten sind auf gesondertem Blatt fortlaufend numeriert aufzuführen.

Abbildungen [„Fig." (= Figur)] sind als reproduzierbare Vorlagen dem Manuskript in gesondertem Umschlag beizulegen.

Fotos sind auf weißem Hochglanzpapier und im Mindestformat von 6 × 6 cm zu liefern. Bildausschnitte und eventuell noch vorzunehmende Beschriftungen müssen auf einem auf dem Foto angebrachten Deckblatt aus durchsichtigem Material vermerkt sein. Die Größen aller Fotos und deren Verkleinerungsmaßstäbe sind nach Möglichkeit einheitlich zu halten.

Alles Nebensächliche bei Halbtonbildern ist wegzulassen und von einer Vergrößerung der Vorlagen abzusehen.

Es genügt, für Strichzeichnungen gut lesbare Skizzen einzusenden.

Auf der Rückseite der Abbildungsvorlagen sind anzugeben: Name des Autors bzw. der Autoren, abgekürzter Beitragstitel, Nummer der Figur, gewünschte Größe der Figur im Druck in Zehntel-Angaben, z. B. 9/10, 8/10, 5/10 usw.

Bildunterschriften sind auf einem gesondertem Blatt aufzuführen.

Die Literatur soll ohne Bezifferung am Ende der Arbeit in alphabetischer Reihenfolge der Autorennamen aufgeführt werden. Im Text zitierte Autorennamen gelten als Literaturhinweis.

Die Literaturzitate sollen folgende Angaben enthalten:

bei Büchern z. B.:	RAST, K.: Physikalisch-chemische Rechnungen, Berlin 1958
bei Zeitschriften z. B.:	KRAUSE, H. N., MÜLLER, K.: Kristall u. Technik **1**, 70 (1966)

Für jede veröffentlichte Arbeit werden 50 Sonderdrucke vom Verlag kostenlos abgegeben. Sind mehrere Autoren gemeinsam an einem Beitrag beteiligt, so erhalten sie insgesamt 50 Sonderdrucke kostenlos.

Die Bestellung weiterer Sonderdrucke gegen Berechnung, jedoch nur bis zu einer Anzahl von 200 Stück, muß mit der Einsendung des Manuskriptes der Hauptschriftleitung bekanntgegeben werden.

Inhalt

Herausgeber und verantwortlich für den Inhalt Professor Dr. Hermann Neels, 703 Leipzig, Scharnhorststraße 20, Fernruf: 32519, 31032 bzw. 7254 Machern, Zeititzer Weg 25, Fernruf: Brandis 452.
Verlag: Akademie-Verlag GmbH, 108 Berlin, Leipziger Straße 3–4,
Fernruf: 220441, Telex-Nr. 112020, Postscheckkonto: Berlin 35031.
Die Zeitschrift „Kristall und Technik" erscheint mit 12 Heften im Jahr. Bestellnummer: 1082/8/1–3.
Preis je Heft 20,– M
Gesamtherstellung: VEB Druckerei „Thomas Müntzer", 582 Bad Langensalza
Veröffentlicht unter der Lizenznummer 1526 des Presseamtes beim Vorsitzenden des Ministerrates der Deutschen Demokratischen Republik.
Printed in the German Democratic Republic

1–3

Kristall und Technik

Crystal Research and Technology

Zeitschrift für experimentelle und technische Kristallographie

HERMANN NEELS
zum 60. Geburtstag

BAND 8 · HEFT 1–3
1973

Akademie-Verlag
Berlin

KRTEAW 8 (1–3) 1–403 (1973)

Laudatio Prof. Hermann Neels

Professor Dr. Hermann Neels feiert am 23. Januar 1973 seinen 60. Geburtstag.

Wer sich des angenehmen, jederzeit verständnisvollen und hilfsbereiten Umgangs des Jubilars erfreuen konnte, weiß um die Schwierigkeit, dessen arbeitsreiches und kampferfülltes Leben richtig und umfassend zu würdigen.

Er entstammt einer mecklenburgischen Lehrerfamilie. Sein 1931 an der Universität Rostock begonnenes Studium der Mathematik, Physik, Chemie und Mineralogie wurde mit dem Machtantritt der Nazis jäh unterbrochen. Wegen illegaler antifaschistischer Tätigkeit inhaftiert, verfügte eine als „Vorbereitung zum Hochverrat“ deklarierte Verurteilung über den Ausschluß vom Studium an allen deutschen Hochschulen.

1946 setzte er seine wissenschaftliche Tätigkeit am Mineralogischen Institut der Universität Rostock fort. Als Assistent und später Oberassistent arbeitete er über Zwillingsbildung an Kristallen. Er beteiligte sich am Aufbau der SED Parteiorganisation der Universität und übernahm die Funktion des Kreisvorsitzenden der VVN.

1949 wurde ihm die Leitung einer Abteilung der Staatlichen Geologischen Kommission Berlin übertragen, wobei er für die Einrichtung und Tätigkeit der chemischen, physikalisch-chemischen und mineralogisch-petrographischen Laboratorien verantwortlich war. Als Hauptabteilungsleiter Vorerkundung dieser Dienststelle leitete er zur gleichen Zeit den Aufbau des Instituts für angewandte Silikatforschung in einem bombenzerstörten Flügel der Staatlichen Geologischen Kommission. Zu den zahlreichenAufgaben, für die er mehrmals als Aktivist ausgezeichnet wurde, gehörten Betreuung von Feldlaboratorien, Erdölbohrungen sowie die Ausarbeitung von Betriebsvorschriften.

1954 übernahm der Jubilar bei der Deutschen Akademie der Wissenschaften zu Berlin den Aufbau und die Leitung des Laboratoriums für Kristallkunde der Arbeitsstelle für Mineralsalzforschung. Er widmete sich verstärkt experimentellen Untersuchungen über das Kristallisationsverhalten von Lösungen natürlicher Mineralsalze und übte eine umfangreiche Vortrags- und industriebezogene Beratungstätigkeit im In- und Ausland (Sowjetunion, VR Polen) aus.

1955 wurde er zum Leiter des Büros der Klasse für Chemie, Geologie und Biologie der DAW zu Berlin berufen, eine Funktion, die er bis 1957 bekleidete. Anschließend baute er an der DAW zu Berlin eine Abteilung für physikalisch-chemische Kristallkunde am neugegründeten Institut für physikalische Chemie auf. Als Stellvertreter des Direktors oblag ihm der personelle und technische Aufbau dieses Instituts. Die Regierung berief ihn in das Kuratorium der neugebildeten Forschungsgemeinschaft der naturwissenschaftlichen, technischen und medizinischen Institute der DAW zu Berlin, wo er zum Vorstandsmitglied gewählt wurde. In der neuen Verantwortung, die in der Planung und Koordinierung der Tätigkeit des chemischen, kristallphysikalischen und silikatchemischen Bereiches der Forschung bestand, bemühte er sich zielstrebig um die Erhöhung der Effektivität der Forschung. Neben seinen umfangreichen fachlichen Verpflichtungen, die er in der 6jährigen Akademiezugehörigkeit und vorher bei der Staatlichen Geologischen Kommission erfüllte, war er stets fest mit der Partei verbunden und bekleidete verschiedene Funktionen.

Mit der Berufung an die Karl-Marx-Universität als Professor für Mineralogie mit vollem Lehrauftrag begann 1960 für den Jubilar eine besonders erfolgreiche Schaffensperiode. Seine reiche politische und fachliche Erfahrung und seine sympathische Art der Leitung und Zusammenarbeit kam in fruchtbringender Weise bei der Lösung der neuen Aufgaben zur Geltung. Es war notwendig, dem Institut in kürzester Zeit ein den Erfordernissen entsprechendes neues Profil zu verleihen, wobei sich Prof. NEELS besonders um die Praxisorientierung der Wissenschaft verdient machte. Zunächst aber war erforderlich, Zielrichtung in Lehre und Forschung neu zu bestimmen, sowie die notwendigen technischen und personellen Voraussetzungen zu schaffen.

Das von ihm geleitete Kollektiv zeichnete sich durch Pionierleistungen in der Vertragsforschung aus. Vorrangig wurden die Gebiete Technische Petrographie und Fällungskristallisation bearbeitet. Eine Reihe von Promotionen waren volkswirtschaftlich wichtigen Problemen, wie z. B. Phasenuntersuchungen von Generatorschlacken und dem Studium der hydraulischen Eigenschaften von Braunkohlenaschen sowie industriellen Kristallisationsprozessen gewidmet.

Eine moderne Ausrüstung, die zum Teil durch die Zusammenarbeit mit der Industrie angeschafft werden konnte, gestattete Arbeiten auf den Gebieten der Licht-, Elektronen- und IR-Mikroskopie, Röntgenographie, Emissionsspektralanalyse und Differentialthermoanalyse sowie die Nutzung verschiedener Methoden der Kristallzüchtung und -bearbeitung. In letzter Zeit orientierte er seine Mirarbeiter auf das volkswirtschaftlich aktuelle Gebiet der Halbleiterkristallographie, wobei in Zusammenarbeit mit anderen Wissenschaftsdisziplinen bereits beachtliche Erfolge erzielt wurden.

Sein unermüdliches Wirken, um die Profilierung des Instituts für Mineralogie war eine wesentliche und notwendige Voraussetzung, daß sich das Wissenschaftsgebiet Kristallographie an der Karl-Marx-Universität zur selbständigen Ausbildungsrichtung entwickeln konnte. 1964 wurden die ersten Studenten für das Fach „Mineralogie“ immatrikuliert. In seiner Verantwortung für die studentische Ausbildung orientierte Prof. Neels zielstrebig und tatkräftig auf ein hohes modernes wissenschaftliches Niveau bei der physikalischen, mathematischen und physikalisch-chemischen Durchdringung des Ausbildungsstoffes.

Als Prorektor für Forschung der Karl-Marx-Universität setzte er sich im Rahmen der Hochschulreform für eine allseitige praxisverbundene Forschung ein. Er bekleidete die Funktion eines stellvertretenden Dekans der Math.-Nat. Fakultät und ist gegenwärtig Mitglied des Wissenschaftlichen Rates der Karl-Marx-Universität sowie des Rates der Sektion Chemie. Zusätzliche Aufgaben oblagen ihm als Mitglied des Beirates für Mineralogie beim Staatssekretariat für Hoch- und Fachschulwesen sowie als Mitglied der Zentralen Arbeitskreise „Technische Keramik“, „Zement, Kalk, Bindemittel“ und „ff-Materialien“. Außerdem gehörte er der Unterkommission „Kristallzüchtung“ der Sektion Chemie der DAW zu Berlin an.

Ständig unter den Genossen des Parteiaktivs zu finden, war der Jubilar von Anbeginn seiner Universitätstätigkeit Mitglied der Fakultätsparteileitung der SED.

1963 würdigte unser Staat seine erfolgreichen Leistungen mit der Verdienstmedaille der DDR.

1963—65 leitete er das Produktionsinstitut Karl-Marx-Universität — Chemisches Kombinat „Otto Grotewohl“ Böhlen. 1965 gründete er gemeinsam mit Prof. Will Kleber die Zeitschrift „Kristall und Technik“, die einen guten internationalen Ruf erwarb. Als Mitherausgeber und Hauptschriftleiter ist er seit dem Ableben von W. Kleber deren Alleinherausgeber.

1969 wurde ihm der Lehrstuhl für Kristallographie übertragen. Eine umfangreiche wissenschaftliche Tätigkeit hat in 23 Publikationen und 37 Vorträgen ihren Niederschlag gefunden. Besondere Verdienste erwarb der Jubilar im Bemühen um die gleichberechtigte Anerkennung der DDR-Wissenschaft in internationalen Gremien. Die Gründung der Deutschen Vereinigung für Kristallographie (DVK) sowie des Nationalkomitees für Kristallographie erfolgte 1965 durch seine maßgebliche Initiative. In beiden Gremien war er Vorsitzender. 1969 wurde die DVK, die Prof. Neels auf dem IUCr-Kongreß in den USA als Vorsitzender repräsentierte, als gleichberechtigtes Mitglied der IUCr aufgenommen.

Die durch viele Vorzüge reiche Persönlichkeit des Jubilars ist für seine Mitarbeiter und Studenten ein echtes Vorbild. Einen optimistischen und gleichfalls zielstrebigen Arbeitsstil miteinander verbindend, pflegt er zu allen Mirtarbeitern einen angenehmen, warmherzigen Umgang, wofür auch die ihm eigene vortreffliche Gastfreundschaft spricht.

Als Hochschullehrer ist er stets bemüht, neue Impulse zum Fortschritt der Wissenschaft und zur Stärkung der DDR zu geben und die ihm anvertrauten Wissenschaftler und Studenten zu sozialistischen Persönlichkeiten heranzubilden.

Wir wünschen, daß dem Jubilar bei bester Gesundheit noch viele erfolgreiche Schaffensjahre vergönnt sind.

August 1972 Ernst Höhne

| Kristall und Technik | 8 | 1–3 | 1973 | 11–19 |

Originalbeiträge

I. Kostov

University of Sofia, Bulgaria

Zircon Morphology as a Crystallogenetic Indicator

Eight types of zircon habits are differentiated on the basis of structural and morphological considerations and their significance for the genesis of the mineral is discussed. Rate of crystallization and mobility of the constituents, including alkalinity, account for the variation of the zircon crystals from bipyramidal to prismatic.

Acht Habitus-Typen von Zirkon werden unterschieden und ihre Bedeutung für die Genese des Minerals diskutiert. Kristallisationsgeschwindigkeit und Mobilität der Komponenten, einschließlich Alkalinität, spielen eine Rolle für die Variabilität der Zirkonkristalle von dipyramidaler zu prismatischer Gestalt.

1. Introduction

A comprehensive study of available data on morphology, chemistry, and mode of occurrence of minerals provides as a rule good informations about their crystallization in nature, thus giving hints for their synthesis under laboratory conditions. Among minerals zircon is perhaps unique as one of the most favoured and tackled with by mineralogists and particularly by petrologists. Statistical studies on zircon populations from different types of rocks have been carried out by a considerable number of investigators (for references see: Poldervaart; Larsen, Poldervaart; Karakida; Lyakhovich; Lyakhovich, Balanova; Zavyalova) for the sake mainly of genetic interpretations. Use is made usually of the types of zircon habits as differentiated on the basis of length/width ratio and predominance of principal crystal forms. Although there are points of agreement opinions on the genetic significance of the zircon crystals as well as on the manner in which habit types of the latter are chosen vary to a considerable extent, stress being laid either to one or another of the manifold factors governing the ctystallization of this mineral in nature. A concise but illustrative summary in this respect is presented by Gheranicheva and Marin.

What follows is a brief treatment of the problem concerning the variability of the zircon crystals as dependent on their structural scheme and predominant conditions of crystallization in nature. An attempt is also made to sort out principal habit types, given with their corresponding structural-genetic notations (Kostov, 1968, 1972) and their crystallogenetic significance. In spite of the fact that minor variations in the zircon morphology can be used for correlation purposes the main habit types put forward in the present paper are considered more appropriate as a unifying scheme for tracing salient changes in the crystallization process.

2. Outline of Crystallography

Figure 1 is a stereographic projection of the principal and some less frequent forms of zircon shown together with the main zones. The indices of the crystal forms correspond to the structure. It should be noted that there is still practice to use the old („morphological") orientation which is at 45° as regard the structural orientation. The generalized statistical order of form development as given by Shafranovski (1957, 1959) runs as follows: {101} — {100} — {110} — {211} — {201} — {112} — {302} — {321} — {001} — {532} — {301} — {403}. Predominant forms are {101}, {100}, {110} and {211}. The habits of the zircon crystals vary from bipyramidal to pseudoisometric and prismatic,

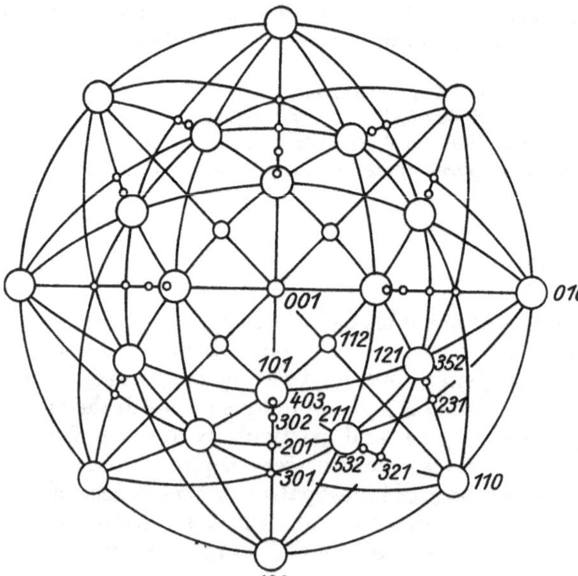

Fig. 1. Stereographic projection of the zircon forms

rarely acicular along the [001] zone. Frequency graphs of the three main habit types evolved on the basis of 200 zircon crystals from different occurrences cited in the mineralogical literature display a definite tendency bipyramidal and prismatic habits to be represented by simple combinations of two or three forms mainly, whereas the pseudoisometric habits tend to be rich in forms (Fig. 2). Such graphs seem to provide better informations about the crystallographic trend in nature than the usual generalized graphs in which all different habit types are counted together.

The bipyramid {101} is almost invariably present on the zircon crystals, the bipyramidal habits being formed either by it alone or together with narrow

{100}, eventually {110}. The prismatic habits are commonly composed of {100} and {110}, separately or in combinations, terminated as a rule by {101} and/or {211}. Apart from {101} frequent but less accentuated in the [010] zone are other {h0l} bipyramids, occasionally with {001}, whereas in the [1$\bar{1}$0] zone

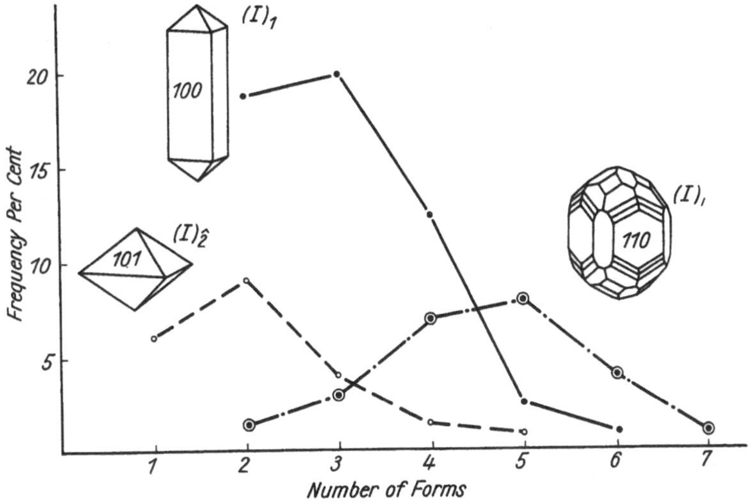

Fig. 2. Frequency/number of forms graphs of the three major habit types of zircon

relatively frequent form is {112}, rarely with satellite {hhl} bipyramids. A concentration of forms is observed in the [$\bar{1}$11] and analogous zones.

There are no particular data about crystal habits and size of the zircons but a general tendency is discerned the bipyramidal and pseudoisometric to short prismatic crystals to be of larger size.

3. Structural Patterns and Forms

The unit cell dimensions of the tetragonal structure of zircon are a_0 6.616, c_0 6.015 Å, its symmetry $I4_1$/amd. The main feature of the structure is presented by chains of alternating edge-sharing SiO_4 tetrahedra and ZrO_8 triangular dodecahedra extending parallel to c and joined laterally by edge-sharing ZrO_8 dodecahedra (Robinson, Gibbs, Ribbe). The SiO_4 group is slightly elongated parallel to c to form a tetragonal bisphenoid. The interatomic distances Zr—Si are 2.991 Å, between adjacent Zr—Zr′ 3.626 Å, and between Zr′—Si 3.629 Å. The c_0/a_0 ratio is 0.909 corresponding to a pseudoisometric (I) type (Kostov). If the four fold screw axes are taken into consideration one can expect an axial development in the structure along the c-axis but bonding seem to be fairly uniform and manifested in the poor {101} and {100} cleavages of the mineral.

Hartman gives four PBC vectors, viz. [001], [100], [$\frac{1}{2}\frac{1}{2}\frac{1}{2}$], and [110], corresponding to the main zones of the zircon crystals, and as important F-faces {100}, {101}, {110}, {001}, and {112}. The first three forms agree well with the general tendency of form development of the zircons but the last two, and especially {001}, are rare. Better coincidance in this respect is obtained when the elementary slices of the corresponding faces are taken into consideration. Figure 3 shows projections on (001) and (100) of the zircon structure (for clarity depicted only with the Si and Zr atoms) with outlined elementary slices of {100}, {110}, {101}, {031}, and {001}. On (110) and (210) can likewise be traced elementary slices of the {112} and {211} forms respectively, their thicknesses being approximately equal to that of the {110} form.

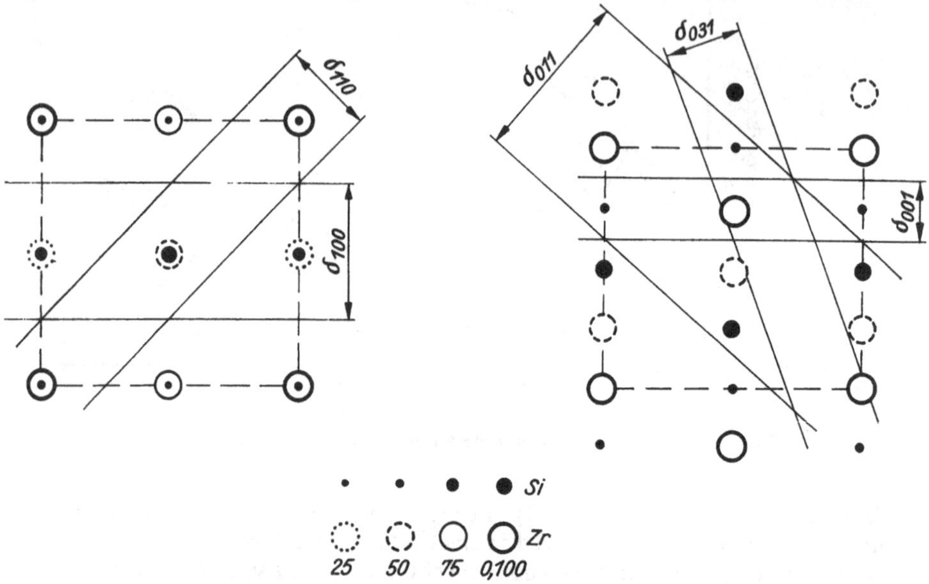

Fig. 3. Projections on (001) and (100) of the zircon structure (only cations shown) with outlined elementary slices of the principal habit forms

Maximal thickness possesses the elementary slice of the bipyramid {101}, followed by that of the {100} prism — the two principal forms characterizing the end habit types. The arrangement of the cations in the elementary slice of the first form folows the succession . . . — (Si—Zr—Zr—Si)—(Si—Zr—Zr—Si) —..., in that of the second ... — (Si+Zr)—(Si+Zr)— ... Both elementary slices appear to be of a discreet type (Kostov 1972). The arrangement of the atoms in the elementary slices of the other forms concurs with the one or another of these two types, the thicknesses and their corresponding densities only differing (see also Shafranovskii 1957).

4. Zircon Morphology and Crystallization Environment

4.1. General factors that influence the modification of the zircon crystals seem to be rate of cooling or supersaturation and chemistry of the medium from which the mineral crystallizes. Field evidence show that long-prismatic zircons occur in sites of speedier crystallization. Thus Komov describes long-prismatic zircons from porphyroid granites indicative for a higher crystallization rate, short-prismatic zircons from even-grained varieties of the same massif indicative for a lower crystallization rate. There again some even-grained granites have long-prismatic zircons distributed almost exclusively along their marginal parts, the central parts bearing predominantly short-prismatic or equant crystals. IVANOVA on the other hand mentions zircon spherulites in drusy cavities of aegirine-riebeckite granite implanted on pink orthoclase in paragenesis with acicular aegirine. The spherulitic zircon is the last to form and this fact, coupled with the acicular habit of the typically axial (A^c type) aegirine emphasizes a higher rate of crystallization.

On the rate of crystallization as a modifying factor hints also IFANTOPOULO, KRAVCHENKO, CHERVINSKAYA, who had found long-prismatic zircon populations in the earlier, deeper, apparently devoid of volatile constituents parts of a granitic complex, and shorter, richer in forms such populations in the late, higherlying, hence considered enriched in volatiles granitic differentiates. In this case the viscosity of the granitic melt had played a major role.

It is a well known fact that bipyramidal zircons are often met with in alkaline (e. g. nepheline syenite and akin) igneous rocks or metasomatized rock masses, products of intensive alkaline mobilization. In such environment zircon crystals are frequently short-prismatic to equant (pseudoisometric) combinations of {101} and {110}, in the latter case leading to pseudorhombododecahedral development. On the significance of the relative alkalinity for the shortening of the zircon habit along the c-axis point out in particular YUSHKIN et al.

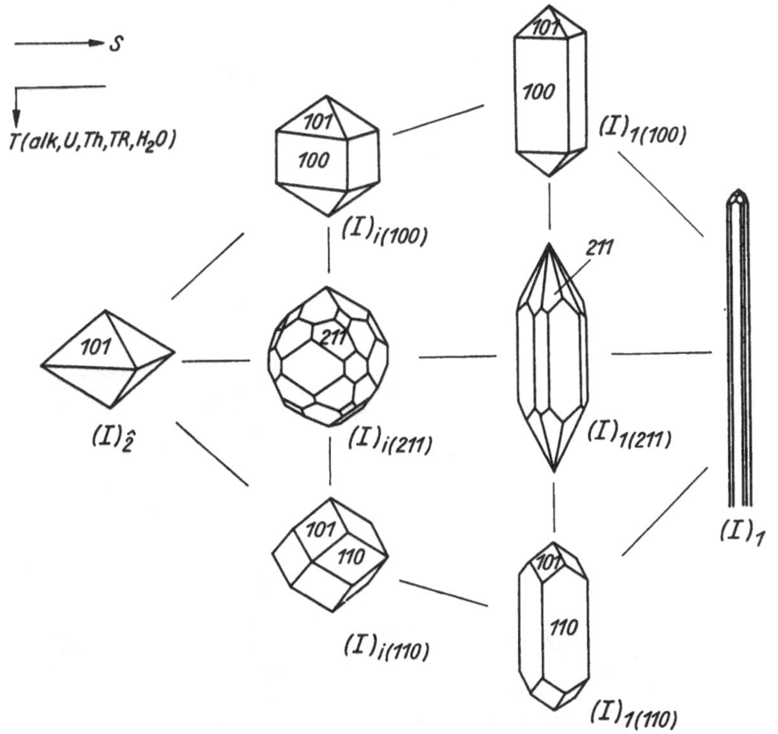

Fig. 4. Crystallogenetic diagram of zircon with the principal habit types given with their notations

Other such examples can be quoted which underline the importance of the mobility of the constituents in the crystallizing medium for the modification of the zircon crystals. The observations on natural crystals appear to be fairly consistent but the interpretations made by the various authors on the basis of such evidence is far from being conformable.
4.2. Taking into consideration the two main habit forms, {101} and {100}, and their predominant development on the zircon crystals formed under lower and faster growth rate respectively, the crystallogenetic scheme depicted in Figur 4 can be backed also by some general theoretical considerations about the change of the growth velocity of the respective faces (Kern) and certain laboratory

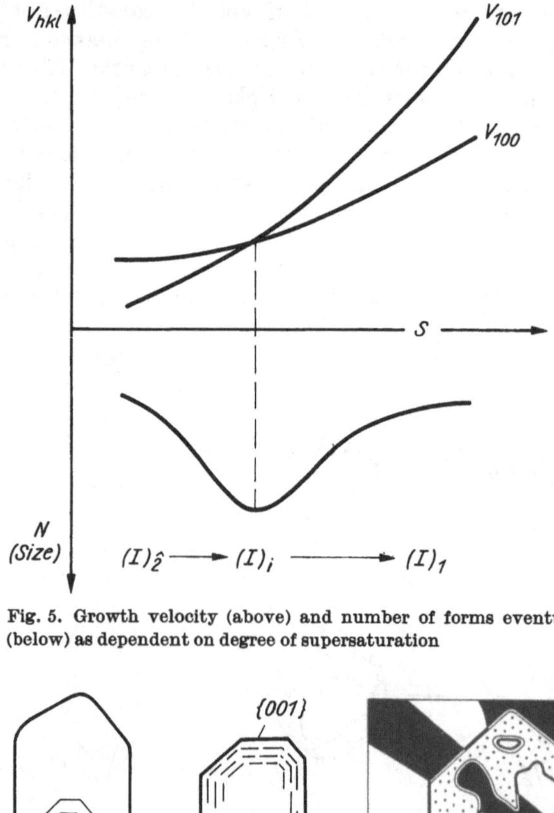

Fig. 5. Growth velocity (above) and number of forms eventually size of the crystals (below) as dependent on degree of supersaturation

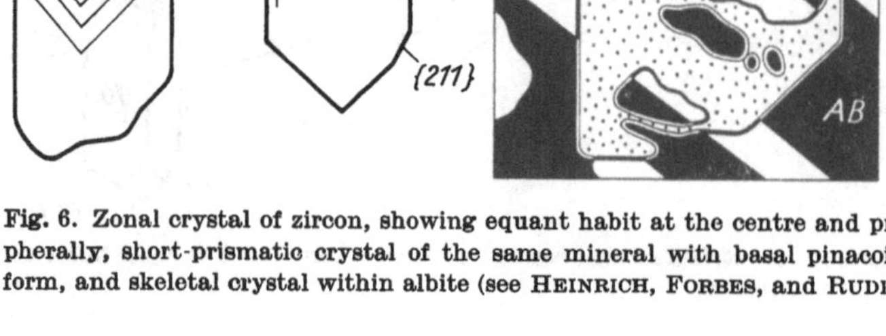

Fig. 6. Zonal crystal of zircon, showing equant habit at the centre and prismatic peripherally, short-prismatic crystal of the same mineral with basal pinacoid and {112} form, and skeletal crystal within albite (see Heinrich, Forbes, and Rudenko resp.)

data about corresponding change of the end habit forms under increasing supersaturation (Fig. 5). Figure 2 provides additional support to such data, end habit types being indicative for lower and higher supersaturations respectively, the intermediate, richer in forms type — for intermediate supersaturation values. The end types are as a rule simple forms or simple combinations.

Overgrowth of bipyramidal or equant zircon crystals by longprismatic habit types described for instance separately by KARAKIDA and HEINRICH (Fig. 6) marks a crystallogenetic tendency $(I)_{101}$ or $(I)_2 \rightarrow (I)_{100}$ or $(I)_1$, which should be considered as normal, connected with a decrease of the temperature (or time) of crystallization of the mineral.

The principal habit types offered for use when genetic interpretations are concerned are as follows (see also Fig. 4):

A. Bipyramidal — $(I)_{101}$ or $(I)_{\hat{2}}$

B. Pseudoisometric(equant):
   a. with predominant {100} — $(I)_{i(100)}$
   b. with predominant {211} — $(I)_{i(211)}$
   c. with predominant {110} (pseudorhombododecahedral) — $(I)_{i(110)}$

C. Prismatic (here can be used the ratio length/width):
   a. with predominant {100} — $(I)_{1(100)}$
   b. with predominant {211} — $(I)_{1(211)}$
   c. with predominant {110} (cyrtolite or hyacinth type) — $(I)_{1(110)}$

D. Long-prismatic to acicular (also spherulitic) — $(I)_1$

The classification of the zircon habits put forward by KARAKIDA (1963) presents a detailed scheme of the transition types between the prismatic types only, found chiefly in the granitic rocks. The eight types given above are conceived to present a full set of the main zircon habit modifications together with their general crystallogenetic significance.

4.3. Admixtures seem to influence to a considerable degree the morphology of the zircon crystals. As early as 1888 HAUTEFEUILLE, PERREY (GROTH) had noted when experimenting that excess of ZrO_2 leads to the formation of long-prismatic zircon crystals whereas excess of SiO_2 favours their shortening along the *c*-axis. Pertinent in this respect are the observations made by AGHAFONOVA that pinacoidal faces (s. Fig. 6) display only zircons occurring in silicified rocks. Hence can be assumed an epitaxial overgrowth of silica on {001} as well as on some bipyramidal faces, thus hindering the development of the prism zone.

More important appears to be the influence of the alkalies, H_2O and certain elements found often as isomorphous or perhaps epitaxial admixtures in the composition of the mineral. Such are U, Th, rare earths, Ca, PO_4 and others. $ThSiO_4$ (mineral thorite) is isostructural with zircon and there is an unlimited isomorphous substitution between Zr and Th. Such substitution exists apparently between Zr aud Hf. According to PROSHTENKO higher HfO_2/ZrO_2 ratio have zircons from rocks unaltered by alkalization, possessing as a rule prismatic habit. The inclusion of Th and especially of U in the crystal lattice seems to influence to a considerable degree the habit of the mineral, this being or tending to be bipyramidal or equant. $USiO_4$ (coffinite), which is also isostructural with zircon, is invariably hydrated and this fact should be accounted for when an explanation of that habit is aimed at. The presence of rare earths in the composition of zircon SERDYUCHENKO explains in terms of compensational substitution

$$Zr^{+4} \rightarrow TR^{+3} \rightarrow Ca^{+2}\,(Na_2^{+})$$
$$SiO_4 \rightarrow SiO_3(OH) \rightarrow SiO_2(OH)_2$$

That complexes of that kind can play an important role for the modification of the zircon habit can be presumed also having in mind the possibilities of compounds such as $Na_2[SiO_2(OH)_2] \cdot 4\,H_2O$ (JAMISON, DENT GLASSER), as well as Zr^{+4} complexes of the kind $[Zr_3(OH)_4]^{+8}$, $[Zr_4(OH)_8]^{+8}$, and $[Zr_4(OH)_8(H_2O)_{16}]^{+8}$ with a possibility for an increase of the degree of polymerisation with the decrease of the acidity (COTTON & WILKINSON).

It is thus reasonable to assume that at higher mobility of the medium from which zircon crystallizes, when the latter is enriched in volatile constituents (chiefly water vapour), eventually other elements (U, Th, TR etc.) which might serve as mediators, the bipyramid {101} should be favoured as a growth form, owing to ist structural pattern. Perhaps most important for this habit development is the substitution of the oxygen atoms by hydroxyls, but formation of more complex epitaxial films on the corresponding faces should not be excluded.

4.4. The importance of mobilization during the crystallization process for the formation of the dipyramidal and equant habits of zircon is stressed by skeletal crystals (Fig. 6 and 7) found in mariupolite (albite-nepheline-aegirin rock ±

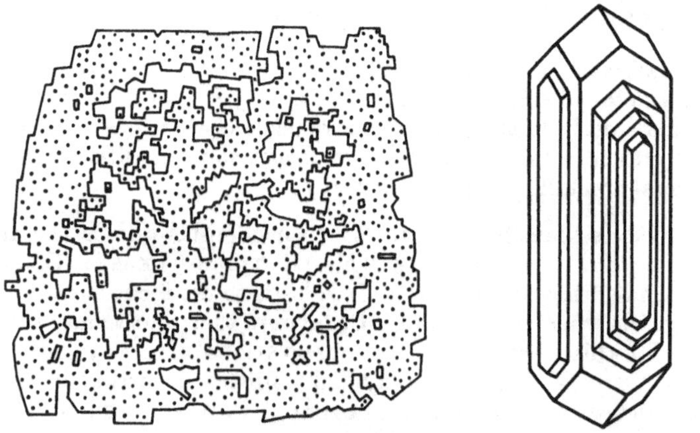

Fig. 7. Skeletal crystal of zircon (section perpendicular to the c-axis, see RUDENKO) and composite crystal (KUROVETS)

microcline) (RUDENKO). Such crystals display strong evidence for metasomatic development and growth by the accertion mechanism. The crystals are either simple dipyramid {101} or pseudoisometric, with wholesome outer outlines but mosaiclike skeletal insides, bearing the feature of an autoepitaxial agglomeration On an autoepitaxial manner are built up the crystals described by KUROVETS from fully differentiated pegmatites. (Fig. 7). The crystals are prismatic of the cyrtolite (hyacinth) $(I)_{1(110)}$ type, the prismatic faces bearing subparallel terraces of analogous or longer-prismatic zircon slabs. If that manner of growth had gone further on, the bipyramid {101} should have resulted. That tendency of formation of the lower supersaturation habit form at the expense of the higher supersaturation form through accretion of crystallites is observed for other minerals as well and is perhaps of a general significance.

References

AGHAFONOVA, T. H.: Mineral. Sbornik Lvov **15**, 65 (1961)
COTTON, F. A., WILKINSON, J.: Advanced Inorganic Chemistry (Russian translation, 1969)
FORBES, W. C.: The Amer. Mineralogist **54**, 787 (1969)
GHERANICHEVA, GH. K., MARIN, YU. B.: Zapiski Gornavo Instituta LIV (2), 56 (1968)
GROTH, P.: Chemische Krystallographie I, 92 (1906)
HARTMAN, P.: N. Jb. Miner., Mh. **4**, 73 (1959)
HEINRICH, E. W.: Mineralogy and geology of radioactive rare materials. New York 1958
IVANOVA, T. A.: Trudy miner. Muzeya Acad. Nauk USSR **18**, 183 (1968)
IFANTOPOULO, T. N., KRAVCHENKO, S. M., CHERVINSKAYA, A. D.: Accessory minerals as indicators of the particulars of petrogenesis (in Russian). Moscow 1969
JAMISON, P. B., DENT GLASSER, L. S.: Acta Cryst. **20**, 688 (1966)
KARAKIDA, Y.: Memoirs Fac. Sci., Kyushu Univ., series D, Geology **10** (2), 59 (1961)
KARAKIDA, Y.: Studies in Literature and Science, Seinan Gakuin Univer. **8** (2), 77 (1963)
KERN, R.: Rost Kristallov, 8 (2), 5 (1968)
KOSTOV, I.: IMA Fifth General Meeting, Cambridge 1966, Papers and Proceedings, 100 (1966)
KOSTOV, I.: Kristall und Technik **7** (1), 27 (1972)
KUROVETS, M. I.: Mineral. Sbornik Lvov **20** (4), 532 (1966)
LARSEN, L. H., POLDERVAART, A.: Mineral. Mag. **31**, 544 (1957)
LYAKHOVICH, B. B.: Accessory minerals in the granitoids of the USSR (in Russian), Moskau 1967
LYAKHOVICH, B. B., BALANOVA, T. T.: Mineral. Sbornik Lvov **20** (4), 559 (1966)
POLDERVAART, A.: Nature, 165 (1950)
PROSHTENKO, E. GH.: Mineralogy and genetic peculiarities of the alkaline massifs (in Russian). Moscow 1964, p. 49
ROBINSON, K., GIBBS, G. V., RIBBE, P. H.: The Amer. Mineralogist **56**, 782 (1971)
RUDENKO, S. A.: Zapiski Leningr. Gornavo Instituta **33** (2), 183 (1958)
SHAFRANOVSKII, I. I.: Kristalli Mineralov **I**, 162 (1957)
SHAFRANOVSKII, I. I.: Zapiski Leningr. Gornavo Instituta **40**, 67 (1959)
SERDYUCHENKO, D. P.: in Gheokhimya, mineraloghiya i geneticheskiye tipi mestorozhdenii redkikh elementov, vol. II. Mineraloghiya redkikh elementov 337 (1964)
YUSHKIN, N. P. et al.: Mineral. Sbornik Lvov **20** (4), 547
ZAVYALOVA, I. V.: Mineral. Sbornik Lvov **20** (4), 524 (1966)

(Received August 24, 1972)

Authors' address:

Prof. Dr. I. KOSTOV
Department of Mineralogy and
Crystallography
Sofia/Bulgarien
Boul. Rusky 15

Kristall und Technik	8	1–3	1973	21–30

N. Stojčev, S. Budurov, P. Kovatchev, M. Kovatchev

Bulgarische Akademie der Wissenschaften
Institut für Metallkunde und Technologie

Über die Temperaturabhängigkeit der linearen Kristallisationsgeschwindigkeit von Benzophenon in der Schmelze

Es wird die lineare Kristallisationsgeschwindigkeit (lKG) von Benzophenon mit Hilfe der Kapillarmethode in einem großen Unterkühlungsbereich gemessen. Bei einem Kapillardurchmesser 0,10 mm ergibt sich eine Tammannsche Kurve ohne Plateau mit einem maximalen lKG-Wert von 55,5 mm · min^{-1}. Bei kleinen Unterkühlungswerten stellen sich die stationären kleinen Wachstumsgeschwindigkeiten erst nach längerem Tempern ein.

Die erhaltenen Experimentaldaten werden nach den Theorien für die lKG für den Fall der Schmelze bearbeitet, wobei die Schlußfolgerung gezogen wird, daß das Wachstum allem Anschein nach über eine zweidimensionale Keimbildung erfolgt.

В работе исследовалась линейная скорость кристаллизации v_L (Л. С. К.) бензофенона из расплава капиллярным методом в большом интервале переохлаждений. Внутренный диаметр капилляра 0,10 мм оказался достаточным, чтобы получающаяся Тамманеовская кривая характеризовалась острым максимумом при v_L — 55,5 ммемин и отсутствием „плато". В области малых переохлаждений установившаяся скорость роста достигеалась медленным охлаждением и продолжительным темперированием.

К экспериментальным результатам были применены теории роста кристаллов из расплава, причем можно было сделать вывод что по всей вероятности в наших условиях рост произходил механизмом двуемерного зародышеобразования.

1. Einleitung

Die Temperaturabhängigkeit der linearer Kristallisationsgeschwindigkeit v_L (lKG) von Benzophenonkristallen aus der Schmelze ist schon Objekt mehrerer Untersuchungen gewesen. Die ersten derartigen Messungen an Benzophenon sind am Ende des vorigen Jahrhunderts von Friedländer und Tammann und von E. v. Pickardt mit Hilfe der von Gernez vorgeschlagenen Kapillarmethode durchgeführt worden. Diese Autoren untersuchten die Abhängigkeit der lKG von der Unterkühlung ΔT in relativ dicken Kapillaren, deren Mindestdurchmesser 0,3 mm betrug. Sie erhielten lKG/ΔT-Kurven mit einem Plateau bei einem bestimmten $(v_L)_{max}$-Wert (55,5 mm/min nach Friedländer und Tammann bzw. 59,3 mm · min^{-1} nach v. Pickardt).

Der Frage der Temperaturabhängigkeit der LKG von Benzophenon und Salol aus der Schmelze ist die 1955 veröffentliche Arbeit von Micus und Troltenier gewidmet, denen es nur beim Salol gelang, ihre Daten vom Standpunkt einer geschwindigkeitsbestimmenden zweidimensionalen Keimbildung zu deuten. Die Durchmesser der benutzten Kapillaren betrugen 0,25 und 0,18 mm; die beim Benzophenon erhaltenen lKG/ΔT-Kurven weisen noch Spuren eines durch Drehung unterdrückten Plateaus auf. Leider fehlen unserer Meinung nach Meßwerte bei kleinen Unterkühlungen, bzw. die vorhandenen Daten sind für eine Auswertung im Sinne einer zweidimensionalen Keimbildung wenig geeignet.

Die lineare Kristallisationsgeschwindigkeit von Benzophenon wurde 1958 von Krishtal mit Hilfe der Kapillarmethode bei Unterkühlungswerten kleiner als 3 grad untersucht. Die von ihm benutzten Kapillaren hatten einen Durchmesser von 1,0 bis 1,5 mm. Die Meßergebnisse wurden von Krishtal auf der Grundlage der Volmerschen und Stranski-Kaischewschen Formeln für die Temperaturabhängigkeit der lKG gedeutet.

Neuerdings untersuchten Kirtisinghe und Strickland-Constable die Wachstumsgeschwindigkeit bestimmter Flächen von Benzophenonkristallen aus der Schmelze. Ein interessanter Befund dieser Untersuchungen ist, daß die lKG einer in der freien Schmelze wachsenden Fläche beim Eindringen in eine Kapillare herabgesetzt wird und daß das Wachstum unterhalb einer kritischen Unterkühlung aufhört. Daraus wird der Schluß gezogen, daß es nicht ohne weiteres gestattet ist, die beim freien Wachstum in der Schmelze erhaltenen lKG-Werte auf diejenigen von Messungen in einer Kapillare zu übertragen. Eine der möglichen Deutungen der Herabsetzung z. B. der lKG des Salols in der Kapillare ist nach Morris, Kirtisinghe und Strickland-Constable mit einer Reinigung der Wachstumsfront von Versetzungen verbunden.

Zu dieser Frage kamen später Gutzow, Raspopov und Kaischew anhand der Modellsubstanz $Na_2S_2O_3 \cdot 5\,H_2O$ zurück, die mit Hilfe der Kapillarmethode eindeutig für bestimmte Mechanismen sprechende Daten erhielten. Sie zeigten, daß die sich am Anfang der Messung bei kleinen Unterkühlungen einstellenden großen lKG-Werte gut mit Hilfe der Wachstumstheorie durch Schraubenversetzungen zu deuten sind. Hingegen ergaben sich nach längeren Tempern infolge einer Ausheilung der Versetzungen kleine stationäre lKG-Werte, die eindeutig für ein Wachstum über zweidimensionale Keimbildung zeugen. Die Autoren waren sogar imstande, solche versetzungsfreien Wachstumsfronten zu beschädigen, wobei sich sofort die für den Schraubenversetzungsmechanismus charakteristischen lKG-Werte einstellten.

2. Experimenteller Teil

Unsere Versuche führten wir mit Benzophenon purum (Carlo Erba-Milano) durch; die Ausgangssubstanz reinigten wir durch Vakuumdestillation. Die Bestimmung des Schmelzpunktes des benutzten Benzophenons erfolgte in der Meßkapillare, wobei sich der Wert 48,01 $\pm$ 0,02 °C ergab. In die evakuierte Kapillare füllten wir geschmolzenes Benzophenon bei einem partiellen Dampfdruck der Restgase von 10^{-2} Torr ein. Die Kapilare montierten wir in einen gläsernen Heizmantel, der es gestattete, mit zirkulierendem Wasser aus einem Ultrathermostaten eine konstante Versuchstemperatur aufrechtzuerhalten. Ein Teil des mit der Kapillare verbundenen Glasrohres ragte aus dem Heizmantel heraus. Die sich in diesem Teil befindende Substanz schmolz während der Versuche nicht und diente beim Anlegen einer bestimmten Unterkühlung als Kristallisationszentrum. Mit Hilfe zweier Dreiweghähne waren wir imstande, eine schnelle Änderung der Heizbadtemperatur durchzuführen.

Die Lage der Grenze Kristall-Schmelze beobachteten wir bei den großen Wachstumsgeschwindigkeiten mit Hilfe einer Binokularlupe bei Vergrößerungen von 7,5 und 20×; die Messungen der kleinen Wachstumsgeschwindigkeiten erfolgte mit Hilfe eines Okularmikrometers. Die Wachstumsgeschwindigkeiten größer als 5 mm $\cdot$ min^{-1} ermittelten wir, indem wir die Zeit zum Zurücklegen einer auf einer Millimeterskala abgelesenen 10-mm-Strecke bestimmten.

Unsere Messungen führten wir in einem Temperaturbereich von 47 °C bis 4 °C bzw. in einem Unterkühlungsbereich von 1 bis 42 grad durch. Die lichten Kapillardurchmesser betrugen 0,5, 0,15 und 0,10 mm; die Wanddicken der Kapillaren betrugen entsprechend 0,05 und ca. 0,02 mm. Die Temperaturmessung erfolgte mit Hilfe zweier Beckmannscher Thermometer, die vorher genau auf einen bestimmten Temperaturbereich abgestimmt waren. Ein Thermometer befand sich am Eingang, das andere am Ausgang des gläsernen Heizmantels.

3. Ergebnisse und ihre Diskussion

Die Versuche mit der dicksten Kapillare (∅ = 0,5 mm) führten in Übereinstimmung mit den Daten von Friedländer und Tammann und von E. v. Pickardt zu Tammannschen Kurven mit einem Plateau im Unterkühlungsbereich zwischen 18 und 42 grad. Das Plateau hatte eine schwach negative Steigung (0,08 mm $\cdot$ min^{-1} grad^{-1}). Bei der Kapillare mit einer lichten Weite von 0,15 mm ging das Plateau durch Drehung und Krümmung in ein asymmetrisches abgerundetes Maximum über. Dieser Befund und die Form der erhaltenen Kurve stehen in guter Übereinstimmung mit den experimentellen Daten von Micus und Troltenier.

Wegen experimenteller Schwierigkeiten konnten wir den Durchmesser der benutzten Meßkapillaren nur auf 0,10 mm herabsetzen. Mit Hilfe dieser Kapillaren ergaben sich gut reproduzierbare lKG/ΔT-Kurven mit einem spitzen Maximum bei ΔT = 18,6 grad. Die maximale lineare Kristallisationsgeschwindigkeit betrug bei allen von uns benutzten Kapillaren im Rahmen der Meßgenauigkeit 55,5 mm $\cdot$ min^{-1}. Dieser Wert stimmt mit den Werten von Friedländer und Tammann und von Micus und Troltenier überein.

Bei Unterkühlungen kleiner als 5 grad beobachteten wir, daß die erhaltenen v_L-Werte mit der Zeit abnehmen und daß sich erst nach längerem Tempern stationäre kleine lineare Kristallisationsgeschwindigkeiten einstellen.

Die auf diese Weise erhaltenen $v_L/\Delta T$-Werte wurden nach den Formeln der Theorie der linearen Kristallisationsgeschwindigkeit für die Schmelze bei verschiedenen Wachstumsmechanismen bearbeitet und sind in den später folgenden Figuren wiedergegeben.

Die Theorie der lKG unterscheidet zwischen drei Wachstumsmechanismen. Nach dem ersten dieser Mechanismen erfolgt das Wachstum über die Bildung zweidimensionaler Keime. Die geschwindigkeitsbestimmende energetische Größe, die Keimbildungsarbeit ist der Übersättigung umgekehrt proportional. Voraussetzungen zur Verwirklichung des zweidimensionalen Wachstums sind die molekularglatte Struktur der wachsenden Flächen und das Fehlen von Durchstoßpunkten von Schraubenversetzungen.

Nach dem sogenannten Versetzungsmechanismus erfolgt das Wachstum molekularglatter Flächen, die von Schraubenversetzungen durchstoßen werden, über Spiralwachstumsfronten, die eine zweidimensionale Keimbildung nicht erfordern.

Der dritte Mechanismus, der sogenannte Normalmechanismus, bestimmt die lineare Kristallisationsgeschwindigkeit im Falle einer diffusen, bzw. atomar rauhen Grenze Kristall—Schmelze, die überall gleiche Anlagerungsmöglichkeiten bietet.

Außer den Anlagerungsprozessen an der Phasengrenze spielen bekanntlich auch rheologische, mit Transportschwierigkeiten aus der übersättigten flüssigen Phase verbundene Effekte eine wichtige Rolle. Deswegen ist die lKG nach allen Theroien das Produkt zweier Faktoren; der erste dieser Faktoren ist mit der Übersättigung verbunden.

Nach der Theorie von Volmer und Marder hängt die lKG im Falle des Wachstums über zweidimensionale Keimbildung von der Übersättigung $\Delta\mu = \mu_f - \mu_K$ (wo μ_f das chemische Potential der unterkühlten Schmelze und μ_K das chemische Potential der Kristallphase ist) auf folgende Weise ab

$$v_L = C \cdot e^{-\frac{U}{RT}} \cdot e^{-\frac{a' \cdot \sigma^2}{T \cdot \Delta\mu}} \tag{1}$$

oder im Falle der J. J. Thomsonschen Näherungsformel

$$\Delta\mu = \Delta S_m \cdot \Delta T = (s_f - s_K)(T_m - T) \tag{2}$$

wo s_f und s_K die molaren Entropien der flüssigen und der festen Phase, T_m der Schmelzpunkt, T die absolute Temperatur, ΔT die Unterkühlung und σ die spezifische Oberflächenenergie der Grenze Kristall—Schmelze sind.

$$v_L = C \cdot e^{-\frac{U}{RT}} \cdot e^{-\frac{a \cdot \sigma^2}{T \cdot \Delta T}}. \tag{3}$$

Der Faktor $e^{-\frac{U}{RT}}$ berücksichtigt die Temperaturabhängigkeit der Viskosität, der vorexponentielle Faktor C wird als eine Konstante angesehen. Für die Größe a ergibt sich beim Wachstum monomolekularer quadratischer zweidimensionaler Keime mit der Höhe δ —

$$a = \frac{4\,V_K \cdot \delta}{K \cdot \Delta S_m}$$

wo V_K das Molvolumen der Kristallphase und $\Delta S_m = s_f - s_K$ die Entropienänderung beim Schmelzen sind.

Die von Hillig und Turnbull durchgeführte Berechnung der linearen Kristallisationsgeschwindigkeit führt im Falle eines Versetzungswachstumsmechanismus zur Formel

$$v_L = \text{const} \cdot e^{-\frac{U}{RT}} \cdot \Delta\mu \cdot \left(1 - e^{-\frac{\Delta\mu}{RT}}\right) \tag{4}$$

oder bei kleinen Unterkühlungen

$$v_L = \text{const} \cdot (\Delta\mu)^2\,. \tag{5}$$

Im Falle eines Normalwachstumsmechanismus hängt die lineare Kristallisationsgeschwindigkeit von der Übersättigung auf folgende Weise ab

$$v_L = \text{const} \cdot e^{-\frac{U}{RT}} \cdot \left(1 - e^{-\frac{\Delta\mu}{RT}}\right) \tag{6}$$

oder bei kleinen Unterkühlungen

$$v_L = \text{const} \cdot \Delta\mu \tag{7}$$

Die Grundlagen der Theorie der Phasenbildung und Kristallisation aus glasbildender Schmelze in einem großen Unterkühlungsbereich sind von GUTZOW, KONSTANTINOV und KAISCHEW entwickelt worden. Diese Autoren zeigten, daß für die Übersättigung bei Temperaturen zwischen dem Schmelzpunkt T_m und 0,5 T_m die Formel:

$$\Delta\mu = \Delta S \cdot \Delta T \cdot T/T_m \tag{8}$$

gilt und daß bei großen Unterkühlungen die J. J. Thomsonsche Formel (2) nur eine grobe Näherung ist.

Wie von GUTZOW gezeigt wurde, muß das mit der Viskosität verbundene Glied in den lKG-Formeln die Form der bekannten Vogel-Fulcher-Tammannschen Gleichung für die Temperaturabhängigkeit der Viskosität haben, d. h. $e^{-\frac{U}{RT}}$ in den entsprechenden Ausdrücken muß durch den Faktor $e^{-\frac{B}{T-T_0}}$ ersetzt

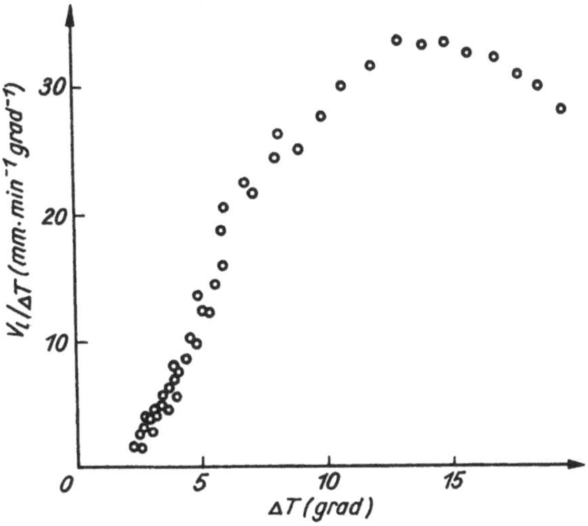

Fig. 1. Abhängigkeit der Größe $\frac{v_L}{\Delta T}$ von der Unterkühlung ΔT bei kleinen Unterkühlungen

werden. GUTZOW war imstande, die Konstanten in der Vogel-Fulcher-Tammannschen Gleichung auf theoretischem Wege zu berechnen, wobei sich für T_0 der Wert $T_0 = 0{,}5\,T_m$ ergab. Durch statistische Bearbeitung experimenteller Daten anderer Autoren erhielt GUTZOW für die Größe $\frac{U}{R} = B = B_0 \cdot T_m$ den Wert $B = 6{,}56\,T_m$, wobei allerdings, wie aus der Figur 4 der Arbeit von GUTZOW ersichtlich, die B-Werte bei verschiedenen glasbildenden Substanzen um diesen Wert schwanken können.

Figur 1 gibt unsere bei relativ kleinen Unterkühlungen erhaltenen stationäre lKG-Daten in Koordinaten $\frac{v_L}{\Delta T} = f(\Delta T)$ wieder. Eine Unabhängigkeit dieser $\frac{v_L}{\Delta T}$-Werte von der Unterkühlung wäre nach den Gleichungen (7) und (2) ein

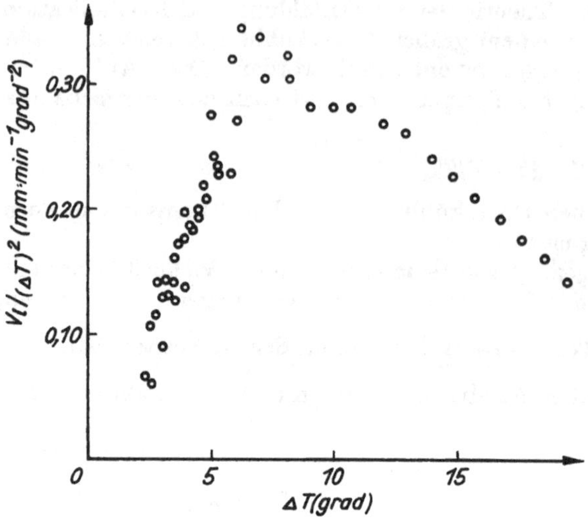

Fig. 2. Abhängigkeit der Größe $\frac{v_L}{(\Delta T)^2}$ von der Unterkühlung ΔT – bei kleinen Unterkühlungen

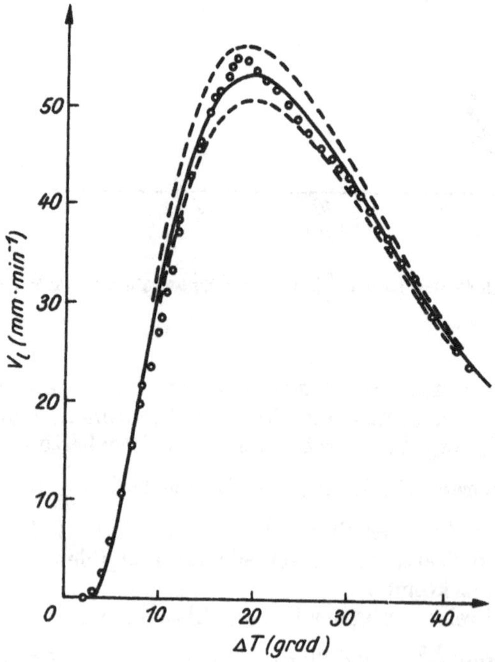

Fig. 3. Nach der Volmerschen Theorie berechnete Tammannsche Kurve mit den entsprechenden Experimentaldaten

Kriterium für einen Normalwachstumsmechanismus. Wie aber aus Figur 1 ersichtlich, ist das bei uns nicht der Fall.

Figur 2 zeigt dieselben v_L-Werte in den für den Versetzungswachstumsmechanismus charakteristischen Koordinaten $\frac{v_L}{(\Delta T)^2} = f(\Delta T)$. Eine Konstanz dieser $\frac{v_L}{(\Delta T)^2}$-Werte sollte nach Gleichung (5) für einen Versetzungsmechanismus sprechen. Wie aber aus Figur 2 ersichtlich, hängt das Verhältnis $\frac{v_L}{(\Delta T)^2}$ von der Unterkühlung ab; folglich handelt es sich um einen anderen Wachstumsmechanismus.

Figur 3 zeigt unsere experimentellen Daten und die daraus nach der Volmerschen Formel (3) berechnete entsprechende Kurve. Die Berechnung der Konstanten in der Volmerschen Formel erfolgte nach einer statistischen Bearbeitung der Meßdaten mit Hilfe orthogonaler Polynome. Die als temperaturabhängig angesehenen Größen C, U und σ wurden so gewählt, daß die erhaltene Kurve die Meßergebnisse am besten approximiert. Dabei ergaben sich für die Konstanten die Werte:

$$\lg C = 9{,}36 \pm 0{,}16; \quad U = 9{,}8 \pm 0{,}4 \text{ kcal} \cdot \text{mol}^{-1}$$
$$\text{und } \sigma = 3{,}9 \pm 0{,}9 \text{ erg} \cdot \text{cm}^{-2}$$

Die zwischen beiden gestrichelt gezogenen Kurven geschlossene Fläche ist so gewählt, daß 95% der Experimentaldaten in diesen Korridor hereinpassen.

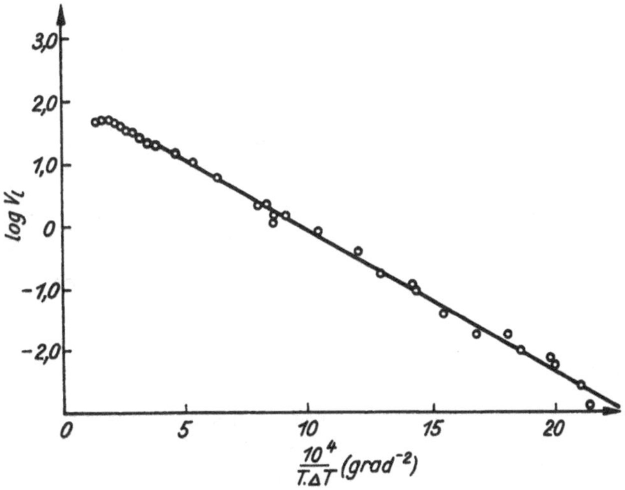

Fig. 4. Lineare Abhängigkeit der Größe $\lg v_L$ als Funktion von $\frac{1}{T \cdot \Delta T}$ bei kleinen Unterkühlungen

Wir bearbeiteten unsere stationären lKG-Werte auch in Koordinaten $\lg v_L = f\left(\frac{1}{T \cdot \Delta T}\right)$ (Fig. 4), was nach Gleichung (3) bei kleinen ΔT-Werten zugelassen ist. Aus der Steigung der Gerade im $\frac{10^4}{T \cdot \Delta T}$-Intervall von 4 bis 22 ergab sich für σ der Wert 3,6 erg $\cdot$ cm^{-2}. Da wir bei großen Werten Abweichungen von der Geraden $\lg v_L \Big/ \frac{1}{T \cdot \Delta T}$ beobachteten, gab uns das Anlaß, unsere Daten nach der von Gutzow und von Gutzow, Konstantinov und Kaischew modifizierten Volmerschen Formel:

$$v_L = C \cdot e^{-\frac{U}{R(T - 0{,}5\,T_m)}} \cdot e^{-\frac{a \cdot \sigma^2}{T \cdot \Delta T \cdot T/T_m}} \tag{10}$$

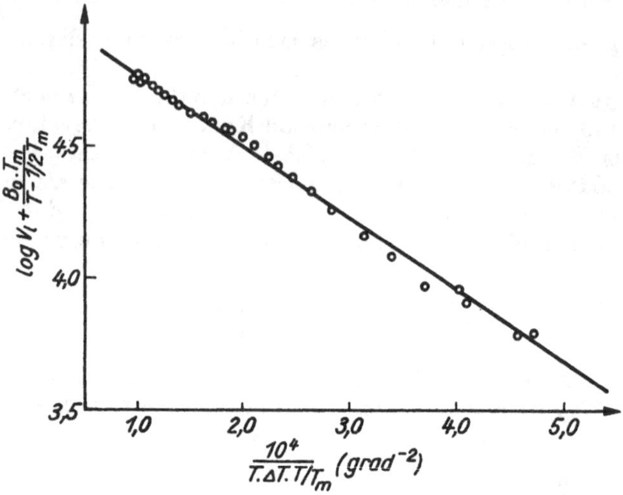

Fig. 5. Lineare Abhängigkeit zwischen den Größen der Gleichung (11) im großen Unterkühlungsbereich

zu bearbeiten (Fig. 5). Nach Logarithmieren und Berücksichtigung von Gutzows Formel $U = R \cdot B_0 \cdot T_m$ ergibt sich aus (10)

$$\lg v_L + \frac{0{,}434\,T - 0{,}5\,TB_0 \cdot T_m}{T - 0{,}5\,T_m} = \lg C - \frac{0{,}434\,a \cdot \sigma^2}{T \cdot \Delta T \cdot T/T_m} \tag{11}$$

Die Datenverarbeitung wurde so geführt, daß ein B_0-Wert gesucht wurde, der in den Koordinaten

$$\lg v_L + \frac{0{,}434\,B_0 \cdot T_m}{T - 0{,}5\,T_m} = f\left(\frac{1}{T \cdot \Delta T \cdot T/T_m}\right)$$

die experimentellen Daten am besten einer Geraden annähert. Für die Größe B_0 ergab sich der Wert $B_0 = 2{,}28$ bzw. für die Aktivierungsenergie U in der Formel von Vogel-Fulcher-Tammann $U = 1{,}83$ kcal · mol^{-1}. Figur 5 zeigt die in den obigen Koordinaten erhaltene Gerade. Die aus der Steigung nach der Methode der kleinsten Quadrate bestimmte speizfische Oberflächenenergie beträgt $\sigma = 3{,}9$ erg · cm^{-2}; der Abschnitt $\lg c = 5{,}03$.

Im Falle eines Normalwachstumsmechanismus sollte nach (6), (80) und (9) das Verhältnis

$$v_L/e^{-\frac{U}{R(T - 0{,}5\,T_m)}}\left(1 - e^{-\frac{\Delta S_m \cdot \Delta T}{R \cdot T_m}}\right) \tag{12}$$

nicht von der Temperatur abhängen. Es wurden verschiedene U-Werte in (12) variiert, einschließlich der in Figur 5 benutzte Wert. Es stellte sich aber heraus, daß der Ausdruck (12) bei allen U-Werten von der Temperatur abhängt und daß wir nicht berechtigt sind, eindeutige Schlüsse für ein Normalwachstum bei großen Unterkühlungen zu ziehen.

Unseres Wissens gehört unser Versuch, die lineare Kristallisationsgeschwindigkeit von Benzophenon in einem großen Temperaturbereich auf Grund der Theorie der zweidimensionellen Keimbildung und auf Grund der modernen Theorien der Kristallisation glasbildender Schmelzen zu deuten zu den ersten auf diesem Gebiet.

Bekanntlich gehört das Benzophenon mit seinem $\Delta S_m = 13{,}5$ cal · mol^{-1} grad^{-1}-Wert zu den Substanzen mit großen molaren Schmelzentropien. Nach der Theorie der morphologischen Stabilität der Grenze Kristall-Schmelze ist beim Benzophenon eine molekularglatte Struktur seiner singulären Flächen zu erwarten. Außerdem wurden bei unseren Versuchen bei kleinen Unterkühlungen alle Maßnahmen getroffen, um die in der Kapillare wachsende Fläche durch langes Tempern von Versetzungen zu befreien. Deswegen scheint uns unser rein kinetischer Befund, daß die erhaltenen Daten für ein Wachstum über zweidimensionale Keimbildung sprechen, ziemlich wahrscheinlich. Dafür sprechen auch die für die spezifische freie Oberflächenenergie σ ermittelten Werte, die praktisch bei allen unseren Datenverarbeitungen zusammenfallen.

Nach einer empirischen Regel von Gorskij beträgt die spezifische Oberflächenenergie der Grenze Kristall-Schmelze 5 bis 17% von der Oberflächenspannung der Grenze Schmelze-Dampf. Bekanntlich beträgt die letzte Größe beim flüssigen Benzophenon bei 48 °C ca. 40 erg · cm^{-2} (Beilsteins Handbuch der organischen Chemie), folglich ist der von uns erhaltene Wert $\sigma = 3{,}9$ erg · cm^{-2} vernünftig. Dieser Wert stimmt auch größenordnungsmäßig mit den bei der Kristallisation anderer organischer Substanzen aus der Schmelze erhaltenen σ-Werten überein.

Mit Hilfe der Thomson-Gibbsschen Gleichung berechneten wir mit unserer spezifischen Oberflächenenergie die Größe eines quadratischen zweidimensionalen Keimes bei verschiedenen Unterkühlungen, wobei sich folgende Werte ergaben (Tabelle 1).

Tabelle 1

Unterkühlung (grad)	1	5	10	15	20	30	40
Keimgröße x. 10^8 cm	199	40	20,5	15,4	11,8	8,1	6,3

Herrn Prof. Dr. R. Kaischew und Herrn Dr. I. Gutzow möchten wir auch an dieser Stelle für ihr Interesse an dieser Arbeit und für fördernde Diskussionen danken.

Literatur

Beilsteins Handbuch der organischen Chemie, 1 Erg. Werk, Bd. VII. Berlin 1931, S. 220

Friedländer, J., Tammann, G.: Z. phys. Chem. **24**, 152 (1897)

Gernez, D.: Compt. Rend. **95**, 1278 (1882)

GORSKIJ, F. K.: Kristallizatsiya i fasovie perekhodi. Minsk 1962
GUTZOW, I.: in „Amorphous Materials“ Edt. by Douglas, R. W., ELLIS, B. London, New York 1972, S. 159
GUTZOW, I., KONSTANTINOV, I., KAISCHEW, R.: Comm. Deptm. Chem. (Bulg. Acad. Sci.) **2**, 249 (1969)
GUTZOW, I., RASPOPOV, A., KAISCHEW, R.: phys. stat. sol. (a) **1**, 159 (1970)
HILLIG, W., TURNBULL, D.: J. Chem. Physics **24**, 914 (1956)
KIRTISINGHE, D., STRICKLAND-CONSTABLE, R. F.: Nature **204**, (4957), 465 (1964)
KRISTHAL, JU. A.: Nauch. Doklady Vysshei Shkoly, Met. Nr. 4, 197 (1958)
MORRIS, P. J., KIRTISINGHE, D., STRICKLAND-CONSTABLE, R. F.: J. Crystal Growth **2**, 97 (1968)
MICUS, G., TROLTENIER, U.: Z. Elektrochemie **59**, 412 (1955)
PICKARDT, E. v.: Z. physik. Chem. **42**, 17 (1902)
VOLMER, M., MARDER, M.: Z. physik. Chem. (A) **154**, 97 (1931)

(Eingegangen am 8. August 1972)

Anschrift der Verfasser:
Dr. S. BUDUROV
N. STOJČEV
P. KOVATCHEV
M. KOVATCHEV
Institut für Metallkunde und
Technologie der Bulgarischen
Akademie der Wissenschaften
Sofia 74
ul. Tschapaev 53

Kristall und Technik	8	1–3	1973	31–47

L. N. Aleksandrov, B. I. Kidjarov, P. L. Mitnickij

Institut für Halbleiterphysik der Sibirischen
Abteilung der Akademie der Wissenschaften der UdSSR, Novosibirsk

Statistik des Anfangstadiums der Bildung von Kristallisationszentren in Schmelzen und Lösungen

Eine theoretische Analyse der Verteilungsfunktion der Induktionszeit bis zum Auftreten des ersten Kristallisationszentrums bei der homogenen und heterogenen Keimbildung in unterkühlten Schmelzen und übersättigten Lösungen wird durchgeführt. Es wird gezeigt, daß die Verteilungsfunktion bei homogener Keimbildung und bei konstanter Übersättigung einem Exponentialgesetz bzw. im allgemeinen Fall dem Weibull-Gnedenko-Gesetz gehorcht. Die Statistik des Anfangsstadiums der Bildung von Kristallisationszentren in Schmelzen und Lösungen, die Heterogenitäten enthalten, wird durch Überlagerung der aufgeführten Wechselbeziehungen beschrieben.

Die Entstehungsgeschwindigkeit der Kristallisationszentren, die als Ableitung des Logarithmus der Verteilungsfunktion definiert ist, kann im allgemeinen Fall bei Gegenwart einer Heterogenität in der Schmelze nicht monoton von der Zeit abhängen. Die experimentellen Werte, die durch Untersuchung der Keimbildungskinetik in Tellurschmelzen und wäßrigen Lösungen des Lithiumjodats gewonnen wurden, bestätigen die theoretischen Schlußfolgerungen. Es wird gezeigt, daß eine Reihe diskreter Temperaturwerte der Übersättigung (Unterkühlung) existiert, bei denen der Beginn der Kristallisation der unterkühlten Schmelzen und der übersättigten Lösungen am wahrscheinlichsten und für Halbleiter und andere anorganische Stoffe charakteristisch ist.

Проведен теоретический анализ вида функции распределения времени ожидания появления первого центра кристаллизации при гомогенной и гетерогенной нуклеации в переохажденных расплавах и пересыщенных растворах. Показано, что для гомогенной нуклеации функция распределения при постоянном пересыщении подчиняется экспоненциальному закону, либо в общем случае закону Вейбулла-Гнеденко. Статистика начальной стадии образования центров кристаллизации в расплавах и растворах, содержащих гетерогенности, описывается суперпозицией указанных соотношений.

Скорость зарождения центров кристаллизации, определяемая как производная логарифма функции распределения, в общем случае выражения при наличии гетерогенностей в расплаве может быть немонотонной от времени. Экспериментаьные данные, полученные исследованием кинетики нуклеации в расплавах теллура и водных растворах иодата, лития, подтверждают теоретические выводы. Показано, что существует дискретный ряд температур величин пересыщения (переохлаждений), при которых наиболее вероятно начало кристаллизации переохлажденных расплавов и пересыщенных растворов, что характерно для полупроводниковых и других неорганических веществ.

1. Einleitung

Entsprechend der Theorie der Fluktuation von Heterophasen ist die Entstehung von Kristallisationszentren, homogenen sowie heterogenen, ein zufälliger Prozeß, da eine bestimmte energetische Schwelle rein thermodynamischer Herkunft überwunden werden muß. Dieser Umstand bestimmt im Voraus den Wahrscheinlichkeitscharakter der Parameter, durch die die Kinetik des Phasenüberganges unmittelbar beschrieben wird und folglich die Notwendigkeit seiner Beachtung bei der experimentellen und theoretischen Untersuchung der Kinetik dieses Prozesses.

Hierin liegt ebenfalls die Notwendigkeit der Anwendung statistischer Methoden bei der Untersuchung von Kristallisationsprozessen. Die Ausarbeitung einer solchen Methodik soll nicht nur eine Verringerung des Arbeitsaufwandes bei der Bestimmung kinetischer Parameter des Prozesses gewährleisten, sondern auch die Möglichkeit der Gewinnung zusätzlicher Informationen beim Vergleich experimenteller Wahrscheinlichkeits-Gesetzmäßigkeiten mit ihren theoretischen Vorstellungen geben.

Die experimentellen Ergebnisse vieler Arbeiten zur Kinetik der Kristallisation in Lösungen und Schmelzen zeigen, daß sich der Prozeß der Bildung von Kristallisationszentren gewöhnlich in zwei Etappen gliedert: eine Induktionsperiode bis zum Auftreten des ersten Kristallisationszentrums, und eine Periode der „dynamischen" Keimbildung, die schon bei Anwesenheit einer festen Phase in der Schmelze verläuft (Strickland-Constable). Die Analyse der Untersuchung des zweiten Prozeßstadiums ist bedeutend schwieriger, da die Zahl der Faktoren und Nebenerscheinungen, die die Kristallisationskinetik verändern, ansteigt. Deshalb widmeten wir in unserer Arbeit zunächst dem ersten Stadium, der Entstehung des ersten Kristallisationszentrums, die größte Aufmerksamkeit.

2. Allgemeine Analyse der Wahrscheinlichkeitsgesetze der Keimbildungskinetik bei konstanter Übersättigung und Unterkühlung

Das zentrale Problem der Theorie der Keimbildung ist die Untersuchung der Abhängigkeit der Entstehungsgeschwindigkeit der Kristallisationszentren von der Zeit und der Übersättigung. Diese Größe wird gewöhnlich folgendermaßen definiert:

$$I = \frac{1}{V}\frac{dz}{dt} \tag{1}$$

worin V — Volumen der Schmelze
z — Zahl der Keime
t — Zeit

bedeuten.

Betrachtet man den Keimbildungsprozeß vom mathematischen Standpunkt aus als zufälligen (stochastisch), so muß man die Entstehungsgeschwindigkeit der Keime nach Gleichung (2) definieren:

$$I = \frac{1}{V}\frac{dM(z)}{dt} \tag{2}$$

worin $M(z)$ die mathematische Erwartung der Anzahl der Kristallisationszentren ist.

Der klassische Ausdruck für die stationäre Geschwindigkeit der Keimbildung aus einem übersättigten Dampf wurde schon früher in den Arbeiten von VOLMER und WEBER; FARKAS; KAISCHEV und STRANSKIJ; BECKER und DÖRING gefunden. Später betrachteten FRENKEL und ZELDOVITCH den Prozeß der Keimbildung im nichtstationären Regime und stellten die Hauptdifferentialgleichungen zur Beschreibung des Prozesses auf. Angewendet auf verschiedene Fälle von Phasenübergängen wurde die Theorie der Keimbildung mit geringen spezifischen Änderungen versehen, ist jedoch in ihrem thermodynamischen Teil universell.

Die exakte Lösung der Gleichungen von FRENKEL-ZELDOVITCH ist mit großen mathematischen Schwierigkeiten verbunden, weshalb auch viele Autoren angenäherte, asymptotische Ausdrücke fanden (REISS; PROBSTEIN; KANTROVITZ; WAKESHIMA; COLLINS; LJUBOV und ROITBURD; ZIABICKI; CHAKRAVERTY; FEDER; RUSSELT, LOTHE und POUND; KASHCHIEV (a)) oder maschinell rechneten (COURTNEY, ABRAHAM). Es ist wesentlich, darauf hinzuweisen, daß bei der Aufstellung der Grundgleichung und ihrer Lösung eine Reihe ernsthafter Annahmen benutzt werden, die die Lösung des untersuchten Problems auf die bekannte Aufgabe der stetigen Diffusion zurückführen. Dieses Vorgehen gestattet zwar, die gesuchten analytischen Abhängigkeiten der Keimbildungsgeschwindigkeit zu finden, deckt jedoch nicht die statistischen Gesetzmäßigkeiten des Prozesses auf. Gleichzeitig ist es bei der Betrachtung des Anfangsstadiums des Prozesses, wenn die Zahl der Keime noch gering ist, notwendig, unmittelbar die entsprechenden Verteilungsfunktionen der Entstehungszeitpunkte von Kristallisationszentren zu definieren.

Einige Fragen des von uns untersuchten Problems wurden schon früher in der Theorie der chemischen Kinetik von Prozessen in mehreren Stadien gelöst (KIM; REE et. al.; MONTROL und SHULER; BARRUCHA-REID) und wurden auf die Keimbildungsprozesse angewendet in den Arbeiten von ANDRES und BOUDART; CHAKRAVERTY; TOSCHEV et. al.; ULLNER; und ZINSMEISTER behandelt.

Das von uns vorgeschlagene analoge Vorgehen zum zentralen Problem der Kinetik der Keimbildung aus Schmelzen und Lösungen begründet sich im wesentlichen auf die Ergebnisse der oben angeführten Arbeiten zur klassischen thermodynamischen Theorie der Fluktuations-Keimbildung, benutzt jedoch ebenfalls die Ergebnisse der Untersuchungen zur mathematischen Theorie zufälliger Prozesse und geordneter Statistiken.

2.1. Herleitung der Grundgleichungen der Keimbildungskinetik und ihre Lösung

Bei der Lösung der gestellten Aufgabe nehmen wir wie früher schon an, daß der Keimbildungsprozeß nach dem bekannten Czillard-Schema verläuft, d. h. nach dem Schema eines zufälligen Prozesses des Verschwindens und der Vervielfachung (GNEDENKO et. al. 1965; KLIMOV).

Betrachten wir das Volumen einer unterkühlten Flüssigkeit, das geringfügig das Volumen eines kritischen Keimes übersteigt und $n + 1$ Moleküle oder Atome enthält. Mit dem Symbol E_0 bezeichnen wir den Zustand dieses Volumens, wenn in ihm $n + 1$ einzelne Atome der Schmelze enthalten sind. Mit dem Symbol E_1

bezeichnen wir den Zustand des Systems, das einen Komplex aus $2^{\times}$ Atomen enthält, mit E_2 bei $3^{\times}$ Atomen, und schließlich mit E_{n-1} bei einem Komplex aus $n^{\times}$ Atomen. Dieser Komplex stellt einen kritischen Keim der festen Phase dar, der nach Anlagerung eines weiteren Atoms (Übergang in den Zustand E_n) zum weiteren selbstständigen Wachsen fähig ist. Bezeichnen wir mit λ_0 die Wahrscheinlichkeit des Überganges des Systems vom Zustand E_0 in E_1; mit λ_1 die Übergangswahrscheinlichkeit von E_1 zu E_2 usw., d. h. die Wahrscheinlichkeiten der Anlagerung einzelner Atome an die entsprechenden Komplexe. Mit μ_1 sei die Wahrscheinlichkeit des Übergangs von E_1 zu E_0, mit μ_2 die für den Übergang von E_2 zu E_1 usw. bezeichnet, d. h. die Wahrscheinlichkeiten des Loslösens einzelner Atome von den entsprechenden Atomkomplexen. Das graphische Schema für diesen Prozeß ist in Figur 1 dargestellt.

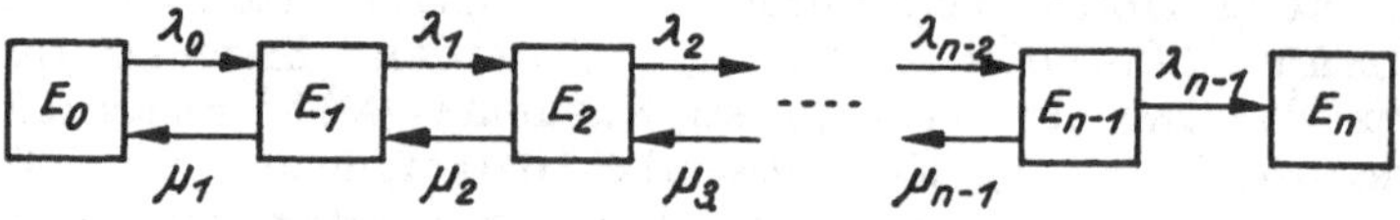

Fig. 1. Blockschema des Entstehungsprozesses von Kristallisationszentren in einer Schmelze mit „$n + 1$" Atomen

Die Wahrscheinlichkeit des Übergangs des Systems aus dem Zustand E_n in den Zustand E_{n-1} nehmen wir gleich Null an ($\mu_n = 0$), d. h. der Zustand E_n ist für unser System absorbierend.

Somit ist das mathematische Modell unseres Prozesses ein gut erforschter Prozeß des Verschwindens und der Vervielfachung mit einer endlichen Zahl von Zuständen. Wir betrachten nun die Analyse der Lösungen dieses Modells, angewendet auf einen (vom physikalischen Standpunkt) homogenen „mikrostationären" Keimbildungsprozeß, d. h. wir werden die Übergangswahrscheinlichkeiten λ_i, μ_i als konstant, unabhängig von der Zeit, jedoch abhängig von den Abmessungen der Komplexe ($\lambda_i = \lambda_j$ bei $i = j$) betrachten. Dann wird die Kinetik des Prozesses durch ein homogenes System von Differentialgleichungen mit konstanten Koeffizienten beschrieben (Hauptsystem der Differentialgleichungen der Keimbildungskinetik) (ZINSMEISTER):

$$\left.\begin{aligned} dp_0(t)/dt &= -\lambda_0\, p_0(t) + \mu_1\, p_1(t) \\ dp_k(t)/dt &= \lambda_{k-1}\, p_{k-1}(t) - (\lambda_k + \mu_k)\, p_k(t) + \mu_{k+1}\, p_{k+1}(t) \\ dp_n(t)/dt &= \lambda_{n-1}\, p_{n-1}(t)\,. \end{aligned}\right\} \quad (3)$$

Hier ist $p_i(t)$ die Wahrscheinlichkeit, daß sich das System im Zustand E_i befindet. Damit das System eine eindeutige Lösung hat, müssen die Anfangsbedingungen gegeben werden mit $p_i(0)$, $i = 0, 1, 2, \ldots . n$, d. h. die Wahrscheinlichkeiten der Anfangszustände des Prozesses müssen gegeben werden. Vom physikalischen Standpunkt aus sind diese Anfangszustände des Prozesses eine Gleichgewichtsfunktion der Verteilung der Komplexe nach ihrer Größe im überhitzten Ausgangszustand der Schmelze. Deshalb gestattet die Vorgabe vom mathematischen Standpunkt aus verschiedene Anfangsbedingungen des Prozesses, den Einfluß der Überhitzung der Schmelze auf die Keimbildungskinetik zu untersuchen (ZIABICKI 1968; KASHCHIEV, KAISCHEV).

In der Wahrscheinlichkeitstheorie wird bewiesen, daß für beliebige Anfangszustände des Prozesses Grenzwerte existieren:

$$\lim_{t \to \infty} p_i(t) = p_i \cdot \quad i = 0, 1, 2, \ldots . \tag{4}$$

Gilt für ein beliebiges $i > 0$

$$\lambda_{i-1} + \mu_i = 0 , \tag{5}$$

so hängen diese Endwahrscheinlichkeiten nicht vom Anfangszustand des Prozesses ab (GNEDENKO et al., S. 348). In Ünereinstimmung mit unseren Definitionen des Prozesses (Fig. 1) wird die Bedingung (5) beachtet. Geht man im Gleichungssystem (3) zur Grenze über, wo $dp_i(t)/dt = 0$ vorausgesetzt wird, erhält man für die Endwahrscheinlichkeiten folgendes System algebraischer Gleichungen:

$$\left.\begin{aligned} 0 &= -\lambda_0 p_0 + \mu_1 p_1 \\ 0 &= \lambda_{i-1} P_{i-1} - (\lambda_i + \mu_i) p_i + \mu_{i+1} p_{i+1} \\ 0 &= \lambda_{n-1} p_{n-1} . \end{aligned}\right\} \tag{6}$$

Hieraus erhält man leicht, daß in unserem Fall $p_0 = p_1 = \cdots = p_{n-1} = 0$ ist. Da die Summe aller Wahrscheinlichkeiten

$$\sum_{i=0}^{n} p_i = 1 \tag{7}$$

finden wir:

$$\lim_{t \to \infty} p_n(t) = 1 \tag{8}$$

Somit ist bewiesen, daß der Grenzzustand unseres Systems der Zustand E_n ist, der als absorbierend bezeichnet wird.

Unsere Aufgabe ist die Bestimmung der Zeitabhängigkeit der Aufenthaltswahrscheinlichkeiten des Systems im Zustand E_n $\left(p_n(t)\right)$, da diese Größe eine Verteilungsfunktion der Induktionszeiten des Auftretens des ersten Kristallisationszentrums (f) darstellt. Mit diesem Ziel muß das homogene System der Differentialgleichungen (3) gelöst werden. Die allgemeine Lösung dieses Systems ist gut bekannt, wird jedoch infolge der Kompliziertheit der Berechnungen in der Theorie der Keimbildung nicht angewendet: (ZINSMEISTER)

$$p_i(t) = p_i + \sum_{k=1}^{n} A_{k\,i}\, e^{-\alpha_k t} \tag{9}$$

worin $A_{k\,i}$ — Konstante, die rationale Funktionen der Koeffizienten λ_i, μ_i, α_k sind, und im allgemeinen Fall sowohl positiv als auch negativ sein können.

α_k — Eigenwerte der Koeffizientenmatrix des Gleichungssystems (3) darstellen.

Da diese Matrix in unserem Fall jakobisch und normal ist (KLIMOV), sind alle α_k reell und verschieden voneinander.

Für die uns interessierende Wahrscheinlichkeit $p_n(t)$ erhalten wir bei Beachtung der Tatsache, daß entsprechend Formel (6) $p_n = 1$ gilt, folgenden Ausdruck:

$$p_n(t) = f = 1 - \sum_{k=1}^{m} a_k \exp(-\alpha_k t) + \sum_{k=m+1}^{n} a_k \exp(-\alpha_k t) , \tag{10}$$

wobei alle $\alpha_k > 0$ sind.

Wir stellen fest, daß f die Verteilungsfunktion der Induktionszeit des Auftretens des ersten Kristallisationskeimes in einer Elementarzelle der Schmelze mit dem Volumen V, das gleich dem Volumen eines Keimes mit „$n + 1$“ Atomen ist, dargestellt.

2.2. Asymptomatische Ausdrücke der Verteilungtfunktion der Induktionszeit des Auftretens des ersten Kristallisationszeit für die homogene Keimbildung

In der Theorie der stochastischen Prozesse wird gezeigt, daß für den Fall, daß für den Prozeß des Verschwindens und der Vervielfachung eine Endwahrscheinlichkeit existiert, die Zeit des ersten Erreichens eines hohen Niveaus (ein bestimmter Zustand E_n, wobei „n“ aureichend groß sein muß) eine asymptotische Verteilung nach einem Exponentialgesetz ist und daß diese Verteilung (bei $n \to \infty$) nicht vom Anfangszustand des Prozesses abhängt (GNEDENKO et al., S. 365). D. h.

$$f\,(0 \underset{n \to \infty}{<} \tau < t) \approx 1 - \exp\left(-\frac{t}{T_n}\right) \tag{11}$$

Diese asymptotische Verteilung gilt annähernd auch für beliebige „n“, wenn $\lambda_i \ll \mu_i$ gilt (GNEDENKO et al.).

Die Verteilungsfunktion der Induktionszeit des Auftretens des ersten Kristallisationszentrums im gesamten Volumen der Schmelze wird in Übereinstimmung mit der Grundgleichung der Theorie der geordneten Statistiken durch folgenden Ausdruck definiert (GUMBEL):

$$F = 1 - (1 - f)^{\frac{N}{n+1}} \tag{12}$$

worin N die Gesamtzahl der Atome in der Schmelze ist.

Gehorcht f einem Exponentialgesetz, so ist auch die Verteilungsfunktion für das gesamte Volumen der Schmelze F exponentiell. Hat f einen allgemeineren Charakter (10), so kann der Grenzausdruck für F im Falle homogener Keimbildung eine Weibull-Gnedenko-Verteilung sein (GUMBEL; KIDJAROV et al. 1970b)):

$$F\,(0 < \tau < t) = \begin{cases} 1 - \exp\left(\dfrac{t - t_s}{t_0 - t_s}\right)^{\beta} & \text{für} \quad t \geqq t_s \\ 0 & \text{für} \quad 0 \leqq t < t_s \end{cases} \tag{13}$$

worin $\beta > 0;\ t_0 > t_s;\ t \leqq t_s$ und
t_s eine nichtstationäre Periode ist.

2.3. Verteilungsfunktion der Induktionszeit des Auftretens des ersten Kristallisationszentrums für die heterogene Keimbildung

Setzt man voraus, daß in der Schmelze mehrere Typen von Elementarvolumina (ϱ) vorhanden sind, die heterogene Einschlüsse gleicher Aktivität enthalten, so wird die Verteilungsfunktion der Induktionszeit für das gesamte Volumen der Schmelze durch folgenden Ausdruck definiert:

$$F = 1 - \prod_{i=0}^{\varrho} \prod_{j=1}^{m_i} (1 - f_{ij}) \tag{14}$$

worin f die Verteilungsfunktion in der j-ten Zelle i-ten Typs ist,
f_{0i} die Verteilungsfunktion in den Elementarvolumina, die keine Heterogenitäten enthalten und
m_i die Anzahl der Zellen i-ten Typs.

Durch Einsetzen der Gleichung (10) in Gleichung (14) erhalten wir erneut die allgemeine Form der Gleichung (10), in der jedoch die Anzahl der Glieder zunimmt und gleich

$$1 + \prod_{i=0}^{\varrho} n_i m_i$$

wird, wobei n_i die Zahl der Atome im kritischen Keim i-ten Typs ist.

Für den Fall, daß die Zahl der kleinen Volumina, die Heterogenitäten enthalten, sowie die Zahl der Atome im entsprechenden kritischen Keim nicht groß sind, ergibt sich die Möglichkeit der Realisierung der allgemeinen Form der Verteilungsfunktion (10).

Bei Hinzuziehung einiger Bedingungen (z. B. der oben angeführten) und für die heterogene Keimbildung kann die Verteilungsfunktion der Induktionszeit durch verschiedene Grenzverhältnisse approximiert werden, insbesondere durch eine Summe der Poissongesetze (Freyer). Sie experimentellen Ergebnisse zur Statistik der Keimbildung zeigen, daß die Verteilungsfunktion der Induktionszeit des Auftretens des ersten Kristallisationszentrums im allgemeinen Fall eine Überlagerung der Gesetze von Weibull-Gnedenko ist (Kidjarov et al. 1970b)). Detaillierte Bedingungen der Konvergenz mit verschiedenen asymptotischen Verteilungen sind in der gegenwärtigen Zeit noch nicht bis zu Ende untersucht.

2.4. Verteilungsfunktion des allgemeinen Verlaufs der Zeitpunkte der Entstehung der Kristallisationszentren

Eine formale Analyse des Verlaufs der Entstehungzeitpunkte der Kristallisationszentren für stationäre und nichtstationäre Keimbildungsprozesse wurde bereits früher in den Arbeiten von Toschev et al. durchgeführt. Wir geben hier eine allgemeinere Form dieser Beziehung, die sowohl nichtstationäre als auch nichtisotherme Keimbildungsprozesse beschreibt.

Der allgemeine Verlauf der Entstehungszeitpunkte der Kristallisationszentren im makroskopischen Volumen der Schmelze (Lösung) ist die Summe einer großen Zahl von Verläufen kleiner Intensität für jedes Elementarvolumen der Schmelze. Setzt man voraus, daß die Abläufe in den Elementarvolumina voneinander unabhängig sind, so wird die Gesamtheit der Entstehungszeitpunkte von Kristallisationszentren asymptotisch zu einem nichtstationären Poisson-Prozeß mit der Leitfunktion $\Lambda(t)$ konvergieren (Gnedenko, Kovalenko; Grigelionis)

$$p\,\{z(t) - z(s) = k\} = \frac{[\Lambda(t) - \Lambda(s)^k]}{k!} \exp\,[-\,\Lambda(t) - \Lambda(s)] \tag{15}$$

worin $p\,\{z(t) - z(s) = k\}$ die Wahrscheinlichkeit der Bildung von k Zentren in der Zeit $(t - s)$ und
$\Lambda(t)$ die von links stetige, nichtfallende Funktion $\Lambda(t) = 0$ bei $t \leqq 0$

bedeuten.

Die Hauptforderung für die Konvergenz des untersuchten Prozesses an ein solches Gesetz ist die Notwendigkeit gleichmäßig geringer Intensitäten (in unserem Falle der Bildungsgeschwindigkeiten der Kristallisationszentren) für jedes einzelne Elementarvolumen der Schmelze. Außerdem sollte die Zahl der Zentren, die sich im Anfangsstadium des Prozesses bilden, kleiner sein als die Zahl der aktivsten Volumina. Für eine große Dauer des Prozesses muß die Verkleinerung des Volumens der Schmelze sowie der Verlust der aktiven Zentren bei der Kristallisation beachtet werden (ALEXANDROV; KOLMOGOROV; MARKOV, KASHCHIEV). Für diesen Fall ist Gleichung (15) ungültig.

Wirken sich die entstehenden Kristallisationszentren auf die Bildungsgeschwindigkeit der nachfolgenden Zentren aus (STRICKLAND-CONSTABLE; FASOLI; CONTI), so stellt der Gesamtstrom der Entstehungszeitpunkte vom mathematischen Standpunkt aus einen aufgefächerten Markovschen zufälligen Prozeß dar, der in den entsprechenden Anleitungen zur Theorie der zufälligen Prozesse beschrieben ist (SEVASTJANOV; BARUCHA-REID).

Für den Entstehungszeitpunkt des ersten Kristallisationszentrums jedoch gilt in allen angeführten Fällen Gleichung (16):

$$F(0 < \tau < t) = 1 - \exp\left(-\Lambda(t)\right) \tag{16}$$

3. Bestimmung der Entstehungsgeschwindigkeit der Kristallisationszentren nach statistischen Werten des Anfangsstadiums des Keimbildungsprozesses

Für einen nichtstationären Poisson-Prozeß ist die mathematische Erwartung eines Ereignisses im Zeitabschnitt $(t - s)$ gleich $[\Lambda(t) - \Lambda(s)]$ (GNEDENKO, KOVALENKO). Somit folgt aus Gleichung (2) und aus Gleichung (16)

$$I(\Delta S(s), S) = \lim_{t \to s} \frac{\Lambda(t) - \Lambda(s)}{V(t - s)} = \frac{1}{V} \frac{d\Lambda(t)}{dt}\bigg|_{t=s} = \frac{1}{V} \frac{dl\,n\,(1-F)}{dt}\bigg|_{t=s} \tag{17}$$

Somit können für einen beliebigen nichtstationären Keimbildungsprozeß mit variabler Übersättigung die Werte der Entstehungsgeschwindigkeiten der Kristallisationszentren mit Hilfe statischer Untersuchungen des Anfangsstadiums der Kristallisation nach Gleichung (17) bestimmt werden. Die Entstehungsgeschwindigkeit der Kristallisationszentren ist sowohl eine Funktion der Zeit als auch der Übersättigung. Für jedes vorgegebene Abkühlungsregime der Schmelze kann man die Abhängigkeit der Keimbildungsgeschwindigkeit von der Unterkühlung (Übersättigung) $I(\Delta T)$ erhalten (HORN, MASING; KIDJAROV et al. 1970a)). Die Untersuchung des Einflusses der Abkühlgeschwindigkeit auf die Abhängigkeit $I(\Delta T)$ gestattet, den Effekt der athermischen Keimbildung zu definieren (ZIABICKI 1968; KASHCHIEV 1969b); DEMJANOV u. M.).

Um die allgemeine Form der Abhängigkeit der Entstehungsgeschwindigkeit der Kristallisationszentren von der Zeit bei konstanter Übersättigung zu bestimmen, setzen wir Gleichung (10) in (17) ein. Wir erhalten:

$$I = \frac{\sum_{i=1}^{m} \alpha_i a_i \exp(-\alpha_i t) - \sum_{i=m+1}^{n} \alpha_i a_i \exp(-\lambda_i t)}{V\left(\sum_{i=1}^{m} a_i \exp(-\alpha_i t) - \sum_{i=m+1}^{n} a_i \exp(-\alpha_i t\right)} \tag{18}$$

Im Anfangsmoment, bei $t = 0$, ist die Entstehungsgeschwindigkeit der Kristallisationszentren gleich:

$$I(0) = \frac{1}{V}\left(\sum_{i=1}^{m} \alpha_i a_i - \sum_{i=m+1}^{n} \alpha_i a_i\right) \tag{19}$$

Bei $t \to \infty$ erhalten wir durch multiplizieren und dividieren von (18) mit exp $(-\alpha_j t)$, wobei $\lambda_j = \lambda_{\min}$, d. h. $\alpha_j \leqq \alpha_i$, für alle $i \neq j$:

$$I(\infty) = \lim_{t\to\infty} \frac{\sum_{i=1}^{m} \alpha_i a_i \exp(-(\alpha_i - \alpha_j)t) - \sum_{i=m+1}^{n} \alpha_i a_i \exp(-\alpha_i - \alpha_j)t)}{\sum_{i=1}^{m} a_i \exp(-(\alpha_i - \alpha_j)t) - \sum_{i=m+1}^{n} a_i \exp(-(\alpha_i - \alpha_j)t)}$$

$$= \frac{1}{V}\frac{\alpha_j a_j}{a_j} = \frac{\alpha_j}{V} = \frac{\alpha_{\min}}{V} \tag{20}$$

Ist in Gleichung (20) für alle $i = m + 1\ a = 0$, so erscheint die Abhängigkeit der Entstehungsgeschwindigkeit der Kristallisationszentren von der Zeit als monoton fallende Stufenfunktion

$$I = \frac{1}{V}\frac{\sum_{i=1}^{m} \alpha_i a_i \exp(-\alpha_i t)}{\sum_{i=1}^{m} a_i \exp(-\alpha_i t)} \tag{21}$$

Im allgemeinen Fall (Gleichung (18)) stellt die Entstehungsgeschwindigkeit der Kristallisationszentren, in Abhängigkeit vom Verhältnis $\alpha_{\min}$ und der Summe $\left(\sum_{i=1}^{m} \alpha_i a_i - \sum_{i=m+1}^{n} \alpha_i a_i\right)$ eine monoton steigende Stufenfunktion dar (von 0 bis zu $\alpha_{\min}$) oder hat Extremwertcharakter. Somit kann die Abhängigkeit der Entstehungsgeschwindigkeit der Kristallisationszentren von der Zeit für eine Schmelzprobe, die heterogene Einschlüsse enthält, nicht monoton sein. Im vorliegenden Fall hängt das mit dem Fluktuationscharakter des fortlaufenden vielstufigen Prozesses der Entstehung eines kritischen Keimes bei der Keimbildung zusammen. Eine ähnliche Erscheinung für den allgemeinen nichtstationären Strom der Entstehung von Kristallisationszentren in einer Schmelze, die Heterogenitäten enthält, wird in den Arbeiten von Toschev et al. beschrieben. Man kann feststellen, daß eine bestimmte Nichtmonotonität des Prozesses auch für die Verteilung von Clustern und Keimen nach der Größe bei der Kondensation und Züchtung von Schichten auf Substraten mit verschiedenen Defekten charakteristisch ist (Ullner; Alexandrov).

Der analytische Ausdruck der Abhängigkeit der Entstehungsgeschwindigkeit der Kristallisationszentren von der Zeit für den nichtstationären Prozeß der homogenen Keimbildung stellt nach den Angaben einer Reihe von Arbeiten monoton steigende Funktionen dar:

Zeldovitsch:

$$I = I_{st} \exp\left(\frac{t_s}{t}\right) \tag{22}$$

worin t_s die nichtstationäre Periode angibt.

WACKESHIMA; FEDER et al.; CHAKRAVERTY; ZIABICKI 1965:

$$I = I_{st}\left(1 - \exp\left(\frac{t}{t_s}\right)\right) \tag{23}$$

COLLINS; KASHCHIEV 1969a:

$$I = I_{st}\left(1 + 2 \sum_{n=1}^{\infty} (-1)^n \exp\left(-n^2 \frac{t}{t_s}\right)\right) \tag{24}$$

Den letzten Ausdruck kann man in der kürzeren Form

$$I = I_{st} K\left(\sqrt{\frac{t}{2 t_s}}\right) \tag{25}$$

schreiben, wobei $K(Y)$ eine Kolmogorov-Verteilungsfunktion ist (BOLSHEV, SMIRNOV).

Die asymptotischen Grenzwerte der Gleichung (25) (KAISHCHEV 1969a), die auch bei unseren Gleichungen für $\alpha = 1$ herauskommen, lauten:

$$\left.\begin{aligned} I &= 0 \quad &\text{für} \quad 0 < t < t_s \\ I &= I_{st} \quad &\text{für} \quad t > t_s \end{aligned}\right\} \tag{26}$$

4. Untersuchungsmethodik der Keimbildungsstatistik in Lösungen und Schmelzen und Aufbereitung der experimentellen Werte

Die früher angewendeten Methoden der experimentellen Untersuchung der Keimbildungskinetik kann man in vier Typen einteilen (KIDJAROV et al. 1970a)): Die Methode für eine bzw. viele Proben, die sich ihrerseits in die Methode der konstanten und der veränderlichen Übersättigung gliedert. Bei der Methode der konstanten Übersättigung wird eine große Anzahl Proben in der Schmelze im unterkühlten Zustand gehalten bis zur vollständigen Kristallisation aller Proben bzw. eine Probe wird mehrfach dem Schmelzen und der Kristallisation unter reproduzierbaren Bedingungen unterworfen. Bei der Methode der veränderlichen Übersättigung werden entweder viele Proben nach einem bestimmten Gesetz bis zur vollständigen Kristallisation der Schmelze abgekühlt oder die Prozedur wird mit einer Probe mehrfach wiederholt. Bei der Analyse der experimentellen Werte zur Statistik der Keimbildung nach der Methode mit einer Probe genügt es, die oben angeführten Ausdrücke für konstante Übersättigung oder die früher hergeleiteten Ausdrücke für den Fall veränderlicher Übersättigung (Unterkühlung) (KIDJAROV et. al. 1970a, b; SKRIPOV et al. 1970) anzuwenden.

Bei der Methode mit vielen Proben wird für den Fall heterogener Keimbildung die Form der experimentellen Verteilungsfunktionen infolge der möglichen ungleichmäßigen Verteilung der Heterogenitäten in den Proben komplizierter. Der Einfluß dieser Faktoren wurde bereits in einer Reihe von Arbeiten behandelt (GORNICK; POUND, LA MER).

In allen Fällen werden die experimentellen Werte zur Verteilungsfunktion entweder in die halblogarithmische Darstellung $\ln f_{emp} = \ln (m/m_0 + 1) - t$ oder in die doppeltlogarithmische $\ln\ln f_{emp} - \ln t$ eingetragen (m_0 — Gesamtzahl der Proben, m — Zahl der flüssigen Proben).

Die Methodik zur zahlenmäßigen Bestimmung der Parameter nach Auswahl der experimentellen Werte, die den von uns zugrunde gelegten Verhältnissen entsprechen, wird in einer Reihe neuester Arbeiten zur mathematischen Statistik der Extremwerte behandelt (Falls, Marshall; Radhunandanan, Strinivasan).

5. Experimentelle Werte der Kinetik des Anfangsstadiums der Kristallisation von Schmelzen und Lösungen

Es gibt eine kleine Anzahl Arbeiten, die der Untersuchung der Statistik des Anfangsstadiums der Kristallisation bei der homogenen Keimbildung von Schmelzen gewidmet sind (Skripov et al.), nach denen die Verteilungsfunktion der Induktionszeit des Auftretens des ersten Kristallisationszentrums einem einfachen Exponentialgesetz gehorcht. Diese Voraussetzung trifft auch für andere Typen homogener Phasenübergänge zu (Skripov).

Bei der heterogenen Kristallisation von Schmelzen und Lösungen verschiedener Stoffe beobachtet man gewöhnlich eine Abweichung vom einfachsten Poisson-Gesetz (Rix; Fehling, Scheil; Pound, La Mer; White, Frost; Melia, Moffit; Kidjarov et al. 1970a, b, 1971a, b).

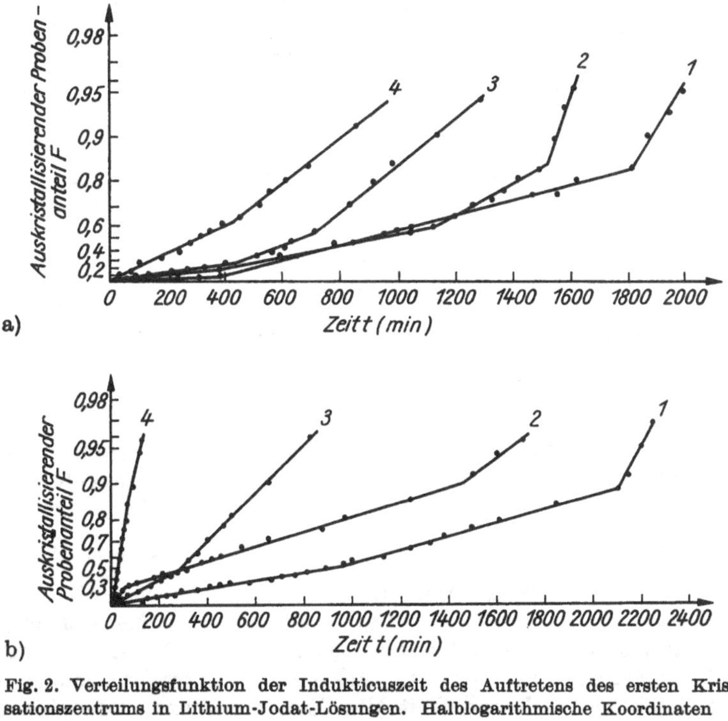

Fig. 2. Verteilungsfunktion der Indukticuszeit des Auftretens des ersten Kristallisationszentrums in Lithium-Jodat-Lösungen. Halblogarithmische Koordinaten

a) Kristallisationstemperatur der Lösungen 40 °C. Kurven 1 – 4 entsprechen den Konzentrationen 45,6 %; 46,0 %; 46,2 %; 46,4 %.

b) Kristallisationstemperatur der Lösungen 40 °C. Die Kurven 1 – 4 entsprechen den Konzentrationen 48 %; 48,2 %; 49,2 %; 48,5 %

Wir werden in dieser Arbeit Werte zur Kinetik der Kristallisation des Tellurs aus der Schmelze und des Lithium-Jodats aus der Lösung anführen. Die Methodik der experimentellen Untersuchung wurde von uns bereits in vorangegangenen Arbeiten dargelegt (KIDJAROV et al. 1969, 1970a, b, 1971a, b).

Die Verteilungsfunktion der Induktionszeit des Auftretens des ersten Kristallisationszentrums des Lithium-Jodats unterliegt dem verallgemeinerten Gesetz der nichthomogenen Serie (Gleichung (10)) (KIDJAROV et al. 1971a, 1972) (Figur 2a, b).

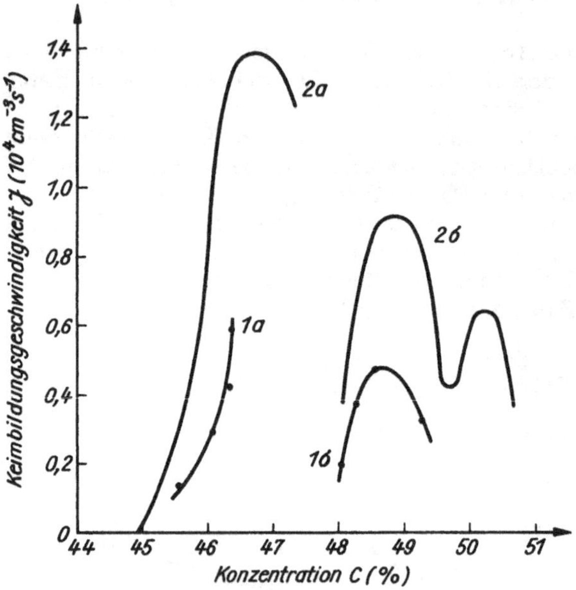

Fig. 3. Abhängigkeit der Entstehungsgeschwindigkeit der Kristallisationszentren in Lithium-Jodat-Lösungen von der Konzentration in Gew.-%
Kurven 1a, b entsprechen den Kristallisationstemperaturen 40 und 20 °C, und wurden nach der mittleren Zeit der Inkubationsperiode der Kristallisation konstruiert.
Kurven 2a, b entsprechen 40 und 20 °C und wurden nach der Methode der beliebigen Übersättigung bestimmt

In Figur 3 sind die Abhängigkeiten der Entstehungsgeschwindigkeiten der Kristallisationszentren von der Konzentration der Lithium–Jodat-Lösung angeführt, die von uns nach der mittleren Induktionszeit des Auftretens des ersten Kristallisationszentrums $\dot{I} = \frac{1}{V\, t_{\text{mitt.}}}$ und nach der in unserer Arbeit (KIDJAROV et al. 1970a)) dargelegten Methode der veränderlichen Unterkühlung (Übersättigung) konstruiert wurden. Das Ansteigen der Übersättigung ergab sich durch das Verdampfen des Wassers aus der Lösung. Die Analyse der vorliegenden Werte (Fig. 2a, 2b, 3) zeigte, daß die Verteilungsfunktion in den Maxima der Entstehungsgeschwindigkeit der Kristallisationszentren eine einfachere Form hat:

$$f(0 < \tau < t) = 1 - \sum_{i=1}^{m} a_i \exp(-\alpha_i t)\,, \tag{27}$$

oder nach einem Extremwert-Gesetz verläuft, während in den Minima die Gleichung (10) gültig ist.

Ein ähnliches Ergebnis wurde von DELABROUILLE bei der Untersuchung der Kristallisation von unterkühlten Zinn-Schmelzen beobachtet. Die nach den Grafiken (Fig. 2a, b) bestimmte Abhängigkeit der Keimbildungsgeschwindigkeit von der Zeit wird im allgemeinen Fall nicht monotonen Charakter haben und Gleichung (18) entsprechen.

In Figur 4 sind die Verteilungsfunktionen der Induktionsperioden der Kristallisation von Tellurschmelzen bei verschiedenen Unterkühlungen dargestellt.

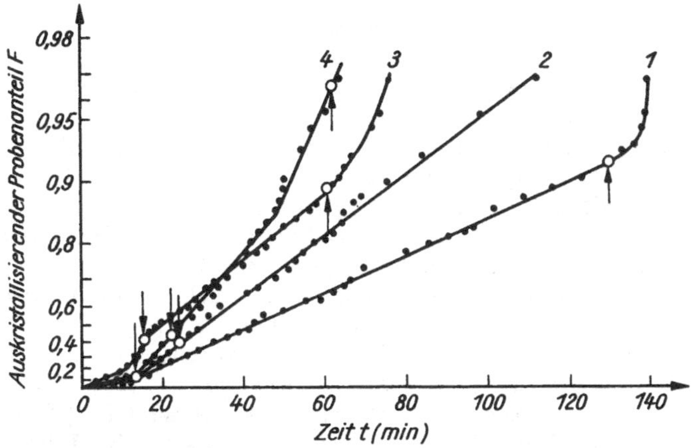

Fig. 4. Verteilungsfunktion der Induktionszeit des Auftretens des ersten Kristallisationszentrums in Tellurschmelzen für eine voraufgehende Überhitzung der Schmelze um 4,5° und Halten in diesem Zustand für 30 Min. Die Kurven 1–4 entsprechen Unterkühlungen von 12,5; 16; 19; 22,5

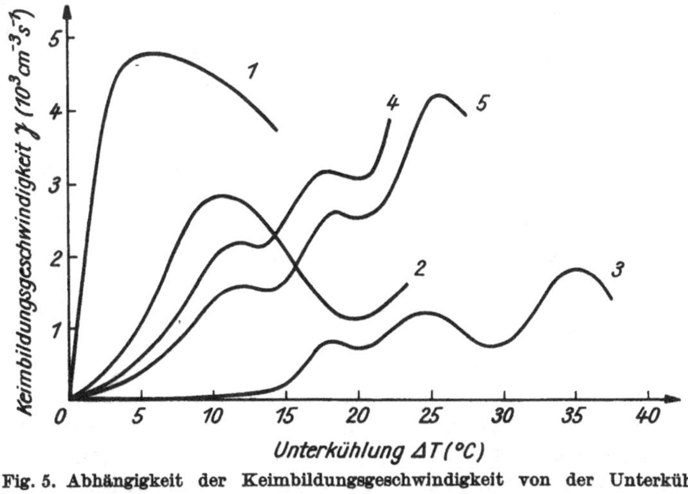

Fig. 5. Abhängigkeit der Keimbildungsgeschwindigkeit von der Unterkühlung in Tellurschmelzen

Kurve Nr.:	1	2	3	4	5	
Überhitzung ΔT^+	2,5	6,5	12,5	11,5	11,5	1,5
Haltezeit (min)	30	30	30	90	30	60

Die Kurvenabschnitte, die konstanten Unterkühlungen entsprechen, sind durch Pfeile gekennzeichnet. Die Verteilungsfunktion der Induktionszeit des Auftretens des ersten Kristallisationszentrums wird durch Formel (10) beschrieben und nähert sich einem Exponentialgesetz. Der Anstieg der Kurven vergrößert sich auf den Abschnitten, die einer veränderlichen Unterkühlung entsprechen, was einer Vergrößerung der Entstehungsgeschwindigkeit der Kristallisationszentren mit Verringerung der Temperatur entspricht. In Figur 5 ist die Abhängigkeit der Entstehungsgeschwindigkeit der Kristallisationszentren von der Unterkühlung der Tellurschmelze bei verschiedenen vorherigen Überhitzungen und für das Halten in diesen überhitzten Zuständen (Kurven 1—3 und 4, 5 für die Proben I und II entsprechend, Volumen der Schmelze = 1 cm^3) dargestellt. Hier wurde die Methode der beliebigen Abkühlung (KIDJAROV et al. 1970a)) angewendet. Die mittlere Abkühlgeschwindigkeit im unterkühlten Zustand betrug 60°/Std. Man sieht, daß die Abhängigkeit der Entstehungsgeschwindigkeit der Kristallisationszentren von der Unterkühlung Extremwertcharakter hat. Die Lage der Maxima verschiebt sich bei Verstärkung der voraufgehenden Überhitzung auf die Seite großer Unterkühlungen, während sich die Entstehungsgeschwindigkeit der Kristallisationszentren dabei wesentlich verkleinert. Die Existenz einer ähnlichen diskreten Reihe von Temperaturen, bei denen die Kristallisation der unterkühlten Schmelzen mit der größten Wahrscheinlichkeit einsetzt, wurde bereits früher für folgende Stoffe, die mit Änderung des chemischen Bindungstyps verschieden schmelzen, festgestellt: Halbleiter-Metall (Ge, InSb) (DEMJANOV u. M.), Halbleiter-Ionenschmelze ($LiJO_3$) (KIDJAROV, MITNICKI), Metall–Metall (Hg) (MONGE, LAFARG), (Sn) (SKRIPOV et al. 1970, 1971), Dielektrikum-Ionenschmelze ($LiNO_3$) (KIDJAROV, MITNICKI).

Das Auftreten dieser Grenzunterkühlungen wird mit zwei Etappen des Keimbildungsprozesses in Verbindung gebracht: metastabile Flüssigkeit-metastabiler Keim der festen Phase-Gleichgewichtskeim der festen Phase (REGIS-CABOS). Man setzt außerdem voraus, daß das Ansteigen der Keimbildungsgeschwindigkeit bei bestimmten Unterkühlungen damit zusammenhängt, daß zu diesen Zeitpunkten der Radius des Gleichgewichtskeimes ein ganzes Vielfaches der Gitterkonstanten der Nahordnungsstruktur der Flüssigkeit ist (REGIS-CABOS; SKRIPOV et al. 1971). In anderen Arbeiten wurde das Auftreten von Maxima der Keimbildungsgeschwindigkeit mit der Anwesenheit verschiedener heterogener Verunreinigungen in der Schmelze (DANILOV) bzw. mit heterogenen Teilchen verschiedener Aktivität (KLEBER et al.) in Verbindung gebracht. Das nicht monotone Ansteigen der Keimbildungsgeschwindigkeit mit Vergrößerung der Übersättigung wurde auch in den Arbeiten von NIELSEN; KIRKOVA, DJAROVA beobachtet. Man erklärte es außer mit der Gegenwart von Verunreinigungen auch mit der Möglichkeit der Entstehung verschiedener Keimarten bzw. mit Keimen verschiedener Form, wie man gewöhnlich in der Kolmogorov-Gleichung annimmt (SIROTA; ALEXANDROV; BLIZNAKOV, DELINESHEV). Von uns wurde jedoch in der Arbeit (KIDJAROV et al. 1969a) gezeigt, daß das Auftreten von Maxima in der Kurve $I(\Delta T)$ angesichts der zu erwartenden stark überhöhten Aktivierungsenergien des viskosen Fließens der Schmelze nicht immer durch die klassische thermodynamische Theorie der heterogenen Keimbildung erklärt werden kann.

Das Auftreten einer diskreten Reihe von Unterkühlungs-(Übersättigungs-) Werten, bei denen die Kristallisation der Flüssigkeiten am wahrscheinlichsten ist, wurde von uns auch für binäre Systeme ($LiNO_3$–$LiJO_3$) (KIDJAROV, MITNICKI) und wäßrige Lösungen des Lithium-Jodats (Fig. 3) beobachtet. Für wäßrige Lösungen nichtorganischer Salze wurden ähnliche Erscheinungen früher in den Arbeiten von (ROSEN HOWARD, HULBURT HUGHT) beobachtet. Allerdings konnten die Autoren, offensichtlich infolge ungenügender experimenteller Werte, keinerlei Gesetzmäßigkeit entdecken.

Somit erfordert die Ermittlung neuer experimenteller Daten, ungeachtet der großen Erfolge bei der Erforschung des Mechanismus der Keimbildungskinetik in Schmelzen, einerseits die weitere Entwicklung der Theorie des Prozesses, andererseits eine weitere Untersuchung der gefundenen Gesetzmäßigkeiten unter Ausnutzung neuer statistischer Methoden.

Literatur

ABRAHAM, F. F.: Chem. Physics **51**, 1632 (1969)

ALEKSANDROV, L. N.: Bildungskinetik und Struktur fester Schichten. Novosibirsk 1972

ANDRES, R. P., BOUDART, M.: J. Chem. Physics **42**, 2057 (1965)

BARUCHA-REID: Elements of the Theory of Markov Processes. New York 1960

BLIZNAKOV, G., DELINESHEV, S.: Kristall und Technik **6**, 729 (1971)

BOLSHEV, L. N., SMIRNOV, N. V.: Tabellen der math. Statistik. Moskau 1965, S. 408

CHAKRAVERTY, B. K.: Surface Sci. **4**, 205 (1966)

COLLINS, F. C.: Z. Elektrochem. **59**, 404 (1955)

COURTNEY, N. B.: J. Physic. Chem. **36**, 2009 (1962)

DANILOV, V. I.: Aufbau und Kristallisation von Flüssigkeiten. Kiev 1956

DELLABROILLE, J. S.: Bull. Soc. Chem. France **8**, 3146 (1968)

DEMJANOV, E. A., BOLHOVITJANOV, Ju. B., KIDJAROV, B. I.: J. Physic. Chem. **46** (1972)

FALLS, Lee W., MARCHALL, G. C.: Thechnometrics **12**, 399 (1970)

FARKAS, L.: Z. Physik. Chem. **125**, 236, (1927)

FASOLI, U., CONTI, R.: Quad. Ing. chem. ital. **6**, 159 (1970)

FEDER, G., RUSSELT, K. C., LOUTHE, J., POUND, G. M.: Advan. Physics **15**, 111 (1966)

FEHLING, J., SEHEIL, E.: Z. Metallurg. **53**, 593 (1962)

FRENKEL, Ja. I.: Kinetic Theory of Liquids. Oxford 1946

FREYER, B.: Litauisches math. Handbuch XI, 199, 1971

GNEDENKO, B. V., BILJAJEV, Ju. K., SOLOVJOV, A. D.: Math. Methoden in der Zuverlässigkeitstheorie. Moskau 1965

GNEDENKO, B. V., KOVALENKO, I. N.: Einführung in die Theorie der Massenversorgung. Moskau 1966

GORNIOK, F.: J. appl. Physics **36**, 3012 (1965)

GRIGELIONIS, B. I.: Litauisches math. Handbuch **6**, 241 (1966)

GUMBEL, E. J.: Statistics of Extremes. New York 1958

HORN, L., MASING, A.: Z. Elektrochem. **46**, 109 (1940)

KAISCHEV, R., STRANSKI, J.: Z. Physik. Chem. **24**, 317 (1934)

KANTROVITZ, A.: J. Chem. Physics **19**, 1097 (1951)

KASHCHIEV, D.: Surface Sci. **14**, 209 (1969) a

KASHCHIEV, D.: Surface Sci. **18**, 293 (1969) b

KASHCHIEV, D., KAISCHEV, R.: Comm. Dept. Chem. Bulg. Acad. Sci. **2**, 263 (1969)

Kidjarov, B. I., Berchojer, Mitnicki, P. L.: Vortragsthesen zur 4. Allunionskonferenz zu Fragen des Mechanismus und der Kinetik der Kristallisation. Minsk 1971, S. 117

Kidjarov, B. I., Bolhovitjanov, Ju. B., Demjanov, E. A.: J. Phiz. Chim. **44**, 668 (1970)

Kidjarov, B. I., Demjanov, E. A., Bolhotvijanov, Ju. B.: Wachstumsprozesse von Halbleiter-Kristallen und Schichten. Novosibirsk 1970, S. 445

Kidjarov, B. I., Demjanov, E. A., Bolhovitjanov, Ju. B.: Mechanismus und Kinetik der Kristallisation. Minsk 1969, S. 157

Kidjarov, B. I., Mitnicki, P. L.: Vortragsthesen zur 4. Allunionskonferenz zu Fragen des Mechanismus und der Kinetik der Kristallisation. Minsk 1971, S. 120

Kidjarov, B. I., Mitnicki, P. L., Aleksandrov, L. N.: Vortragsthesen des III. Symposiums zu Wachstumsprozessen und der Synthese von Halbleiter-Kristallen und Schichten. Novosibirsk 1972, S. 144

Kim, S. K.: J. Chem. Physics **28**, 1057 (1958)

Kirkova, E., Djarova, M.: Kristall und Technik **6**, 601 (1971)

Kleber, W., Ickert, L., Hermann, F. P.: Kristall und Technik **2** (1966)

Klimov, G. P.: Stochastische Versorgungssysteme. Moskau 1966, S. 231

Kolmogorov, A. N., Bull. I'Acad. Sci. URSS' (Sci. Math. Nat.) **3**, 355 (1937)

Ljubov, B. Ja., Roitburd, A. I.: in Problemy Metallovedenija i Fisiki Metallov, Moskau 1958, S. 91

Markov, I., Kashchiev, D.: J. Crystal Growth **13**, **14**, May (1972), S. 131

Melia, T. P., Moffit, W. P.: Colloid Sci. **19**, 433 (1964)

Monge, P., Lafarge, C.: C. r. Acad. Sci. **266** B, 753 (1968)

Montoll, E. B., Shuler, K. E.: In Advances in Chem. Physics **61**. New York 1958, S. 361

Nielsen, A. F.: Kristall und Technik **4**, 17 (1969)

Pound, S. M., La Mer, W. K.: J. Am. Chem. Sol. **74**, 2323 (1952)

Probstein, R. F.: J. Chem. Phys. **19**, 619 (1951)

Radhunandanan, K., Strinivasan, R.: Technometrics **13**, 689 (1971)

Ree, F. H., Ree, T. S., Ree, T., Eyring, H.: In Advances Chem. Physics **74**. New York 1962, S. 1

Regis Cabos: C. R. Acad. Sci. **268** B, 953 (1968)

Reiss, H.: J. Chem. Phys. **18**, 528 (1950)

Rix, W.: Z. für Kristallographie A **96**, 155 (1937)

Rosen Howard, N., Hurburt Hught: Chem. Eng. Progr. Symp. Ser. **67**, 18, 27 (1971)

Sevastjanov, B. A.: Sich verzweigende Prozesse. Moskau 1972

Sirota, N. N.: Izv. Sekt. Fis. Chim. An. **23**, 7 (1953)

Skripov, V. P.: Die metastabile Flüssigkeit. Moskau 1972

Skripov, V. P., Koverda, V. P., Butorin, G. T.: Z. Kristallografija **15**, 1219 (1970)

Skripov, V. P., Koverda, V. P., Butorin, G. T.: Vortragsthesen der 4. Allunionskonferenz zu Fragen der Kinetik und des Mechanismus der Kristallisation. Minsk 1971, S. 15

Strickland-Constable, F. R.: Kinetics and Mechanism of Cristallization. London and New York 1968

Toschev, S., Gutzov, I.: Kristall und Technik **7**, 43 (1972)

Toschev, S., Milchev, A.: Comm. Dept. Chem. Bulg. Acad. Sci. **3**, 755 (1970)

Toschev, S., Stojanov, St.: Comm. Dept. Chem. Acad. Bulg. Sci. **3**, 295 (1970)

Ullner, Ch.: Kristall und Technik **7**, 115 (1972)

Volmer, M., Weber, A.: Z. Physik. Chem. **119**, 277 (1925)

Wackeshima, H.: J. Chem. Physics **22**, 1614 (1959)

White, M. L., Frost, A. A.: J. Colloid. Sci. **14**, 247 (1959)

ZELDOVITCH, Ja. B.: Acta Physicochim. USSR, **18**, 1 (1943)
ZIABICKI, A.: IUPAC Symposium on Macromolecules. Prague 1965, S. 344
ZIABICKI, A.: J. Chem. Physics **48**, 4368, 4374 (1968)
ZINSMEISTER, G.: Kristall und Technik **5**, 207 (1970)

(Eingegangen am 24. August 1972)

Anschrift der Verfasser:

Prof. Dr. L. N. ALEKSANDROV
B. I. KIDJAROV
P. L. MITNICKI
Institut für Halbleiterphysik,
Sibirische Abteilung der
Akademie der Wissenschaften der UdSSR,
Novosibirsk 90, UdSSR

Kristall und Technik	8	1–3	1973	49–57

M. PAUNOV, E. MICHAILOV, G. GEORGIEV

Institute of Physical Chemistry, Bulgarian Academy of Sciences

Condensation of Tungsten Vapours on its Own Surface

The condensation of tungsten vapours onto tungsten field emitter tips is studied. It is shown that at temperatures, at which the desorption flux can be neglected, the nuclei appear at a definite adatom concentration. Its value is found to be about 10^{13} atoms/cm^2, which corresponds to 1% from the monolayer. This value confirms our previous theoretical considerations, i. e. nucleation from a dilute adlayer takes place only if the desorption energy is lower than the vaporisation heat of the condensate. With condensation on its own surface this condition is always satisfied.

Die Kondensation von Wolframdämpfen auf Wolfram-Feldemitterspitzen wurde untersucht. Es wird gezeigt, daß bei Temperaturen, bei denen der Desorptionsstrom vernachlässigt werden kann, die Keime bei einer definierten Adatom-Konzentration erscheinen. Ihr Wert wurde zu etwa 10^{13} Atome/cm^2 gefunden, was 1% der Monoschicht entspricht. Dieser Wert bestätigt unsere frühere theoretische Voraussage, nach der die Keimbildung aus einer verdünnten Adschicht nur erfolgt, wenn die Desorptionsenergie geringer als die Verdampfungswärme des Kondensats ist. Bei der Kondensation auf der eigenen Oberfläche ist diese Bedingung immer erfüllt.

The field electron microscope (FEM) was developed as a method of investigating the heterogeneous nucleation from vapours in the last 5–6 years. The FEM is very suitable for studying this type of phenomena because of the following two peculiarities: a) the ultra high vacuum needed for normal operation of the FEM ensures practically clean metal surface during experiment and b) the high resolutions, especially in a direction normal to the tip surface, enables a direct observation of the phase transfer from its initial stage. All experiments are realized under such conditions, at which the atom flux desorbed from the surface is negligible, i.e. at temperatures, at which the mean stay time of adatoms is much longer as compared with the experimental time. The nucleation of Zn, Cd. Ag, Au, Ni and Hg on tungsten tip was studied (GRETZ 1962, 1967, 1966; MOAZED, POUND; HARDY; PAUNOV; PAUNOV, MICHAILOV). The results from these investigations show that the appearance of the first nucleus occurs at a definite adatom concentration, called critical adatom concentration. According to the theory (POUND, SIMNAD, YANG), which predicts nucleation from a dilute adlayer, the critical adatom concentration of silver is about a tenth of the monolayer. With all ohter metals studied this magnitude is of the order of many monolayers. This value was interpreted as a disagreement with the theory. We could show that this disagreement is apparent and give a criterion to predict the value of the critical coverage (PAUNOV, KAISCHEW). After this criterion multilayer critical coverage could be expected when the activational energy for desorption is larger than the sublimation heat of the condensate.

Otherwise the critical adatom concentration will be less than a monolayer. It was interesting to study some other metals with vaporisation heat larger than the energy of desorption. Since data from literature for the desorption energies are rather scarce and insufficient, we take the case of condensation on the own surface, where this relation is always satisfied.

Our experiment are performed with two types of FEM tubes. A tube with a point vapour source is shown in Figure 1. The source was a tungsten wire 0.15 mm in diameter wrapped in such a way that its top was approximately a point. It was heated by a stabilized current and its temperature was measured with a disappearing filament optical pyrometer. The tube shown in Figure 2 was used for experiments at temperatures down to room temperature. The vapour source here was a circle shaped tungsten wire placed in such mamer between the screen and the tip that it prevented the electron shadowing of the emission image. This type source had the advantage to ensure the uniform deposition on the tip, but the calculation of the impingent flux was unconpeivable. Figure 3 illustrates the dependence of the source temperature on the heating current. The error in temperature on the heating current. The error in temperature measuring was 20°—30°, which leads to an error of about 10% of the calculated impingent fluxes.

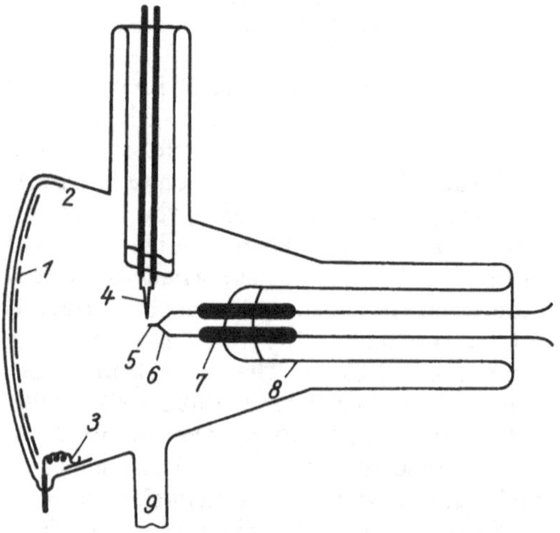

Fig. 1

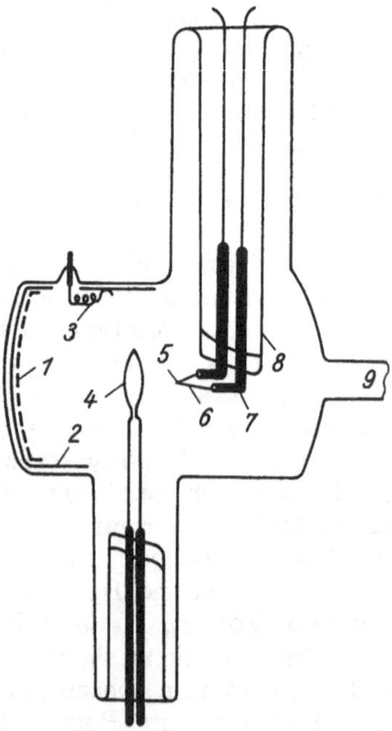

Fig. 2

Fig. 1. FEM tube with a point vapour source: 1. screen, 2. conducting layer, 3. contact with the conducting layer, 4. point vapour source, 5. tungsten tip, 6. supporting loop, 7. electrically feed throughs, 8. pipe, 9. connecting pipe to the vacuum equipment

Fig. 2. FEM tube with a circle shaped vapour source: 1. screen, 2. conducting layer, 3. contact with the conducting layer, 4. circle shaped vapour source, 5. tungsten tip, 6. supporting loop, 7. electrically feedthroughs, 8. pipe, 9. connecting pipe to the vacuum equipment

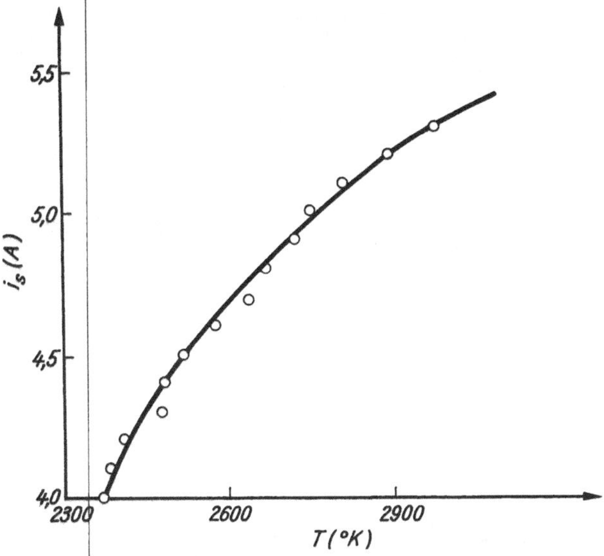

Fig. 3. Source temperature dependence on heating current

The tip temperature versus heating current is plotted in Figure 4. The tip temperature was measured with a W—Mo thermocouple. Curve 1 shows the tip temperature with a cold vapour source. Since the distance cource-tip was several milimeters — and the source was heated to a high temperature to eva-

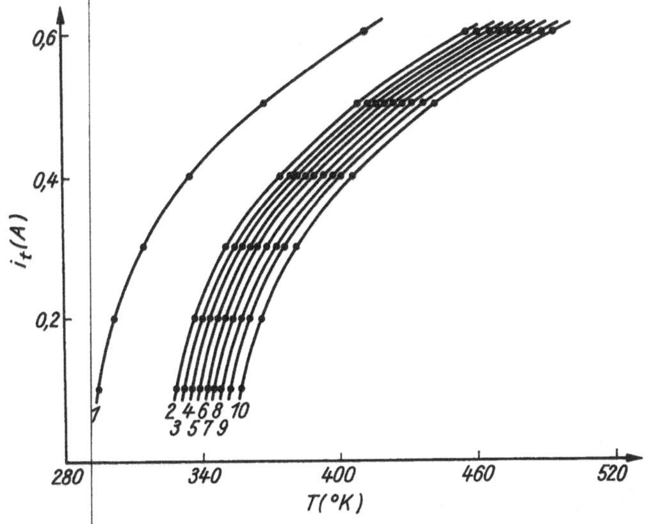

Fig. 4. Tip temperature dependence on heating current:

1. With cold vapour source
2. Vapour source heating current 4,3 a
3. Vapour source heating current 4,4 a
4. Vapour source heating current 4,5 a
5. Vapour source heating current 4,6 a
6. Vapour source heating current 4,7 a
7. Vapour source heating current 4,8 a
8. Vapour source heating current 4,9 a
9. Vapour source heating current 5,0 a
10. Vapour source heating current 5,1 a

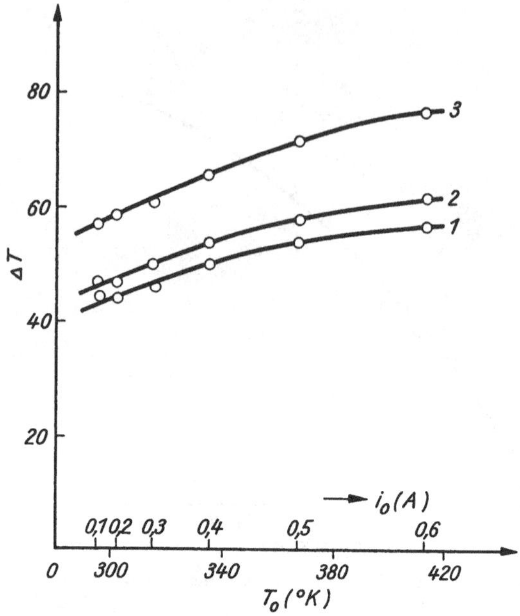

Fig. 5. Dependence of the tip temperature increase due to irradiation on the tip temperature with cold source:

1. Vapour source heating current 4,6 a
2. Vapour source heating current 4,7 a
3. Vapour source heating current 5,1 a

porate —, it certainly influenced the tip temperature. This is seen from the curves 2—10 in the same figure (curve 2 corresponds to the source heating current 4, 3 a, curve 3—4, 4 a and so on up to the curve 10—5, 1 a). The change of the tip temperature due to the source irradiation is seen better in Figure 5,

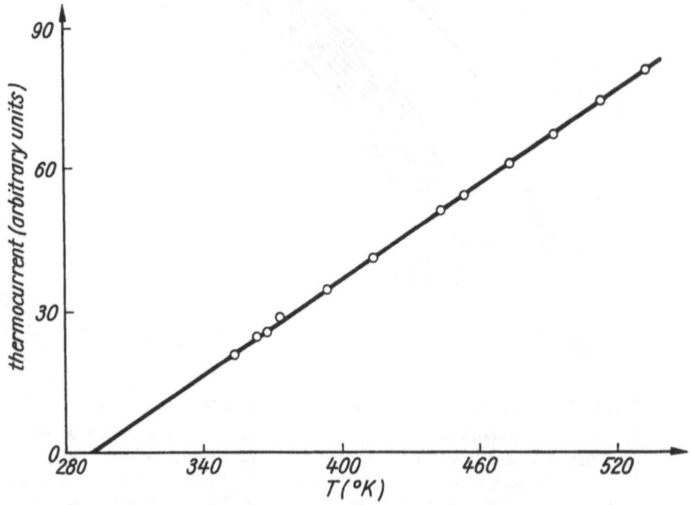

Fig. 6. Calibration curve of the W—Mo thermocouple

where the tip temperature with a cold vapour source is plotted on the abscissa and the increase in the tip temperature — on the ordinate. This temperature increase is of the order of several tenth of degrees. The calibration curve of the W—Mo thermocouple, which is linear in the temperature region under consideration, is given in Figure 6.

The time of appearance of the firrt nucleus (nucleation time) was estimated as follows: 1. the tip was heated for surface cleaning; 2. the tip temperature needed was established; 3. the source heating current was switched on and tungsten was evaporated for some time; 4. the high voltage was applied and the

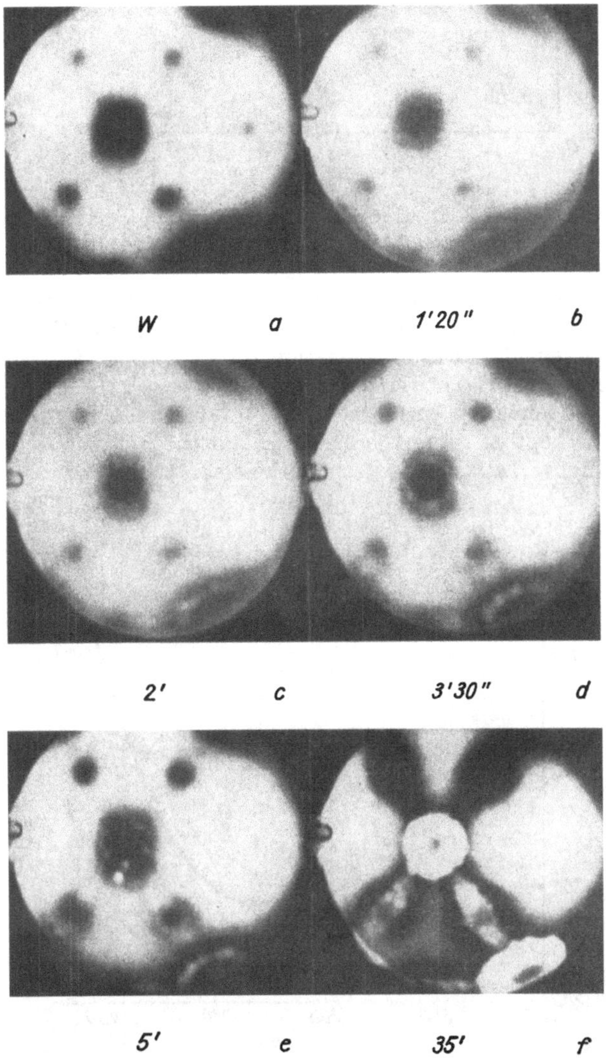

Fig. 7. Emission image sequence with a point source. Tip temperature — 293 °K, impingent flux — $2 \cdot 10^{11}$ atoms/cm²s. The figures under each pattern are the evaporation times

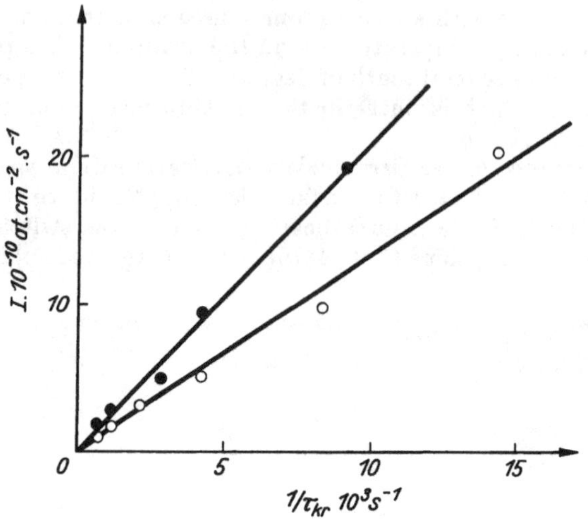

Fig. 8. Dependence of the reciprocal nucleation time on the impingent flux

emission image was observed to determine whether nuclei were formed on the tip or were not. The shortest evaporation time at which nuclei are present on the surface was considered as a nucleation time. During the experiments the vacuum was maintained to the better than 10^{-9} torr.

In Figure 7 an emission image sequence at various evaporation stages is seen. The tip is kept at room temperature and the impingent flux is $2 \cdot 10^{11}$ atoms/cm^2 s. Figure 7a is the pattern of the clean tungsten tip. In Figure 7b

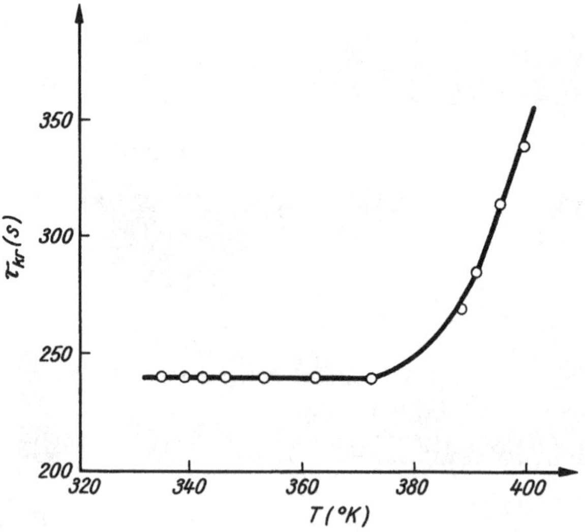

Fig. 9. Temperature dependence of the nucleation time. Impingent flux — $5 \cdot 10^{10}$ atoms/cm^2

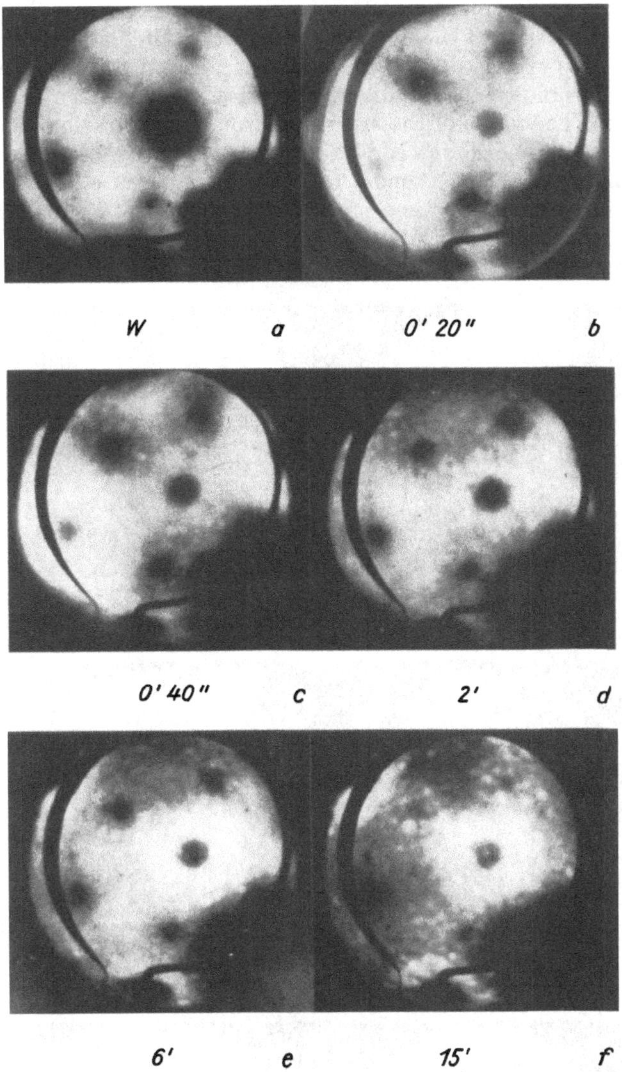

Fig. 10. Emission image sequence with a circle shaped source. Tip temperature – 350 °K, impingent flux – unknown

nuclei present on the 110 planes (in the centre and down on the right side) are seen. The growth of the nuclei already formed and the nucleation on and around the 112 planes is seen from the other patterns. It must be noted that the nuclei appear only on the lower half of the tip. The direction of evaporation is normal to the emitter axis thus the adatoms can achieve the "shadowed" tip regions only by surface diffusion and not by direct impingement from the vapour phase. It might be concluded that the absence of nuclei in the upper half of the tip is due to the insufficient intensity of the surface diffusion.

The nucleation time on the 110 plane was measured at various impingent fluxes. The dependence of the reciprocal nucleation time on the impingent flux for the two FEM tubes is plotted graphically in Figure 8. The linearity of the plots indicate the independence of the critical adatom concentration from the impingent flux. The value of the critical adatom concentration estimated from the slopes of the plots is about 10^{13} atoms/cm^2, which corresponds to about 1% of the monolayer coverage. It must be noted that because of low growth rate of the nuclei the nucleation time measured is somewhat higher than the real ones. It is obvious that the real value of the critical adatom concentration will be lower than the measured one, i.e. lower than a monolayer, too.

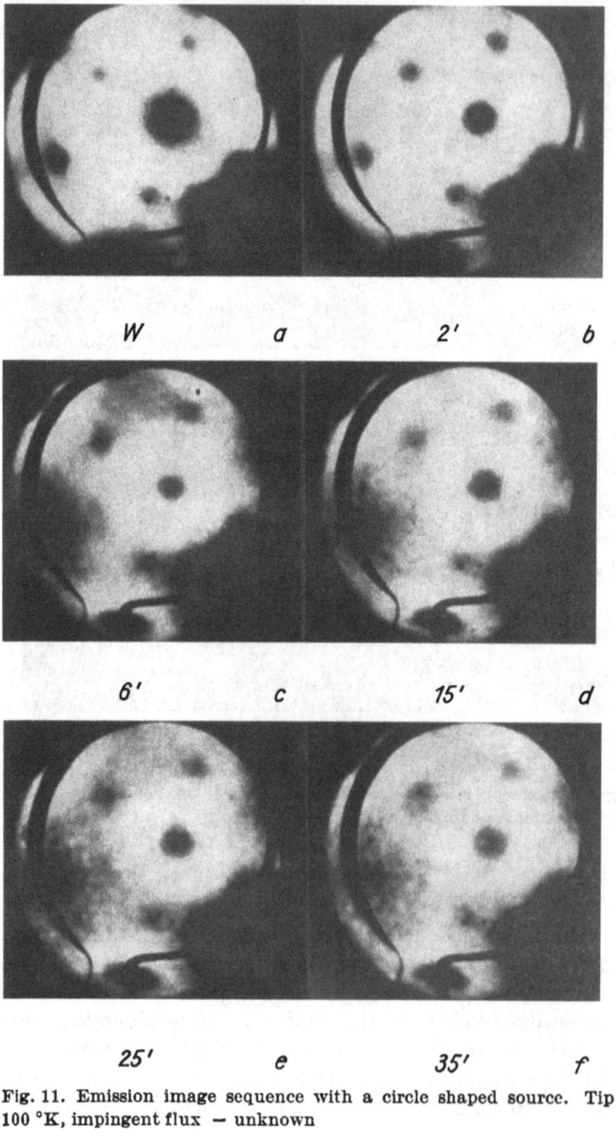

Fig. 11. Emission image sequence with a circle shaped source. Tip temperature – 100 °K, impingent flux – unknown

The temperature dependence of nucleation time was studied in the temperature range 293°—420 °K. The experimental data obtained are plotted graphically in Figure 9. The impingent flux is $5 \cdot 10^{10}$ atoms/cm^2 s. Up to 370 °K the nucleation time is temperature independent, but after 370 °K it begins to rise A detailed explanation of this course of the curve was given in a previous paper (PAUNOV). In general this is due to the fact that at low temperatures the desorption flux is negligible, but at higher temperatures due to the increased desorption from the surface the adsorption rate decreases, so that the time needed to reach the same critical adatom concentration increases. From the turning point of the curve the activational energy for desorption was evaluated as was done in our previous papers (PAUNOV; PAUNOV, MICHAILOV). The estimated value of 1,3 eV is about three times lower than the value reported by MÜLLER.

Figure 10 shows an emission pattern sequence when tungsten is evaporated form a circle shaped source, i. e. at an uniform deposition on the tip. The tip temperature is 350 °K. In this case nuclei appear around the central 110 plane. When tungsten at a tip temperature of 100 °K is deposited the image character remains the same — nuclei appear around the 110 plane as well (Fig. 11). But they occupy a greater region and are more uniformly distributed. It seems that at high temperatures the initially formed nuclei deplete the adatom concentration in their vicinity and thus hinder the nucleation in these regions. At lower temperatures the surface diffusion is restricted to the regions which are nearer to the impingent points of the atoms with the surface. Since the vapour deposition is uniform the nuclei distribution will be more uniform than at high temperatures.

In conclusion, the experimental data obtained suggest our theoretical treatment about the value of the critical adatom concentration when the desorption energy is lower than the vaporisation heat (PAUNOV, KAISCHEW). Besides, it is shown experimentally that the nucleation on the own surface is possible, i.e. that not always the crystal growth occurs through deposition of individual atoms on the growth sites present on the surface — dislocations, edges, surface defects and so on.

References

GRETZ, R. D., THESIS, Ph. D.: Carnegy Institute of Technology 1962
GRETZ, R. D.: phys. stat. sol. **23**, 457 (1967)
GRETZ, R. D.: J. Physic. Chem. Sol. **27**, 1849 (1966)
HARDY, S.: Int. Conf. Cryst. Growth, Boston, June 1966
MOAZED, K. L., POUND, G. M.: Trans. AIME **230**, 234 (1964)
MÜLLER, E.: Z. Physik **126**, 542 (1949)
PAUNOV, M.: phys. stat sol. **22**, 103 (1967)
PAUNOV, M., KAISCHEW, R.: Surface Sci. **18**, 268 (1969)
PAUNOV, M., MICHAILOW, E.: Kristall und Technik **3**, 513 (1968)
POUND, G. M., SIMNAD, M., YANG, L.: J. Chem. Physics **22**, 1215 (1954)

(Received September 1, 1972)

Authors' address:
M. PAUNOV
E. MICHAILOV
G. GEORGIEV
Institute of Physical Chemistry
Bulgarian Academy of Sciences
Sofia/Bulgaria

Kristall und Technik	8	1–3	1973	59–66

Z. ŠOLC, JOS. KVAPIL, JOS. VLČEK,

College of Chemical Technology Pardubice,
Research Institute ÚVVVM in Turnov

Crystallization of Potassium Acid Phtalate

This paper gives some fundamental data which are necessary for the growing of crystals of potassium acid phtalate. The solubility of that phtalate, the values of critical supersaturation of its solutions in water and in solutions containing 0–15% of glycerine and the values of crystal growth rates of the {111} and {001} faces are given. The growth rates R were measured in 10% glycerine solutions of various values of supersaturation (Δa) and of various values of the solution flow rate (v). The saturation temperature was 33–35 °C. The dependence of $R_{(111)}$ on the supersaturation Δa and the flow rate v was expressed by the equation

$$\log R_{(111)} = a^* + b_1^* \log \Delta a + b_2^* \log v$$

The values of coefficients a^*, b_1^*, b_2^* were calculated by means of the least squares method. The coefficient b_1^* corresponds to the formal kinetic order, its value was 1.79 for $0.3 \leqq \Delta a \leqq 1.25$ and $6 \leqq v \leqq 22$. – The values of growth rates of basal faces (001) may be obtained when using the value of ratio $q = R_{(111)}/R_{(001)}$. The measurements of growth rates were made in crystallizer of the circulation type and in solutions containing 10% of glycerine to prevent the defect or parasitic growth and the twinning of crystals.

Daten für die Züchtung von saurem Kaliumphthalat werden mitgeteilt: Löslichkeit, kritische Übersättigung der wäßrigen Lösungen und solchen mit 0–15% Glycerin-Gehalt sowie Werte der Wachstumsgeschwindigkeit (WG) für {111} und {001}. Die WG wurden in 10%igen Glycerinlösungen in Zirkulationsgefäßen bei verschiedenen Übersättigungen (Δa) und Flußgeschwindigkeit (v) der Lösung bestimmt. Sättigungstemperatur war 33–35 °C. Die WG wird ausgedrückt mit $\log R_{(111)} = a^* + b_1^* \cdot \log \Delta a + b_2^* \log v$. Die Koeffizienten a^*, b_1^*, b_2^* wurden mit Hilfe der Methode der kleinsten Quadrate (least squares) errechnet. b_1^* drückt die kinetische Ordnung aus und betrug 1,79 für $0{,}3 \leqq \Delta a \leqq 1{,}25$ und $6 \leqq v \leqq 22$. – Die Werte für $R_{(001)}$ konnten durch die Beziehung $q = R_{(111)}/R_{(001)}$ gewonnen werden. – Lösungen mit 10% Glycerin vermieden gestörtes, parasitäres und Zwillingswachstum.

1. Introduction

Many fundamental data must be known when starting single crystal growing process of a new substance. The most important data are the solubility, the width of the metastable zone, maximum supersaturation and the linear growth rates of various crystal faces. All these quantities must be experimentally determined. The last one has to be measured as a function of the supersaturation and temperature of the solution and of the velocity of the solution flow at the place in the crystallizer where the crystal is situated.

These parameters mentioned are not the only ones which influence the growing process, but they make possible many calculations based on the material balance of the crystallization process and its kinetics.

This paper deals with the measurement of some fundamental parameters for the growing of potassium acid phthalate crystals (KAP). KAP crystallizes in the rhombic system (class mm2). Its lattice parameters are $a = 6.466$ Å, $b = 9.609$ Å, $c = 13.857$ Å (Landolt-Börnstein). Some information about growing of KAP single crystals and its applications gave Jonas et al.; Tögel; Eggs, Ulmer; Böhm, Ulmer 1965, 1971; Belyaev et al. Hendrixson; Spravočnik give only some values of solubility in water and Smith the equilibrium diagram of the potassium phtalate — phtalic acid — water system at temperatures 0, 25, 35, and 60 °C. Other parameters are not given. Many experiments in growing KAP single crystals from aqueous solutions been carried out in the Research Institute Monokrystaly in Turnov. The experience has led to use 5—20% glycerine solutions as the solvent for the growing process. The addition of glycerine prevents defect growth and parasitic seeds formation.

Our measurements of solubility and maximum supersaturation were therefore carried out in solutions containing 5—15% of glycerine. The values of linear crystal growth rates refer to the content of 10% of glycerine in the solution.

2. Experimental

Potassium acid phtalate (KAP) was of p. a. purity, the same as that used for single crystal growing process in the Research Institute Monokrystaly in Turnov. Glycerine was of the same purity.

2.1 Solubility of KAP

The *solubility* of KPA in water and in solutions with various content of glycerine was measured using the polythermal optical method described in former papers (Mýl et al. 1960). The solution in a glass cell (a cubic cell $10 \times 10 \times 10$ cm³) was tempered and stirred. A concentration gradient in the neighbourhood of the crystal immersed in the solution was observed by means of the optical device „Schlierenaufnahmegerät 80 Zeiss Jena". The equilibrium temperature of saturation was then indicated by the disappearing of the concentration gradient. The accuracy of the saturation temperature determination was ± 0.025 °C.

The width of the metastable zone was indicated by means of the Tyndall effect during cooling of the solution. The method was described in a former paper (Šmid et al.).

2.2 Linear crystal growth rates

The growth rates were measured by photographing the crystal (its size being 0,5—1.0 cm) in certain time intervals and by measuring its dimensions on photos by an Abbe-comparator. Thus growth rates R of crystal faces (001) were measured in a direct way and the growth rates of $\{111\}$ faces were calculated according to the equation

$$R_{(111)} = \frac{R_{(111)[110]}}{\sin \gamma} \tag{1}$$

where $R_{(111)(110)}$ is the growth rate of the $\{111\}$ faces in the direction of the normal to the face $\{110\}$, γ is the angle between the normals of the faces $\{111\}$ and $\{110\}$ (average value was 60 ° as measured on the photos).

The scheme of the crystallizer with the most important dimensions is shown in Figure 1. It is a closed circulation crystallizer completely immersed in the 40 l thermostat. The crystallizer was made from perspex. A small window (diameter

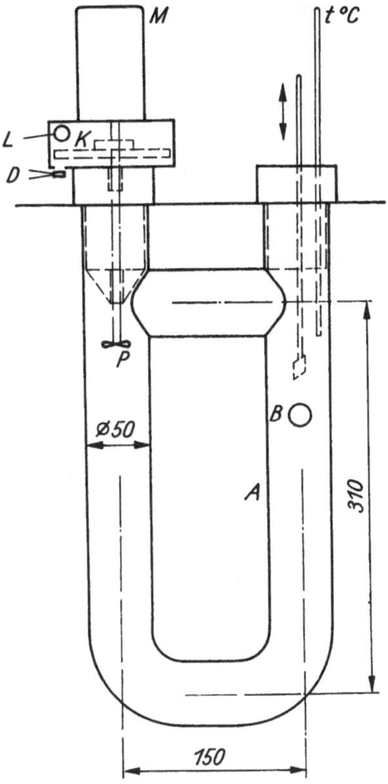

Fig. 1. The crystallizer

2 cm) from two parallel glasses prevented the crystal image distortion with photographing.

The flow of the solution was effected by a silon screw propeller (*P* in Fig. 1), the flow rate values were up to 40 cm · s^{-1}. The flow in the part A of the crystallizer is still and well-ordered. Various values of the flow rate are obtained by changing the speed of electric motor. The relation between the number of revolutions per minute *N* and the flow rate *v* (cm · s^{-1}) can be calibrated by photographing and measuring the length of the traces of anthracene particles fluorescing in ultraviolet light. This method is described by (MÝL et al., 1963, 1967).

The speed of electric motor was regulated by means of transistorized power supply accuracy $\pm 2-3\%$. The voltage pulses coming from photodiode 1PP75 (*D* in Fig. 1.) were used as the feedback for this speed control. The diode was illuminated by a small 12 V lamp (*L* in Fig. 1.) through a disk (*K* in Fig. 1.) with blackened segments and fixed on the shaft of the stirrer. The wiring diagram of this regulation made in the Physical Institute of ČSAV in Prague is given by VLČEK.

The voltage pulses of the photodiode were amplified by a simple amplifier and then used for the revolution counter. Pulses were further fed to the input of the nuclear counter Tesla BM 353 A (exact measurement) and also to the input of the oscillograph, for that makes it possible to observe continuously the stability of the revolutions when the oscillograph was connected with the oscillator Tesla BM 218 A.

The stability of the working temperature in the thermostat and therefore in the crystallizer was guaranteed by a very fine thyristor regulator PTT 200 (200 W resistance heating) controlled by a resistance thermometer. This regulation unit was constructed in the Physical Institute of ČSAV. Perfect stirring of the thermostat bath was secured by three motors with screw propellers.

3. Results

3.1. Solubility of KAP in water and the solutions containing various amounts of glycerine

The results are summarized in Figure 2 and in Table 1, where the coefficients of the approximating polynomial (2) calculated by the least squares method are given.

$$a = A + B\,t + C\,t^2 \quad (2)$$

Table 1

Solubility of KAP in	The values of the polynomial coefficients			Gauss criteroins	
	A	B	C	k	k'
water	9.283_7	-0.059_1	0.0058	0.048	0.003
5% glycerine soln.	8.766_1	-0.056_8	0.0058	0.141	0.009
10% glycerine soln.	$7,660_7$	-0.008_8	0.0049	0.076	0.004
15% glycerine soln.	7.483_3	-0.021_3	0.0047	0.029	0.004

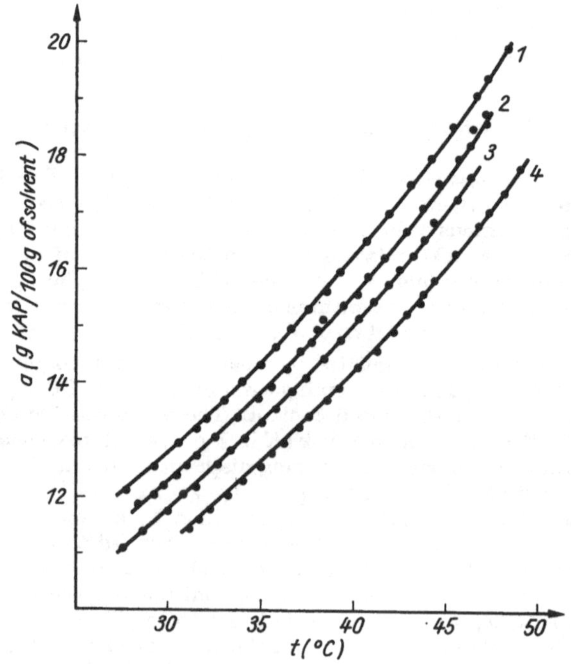

Fig. 2. Solubility of KAP in water (curve 1), in 5, 10 and 15 % glycerine solution (curve 2, 3, 4 respectively)

where a is the solubility in grammes of KAP/100 grammes of solvent, t — temperature (°C). The Gauss criterion k and the relative Gauss criterion k' were calculated for the evaluation of the measured data dispersion (Tab. 1)

$$k = \sqrt{\frac{(a_{calc.} - a_i)^2}{m - n - 1}}, \quad k' = \frac{k}{\bar{a}} \qquad (3), (3')$$

$\bar{a}$ is the average value a_i, $m = 2$, n is the number of measurements.

KAP crystallizes in thin plates from all solvents listed in Table 1. Crystals are especially limited by faces (001) an (00$\bar{1}$), further by {111} faces and sometimes by {110} faces. The dependence of the crystal habit on the content of glycerine in the solution is nearly vague. Crystal form seems to become simpler (the {110} faces disappear) with increasing content of the glycerine in the solutions.

3.2. The width of the metastable zone

The knowledge of maximal supersaturation values of the measured solutions was necessary for the measuring of crystal growth rates. The results are given in the Table 2.

Table 2

Solvent	t_s (°C) temperature of sat. soln.	The mean values (calc. from 4—5 experiments) of maximum under-cooling Δt_{max} (grd)	The mean values (calc. from 4—5 experiments) of maximum super-saturation Δa_{max} (grd)
water	35.0	3.9	1.34
5% glycerine soln.	36.5	3.8	1.31
10% glycerine soln.	35.0	3.5	1.20
15% glycerine soln.	37.0	3.1	1.07

The experiments were carried out in the absence of a crystal seed in a volume of approximately 700 ml. The solutions were stirred with a screw propeller (500 r.p.m.) and cooled with a rate of 0.33 grd · min^{-1}.

The mean value of the metastable zone width is 3.5 grd and slightly diminishes with increasing content of glycerine.

3.3. The growth rates of the (001) and {111} faces of KAP crystals in the solutions containing 10% of glycerine

The relation between the flow rate v (cm · s^{-1}) and the speed of electric motor N (r.p.m.) was found from 90 experiments with anthracene particles. The dependence was expressed by the equation (4) calculated by the least squares method.

$$v = A + B \cdot 10^{-2} N + C \cdot 10^{-4} N^2 \qquad (4)$$

where $A = -0.072$, $B = 1.374$, $C = -0.006$

The values of the Gauss criterions k and k' were:

$$k = 0.393 \qquad k' = 0.024$$

The linear crystal growth rates of the (001) or (00$\bar{1}$) faces and of the {111} faces are plotted versus supersaturation Δa and flow rates v for 33—35 °C in

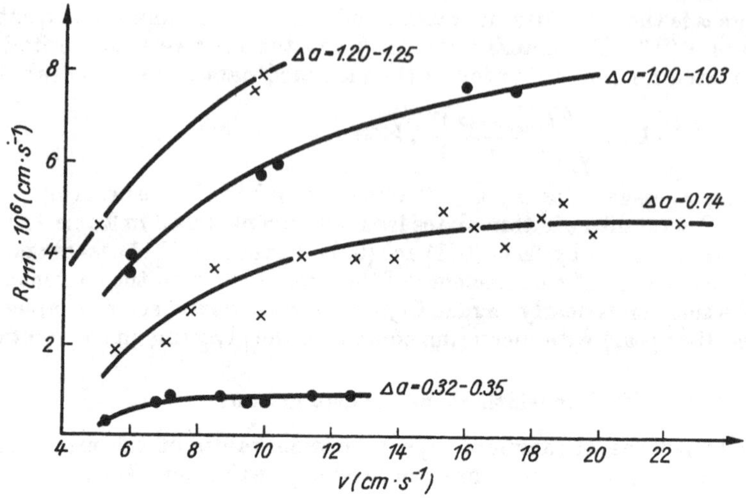

Fig. 3. The linear growth rate of the {111} faces as a function of the flow rate v and supersaturation Δa

Figures 3 and 4. All measured values were evaluated by the least squares method, and the obtained relations has the form of equation (5):

$$Y = a^* + b_1^* X_1 + b_2^* X_2 \tag{5}$$

where is $Y = \log R_{(111)} + 7$

$X_1 = \log \Delta a + 1$

$X_2 = \log v$

a^*, b_1^*, b_2^* are estimated values of the coefficients in equation (5) or (6) which is also used (e.g. in papers Mullin, Garside)

$$R = A \cdot a^n \cdot v^\beta \tag{6}$$

These calculations were carried out on a digital computer ODRA 1013 (Rektorys et al.). The values of calculated coefficients were:

$$a^* = -0.8003, \quad b_1^* = 1.79, \quad b_2^* = 0.744$$

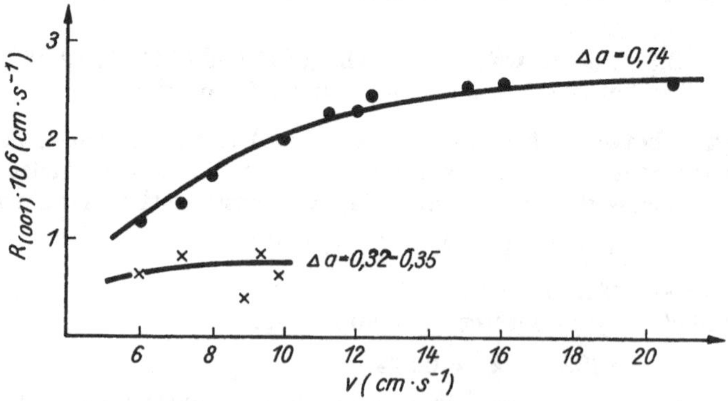

Fig. 4. The linear growth rate of the (001) face as a function of the flow rate and supersaturation

The estimated values of the errors of these coefficients (Rektorys et al.) were:

$$s_{a}^{*} = 0.11\,,\quad s_{b_1^*} = 0.10\,,\quad s_{b_2^*} = 0.10\,.$$

The coefficients b_1^* is of the same meaning as the formal kinetic order n for the supersaturation $0.3 \leqq \Delta a \leqq 1.25$, the coefficient b_2^* is the same as the exponent β in equation (6) for the flow rates $6 \leqq v \leqq 22$ cm · s^{-1}.

The growth rates of the faces (001) or (00$\bar{1}$) were hitherto measured only at supersaturation $\Delta a \leqq 0.74$ g KAP/100 g solvent. The ratio $q = R_{(111)}/R_{(001)}$ fluctuates considerably. The mean value $\bar{q}$ is:

$$\bar{q} = 1.12 \quad \text{for supersaturation } \Delta a = 0.32 - 0.35$$
$$\bar{q} = 1.75 \quad \text{for supersaturation } \Delta a = 0.74$$

The fluctuations are expressed by the mean error of the mean value $\bar{\delta} = s/\sqrt{n}$, where n is the number of measured values q.

$$s = 0.57\,,\quad \delta = 0.25 \quad \text{for} \quad \Delta a = 0.32 - 0.35$$
$$s = 0.90_4\,,\quad \delta = 0.29 \quad \text{for} \quad \Delta a = 0.74$$

4. Discussion

The measured values of solubilities of KAP can be compared only with solubility data in water given by Böhm et al.; Hendrixson; Spravočnik; Smith; a good agreement was found with Hendrixson's data especially.

The formal kinetic order 1.8 was determined from the dependence of the linear growth rates of the {111} faces on the supersaturation. Therefore, the growth is controlled not only by diffusion but also by the kinetics of the surface reaction on the crystal faces.

The limiting growth rates are achieved when the stirring rate or the flow rate of solution is larger than 16 cm · s^{-1}. When the supersaturation is of a lower value the limiting flow rate is also lower (see Fig. 3, 4).

The growth of the {111} faces was measured as a mean value of increments of the faces with the streamlines of circulated solution. These values of growth rates correspond to reality better than those for the faces orientated perpendiculary (or generally not parallel) to the streamlines (Botsaris, Denk). The limiting growth rates $R_{(111)\,\text{lim}} \cdot 10^6$ (cm · s^{-1}) are 0.90, 4.60 and 7.80 when the absolute supersaturation is 0.32—0.35, 0.74 and 1.00 g KAP/100 g solvent.

The growth rates of basal faces (001) can be determined using the mean value of the growth rate ratio $q = R_{(111)}/R_{(001)}$.

The dispersion of measured growth rates was not small; this can be seen from the values of estimated errors of coefficients in equation (5) or (6). The explanation is not easy. Botsaris and Denk e. g. observed the largest fluctuations of growth rates (alum — {100} faces) in the middle range of supersaturation which is supposed to be caused by the presence of various impurities. In the case of the growth of KAP the influence of impurities cannot be omitted either. The impurities could not be omitted as products of phtalate-glycerine reaction except possible impurities coming from the production of KAP. Especially when using an old solution or with the salt regenerated from glycerine solutions these impurities could be probably expected to appear.

The crystallizer presented in the Figure 1. was suitable for the measurements of crystal growth rates. The indirect way of the flow rate measuring from the speed of the motor is very advantageous; there is no need to measure the solutions densities as it should be done when using the direct orifice gauge method (see Nývlt). The method of calibrating the relation flow rate ~ rev. per minute by means of fluorescent particles of anthracene is simple and quite reliable. An apparent disadvantage of the used type of crystallizer is the impossibility of solution saturation during experiment. But a simple calculation demonstrates that the change (decrease) of solution concentration during the growth experiment is quite negligible considering the volume of the crystallizer 1200 ml. If the weight increment of the crystal were 200 mg (it was not reached in any experiment) the change of the solution saturation temperature would be less than 0.05 °C. This fact is confirmed by the stability of the saturation temperature during series of 5—10 experiments; the saturation temperature was measured at the beginning of every experiment.

References

Belyaev, L. M., Belikova, G. S., Gilvarg, A. B., Silvestrova, I. M.: Kristallografiya **14**, 645 (1969)
Böhm, G., Ulmer, K.: Z. angew. Physik **24**, 129 (1965)
Böhm, G., Ulmer, K.: J. Cryst. Growth **10**, 175 (1971)
Botsaris, G. D., Denk, E. G.: Ind. Eng. Chem. Fundamentals **9**, 276 (1970)
Eggs, J., Ulmer, K.: Z. angew. Physik **20**, 118 (1963)
Hendrixson, W. S.: J. Amer. Chem. Soc. **42**, 724 (1920)
Jonas, J. Z., Poshen, W. K., Nicholson, J. B.: J. appl. Opt. **2**, 955 (1963)
Landolt-Börnstein: Zahlenwerte und Funktionen aus Naturwissenschaften und Technik, Neue Ser., Gruppe III, Bd. 5, Berlin 1971, p. 411
Mullin, J. W., Garside, J.: Trans. Inst. Chem. Engrs. **45**, T 285 (1967)
Mullin, J. W., Garside, J.: Trans. Inst. Chem. Engrs. **45**, T 291 (1967)
Mýl, J., Kvapil, Jos.: Collection Czech. Chem. Commun. **25**, 194 (1960)
Mýl, J., Šolc, Z.: Collection Czech. Chem. Commun. **25**, 2414 (1960)
Mýl, J., Šolc, Z.: Chem. průmysl **13**, 189 (1963)
Mýl, J., Šolc, Z.: Kristall u. Technik **2**, 217 (1967)
Nývlt, J.: Japonsky způsob výpočtu krystalisátorů. Ústí n/L 1972, p. 4
Rektorys, K. et al.: Přehled užité matematiky. Praha 1963, p. 1067
Šmid, J., Kvapil, Jos., Mýl, J., Šolc, Z.: Rost Kristallov III. Moskva 1961, p. 273
Smith, S. B.: J. Amer. Chem. Soc. **53**, 3711 (1931)
Spravočnik po rastvorimosti, Tom I, kniga 1. Moskva 1962
Tögel, K.: Siemens Zeitschr. **37**, 789 (1963)
Vlček, J.: Thesis, College of Chemical Technology Pardubice 1972

(Received September 5, 1972)

Authors' address:

Z. Šolc
College of Chemical Technology
Pardubice/CSSR
Leninovo naměstí 565

J. Kvapil
J. Vlček
Research Institute ÚVVVM
Turnov/ČSSR
Leninova 175

Kristall und Technik	8	1–3	1973	67–75

G. I. Distler, E. I. Kortukova, S. A. Kobzareva

Institute of Crystallography, Academy of Sciences of the U.S.S.R., Moscow

Electrical Structure of Matching Cleavage Surfaces of CaF_2, LiF, NaCl, MgO and Mica Single Crystals

The method of decoration with anthraquinone has been used to study the electrical structure of matching cleavage surfaces of CaF_2, LiF, NaCl, MgO and mica single crystals on the scale of optical microscopy. It has been found that the crystallization images of anthraquinone on matching areas of cleavage surfaces are regularly interconnected. From these crystallization pictures the electrical structure of the matching areas has been determined. The matching areas of CaF_2 cleavages along (111) have identical charge signs; the LiF matching cleavage areas along (100) have either opposite charge signs or identical but differing in magnitude; the NaCl matching cleavage surfaces along (100) are mainly charged negatively, however, regions are also observed which differ either in charge sign or magnitude; the matching areas of MgO cleavage surfaces along (100) are either charged positively or display low electrical activity; the matching cleavages of mica along (001) contain mostly positively charged areas with electrical axes displaced by 120° with respect to one another, small areas which are charged negatively, and also regions of low electrical activity. Suggestion is made that on brittle fracture of crystals the precise cleavage planes are in many cases attributed to the defect structure of crystals, to the presence of two-dimensional boundaries between areas of different electrical structure. Fracture of single crystals, however, can also occur statistically as a consequence of their ideal or highly generalized defect structure. The regular correspondence of crystallization pictures on the surface of local areas of matching cleavages lends further support to the view that crystallization is a matrix replication process, programmed in the electrical structure of crystal substrates.

Методом декорирования антрахиноном на уровне оптической микроскопии была изучена электрическая структура поверхностей зеркальных сколов монокристаллов CaF_2, LiF, NaCl, MgO и слюды. Было установлено, что картины кристаллзации антрахинона на зеркальных участках поверхностей сколов закономерно взаимосвязаны. По картинам кристаллизации была определена электрическая структура этих участков. Зеркальые участки сколов CaF_2 по (III) имеют одинаковые знаки заряда; зеркальные участки сколов LiF по (100) имеют либо противоположные знаки заряда, либо одинаковые, но отличающиеся по велччине; поверхности зеркальных сколов NaCl по (100) заряжены преимущественно отрицательно, однако имеются также участки, которые различаются либо по знаку заряда, либо по его величине; зеркальные участки поверхностей скола MgO по (100) либо заряжены положительно, либо обладают малой электрической активностью; зеркальные сколы слюды по (001) содержат преимущественно положительно заряженные участки, причем их электрические оси повернуты на 120° по отношению друг к другу, а также имеются небольшие области, заряженные отрицательно, и участки с малой электрической активностью. Делается заключение, что при хрупком разрушении кристаллов конкретные места сколов во многих случаях обусловлены реальной структурой кристаллов, существованием двумерных границ между участками кристаллов с различной электрической структурой. Однако разрушение монокристаллов может также происходить статистически, как следствие их идеальной или весьма усредненной дефектной структуры. Закономерное соответствие картин кристаллизации на поверхности локальных участков зеркальных сколов еще раз доказывает, что кристаллизация является матричным репликационным процессом, запрограммированным в электрической структуре кристаллов-подложек.

1. Introduction

Recent experimental evidence (DISTLER 1971, 1972) strongly suggests that crystallization is a matrix replication process which is programmed in the electrical structure of the surface of crystal substrates or seeds. The matching cleavages resulting from the brittle fracture of single crystals are very interesting substrates for studying crystallization as a matrix process since one can expect that the electrical structure of these cleavages and hence the relevant crystallization pictures will be interconnected. In addition, decoration of matching cleavages is of special interest, as it allows the cleavability of single crystals to be studied in connection with their electrical structure.

In papers of Bravais at first, and later Wulf and other scientists (summarized in TERTSCH 1949; WINKLER 1955; YUSHKIN 1971) the structural conditions of cleavability have been considered in connection with the existence of definite directions in the ideal lattice where the weakest cohesion of elementar crystal particles occurs, caused both by the lattice geometry and by the nature of the bindung forces between the particles. BELOV and KLASSEN-NEKLYUDOVA (1948) in a comprehensive paper deduced some rules, connecting the phenomena of crystal fracture with the ideal structure and the type of chemical bindung in crystals. Furthermore, these authors discussed the influence of the real structure of crystals on their cleavability. Up to date, however, no systematic study has been performed which would allow to determine the effect of the electrical structure of matching cleavages on the brittle fracture of crystals. In the present paper the electrical structure of CaF_2, LiF, NaCl, MgO and mica single crystals has been investigated by the method of decoration with anthraquinone on the scale of optical microscopy. The method had been used earlier to visualize the electrical relief of triglycine sulphate, NaCl and mica (DISTLER, KOBZAREVA 1969; KOBZAREVA, DISTLER, KONSTANTINOVA 1970; KOBZAREVA, DISTLER 1971a, b) germanium and silicon (DISTLER, SHENYAVSKAYA 1971, 1972) single crystals.

2. Experimental

The matching cleavages of CaF_2, LiF, NaCl, MgO and mica (muscovite) were made in air prior to decoration by means of a scalpel or blade (mica). Anthraquinone was sublimated at 130 °C simultaneously on to the both halves of matching cleavages. Decoration time for NaCl was 3 – 7 min, for all other crystals 15 – 20 min. During cleavage and decoration the crystals were maintained at room temperature. The decoration images were examined by reflextion in the dark field of a metallographic microscope.

3. Results and Discussion

On decoration with anthraquinone of model crystals, such as ferroelectrics and semiconductors, we found that negatively charged surface areas give rise to biaxial (on planes (100)) or triaxial (on planes (111)) textures of anthraquinone crystals, whereas on positively charged areas uniaxial textures appear. The size and density of anthraquinone crystals change depending upon the charge sign and magnitude of flat areas and steps, thus providing complementary information about the electrical structure of local surface areas. The larger linear dimensions and lesser density of decorating crystals on the negatively charged cleavage areas may be explained in terms of physically adsorbed thin water films present on these areas and playing the part of a lubricant for migration of nuclei and islands on the surface of crystal substrates (SEARS, HUDSON 1963; DISTLER, MOSKVIN 1971).

3.1. Calcium fluoride

Characteristic for the decoration pictures of CaF_2 matching cleavages along (111) is the occurrence of triaxial (Fig. 1) or uniaxial (Fig. 2) textures of anthraquinone crystals, respectively, in local (hundreds and thousands of microns in

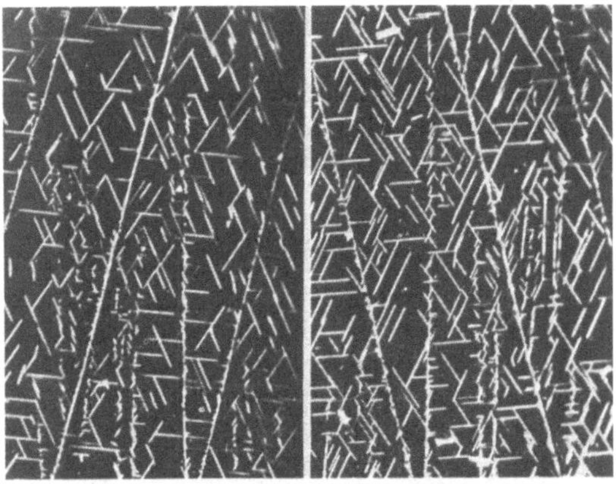

Fig. 1. CaF_2. Negatively charged matching cleavage areas × 180

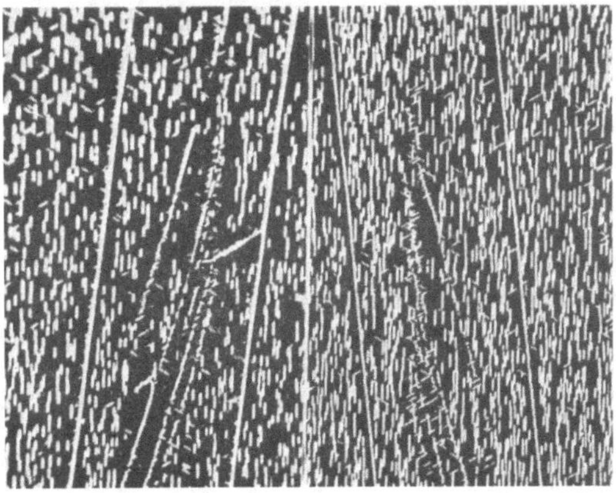

Fig. 2. CaF_2. Positively charged matching cleavage areas × 160

size) surface areas, i.e. the matching areas of CaF_2 cleavages bear identical charge signs. These areas are electrically nonuniform, as may be seen from the change in orientation of anthraquinone crystals in some local places.

The cleavage steps are detected with high contrast due to selective deposition of small anthraquinone crystals on the steps and to formation of needle-shaped ctystals on and near the steps. The surface areas which are adjacent to the steps, where anthraquinone crystallizes in parallel arrangement, are charged positively, while in places where the anthraquinone crystals are arranged along two or three directions the charge is negative. These crystals are usually displaced by $\sim$ 120° relative to the axes of crystals on flat regions where no steps are present, i. e. the electrical anisotropy of CaF_2 crystals alters in the vicinity of the cleavage steps. On both halves of the cleavage one may see near some of the steps, sometimes on one side only, dead zones of 20—30 μm in width. The dead zones were observed on surfaces of various specimens, particularly of monocrystalline silver films (KEHOE, NEWMAN, PASHLEY 1956) and NaCl and triglycine sulphate crystals (DISTLER, TOKMAKOVA 1969; DISTLER 1970). Since no decorating crystals generate on these zones, their electrical activity should be rather low.

The fracture of CaF_2 crystals should occur, in accordance with the ideal structure, between the most remote and the most weakly bonded planes (111) containing only fluoride atoms. It follows from decoration images, however, that the cleavage planes represent a mosaic of areas with different charge signs; therefore the cleavability is associated with the real structure of CaF_2 crystals.

Highly important is the regular correspondence of decoration pictures on both halves of the cleavage, as it confirms that crystallization is primarily determined by the electrical structure of crystal substrate surfaces.

3.2. Lithium fluoride

The matching cleavages of LiF single crystals along (100) give rise to two types of decoration images, differing in orientation of anthraquinone crystals.

On the images of the first type (Fig. 3) biaxial and uniaxial textures of anthraquinone, respectively, are revealed on matching areas of the size of hundreds and thousands of microns, i.e. these areas have opposite charge signs. In addition, they are rather nonuniform electrically. The cleavage steps and the neighbouring flat areas are mainly charged positively. Some of the local regions of cleavage steps (marked with arrows) on the negatively charged half of the cleavage are not detected with decoration, although the corresponding regions of the steps on the other half of the cleavage are revealed very distinctly. Suggested explanation is that, at a definite magnitude of the negative charge, the flat areas (taking, of course, into account the formation of thin water films) are more favourable for crystallization of decorating material than the areas near the steps. Here the "competitive" character of crystallization processes, proceeding with different speed on different electrically active elements of crystal substrate surfaces, becomes apparent (DISTLER, VLASOV 1969).

The other type of decoration pictures is characterized by identical charge signs of the matching areas. So, in Figure 4 the corresponding cleavage areas are charged negatively. However, the size and density of anthraquinone crystals which form the biaxial texture are essentially different, namely 7—10 μm and $2 \cdot 10^6/cm^2$ on one half of the cleavage and 18—25 μm and $7 \cdot 10^5/cm^2$ on the

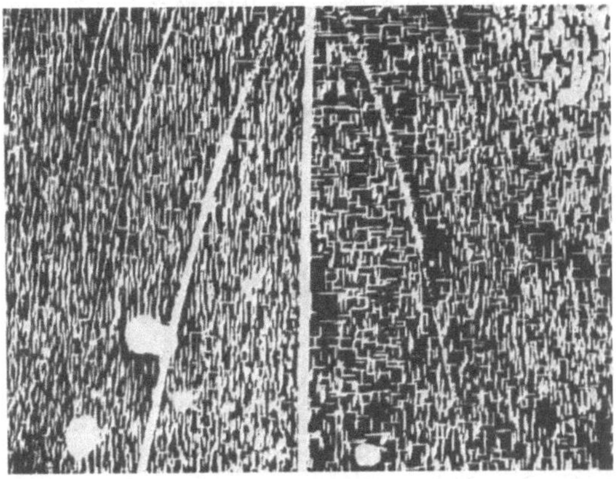

Fig. 3. LiF. Positively (left part) and negatively charged matching cleavage areas. Local step regions on the negatively charged half of the cleavage are not revealed × 120

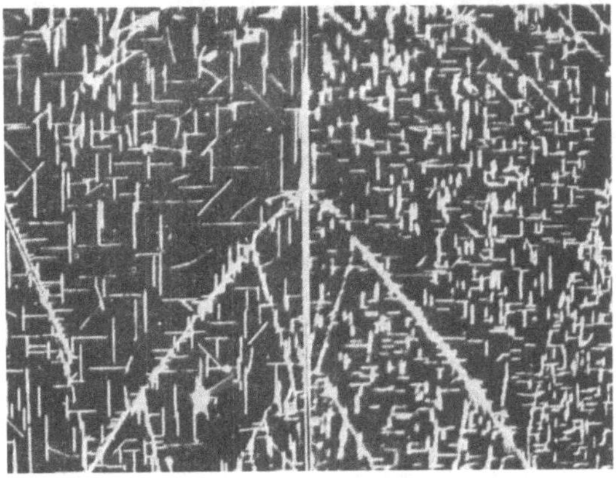

Fig. 4. LiF. Negatively charged matching cleavage areas, differing in charge magnitude. On the left is the more negatively charged half of the cleavage × 250

other. That half of the cleavage where the size of anthraquinone crystals is larger but the density lesser may be considered as charged more negatively, as compared with the other, since the growth of decorating crystals proceeds with greater speed on more negative areas of substrate surfaces.

Thus, fracture of lithium fluoride single crystals occurs both between oppositely charged crystal areas and between areas of one and the same charge sign but differing in charge magnitude, i.e. is largely determined by the real structure of crystals.

3.3. Sodium chloride

On decoration of NaCl single crystal matching cleavages along (100) there appear mostly biaxial textures of anthraquinone crystals (Fig. 5). In local areas the size and density of the crystals are markedly different; this is indicative of the difference in magnitude of the negative charge in these areas. The negative charge is probably created by water molecules, captured by the NaCl crystals when these are grown in air, as on cleavages of crystals grown in vacuum such biaxial textures do not arise (Kobzareva, Distler 1972). Oppositely charged local areas are also present, as may be seen from Figure 6.

The cleavage steps are decorated with small anthraquinone crystals. Near some of the steps one may see areas, the electrical structure of which differs from that in the neighbouring regions (no crystallization takes place on them or it has another character).

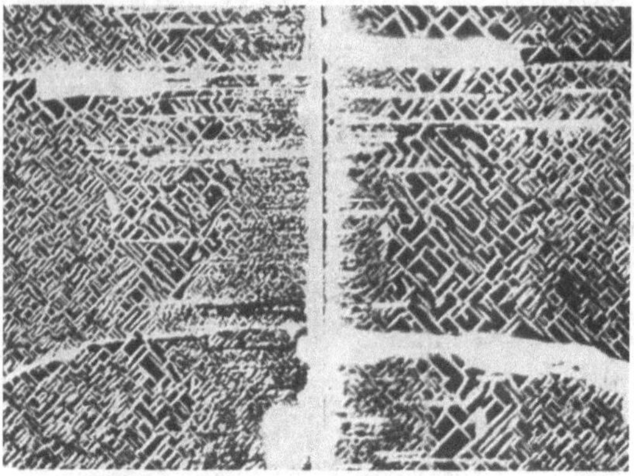

Fig. 5. NaCl. Negatively charged matching cleavage areas with local regions differing in charge magnitude × 145

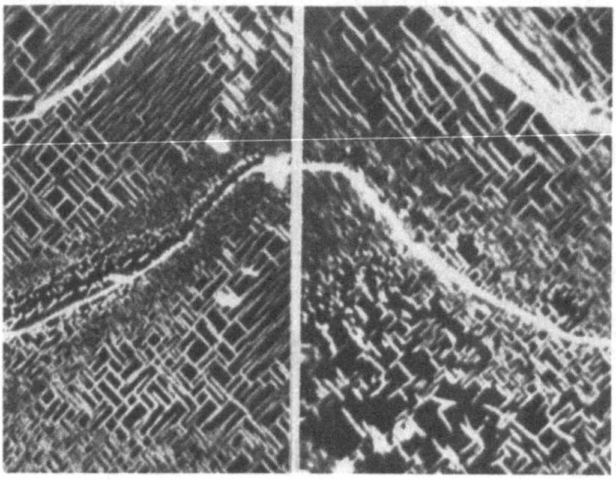

Fig. 6. NaCl. Negatively charged matching cleavage areas. Local regions of opposite charge sign are present × 240

Therefore, fracture of NaCl crystals occurs both between identically and oppositely charged local regions[1]). The investigated NaCl crystals contained a large amount of water, so it may not be excluded that owing to the generalized defect structure the fracture of these crystals would eventually occur statistically as well.

3.4. Magnesium oxide

Decoration of matching cleavages of MgO single crystals along (100) reveals local areas of the order of hundreds and thousands of microns (Fig. 7) with an

[1]) The difference in the electrical structure of matching NaCl cleavage surfaces correlates with the results of the electronmicroscopic work of STIRLAND and CAMPBELL (1966), where no correspondence of gold crystallization on NaCl matching cleavages is observed. Possibly such correspondence would be achieved with decoration of MgO or mica, since the electrical structure of their matching cleavages correlates quite well on the scale of optical microscopy.

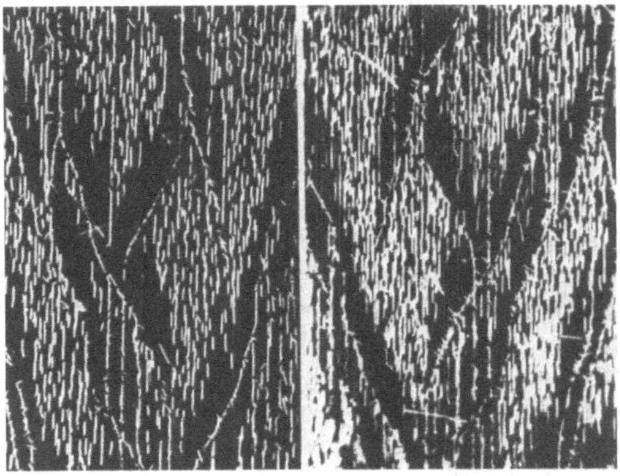

Fig. 7. MgO. The matching cleavage areas are charged positively or exhibit low electrical activity × 145

anisometric, frequently lens-like shape. The cleavage steps, both rectangular and curved, and the neighbouring flat regions are decorated with small anthraquinone crystals arranged mostly in parallel to one another and, at the same time, perpendicularly to the steps, so that the regions which are close to the steps exhibit an electrical anisotropy depending on the step direction. Dead zones 20—30 μm wide appear on the photograph, too.

Based on decoration pictures, the electrical structure of MgO single crystals can be represented in the following way. There are areas in the crystals which are charged positively and also areas (where cleavage steps mainly arise) characterized by a poor electrical activity. In so far as the matching cleavages have identical electrical structures, fracture of MgO crystals occurs statistically. The identity of crystallization images of MgO matching cleavages provides an obvious confirmation for the concept of matrix crystallization process.

3.5. Mica

On the surface of mica matching cleavages along (001) areas of hundreds of microns in size are detected, on which anthraquinone crystallizes as a uniaxial texture (Fig. 8), the texture axes being displaced by ~ 120° with respect to one another on different halves of the cleavage. This means that positively

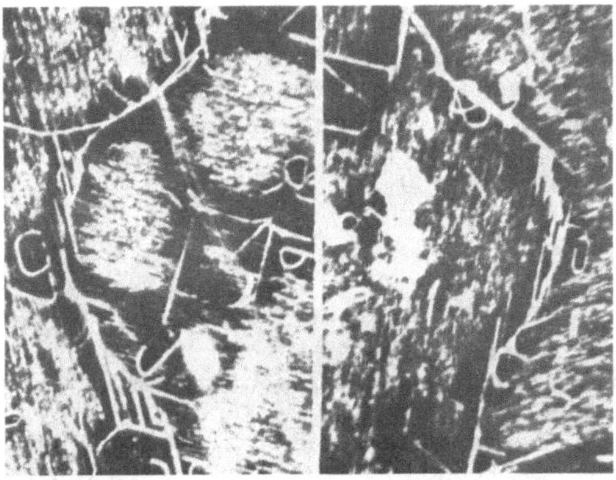

Fig. 8. Mica. Positively charged large matching cleavage areas and small areas charged negatively. The electrical axes of positively charged areas are displaced by ~ 120° × 120

charged matching areas differ in electrical anisotropy, in the direction of their electrical axes. Such electrical "domains", with the electric field parallel to the surface, and displaced by 120° relative to one another, were found on the surface of mica by Müller and Chang (1969) by the method of LEED. The displacement of 120° of the anthraquinone texture axe is often (though not always) observed on one and the same cleavage surface, but on different sides of the steps, which in this case serve as linear electrical boundaries in the cleavage plane; they divide positively charged mica areas of different electrical anisotropy. In addition, very small negatively charged local areas are also seen, in which the anthraquinone crystals are in triaxial orientation or take rounded shapes. In some cases, however, the negatively charged local areas are detected only on one half of the cleavage. Near the cleavage steps there are zones of low electrical activity. The presence of areas of different charge signs on the surface of mica has been revealed by means of an electrometer by Deryagin and Metsik (1960).

The different electrical anisotropy of positively charged regions of mica matching cleavages, resulting from the ideal structure of mica, in which the successive layers are displaced by 120° with respect to one another, suggests that fracture of mica single crystals occurs statistically.

4. Conclusion

Analysis of decoration images of matching cleavages of the single crystals investigated allows some general deductions to be drawn.

The direction of crystal fracture corresponds to the position of the planes with the weakiest bonds in the ideal structure. However, the real electrical structure predetermines in many cases the precise planes of cleavages. The planes pass between local areas differing in electrical structure and represent two-dimensional electrical boundaries[1]). The local cleavage areas are charged either oppositely or identically; in the latter case they often differ in charge magnitude. It is highly probable that between electrically different areas of real crystals there exist transition regions, where internal strains concentrate and cause the strength of crystals to be lowered in these places. In some cases, however, due to the generalized defect structure, their brittle fracture occurs statistically in accordance with the ideal structure.

The regular correspondence of crystallization images on the surface of local areas of matching cleavages provides a convincing confirmation of the concept, developed by one of the authors, that crystallization is a matrix replication process which is programmed in the electrical structure of crystal substrates and seeds.

References

Belov, N. V., Klassen-Neklyudova, M. V.: Zhurnal Tekhnicheskoi Fiziki **18**, 265 (1948)

Deryagin, B. V., Metsik, M. S.: Fizika Tverdogo Tela **1**, 1393 (1960)

---

[1]) It may be supposed that, depending on the conditions of cleavage, different electrical boundaries existing in crystals would manifest themselves.

DISTLER, G. I.: Kristall und Technik **5**, 73 (1970)
DISTLER, G. I.: Conference on Mechanism and Kinetics of Crystallization. Minsk 1971, Abstracts, p. 32
DISTLER, G. I.: Proc. 4th All-Union Conf. Cryst. Growth, Tsakhkadzor 1972, Part 1. Erevan 1972
DISTLER, G. I., KOBZAREVA, S. A.: Naturwissenschaften **56**, 325 (1969)
DISTLER, G. I., MOSKVIN, V. V.: Dokl. AN SSSR **201**, 891 (1971)
DISTLER, G. I., SHENYAVSKAYA, L. A.: Naturwissenschaften **58**, 454 (1971)
DISTLER, G. I., SHENYAVSKAYA, L. A.: Fizika Tverdogo Tela **14**, 1400 (1972)
DISTLER, G. I., TOKMAKOVA, E. I.: Kristallographiya **14**, 1055 (1969)
DISTLER, G. I., VLASOV, V. P.: Thin Solid Films **3**, 333 (1969)
KEHOE, R. B., NEWMAN, R. C., PASHLEY, D. W.: Phil. Mag. **1**, 783 (1956)
KOBZAREVA, S. A., DISTLER, G. I.: Kristallografiya **16**, 601 (1971) a
KOBZAREVA, S. A., DISTLER, G. I.: J. Crystal Growth **10**, 269 (1971) b
KOBZAREVA, S. A., DISTLER, G. I.: Kristallografiya **17**, 1079 (1972)
KOBZAREVA, S. A., DISTLER, G. I., KONSTANTINOVA, V. P.: Kristallografiya **15**, 510 (1970)
MÜLLER, K., CHANG, C. C.: Suface Sci. **14**, 39 (1969)
SEARS, G. W., HUDSON, J. B.: J. Chem. Physics **39**, 2380 (1963)
STIRLAND, D. J., CAMPBELL, D. S.: J. Vac. Sci. Technol. **3**, 258 (1966)
TERTSCH, H.: Festigkeitserscheinungen der Kristalle. Wien 1949
WINKLER, H. G. F.: Struktur und Eigenschaften der Kristalle. Berlin-Göttingen-Heidelberg 1955
YUSHKIN, N. P.: Mechanical Properties of Minerals. Leningrad 1971 (In Russian)

(Received August 17, 1972)

Authors' address:
Prof. Dr. G. I. DITLER
E. I. KORTUKOVA
S. A. KOBZAREVA
Institute of Crystallography
Academy of Sciences of the USSR
117 333 Moscow/USSR
Leninsky prospect 59

Kristall und Technik	8	1–3	1973	77–93

A. Christoph

VEB Carl Zeiss Jena

Die Untersuchung der Wachstumsstruktur von Quarzkristallen durch Ätzen

Die Versuchsbedingungen, die durch Ätzen von Quarzproben außer den Durchstoßpunkten von Versetzungen auch andere Wachstumsstrukturen sichtbar machen, wurden ermittelt. Die durch selektive Ätzung erhaltenen und die allgemein auftretenden Ätzfiguren wurden mit den beobachtbaren Wachstumsstrukturen im polarisiertem Licht oder nach Bestrahlung mit Röntgen- oder γ-Strahlen verglichen und Wachstumshypothesen zugeordnet.

The conditions of experiments were ascertained which show by etching of quartz samples besides the terminal point of dislocations other structures of growing too. The figures received by selective etching and the generally appearing etching figures were compared with observable structures of growing in polarized light or after irradiation with X- or γ-rays and were classified to hypotheses of growing.

1. Einleitung und Aufgabenstellung

Neels gab 1949 in seiner Arbeit „Der Quarzkristall als Rohstoff für die Hochfrequenztechnik" einen Überblick über das Vorkommen des Quarzes als Gemengeteil der Eruptiv- und Sedimentgesteine. Die weite Verbreitung des Quarzes und seine vielfältige Einsatzmöglichkeit als Rohstoff verschiedenartigster Bauelemente sind die Ursachen dafür, daß sich viele Forschungsarbeiten über die Untersuchung von Kristallen durch Ätzen auch mit diesem Mineral befaßten.

Die wichtigsten Arbeiten über das Ätzen von Quarzkristallen veröffentlichten im 19. Jahrhundert Leydolt und Molengraaf. Honess gibt in seinem Buch einen Überblick über die bis 1927 erschienenen wichtigsten Veröffentlichungen.

Seit der Entwicklung der Versetzungstheorie und erst recht nach der Entwicklung der Theorie des Wachstums von Realkristallen auf der Grundlage von Versetzungen durch Frank galt das Ätzen von Einkristallen auch beim Quarz hauptsächlich dem Aufspüren von Versetzungen (Tsinzerling und Mieonua; Augustine und Hale). Die Ätzgruben kennzeichnen die Durchstoßpunkte von Versetzungen an der Oberfläche. Nielsen und Foster sowie Gülzow-Qual konnten bei Quarzkristallen durch Ätzen den Verlauf der Versetzungen in das Volumeninnere durch die Bildung von Kanälen verfolgen. Sie verwendeten dafür 48%ige bzw. 40%ige Flußsäure.

Šmid berichtete über das hydrothermale Ätzen. Tsinober und Mitarbeiter gaben einen Überblick über die Art der Defekte in synthetischem Quarz.

Die allgemeine Form des natürlich gewachsenen Quarzes gibt Figur 1 wieder. Schneidet man eine Platte senkrecht zur optischen Achse (Basisschnitt) aus einem Naturquarzkristall und betrachtet sie im polarisierten Licht, so kann man einiges aus der Wachstumsgeschichte dieses Kristalls erfahren (Fig. 2).

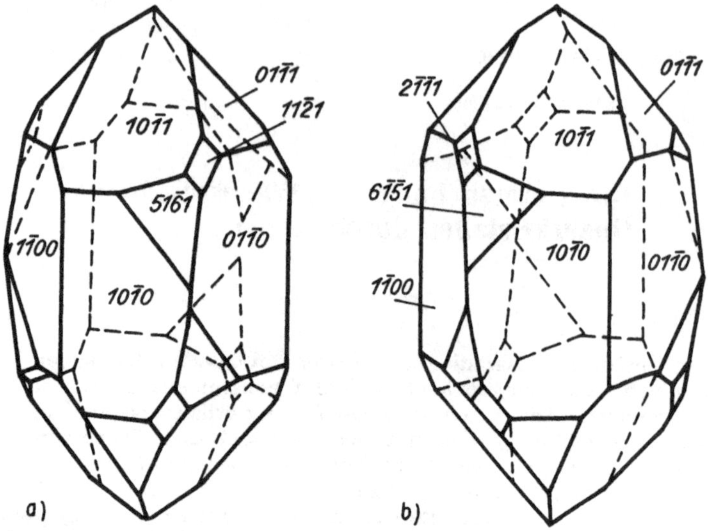

Fig. 1. Schema des Quarzkristalls

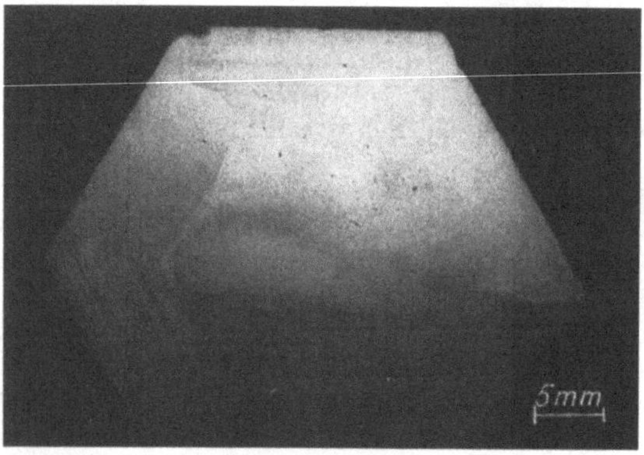

Fig. 2. Basisschnitt eines brasilianischen Spitzenquarzes, polarisiertes Licht

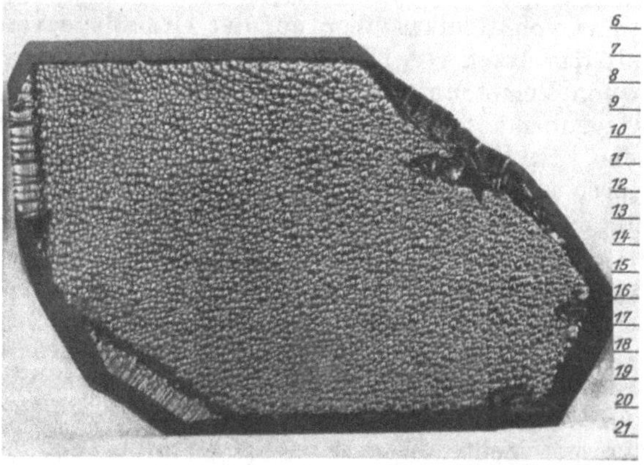

Fig. 3. Basisfläche eines synthetischen Quarzkristalls, die aus trigonalen Hügeln besteht

Die unterschiedliche Stärke der Rauchfärbung, die durch Bestrahlung der Probe mit Röntgen- oder γ-Strahlen entsteht, gibt meist ein ähnliches Bild.

Benutzt man für die künstliche Kristallisation des Quarzes mittels der hydrothermalen Synthese eine Basisschnittplatte als Flächenkeim, so wirken die aktiven Zentren (Gitterstörstellen, Einschlüsse, Schleif- und Polierfehler) als Hauptanlagerungspunkte für die weitere Kristallisation, wodurch ein vielgestaltetes zellenartiges Wachstum entsteht. Figur 3 zeigt die (0001)-Fläche eines

a)

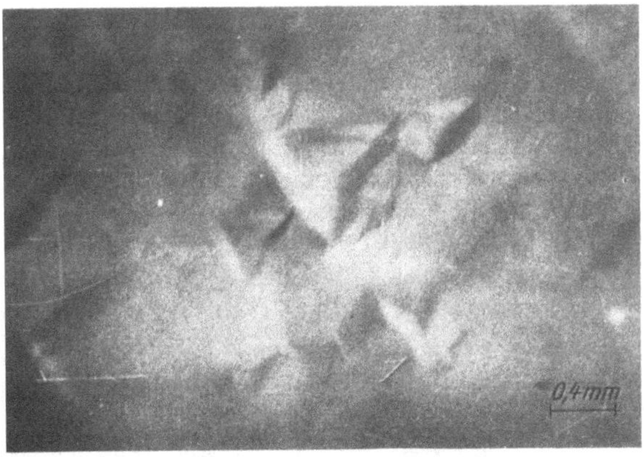

b)

Fig. 4. Trigonale Wachstumsstruktur einer Basisschnittplatte, die von einem synthetischen Quarzkristall stammt, dessen (0001)-Oberfläche aus trigonalen Hügeln bestand. Polarisiertes Licht.

a) Überblick über die Wachstumsplatte

b) Ausschnitt

Quarzkristalls, dessen Zellen trigonale Hügel sind. Betrachtet man eine beidseitig polierte Wachstumsplatte im polarisiertem Licht, so kann man eine entsprechende trigonale Wachstumsstruktur erkennen (Fig. 4). Die gleiche Struktur beobachtet man als Verfärbungsgebiete nach Bestrahlung mit Röntgen- oder γ-Strahlen (ca. 1×10^6 r).

Die Aufgabe besteht nun darin, zu versuchen, diese in polarisiertem Licht oder nach Bestrahlung beobachteten Wachstumsstrukturen durch Ätzen sichtbar zu machen.

2. Experimentelles

Basisschnittplatten wurden aus Naturquarzkristallen oder aus künstlich gewachsenen Quarzen, die eine Basisschnittplatte als Flächenkeim hatten, herausgeschnit ten, geschliffen und poliert. Das Herausschneiden erfolgte grob orientiert durch visuelle Einstellung nach den Prismenflächen; die Proben mußten gut durchgeschliffen und auspoliert sein. Sie wurden mit Perchlor gewaschen und mit Alkohol vom Perchlor gereinigt.

An den Proben wurden Ätzversuche in technisch reiner Flußsäure verschiedener Konzentrationen und unterschiedlicher Ätzdauer bei Raumtemperatur sowie in alkalischen Lösungen bei verschiedenen Temperaturen des hydrothermalen Bereiches durchgeführt.

Die mikroskopischen Untersuchungen wurden je nach dem notwendigen Vergrößerungsfaktor mit den Mikroskopen SM20 oder Polmi A vom VEB Carl Zeiss Jena im Auflicht oder Durchlicht vorgenommen. Die Höhenunterschiede der Ätzfiguren auf einer Probe wurden durch Scharfeinstellung bei einer 250-fachen Vergrößerung gemessen. Manche Proben wurden zur besseren Sichtbarmachung der Ätzfiguren mit Silber bedampft.

Es wurden immer mehrere Proben unterschiedlicher Wachstumshomogenität gleichzeitig in den HF-Behältern oder in einem Autoklaven geätzt. Zur Kontrolle wurden manche Proben wieder überschliffen, poliert und dann nochmals geätzt.

3. Beobachtungen

Nach 24-stündiger Ätzung in HF-Lösungen mit Konzentrationen $> 20\%$ waren die Proben von synthetischen wie von Naturquarz übersät mit Ätzgruben, von denen einige ausgedehnter und tiefer waren. Bei weiteren Ätzen wurden die Gruben größer und damit ihre Zahl geringer.

Um die genannten Wachstumsstrukturen durch Ätzen sichtbar zu machen, erwies sich eine 8 bis 12%ige HF-Lösung bei einer 16- bis 24-stündigen Ätzzeit als am günstigsten[1]; für die hydrothermale Ätzung war eine 0,5 n NaOH-Lösung bei einem Temperaturbereich von 160 bis 200 °C, bei einem Füllungsgrad von 90% und einer Ätzdauer von 16 bis 24 Stunden am geeignetsten.

Fig. 5. (0001)-Fläche einer Naturquarzplatte nach 24-stündigem Ätzen in 12 %iger HF-Lösung. Silberbedampfung

[1]) Der Zusatz geringer Mengen SiO_2 verbessert die Ätzung der Wachstumsstrukturen. Möglicherweise wirkt die sich bildende Verbindung H_2SiF_6 katalytisch auf die Flächenätzung oder als Inhibitor gegen eine zu schnelle Herausbildung von Ätzgruben.

Fig. 6 Mikroaufnahme der Wachstumsstruktur einer geätzten Naturquarzplatte (24 Std., 8 %ige HF-Lösung). Silberbedampfung

Fig. 5 zeigt die (0001)-Fläche einer Basisschnittplatte, die aus einem brasilianischen Spitzenquarz geschnitten war und 24 Stunden in $12^0/_0$iger HF-Lösung geätzt wurde. Nach 24-stündiger Ätzung in $8^0/_0$iger HF-Lösung wirkten die Proben noch wie poliert, doch konnte die Wachstumsstruktur bereits beobachtet und nach Silberaufdampfung photographiert werden (Fig. 6).

Ein Ausschnitt von der der Kristalloberfläche naheliegenden Basisfläche $[(0001)_0]$ einer in $12^0/_0$iger HF-Lösung geätzten Probe eines synthetischen Quarzkristalls wird in Figur 7 wiedergegeben. Diese neben einzelnen Ätzgruben sich heraushebenden Ätzgebiete können die vielfältigsten Formen annehmen (Fig. 8), doch sind sie meist auf eine sechseckige Grundform zurückzuführen, die der ditrigonalen Struktur des Quarzes entspricht (Fig. 7b). Diese Grundform kommt alleinstehend in verschiedenen Größen auf der gleichen Kristalloberfläche vor. Es sind flache Hügel. Die Stufenhöhe der Erhebungen variiert von „nicht meßbar“ bis zum bisher größten gemessenen Unterschied von 3,2 μm. Eine klare Zuordnung der Ätzgruben zur Lage der Grundformen ist nicht gegeben. Selten liegt eine große Ätzgrube im Schnittpunkt der Dreifeldkanten, aber oft beobachtet man sie außerhalb des Schnittpunktes (Fig. 7b bzw. Fig. 7c). In

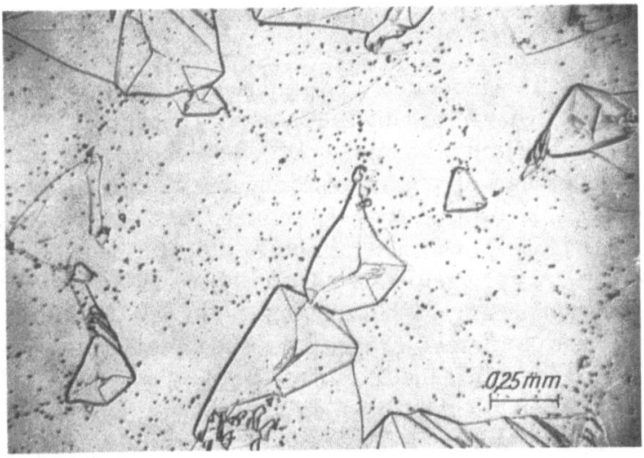

Fig. 7a

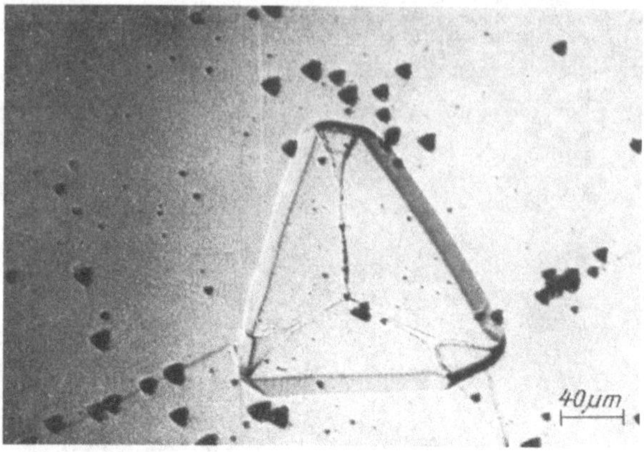

Fig. 7b

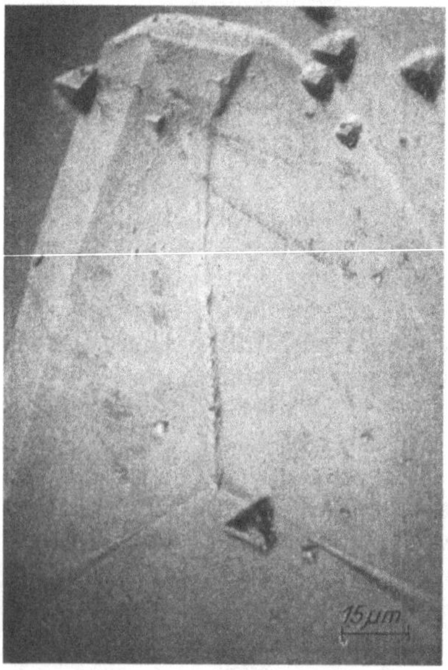

Fig. 7c

Fig. 7. Mikroaufnahmen einer der Oberfläche naheliegenden Basisfläche [$(0001)_0$] des synth. Quarzkristall A 141. Auflicht

vielen Fällen konnten keine großen Gruben im Schnittpunkt festgestellt werden (Fig. 9). Dabei werden die Ätzerscheinungen, die Störstellen markieren, die durch Oberflächenbearbeitung oder nachträgliche mechanische Beschädigungen der polierten Oberfläche hervorgerufen werden, hier nicht zu den durch Wachstumsstörungen verursachten Ätzgruben gerechnet. Letztere bilden sich deutlich durch ihre Größe und Tiefe ab. Die Flächengebiete innerhalb der Ätzhügel haben im allgemeinen die geringste Ätzgrubendichte; oft sind sie ätzgrubenfrei. In Figur 7c ist die Orientierung der Ätzgrube, die in der Grundform liegt etwas gedreht gebenüber den anderen Ätzgruben. Die Variation der Grundform scheint auch von den Wachstumsbedingungen abhängig zu sein. Die in Figur 9 wiedergegebene Art kommt bei allen Proben vor, die von Kristallen des gleichen Wachstumsversuchs herrühren.

Die untersuchte Kristallplatte war vor dem Ätzen halbiert worden. Der zweite Teil der Platte wurde hydrothermal 16 Stunden bei 180 °C geätzt. Es konnten ähnliche Ätzfiguren auf der $(0001)_0$-Fläche beobachtet werden (Fig. 10). Die Ätzgruben waren größer und ausgeprägter. Jede Grundform hatte ihre Ätzgrube

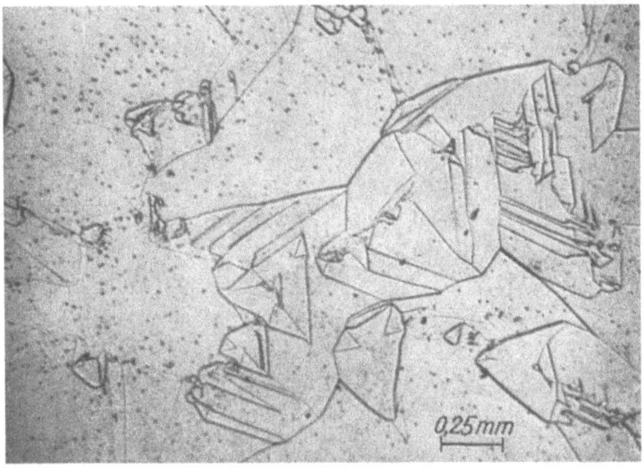

Fig. 8. Mikroaufnahme einer anderen Stelle der Probe A 141 nach Überschleifen, Polieren und zweiter Ätzung bei gleichen Bedingungen. Auflicht

Fig. 9. Veränderte Grundform der Ätzhügel. Auflicht

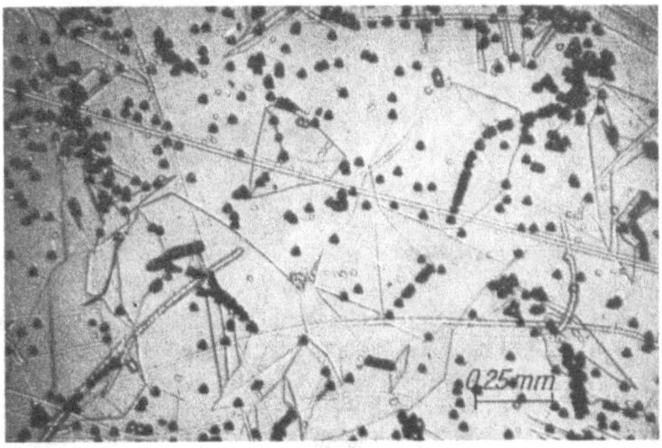

Fig. 10 a

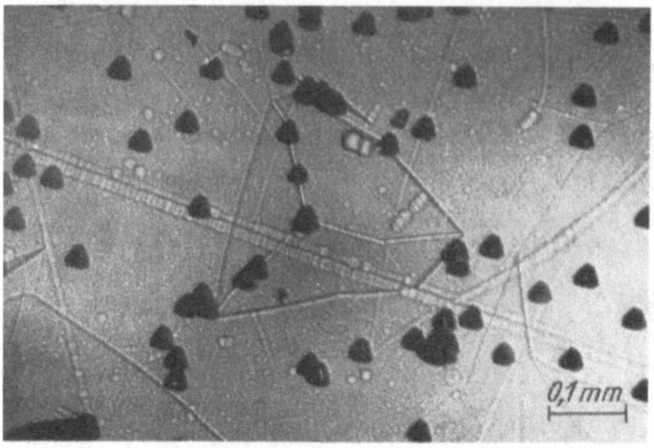

Fig. 10 b
Fig. 10. Probe A 141. Hydrothermale Ätzung (16 Std., 180 °C) der Wachstumsstrukturen. Auflicht

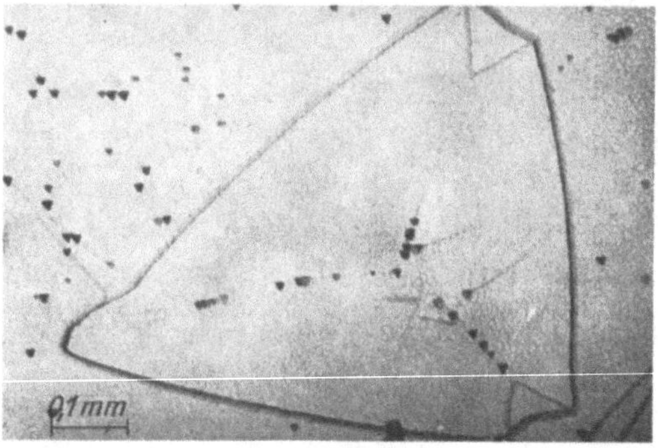

Fig. 11. Charakteristische hydrothermale Ätzung der Dreifeldkanten von Probe F 125 (16 Std., 160 °C), Auflicht

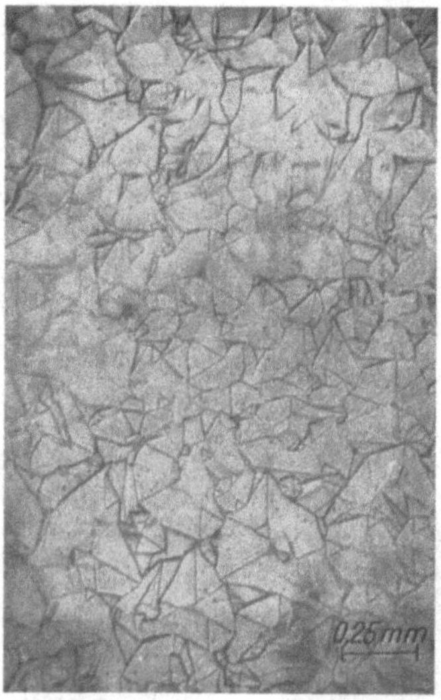

a

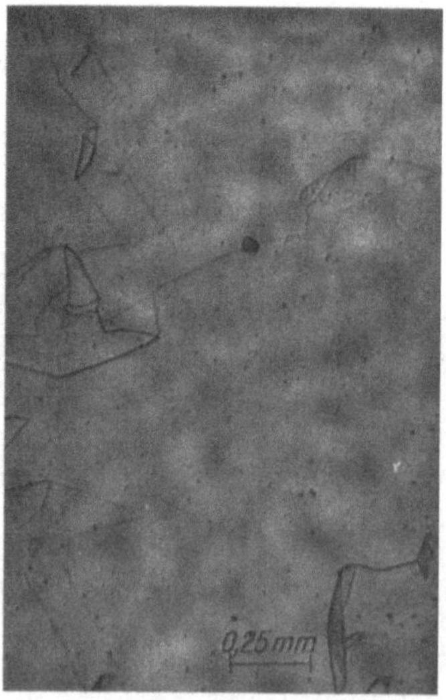

b

Fig. 12. Vergleich der geätzten Wachstumsstrukturen auf den zwei (0001)-Flächen der Probe A 156/1 (48 Std., 8 %ige HF-Lösung)
Dicke der Probe: 4,7 mm, Durchlicht
a) $(0001)_K$-Fläche
b) $(0001)_O$-Fläche

a

b

Fig. 13. Vergleich der geätzten Wachstumsstrukturen auf den zwei (0001)-Flächen de Probe E 11/11₄ (24 Std., 8 %ige HF-Lösung)
Dicke der Probe: 3,2 mm, Durchlicht polarisiert.
a) $(0001)_K$-Fläche, $(0001)_O$-Fläche wurde mit Tetralin benetzt
b) $(0001)_O$-Fläche

im Schnittpunkt der Dreifeldkanten. Die Markierung der Dreifeldkanten durch Ätzgruben ist charakteristisch (Fig. 11).

Während die andere Oberfläche des in Figur 5 gezeigten Naturquarzes ($d = 3$ mm) eine ähnlich geätzte Wachstumsstruktur aufwies, war die Basisfläche des synthetischen Kristalls, die zum Keim gerichtet war [$(0001)_K$], nach dem Ätzen ohne Wachstumsstruktur. Flußsäure- wie hydrothermale Ätzung bewirkten nur das Auftreten willkürlich verteilter Ätzgruben. Diese Beobachtung konnte bei vielen Proben gemacht werden.

War das Wachstum so gestört, daß die $(0001)_K$-Fläche bereits Wachstumsstruktur aufwies, so zeigte sich, daß während des Wachstums diese Struktur großflächiger wurde (Fig. 12). Figur 13 bringt ein zweites Beispiel dieser Art.

Einige Wachstumsplatten zeigten im polarisiertem Licht eine ausgeprägte Wachstumsstruktur. Nach 24-stündigem Ätzen in $12^0/_0$iger HF-Lösung wurde diese deutlich sichtbar (Fig. 14). Der stark geätzte Streifen lag gegenüber dem Innenfeld, wie an verschiedenen Stellen gemessen wurde, 1 μm höher; die

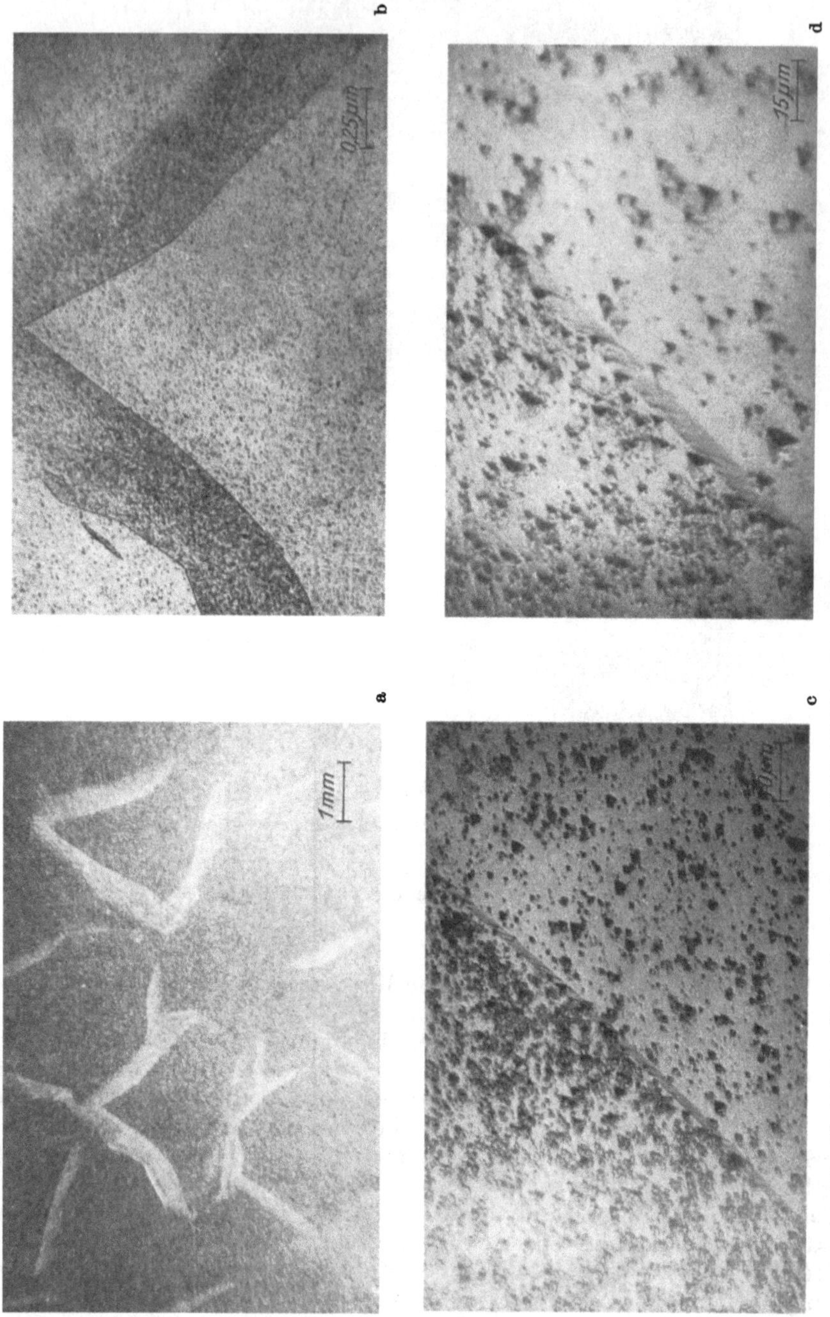

Fig. 14. Erhöhte Ätzstreifen der Probe E $12/14_1$ (16 Std., 12 %ige HF-Lösung. a) Durchlicht b) – d) Auflicht

Höhendifferenz nach außen war unterschiedlich und immer kleiner als 0,6 μm. An der Verengung des Streifens (Fig. 14b, Mitte links) betrug sie 0,4 μm. Die Breite des Streifens betrug an dieser Stelle 0,3 mm.

Benutzt man für das Wachstum als Flächenkeim eine Scheibe, so wächst der Kristall auch in Richtung der polaren a-Achse, bis er die Prismenflächen als Begrenzung erhält. Auf einer solchen geätzten Basisschnittplatte beobachtet man dann an diesen Wachstumsstellen eine dem natürlichen Quarz entsprechende Ätzstruktur (Fig. 15).

Quarzkristalle, die störungsfrei wachsen, deren Basisschnittplatten keine Wachstumsstruktur im polarisiertem Licht oder nach Bestrahlung mit $1 \cdot 10^6$ r zeigen und auch allgemein geringe Verfärbung nach dieser Bestrahlungsdosis aufweisen (Fig. 16), zeigen nur an diesen Randstellen eine Ätzung der Wachstumsstruktur. Die Zahl der Ätzgruben auf der Gesamtfläche ist auch nach hydrothermaler Ätzung gering.

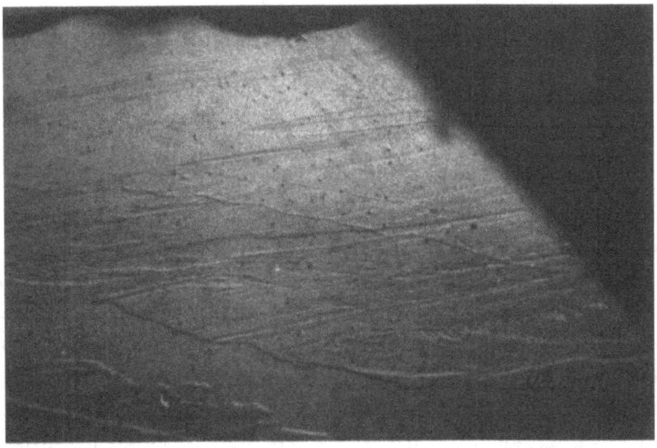

a

b

Fig. 15. Ätzung der Lamellenstruktur am Rand der Probe A 160/8$_2$. Kristall hatte eine Scheibe als Flächenkeim, Dicke der Probe: 1,6 mm, polarisiertes Durchlicht.

a) (0001)$_K$-Fläche, (0001)$_O$-Fläche war mit Tetralin benetzt

b) (0001)$_O$-Fläche

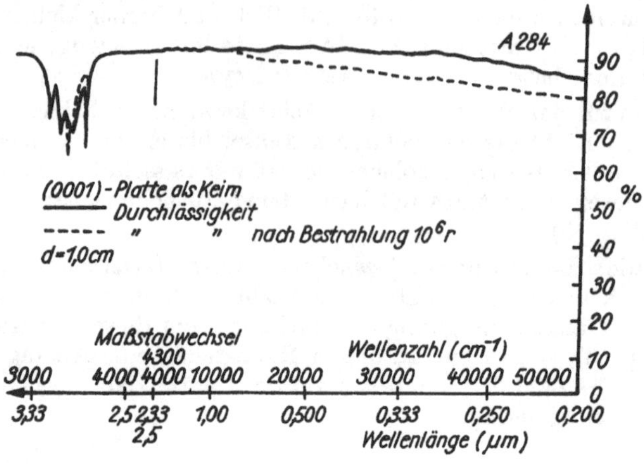

Fig. 16. Durchlässigkeit der homogen gewachsenen Probe A 284 vor und nach der Be strahlung mit 1 · 10⁶

4. Diskussion der Ergebnisse

Die Verfärbung des Quarzes nach Bestrahlung mit Röntgen- oder γ-Strahlen wird hauptsächlich durch substitutionell eingebaute Al^{3+}-Ionen verursacht. Das Modell dafür wurde durch Mitchell und Paige, Griffith, Owens und Ward sowie O'Brien und Pryce aufgestellt und gesichert.

Durch den Einbau von Al^{3+}-Ionen werden die Gitterkonstanten des Quarzes variiert, wie Keith (1950, 1955) mittels Präzisionsmessung nachwies. Damit könnte die Entstehung des Gangunterschiedes von linear polarisiertem Licht beim Durchstrahlen von Stellen unterschiedlichen Al^{3+}-Gehaltes erklärt werden.

Brown und Thomas bauten ihre Theorie des Wachstumsmechanismus von Quarzkristallen, die auf Basisschnittplatten als Flächen-Keime gewachsen sind, auf die Beobachtungen im polarisiertem Licht, auf die Verfärbungen durch Röntgen- oder γ-Strahlen und dem Vergleich dieser Erscheinungen mit der sich beim Wachstum bildenden Oberfläche der Kristalle auf. Das Schema in Figur 17 zeigt, daß beim Beginn des Wachstums viele kleine Kristallisationszentren auf

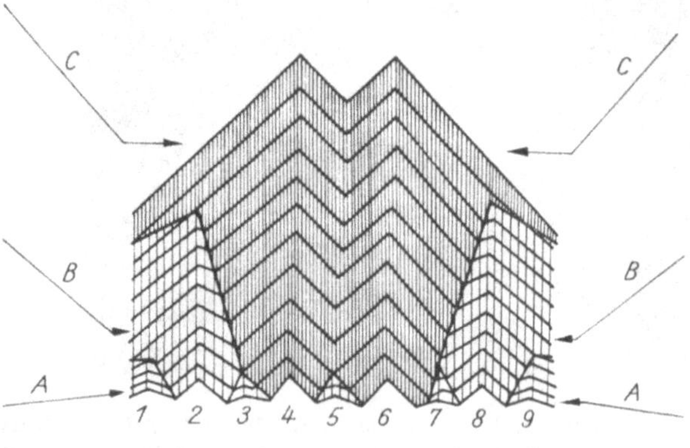

Fig. 17. Schema des Wachstumsmechanismus von Quarzkristallen, die auf einer Bassischnittplatte als Flächenkeim gewachsen sind (Brown, Thomas)

dem Flächenkeim vorhanden sind. Beim weiteren Wachstum vergrößern sich einige besonders stark, die anderen werden unterdrückt, so daß mit zunehmender Wachstumsdicke die Zahl der Wachstumshügel stark reduziert wird. Die Begrenzungsflächen der orientiert gewachsenen Hügel sind bevorzugte Stellen des Einbaues von Al^{3+}-Ionen. Dieser Fremdioneneinbau an den Hügelfächen variiert die Bindungsenergien zwischen den Bausteinen. Verdünnte Flußsäure reagiert empfindlich auf diese unterschiedlichen Bindungsenergien, und die Flächenätzung ist ausgeprägter als die Tiefenätzung an den Durchstoßpunkten von Versetzungen. Es konnte als Arbeitshypothese vorausgesetzt werden, daß die ausgeprägten, tiefen Ätzgruben diese Durchstoßpunkte markieren, da nach Benetzung der geätzten Oberfläche mit Tetralin unterhalb der Ätzgruben Ätzkanäle beobachtet wurden. Bei dünnen Proben von geringer Dicke konnte besonders durch hydrothermales Ätzen eine Zuordnung der Ätzgruben auf den beiden (0001)-Flächen erfolgen. Sie waren durch Ätzkanäle verbunden.[1]

Die Feststellung, daß die ditrigonalen Inseln — in dieser Arbeit als Grundform bezeichnet — flache Ätzhügel sind, bedeutet, daß die Verunreinigungen mit Al^{3+}-Ionen die Reaktionsfähigkeit dieser Kristallgebiete mit der HF-Lösung dieser Konzentration herabsetzt.

Ein Vergleich der Figur 7a oder Figur 8 mit Figur 10a zeigt, daß die hydrothermale Ätzung bei oben angeführten Bedingungen bereits stärker auf Versetzungsätzung anspricht, aber auch eine Ätzung der weiteren Wachstumsstruktur beobachtbar ist. Eine Versuchsreihe über die unterschiedliche Zahl und Lage der Ätzgruben zu den Ätzhügeln ist in Arbeit, da bei den Untersuchungen der Eindruck gewonnen wurde, daß mittels der hydrothermalen Ätzung die einzelnen Ätzgruben nicht nur größer, sondern auch zahlreicher erscheinen. Das würde bedeuten, daß die Versetzungen, deren Durchstoßpunkt an der Oberfläche die Ursache für die Ätzgruben bilden, von unterschiedlicher Art sind und damit die Si–O-Bindungen in den Gebieten der verschiedenen Versetzungsarten unterschiedliche Potentiale besitzen. Die Aktivierungsenergie, die zur Reaktion notwendig ist, wird durch die verdünnte Flußsäure für eine Art von Versetzungen aufgebracht, aber für die andere oder für die anderen Arten nicht oder gerade eben erreicht (Gaußsche Verteilungskurve der Energie). Durch die Reaktionsart der hydrothermalen Ätzung im angegebenen Temperaturgebiet wird die Aktivierungsenergie, die für die Reaktion der Si–O-Bindungen in den Gebieten notwendig ist, aufgebracht, so daß kein thermodynamisches Problem mehr vorliegt. Deshalb sind die Ätzgruben in Figur 10a und 10b gleich groß, während sie in Figur 7b und in Figur 9 unterschiedliche Größen aufweisen. Mit dieser Annahme könnte auch die Beobachtung erklärt werden, daß bei obiger Art der HF-Ätzung im Gegensatz zu der hydrothermalen selten eine größere Ätzgrube im Schnittpunkt der Dreifeldkanten beobachtbar ist.

Die Vergrößerung der Ätzhügel von der $(0001)_K$- nach der $(0001)_O$-Fläche (Fig. 13) ist grob mit dem Brownschen-Wachstumsmechanismus erklärbar. Doch warum die einzelnen Ätzhügel auf gleicher Platte eine unterschiedliche Ausbreitung erfahren, ist durch weitere Untersuchungen zur Ergänzung der Hypothesen zu klären. Erst recht ist das für die Erklärung der Variation der

---

[1]) Trotz der umfassenden röntgentopographischen Arbeiten von Lang sowie McLaren (1969, 1971) und ihren Mitarbeitern ist der Zusammenhang von Ätzgruben mit Durchstoßpunkten und Art der Versetzungen noch nicht vollkommen gesichert, wie die Arbeiten von Spencer sowie Tsinober und ihren Mitarbeitern zeigen.

Ätzfiguren bei Figur 12 notwendig. Die Beobachtung, daß sich die Wachstumszellen, für die die Ätzhügel kennzeichnend sind, bei manchen Proben erst während des Wachstums bilden, steht in Übereinstimmung mit den röntgentopographischen Untersuchungen von Lang und Miuskov. Die Ausbreitung der Wachstumszellen mit zunehmendem Wachstum kann man auch beobachten, wenn man eine Platte parallel [0001] aus dem Kristall schneidet, poliert und bestrahlt (Fig. 18). Man muß allerdings berücksichtigen, daß die Streifen auf der zweidimensionalen Abbildung der Summeneffekt der dreidimensionalen Verfärbung ist. Blickt man auf die (0001)-Fläche der Platte, so zeigt sich, daß die Verfärbungen an den Zellwänden vorhanden sind. Die Verfärbungsstreifen parallel zur (0001)-Fläche ergeben sich aus einer rhytmischen Al^{3+}-Ionen-Ab-

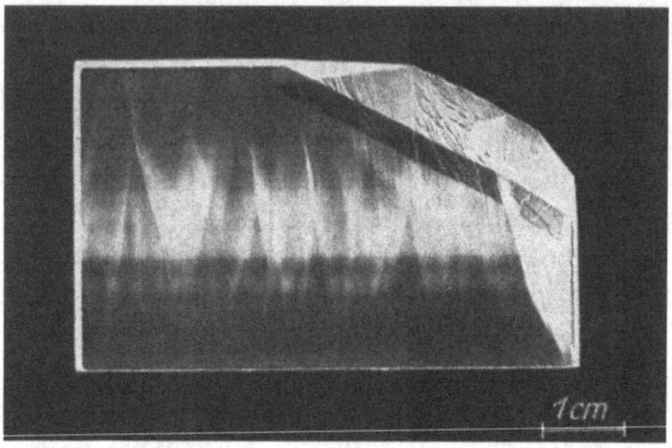

Fig. 18. Verfärbung einer Wachstumsplatte, herausgeschnitten parallel [0001] nach Bestrahlung mit 2×10^6 r. Die hellen Streifen spiegeln die Verteilung der Rauchfärbung wider. $d = 8{,}6$ mm

scheidung aus der Wachstumslösung, die die nicht zu vermeidenden geringen Temperaturschwankungen im Wachstumsgebiet zur Ursache haben. Je gesättigter die Lösung an Al^{3+}-Ionen ist und je mehr aktive Störzentren vorhanden sind, desto empfindlicher reagiert die Lösung auf Temperatur-Schwankungen durch Al^{3+}-Ionen-Abscheidung. Man sieht auf Figur 18, daß der erste Teil des Wachstums trotz der Bestrahlung von $2 \cdot 10^6$ r keine oder nur geringe Querstreifung zeigt.

Die durch die HF-Ätzung entstehenden Streifen (Fig. 14), die auf einem erhöhten Al^{3+}-Ioneneinbau beruhen, wie die Verfärbung nach Bestrahlung vermuten läßt, bestätigen die oben aufgeführte Hypothese über die Entstehung der Ätzhügel. Die erhöhten Ätzstreifen fallen besonders durch ihre verstärkte Ätzgrubendichte auf.

Es war sehr zweifelhaft, daß die vielen Ätzgrübchen Durchstoßpunkte von Versetzungen markieren sollten; deshalb wurde ein anderes Stück der gleichen Wachstumsplatte hydrothermal geätzt und zwar gleich bei 200 °C, um sicher, zu sein, daß alle durchstoßenden Versetzungen geätzt würden. Figur 19 zeigt daß sich in den Streifengebieten viele große Ätzgruben befinden, die z. T. aneinandergereiht sind und so wahrscheinlich Kleinwinkelkorngrenzen darstellen; doch sind die Ätzstreifen nicht so übersät mit Ätzgruben, wie es bei der HF-Ätzung der Fall ist. Die auf die gleiche Art auftretenden Ätzgrübchen bei vielen Proben schließen Bearbeitungsfehler oder „Schmutzätzung"[1]) aus. Deshalb

[1]) Verdünnte HF-Lösung reagiert beim Ätzen von Quarz sehr empfindlich auf die Verschmutzung der Oberfläche durch Fingerabdrücke oder Perchlorreste.

könnte angenommen werden, daß die zahlreichen Grübchen auf den Ätzstreifen ihre Ursache in der Ätzung von Mikroinhomogenitäten haben, die etwa in Form von Fremdionenanhäufungen (außer Al^{3+}-Ionen und Alkaliionen oder H^{+}-Ionen bzw. ihre Komplexe mit OH-Ionen) vorliegen. Es könnte auch angenommen werden, daß es sich um die Ätzung von Spannungsfeldern, die durch den

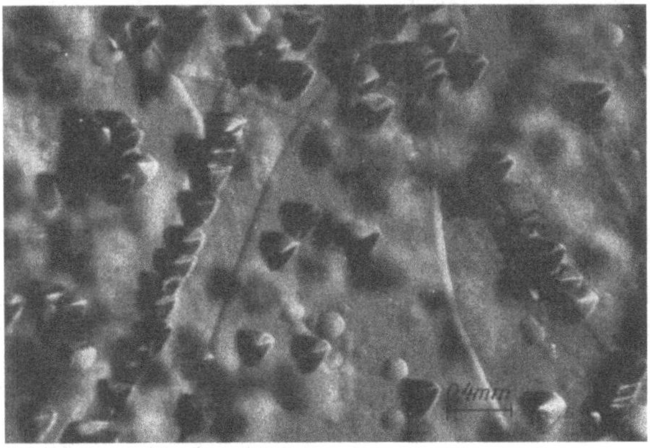

Fig. 19. Teil der Probe $E\ 12/14_1$ 24 Std. bei 200 °C hydrothermal geätzt, Durchlicht polarisiert

Einbau der genannten Cluster um Kleinwinwinkelkorngrenzen entstehen, handelt. Wäre nur der verstärkte substitutionelle Einbau von Al^{3+}-Ionen maßgebend, so müßten die Ätzhügel auf den vorhergehenden Abbildungen ebenfalls diese erhöhte Zahl an Ätzgrübchen aufweisen. Die hydrothermale Ätzung bei obigen Bedingungen reagiert nicht auf Mikroinhomogenitäten.

Der augenscheinliche Gegensatz zwischen den Ätzhügeln und den erhöhten Ätzstreifen, die relativ große trigonale Flächen umschließen, läßt sich wahrscheinlich erst klären, wenn man die durch das Ätzen beobachtbaren Wachstumsstrukturen mit den dazugehörigen Wachstumsoberflächen vergleicht. da die Oberfläche des Kristalls die Wachstumshomogenität widerspiegelt (Christoph, Lüdke). Dieser Unterschied und die Verfärbungserscheinungen an einer Platte, die parallel [0001] aus dem Kristall geschnitten wurde (Fig. 18), deuten an, daß der selektive Einbau von Al^{3+}-Ionen während des Wachstums nicht einheitlich ist.

5. Zusammenfassung der Ergebnisse

Es ist möglich, die im polarisiertem Licht oder als Verfärbungsgebiete nach Bestrahlung mit Röntgen- oder γ-Strahlen erscheinenden Wachstumsstrukturen als Ätzfiguren sichtbar zu machen. Die nach 16- bis 24-stündiger Ätzdauer bei Raumtemperatur in 8- bis 12%iger HF-Lösung (technisch rein) erhaltenen Ätzfiguren auf (0001)-Flächen geben durch ihre stärkere Strukturierung einen detaillierteren Einblick in das Wachstumsgeschehen von synthetischen und Naturquarz als oben angeführte Untersuchungsmethoden. Die auf (0001)-Flächen von synthetischen Quarz auftretenden Ätzfiguren können sehr komplex sein, doch lassen sie sich auf die auch in großer Zahl auftretenden Grundformen zurückführen. Diese Grundformen sind flache Ätzhügel. Sie variieren bei unterschiedlichen Versuchsbedingungen. Ihre Entstehung wurde einem erhöhten Al^{3+}-Ionen-Gehalt zugeschrieben. Die Beobachtung der größeren Ausdehnung der Ätzhügel auf der $(0001)_0$-Fläche gegenüber der $(0001)_K$-Fläche steht in Übereinstimmung mit der Brownschen Wachstumstheorie, den röntgentopographischen Beobachtungen von Lang sowie den Verfärbungen einer Platte parallel zu [0001] nach Bestrahlung (Fig. 18). Die unterschiedliche Art der Ausbreitung deutet an, daß die einzelnen lokalen Parameter des Wachstumsmechanismus variieren.

Die gering erhöhten Ätzstreifen, die eine relativ großflächige trigonale Wachstumsstruktur umschließen, sind besonders stark durch die HF-Lösung geätzt. Die Bildung der unzähligen kleinen Ätzgruben, die sich neben größeren Ätzgruben auf den Streifen befinden, könnte durch Mikroinhomogenitäten veranlaßt worden sein.

Die Beobachtung lamellenartiger Ätzstreifen in Figur 15 findet ihre Parallele bei der Ätzung von Naturquarzplatten.

Zur Überprüfung und zur besseren Einordnung der Ergebnisse der HF-Ätzung wurde die wesentlich aufwendigere hydrothermale Ätzung in 0,5 n NaOH-Lösung eingesetzt. Speziell im Temperaturbereich 160 bis 200 °C erhält man neben der Ätzung der Wachstumsstrukturen (Grundform und ihre Kombinationen) eine verstärkte Ausbildung gleichgroßer Ätzgruben. Es konnte deshalb eine energetische Abschätzung zwischen den beiden Ätzmethoden vorgenommen werden. Bei der hydrothermalen Ätzung findet man verstärkt eine Reihung der Ätzgruben. Liegt die Reihung am Rande der Wachstumszelle (Fig. 19), dann könnte man die Ätzung einer Kleinwinkelkorngrenze annehmen. Doch konnte noch keine Vorstellung über die Ursache der Reihung auf den Dreifeldkanten (Fig. 11) gewonnen werden, es sei denn, daß man die Kante bereits als eine geringe Verkippung im Block ansieht.

Zur Festigung oder Korrektur, der auf Grund der beobachteten Flächenätzungen und ihren Beziehungen zur Lage und Größe der umgebenden Ätzgruben aufgestellten Annahmen und Arbeitshypothesen, laufen z. Z. weitere Arbeiten.

Der Verfasser dankt seinen Mitarbeitern, Herrn Schlöffel für die Autoklavenbetreuung, Frau Richter und Frau Henkelmann für die photographischen Arbeiten und Herrn Deubach für die Herstellung der Proben aus den Kristallen.

Herrn Prof. Dr. Dr. h. c. P. Görlich dankt der Verfasser für die Anregung zu dieser Arbeit und für seine ständige Unterstützung des Arbeitsgebietes „Hydrothermale Synthese“.

Literatur

Augustine, F., Hale, D. R.: J. Physic. Chem. Solids **13, 344** (1960)
Brown, C. S., Thomas, L. A.: J. Phys. Chem. Solids **13, 337** (1960)
Christoph, A., Lüdke, W.: Jenaer Jahrbuch 189 (1966)
Frank, F. C.: Disc. Faraday Soc. **5**, 48 (1949)
Griffith, J. H. E., Qwens, J., Ward, I. M.: Rep. Bristol Conf. on Defects in Crystalline Solids. Physical Society London 1955, S. 81
Gülzow-Qual, G.: phys. stat. solidi **1**, 62 (1961)
Honess, A.: The nature, origin and interpretation of the etch figures on crystals. London 1927
Keith, H. D.: Proc. Physic. Soc. London **63** B, 208 (1950)
Keith, H. D.: Am. Min. **40**, 530 (1957)

Lang, A. R., Miuscov, V. F.: J. appl. Physics **38**, 2477 (1967)
Leydolt, F.: Sitzungsbericht Akad. Wien 59, 1855
McLaren, A. C., Retchford, I. A.: phys. stat. sol. **33**, 657 (1969)
McLaren, A. C., Osborne, C. F., Saunders, L. A.: phys. stat. sol. (a) **4**, 235 (1971)
Mitchell, E. W. J., Paige, E. G. S.: Phil. Mag. Ser. 8, **1**, 1085 (1956)
Molengraaff, G. A. F.: Zeitschr. Krystallogr, u. Mineral. **14**, 173 (1888)
Neels, H.: Elektrotechnik **3**, 318 (1949)
Nielsen, J. W., Foster, F. G.: Am. Min. **45**, 299 (1960)
O'Brien, M. C. M., Pryce, H. H. L.: Rep. Bristol Conf. on Defects in Crystalline Solids. Physical Society, London 88, 1955
Šmid, J.: Rost Kristallov **VI** 58, (1965)
Tsinober, L. I., Chadschi, W. E., Gordienko, L. A., Samoilowitsch, M. I.: Rost Kristallov **VI** 22, (1955)
Tsinzerling, E. V., Mieonua, Z. A.: Kristallografija 8 (1), 117 (1963)

(Eingegangen am 2. August 1972)

Anschrift des Verfassers:
Dipl.-Chem. A. Christoph
VEB Carl Zeiss
69 Jena
Carl-Zeiss-Str. 1
DDR

Kristall und Technik	8	1–3	1973	95–106

A. Faust, P. Schreiter

Sektion Chemie der Karl-Marx-Universität Leipzig
Fachbereich Kristallographie

Der Einfluß von Ultraschall auf das Ätzen von Galliumarsenid

Untersuchungsergebnisse über die Beeinflussung des Ärzvorganges an GaAs{111}-Flächen durch Ultraschall werden mitgeteilt. Aus den Abtragungsraten auf *A*- und *B*-Flächen bei 20 °C, 40 °C und 60 °C in Abhängigkeit von der Ultraschall-Intensität wird abgeleitet, daß nicht die Mikrokavitation, sondern eine Verstärkung der Diffusion im Ätzmittel und eine Energiezufuhr zum Kristall infolge Ultraschallabsorption Erhöhung der Abtragungsraten bis auf den 10-fachen Betrag bewirken. Die ausführliche Fehlerbetrachtung zeigt, daß bei der Bestimmung von Ätzraten Abweichungen der Einzelmessungen bis $\pm$ 50% auftreten, die eine statistische Auswertung zahlreicher Meßreihen erforderlich machen. Die Oberflächenausbildungen sind durch terrassen- und spiralförmige Ätzgruben auf den *A*-Flächen gekennzeichnet, die 60°-Versetzungen und Schraubenversetzungen zugeordnet werden. Auf den *B*-Flächen bewirkt der Ultraschall eine Beschleunigung des Poliervorganges.
Experimental results of the influence of ultrasound to the etching of GaAs{111} are given. From the rates of etching on *A*- and *B*-surface at 20 °C, 40 °C and 60 °C in dependence of ultrasound-intensity is derived, that no microcavitation but increase of diffusion in the etching solution and importation of energy to the crystal (absorption of ultrasound) lead to an increase of etching rates til to the factor 10. A detailed consideration of experimental errors shows derivations of etching rate in the single measurements till to 50%. So a statistical calculation of many measurements is necessary. The etch-pits show forms of terraces and spirals corresponding to 60° — and screw-defects. At the *B*-surface ultrasound effects only an increase of polish-celerity.

1. Einleitung

Zahlreiche Veröffentlichungen behandeln das Ätzen von GaAs. Die spezifische Wirksamkeit verschiedener Ätzlösungen in Abhängigkeit von Konzentration, Temperatur und Rührgeschwindigkeit bezüglich Abtragungsraten und Oberflächenausbildung ist häufig untersucht worden. Über die Möglichkeit der Behandlung mit Ultraschall während des Ätzprozesses findet sich eine kurze Passage bei Bogenschütz. Abtragungsraten und Oberflächenausbildung von GaAs bei Ätzbehandlung unter Ultraschalleinfluß sind bisher noch nicht beschrieben worden.

Aus Arbeiten über das Ätzpolieren von Metallen im Ultraschallfeld (Pohlmann, Kickert, Böttcher) ist bekannt, daß die Polierzeit gegenüber dem gleichen Vorgang ohne Ultraschallbehandlung stark herabgesetzt ist. Daraus ergibt sich die Notwendigkeit, den möglichen Fehlerquellen bei der Ermittlung von Abtragungsraten besondere Aufmerksamkeit zu schenken. Das erscheint um so wichtiger. als in der Literatur meist keine Angaben über die Genauigkeit der mitgeteilten Abtragungsraten gemacht werden, obwohl diese in starkem Maße von den Versuchsbedingungen abhängen.

Die vorliegende Arbeit gliedert sich in einen ersten Teil „Abtragungsraten unter Ultraschalleinfluß mit ausführlicher Fehlerbetrachtung“ und einen zweiten Teil „Oberflächenausbildung unter Ultraschalleinfluß“.

2. Experimentelles

Die Untersuchungen wurden an undotierten GaAs-Einkristallscheiben der Orientierung [111] *A* und [111] *B* mit Versetzungsdichten von $7{,}6 \cdot 10^3$ bis $2{,}2 \cdot 10^5$ cm^{-2} vorgenommen. Die Ausgangsoberflächen entstanden durch Abtragen einer 12 μm starken, durch den Schneideprozeß gestörten Schicht mittels Vibrationspolieren mit NaOCl-Lösung. Nach dem Vereinzeln wurden die Proben mit Plexiglas auf Polystyrolunterlagen aufgekittet. Um eine reproduzierbare Ätzratenbestimmung zu gewährleisten, ist hierbei auf sorgfältige Abdeckung der Probekanten zu achten. Als Ätzmittel diente $HNO_3/H_3PO_4 = 11:49$ (nach GRABMAIER, WATSON). Wir verwendeten einen fokussierenden, thermostatierbaren und stufenlos regelbaren Ultraschallgeber mit einer maximalen Schalleistung von 50 Watt bei einer Schallfrequenz von 80 kHz. Die höchste Energiedichte lag bei 7 W/cm^2. Die Schallübertragung erfolgte durch destilliertes Wasser über ein Polyäthylengefäß (Schallreflexion 12 bis 18%) auf die Ätzlösung. Die Probe befand sich jeweils im Schallfokus. Alle Versuche wurden im Gleichschallbetrieb vorgenommen. Da die Ätztemperatur außer von der mittels Thermostat eingestellten Temperatur von der Schallintensität (infolge Schallabsorption) abhängt, muß sie immer direkt an der Probe gemessen werden. Die Ätztemperaturen lagen bei 20 °C, 40 °C und 60 °C, die Ätzzeiten zwischen 0,5 und 5 Minuten.

3. Abtragungsraten unter Ultraschalleinfluß

3.1. Bestimmung der Abtragungsraten

Die Abtragungsraten w (in mg · cm^{-2} min^{-1}) wurden bei verschiedenen Ultraschall-Intensitäten in Abhängigkeit von der Ätztemperatur

a) über die Bestimmung des Masseverlustes nach

$$w = \frac{\Delta m}{F \cdot t} \quad \text{und} \quad \begin{aligned} \Delta m &= \text{Masserverlust (g)} \\ F &= \text{geätzte Probenfläche (cm)}^2 \\ t &= \text{Ätzzeit (min)} \end{aligned}$$

b) über die Bestimmung der Probendicke-Differenz nach

$$w = \frac{\Delta d \cdot \varrho}{t} \qquad \begin{aligned} \Delta d &= \text{Probendicke-Differenz (cm)} \\ \varrho &= \varrho_{\text{GaAs}} = 5{,}32 \text{ g/cm}^3 \\ t &= \text{Ätzzeit (min)} \end{aligned}$$

ermittelt. Die Ergebnisse sind in Tabelle 1 zusammengefaßt und in Figur 1 graphisch dargestellt. Jeder Kurvenpunkt stellt das statistische Mittel aus jeweils mehreren Ätzzeiten dar, wobei zu jeder Ätzdauer drei Einzelproben eingesetzt wurden. Die Versuche mit und ohne Ultraschall erfolgten in der gleichen Apparatur. Für jede Versuchsserie wurden nur Proben der gleichen Kristallscheibe verwendet.

3.2. Fehlerbetrachtung

3.2.1. Fehler bei der Bestimmung der Abtragungsrate über den Masseverlust

a) Einfluß der Ermittlung der Probenfläche: Unabhängige Mehrfachzählungen mit dem Netzokular ergaben einen subjektiven Fehler von maximal 1,5%.

Tabelle 1
Abtragungsraten von GaAs unter Ultraschall (US)einwirkung mit Standardabweichung des Mittels und mittlerer Abweichung der Einzelmessung

T (°C)	US-I Stufe	w [111] A (mg · cm^{-2} min^{-1})	w [111] B (mg · cm^{-2} min^{-1})	Standardabw. d. Mittels (%) [111] A	Standardabw. d. Mittels (%) [111] B	Abw. d. Einz. mess. (mg · cm^{-2} min^{-1}) [111] A	Abw. d. Einz. mess. (mg · cm^{-2} min^{-1}) [111] B
20	I	7,44 ± 0,82	7,92 ± 0,78	11,2	9,8	2,3	4,4
20	II	11,32 ± 1,04	12,71 ± 2,11	9,2	16,6	5,5	7,3
20	III	18,33 ± 2,50	19,07 ± 3,28	13,6	17,2	12,2	10,8
20	IV	25,44 ± 2,51	26,62 ± 2,74	9,9	10,3	9,7	17,7
40	I	16,32 ± 3,07	16,93 ± 2,42	18,8	14,3	11,9	14,5
40	II	24,17 ± 3,43	25,10 ± 3,56	14,2	14,2	15,7	15,5
40	III	34,56 ± 3,39	38,25 ± 6,81	9,8	17,8	14,8	20,4
40	IV	45,93 ± 2,65	55,17 ± 8,40	5,8	51,2	10,6	29,1
60	I	22,70 ± 1,89	22,97 ± 2,24	8,3	9,8	8,0	9,5
60	II	39,49 ± 1,44	41,41 ± 6,30	3,6	15,2	8,6	22,7
60	III	53,51 ± 4,30	57,36 ± 5,15	8,4	9,0	17,2	25,7
60	IV	67,26 ± 7,72	69,39 ± 6,94	11,5	9,9	26,7	34,2

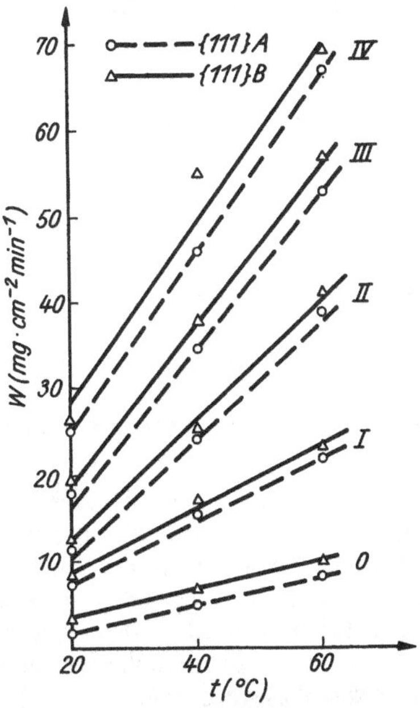

Fig. 1. Abhängigkeit der Abtragungsrate von GaAs(111)A und (11a)B von Temperatur und Ultraschallintensität. (Stufe 0 – IV) in HNO_3/H_3PO_4

b) Veränderung der Probenfläche während des Ätzvorganges: Da die seitlichen Begrenzungen der Probenplättchen ({110}-Spaltflächen) mit der {111}A-Fläche Winkel von 35,3° oder 90°, mit der {111} B-Fläche Winkel von 144,7° oder 90° bilden, wird sich die Probenoberfläche während des Ätzvorganges bei

A-Flächen verkleinern, bei B-Flächen vergrößern. Bei einer Probenfläche von 4,54 mm^2 beträgt die Flächendifferenz nach Abtragung einer 4 μm straken Schicht 0,03 mm^2 entsprechend 0,66%. Bei kleinen Proben und hohen Abtragungsraten darf diese Änderung der Probenfläche nicht vernachlässigt werden.

c) Einfluß des Wägefehlers: Die Meßgenauigkeit der benutzten Analysenwaage betrug $\pm 1 \cdot 10^{-5}$ g. Nach einem zweiminütigen Ätzprozeß ergab sich bei einer Probe von 4,54 mm^2 Größe ein Masseverlust von $(0,10 \pm 0,04)$ mg entsprechend einem relativen Fehler von 40%. Zu beachten ist, daß die Größe dieses Fehlers außer von der Probenfläche wesentlich von der Höhe der Ätztemperatur, der Schallintensität und der Ätzdauer abhängt. Werden kleine Proben bei niedriger Temperatur, geringer Ultraschall-Intensität und kurzer Ätzzeit behandelt, so kann der Fehler die Größe des Masseverlustes erreichen.

d) Der Gesamtfehler der Abtragungsrate wurde aus den Abweichungen des Masseverlustes, der Probenfläche und der Zeitmessung ($\pm$ 0,25 s) nach dem Gauss'schen Fehlerfortpflanzungsgesetz

$$\bar{s}_f = \sqrt{\sum_{i=1}^{k} \left(\frac{\partial f}{\partial x_i} \cdot \bar{s}_i\right)^2}$$

$\bar{s}_f$ = absoluter Fehler
$\bar{s}_i$ = Fehler der einzelnen Größen
x_i = einzelne Größen
f = aus Einzelwerten zusammengesetzte Größe

errechnet. Die Tabelle 2 zeigt deutlich den Einfluß der Probengröße auf den Gesamtfehler.

Tabelle 2
Abhängigkeit des Fehlers der Abtragungsrate von der Probengröße

Probengröße (mm^2)	Abtragungsrate w ($mg \cdot cm^{-2}\, min^{-1}$)	Δw ($mg \cdot cm^{-2}\, min^{-1}$)	$\Delta \omega$ (%)
1,32	2,65	1,52	>50
4,54	5,02	1,76	35
10,18	70,42	1,38	2

3.2.2. Fehler bei der Bestimmung der Abtragungsrate über die Probendickedifferenz

Hierbei gehen nur die Abweichungen der Dickenmessung sowie der Zeitmessung ein. Die Berechnung zeigte, daß der Einfluß eines Zeitmeßfehlers von $\pm$ 0,25 s gegenüber dem Dickenmeßfehler vernachlässigt werden kann. Bei diesem Verfahren spielt die Größe der Probenfläche keine Rolle, wogegen unterschiedlichen Ultraschall-Intensitäten und Ätztemperaturen erhöhte Aufmerksamkeit geschenkt werden muß. Der Fehler der gemessenen Probendicke wurde aus Serien von jeweils 10 Einzelmessungen (Meßuhr mit Ablesung von $\pm$ 1 μm) nach dem Gauss'schen Verteilungsgesetz

$$x = \bar{x}\,(1 + t\,\bar{s}/\bar{x})$$

$\bar{x}$ = Mittelwert
$\bar{s}$ = Standardabweichung des Mittels

mit $t = 4,1$ (99,7% statistische Sicherheit bei 10 Einzelwerten) errechnet. Für unterschiedliche Ätzparameter ergaben sich Fehler der Abtragungsraten von Einzelproben im Größenbereich von 20–30%.

3.2.3. Abweichungen der Ultraschall-Intensität

Selbst bei sehr guter Reproduzierbarkeit der Einstellung der Ultraschall-Intensitätsstufe ergeben sich schwankende Intensitätswerte in Abhängigkeit von der Lage und Größe der Probe bezüglich des Schallfokus. Dies bedingt gemeinsam mit der mechanischen Belastung infolge des Schallwechseldruckes (die bei größeren Probenplättchen zum Zerbrechen führt) eine Begrenzung der Probengröße.

3.2.4. Temperaturmessung

Die Temperaturmessung muß direkt an der Probenoberfläche erfolgen. Versuche zeigten, daß Quecksilberthermometer infolge Schallabsorption und mechanischer Wirkung des Ultraschalls falsche Werte liefern. Bewährt haben sich Thermoelemente Eisen/Konstantan mit möglichst kleiner Lötperle. Eine weitere Schwierigkeit besteht darin, die Ätztemperatur konstant zu halten. Die Absorption des Ultraschalls bewirkt eine ständige Temperatursteigerung in Probe und Ätzflüssigkeit, die nach unseren Messungen je Minute in Abhängigkeit von der Intensität des Ultraschalls zwischen 5 °C und 10 °C variieren kann. Dieser Effekt erfordert, mit möglichst kurzen Ätzzeiten zu arbeiten.

Alle bisherigen Betrachtungen beziehen sich auf den Fehler der Einzelmessung, der infolge Kombination der Fehlerquellen bis zu 60% betragen kann. Deshalb ist für gesicherte Aussagen die statistische Ermittlung der Abtragungsrate aus möglichst zahlreichen Einzelmessungen unbedingt erforderlich. Die in Tabelle 1 mitgeteilten Fehler stellen die statistischen Abweichungen des Mittelwertes aus zahlreichen Einzelmessungen dar. In den beiden letzten Spalten sind die mittleren Abweichungen der Einzelmessungen verzeichnet. Sie zeigen mit ihren Beträgen von teilweise über ± 50%, daß die Auswertung von ein bis zwei Versuchen je Kurvenpunkt keine Grundlage für weitere Aussagen darstellt. Trotzdem sind in der Literatur kaum Angaben über die statistische Sicherheit derartiger Untersuchungsergebnisse zu finden.

3.3. Diskussion der Meßergebnisse

Aus den Kurven der Figur 1 ist ersichtlich, daß

a) auch unter Einfluß von Ultraschall die Abtragungsrate mit steigender Temperatur zunimmt. Die scheinbar lineare Steigung der Kurven (nach Bogenschütz exponentielle Abhängigkeit) ist durch das relativ geringe Temperaturintervall zwischen 20 °C und 40 °C bedingt;

b) die Abtragungsrate mit zunehmender Ultraschall-Intensität zunimmt;

c) der Anstieg der Kurven mit steigender Ultraschall-Intensität zunimmt.

Zur Deutung des Ultraschall-Einflusses auf die Auflösung des GaAs sind drei Wirkprinzipien zu berücksichtigen:

1) Die für Ultraschall charakteristische abrasive Wirkung beruht auf der Kavitation bzw. der Mikrokavitation. Nach der Theoie sind Bedingungen für das Auftreten von Kavitation die Gegenwart von Gasblasen und eine der Frequenz entsprechende Intensität, d. h. ein entsprechend hoher Schallwechseldruck. Der Schallwechseldruck beträgt für Wasser 5 b bei einer Intensität vou 8 W/cm² nach Pohlmann, Kickert, Böttcher (für die benutzte Säure müßte er wegen der höheren Viskosität niedriger liegen). Die maximale Intensität des verwendeten Gerätes lag bei nur 7 W/cm², wobei außerdem noch mit niedrigeren

Intensitäten gearbeitet wurde. Für eine Frequenz von 500 kHz wird aber schon ein Wechseldruck von 12 bis 25 b benötigt, um Kavitation zu erzeugen. Da unser Gerät mit einer Frequenz von 800 kHz arbeitet, müßte der Wert noch höher liegen. Aus diesem Gründen erscheint Kavitationswirkung ausgeschlossen.

2) Die Abtragungsrate ist abhängig von der Diffusion in der Lösung und kann durch deren Beeinflussung (Rühren, Zirkulation) erhöht werden. Die dispergierende Wirkung des Ultraschalls ist bekannt und wird technisch seit langem benutzt. Mit ihr kann die Erhöhung der Abtragungsrate in Abhängigkeit von der Ultraschall-Intensität zwanglos erklärt werden. Die Erhöhung der Diffusion bewirkt jedoch nur eine temperaturunabhängige konstante Erhöhung der Abtragungsrate. Das beweisen alle Untersuchungen über den Einfluß der Rührgeschwindigkeit auf die Auflösung von GaAs (Voigt). Die Zunahme des Anstieges unserer Kurven mit erhöhter Ultraschall-Intensität findet dadurch noch keine Erklärung.

3) Mit erhöhter Intensität nimmt die Absorption der Schallwellen nach dem Absorptionsgesetz zu. Aus dem Schallwiderstand des GaAs von $29{,}05 \cdot 10^5$ $g \cdot cm^{-2} s^{-1}$ (Lassmann) und dem von HNO_3 (Kudrjawzew) ergibt sich eine Reflexion von $75{,}7^0/_0$, d. h. etwa ein Viertel der eingestrahlten Intensität wird von der Probe aufgenommen. Ultraschall-Dämpfungsversuche durch Lassmann ergaben eine Zunahme der Dämpfung mit wachsender Temperatur beim GaAs. Der absorbierte Anteil der Schallenergie wird in Wärme umgewandelt. Wegen der Temperaturabhängigkeit der Lochkeimbildung führt die thermische Energie in Form absorbierter Schallenergie zum Herabsetzen der Keimbildungsarbeit für den Lochkeim, d. h. zu erhöhten Abtragungsraten. Die Erhöhung der Absorption bei erhöhter Temperatur erklärt auch die Zunahme der Kurvensteigung mit höherer Ultraschall-Intensität.

Den Kurven ist weiterhin zu entnehmen, daß die Abtragungsrate der 111A-Flächen zwar hinsichtlich Temperatur- und Intensitätserhöhung parallel zu der der 111B-Flächen verläuft, jedoch insgesamt gesehen niedriger ist als die der B-Flächen. Der Differenzbetrag liegt bei $2{,}2\ mg \cdot cm^{-2}\ min^{-1}$. Der Differenzbetrag bei den Kurven der Ätzratenbestimmung ohne Ultraschall liegt bei $2{,}6\ mg \cdot cm^{-2}\ min^{-1}$, also etwa gleich. Die Ursache für den Unterschied der Ätzrate der A- und B-Seite liegt in der Polarität der GaAs-Struktur und wird durch die Ultraschall-Behandlung nicht beeinflußt.

Der Vergleich der Abtragungsraten zeigt, daß bei Anwendung von Ultraschall etwa eine 10fache Ätzgeschwindigkeit beim GaAs erreicht werden kann.

4. Oberflächenausbildung unter Ultraschall-Einfluß

Das verwendete Ätzmittel wird von Grabmaier, Watson als polierend für die {111}-Flächen bei 60 °C angegeben. Das bedeutet, daß sowohl die A- als auch die B-Seite bei dieser Temperatur poliert werden. Unseren Untersuchungen zufolge poliert das Ätzmittel nur die B-Seite. Die auf der A-Seite zu erwartenden Poliereffekte traten weder bei der angegebenen noch bei einer anderen Temperatur auf. Auch geringe Veränderungen der Ätzmittelzusammensetzung erbrachte keine Poliereffekte auf den A-Flächen, sondern in jedem Falle trisymmetrische Ätzgruben, deren Indizierung und Orientierung bereits bei Voigt beschrieben werden. Die Anwendung von Ultraschall bewirkte

a) Ausbilden großer Ätzgruben in wesentlich kürzerer Zeit (Fig. 2 und 3);
b) keine Änderung der Orientierung der Ätzgruben;

c) deutlicheres Hervortreten der Trisymmetrie der Ätzgruben;
d) ausgeprägte Stufenausbildung der Begrenzungsflächen der Ätzgruben.

Durch Vergleich mit anderen Ätzmitteln (20%ige HNO_3, $HCl/HNO_3/H_2O = 2:1:2$) ergab sich, daß die Wirkung des Ultraschalls proportional zur Viskosität der Ätzlösung steigt. Dies ist Ausdruck der Wirkung des Ultra-

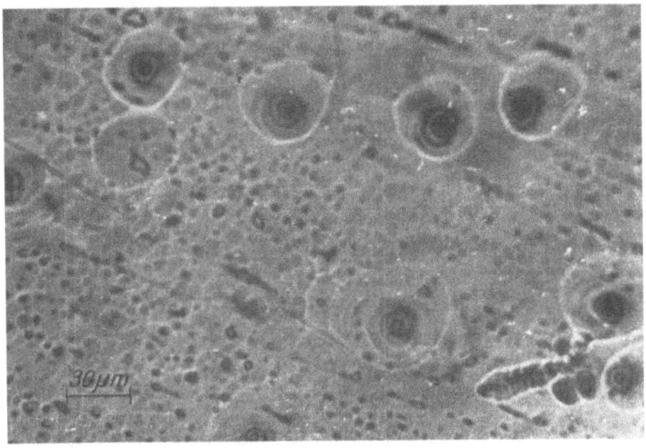

Fig. 2. GaAs(111)A geätzt mit HNO_3/H_3PO_4 bei 20 °C, 10 min ohne Ultraschall. Auflicht

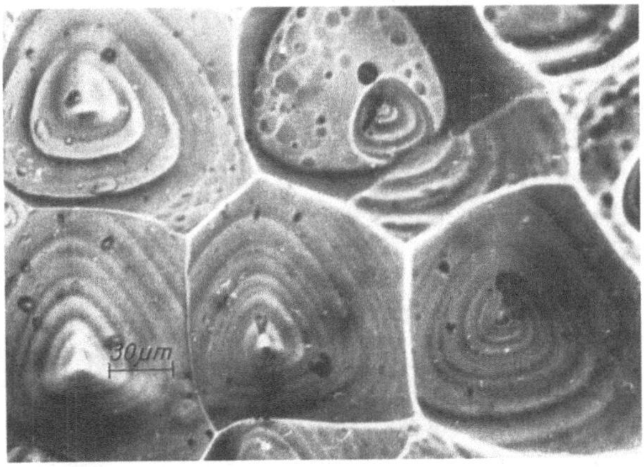

Fig. 3. GaAs(111)A geätzt mit HNO_3/H_3PO_4 bei 20 C ?, 1 min mit Ultraschall Stufe IV. Auflicht

schalls auf die Diffusion und die Lösungsgeschwindigkeit der bei konzentrierten Säuren leicht entstehenden Adsorptionsschicht von Reaktionsprodukten auf der geätzten Kristallfläche.

4.1. Morphologie der Ätzgruben

Die Tiefe der Ätzgruben nimmt in Abhängigkeit von der Zeit für alle Ultraschall-Intensitäten linear zu (Fig. 4). Die Begrenzungsflächen der Ätzgruben sind terrassenförmig gestuft. Die Stufenhöhe betrug oft weniger als 2000 Å. Figur 5 zeigt die Änderung der Ätzgrubenquerschnitte in Abhängigkeit von der

Intensität der Ultraschallbehandlung. Die Grubenspitze wird bei größerer Intensität immer steiler. Durch die Wirkung des Ultraschalls werden die sich sonst in den Grubenspitzen ansammelnden Reaktionsprodukte schneller abtransportiert, wodurch die Spitze freigelegt wird. Die hohe Energie des Versetzungskerns bewirkt dann die Vertiefung der Ätzgrubenspitze.

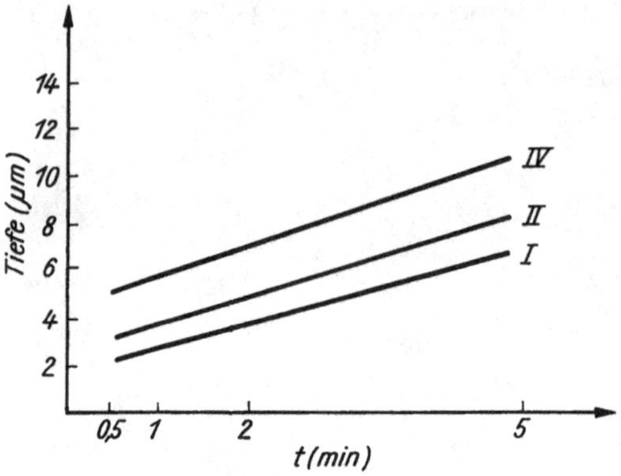

Fig. 4. Abhängigkeit der Ätzgrubentiefe von der Ätzdauer und der Ultraschallintensität (Stufe I – IV). GaAs(111)A geätzt mit HNO_3/H_3PO_4

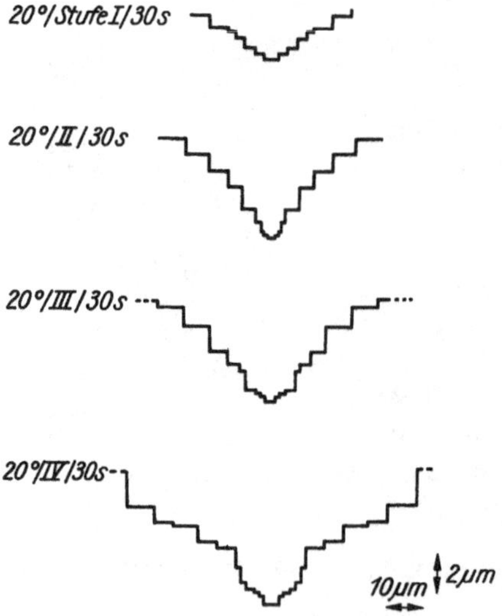

Fig. 5. GaAs(111)A geätzt mit HNO_3/H_3PO_4. Entwicklung der Ätzgrubenform in Abhängigkeit von der Ultraschallintensität (Stufe I – IV)

Es konnten zwei Typen von Ätzgruben unterschieden werden: Der überwiegende Teil wird aus in sich geschlossenen Terrassenstufen gebildet, während etwa 2‰ aller Ätzgruben aus einer einzigen spiralförmig gewundenen Stufe bestehen (Fig. 6). Spiralförmige Ätzgruben sind vom GaAs bisher nicht beschrieben worden. Da sie keine spezifische Auswirkung der Ultraschallbehandlung darstellen, andererseits die Ätzgruben an einer Probe reproduzierbar an den gleichen Stellen nach Zwischenpolitur wieder auftreten und die Ätzgrubenzahl

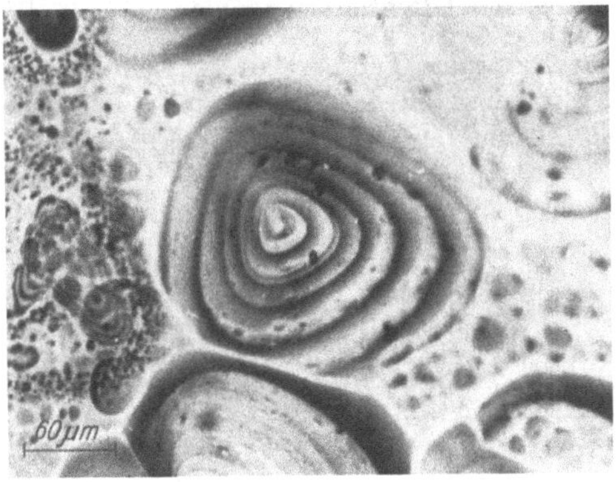

Fig. 6. Spiralförmige Ätzgrube. GaAs(111)A geätzt mit HNO_3/H_3PO_4 mit Ultraschalleinwirkung. Auflicht

mit der Versetzungsdichte korrespondiert, erscheint es gerechtfertigt, die Gruben mit geschlossenen Terrassen Stufen-, die Spiralgruben Schraubenversetzungen zuzuordnen. Da in der Zinkblendestruktur die Gleitebene für Versetzungen in {111} liegt, während die Vorzugsgleitrichtung [110] ist, so treten auf der {111}-Fläche Stufenversetzungen aus. Nach DALLMANN, HAHN treten bei der Zinkblendestruktur keine reinen Stufen-, sondern Mischversetzungen in [211]-Richtung auf, die die {111}- Fläche unter einem Winkel von 60° durchstoßen. Die Exzentrizität der terrassenförmigen Ätzgruben ist ein deutlicher Hinweis auf derartige 60°-Versetzungen. RIESSLER und SCHELL ordneten Terrassenstrukturen Stufenversetzungen zu und schrieben die Entstehung der terrassenförmigen Abstufung einer möglichen periodischen Änderung der Ätzgeschwindigkeit im Zentrum der Grube zu, verursacht durch Einlagerung von Fremdstoffpartikeln entlang der Versetzungslinie. Von GILMAN wird diese Annahme auf Grund der beobachteten „Wanderung" derartiger Terrassenstufen an LiF bestätigt. Auch in unseren Versuchen konnte eine Verschiebung der Terrassen im Verlauf des Ätzprozesses festgestellt werden. Als weitere mögliche Ursachen für die Ausbildung von Terrassenformen werden im Schrifttum sprungartige Verschiebungen der Versetzungslinie (RIESSLER) sowie die Schichtgitterstruktur der Kristalle (beim Glimmer nach BRAUER) genannt. Eine Entscheidung über den wahren Mechanismus der Terrassenausbildung kann auf Grund des vorliegenden Untersuchungsmaterials nicht getroffen werden, doch möchten wir darauf hinweisen, daß die Erscheinung der Abstufung in den Ätzgruben nur bei bestimmten Ätzmitteln zu beobachten ist.

Durch die Einwirkung des Ultraschalls treten die Terrassen, die durch $HNO_3/H_3PO_4 = 11:49$ erzeugt werden, sehr kräftig hervor, während sie ohne Ultraschall nur diffus oder überhaupt nicht zu erkennen sind. Die erhöhte Diffusion scheint hier eine wesentliche Rolle zu spielen.

Obwohl Schraubenversetzungen im GaAs auf {110} austreten, besteht doch eine gewisse Wahrscheinlichkeit für ihr Auftreten auf {111} da die Schraubenversetzung keine vorgeschriebene Gleitebene besitzt (DALLMANN, HAHN). Spiralförmige Ätzgruben sind bereits als Versetzungsätzgruben nachgewiesen worden (DASH). Spiralwachstum auf der Grundlage von Schraubenversetzungen ist seit langem bekannt. Als Analogieschluß scheint uns gerechtfertigt, die Spiralätzgruben den Austrittspunkten von Schraubenversetzungen zuzuordnen.

4.2. Polierwirkung des Ultraschalls auf der {111} B-Fläche

Unsere Versuche bei verschiedenen Temperaturen, Zeiten und Ultraschall-Intensitäten zielten auf möglichst ebene Oberflächen. Die Oberflächengüte wurde durch Reflexionsmessungen und mittels Profildiagrammschreiber bestimmt.

Der Einfluß von Ätzdauer, Temperatur und Ultraschall-Intensität ist in Tabelle 3 zusammengefaßt.

Tabelle 3
Oberflächengüte von GaAs(111)B in Abhängigkeit von der Probenbehandlung (frische Spaltfläche = 100%)

T (°C)	Probenbehandlung		relatives Reflexions-vermögen
	Ultraschall-Intensität	t (min)	
20	IV	0,5	67
20	IV	1,0	91
20	IV	2,0	52
20	III	1,0	82
40	I	0,5	80
40	IV	2,0	85

Die in der Halbleitertechnik als Wabenstruktur bezeichneten Oberflächenformen wurden durch Messung der Rauhtiefe in Abhängigkeit von der Ultraschall-Intensität verfolgt (Fig. 7 und 8). Die Ausbildung der Wabenstruktur ist

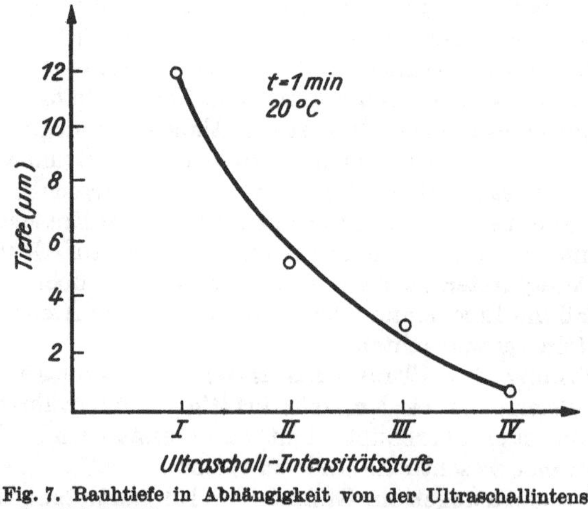

Fig. 7. Rauhtiefe in Abhängigkeit von der Ultraschallintensität. GaAs(111)B geätzt mit HNO_3/H_3PO_4

eine Folge der mechanischen Kristallbearbeitung. Über ihren Bildungsmechanismus besteht noch Unklarheit. Durch chemisches Polieren wird sie eingeebnet, tritt jedoch bei weiterem Ätzpolieren der bereits geglätteten Fläche wieder hervor.

Die Wirkung der Ultraschallbehandlung auf die Ätzpolitur beschränkt sich auf eine Verkürzung der Polierzeit. Eine Veränderung der Form und Entwicklung der Oberflächenstrukturen beim Ätzpolieren durch die Einwirkung des Ultraschalls erfolgt nicht.

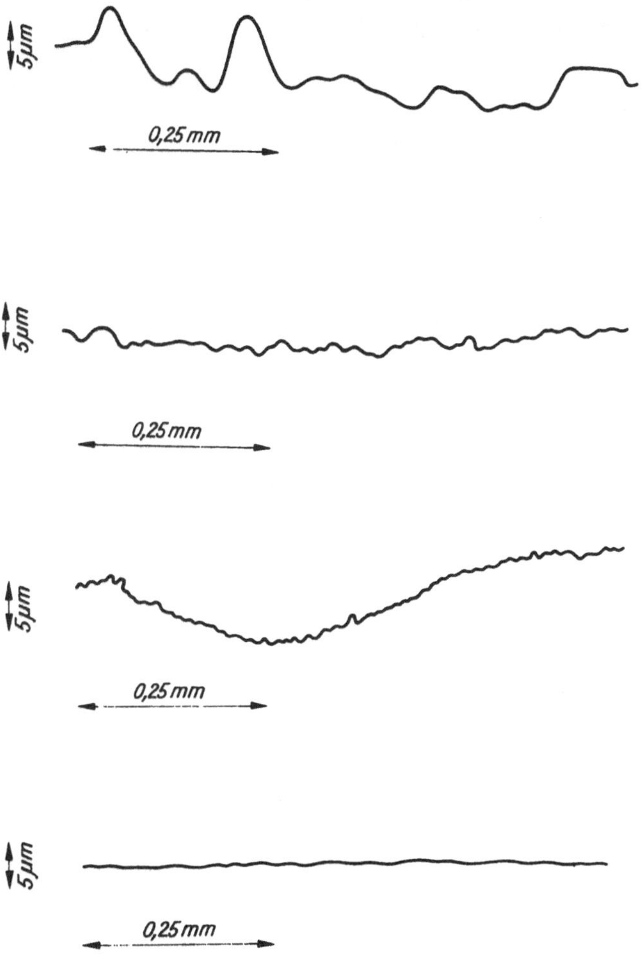

Fig. 8. Profildiagramme GaAs(111)B geätzt mit HNO_3/H_3PO_4 mit Ultraschall. Oberflächenprofil in Abhängigkeit von der Ultraschallintensität (Sufe I – IV)

Literatur

Bogenschütz, A. F.: Ätzpraxis für Halbleiter, München 1967
Brauer, M.: Habilitationsschrift, Halle 1968
Dallmann, S., Hahn, D.: Z. angew. Physik 20, 5 (1966)
Dash, W. C.: J. appl. Physics 27, 1193 (1956)
Gilman, J. J.: J. appl. Physics 31, 5, 936 (1960)
Grabmaier, J. G., Watson, C. B.: Phys. stat. sol. 32, K13 (1969)

Kudrjawzew, B. B.: Anwendungen von Ultraschallverfahren bei physikalisch-chemischen Untersuchungen, Berlin 1955
Lassmann, K.: Dissertation, München 1967
Pohlmann, H., Kickert, H., Böttcher, W.: Forsch. ber. d. L. Nordrhein-Westfalen. Köln 1964
Riessler, W.: Z. angew. Physik **12**, 10 (1960)
Schell, H. A.: Z. Metallkde. **48**, 158 (1965)
Voigt, R.: Dissertation, Leipzig 1971

(Eingegangen am 11. September 1972)

Anschrift der Verfasser:
Dipl. Krist. Angelika Faust, Doz. Dr. Peter Schreiter
Fachbereich Kristallographie / Sektion Chemie
Karl-Marx-Universität
703 Leipzig
Scharnhorststr. 20
DDR

| Kristall und Technik | 8 | 1–3 | 1973 | 107–113 |

E. V. KHAMSKIJ

Academy of Sciences Apatity, USSR

On Certain Dependences of the Crystallization Rate of Supersaturation of a Solution

Eine Formel zur Bestimmung der maximalen Kristallisationsgeschwindigkeit bei der Ausfällung aus Lösungen in Abhängigkeit von der Übersättigung wird angegeben. Die Überprüfung mit experimentellen Daten der Fällung von Bariumnitrat ergibt gute Übereinstimmung.

A formula describing maximal precipitation rate of solutions in dependence on supersaturation is given. Experimental data of precipitation of barium nitrate are in good agreement with the results of calculation.

In the general case the precipitation rate represents the algebraic sum of the separation rate and the solid phase solution rate (KHAMSKIJ 1969). It is directly determined by rates of nucleation, crystal growth, and crystal solution. The direct application of the above-mentioned values for the description of mass crystallization process, however, involves great difficulties. Therefore, in most cases direct dependences of crystallization rate on supersaturation and other factors affecting it are used for that purpose (KHAMSKIJ 1967; NÝVLT).

The solid phase solution rate may be neglected at rather high supersaturations. Then the precipitation rate may be derived as

$$v = K_1 \, S \, C^{n_1} \tag{1}$$

where V — the crystallization rate, S — the common surface of the solid phase, C — the concentration, K_1 and n_1 — the rate constant and the constant defining the mechanism of precipitation, respectively. It is self-evident that the equation (1) is true at $C > C_p$, where C_p — the solubility. From (1) follows that

$$v = K_1 \, S \, C_p^{n_1} \left(\frac{C}{C_p}\right)^{n_1} \tag{2}$$

The direct measurement of the surface area of crystals is far from being always possible. To estimate the value of the precipitation rate in the first approximation a surface may be determined on the basis of the data of the crystal number and their total mass. Then

$$S = N^{1/3} \, (C_H - C)^{2/3} \, (\varrho \, \gamma)^{-2/3} \tag{3}$$

where N — the crystal number, C_H — the concentration of initial solution, ϱ — the density of the solid phase. γ — the coefficient of a form.

The dependence (3) is approximated since a mean size of crystals is applied. The number of crystals „N" varies from zero to its maximum value appropriate to the end of nuclei formation. When expressing the number of particles at a given instant of time as fractions of the maximum possible magnitude, N (3) will be as follows

$$S = B\,x^{1/3}\,(C_H - c)^{2/3} \tag{4}$$

where $B = N_{\max}{}^{1/3}\,(\varrho\,\gamma)^{-2/3}$ and $x = N/N_{\max}$. Taking logarithm (2) with regard to (4), we can obtain:

$$\lg v = \lg (K_1\,B) + \frac{1}{3}\lg x + \frac{2}{3}\lg (C_H - C) + n_1 \lg C_p + n_1 \lg \frac{C}{C_p} \ldots (5)$$

At $x = 1$ Eq. (5) reduces to

$$\lg v - \frac{2}{3}\lg (C_H - c) = K_1' + n_1 \lg \frac{C}{C_p} \tag{6}$$

According to (6) for the crystallization period confined between the moment of nucleation completion and the time of reaching supersaturations at which the precipitate solution rate becomes perceptible, a linear relationship must be observed between $\lg V - 2/3 \lg (C_H - C)$ and logarithm of coefficient of solution supersaturation. One can judge of kinetics of nucleation by a deviation of values calculated from the experimental data from this dependence at supersaturations close to initial. Deviations at low supersaturations enable to determine when the particles solution rate becomes comparable with the cyrstallization rate. Judging from (2) the precipitation rate increases with an increase of the solid phase surface and supersaturation. Given parameters being changed in the different directions in the course of crystallization (an increase of surface is followed by a reduction of supersaturation), a maximum is observed on the curves $V - t$. In a number of cases it may practically coincide with the beginning of precipitation. It is possible to predetermine a position of this maximum if the solution concentration apporpriate to it is found. The latter can be reached by the differentiation (2) with respect to time and aquating derivative to zero. In consequence the following relation is obtained

$$C_{\max} = C_H \left(\frac{3\,n_1}{2 + 3\,n_1}\right) \ldots . \tag{7}$$

where $C_{\max}$ and C_H — the solution concentration meeting the maximum crystallization rate and the initial solution concentration respectively.

In practice we often deal with cases when precipitation occurs under the conditions of slightly changing surface. Then

$$v = K_1\,C^{n_1} \tag{8}$$

From (8) it follows

$$\Delta t = B' \left(\frac{C_p}{C}\right)^{n_1 - 1} - A \tag{9}$$

in which

$$B' = \frac{1}{K_1\,(n_1 - 1)\,C_p{}^{n_1 - 1}} \quad \text{and} \quad A = \frac{1}{K_1\,(n_1 - 1)\,C_H{}^{n_1 - 1}}.$$

Equation (9) is applicable to the crystallization in the presence of primer unless induction period is noted. It can be applied for appropriate calculations even if the precipitation process starts instantly in the absence of crystals of obtained salt. In this case, however, the difference in $t - t^1$, where t^1 conforms to the moment of formation of fairly large crystals should be taken for the crystallization time. C^1 must be, naturally, placed instead of C_H. If the crystallization starts in a metastable solution $\Delta t = t - t_{ind.}$ or $t - t_{max}$ (on condition that t_{max} differs markedly from $t_{ind.}$) C_{max} should be used instead of C_H when performing precision calculations.

Results of calculations performed by (6) from the data on the crystallisation of barium nitrate (KHAMSKIJ, PODOSERSKAJA) from the intensively stirred solution are listed in Table 1 and Figures 1, 2. The following designations are used

Table 1
Data on the crystallization of barium nitrate

α_H	$\Delta\alpha$	n_1	α_{np}	V_{max}	α_{max}
		30 °C, $C_p = 11.48$			
2.92	1.2–0.5	25	0.4	0.75	1.2
2.42	1.4–0.1	20	0.1	0.60	1.4
1.92	1.1–0.3	32	0.2	0,35	1.1
1.42	1.1–0.1	18	0.1	0.12	1.0
0.72	0.4–0.1	123	0.1	0.06	0.4
		20 °C, $C_p = 9.02$			
2.58	2.3–0.7	13	0.5	0.60	2.1
1.98	1.5–0.2	23	0.1	0.25	1.3
1.48	1.0–0.2	28	0.1	0.23	1.0
1.18	0.6–0.1	29	0.1	0.15	0.5
0.88	0.6–0.1	31	0.1	0.05	0.5
0.53	0.5–0.2	60	0.2	0.02	0.4
		0 °C, $C_p = 4.95$			
3.55	1.0–0.2	28	0,2	1.05	1.3
2.55	1.4–0.1	14	0.1	0.54	1.4
1.85	1.3–0.2	12	0.2	0.20	1.3
1.45	0.8–0.2	18	0.2	0.08	0.8
0.85	0.7–0.2	23	0.2	0.09	0.6

in Table 1: α — the absolute solution supersaturation, $\Delta\alpha$ — the range of supersaturations ·n which a linear relation (function) resulting from (6) is detected V_{max} – the maximum crystallization rate, α_{np} — the minimum supersaturation at which (6) is still true and α_{max} — the supersaturation corresponding to the maximum crystallization rate all the concentrations and α are expressed in g/100 ml H_2O. The precipitation rates are given in g/min from 100 ml H_2O. As illustrated in Figure 1 and 2, the predicted linear relation (6) is actually observed in the definite range of supersaturations. This range of supersaturations as might be expected is confined between supersaturation close to α_{max} and a certain limiting supersaturation below which the crystal solution rate becomes considerable. The upper limit of $\Delta\alpha$ generally coincides with α_{max}. Not all the data outlined in Table are listed in Figs. 1 and 2. But the similar picture was evident at other temperatures and initial supersaturations. The lowest limit of $\Delta\alpha$ has been found from the experimental data. Therefore, it doesn't always coincide with α_{np}. In a number of cases the latter was determined by extrapolation.

Judging from the obtained values "n_1" the so-called order of the crystallization process for barium nitrate is fairly high. As a whole, it is only slighten de-

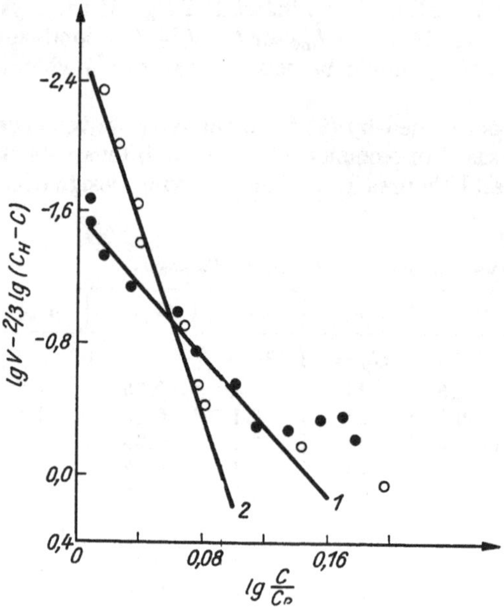

Fig. 1. Dependence of the crystallization rate of barium nitrate on the supersaturation at 0 °C.
C_H: 1 — 7,5; 2 — 8,5

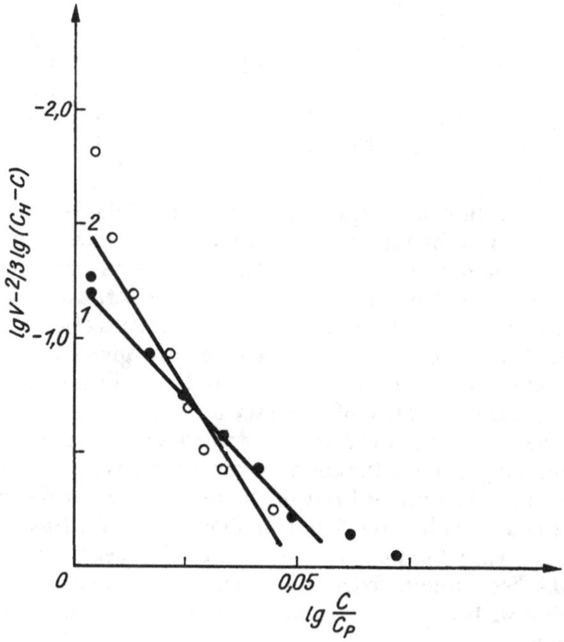

Fig. 2. Dependence of the crystallization rate of barium nitrate on the supersaturation at 30 °C.
C_H: 1 — 13,9; 2 — 14,4

pendent on temperature. Mechanism of crystal growth seems to be the same under all the conditions. It varies little with the change of the initial supersaturation save for the case of crystallization at 30 °C and $\alpha_H = 0{,}72$, when it increases abruptly. The maximum crystallization rate drops rather markedly with a decrease of the initial supersaturation. Most probably, substantial reduction of the number of crystallization nuclei is responsible for this. The limiting supersaturation satisfying the beginning of pronounced solution, as it is seen from Table 1, doesn't exceed 4—5%. From the above-mentioned it follows that the application (6) makes it possible to obtain rather a broad information on the porperties of precipitation. Judging from Figure 3 appearance of nuclei is

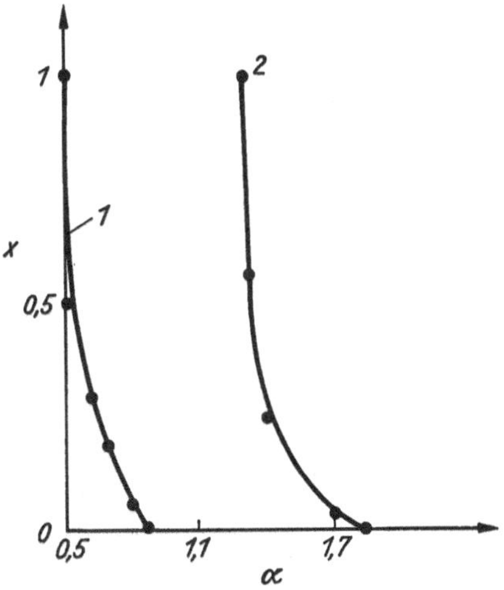

Fig. 3. The data on the kinetics of nuclei formation with the precipitation of barium nitrate under various conditions.
1. α_H — 0,88, 20 °C
2. α_H — 1,85, 0 °C

related to the termination of induction period, the completion of nucleation — to the accomplishment of the maximum crystallization rate. In this case the kinetics of nuclei formation indicates that their major part originates in the

Table 2
Values of C_{max} calculated and found experimentally

°C	C_H	n_1	C_{max} calculated	C_{max} experimental
30	13,9	20	13,3	12,9
	12,9	18	12,4	12,5
	12,2	123	12,1	11,9
20	11,6	13	11,0	11,1
	10,5	28	10,3	10,0
	9,55	60	9,5	9,4
0	7,5	14	7,1	6,4
	6,8	12	6,5	6,3
	5,8	23	5,6	5,6

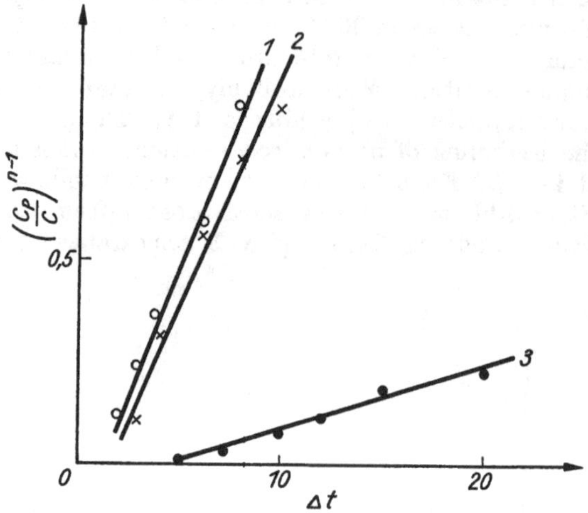

Fig. 4. Dependence of the crystallization time of barium nitrate on the supersaturation at 30 °C.
1. C_H – 13,9; n_1 – 20
2. C_H – 14,4; n_1 – 25
3. C_H – 12,2; n_1 – 123

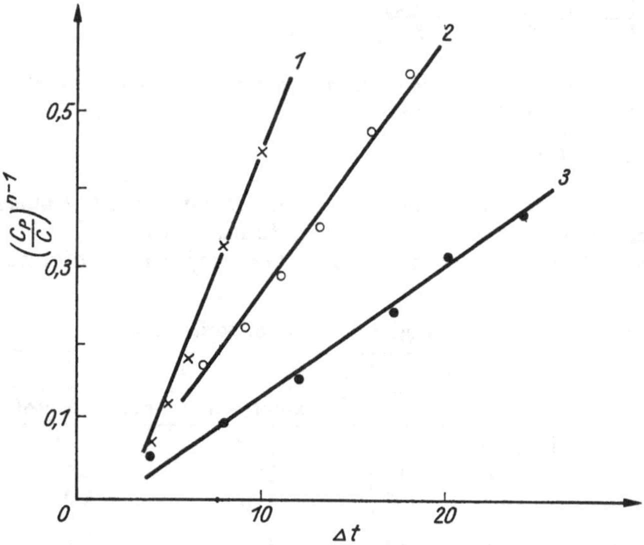

Fig. 5. Dependence of the crystallization time of barium nitrate on the supersaturation at 20 °C.
1. C_H – 10,5; n_1 – 28
2. C_H – 9,85; n_1 – 31
3. C_H – 9,55; n_1 – 60

area of C_{max}. The curve of crystal distribution in size should have an asymmetrical form and the maximum in the region of crystals of a small size. The present conclusion is in a good agreement with previons investigations (KOMAROVA, FIGUROVSKIJ).

Equation (7) following from (2) is also confirmed by experimental results. As Table 2 indicates the disrepancies between the experimental and calculated values of C_{max} don't exceed 5—7$^0/_0$.

Barium nitrate refers to the type of salts not to be especially inclined to produce supersaturated solutions. Therefore, the difference t_{ind} and t_{max} and also between C_H and C_{max} for it is comparatively insignificant. Consequently, its crystallization may be described to a certain approximation by equation (9) taking $\Delta t = t - t_{un}$. The results of correlation of this equation with the experimental data are shown in Figures 4, 5. They point to an agreement (9) with the data of experiments and confirm once more the correctness of the initial reasons which were taken into account when dealing with the process of precipitation.

References

KHAMSKIJ, E. V.: Sb. Mechanism i kinetika kristallisazii. Minsk 1969, p. 133
KHAMSKIJ, E. V.: Kristallisazija is rastvorov. Leningrad 1967
KHAMSKIJ, E. V., PODOSERSKAJA, A. E.: Shurn. Drikl. Chimii 42, 1939 (1969)
KOMAROVA, T. A., FIGUROVSKII, N. A.: Shurn. Fis. Chimii 28, 1774 (1954)
NÝRLT, J.: Industrial crystallisation from solutions. London 1971

(Received August 15, 1972)

Authors' address:
Dr. E. V. KHAMSKIJ
Academy of Sciences
Apatity / USSR

Kristall und Technik	8	1–3	1973	115–125

Chr. BALAREW, V. KARAIVANOVA, S. ASLANIAN

Chemisch-Technologische Hochschule, Burgas
Geologisches Institut der Akademie der Wissenschaften, Sofia

Isomorphiebeziehungen bei den Heptahydratsulfaten von einigen zweiwertigen Metallen (Mg^{2+}, Zn^{2+}, Ni^{2+}, Fe^{2+}, Co^{2+})

Die Isomorphiebeziehungen bei den Heptahydratsulfaten von Mg^{2+}, Zn^{2+}, Ni^{2+}, Fe^{2+} und Co^{2+} werden untersucht. Es wurde festgestellt, daß wenn die Endglieder der betrachteten isomorphen Reihen in gleichen Strukturen kristallisieren, eine lückenlose Reihe der Mischkristalle existiert. Wenn die Endglieder der untersuchten isomorphen Reihen in verschiedenen Strukturen kristallisieren, bildet sich eine Lücke in der Reihe der Mischkristalle. Auf Grund der Kristallfeld-Theorie wird eine qualitative Erklärung der Unterschiede in den Kristallstrukturen von $MgSO_4 \cdot 7\,H_2O$, $ZnSO_4 \cdot 7\,H_2O$ und $NiSO_4 \cdot 7\,H_2O$ einerseits und von $FeSO_4 \cdot 7\,H_2O$ und $CoSO_4 \cdot 7\,H_2O$ anderseits zu geben versucht.

Проведено исследование изоморфных соотношений у семигидратовых сульфатов Mg^{2+}, Zn^{2+}, Ni^{2+}, Fe^{2+} и Co^{2+}. Установлено, что когда конечные члены рассмотренных изоморфных рядов кристаллизируют в одинаковых структурах существует непрерывный ряд смешанных кристаллов. Если конечные члены исследованных изоморфных рядов кристаллизируют в разных структурах, образуется прерванный ряд смешаных кристаллов. Исходя из теории кристального поля, авторы делают попытку дать качественное объяснение различий в кристалльных структурах $MgSO_4 \cdot 7\,H_2O$, $ZnSO_4 \cdot 7\,H_2O$, $NiSO_4 \times 7\,H_2O$ с одной стороны и $FeSO_4 \cdot 7\,H_2O$, $CoSO_4 \cdot 7\,H_2O$ с другой.

Die vorliegende Arbeit ist eine Fortsetzung unserer Untersuchungen über die Isomorphiebeziehungen zwischen den Gliedern der Epsomit- und Melanteritgruppen (ASLANIAN, BALAREW, OIKOVA). Aufgabe dieser Untersuchungen ist die Klärung der Isomorphiebeziehungen zwischen den Gliedern folgender isomorphen Reihen: $MgSO_4 \cdot 7\,H_2O-ZnSO_4 \cdot 7\,H_2O$[I], $MgSO_4 \cdot 7\,H_2O-FeSO_4 \times 7\,H_2O$ [II], $MgSO_4 \cdot 7H_2O-CoSO_4 \cdot 7\,H_2O$ [III], $MgSO_4 \cdot 7\,H_2O-NiSO_4 \cdot 7H_2O$ [IV], $FeSO_4 \cdot 7\,H_2O-ZnSO_4 \cdot 7\,H_2O$ [V], $FeSO_4 \cdot 7\,H_2O-CoSO_4 \cdot 7\,H_2O$ [VI], $FeSO_4 \cdot 7\,H_2O-NiSO_4 \cdot 7\,H_2O$ [VII]. Die Ergebnisse sind nach der Methode, wie sie in unserer vorherigen Arbeit (ASLANIAN, BALAREW, OIKOVA) beschrieben ist und nach vorhandenen Daten aus Untersuchungen der Löslichkeitsdiagramme der genannten dreikomponentigen Systeme (I, II, III für 25 °C von BALAREW, DOBREVA, OIKOVA, IV, VI, VII für 20 °C von GORŠTEIN, SILANT'EVA, V für 0 °C von GORŠTEIN untersucht) gewonnen. Die Angaben für diese Systeme sind entsprechend umgerechnet und in einer für den Vergleich untereinander bequeme Form gebracht. Auf Grund dieser Angaben ist folgendes festgestellt:

I. $MgSO_4 \cdot 7\,H_2O-ZnSO_4 \cdot 7\,H_2O$. Zwischen den beiden Endgliedern dieser Reihe besteht lückenlose Isomorphie (Fig. 1). Der Habitus und die Formen der Kristalle der Zwischenglieder entsprechen denen von $MgSO_4 \cdot 7\,H_2O$ bzw.

$ZnSO_4 \cdot 7\,H_2O$. Die Kristalle sind farblos . Bei der Gewinnung dieser Mischkristalle aus der Lösung werden die Kristalle an $MgSO_4 \cdot 7\,H_2O$ angereichert, wobei der Verteilungskoeffizient der Komponenten zwischen der kristallinen und flüssigen Phase praktisch unabhängig von der Zusammensetzung der isomorphen Reihen ist (Fig. 2).

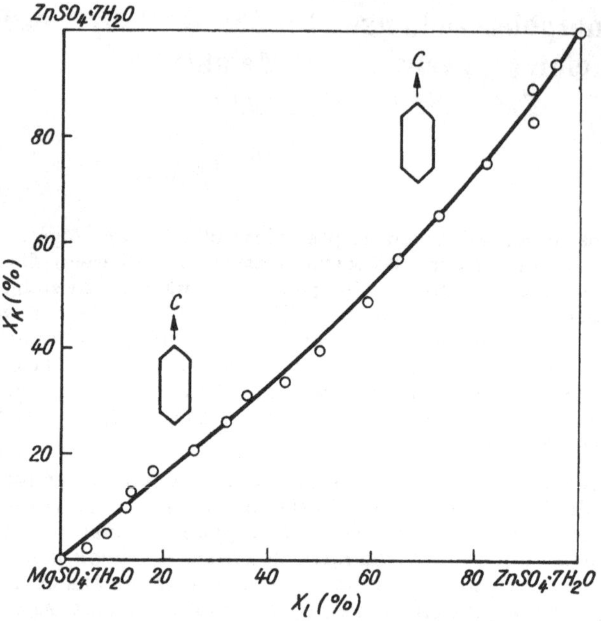

Fig. 1. Die isomorphe Reihe $MgSO_4 \cdot 7\,H_2O - ZnSO_4 \cdot 7\,H_2O$

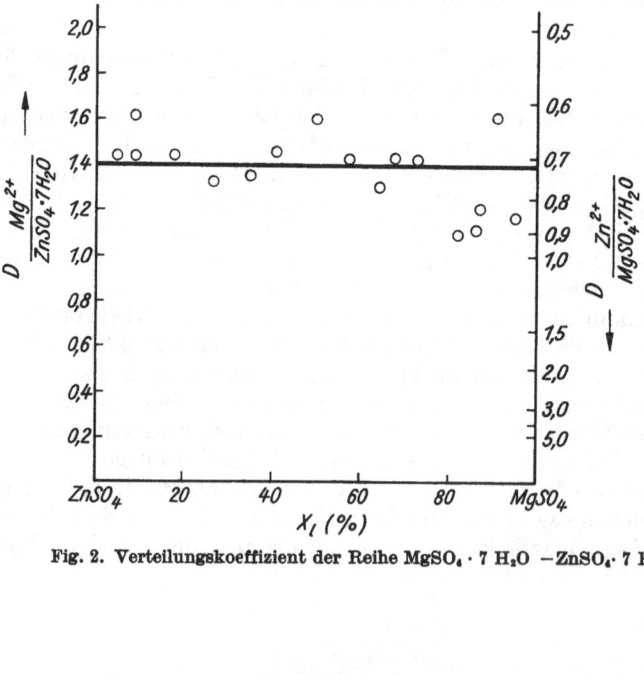

Fig. 2. Verteilungskoeffizient der Reihe $MgSO_4 \cdot 7\,H_2O - ZnSO_4 \cdot 7\,H_2O$

II. $MgSO_4 \cdot 7\,H_2O-FeSO_4 \cdot 7\,H_2O$. Die Reihe zeigt eine Mischungslücke und die Zwischenglieder mit Gehalten von 10 bis 47 Mol.% $FeSO_4 \cdot 7\,H_2O$ existieren nicht (Fig. 3). Die Kristalle der Zwischenglieder der Reihe bis 10 Mol.$_0$/^{0} $FeSO_4 \cdot 7\,H_2O$ haben Habitus und Formen, die denen des $MgSO_4 \cdot 7\,H_2O$ entsprechen. Die Kristalle der Reihe über 47 Mol.% $FeSO_4 \cdot 7\,H_2O$ haben Habi-

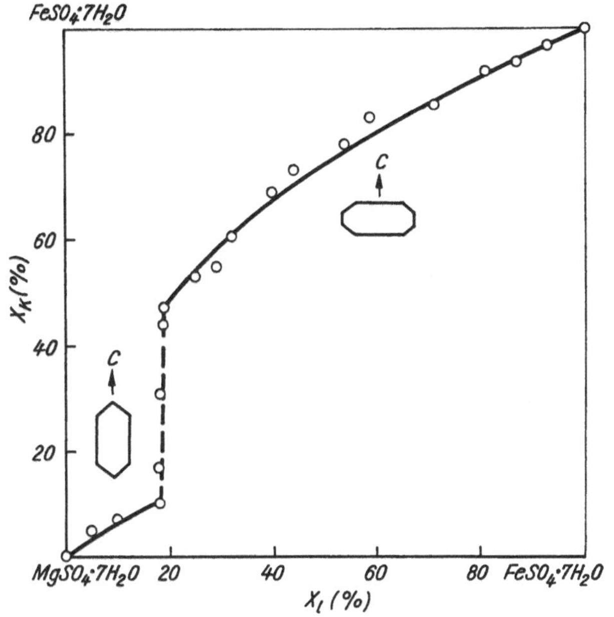

Fig. 3. Die isomorphe Reihe $MgSO_4 \cdot 7\,H_2O - FeSO_4 \cdot 7\,H_2O$

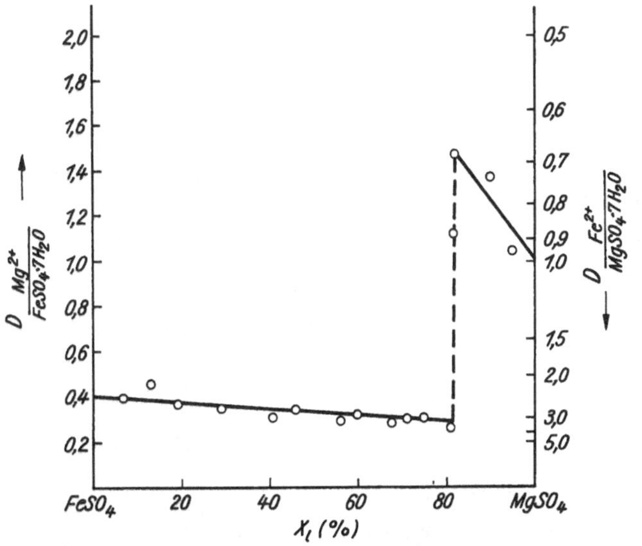

Fig. 4. Verteilungskoeffizient der Reihe $MgSO_4 \cdot 7\,H_2O - FeSO_4 \cdot 7\,H_2O$

tus und Formen entsprechend denen des $FeSO_4 \cdot 7\,H_2O$ und sind gleichmäßig grün gefärbt. Im Bereich der Mischungslücke ändert sich der Verteilungskoeffizient sprunghaft (Fig. 4).

III. $MgSO_4 \cdot 7\,H_2O-CoSO_4 \cdot 7\,H_2O$. Die Reihe zeigt eine Mischungslücke zwischen 30 und 50 Mol.% $CoSO_4 \cdot 7\,H_2O$ (Fig. 5). Die Kristalle der Zwischenglieder der Reihe bis 30 Mol.% $CoSO_4 \cdot 7\,H_2O$ haben Habitus und Formen ent-

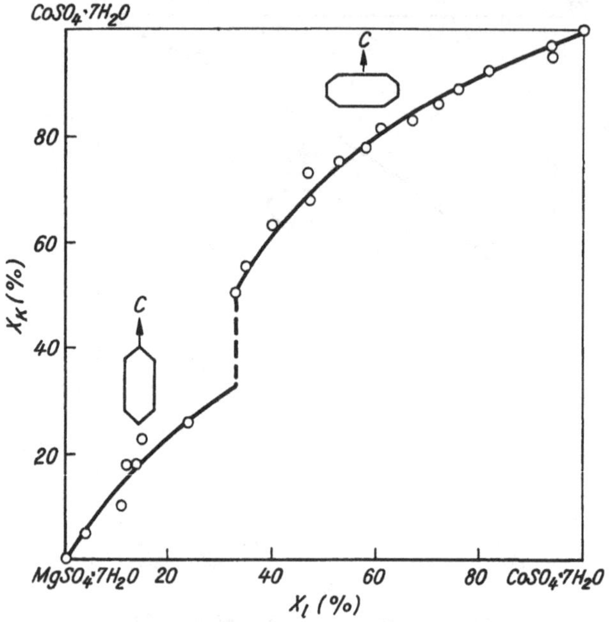

Fig. 5. Die isomorphe Reihe $MgSO_4 \cdot 7\,H_2O-CoSO_4 \cdot 7\,H_2O$

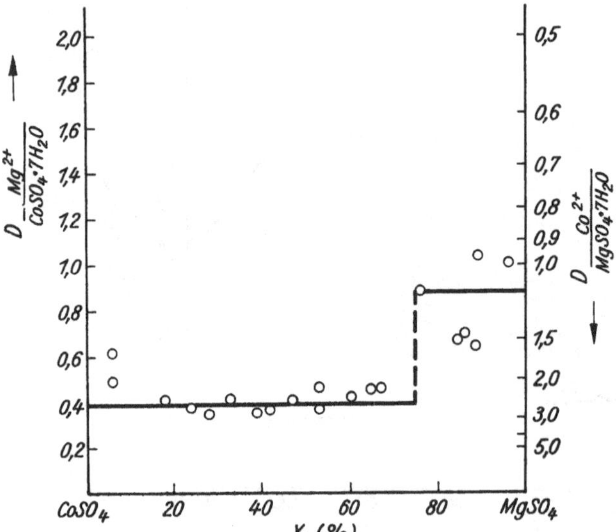

Fig. 6. Verteilungskoeffizient der Reihe $MgSO_4 \cdot 7\,H_2O-CoSO_4 \cdot 7\,H_2O$

sprechend denen des $MgSO_4 \cdot 7\,H_2O$ und die Kristalle über 50 Mol.% $CoSO_4 \cdot 7\,H_2O$ haben Habitus und Formen entsprechend denen des $CoSO_4 \cdot 7\,H_2O$. Die letzten sind gleichmäßig rosa bis rot gefärbt. Im Intervall der Mischungslücke ändert sich der Verteilungskoeffizient sprunghaft (Fig. 6).

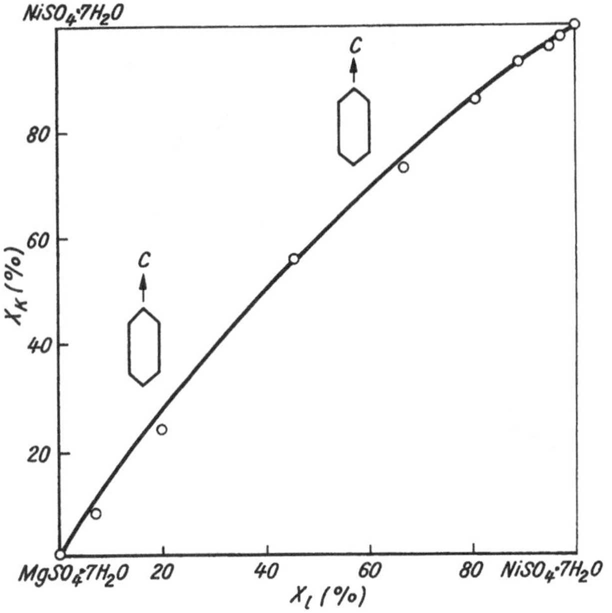

Fig. 7. Die isomorphe Reihe $MgSO_4 \cdot 7\,H_2O - NiSO_4 \cdot 7\,H_2O$

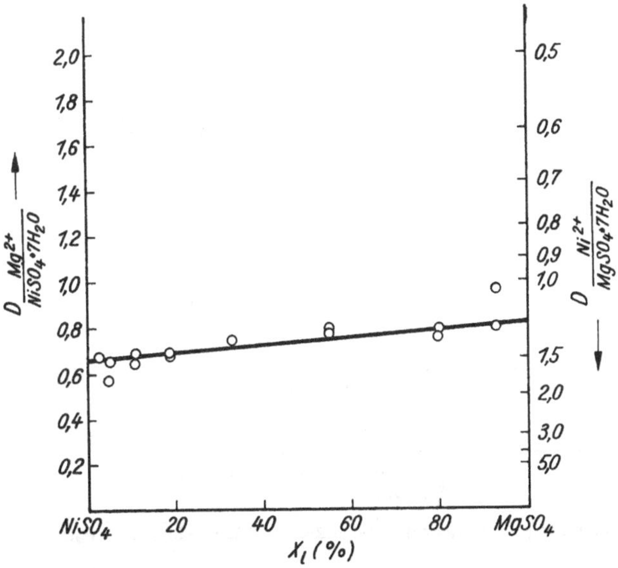

Fig. 8. Verteilungskoeffizient der Reihe $MgSO_4 \cdot 7\,H_2O - NiSO_4 \cdot 7\,H_2O$

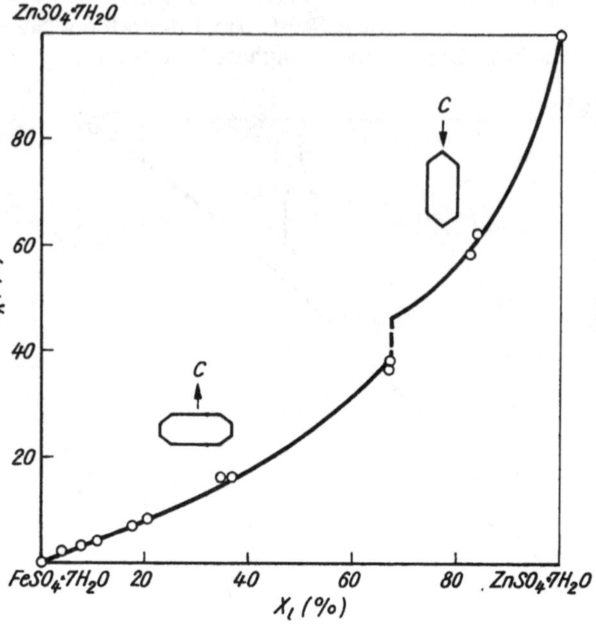

Fig. 9. Die isomorphe Reihe $FeSO_4 \cdot 7\,H_2O - ZnSO_4 \cdot 7\,H_2O$

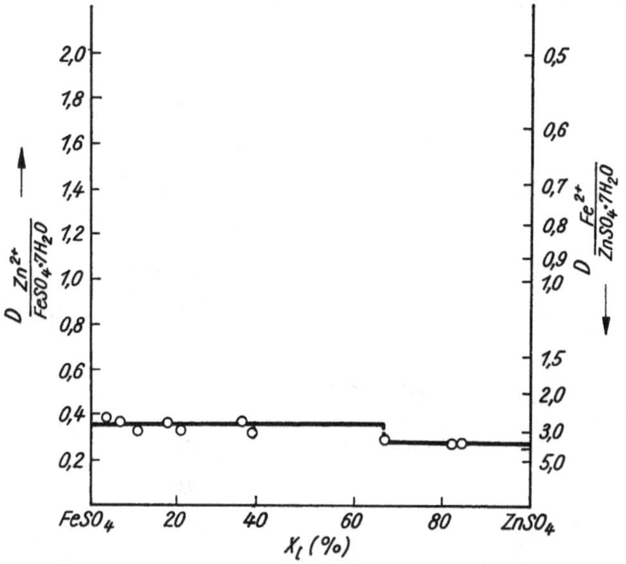

Fig. 10. Verteilungskoeffizient der Reihe $FeSO_4 \cdot 7\,H_2O - ZnSO_4 \cdot 7\,H_2O$

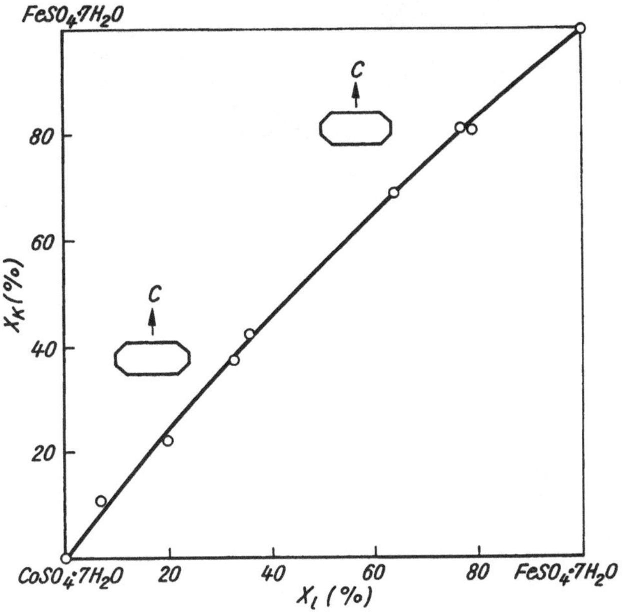

Fig. 11. Die isomorphe Reihe $FeSO_4 \cdot 7\ H_2O - CoSO_4 \cdot 7\ H_2O$

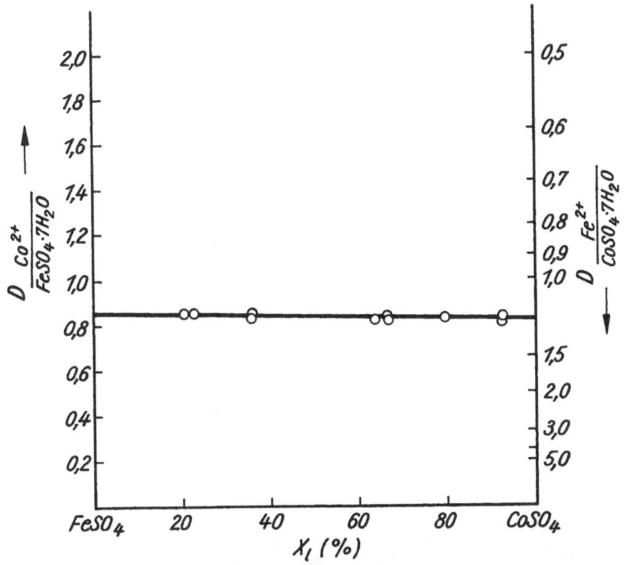

Fig. 12. Verteilungskoeffizient der Reihe $FeSO_4 \cdot 7\ H_2O - CoSO_4 \cdot 7\ H_2O$

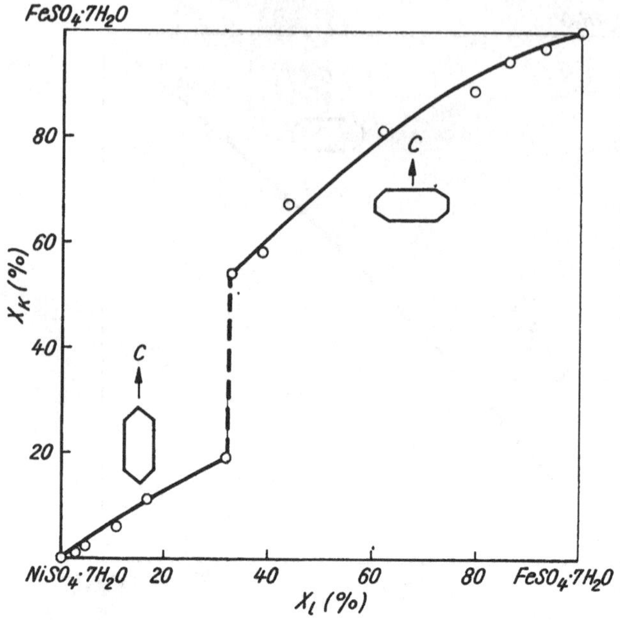

Fig. 13. Die isomorphe Reihe $FeSO_4 \cdot 7\ H_2O - NiSO_4 \cdot 7\ H_2O$

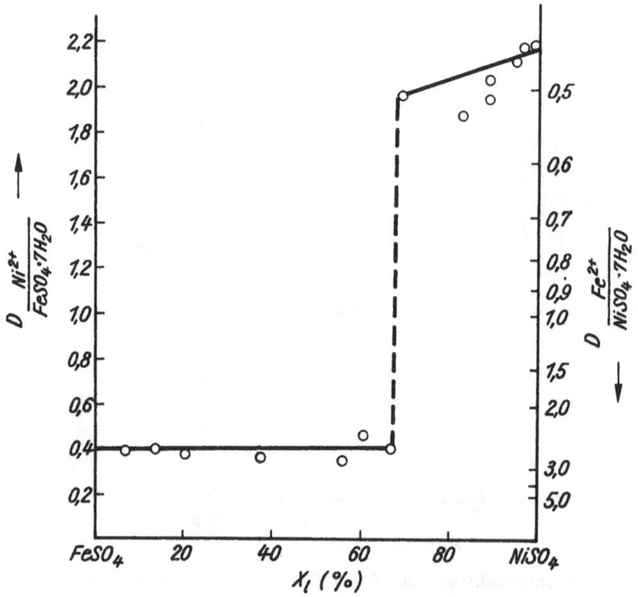

Fig. 14. Verteilungskoeffizient der Reihe $FeSO_4 \cdot 7\ H_2O - NiSO_4 \cdot 7\ H_2O$

IV. $MgSO_4 \cdot 7\,H_2O$ — $NiSO_4 \cdot 7\,H_2O$. Eine lückenlose Isomorphie zwischen den beiden Endgliedern der Reihe existiert (Fig. 7). Die Kristalle der Zwischenglieder der Reihe haben Habitus und Formen entsprechend denen des $MgSO_4 \cdot 7\,H_2O$, bzw. $NiSO_4 \cdot 7\,H_2O$. Mit der Änderung der Lösungszusammensetzung, aus welcher die Mischkristalle gewonnen werden, ändert sich der Verteilungskoeffizient schwach und monoton (Fig. 8).

V. $FeSO_4 \cdot 7\,H_2O$ — $ZnSO_4 \cdot 7\,H_2O$. Die Reihe zeigt eine Mischungslücke im Intervall von 37 bis 45 Mol.% $ZnSO_4 \cdot 7\,H_2O$ (Fig. 9). In diesem Gebiet ändert sich der Verteilungskoeffizient sprunghaft (Fig. 10).

VI. $FeSO_4 \cdot 7\,H_2O$ — $CoSO_4 \cdot 7\,H_2O$. Die Untersuchung dieser Reihe zeigt eine lückenlose Isomorphie zwischen den beiden Endgliedern (Fig. 11). Die Kristalle der Zwischenglieder der Reihe haben Habitus und Formen entsprechend denen des $FeSO_4 \cdot 7\,H_2O$ bzw. $CoSO_4 \cdot 7\,H_2O$. Der Verteilungskoeffizient ist praktisch unabhängig von der Zusammensetzung der Lösung, aus welcher die Mischkristalle erhalten werden (Fig. 12).

VII. $FeSO_4 \cdot 7\,H_2O$—$NiSO_4 \cdot 7\,H_2O$. Die Reihe zeigt eine Mischungslücke im Intervall von 19 bis 54 Mol.% $FeSO_4 \cdot 7\,H_2O$ (Fig. 13). Die Kristalle der Zwischenglieder der Reihe bis 19 Mol.% $FeSO_4 \cdot 7\,H_2O$ haben Habitus und Formen entsprechend denen des $NiSO_4 \cdot 7\,H_2O$ und die Kristalle der Zwischenglieder über 54 Mol.% $FeSO_4 \cdot 7\,H_2O$ haben Habitus und Formen entsprechend denen des $FeSO_4 \cdot 7\,H_2O$. Im Unterbrechungsgebiet der Reihe ändert sich der Verteilungskoeffizient sprunghaft (Fig. 14).

Es ist bekannt, daß die Endglieder der untersuchten isomorphen Reihen in zwei Strukturen-rhombische für $MgSO_4 \cdot 7\,H_2O$, $ZnSO_4 \cdot 7\,H_2O$ und $NiSO_4 \cdot 7\,H_2O$ und monokline für $FeSO_4 \cdot 7\,H_2O$ und $CoSO_4 \cdot 7\,H_2O$, kristallisieren. In diesen Strukturen sind die Baueinheiten auf die gleiche Weise verbunden. Ihre räumliche Verteilung unterscheidet sich aber, was sich auf ihre verschiedenen Gitterkonstanten und Raumgruppen auswirkt (s. Tab. 1). Die Kristalle der

Tabelle 1
Gitterkonstanten und Raumgruppen der Heptahydratsulfate von Mg^{2+}, Zn^{2+}, Ni^{2+}, Fe^{2+} und Co^{2+} (Strunz)

$R^{2+}SO_4 \cdot 7\,H_2O$	a	b	c	β	Raumgruppe
$MgSO_4 \cdot 7\,H_2O$	11,96	12,05	6,88	—	$P\,2_12_12_1$
$ZnSO_4 \cdot 7\,H_2O$	11,87	12,11	6,84	—	$P\,2_12_12_1$
$NiSO_4 \cdot 7\,H_2O$	11,86	12,08	6,81	—	$P\,2_12_12_1$
$FeSO_4 \cdot 7\,H_2O$	14,11	6,51	11,02	105° 15′	$P\,2_1/c$
$CoSO_4 \cdot 7\,H_2O$	14,13	6,55	11,00	105° 05′	$P\,2_1/c$

Endglieder der isomorphen Reihen haben nach dem Schema der Habitustypen (Kostov) zwei Habitus — einen axialen für $MgSO_4 \cdot 7\,H_2O$, $ZnSO_4 \cdot 7\,H_2O$ und $NiSO_4 \cdot 7\,H_2O$ und einen pseudoisometrischen für $FeSO_4 \cdot 7\,H_2O$ und $CoSO_4 \cdot 7\,H_2O$.

Auf Grund der durchgeführten Untersuchungen über die Isomorphiebeziehungen zwischen $MgSO_4 \cdot 7\,H_2O$, $ZnSO_4 \cdot 7\,H_2O$, $NiSO_4 \cdot 7\,H_2O$, $FeSO_4 \cdot 7\,H_2O$ und $CoSO_4 \cdot 7\,H_2O$ kann man folgende Schlüsse ziehen:

1. Wenn die Endglieder der isomorphen Reihen in gleichen Strukturen kristallisieren, existiert eine lückenlose Reihe von Mischkristallen. Das äußert sich

in den ununterbrochenen Kurven der Molverhältnisse der beiden Salzen in der Lösung und in der festen Phase. Beispiel dafür sind die Reihen: $ZnSO_4 \cdot 7\,H_2O$—$NiSO_4 \cdot 7\,H_2O$, $MgSO_4 \cdot 7\,H_2O$—$ZnSO_4 \cdot 7\,H_2O$, $MgSO_4 \cdot 7\,H_2O$—$NiSO_4 \cdot 7\,H_2O$ und $FeSO_4 \cdot 7\,H_2O$—$CoSO_4 \cdot 7\,H_2O$. Die Verteilungskoeffizienten der Komponenten zwischen den Kristallen und der flüssigen Phase bei der Kristallisation aus wäßrigen Lösungen sind unabhängig von der Zusammensetzung der Lösung oder ändern sich monoton. Die Kristalle der Zwischenglieder dieser Reihen haben Habitus und Formen entsprechend denen der beiden Endglieder.

2. Wenn die Endglieder der isomorphen Reihen in verschiedenen Strukturen kristallisieren, bildet sich eine Mischungslücke aus. Das zeigt sich in den unterbrochenen Kurven der Molverhältnisse der beiden Salzen in der Lösung und in der festen Phase. Beispiele dafür sind die Reihen: $ZnSO_4 \cdot 7\,H_2O$—$CoSO_4 \cdot 7\,H_2O$, $MgSO_4 \cdot 7\,H_2O$—$FeSO_4 \cdot 7\,H_2O$, $MgSO_4 \cdot 7\,H_2O$—$CoSO_4 \cdot 7\,H_2O$, $NiSO_4 \cdot 7H_2O$—$FeSO_4 \cdot 7\,H_2O$, $ZnSO_4 \cdot 7\,H_2O$—$FeSO_4 \cdot 7\,H_2O$ und $NiSO_4 \cdot 7\,H_2O$—$CoSO_4 \cdot 7\,H_2O$. Die Verteilungskoeffizienten der Komponenten zwischen den Kristallen und der flüssigen Phase bei der Kristallisation aus wäßrigen Lösungen ändern sich im Bereich der Mischungslücke sprunghaft.

Bei den unterbrochenen isomorphen Reihen zwischen den beiden Endgliedern mit verschiedenen — rhombischer und monoklinen — Strukturen existiert eine Isodimorphie, d. h. sie können als zwei isomorphe Reihen betrachtet werden: eine zwischen dem ersten rhombischen Endglied und dessen rhombischem Analogen des zweiten Endglieds und die zweite isomorphe Reihe zwischen dem zweiten monoklinen Endglied und dessen monoklinem Analogen des ersten Endglieds. Damit ist erklärbar, daß die Kristalle der Zwischenglieder aus diesen Reihen bis zur Unterbrechung der isomorphen Reihe Habitus und Formen entsprechend denen des ersten Endglieds haben, während jene hinter der Mischungslücke Habitus und Formen entsprechend denen des zweiten Endglieds zeigen.

Die Ursachen, die die Unterschiede in den Kristallstrukturen von $MgSO_4 \cdot 7\,H_2O$, $ZnSO_4 \cdot 7\,H_2O$ und $NiSO_4 \cdot 7\,H_2O$ einerseits und von $FeSO_4 \cdot 7H_2O$ und $CoSO_4 \cdot 7\,H_2O$ andererseits bestimmen, bleiben ungeklärt. Auf Grund der Kristallfeld-Theorie werden wir versuchen, eine qualitative Erklärung dieser Unterschiede zu geben. Es ist bekannt, daß in den Strukturen der betrachteten Kristallsalze die sechs Wassermoleküle oktaederförmig um das Metallion gruppiert sind. Im Falle der Magnesium-, Zink- und Nickelionen können die sechs Wassermoleküle fast vollkommen symmetrisch um das entsprechende Metallion angeordnet sein, wobei sie ein gleichmäßiges Oktaeder bilden. Dies folgt aus der Elektronenkonfiguration der Magnesium-, Zink- und Nickelionen. Das Magnesiumion besitzt voll besetzte *s*- und *p*-Niveaus und keine *d*-Elektronen. Das Zinkion hat voll besetzte *s*- und *p*-Niveaus und besitzt keine unpaarigen Elektronen im *d*-Orbital. Das Nickelion hat die Konfiguration $t_{2g}^6 e_g^2$, die eine regelmäßige oktaederförmige Anordnung der Liganden erlaubt. Anders sieht es bei den zweiwertigen Eisen- und Kobaltionen aus. Sie haben die Konfigurationen $t_{2g}^4 e_g^2$ und $t_{2g}^5 e_g^2$, die einen hohen Spinzustand charakterisieren. Ursache dafür sind die höheren Energiewerte für die Paarung ihrer Elektronen — für Fe^{2+} 17600 cm^{-1} und für Co^{2+} 22500 cm^{-1} — verglichen mit den Unterschieden in den Energien der e_g- und t_{2g}-Orbitale, wenn diese Ionen von sechs Wasserliganden umgeben sind. In diesem Fall sind die Energien für Fe^{2+} 10400 cm^{-1} und für die Co^{2+} 9300 cm^{-1} (Cotton, Wilkinson). Nach dem Jahn-Teller-Effekt ist eine Aufspaltung der t_{2g}-Orbitale des Ions im Oktaederfeld energetisch günstiger. Demzufolge wird die regelmäßige oktaederförmige Anordnung der Liganden deformiert. Diese Deformation äußert sich zum Beispiel in einer Verkürzung oder Vergrößerung der Abstände zwischen zwei gegenüberliegenden Wassermolekülen. Falls diese Deformation genügend groß ist, kann sie eine Änderung in der Kristallstruktur in Richtung einer Erniedrigung ihrer Symmetrie hervorrufen. Auf diese Weise kann man erklären, warum die $FeSO_4 \cdot 7\,H_2O$- und $CoSO_4 \cdot 7\,H_2O$-Kristalle im monoklinen System und die $MgSO_4 \cdot 7\,H_2O$-, $ZnSO_4 \cdot 7\,H_2O$- und $NiSO_4 \cdot 7\,H_2O$-Kristalle im rhombischen System kristallisieren.

Wenn die hier vorgeschlagene Erklärung richtig ist, dann muß sie auch für die Heptahydratsulfate von anderen zweiwertigen Übergangsmetallen, wie z. B. $CrSO_4 \cdot 7\,H_2O$, $MnSO_4 \cdot 7\,H_2O$, $CuSO_4 \cdot 7\,H_2O$ und $CdSO_4 \cdot 7\,H_2O$ gültig sein. Die Metallionen dieser Sulfate besitzen im Oktaederfeld die entsprechenden Konfigurationen: Für die Cr^{2+}-Ionen ist die Konfiguration $t_{2g}^3\, e_g$; sie macht eine regelmäßige oktaederförmige Anordnung der Liganden unmöglich. Die $CrSO_4 \cdot 7\,H_2O$-Kristalle müßten im monklinen System kristallisieren. Die Mn^{2+}-Ionen haben die Konfiguration $t_{2g}^3\, e_g^2$. Diese Konfiguration gestattet eine symmetrische Anordnung der sechs Wassermoleküle. Es ist zu erwarten, daß die $MnSO_4 \cdot 7\,H_2O$-Kristalle im rhombischen System stabiler sind. Die Cu^{2+}-Ionen haben die Konfiguration $t_{2g}^6\, e_g^3$, bei der eine symmetrische oktaederförmige Anordnung der Liganden unmöglich ist. Demzufolge müssen die $CuSO_4 \cdot 7\,H_2O$-Kristalle im monoklinen System kristallisieren. Die Cd^{2+}-Ionen besitzen analog den Mg^{2+}- und Zn^{2+}-Ionen keine unpaarigen *d*-Elektronen. Es ist zu erwarten, daß die $CdSO_4 \cdot 7\,H_2O$-Kristalle im rhombischen System kristallisieren.

Die in der Literatur vorhandenen Daten stimmen mit den hier gezogenen Schlußfolgerungen überein. Zum Beispiel kristallisieren die $CrSO_4 \cdot 7\,H_2O$- und $CuSO_4 \cdot 7\,H_2O$-Kristalle nur im monoklinen System (Remi; Strunz). Die $MnSO_4 \cdot 7\,H_2O$-Kristalle kristallisieren im rhombischen und im monoklinen System (Strunz). Kristalle von $CdSO_4 \cdot 7\,H_2O$ wurden nachgewiesen (Mylius, Funk). Es fehlen aber vorerst jegliche kristallographische Daten, da sie metastabil sind.

Literatur

Aslanian, S., Balarew, Chr., Oikova, T.: Kristall und Technik 7, 525 (1972)
Balarev, Chr., Dobreva, P., Oikova, T.: Jahrbuch Chem.-Technolog. Hochschule Burgas 10 (1972)
Cotton, F., Wilkinson, G.: Advanced inorganic chemistry 3, 59, Moskau 1969 (russ.)
Gorštein, G.: Tr. Inst. Chim. reaktivov IREA 20, (1951)
Gorštein, G., Silant'eva, N.: J. obštei himii 23, 1290 (1953)
Kostov, I.: Miner. sb. L'vovsk. geol. obštestva 16, 75 (1962)
Mylius, S., Funk, R.: Ber. Dtsch. Chem. Ges. 30, 827 (1897)
Remy, G.: Anorganische Chemie 2, 151, Moskau 1966 (russ.)
Strunz, H.: Mineralogische Tabellen. Leipzig 1966

(Eingegangen am 8. September 1972)

Anschrift der Verfasser:

Dozent Dr. Chr. Balarew, V. Karaivanova
Chemisch-Technologische Hochschule, Burgas
Dr. S. Aslanian
Geologisches Institut, ul. "36", Sofia 13

| Kristall und Technik | 8 | 1–3 | 1973 | 127–131 |

H. G. Brühl, W. Schmidt

Sektion Physik
Karl-Marx-Universität Leipzig
Arbeitsgemeinschaft AIII-BV-Halbleiter

Short Range Order Parameters for Ternary Zincblende Substitutional solid Solutions

The determination of Warren's short range order parameters (pair correlations) for substitutional $A_{1-x}B_xC$-type solid solutions by means of diffuse X-ray scattering is described. The relations obtained are applied to the diffuse X-ray scattering of $Ga_{0.16}Al_{0.84}As$ solid solutions being under different thermal treatment.

Es wird die Bestimmung der Warrenschen Nahordnungsparameter (Paarkorrelationen) von Substitutionsmischkristallen des Typs $A_{1-x}B_xC$ aus der diffusen Röntgenstreuung beschrieben. Die gewonnenen Beziehungen werden auf die diffuse Streuung thermisch unterschiedlich behandelter $Ga_{0.16}Al_{0.84}As$-Substitutionsmischkristalle angewandt.

1. Introduction

Substitutional mixed crystals may be imagined in the most simple case to be ideal solid solutions which show random distribution of the atoms at the lattice sites available. However, deviations from this behaviour can be detected. In recent years, for example, investigations of lattice dynamics of these crystals are an object of rising interest (Chang, Mitra). Thus for the interpretation of the behaviour of long-wave optical phonons in solid solutions different phenomenological models are used. The cluster model (Verleur, Barker) involves assumptions as to the kind of distributions of the atoms at the sites of the host lattice. This model employs a cluster parameter defined analogously to Warren's short range order parameters (Warren, Averbach, Roberts) to explain the two-mode behaviour of $GaAs_xP_{1-x}$ and $CdS_{1-x}Se_x$ experimentally found. On the other hand, the description of reststrahlen bands of $GaAs_xP_{1-x}$ is also possible with a random element isodisplacement model (Chen, Shockley, Pearson), which does not uniquely imply a special atomic configuration. According to this model IR reflexion spectra of $Ga_{1-x}Al_xAs_x$ mixed crystals are interpreted (Ilegems, Pearson). Beside the influence of the atomic configuration on optical properties there might be also an influence on the transport proporties of mixed crystals.

An experimental approach to the atomic configuration of solid solutions provides the investigation of X-ray background scattering. Numerous studies of binary alloys have been made (Gerold). The four pair probabilities P_i^{AA}, P_i^{AB}, P_i^{BA}, P_i^{BB} ($P_i^{\lambda\nu}$ is the probability to find a ν-atom at a distance r_i from a λ-atom; i: number of the coordination shell) are related to the short range order parameters α_i which may be determined experimentally from the X-ray background scattering (Cowley, Warren). In Section 2 short range order parameters are derived for crystals of the $A_{1-x}B_x C$-type, i. e. the substitution of the A- and B-atoms takes place in one sublattice, the residual lattice occupied with C-atoms being not influenced. This is the case for ternary $A_{III}-B_V$ and $A_{II}-B_{VI}$ solid solutions with zincblende structure. The derivation neglects the influence of Schottky and Frenkel defects. Furthermore, the difference of the size of atoms between A- and B-atoms is supposed to be small. The relations found are applied to solid solutions of this type.

2. Theory

Numerous kinds of defects give rise to diffuse scattering. For substitutional mixed crystals (solid solutions) the following contributions are of significance:

a) thermal diffuse scattering due to thermal motion of lattice atoms;

b) diffuse scattering (monotonic Laue scattering) due to the statistical distribution of two kinds of atoms with different atomic scattering factors;

c) the contribution due to atomic displacements resulting from the different size of atoms of the components;

d) modulation of the Laue scattering due to occupancy disorder (deviations from the statistical distribution of the substituting atoms at the lattice sites (short range order, clustering, superlattice formation).

The intensity diffracted by a crystal is expressed in electron units:

$$I(\boldsymbol{h}) = \sum_j \sum_k f_j f_k \exp\left[2\pi i (\boldsymbol{x}_j - \boldsymbol{x}_k) \boldsymbol{h}\right] \tag{1}$$

and with

$$\boldsymbol{r}_m = \boldsymbol{x}_j - \boldsymbol{x}_k \quad \text{and} \quad Q_m = \sum_k f_k f_{m+k}$$

$$I(\boldsymbol{h}) = \sum_m Q_m \exp\left[2\pi i \boldsymbol{r}_m \boldsymbol{h}\right]. \tag{2}$$

The Q-function is the inverse Fourier transform of the observed intensity function (Hosemann, Bagchi) and $\boldsymbol{r}_m$ is a distance coordinate. For the three sets of atoms of the crystal lattice formally the following pair probabilities are possible: $P_i^{AA}, P_i^{AB}, P_i^{AC}, P_i^{BA}, P_i^{BB}, P_i^{BC}, P_i^{CA}, P_i^{CB}, P_i^{CC}$.

For the Q function one gets:

$$\begin{aligned} Q_m = N_m \big[& m_A (P_m^{AA} f_A^2 + P_m^{AB} f_A f_B + P_m^{AC} f_A f_C) \\ & + m_B (P_m^{BA} f_B f_A + P_m^{BB} f_B^2 + P_m^{BC} f_B f_C) \\ & + m_C (P_m^{CA} f_C f_A + P_m^{CB} f_C f_B + P_m^{CC} f_C^2)\big] \end{aligned} \tag{3}$$

(N_m: abundance of the spacing vector $\boldsymbol{r}_m$; m_A, m_B, m_C: concentration of components).

The zincblende lattice (the following remarks are devoted to) includes two cubic face-centered sublattices that are shifted towards each other by $(a/4)\sqrt{3}$ along the space diagonal (a: lattice parameter). Adopting an A-atom as reference point the $2i$-th coordination shells show always A- and/or B-atoms. This is true also for the case with the B-atom being the reference point. With a C-atom as reference point, the $2i$-th coordination shells have always C-atoms. On the $(2i+1)$-st coordination shells lie only C-atoms provided that an A- or B-atoms is reference point, with a C-atom as reference point A- and/or B-atoms. For the pair probabilities there is (with $m' = 2i + 1$ and $m'' = 2i$):

$$P_{m'}^{AA} = P_{m'}^{AB} = P_{m'}^{BA} = P_{m'}^{BB} = P_{m'}^{CC} = P_{m''}^{AC} = P_{m''}^{BC} = P_{m''}^{CA} = P_{m''}^{CB} = 0$$

$$P_{m'}^{AC} = P_{m'}^{BC} = P_{m''}^{CC} = 1$$

Additional conditions exist for the pair probabilities of C-atoms with A- or B-atoms which are on coordination shells with odd index relative to the C-atoms. This gives

$$P_{m'}^{CA} = m_A \quad \text{and} \quad P_{m'}^{CB} = m_B$$

Hence, 14 of 18 probabilities are fixed. The remaining four may be expressed by means of the relations (WARREN, AVERBACH, ROBERTS):

$$P_{m''}^{AA} + P_{m''}^{AB} = 1\,, \quad P_{m''}^{BA} + P_{m''}^{BB} = 1 \quad \text{and} \quad m_A P_{m''}^{AB} = m_B P_{m''}^{BA}$$

by one probability P_m^{AA}. The Q-function becomes then after some rearrangement:

$$Q_m = N_{m'} [m_A f_A f_C + m_B f_B f_C + m_C (m_A f_A f_C + m_B f_B f_C)] + N_{m''} [m_C f_C^2 - (m_A - m_B) f_B^2 + 2 m_A f_A f_B + P_{m''}^{AA} m_A (f_A - f_B)]\,. \quad (4)$$

The introduction of the short range order parameter

$$\alpha_{m''} = \frac{P_{m''}^{AA} - m_A}{m_B} \quad (5)$$

and taking into account the relation $m_C = m_A + m_B$ for the mixed crystal under consideration as well as the equivalence of the sublattices supposing $N_{m'} = N_{m''}$ furnishes for Q_m

$$Q_m = N_m [(m_A f_A + m_B f_B + m_C f_C)^2 + m_A m_B (f_A - f_B)^2 \alpha_m]\,. \quad (6)$$

and thus for the scattering intensity

$$I(\boldsymbol{h}) = \sum_m N_m [(m_A f_A + m_B f_B + m_C f_C)^2 + m_A m_B (f_A - f_B)^2 \alpha_m \exp (2 \pi i \boldsymbol{r}_m \boldsymbol{h})]\,. \quad (7)$$

For coordination shells with small indices the sum of the N_m is equal to the total number N of atoms. Hence, this yields finally:

$$I(\boldsymbol{h}) = \sum_m N_m \bar{f}^2 \exp (2 \pi i \boldsymbol{r}_m \boldsymbol{h}) + N \sum_m m_A m_B (f_A - f_B)^2 \alpha_m \exp (2 \pi i \boldsymbol{r}_m \boldsymbol{h}) \quad (8)$$

with

$$\bar{f}^2 = (m_A f_A + m_B f_B + m_C f_C)^2$$

The first expression corresponds to the intensity of the sharp crystal interferences, the second to the diffuse scattering intensity. The summation of the second expression has to be performed over all distances $\boldsymbol{r}_m$ of the sublattice being occupied with A- and B-atoms. It appears that the diffuse scattering is provided only by the sublattice where substitution takes place. The influence of the componente that does not participate in the substitution, becomes obvious merely by the intensity of the sharp crystal interferences.

3. Experiments and discussion

Measurements of diffuse X-ray scattering were carried out on mono- and polycrystalline $Ga_{0.16}Al_{0.84}As$ of two growing sets (FISCHER). Investigations with the electron beam microprobe exhibited within an error limit of $\pm 1\%$ a homogeneous distribution of GaAs and AlAs over the thickness (200 μm) and the surface (2×5 mm²) of the single crystals. Two sorts of polycrystalline samples (grain size about 5 μm) were available: a) material quenched from 1425 K (at 1 *at* As-pressure) to the temperature of liquid nitrogen; b) material kept for 100 hours at 1425 K (at 1 *at* As-pressure) and cooled down to room temperature with only 10 K/h. With low cooling rates ordering effects should be most probable.

The measurement of diffuse scattering was performed as illustrated in Figure 1.

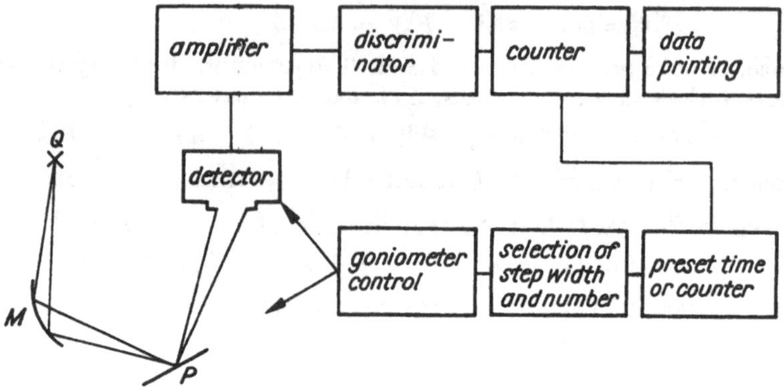

Fig. 1. Measuring principle
Q – Radiation source;
M – focusing monochromator;
P – sample

The investigation was made by focused monochromatic CuKα radiation which was excited by only 15 kV in order to avoid harmonics in the bremsspectrum. By means of a primary beam stopper immediately behind the sample and by a fine collimation of the incident radiation just before the probe the influence of the air scattering could be suitably limited. The elimination of Compton scattering was performed by subtracting the Compton intensity from the intensities corrected for the PL-factor and absorption (McGillavry, Rieck). The determination of thermal diffuse scattering was made by measurements of the intensity at two different temperatures and by subsequent extrapolation to 0 K.

The numerical results were provided by the computer BESM 6. The informations about the polycrystalline material are due to 1250 measured points, the single crystal investigations took 3600 independent measured values for computation.

Owing to the cut-off effect of the Fourier series the absolute error of the short range parameters amounted for crystal powder to $\pm 6 \cdot 10^{-4}$ and for single crystals to $\pm 4 \cdot 10^{-4}$. The corrected intensity of a single measurement involves a maximal relative error of 8%. Under most unfavourable conditions, the error of the short range order parameter is according to eq. (8) of the same order. Provided no systematic errors and the same weight of all measuring values the short range parameters have a relative error of 0.2%.

The calculations of the first six short range order parameters α for both crystal types and for those of different thermal treatment indicate within the limits of the absolute error quoted above the value zero. This corresponds to a purely statistical distribution of Al- and Ga-atoms at the sites of the face-centered cubic sublattice of zincblende structure.

Whereas the interpretation of infrared spectra for $Ga_{1-x}Al_xAs$ is possible without reference to a special atomic configuration (Ilegems, Pearson), the present X-ray investigations show clearly that the crystals under consideration are ideal solid solutions not affected by our different preparation conditions and cooling rates.

We are grateful to Dr. P. Fischer for providing the samples and to Dr. P. Streubel for the investigation with the electron beam microprobe.

References

CHANG, J. F., S. S. MITRA: Adv. Physics **20**, 359 (1971)
CHEN, Y. S., W. SHOCKLEY, G. L. PEARSON: Physic. Rev. **151**, 648 (1966)
COWLEY, J. M.: J. appl. Physics **21**, 24 (1950)
FISCHER, P.: Dissertation Leipzig 1972.
GEROLD, V.: Erg. exakt. Naturwiss. **33**, 105 (1961)
HOSEMANN, R., S. N. BAGCHI: Acta Crystallogr. **5**, 749 (1952)
ILEGEMS, M., G. L. PEARSON: Physic. Rev. 1B, 1576 (1970)
MACGILLAVRY, C., G. D. RIECK: International Tables for X-Ray Crystallography, Vol. III, Birmingham 1962
VERLEUR, H. W., A. S. BARKER: Physic. Rev. **149**, 715 (1966)
WARREN, B. E.,: Z. Kristallogr. **120**, 102 (1964)
WARREN, B. E., B. L. AVERBACH, B. W. ROBERTS: J. appl. Physics **22**, 1493 (1951)

(Received September 4, 1972)

Authors' adress:
Doz. Dr. W. SCHMIDT
Dipl.-Phys. H.-G. BRÜHL
Sektion Physik der Karl-Marx-Universität
701 Leipzig
Linnéstr. 5
DDR

| Kristall und Technik | 8 | 1–3 | 1973 | 133–147 |

J. J. BONNET, Y. JEANNIN

U. E. R. de Chimie Inorganique et Laboratoire Associé au C. N. R. S. 160
Toulouse, France

Etude cristallographique du (+)-3-parabromobenzylidène camphre

Crystals of (+)-3-parabromobenzylidenecamphor are orthorhombic, space group $P2_12_12_1$, with $a = 11.10 \pm 0.01$ Å, $b = 13.79 \pm 0.02$ Å, $c = 9.84 \pm 0.01$ Å, $d_{exp} = 1.38 \pm 0.02$. The structure is solved from 1096 reflections recorded at room temperature with a manual four circle diffractometer using MoKα. The non weighted R factor is equal to 0.064, if the whole parameter matrix is inverted, anomalous dispersion is taken into account, hydrogen atoms are introduced, 174 zero reflections are excluded. The molecule may be considered as rigid when thermally vibrating. The absolute configuration has been checked.

The benzene ring which is as far away as possible from the camphor skeleton, does not seem to have its π electrons highly delocalized towards the lateral chain, since an angle of 21° is occurring between the benzene ring and the planar group $-CO-CH=$ $=CH-$.

(+)-3-parabromobenzylidencampher-Kristalle sind orthorhombisch, Raumgruppe $P2_12_12_1$, mit $a = 11.10 \pm 0.01$ Å, $b = 13.79 \pm 0.02$ Å, $c = 9.84 \pm 0.01$ Å, $d_{exp} =$ $= 1.38 \pm 0.02$. Die Struktur wird anhand von 1096 Reflexen – registriert bei Zimmertemperatur mit Hilfe eines manuellen Vierkreis-Diffraktometers und MoKα-Strahlung – gelöst. Der nicht abgeblichene R-Faktor ist gleich 0.064 und wird unter den folgenden Bedingungen erhalten: Umkehrung der ganzen Parametermatrix, Berücksichtigung der anomalen Dispersion, Ausschluß der Null-Reflexe, Einführung aller Wasserstoffatome. Das Molekül kann als starres Skelett betrachtet werden, wenn es thermisch schwingt. Die endgültige Konfiguration wird geprüft. – Der Benzolring, der so weit wie möglich vom Campherrumpf entfernt liegt, scheint in seinen π-Elektronen nicht ganz delokalisiert nach der Nebenkette. Deshalb gibt es einen Winkel von 21° zwischen der Benzolringebene und der ebenen $-CO-CH =$ $=$ OH-Gruppe.

1. Introduction

L'étude des spectres électroniques des (+)-arylidènecamphres suggère une conjugaison de la chaîne $-CO-CH = CH-C_6H_5$ où les deux premiers atomes de carbone appartiennent au noyau du camphre. En effet, les valeurs des coefficients d'extinction molaire relatifs aux transitions $\pi \rightarrow \pi^*$ de ces composés, de l'ordre de 20000 à 50000, sont beaucoup plus élevées que celles observées pour des produits purement aliphatiques; par exemple, l'oxyde de mésityle est caractérisé par un coefficient d'extinction de 12000 (SOTIROPOULOS, BEDOS).

Cette remarque conduit à penser que le plan du cycle benzénique tend à se rapprocher de celui du système $CO-C = C$ afin que la conjugaison supposée puisse s'établir.

Toutefois, l'étude en dichroïsme circulaire des bandes n π^* et $\pi\pi^*$ du groupe carbonyle semble montrer que la chaîne CO—C = C n'est pas absolument plane et présente une légère torsion.

En outre, la bande correspondant à la transition $A// - B//$ du cycle aromatique suggère l'existence d'un angle entre le plan benzénique et le reste du système conjugué, ce qui évidemment ne corrobore pas l'hypothèse d'une conjugaison tout le long de la chaîne COCH = CHC_6H_5Br.

On pourrait rechercher l'origine de ces distorsions dans la configuration de la molécule qui peut se présenter sous deux formes (fig. 1).

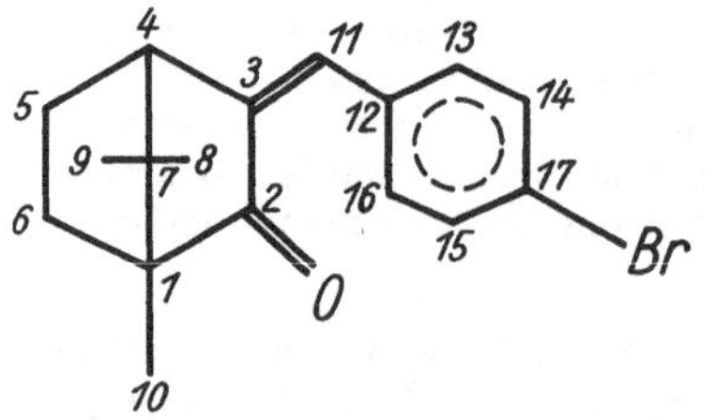

I

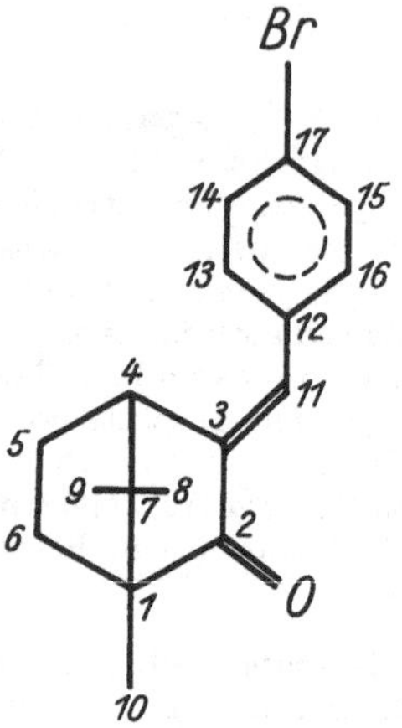

II

Fig. 1. Configurations du motif $C_{17}H_{19}OBr$

La configuration I paraît peu plausible du fait que l'atome d'hydrogène du noyau aromatique situé en face de l'atome d'oxygène ne peut trouver sa place. Il faudrait admettre un angle entre le plan du noyau benzénique et la chaîne CO—CH = CH, angle d'une amplitude trop grande pour s'expliquer à la lumière des spectres observés.

La configuration II, au contraire, autorise une planéité parfaite que l'interprétation des spectres UV et du dichroïsme circulaire ne confirme pas totalement.

C'est pour toutes ces raisons que la détermination de la structure cristalline du (+)-3-parabromobenzylidènecamphre a été déterminée.

2. Partie expérimentale

Les cristaux, préparés selon la méthode de Haller et Minguin, se présentent le plus souvent sous la forme de parallélépipèdes. Leur densité est mesurée par la méthode de flottation dans une solution aqueuse de chlorure de cadmium. Les paramètres cristallographiques et la symétrie de la maille sont obtenus à l'aide des clichés de précession et de Laüe.

2.1 Données cristallographiques

(+)-3-parabromobenzylidènecamphre
$C_{17}H_{19}OBr$
maille orthorhombique

a = 11,10 ± 0,01 Å	d_{exp} = 1,38 ± 0,02 g × cm^{-3}
b = 13,79 ± 0,02 Å	d_{RX} = 1,41 g × cm^{-3}
c = 9,84 ± 0,01 Å	Z = 4
V = 1506 Å	
groupe spatial $P2_12_12_1$	
MoKα = 0,70926	μ abs. = 28,9 cm^{-1}

2.2 Mesures des intensités

Le cristal sélectionné pour les mesures d'intensité est un parallélépipède (L = 0,21 mm; l = 0,10 mm; h = 0,25 mm). Il est monté sur un cercle d'Euler de 300 mm de diamètre. Le rayonnement du molybdène utilisé est issu d'un tube alimenté par un générateur stabilisé CGR Thêta 60. L'intensité diffractée, filtrée par une pastille de pentoxyde de diniobium, est mesurée à l'aide d'un compteur à scintillation associé à un analyseur monocanal réglé sur la raie Kα du molybdène de telle manière que 90% de l'intensité soit effectivement comptée.
L'angle "take off" est réglé à 2 degrés.

Les trois plans de réflexions (004), (060) et (800) permettent d'orienter le cristal dans l'espace. Leurs intensités sont mesurées toutes les six heures de manière à s'assurer de la bonne stabilité du système.

1096 réflexions (*hkl*) appartenant à un seul octant et dont l'angle de Bragg est inférieur ou égal à 22 degrés, sont enregistrées manuellement à la température ambiante.

Le fond continu est déduit de deux mesures effectuées durant 20 secondes en position $\Theta - 2\,\Theta$, l'une avant, l'autre après la tache. L'intensité intégrée correspond à un balayage en $\Theta - 2\,\Theta$ effectué à la vitesse de 0,5 degré par minute et dont l'amplitude angulaire varie de 0,45 à 0,63 degré en fonction de tg Θ pour tenir compte de la dispersion K α_1 – K α_2. Les corrections d'absorption (Wehe, Busing, Levy) sont faibles, car le coefficient d'absorption, pour la raie Kα du molybdène, est égal à 28,9 cm^{-1}. Les valeurs extrêmes du coefficient de transmission sont 0,67 et 0,75. Il n'est pas en outre nécessaire d'apporter aux intensités mesurées une correction de perte de comptage puisque le taux de comptage n'a jamais excédé 8000 coups par seconde.

Chaque facteur de structure ainsi que son écart standard sont calculés (Bonnet, Jeannin) à partir des intensités corrigées du fond continu, de l'absorption, et des facteurs de polarisation et de Lorentz. L'inverse de l'écart standard est utilisé comme facteur de pondération dans l'affinement des paramètres par moindres carrés.

3. Détermination de la structure

Une première série tridimensionnelle de Patterson ne révèle que la présence de l'atome de brome. Cependant, en modulant les facteurs de structure à l'aide du facteur de température statistique (Wilson), égal à 4,3, une nouvelle série de Patterson peut être calculée, permettant de localiser les atomes de carbone suivants: C17 lié à l'atome de brome, C12 diamètralement opposé à C17 dans le cycle benzénique, et C11 lié à C12 et situé dans l'alignement Br . . . C17 . . . C12.

A partir des paramètres relatifs aux atomes Br, C17, C12, C11 et en utilisant les facteurs isotropes de température, trois cycles d'affinement par moindres carrés (Busing, Levy) conduisent à un rapport R de 0,33 ($R = \sum (|F_0 - F_c|)/\sum F_0$).

Compte tenu de la position de ces atomes, les coordonnées des autres atomes C13, C14, C11 et C16 du cycle benzénique peuvent être calculées a priori is l'on connaît l'orientation du cycle. C'est pourquoi ces coordonnées sont affinées en faisant subir systématiquement au plan benzénique des rotations successives de 15 en 15 degrés autour de l'axe Br ... C11 ... C12 ... C11. Pour une seule des positions successives du plan benzénique, *R* décroit jusqu' à 0,28.

Les phases déduites de l'affinement précédent et associées aux facteurs de structure observés permettent de calculer une série tridimensionnelle de Fourier. Les positions de tous les atomes, à l'exception cependant de celles des atomes d'hydrogène, y apparaissent nettement.

Les coordonnées ainsi repérées sont affinées en utilisant des facteurs isotropes de température, et le facteur *R* s'abaisse à 0,13.

Les facteurs atomiques de diffusion utilisés sont ceux publiés par CROMER et WABER. Celui du brome est corrigé de la partie réelle et de la partie imaginaire de la diffusion anomale, puisque le groupe spatial n'est pas centré (CRUISHANK; McDONALD). Les facteurs anisotropes de température sont alors introduits pour tous les atomes. En inversant enfin la totalité de la matrice des équations normales, et en éliminant 26 réflexions présentant des erreurs anormalement élevées, quelques cycles d'affinement conduisent aux valeurs de *R* suivantes:

R non pondéré, zéros inclus $= 0{,}095$
R non pondéré, zérosexclus $= 0{,}081$
R pondéré, zéros inclus $= 0{,}106$
R pondéré, zéros exclus $= 0{,}101$

4. Localisation des Atomes d'Hydrogène

Une série de Fourier différence, calculée à partir des facteurs de structure observés et des phases déduites du précédent affinement, permet d'observer des maximums correspondant à des densités électroniques supérieures à l'erreur calculée, égale à 0,2 électron par Å^3 (CRUICKSHANK 1965). Ils n'ont pu être tous interprétés, mais neuf d'entre eux correspondent à des positions d'atomes d'hydrogène, ceux-ci étant toutefois au nombre de 19 dans la maille. L'introduction des paramètres correspondants dans un nouvel affinement conduit à $R = 0{,}091$, cet abaissement de *R* étant significatif (HAMILTON). Les distances carbone-hydrogène observées dans ces conditions varient de 0,80 à 1,15 Å suivant des atomes considérés.

Les coordonnées des autres atomes d'hydrogène sont alors calculées a priori et introduites dans le programme d'affinement. A ce stade, tous les paramètres relatifs aux 38 atomes du motif ne peuvent être pris en considération, la capacité de l'ordinateur étant trop faible.

Trois essais différents d'affinement sont cependant réalisés en prenant dans tous les cas pour chaque atome d'hydrogène le facteur de température de l'atome de carbone auquel il est lié:

1°) les positions des atomes d'hydrogène sont les 9 observées dans la série différence et les 10 calculées à priori pour chaque atome d'hydrogène; ces coordonnées varient comme celles du carbone auquel il est lié. Le facteur *R* passe de 0,095 à 0,079.

2°) Les positions des atomes d'hydrogène sont encore les 9 observées dans la série différence et les 10 calculées a priori, mais, leurs coordonnées sont variables, indépendamment de celles des atomes de carbone. La matrice des équations normales est inversée en deux blocs. Deux schémas de division en deux blocs sont considérés. Le facteur *R* passe de 0,095 à 0,078 dans les deux cas.

3°) les positions des atomes d'hydrogène sont toutes calculées a priori en supposant une longueur carbone-hydrogène de 1,03 Å et les angles de liaison habituels. Les positions varient, pour chaque atome d'hydrogène, comme celles de l'atome de carbone auquel il est lié. Le facteur *R* passe encore de 0,095 à 0,078.

Ainsi, il apparait difficile d'affiner les positions des atomes d'hydrogène, et le dernier cas d'affinement a été arbitrairement choisi pour la suite de la discussion de la structure.

A ce niveau, *R* se stabilise aux valeurs suivantes:

R non pondéré, zéros inclus = 0,078
R non pondéré, zéros exclus = 0,064
R pondéré, zéros inclus = 0,085
R pondéré, zéros exclus = 0,078.

Aucune variation sur les paramètres atomiques n'est supérieure au quart de l'écart standard correspondant. Les valeurs finales des paramètres atomiques et les coefficients de température anisotropes, accompagnés des écarts standards correspondants, sont rassemblés dans le tableau 1. Les facteurs de structure observés et calculés pour chaque réflexion (*hkl*) sont groupés dans le tableau 2 (deuxième et froisième colonne).

Tableau 1
Coordonnées et composantes des facteurs de température des atomes de carbone, de brome et d'oxygène
Les valeurs sont multipliées par 10^3; les écarts standards, entre parenthèses, affectent les derniers chiffres des valeurs indiquées; le facteur de température anisotrope est de la forme:

$$\exp[-2\pi^2(h^2 a^{*2} U_{11} + k^2 b^{*2} U_{22} + l^2 c^{*2} U_{33} + 2hka^* b^* U_{12} + 2hla^* c^* U_{13} + 2klb^* c^* U_{23}]$$

Atome	x/a	y/b	z/C	U_{11}	U_{22}	U_{33}	U_{12}	U_{13}	U_{23}
C1	555(1)	−215(1)	220(1)	49(9)	44(8)	53(9)	2(4)	3(4)	7(4)
C2	448(2)	−218(1)	312(2)	89(13)	61(10)	31(8)	−5(5)	6(5)	8(4)
C3	352(1)	−158(1)	249(1)	24(7)	55(9)	45(8)	2(3)	−9(4)	8(4)
C4	405(1)	−132(1)	119(1)	26(6)	68(8)	39(7)	1(3)	−3(3)	8(4)
C5	500(1)	−54(1)	138(2)	84(12)	39(8)	80(12)	10(4)	20(6)	7(5)
C6	597(1)	−112(1)	220(2)	73(11)	41(9)	77(11)	−2(4)	−6(5)	−3(4)
C7	483(1)	−224(1)	83(2)	58(9)	39(8)	70(11)	0,7(4)	8(4)	1(4)
C8	415(1)	−316(1)	64(2)	75(11)	42(8)	68(10)	−6(4)	7(4)	−7(4)
C9	567(2)	−207(1)	−42(2)	76(11)	83(12)	49(9)	3(5)	6(5)	−2(5)
C10	648(1)	−289(1)	249(2)	51(10)	99(12)	81(12)	13(5)	−9(5)	13(6)
C11	251(1)	−141(1)	314(1)	66(9)	56(9)	41(8)	−14(4)	7(4)	−2(4)
C12	146(1)	−80(1)	266(1)	67(10)	49(8)	35(7)	26(4)	−4(4)	−4(4)
C13	159(1)	−9(1)	169(1)	28(70)	68(9)	48(8)	1(3)	2(3)	−9(4)
C14	58(1)	46(1)	120(2)	55(9)	58(8)	66(9)	2(4)	10(5)	10(4)
C15	−63(1)	−46(1)	281(1)	46(9)	77(10)	49(9)	7(4)	−3(4)	−11(4)
C16	33(1)	−97(1)	320(1)	40(7)	50(8)	35(7)	−0,7(4)	1(3)	−3(3)
C17	−52(1)	25(1)	182(1)	64(10)	36(7)	42(8)	11(4)	5(4)	1(3)
O	444(1)	−257(1)	42(1)	69(7)	81(7)	56(6)	3(3)	−5(3)	8(3)
Br	−189,6(1)	95,3(1)	122,6(2)	51(1)	67(1)	67(1)	6(0,4)	−0,4(0,4)	0,4(0,4)

H=0	K=0	
2	104	102
4	75	75
6	21	22
8	20	19
10	3	9
H=0	K=1	
2	134	125
3	68	67
4	4	3
5	13	13
6	67	64
7	13	13
8	1	7
9	5	4
10	14	13
H=0	K=2	
0	3	2
1	32	31
2	41	46
3	111	107
4	47	48
5	32	36
6	28	30
7	25	23
8	19	20
9	14	14
10	0	7
H=0	K=3	
1	90	85
2	31	32
3	67	66
4	17	19
6	18	18
7	15	14
8	15	15
9	18	20
10	14	12
H=0	K=4	
0	37	37
3	43	42
4	38	37
5	40	38
6	1	3
7	21	21
8	30	30
9	3	4
H=0	K=5	
1	33	35
2	65	61
3	14	14
4	27	26
5	8	9
6	43	41
7	7	8
8	1	4
9	8	9
H=0	K=6	
0	83	79
1	4	3
2	1	3
3	9	7
4	48	45
5	14	13
6	10	6
7	10	10
8	18	17
9	2	4
H=0	K=7	
1	52	52
2	24	23
3	24	23
4	11	11
5	27	28
6	24	23
7	10	10
8	6	4
9	3	7
H=0	K=8	
0	9	10
1	26	25
2	2	3
3	36	36
4	9	12
5	16	15
6	5	4
7	23	21
8	5	4
H=0	K=9	
1	14	14
2	32	34
3	23	22
4	3	3
5	18	17
6	8	9
7	17	18
8	9	10
H=0	K=10	
0	38	37
1	12	10
2	1	3
3	12	15
4	20	20
5	5	4
6	3	4
7	0	4
H=0	K=11	
1	1	4
2	14	17
3	8	9
4	7	7
5	6	4
6	11	10
H=0	K=12	
0	4	4
1	23	26
2	4	4
3	17	16
4	9	10
5	6	9
H=0	K=13	
1	20	19
2	1	4
3	13	14
4	8	10
H=0	K=14	
0	6	12
1	8	4
2	3	5
H=1	K=0	
1	11	12
2	95	92
3	7	3
4	23	21
5	38	40
6	33	33
7	7	4
8	10	10
9	8	4
10	13	15
H=1	K=1	
0	48	53
1	69	66
2	59	57
3	62	66
4	55	58
5	27	29
6	14	14
7	19	18
8	23	20
9	6	7
10	9	7
H=1	K=2	
0	81	77
1	128	117
2	16	16
4	42	40
5	56	58
6	16	14
7	29	28
8	18	18
10	7	9
H=1	K=3	
0	4	4
1	83	86
2	106	110
3	35	34
4	29	29
5	34	35
6	10	11
7	30	30
8	3	6
9	14	15
10	6	6
H=1	K=4	
0	12	11
1	60	59
2	73	75
3	44	41
4	47	46
5	20	18
6	22	21
7	12	11
8	11	11
9	8	10
H=1	K=5	
0	78	80
1	20	21
2	17	18
3	21	18
4	61	58
5	29	30
6	4	8
7	5	3
8	23	25
9	10	10
H=1	K=6	
0	11	13
1	28	29
2	66	70
3	7	5
4	7	6
5	25	25
6	32	29
7	16	17
8	13	14
9	10	7
H=1	K=7	
0	43	47
1	34	33
2	6	3
3	36	36
4	27	28
5	25	25
6	9	10
7	22	18
8	6	7
9	7	6
H=1	K=8	
0	18	19
1	35	34
2	9	8
3	24	24
4	6	3
5	33	33
6	6	7
7	17	15
8	2	4
H=1	K=9	
0	27	26
1	16	18
2	9	9
3	24	24
4	15	17
5	9	8
6	5	7
7	15	15
8	12	12
H=1	K=10	
0	21	19
1	10	13
2	30	30
3	18	15
4	3	4
5	8	11
6	19	19
7	2	4
H=1	K=11	
0	31	32
1	16	17
2	9	7
3	12	12
4	24	24
5	16	15
6	2	6
H=1	K=12	
0	2	4
1	16	14
2	14	12
3	16	15
4	6	7
5	7	4
H=1	K=13	
0	7	4
1	17	13
3	10	7
4	7	10
H=1	K=13	
2	8	4
H=1	K=14	
1	13	13
H=1	K=14	
0	2	4
H=2	K=0	
0	53	56
1	40	40
2	8	7
3	27	30
4	34	32
5	48	48
H=1	K=14	
2	6	4
7	23	24
8	30	33
9	13	12
H=2	K=0	
6	5	3
H=2	K=1	
0	33	37
1	58	62
2	47	52
3	39	40
4	8	5
5	28	27
6	21	23
7	20	20
8	14	15
9	13	14
10	6	6
H=2	K=2	
0	43	45
1	67	66
2	64	60
3	35	35
4	19	22
5	35	34
6	26	25
7	21	24
10	2	4
H=2	K=2	
8	4	4
9	9	9
10	5	6
H=2	K=3	
0	81	81
1	51	56
2	21	21
3	38	39
4	42	44
5	38	36
6	9	9
7	21	21
8	12	12
9	14	15
10	2	4
H=2	K=4	
0	95	99
1	73	75
2	33	32
3	50	53
4	31	33
5	32	30
6	17	19
7	13	12
8	5	9
9	11	4
H=2	K=5	
0	16	16
1	14	16
2	60	58
3	64	66
4	4	5
5	37	37
6	28	30
7	20	20
8	9	12
9	6	6
H≠2	K=6	
0	14	13
1	17	20
2	13	12
3	39	41
4	32	31
5	19	17
6	16	17
8	20	19
9	9	11
H=2	K=7	
0	52	54
1	20	19
3	29	33
4	19	21
5	18	15
6	9	4
7	11	6
8	15	16
H=2	K=8	
0	9	8
1	52	54
2	32	29
3	17	17
4	4	3
5	20	22
6	24	23
7	8	9
8	4	4
H=2	K=9	
0	36	40
1	27	24
2	23	23
3	27	25
4	15	14
5	20	21
6	18	18
7	6	6
H=2	K=10	
0	25	27
1	21	19
2	7	6
3	16	16
4	31	33
5	17	19
6	12	10
7	4	7
H=2	K=11	
0	22	22
1	5	9
2	37	38
3	14	17
4	1	4
5	12	12
6	14	16
H=2	K=12	
0	24	24
1	9	4
2	19	20
3	9	8
4	10	8
5	7	10
H=2	K=13	
0	17	16
1	4	4
2	3	4
3	2	6
4	15	14
H=2	K=14	
0	0	4
1	8	10
2	10	7
H=3	K=0	
1	60	61
2	59	60
3	81	82
4	26	28
5	41	38
6	30	29
7	24	23
8	2	4
9	7	4
10	13	14
H=3	K=1	
0	15	15
1	64	68
2	49	44
3	70	66
4	43	45
5	37	39
6	22	21
7	24	23
8	20	21
9	10	7
10	8	9
H=3	K=2	
0	71	70
1	50	50
2	20	15
3	10	9
4	55	54
5	17	18
6	9	12
7	12	11
8	25	22
9	16	15
H=3	K=3	
0	5	2
2	57	52
3	41	40
4	12	15
5	14	12
6	36	34
7	6	3
8	10	10
9	6	6
H=3	K=4	
0	47	53
2	45	49
3	31	30
4	30	30
5	30	32
6	11	8
7	24	25
8	6	6
9	13	14
H=3	K=5	
0	57	57
1	34	32
3	38	39
4	26	28
5	29	29
6	3	6
7	26	26
8	8	9
9	11	12
H=3	K=6	
0	83	88
1	52	50
2	15	19
3	31	30
4	23	24
5	7	7
6	21	21
7	27	29
8	7	8
9	9	4
H=3	K=7	
0	14	15
1	27	31
2	54	55
3	12	12
4	12	13
5	19	19
6	24	27
7	4	4
8	4	4
H=3	K=8	
0	31	30
1	21	23
2	14	16
3	29	29
4	48	48
5	11	11
6	13	13
7	1	6
8	9	10
H=3	K=9	
0	5	6
1	26	23
2	31	31
3	20	20
4	10	11
5	16	15
6	13	15
7	11	8
H=3	K=10	
0	18	18
1	27	27
2	6	8
3	15	17
4	16	17
5	15	15
6	8	9
7	13	15
H=3	K=11	
0	12	9
1	16	15
2	9	13
3	17	18
4	4	4
5	11	15
6	8	10
H=3	K=12	
0	23	23
1	15	15
2	2	6
4	15	16
5	6	4
H=3	K=13	
0	8	9
1	3	4
2	17	16
3	8	11
H=3	K=14	
0	12	13
H=4	K=0	
0	2	7
1	78	80
2	16	19
3	40	37
4	33	33
5	37	33
6	15	15
7	7	4
8	12	11
9	24	23
H=4	K=1	
0	76	79
1	42	42
2	13	13
3	56	55
4	54	53
5	26	24
6	12	11
7	26	27
8	11	11
9	11	11
H=4	K=2	
0	3	3
1	6	7
2	85	85
3	12	10
4	12	13
6	52	52
7	17	19
8	6	4
9	15	16
H=4	K=3	
0	70	68
1	45	47
2	15	17
3	17	19
4	53	54
5	1	3
6	6	10
7	5	4
8	36	36
9	1	4
H=4	K=4	
0	20	21
2	54	54
3	27	29
4	2	3
5	21	20
6	34	31
7	19	20
8	7	6
9	7	4
H=4	K=5	
0	35	36
1	55	57
2	11	12
3	43	42
4	4	3
5	37	36
6	12	11
7	3	4
8	5	5
9	5	4
H=4	K=6	
0	20	17
1	58	56
2	31	31
3	40	39
4	21	20
5	23	24
6	5	7
7	8	13
8	4	4
H=4	K=7	
0	44	44
1	25	27
2	25	27
3	19	18
4	34	33
5	18	18
6	4	9
7	12	11
8	14	14
H=4	K=8	
0	3	4
1	6	3
2	45	43
3	9	10
4	14	16
5	8	9
6	22	22
7	4	7
H=4	K=9	
0	24	22
1	17	18
2	9	11
3	8	3
4	21	22
5	6	4
6	2	4
7	11	10
H=4	K=10	
0	8	8
1	17	18
2	6	4
3	12	17
4	11	11
5	15	13
6	1	4
H=4	K=11	
0	1	3
1	18	17
2	2	4
3	18	16
4	7	10
5	10	10
H=4	K=12	
0	2	4
1	8	4
2	13	11
3	3	6
H=4	K=13	
0	14	14
1	3	4
2	6	4
3	3	4
H=5	K=0	
1	60	58
2	3	3
3	41	42
4	32	32
5	27	27
6	21	23
7	24	24
8	6	7
9	7	4
H=5	K=1	
0	4	3
2	44	47
3	37	37
4	36	35
5	24	26
6	19	18
8	5	4
9	18	20
H=5	K=2	
0	55	55
1	34	33
2	16	19
3	28	30
4	47	46
5	10	10
6	4	6
7	8	9
8	20	22
9	1	4
H=5	K=3	
0	12	10
1	36	36
2	53	56
3	26	26
4	18	20
5	11	11
6	40	42
7	17	17
8	11	6
9	8	9
H=5	K=4	
0	42	41
1	50	52
2	27	27
3	30	29
4	30	29
5	27	28
6	5	8
7	23	21
8	17	18
H=5	K=5	
0	47	48
1	47	45
2	25	26
3	34	30
4	14	13
5	33	30
6	8	9
7	11	11
8	4	4
H=5	K=6	
0	4	3
1	28	28
2	13	13
3	23	24
4	14	10
5	20	20
6	9	9
7	11	12
8	6	4
H=5	K=7	
1	9	3
2	36	37
3	10	7
4	14	15
5	8	4
6	19	20
7	4	4
H=5	K=8	
0	37	36
1	13	12
2	12	13
3	12	11
4	34	35
5	9	4
6	9	7
H=5	K=9	
0	10	10
1	19	18
2	27	29
3	14	14
4	4	3
5	10	12
6	17	17
H=5	K=10	
0	16	15
1	26	25
2	6	7
3	14	15
4	11	11
5	13	13
6	3	4
H=5	K=11	
0	2	5
1	16	15
2	4	7
3	17	18
4	0	4
5	12	16
H=5	K=12	
0	9	8
1	11	6
2	3	4
3	11	6
H=5	K=13	
0	4	7
1	3	4

Tableau 2 (continué)

H=6	K=0	
0	28	26
1	23	22
2	11	11
3	29	29
4	28	28
5	20	21
6	2	4
7	20	17
8	20	20
H=6	K=1	
0	23	22
1	35	37
2	37	37
3	19	17
4	17	19
5	18	18
6	15	16
7	11	15
8	12	9
H=6	K=2	
0	26	24
1	39	40
2	38	39
3	25	29
4	14	13
5	21	22
6	23	23
7	13	12
8	3	4
H=6	K=3	
0	52	51
1	28	32
2	11	12
3	27	27
4	44	44
5	24	26
6	1	4
7	6	7
8	6	7
H=6	K=4	
0	22	21
1	29	31
2	26	26
3	29	29
4	16	14
5	9	13
6	14	12
7	6	8
8	8	9
H=6	K=5	
0	10	9
1	30	27
2	19	19
3	15	15
4	4	3
5	12	11
6	23	25
7	24	22
8	3	4
H=6	K=6	
0	28	28
1	28	30
2	13	14
3	34	32
4	28	29
5	21	20
6	17	17
7	12	13
H=6	K=7	
0	21	21
1	22	21
2	13	13
3	32	32
4	24	26
5	7	8
6	8	10
7	12	10
H=6	K=8	
0	2	3
1	21	20
2	21	23
3	8	7
4	3	4
5	13	15
6	17	18
H=6	K=9	
0	22	22
1	18	21
2	14	11
3	14	14
4	18	19
5	6	7
6	10	10
H=6	K=10	
0	17	20
1	17	19
2	6	9
3	17	19
4	19	17
5	11	11
H=6	K=11	
0	7	8
1	14	14
2	12	10
3	12	11
H=6	K=12	
0	12	12
1	11	12
2	11	6
H=7	K=0	
1	23	22
2	54	53
3	11	9
4	1	3
5	8	7
6	24	27
7	13	12
8	2	4
H=7	K=1	
0	36	36
1	29	29
2	6	11
3	26	26
4	32	29
5	17	18
6	10	9
7	10	10
8	14	12
H=7	K=2	
0	29	30
1	32	34
2	8	9
3	26	27
4	17	17
5	19	22
6	11	11
7	7	10
8	9	9
H=7	K=3	
0	13	12
1	33	33
2	34	33
3	14	14
4	18	17
5	17	17
6	10	12
7	11	13
8	7	7
H=7	K=4	
0	21	21
1	17	17
2	34	31
3	20	21
4	18	17
5	10	9
6	25	27
7	6	4
H=7	K=5	
1	17	19
2	9	8
3	14	13
4	35	36
5	8	6
6	2	4
7	7	4
H=7	K=6	
0	0	3
1	10	10
2	32	33
3	25	25
4	12	11
5	16	18
6	14	15
7	4	4
H=7	K=7	
0	6	6
1	28	27
2	4	3
3	25	26
4	6	4
5	13	14
6	9	9
H=7	K=8	
0	24	26
1	21	21
2	12	13
3	11	4
4	6	4
5	24	24
6	10	11
H=7	K=9	
0	12	11
1	15	14
2	10	12
3	10	9
4	16	15
5	11	8
H=7	K=10	
0	1	4
1	3	4
2	20	20
3	10	9
4	5	4
H=7	K=11	
0	8	7
1	9	10
2	5	4
H=8	K=0	
0	62	61
1	8	8
2	4	3
3	6	9
4	35	33
5	8	8
6	3	6
7	4	4
H=8	K=1	
0	1	3
1	24	26
2	38	38
3	19	20
4	0	4
5	21	20
6	21	21
7	7	8
H=8	K=2	
0	15	13
1	36	37
2	8	3
3	32	32
4	14	14
5	20	19
6	4	6
7	14	15
H=8	K=3	
0	4	6
1	31	32
2	5	3
3	28	29
4	3	6
5	19	17
6	7	4
7	14	14
H=8	K=4	
0	11	12
1	23	22
2	11	10
3	15	16
4	26	27
5	18	23
6	3	4
7	10	4
H=8	K=5	
0	3	3
1	17	20
2	39	36
3	11	13
4	17	15
5	5	4
6	17	21
H=8	K=6	
0	34	36
1	14	15
2	3	3
3	7	4
4	25	23
5	6	4
6	7	4
H=8	K=7	
0	1	3
1	19	18
2	8	4
3	9	13
4	3	4
5	18	15
H=8	K=8	
0	2	4
1	11	11
2	9	11
3	21	21
4	4	4
H=8	K=9	
0	2	4
1	9	8
3	10	9
4	9	8
H=8	K=10	
0	20	20
1	3	4
2	9	10
H=9	K=0	
1	17	16
2	26	27
3	12	12
4	7	9
5	14	11
6	23	24
H=9	K=1	
0	45	46
1	14	16
2	8	8
3	25	24
4	16	17
5	9	7
6	4	4
H=9	K=2	
0	6	4
1	36	33
2	14	11
3	28	26
4	5	6
5	14	12
6	9	7
H=9	K=3	
0	17	17
1	11	10
2	15	15
3	32	32
4	5	9
5	18	16
6	3	4
H=9	K=4	
0	3	6
1	21	21
2	13	16
3	13	14
4	11	14
5	9	9
6	12	12
H=9	K=5	
0	26	26
1	6	4
2	5	4
3	3	4
4	22	20
5	7	8
H=9	K=6	
0	1	4
1	14	13
2	23	24
3	9	11
4	9	11
H=9	K=7	
0	17	17
1	12	11
2	5	4
3	11	12
4	10	9
H=9	K=8	
0	4	4
2	0	4
3	15	17
H=9	K=9	
0	13	14
1	12	11
H=10	K=0	
0	3	4
1	7	4
2	18	18
3	4	4
4	29	26
5	16	16
H=10	K=1	
0	9	9
1	13	12
2	21	20
3	7	9
4	7	4
5	7	7
H=10	K=2	
0	10	11
1	19	19
2	19	19
3	3	4
4	2	4
5	5	9
H=10	K=3	
0	9	9
1	13	16
2	13	13
3	8	4
4	14	14
H=10	K=4	
0	26	25
1	16	15
2	9	8
3	12	13
4	15	14
H=10	K=5	
1	16	16
2	26	25
3	11	9
4	5	4
H=10	K=6	
0	19	19
1	6	4
2	8	11
3	7	4
H=10	K=7	
0	13	12
1	9	4
2	10	7
H=11	K=0	
1	11	4
2	13	13
3	7	4
H=11	K=1	
0	13	14
1	10	6
2	16	14
3	8	12
H=11	K=2	
0	24	24
1	9	13
2	12	13
3	10	12
H=11	K=3	
1	9	11
2	17	18
H=11	K=4	
0	16	16
1	7	12
2	6	4

$F(000)$ est égal à 599. Les principales distances interatomiques et les angles de liaison sont mentionnés dans le tableau 3 et sur la figure 2.

5. Détermination de la configuration absolue

Le camphre est une molécule asymétrique. Dans le cas présent, la réaction de synthèse du parabromobenzylidènecamphre a été réalisée à partir de(+)camphre. Il est donc clair que le composé obtenu a la configuration du (+) camphre déjà déterminée cristallographiquement (Allen, Rogers). La configuration absolue du dérivé étudié a toutefois été vérifiée grâce au phénomène de la diffusion anomale de l'atome de brome, et selon la méthode de Bijvoet. La série de réflexions (hkl) envisagée jusqu'ici a été complétée par l'enregistrement d'une série de réflexions ($hk\bar{l}$). Le calcul des facteurs de structure relatifs aux réflexions (hkl) et ($hk\bar{l}$) est effectué, en supposant la configuration généralement acceptée pour le (+) camphre. Seules les différences $|F_{(hkl)} - F_{(hk\bar{l})}|$ supérieures au double de l'écart standard sont relevées dans le tableau 4; elles sont comparées aux différences analogues mesurées. L'excellent accord observé pour tous

Tableau 3
Principales distances interatomiques et principaux angles de liaison
Les écarts standards, mentionnés entre parenthèses,
affectent les derniers chiffres des valeurs indiquées

C1–C2	1,48(2) Å	C2–O	1,22(2) Å
C1–C6	1,51(2)	C3–C11	1,31(2)
C1–C7	1,57(2)	C11–C12	1,50(2)
C1–C10	1,49(2)	C12–C13	1,39(2)
C2–C3	1,48(2)	C12–C16	1,39(2)
C3–C4	1,46(2)	C13–C14	1,44(2)
C4–C5	1,53(2)	C14–C17	1,40(2)
C4–C7	1,57(2)	C15–C16	1,34(2)
C5–C6	1,57(2)	C15–C17	1,39(2)
C7–C8	1,49(2)	Br–C17	1,90(1)
C7–C9	1,56(2)		
C1–C2–O	126(2) degrés	C4–C7–C8	116(1) degrés
C1–C2–C3	107(1)	C4–C7–C9	113(1)
C1–C6–C5	106(1)	C5–C4–C7	103(1)
C1–C7–C4	91(1)	C6–C1–C7	103(1)
C1–C7–C8	115(1)	C6–C1–C10	114(1)
C1–C7–C9	112(1)	C7–C1–C10	118(1)
C2–C1–C6	107(1)	C8–C7–C9	110(1)
C2–C1–C7	98(1)	C11–C12–C13	122(1)
C2–C1–C10	115(1)	C11–C12–C16	119(1)
C2–C3–C4	103(1)	C12–C13–C14	121(1)
C2–C3–C11	121(1)	C12–C16–C15	121(1)
C3–C2–O	127(2)	C13–C12–C16	120(1)
C3–C4–C5	110(1)	C13–C14–C17	116(1)
C3–C4–C7	103(1)	C14–C17–C15	122(1)
C3–C11–C12	128(1)	C14–C17–Br	118(1)
C4–C3–C11	136(1)	C15–C17–Br	121(1)
C4–C5–C6	100(1)	C16–C15–C17	121(1)

les couples de valeurs sauf deux, confirme la configuration acceptée pour le (+) parabromobenzylidènecamphre.

6. Description de la Structure

Le premier point à souligner est la configuration II adoptée pour le système arylidène-camphre.

L'introduction du substituant aromatique en α par rapport au groupe carbonyle du camphre modifie quelque peu les liaisons aboutissant aux atomes de carbone C2 et C3.

	C1–C2	C2–C3	C3–C4
(+)-3-bromocamphre	1,54(2) Å	1,54(2) Å	1,46(2) Å
(+)-3-parabromobenzylidene-camphre	1,48(2) Å	1,48(2) Å	1,46(2) Å

Toutes les autres distances calculées dans la présente étude sont très comparables à celles déterminées par Allen et Rogers dans le (+)-3-bromocamphre.

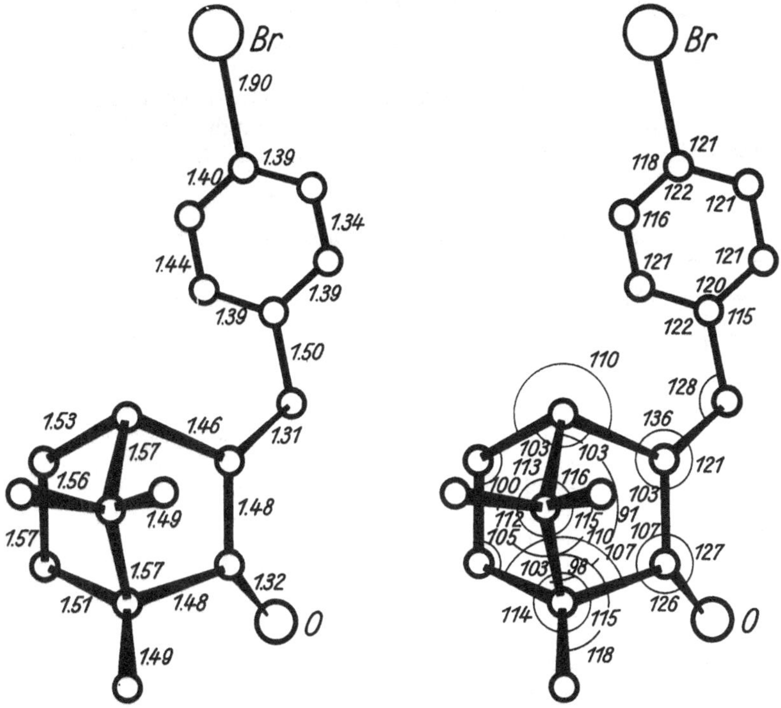

Fig. 2. Distances et angles dans le (+)-3-parabromobenzylidènecamphre

Le raccourcissement observé dans la laison C2—C3 laisse penser que la conjugaison existe. Cependant, la liaison C3—C11 mesure 1,31 Å, c'est-à-dire qu'elle accuse une valeur typique d'une véritable double liaison. Quant à la liaison C11—C12, longue de 1,50 Å, elle diffère peu de la valeur 1,54 Å. Par suite, il apparait que, si la conjugaison s'établit le long de la chaine CO—CH = CH—$-C_6H_5$—Br, elle n'est pas complète.

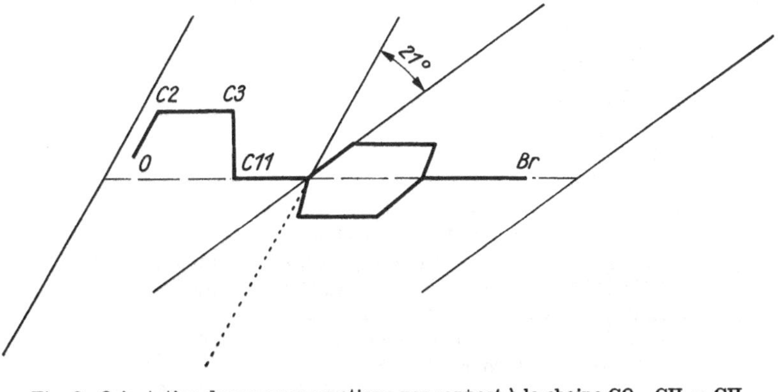

Fig. 3. Orientation du noyau aromatique par rapport à la chaine CO —CH = CH

Ceci devrait se retrouver dans le fait que rien n'interdit alors au cycle aromatique de former un angle avec la chaine CO—CH = CH, alors que ces quatre atomes O, C2, C3, C11 devraient être coplanaires.

En effet, d'après le tableau 5, il apparait que les atomes O, C1, C2, C3, C4, C11 et C12 sont pratiquement dans un même plan: l'angle entre les plans C2, C3, C11 et C3, C11, C12, est en fait nul, à l'erreur près. De la même manière, les atomes

Tableau 4
Détermination de la configuration absolue

Indices	$[F_{(hk\bar{l})} - F_{(hkl)}]$ cal.	$[F_{(hk\bar{l})} - F_{(hkl)}]$ obs.	écart standard sur les F
121	+9,7	+8,0	4,4
133	+5,1	+3,0	1,6
153	+3,5	+1,9	1,3
166	+3,2	+3,9	1,7
191	−2,9	−8,8	1,6
212	−7,2	−6,6	2,0
214	+5,0	+1,9	1,6
222	+6,1	+4,9	2,3
226	+4,0	+4,4	1,5
231	−3,7	−4,4	2,0
238	+3,4	−3,4	1,8
251	−4,1	−3,6	1,2
261	−3,3	−4,4	1,3
264	+3,4	+3,6	1,6
274	−3,5	−2,4	1,5
313	+6,6	+4,6	2,7
332	+4,9	+5,1	2,2
362	−4,6	−6,1	1,4
421	+3,9	−0,2	1,6
423	+3,6	+1,4	1,4
441	−4,9	−5,1	1,3
512	−4,2	−8,1	1,9
528	−3,4	−6,4	1,7
536	−4,4	−4,6	1,9
631	−3,6	−2,5	1,5
645	−3,4	−1,2	1,7
651	+3,5	+4,9	1,5

Tableau 5

a) Équations des plans moyens
les équations se réfèrent à un système orthogonal de coordonnées $X // a$, $Y // b$, $Z // c$. X, Y, Z sont en Å et le terme constant correspond à la distance à l'origine en Å

Plan (1) passant par les atomes: O, C1, C2, C3, C4
$- 0{,}35180\,X - 0{,}82861\,Y - 0{,}43547\,Z + 0{,}61347 = 0$

Plan (2) passant par les atomes: Br, C11, C12, C13, C14, C15, C16, C17
$- 0{,}17685\,X - 0{,}67824\,Y - 0{,}71324\,Z + 1{,}39719 = 0$

Plan (3) passant par les atomes: C3, C11, C12
$0{,}40865\,X - 0{,}81000\,Y + 0{,}42061\,Z - 0{,}86583 = 0$

Plan (4) passant par les atomes: C2, C3, C11
$- 0{,}40281\,X - 0{,}82017\,Y - 0{,}40627\,Z + 0{,}78565 = 0$

b) Distances des atomes aux plans moyens

Plan	Atomes	Distance en Å	Plan	Atomes	Distances en Å
(1)	O	+0,007	(2)	Br	+0,018
	C1	−0,031		C11	+0,019
	C2	+0,017		C12	−0,006
	C3	−0,026		C13	−0,020
	C4	+0,036		C14	+0,015
				C15	−0,014
				C16	+0,007
				C17	−0,016

c) Dièdres entre plans

Dièdre entre les plans (1) et (2) = 21 ± 1 dregés
Dièdre entre les plans (1) et (4) = 3 ± 1 degrés
Dièdre entre les plans (3) et (4) = 1 ± 1 degré

Br, C11, C12, C13, C14, C15, C16 et C17 forment un autre plan. L'angle dièdre qui existe entre ces deux plans est égal à 21° (fig. 3). Il apparait ainsi une nouvelle fois que la conjugaison le long de la chaine CO—CH = CH—C_6H_5Br est limitée.

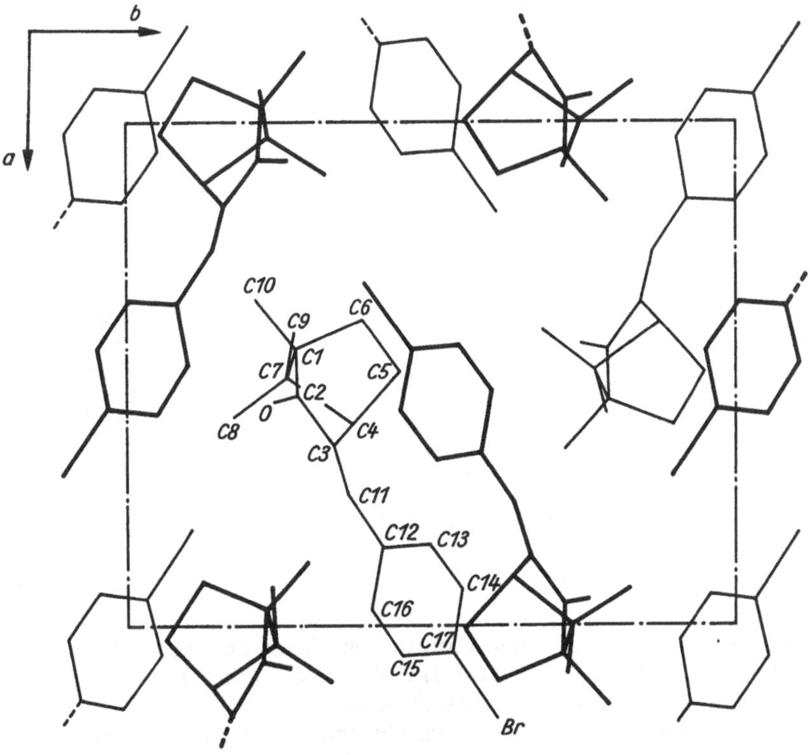

Fig. 4. Projection des positions atomiques sur le plan xy0

Tableau 6
Axes principaux des ellipsoides de vibration thermique déduits de l'affinement par moindres carrés en supposant les atomes indépendants
Les écarts standards, mentionnés entre parenthèses, affectent les derniers chiffres des valeurs indiquées

Atome	Axe principal	Amplitude en Å	Volume en $Å^3$	Atom	Axe principal	Amplitude en Å	Volume en $Å^3$
C1	1	0,18(2)	0,042	C11	1	0,27(2)	0,050
	2	0,21(2)			2	0,23(2)	
	3	0,26(2)			3	0,19(2)	
C2	1	0,30(2)	0,047	C12	1	0,17(2)	0,043
	2	0,26(2)			2	0,22(2)	
	3	0,14(3)			3	0,27(2)	
C3	1	0,26(2)	0,025	C13	1	0,16(2)	0,038
	2	0,21(2)			2	0,20(2)	
	3	0,11(3)			3	0,28(2)	
C4	1	0,15(2)	0,032	C14	1	0,18(3)	0,050
	2	0,19(2)			2	0,22(2)	
	3	0,27(2)			3	0,30(2)	
C5	1	0,18(2)	0,057	C15	1	0,19(2)	0,050
	2	0,21(3)			2	0,21(2)	
	3	0,36(2)			3	0,31(2)	
C6	1	0,30(2)	0,062	C16	1	0,18(2)	0,035
	2	0,26(2)			2	0,20(2)	
	3	0,20(2)			3	0,23(2)	
C7	1	0,20(2)	0,051	C17	1	0,15(2)	0,036
	2	0,22(2)			2	0,20(2)	
	3	0,29(2)			3	0,28(2)	
C8	1	0,19(2)	0,057	0	1	0,30(1)	0,070
	2	0,24(2)			2	0,27(1)	
	3	0,30(2)			3	0,21(2)	
C9	1	0,29(2)	0,072	Br	1	0,271(2)	0,062
	2	0,28(2)			2	0,259(2)	
	3	0,21(2)			3	0,211(2)	
C10	1	0,35(2)	0,069				
	2	0,29(2)					
	3	0,16(3)					

Si donc une certaine délocalisation électronique apparaît surtout entre les atomes O, C2, C3, C11, il est difficile de considérer, sur une base cristallographique, qu'elle s'étend complètement au cycle benzénique.

Notons enfin que, dans la maille, chacune des quatre molécules $C_{17}H_{19}OBr$ est indépendante, les distances entre atomes de deux motifs étant trop élevées pour autoriser des interactions autres que des forces de van der Waals. La figure 4 montre, grâce à une projection des positions atomiques sur le plan $xy0$, les orientations des motifs les uns par rapport aux autres.

7. Analyse des Vibrations Thermiques

L'affinement de la structure est conduit jusqu'ici en considérant que les atomes vibrent indépendamment les uns des autres. Le tableau 6 rend compte des axes principaux et des volumes des ellipsoïdes de chaque atome. Cependant, la rigidité du squelette du camphre permet d'envisager une étude de la vibration thermique du composé, en considérant toute la molécule $C_{10}H_{19}OBr$ comme une entité rigide.

Cette étude est effectuée selon la méthode de Cruiskshank (1956). Les calculs se réfèrent à un système d'axes orthogonaux qui sont les axes d'inertie de la molécule. L'affinement est réalisé sur les tenseurs de translation et de libration ainsi que sur la position du centre de gravité (Pawley). Le programme utilisé a été écrit au laboratoire. Les tenseurs de vibration de chaque atome sont calculés ($U_{ij\,\mathrm{calc.}}$) à partir de ce schéma; afin de tester la validité du mode rigide de vibration, ils sont comparés aux facteurs de température anisotropes déduits de l'affinement de la structure ($U_{ij\,\mathrm{obs.}}$) (tableau 7). La somme des différences entre les U est comparée à l'erreur moyenne sur les U, déduite de l'affinement par

Tableau 7
Valeurs des U_{ij} ($\times\ 10^{-4}$ Å^2)
observé: déduit de l'affinement par moindres carrés
calculé: déduit du modèle rigide

Atome	U_{11}		U_{22}		U_{33}		U_{12}		U_{13}		U_{23}	
	obs.	calc.	obs.	calc.	obs.	calc.	obs.	calc.	obs.	calc.	obs.	calc.
Br	495	538	670	658	685	777	21	−33	−4	89	−31	26
C1	457	538	451	580	542	612	−19	−8	69	6	32	−5
C2	864	548	297	507	642	630	−59	−43	−77	−45	78	−19
C3	285	539	440	439	521	494	−41	−19	8	−55	−152	3
C4	339	546	380	446	607	527	16	9	−40	−18	−174	20
C5	696	571	624	618	733	592	14	32	165	87	297	7
C6	665	569	761	722	479	595	−81	19	91	40	92	34
C7	545	554	601	521	525	583	29	38	126	−22	112	42
C8	734	580	650	673	466	556	36	65	73	−30	129	77
C9	757	613	543	576	772	808	43	106	136	−34	5	57
C10	494	536	795	705	1015	775	−49	−24	−17	63	−166	−9
C11	656	552	428	414	547	517	29	−19	−56	−85	56	2
C12	605	544	438	412	464	461	−60	−5	−119	−69	62	19
C13	365	543	545	454	524	491	132	−8	−85	−8	−118	29
C14	527	546	522	497	664	605	26	−23	130	42	58	35
C15	472	548	620	470	622	539	69	20	−170	−31	−71	31
C16	432	557	382	415	433	541	35	10	−61	−58	−33	23
C17	490	537	418	512	506	561	−53	−8	−24	6	173	32
O	674	589	578	527	799	888	−63	−86	−68	−71	−63	−57

Ecart standard moyen sur les U_{ij} obs.: 0,0104 Å^2
Différence moyenne $|U_{ij}$ obs. $-$ U calc.$|$: 0,0105 Å^2

moindres carrés. La bonne concordance valide l'hypothèse que la molécule $C_{17}H_{19}OBr$ vibre comme un tout.

Les tenseurs de translation T et de libration ω du motif rigide sont mentionnés dans le tableau 8 ainsi que les coordonnées du centre de gravité, et les cosinus directeurs des axes d'inertie.

Tableau 8
Étude du motif rigide

a) Angles entre les axes de la maille et les axes d'inertie (degrés)

	a	*b*	*c*
X	28,3	118,1	86,5
Y	105,1	111,7	26,9
Z	66,6	36,8	63,4

b) Coordonnées du centre de gravité et du centre de libration

Centre de gravité	Centre de libration
$X = 2{,}171$ Å	$X = 2{,}144$ Å
$Y = -1{,}068$ Å	$Y = 1{,}068$ Å
$Z = 1{,}878$ Å	$Z = 1{,}827$ Å

c) Tenseurs de translation et de libration

$$T_{ij} = \begin{bmatrix} 534 & -13 & 18 \\ & 388 & -57 \\ & & 447 \end{bmatrix} \text{Å}^2 \times 10^{-4}$$

Vecteurs propres:

0,23 0,22 0,19 Å

$$\omega_{ij} = \begin{bmatrix} 1635 & -262 & 76 \\ & 328 & -143 \\ & & 321 \end{bmatrix} \text{deg}^2 \times 10^{-2}$$

Vecteurs propres

4,1 2,1 1,3 degrés

Comme le noyau benzénique présente lui aussi une grande cohésion, et que ce dernier n'est pas totalement coplanaire avec la chaîne CO—CH = CH, un nouveau schéma est étudié en considérant la molécule comme deux blocs rigides juxtaposés, l'un correspondant au noyau camphre, l'autre au noyau aromatique. Les résultats sont ici moins significatifs que dans le cas où le modèle est envisagé en un seul bloc.

Le (+)-3-parabromobenzylidènecamphre peut donc être assimilé à un motif rigide.

8. Conclusion

L'étude structurale de (+)-3-parabromobenzylidène camphre montre que le composé possède la configuration II. Une délocalisation électronique le long de CO—CH = CH apparaît, mais elle ne s'étend complètement pas à toute la chaine CO—CH = C_6H_5—Br, compte tenu des distances atomiques rencontrées et del'existence de l'angle entre le plan benzénique et la chaîne CO—CH = CH.

Noùs remercions le Centre de Calcul Numérique de l'Université Paul Sabatier de Toulouse qui nous a permis d'utiliser les ordinateurs IBM 7044 et CII 10070 dans les meilleures conditions. Nous remercions aussi vivement Monsieur

J. Sotiropoulos qui a suggéré cette étude et fourni les cristaux nécessaires; les discussions fructueuses que nous avons eues avec lui nous ont permis de développer au mieux les conclusions de ce travail. Nous remercions également Madame R. Enjalbert pour l'aide technique efficace qu'elle nous a apportée.

Références bibliographiques

ALLEN, F. H., O. ROGERS: J. Chem. Soc. B. 632–636 (1971)
BIJVOET, J. M.: Proc. k. ned. Acad. Wetenschap **52**, 313 (1949)
BONNET, J. J., JEANNIN, Y.: Acta Cryst. B **26**, 318 (1970)
BUSING, W. R., LEVY, H. A.: A Fortran cristallographic least-squares program (1962). ORNL-RM-305, Oak Ridge National Laboratory, Tennessee
CROMER, D. T., WABER, J. T.: Acta. Dryst. **18**, 104 (1964)
CRUICKSHANK, D. W. J.: Acta. Cryst. **9**, 754 (1956)
CRUICKSHANK, D. W. J.: Computing methods in crystallography Oxford, 1965, lst ed, p. 107
CRUICKSHANK, D. W. J., MCDONALD, W. S.: Acta. Cryst. **23**, 9 (1967)
HALLER, A., MINGUIN, J.: C. R. Acad. Sci. **136**, 69 (1903)
HAMILTON, W. C.: Acta. Cryst. **18**, 502 (1965)
PAWLEY, G. S.: Acta. Cryst. **16**, 1204 (1963)
SOTIROPOULOS, J., BEDOS, P.: C. R. Acad. Sci. **263**, C. 1392 (1966)
WEHE, D. J., BUSING, W. R., LEVY, H. A.: A Fortran program for calculating single crystal absorption corrections (1962) ORNL-TM-229 Oak Ridge National Laboratory, Tennessee
WILSON, A. J. C.: Nature **150**, 152 (1942)

(Arrivé le 28 août 1972)

Adresse des auteurs:
Prof. Dr. Y. JEANNIN
J. J. BONNET
U.E.R. de Chimie Inorganique et Laboratoire Associé au C.N.R.S. n° 160,
38 rue des 36 Ponts, 31400 Toulouse, France

Kristall und Technik	8	1–3	1973	149–166

N. N. SCHEFTAL

Institut für Kristallographie
der Akademie der Wissenschaften der UdSSR, Moskau

Gleichgewichtsform und Form des idealen Einkristalls

Es wird der Zusammenhang zwischen der Gleichgewichtsform und der Form des frei wachsenden idealen Einkristalls untersucht und gezeigt, daß bei Gewährleistung einer hoher Homogenität beide Formen makroskopisch identisch sind.

Рассмотрена связь между равновесной формой и формой свободно растущего совершенного монокристалла. Показано, что выполнение условия высокой однородности делает обе формы макроскопически мождественными.

1. Die Gleichgewichtsform der Kristalle und ihr Zusammenhang mit dem Gleichgewicht und Wachstum

Gibbs, der Begründer des Begriffes der Gleichgewichtsform von Kristallen, definierte diese als die Form, die bei konstanten Volumen über eine minimale freie Energie verfügt. Da bei dem Minimum der spezifischen freien Volumenenergie ihre Größe für Kristalle gleichen Volumens gleich ist, schlug Gibbs die bekannte Gleichung vor, die die Gleichgewichtsform der Kristalle unter diesen Bedingungen nur durch das Minimum der freien Oberflächenenergie charakterisiert:

$$\sum F_i \sigma_i = \min , \quad \text{bei} \quad V = \text{const}, \tag{1}$$

wobei Fi — Fläche der i-ten Kristallfläche
σ_i — spezifische Oberflächenenergie der i-ten Kristallfläche
V_i — Kristallvolumen
bedeuten.

Die Entwicklung der Arbeiten zur Gleichgewichtsform der Kristalle, die einen der wichtigsten Abschnitte der Wachstumstheorie der Kristalle darstellt, verlief in den nachfolgenden fast 100 Jahren auf der Grundlage der Gibbs'schen Gleichung. Sie erhöhte entscheidend das Verständnis für die Wachstumsprozesse und besonders die Entstehung der Kristalle und ergab eine Vielzahl von Beispielen bemerkenswerter Übereinstimmung der theoretischen Analyse mit dem Experiment.

Diese Arbeiten zeigten selbst von Anfang an das Bestreben, die Vorstellung von der Gleichgewichtsform zur Erklärung der Wachstumsformen der Kristalle heranzuziehen. Solche Versuche unternahmen bereits CURIE (1885) und besonders WULFF (1895), die jedoch nicht von Erfolg gekrönt waren. Die Gleichgewichtsform, die durch ein Minimum der Oberflächenenergie bestimmt ist, kann nur im Gleichgewicht wachsen und ihre Entstehungsbedingungen können nicht die Wachstumsformen bestimmen (HONIGMANN).

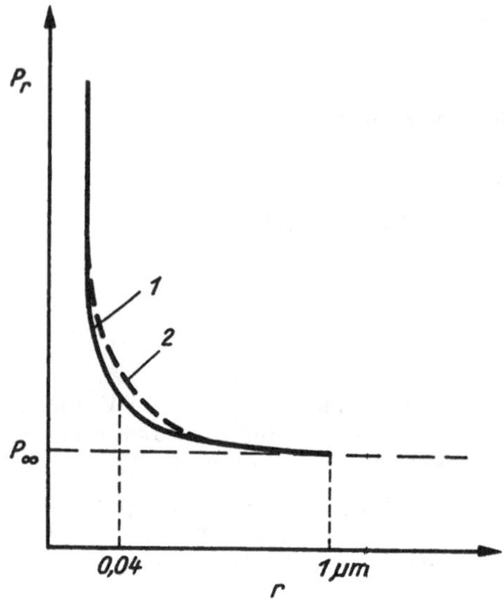

Fig. 1. Abhängigkeit des Dampdrucks von der Kristallitgröße für einen Kristallit der Gleichgewichts-(Kurve 1) und der Nichtgleichgewichtsform (Kurve 2)

Diese Vorstellung wird anschaulich durch folgendes Diagramm (Fig. 1) charakterisiert. Die Kurven 1 und 2 zeigen die Abhängigkeit des Dampfdruckes von Kristalliten mit verschiedenen Begrenzungsflächen von ihrer Größe. Kurve 1 gehört zum Kristallit A, der eine Gleichgewichtsform besitzt, die von den Flächen p mit der freien spezifischen Oberflächenenergie σ_1 gebildet wird. Kurve 2 gehört zum Kristallit B mit den Flächen q mit σ_2 wobei $\sigma_1 < \sigma_2$ ist. Jeder Kristallit hat eine einfache geschlossene kristallographische Form.

Der Verlauf der Kurven zeigt, daß sich nur bei Kristalliten kleiner etwa 0,001 mm Unterschiede der σ-Werte auf ihren Dampfdruck auswirken. In diesen Grenzen ist unter thermostatierten Bedingungen eine selbständige Umwandlung der Nichtgleichgewichtsform des einzelnen Kristallits B, der sich in einer mit ihm vergleichbaren Gleichgewichtsmenge Dampf befindet, in die Gleichgewichtsform des Kristallites A möglich. Das Zusammenlaufen beider Kurven bei größeren Kristallitabmessungen zeigt, daß die Unterschiede der Oberflächenenergie für Makrokristallite ihre Bedeutung verlieren. Ihre Beständigkeit ist indifferent gegenüber der Oberflächenenergie und der Dampfdruck hängt nicht von der Kristallitgröße ab.[1])

Die Vorstellung vom Zusammenhang zwischen der Gleichgewichtsform und der Wachstumsform der Kristalle unter diesen begrenzten Bedingungen wurde hauptsächlich von STRANSKI und KAISCHEV entwickelt. Die stützte sich darauf, daß die Bildung von Gleichgewichtskeimen die Grundlage des Mechanismus und der Wachstumsgeschwindigkeit der Flächen bilden, die die Wachstumsform der Kristalle bestimmen. Von allen Formen wurde von ihnen eine stationäre Endform herausgestellt, die sich beim weiteren Wachsen nicht ändert. Sie besteht aus wiederholt orientiert wachsenden glatten (G) und rauhen (W) Flächen, die man, wenn auch nicht immer zuverlässig, voneinander unterscheiden kann.

[1]) Sie hängt von ihrem Vollkommenheitsgrad, der durch die Unterschiede in der Wachstums- und Lösungsgeschwindigkeit der Makrokristalle bestimmt ist, ab. Quantitativ ist diese Abhängigkeit noch nicht erforscht.

Die glatten Flächen wachsen nach einem Schichtmechanismus unter Bildung zweidimensionaler Keime.[1]) Sie sind an der Bildung der Gleichgewichtsform beteiligt. Die glatten Flächen der Wachstumsformen bestimmen die Gesamtheit der Flächen, nicht aber den Habitus der Gleichgewichtsform. Die Bestimmung der Flächen auf diese Weise ist nicht ganz eindeutig. Einige *G*-Flächen können sich in der Wachstumsform wegen erhöhter Wachstumsgeschwindigkeit in mikroskopische und sogar submikroskopische Flächen verwandeln, d. h. unsichtbar werden und nicht in die Gleichgewichtsform eingehen.

Für nichtpolare Kristalle ist auch das theoretische Kriterium zur Auffindung von Gleichgewichtsflächen, nämlich der Wirkungsradius der Bindungskräfte der Teilchen, von dem die Zahl der einfachen Formen abhängt, die eine berechnete Gleichgewichtsform bilden, nicht eindeutig. Die Zulässigkeit seiner willkürlichen Wahl prüft man an der Übereinstimmung mit experimentellen Werten.

Somit werden die Flächen der Gleichgewichtsform nichtpolarer Kristalle durch die Wachstumsformen theoretisch und experimentell nicht eindeutig bestimmt.

Die unmittelbare experimentelle Bestimmung der Gleichgewichtsformen selbst ist kompliziert. Dafür ist wesentlich, daß nicht nur der Kristall selbst, sondern auch das Volumen der mit ihm in Gleichgewicht stehenden Mutterphase klein ist. In diesem Fall genügen schon unbedeutende Temperaturschwankungen, die zur Auflösung oder zur Aufwachsung eines Teils einer Monoschicht führen, um den Kristallit für begrenzte Zeit zu einer Gleichgewichtsform zu führen. Dieser Art waren die Versuche Klijas mit NH_4Cl-Kristallen, wenn auch die Anzahl der festgestellten kristallographischen Formen keine Gewähr dafür gibt, daß die endgültige Gleichgewichtsform gefunden wurde. Bliznakov nimmt an, daß man die Gleichgewichtsform beim Wachsen einer einkristallinen Kugel bei sehr geringen Übersättigungen erhalten kann, nach Schubnikov kann man sie durch periodisch wechselndes Wachsen und Lösen einer größeren Kugel erhalten. Bliznakov ist der Meinung, daß der letztere Weg zu einer Wachstumsform mit Flächen führt, die am langsamsten wachsen und sich am schnellsten lösen, und daß die Gleichgewichtsform auf diesem Wege nur dann erhalten werden kann, wenn das Verhältnis zwischen Wachstums- und Lösungsgeschwindigkeit, das bisher nicht untersucht ist, für alle Flächen gleich ist. Bei heteropolaren Kristallen ist die Wachstumsform mit der Gleichgewichtsform identisch. In ihr treten aber infolge der entgegengesetzten Ladungen unter dem Einfluß der Übersättigung und chemischer Prozesse leichter als in nichtpolaren Kristallen *W*- und *V*-Flächen auf.

Nach Meinung Honigmanns ist es nicht möglich zu garantieren, daß irgend ein Versuch zuverlässig die Gleichgewichtsform herzustellten gestattet.

Ungeachtet dieser Schwierigkeiten dient die Gleichgewichtsform als Grundlage für das gutgebaute System der Vorstellungen und Berechnungen, die sowohl mit experimentellen Werten über die äußere Form der Kristalle als auch mit dem Mechanismus und der Kinetik ihrer Entstehung und ihres Wachstums gut übereinstimmen.

Trotz dieses Zusammenhangs schreibt Kern in einem Abschnitt, der der Gleichgewichtsform gewidmet ist, daß bezüglich der Grundgleichungen (Gibbs-Wulff) periodisch Zweifel auftreten. Sie entstehen auch in Zusammenhang mit der Behauptung, daß diese Gleichungen nur auf außerordentlich kleine Kristalle

---

[1]) Oder nach einem Spiralmechanismus bei Anwesenheit einer Versetzung.

anwendbar sind und auch dadurch, daß sie zu einem Gleichgewicht gehören und gleichzeitig mit der Übersättigung zusammenhängen.

Wir nehmen an, daß der Hauptgrund für die Zweifel in dem ungenügend geklärten Zusammenhang zwischen der Gleichgewichtsform und den Wachstumsformen der Kristalle besteht.

Die Aufgabe der vorliegenden Arbeit besteht darin zu zeigen, daß der engste Zusammenhang der Gleichgewichtsform nur mit einer der Wachstumsformen, und zwar der Wachstumsformen der fast idealen Kristalle, besteht. Dieser Zusammenhang tritt in der deutlichsten Form bei großen Einkristallen auf, bei denen man bemerkt, daß praktisch beide Formen identisch sein sollen.

2. Die Wachstumsform idealer Kristalle

Eine minimale Anzahl von Nichtgleichgewichts-Defekten ist das Hauptkennzeichen hochgradig homogener Kristalle, die üblicherweise als fast ideal bezeichnet werden. Der Kürze wegen werden wir sie einfach ideal nennen.

Folglich gilt für einen solchen Kristall der Ausdruck

$$\frac{\varrho}{M} \sum v_i \mu_i = \min , \quad \text{bei} \quad V = \text{const}, \tag{2}$$

wobei v_i — Volumen der i-ten Wachstumspyramide
μ_i — chemisches Potential der i-ten Wachstumspyramide
ϱ — spezifisches Gewicht
M — Molekulargewicht
$V = v_1 + v_2 + v_3 + \cdots v_i$

bedeuten.

Um eine mögliche Wachstumsform eines solchen Kristalls zu betrachten, muß vorher geklärt werden, ob überhaupt ein Zusammenhang zwischen der Vollkommenheit der Kristalle und ihrer Form besteht. Erstmalig wurde dieser Zusammenhang bereits 1893 entdeckt, als Wulff seine Aufmerksamkeit auf das schnellere Wachstum inhomogener Kristalle lenkte.

In Arbeiten über die Saccharose (Scheftal 1941, 1957) ist im Detail der Zusammenhang zwischen der Homogenität und der äußeren Form der Kristalle dargelegt. Flächen, in deren Aufwachspyramiden Defekte entstehen, vergrößern ihre Wachstumsgeschwindigkeit. Das führt zu einer Änderung des Habitus. Er gestaltet sich auf Grund der Beschleunigung der Wachstumsgeschwindigkeit isometrischer. Als Folge ändert sich die Begrenzung des Kristalls, und es treten zweitrangige Flächen auf, die sonst bei langsamem Wachstum der Hauptflächen außerhalb seiner Begrenzung liegen, d. h. verschwinden.

Diese Änderungen geschehen unter dem Einfluß der Vergrößerung des anfänglichen Übersättigungskoeffizienten um nur einige tausendstel Einheiten und treten nur bei großen Einkristallen gut erkennbar auf, bei denen die Vollkommenheit und die damit zusammenhängende Form außerordentlich empfindlich gegenüber dieser Vergrößerung der Übersättigung ist, welche durch das Eintreten von Fremdstoffen in die Ausgangszusammensetzung, wie gezeigt wurde, bestimmt wird (Scheftal 1957). Das Wesen der Wachstumsprozesse, die so bei Einkristallen mit einer Verringerung der Perfektion verlaufen, zeigt sich mit großer Anschaulichkeit bei der Entwicklung der Flächenstrukturierung, der Bildung von Einschlüssen und dem Selbstdekrepitieren von Kristallen, die unter streng thermostatierten Bedingungen Wachstumsspannungen bis zu kritischen Größen entwickeln (SCHEFTAL 1957).

Der Einfluß der Volumendefekte auf die Wachstumsprozesse wird anschaulich durch die Untersuchung der Dekoration von Kristalloberflächen und -Schnitten unter dem Elektronenmikroskop demonstriert. Die Dekoration zeigt die Lage der oberflächennahen Volumendefekte und ihren Zusammenhang mit den während des Wachsens eingeführten Verunreinigungen und den resultierenden Gitterstörungen.

Der Wirkungsmechanismus der Defekte (elektrische oder durch lokale Spannungen), die eine Dekoration hervorrufen, ist noch nicht endgültig geklärt. Der Einfluß der Volumendefekte selbst jedoch auf das Wachstum steht außer Zweifel (DISTLER).

Somit kann man als feststehend voraussetzen, daß die Defekte einen großen Einfluß auf die Wachstumsgeschwindigkeit der Flächen und auf die Form der Kristalle haben. Damit können wir uns nun der Frage zuwenden: Hängt die Vollkommenheit der Kristalle mit einer bestimmten Wachstumsform zusammen?

Die Arbeiten von CHAIMOV-MALKOV klärten die Streitfragen über Natur und Größe des sogenannten Kristallisationsdruckes, den der wachsende Kristall auf ein Hindernis ausübt. Er definiert auch die Prozesse der Selbstreinigung, des Abstoßens artfremder Teilchen durch den Kristall, die bei ihrem Einbau in ihm Defekte hervorrufen.

Der Kristallisationsdruck (π) hängt mit der Energie des Phasenüberganges, nicht aber mit der Oberflächenenergie zusammen und wird für die Kristallisation aus Lösungen und aus der Gasphase durch die Gleichung

$$\pi = \frac{k\,T_1 \ln S}{V_0}, \tag{3}$$

für die Kristallisation aus Schmelzen durch die Gleichung

$$\pi = \frac{\Delta T\,Q}{T_2\,V_0} \tag{4}$$

bestimmt. Dabei bedeuten

k — Boltzmann-Konstante
T_1 und T_2 — absolute Schmelz- und Kristallisationstemperatur
ΔT — Unterkühlung
S — Übersättigungskoeffizient $\left(\frac{C_r}{C_\infty} \text{ oder } \frac{P_r}{P_\infty}\right)$
Q — latente Schmelzwärme. V_0 — Volumen der Moleküle im Gitter.

Bei $S \approx 1,2$ beträgt der einseitige Druck eines Hindernisses auf eine Fläche, der fähig ist, ihr Wachstum aufzuhalten, ungefähr 20 kg cm^{-2} (CHAIMOV-MALKOV). Dieser Grenzwert darf natürlich nicht vom Flächensymbol abhängen, da alle Flächen in wiederholbaren Schritten wachsen und die Energie des Phasenübergangs für ein Teilchen letzten Endes auch die Abstoßungskraft bestimmt.

Der Mechanismus der Abstoßung kleiner artfremder Teilchen durch die Fläche ist etwas anders. Nach CHAIMOV-MALKOV wird die Frage der Abstoßung oder des Einbaus bei Anwesenheit einer dünnen Schicht des Mediums unterhalb des artfremden Teilchens durch das Verhältnis der Wachstumsgeschwindigkeiten $\frac{v_1}{v_2}$ des eingeschlossenen Teilchens und der unbedeckten Flächenteile bestimmt. Je geringer die Abbaugeschwindigkeit der Schicht unterhalb des Teilchens im Verhältnis zum Wachsen der bedeckten Teile ist, um so leichter erfolgt sein Einbau in den Kristall.

Es wurde bereits darauf hingewiesen (SCHEFTAL, 1961), daß die Abstoßung eintritt infolge der dem Wachstumsmechanismus immanenten Bevorzugung (Kosselsches Prinzip des Energievorteils) eines fortlaufend geordneten Wachsens vor dem ungeordneten beim Aufbau einer Oberflächenschicht. Von diesem Standpunkt aus wird die Abstoßung durch die Fähigkeit einer Fläche zum Schichtwachstum bestimmt und ihr Bestreben, die dünne Schicht der Mutterphase unterhalb des Teilchens zu durchwachsen. In erster Näherung kann sie über die Energiedifferenz zwischen der Ablösungsenergie eines Teilchens aus der Lage eines wiederholbaren Schrittes (Halbkristallage), durch den das Tangentialwachstum auf der Fläche verwirklicht wird, und der ersten Anlagerung auf der Fläche, die das Normalwachstum bestimmt, gemessen werden. So beträgt diese auf (100)-Flächen eines Kossel-Kristalls 2 φ_1 (φ_1 die Arbeit, die zum Abtrennen einer Bindung mit dem nächsten Nachbarn benötigt wird), auf (110)-Flächen 1 φ_1 und auf (111)-Flächen Null.

Somit wird die wichtigste Gleichgewichtsfläche (100) die stärkste Abstoßung artfremder Teilchen zeigen.

Zur gleichen Schlußfolgerung gelangen wir, wenn wir die Größe der minimalen Unterkühlung (Übersättigung) beachten, die für den Wachstumsprozeß von Flächen notwendig ist. Die größte Energieschwelle muß bei Gleichgewichtsflächen überwunden werden, da sie die Bildung zweidimensionaler Keime erfordern.

Entsprechend der oben angeführten Formeln wird folglich die Größe π und entsprechend die Abstoßung artfremder Teilchen beim Wachsen von Gleichgewichtsflächen am größten sein.

Das bedeutet aber, daß der Kristall zur Verwirklichung des idealsten Baues von den wichtigsten Gleichgewichtsflächen begrenzt sein muß. Folglich werden sowohl Homogenität als auch Wachstumsform des idealen Kristalls durch zwei miteinander zusammenhängende Bedingungen bestimmt:

$$\frac{\varrho}{M} \sum v_i \mu_i + \sum F_i \sigma_i = \min \,, \tag{5}$$

$$\text{bei } V = v_1 + v_2 + \cdots + vi = \text{const} \,.$$

Die Forderung nach großer Vollkommenheit des polyedrischen Kristalls gestattet, noch eine zusätzliche Bedingung bezüglich seiner Form aufzustellen. Die Grenzen der Wachstumspyramiden sind Bereiche nichtkohärenter Vereinigung zweier Schichten, die sich nach unabhängigem Wachstum und wenig unterschiedlicher Vorgeschichte treffen. Deshalb sind hier unbedeutende Abweichungen der Parameter und Defekte, hervorgerufen durch die Nichtkohärenz, unvermeidlich.

Das wird durch Beobachtungen von TREJVUS, PETROV und KAMENZEV bestätigt, die das Auftreten von Versetzungen an den Grenzen der Wachstumspyramiden von $NaBrO_3$-Kristallen feststellten (Fig. 2). Sie zeigten, daß gewöhnlich auch bei anderen Kristallen Versetzungen so gelagert sind und besonders oft in Kanten auftreten, in denen sich Flächen verschiedener einfacher Formen schneiden.

Ausgehend von diesen und den oben angeführten Betrachtungen hängt das Minimum der freien Oberflächenenergie bzw. die Homogenität der polyedrischen

Kristalle mit den einfachsten Formen zusammen. Sie werden je nach der Kristallstruktur nicht selten von den wichtigsten Gleichgewichtsflächen gebildet, die notwendig und ausreichend für die Bildung eines geschlossenen Polyeders sind.

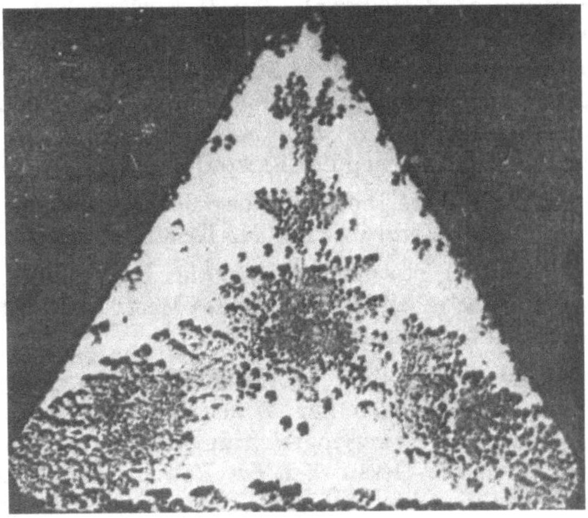

Fig. 2. Versetzungen an den Grenzen der Wachstumspyramiden von $NaBrO_3$-Kristallen (nach TREJVUS, PETROV, KAMENZEV)

Für die Kristalle der mittleren und niederen Kristallsysteme geht in die Charakteristik des idealen Kristalls auch der Habitus ein. In der Regel ist bei der Form des idealen Kristalls die Anisotropie ausgeprägter als bei Formen nichthomogener Kristalle (SCHEFTAL 1972). In der Gesamtheit der Flächen muß die Form des idealen Kristalls mit der Gleichgewichtsform — ohne zweitrangige Flächen — übereinstimmen.

3. Die Herstellungsbedingungen idealer Kristalle in der einfachsten Wachstumsform

Ideale Kristalle mit der ihnen eigenen Form werden in der Praxis bei geringen, aber nicht unbedingt niedrigsten Übersättigungen gezüchtet. Die Kompliziertheit der Einhaltung der Homogenität beim Wachsen wächst jedoch schnell mit der Kristallgröße. Eine unwesentlich erhöhte Übersättigung, die sich bei kleinen Kristallen äußerlich nicht auswirkte, führt bei größeren Kristallen zur Entwicklung sichtbarer Anzeichen der Inhomogenität und zum Auftreten zweitrangiger Flächen. Hierin besteht auch die große Kompliziertheit der Herstellung großer homogener Kristalle der einfachsten Form, als der Begleiterin hoher Vollkommenheit.

So wachsen kleine Kristallite der meisten Stoffe von der Größenordnung 0,5 mm visuell ideal aus einfachen hydrothermalen Lösungen fast spontan. Die reproduzierbare Herstellung homogener Kristalle von 1,5—2 mm, 5—7 mm bzw. größer 10 mm stellen jedoch nach verbreiteter, allerdings subjektiver, aber charakteristischer Meinung von Züchtungsspezialisten drei Stufen der Kompliziertheit dar, von denen jede nachfolgende 100-fach schwieriger als die vorhergehende ist.

Dieser Zustand findet insbesondere eine Erklärung darin, daß das Auftreten von Inhomogenitäten nicht durch die Übersättigung selbst hervorgerufen wird, sondern durch die kritische Differenz der Übersättigung, die um so eher auf der wachsenden Kristalloberfläche auftritt, je größer der Kristall und die Übersättigung sind (VADILO). Damit wird auch der Vorteil der dynamischen Methoden der Kristallzüchtung erklärt. Die erzwungene Bewegung beseitigt ständig die entstehende Übersättigungsdifferenz auf der Kristalloberfläche und gestattet außerdem, eine etwas höhere Übersättigung anzuwenden. Deshalb führt ein Anhalten der Bewegung bei der Züchtung mit dynamischen Methoden immer zur Verschlechterung der Kristalle.

Die Kompliziertheit des Ausgleichens der Übersättigung wächst jedoch ebenfalls mit der Vergrößerung der Kristallabmessungen.

Wesentlich ist auch die Form der Bewegung. Am optimalsten ist offensichtlich eine chaotische Bewegung des Mediums (SCHEFTAL 1957), was auch aus dem Curie-Prinzip (CURIE 1894) folgt.

Bei einer schnellen chaotischen Bewegung wiederholen sich beispielsweise in einem im Vergleich zur Wachstumsgeschwindigkeit genügend kurzen Zeitintervall alle Bewegungsrichtungen, da sie gleich wahrscheinlich sind. Die Symmetrie der Gesamtheit der Bewegungsrichtungen des Mediums in dem angeführten Zeitintervall kann, wenn auch sehr annähernd, mit der Symmetrie einer Kugel verglichen werden. Eine solche Bewegung garantiert statistisch eine gleichmäßige Versorgung der komplizierten Kristalloberfläche.

In diesem Fall sind die Symmetrieelemente des Kristalls gemeinsam für Medium und Kristall. Der Kristall, der bei solchen Versorgungsbedingungen wächst, müßte am symmetrischsten, gleichmäßigsten entwickelt und folglich am homogensten sein. Die Verbreitung der Umkehr-Durchmischung, die die der chaotischen ähnlichste Bewegung des Mediums hervorruft, und die auf Grund dieser Betrachtungen vorgeschlagen wurde (SCHEFTAL 1950), bestätigt das gesagte.

Die Beseitigung der Übersättigungsdifferenz auf der Kristalloberfläche wird erleichtert, wenn sich diese Oberfläche selbst vereinfacht, indem sie z.B. zu nur einer wachsenden Fläche wird. Dann wachsen die Kristalle auch bei höheren Übersättigungen homogen, wie z.B. bei der Züchtung in Form von Blöcken.

Außerdem folgt aus der Formel zur Bestimmung des Kristallisationsdruckes, daß dieser mit der Vergrößerung der Übersättigung (Unterkühlung) wächst. Folglich kann man die Intensität der Selbstreinigung und somit die Vollkommenheit der Kristalle erhöhen, indem man große Übersättigungen anwendet. Diese Möglichkeit wurde bei der Züchtung von LiF-Kristallen aus der Schmelze nach der Stockbarger-Methode bei einem starken Temperaturgradienten (SCHEFTAL 1961; STEPANOW) bestätigt.

Die Schmelze wurde stark überhitzt, und der Kristall erzwungen gekühlt. Beim Absenken des Tiegels entstand in der Nähe des Kristalls ständig eine dünne Schicht der stark unterkühlten Schmelze, die schnell von dem wachsenden Kristall verbraucht wurde. Die gesamte Schmelze jedoch war mehr als gewöhnlich überhitzt, und es konnten keine Mikrokristalle entstehen bzw. Aggregation der Teilchen stattfinden. Die Vollkommenheit der Kristalle erhöhte sich stark bei gleichzeitiger starker Vergrößerung der homogenen Wachstumsgeschwindigkeit (SCHEFTAL et al. 1959a, b).

4. Die Empfindlichkeit der Wachstumsform idealer Kristalle gegenüber der Störung der Homogenität

Die Grenzform großer homogener Kristalle zeichnet sich durch eine ungewöhnliche Empfindlichkeit gegen Störungen des Grades der Vollkommenheit aus. Bei Saccharose-Kristallen ändert sich zuerst der Habitus, dann tritt, als unbestrittenes Signal des bevorstehenden Selbstdekrepitierens durch die sich häufenden Wachstumsspannungen eine kleine (0$\bar{1}$0)-Fläche auf, die eine der Ecken abstumpft (Scheftal 1957). (Später erscheinen noch andere Flächen.)

Diese Erscheinungen können jedoch nur bei großen Einkristallen beobachtet werden. Außerdem hängt die visuelle Vollkommenheit nicht immer mit der Einfachheit der Form zusammen. So werden die visuell homogenen Einkristalle des Seignette-Salzes, die aus wäßrigen Lösungen gezüchtet wurden, aus den Flächen zweier rhombischer Prismen, dem Basispinakoid und den schwach entwickelten Flächen des ersten und zweiten Pinakoids gebildet, obwohl für die einfachste Form ein Prisma und ein Pinakoid ausreichen würde. Mit Erhöhung der anfänglichen Züchtungstemperatur und folglich mit Verringerung der Konzentration des Lösungsmittels vereinfacht sich die Form der Einkristalle. Bei ihrer Züchtung aus einer Lösung, die insgesamt etwa 10% Wasser enthält (anfängliche Züchtungstemperatur etwa 52,5 °C), erlangen die Kristalle neben der Beseitigung eines bestimmten Strukturdefekttyps — es handelt sich um dünnste, mit Mutterlösung angefüllte Kanäle — die denkbar einfachste Form eben eines rhombischen Prismas {110} und eines Pinakoids und erstrecken sich stark in Richtung der *c*-Achse (Scheftal 1972). Bei Überschreitung einer bestimmten kritischen Größe oder möglicherweise auch bei einer zusätzlichen Übersättigung, können auf den Kristallen als Beweis die für Verringerung der Vollkommenheit erneut Flächen des zweiten Prismas auftreten. Die Kristalle werden bei einseitiger Drehung gezüchtet. Möglicherweise hätte die Einführung einer Umkehr-Drehbewegung den Prozeß der Verringerung der Vollkommenheit und der Verkomplizierung der Form etwas hinausgeschoben (Scheftal 1950).

Analoge Erscheinungen beobachtet man im Anfangsstadium auch bei Aluminium–Kalium–Alaun-Kristallen. Bei ihnen erkennt man die Tendenz zur Formvereinfachung mit der Erhöhung der Züchtungstemperatur (Scheftal 1972).

Somit hat man Grund anzunehmen, daß eine hohe Einfachheit der Form, die einer visuellen Vollkommenheit entspricht, einen hohen Grad der Strukturvollkommenheit bestätigt und daß visuelle Vollkommenheit zusammen mit einer komplizierten Form gestattet, einen niedrigen Vollkommenheitsgrad zu vermuten.

Man kann außerdem schließen, daß ideale Kristalle nicht in unmittelbarer Nähe des Gleichgewichtes entstehen und daß eine Erhöhung der Übersättigung unter bestimmten Bedingungen die Herstellung idealer Kristalle mit der ihnen eigenen einfachen Form ermöglicht.

5. Der Zusammenhang zwischen Gleichgewichtsform und Wachstumsform des idealen Kristalls

Wachstumsform des idealen Kristalls und Gleichgewichtsform werden also nur durch Gleichgewichtsflächen gebildet, die nach einem Schicht- (und Spiral-)

Mechanismus wachsen, mit dem Unterschied, daß die erstere nur durch die Flächen begrenzt ist, die die größte Fähigkeit zur Abstoßung artfremder Teilchen, die die Perfektion des Kristalls beseitigen würden, besitzen, während entsprechend den bestehenden Vorstellungen in die zweite (bei nichtpolaren Kristallen) auch zweitrangige Flächen der Gleichgewichtsform (G_{II} und G_{III}) eingehen können.

Die Wachstumsform des idealen Kristalls kann man in vielen Fällen weder durch eine einzige Fläche ergänzen noch verringern. Im ersten Fall erzeugt man damit Ausgangspunkte für Unvollkommenheiten in Form von neuen Kanten, im zweiten Falle erhält man keine geschlossene Polyederform. D. h. diese Form ist oft eindeutig. Zwar gibt es für flächenzentrierte Gitter zwei zu den Gleichgewichtsflächen gehörende Flächengruppen erster Ordnung, {111} und {001}. Eine Aufstellung experimenteller Werte (Honigmann) zeigt jedoch, daß bei der Kristallisation durch Sublimation und aus der Schmelze, d. h. unter den saubersten Bedingungen ständig die {111}-Form überwiegt. Sie müßte auch die Form des idealen Kristalls sein, da sie an Kristallen dieses Strukturtyps bevorzugt auftritt.

Wenden wir uns jetzt der Gleichgewichtsform zu. Ihre Bildung ist nur bei einem Kristallit von etwa 0,001 mm und kleiner möglich, der aber im Verhältnis zu den Atomabmessungen noch ausreichend groß ist. Er müßte wachsen und seine Homogenität hängt eng mit den Begrenzungen beim Wachstum und diese mit der Übersättigung zusammen. Da nach Gibbs die Gleichgewichtsform eine minimale freie Volumenenergie hat, müßte für homogenes Wachstum die Übersättigung in den Grenzen mit der kleinsten Toleranz liegen. Das ist die Übersättigung, bei der sich bei Existenz einer Wechselwirkung der Gitteratome mit zweit- und drittnächsten Nachbarn zweitrangige Flächen zu bilden beginnen. Oberhalb dieser Grenze werden die Ecken und Kanten nicht abgestumpft, der Kristallit wird homogen. Diese Betrachtungen werden durch Versuche Honigmanns und Stranskis, Kaischews mit Urotropin bestätigt. Die Kristalle, als Rhombododekaeder mit sichtbaren scharfen Kanten und Ecken, wurden in einen Thermostaten gebracht. Auf ihnen bildeten sich häufig (jedoch nicht immer) spontan die Flächen {100} und {211}, die die Kanten und Ecken abstumpften.

Honigmann weist darauf hin, daß die Bildung dieser Flächen vorrangig bei Kristallen mit sichtbaren Störungen der {011}-Flächen beobachtet wurde. Mit dem Fehlen solcher Störungen erklärt Honigmann das Nichtauftreten zweitrangiger Flächen in den analogen Versuchen von Kaischev. Mit anderen Worten, ist der Kristall homogen, wird es keine zusätzlichen Gleichgewichtsflächen geben. Ist er inhomogen, treten sie auf.

Dann verbleibt aber nur ein Unterschied zwischen der Wachstumsform der idealen Kristalle und den Gleichgewichtsformen — nämlich die Anwesenheit submikroskopischer, d. h. unsichtbarer zweitrangiger Flächen bei den letzteren.

Wulff dehnte in seiner grundlegenden Arbeit (1895) über das Gleichgewicht das Gibbs-Curie-Prinzip auch auf ein solches Wachstum aus, bei dem die Oberflächenenergie eines Kristalls, der unter Beibehaltung seiner Form wächst, in einem beliebigen Moment minimal ist im Verhältnis zu seinem Volumen. 20 Jahre später wies Wulff (1915) jedoch darauf hin, daß „. . . vollständig homogen bleibend nur ein Kristall, der dem Curie-Prinzip genügt“ wachsen kann. Diese letzte Formulierung, die von Wulff ohne Beweis ausgesprochen wurde, wurde jetzt bestätigt.

STRICKLAND-CONSTABLE bemerkt, daß das Theorem von GIBBS-WULFF deshalb ungewöhnlich ist, weil es zu einer Zeit formuliert wurde, als keinerlei ausreichende Beweise seiner Zulässigkeit vorlagen.

Tatsächlich waren einfache und realistische Betrachtungen über den untrennbaren Zusammenhang zwischen Wachstum und Gleichgewicht der Kristalle die Grundlage des WULFF'schen Theorems, wie auch die Grundlage des eben angeführten und als richtig erwiesenen Postulats der von ihm angenommene Zusammenhang zwischen der Homogenität und der äußeren Form des Gleichgewichtskristall *s* war.

6. Experimentelle Werte zu Wachstumsformen fast idealer Kristalle

Wichtiges Material zum Verständnis der Gesetzmäßigkeiten des Wachstums von Halbleitereinkristallen aus Schmelzen und synthetischem Quarz aus hydrothermalen Lösungen. Im ersten Fall ist die Bedingung für das Auftreten und Wachsen der Hauptgleichgewichtsfläche (111) an der Stirnseite von aus der unterkühlten Schmelze gezogenen Ge- und Si-Einkristallen, die manchmal die gesamte Front einnimmt (Fig. 3). Es ist wesentlich, daß das offensichtlich bei

Fig. 3. (111)-Fläche an der Wachstumsfront von Ge-Einkristallen, die nach der Czochalski-Methode aus der Schmelze gezogen wurden. Der Kegel wird durch erstarrte Schmelztröpfchen gebildet, die beim Abreißen des Kristalls von der Schmelze zurückblieben

den angeführten homogenen Einkristallen die einzigen Flächen sind, die unabhängig von der Züchtungsrichtung an ihnen auftreten. Das gestattet anzunehmen, daß unter den Bedingungen des freien Wachstums, die die Herstellung von Kristallen hoher Vollkommenheit gewährleistet, deren polyedrische Form denkbar einfach ist und nur aus den wichtigsten Gleichgewichtsflächen gebildet wird, die nur zu einer kristallographischen Form gehören.

Die Empfindlichkeit der äußeren Form der Einkristalle gegenüber Störungen der Homogenität tritt anschaulich bei Kristallen auf, die in einer erzwungenen Form wachsen. So haben z. B. versetzungsfreie Si-Einkristalle auf der seitlichen Oberfläche morphologische Erkennungszeichen: breitere und glänzende Pseudoflächen und besser ausgebildete entlang der Wachstumsrichtung verlaufende

Pseudokanten. Beim Auftreten von Versetzungen verlieren sich plötzlich diese Besonderheiten, und man kann genau den Übergang vom versetzungsfreien zum Kristall mit Versetzungen angeben (FALKEVIČ). Offensichtlich unterscheidet sich auch beim freien Wachstum ein versetzungsfreier Kristall der Form nach von einem Kristall mit Versetzungen.

Eine Besonderheit der Gleichgewichtsfläche ist die maximale Homogenität der von ihr gebildeten Wachstumspyramiden. Die elektrischen Eigenschaften über den gesamten Querschnitt gemessen, zeichnen sich durch größte Konstanz aus (MIRGALOVSKAJA). Kristalle mit diesen Wachstumspyramiden haben niedrige Versetzungsdichten oder sind überhaupt frei von ihnen.

Außerdem gelangen Atome struktureller Dotanten durch die Gleichgewichtsfläche in wesentlich erhöhter Konzentration und gleichmäßig auf Gitterplätze im Vergleich mit dem Eintreten über eine beliebige andere Fläche.

So treten z. B. in einen Si-Kristall in großer Menge die Donatoren Sb, As und *P* durch die Gleichgewichtsfläche (111) ein, die durch ihre zusätzliche Valenz die Bindung im Kristall verstärken können.

Die Akzeptoren B und Al treten verhältnismäßig leicht in die Wachstumspyramiden der Gleichgewichtsflächen ein, jedoch nicht in einer hohen Konzentration.

Über ähnliche Eigenschaften verfügen auch die Hauptgleichgewichtsflächen von Einkristallen des künstlichen Quarzes, d. h. die Flächen des großen Rhomboeders *R* $\{10\bar{1}1\}$[1]). Bei Quarzkristallen sind die Wachstumsbesonderheiten aller dieser Flächen, eingeschlossen die *c*-„Flächen“ {0001} gut untersucht (KLEŠČEV; ZINOBER; BRYZGALOV).

Die Strukturdotanten Al und Na, die die Röntgenbestrahlung eine milchige Färbung des Quarzes hervorrufen, treten gleichmäßig und in hoher Konzentration (*D*) in die Wachstumspyramiden des großen Rhomboeders ein. In die restlichen Pyramiden gelangen sie in der Reihenfolge $D_R > D_r \gg D_c$. Die nichtstrukturelle grobe Verunreinigung des kolloid-dispersen basischen Natriumsilicats (schwere Phase *F*) dagegen treten in der Reihenfolge $F_{-x} > F_{+s} > F_c$ $F_c \gg F_r > F_R$ ein. D. h. diese Verunreinigung gelangt fast nicht in die Wachstumspyramide der Hauptgleichgewichtsfläche. Sie wird hier durch den größten Kristallisationsdruck abgestoßen. Dieser wird bei der Wechselwirkung mit dem Strukturdotanten nicht wirksam, da dieser in gewissem Grade für den gesetzmäßigen Aufbau des Kristallgitters benutzt wird: Al ersetzt in der Quarzstruktur unmittelbar das Si, Na lagert sich in der Nähe an und kompensiert die fehlende Ladung. Dieser Austausch dürfte bei der zulässigen Verunreinigungskonzentration nicht nur ohne Widerstand, sondern auch am gleichmäßigsten namentlich auf der Gleichgewichtsfläche verlaufen, wo sich jede Baueinheit auf der Fläche durch starke Bindungen in nicht weniger als zwei Richtungen ausgleicht.

Es bleibt vorläufig unklar, warum der Strukturdotant Al nicht in großer Menge ohne isomorphen Austausch in die Wachstumspyramide *c* eintritt, wie das zu erwarten gewesen wäre. Neben Besonderheiten der kristallographischen

---

[1]) Die Kristalle des künstlichen Tieftemperaturquarzes (β-Quarz) gehören zur Kristallklasse 32 und besitzen die Flächen des großen (*R*) und kleinen (*r*) Rhomboeders, des hexagonalen Prismas (*m*), zweier trigonaler negativer ($-x$) und positiver (*x*) Prismen, einer trigonalen Bipyramide (*s*) und eines Pinakoids (*c*). Die letztere wird nur künstlich gebildet.

Richtung kann das durch Prozesse bedingt sein, die in der Grenzschicht zwischen Kristall und Medium ablaufen. Diese ist an den c-„Flächen" {0001} auf Grund der vielen ungesättigten Bindungen am dicksten.

Betrachten wir nun, wie sich die Einkristalle bei Erhöhung der Übersättigung (Unterkühlung) verhalten. Halbleiterkristalle erfahren bei Steigerung der Unterkühlung oder der Konzentration der Legierungsverunreinigungen eine morphologische Entwicklung mit den Stadien: Hügel-, danach Zellenstruktur, Dendritenwachstum, Verstärkung der Zwillingsbildung und schließlich Übergang in einen polykristallinen Zustand. In Abhängigkeit von den Bindungen können einzelne Stadien dieser Entwicklung entfallen.

Die Existenz eines konvexen Einkristalls, der hier betrachtet wird, endet mit der Entstehung einer Dentritenform. Deshalb betrachten wir nur die Etappen der Vorbereitung und Entwicklung einer Zellenstruktur, durch die der Übergang vom idealen zum unvollkommenen Einkristall verwirklicht wird. Sie sind sowohl in Halbleitereinkristallen als auch im künstlichen Quarz untersucht worden.

Verunreinigungen gelangen auch beim idealsten Wachstum in Halbleitereinkristalle. Sie bilden parallel zu den Flächen periodische Zwischenschichten entsprechend den sich in verschiedenen Frequenzen wiederholenden Schwankungen der Wachstumsgeschwindigkeiten der Kristalle (Figur 4a). Eine analoge, gut erforschte Erscheinung stellt im Quarz die Zonarstruktur der Wachstumspyramiden (Figur 4b) dar.

Eine überhöhte Übersättigung (Unterkühlung) und besonders erhöhte Konzentration der legierenden Verunreinigungen vergrößert die Dicke der Zwischenchichten und führt an der Wachstumsfront zum Auftreten hügeliger Bildungen.

Fig. 4a

Fig. 4b

Fig. 4. Zonarstruktur. a – im GaAs-Kristall; b – Quarzkristall

Ihre Anzahl steigt und gleichzeitig beginnt eine Zellenstruktur zu entstehen. Für Si-Kristalle hat diese auf der (111)-Fläche die Form von Fasern, die sich in verschiedenen Richtungen nach ⟨110⟩ einordnen (Fomin). Bei der Züchtung von Si-Einkristallen nach [100] tritt sie an der Wachstumsfront in Form von Fragmenten seitlich in Richtung der Oktaeder spitzen (Figur 5a) auf. Das führt

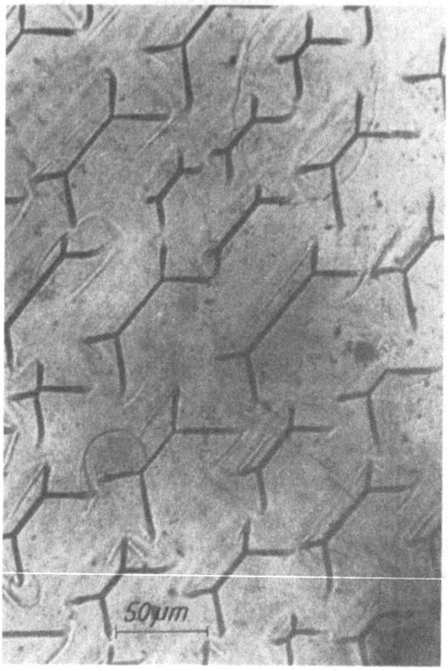

Fig. 5a

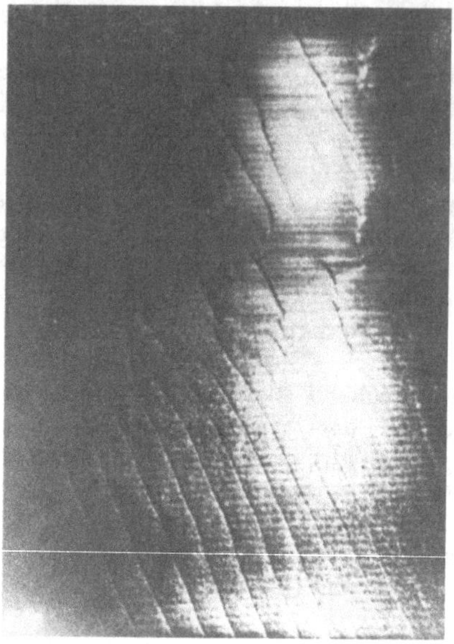

Fig. 5b

Fig. 5. Zellenstruktur in Halbleiterkristallen. a – Fragmente an der Wachstumsfront von Si-Kristallen; b – Auftreten einer Zellenstruktur an den Seitenflächen von Si-Kristallen. (Zellengrenzen innerhalb eines Kristalls sind in Figur 4a zu sehen

zur Entstehung eines Netzes geschlossener Zellen (Figur 4a). Ihre Grenzen stellen Vertiefungen dar, die auch auf der seitlichen Oberfläche des Kristalls austreten (Figur 5b), in die sich die vom Kristall erfaßten Verunreinigungen anlagern. Die Tiefe der Grenzen zwischen den Zellen wächst mit Erhöhung der Konzentration der Beimischungen und der Wachstumsgeschwindigkeit. Der entwickelte Zellenaufbau durchdringt den gesamten Kristall und verleiht ihm teilweise stabförmige (längsspaltenden) Struktur. In Si-Kristallen können die Fasern in sechs Richtungen größter Dichte verlaufen, in Quarzkristallen in einer-parallel der Haiuptsymmetrieachse.

Analoge Erscheinungen werden auch beim Quarz beobachtet. Die Oberfläche seiner c-„Fläche" {0001} hat eine Makrozellenstruktur (Figur 6a). Sie ist in vielem der Mikrozellenstruktur der Halbleiter und Metalle ähnlich und reagiert gleichermaßen auf Vergrößerung der Verunreinigungskonzentration. Im Unterschied zu den Gleichgewichtsflächen hat sie aber immer eine Zellenstruktur.

Die Zellen auf den c-„Flächen" {0001} stellen spontan Wachstumsbereiche der (Figur 6b). Sie haben Kegelform. Ihre Spitzen liegen in Richtung des Keimkristalls, ihre Basis auf der wachsenden c-„Fläche" {0001}. Zwischen den Kegeln konzentrieren sich die Verunreinigungen (Figur 6c). Der Chemismus des

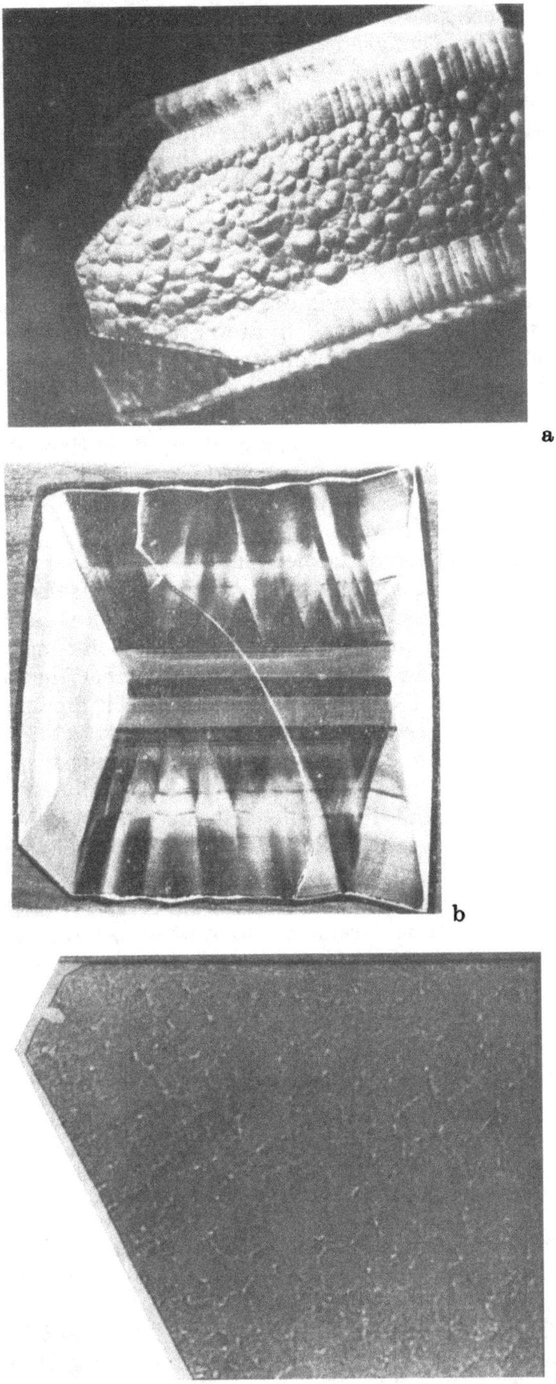

a

b

c

Fig. 6. Zellenstruktur in Quarzkristallen. a – auf der Oberfläche; b – in einem geätzten Querschnitt eines Wachstumkegels; c – eingebaute Verunreinigungen entlang der Kegelgrenzen

Mediums beeinflußt stark den Öffnungswinkel der Spitze. So verringert ihn z. B. der Übergang zum Lösungsmittel K_2CO_3 und verwandelt die Kegel in dünne Stäbchen. Mit Erhöhung der Wachstumsgeschwindigkeit erhöht sich der Einbau von Verunreinigungen. Die Kegel bedecken sich mit den Flächen, die den gegebenen Dotanten am intensivsten aufnehmen. Beim Ätzen werden die Kegelzwischenräume, die Verunreinigungen eingebaut haben, am tiefsten ausgeätzt. Bei ungenügendem Auswachsen der Kegel bleiben Hohlkanäle, Durchstiche, übrig. In diesem Fall wird die Bindung zwischen den Kegeln so schwach, daß bei einem parallel (0001) geschnittenen Plättchen ein Teil der Kegel ausbröckelt.

Somit durchläuft die Wechselwirkung des Kristalls mit den Dotanten im uns interessierenden Intervall gewissermaßen drei Stadien: Erstens — Zurückdrängung der Dotanten durch den Kristall, zweitens — ihr periodischer Einbau in Form unterbrochener Streifen parallel den Flächen, drittens — Einbau der Dotanten in periodisch angeordnete Vertiefungen, die den Kristall in mehr oder weniger selbständige Fasern und Stäbchen aufteilen, die entlang der dichtesten Strukturrichtung verlaufen. Die weitere Entwicklung besteht in der Schwächung der Kohärenz der Fasern, der Entstehung von Versetzungen in ihnen und dem Übergang zum Dentritenwachstum.

Somit gestatten Einkristalle von Halbleitern und künstlichem Quarz, das bei ihrer Bildung herrschende Bestreben zum selbständigen Wachsen seiner Teile zu beobachten. Als Gleichgewichtsfläche dient dank der maximalen tangentialen Wechselwirkung ihrer Teilchen und dem stärksten Bestreben zum Schichtwachstum die Oberfläche, die im höchsten Grade die Einheitlichkeit und Vollkommenheit der Einkristalle bewahrt, indem sie die Einheit der Gruppe potentiell selbständiger Einkristallbereiche erhält.

Darin besteht offensichtlich eine der wichtigsten Funktionen der Gleichgewichtsflächen.

Es erhebt sich die Frage: Sind die Möglichkeiten schneller Herstellung idealster Kristalle in einer aus langsam wachsenden Flächen bestehenden Form begrenzt?

Diesem widerspricht die Konzentrationsverringerung der Strukturverunreinigung Al in der Wachstumspyramide des großen Quarzrhomboeders bei Vergrößerung der Züchtungsgeschwindigkeit, und außerdem die Tatsache, daß eine Vergrößerung des Temperaturgradienten, dessen positive Rolle von Scheftal (1961) und Stepanov aufgeklärt wurde, den Bereich des Auftretens von Substrukturen zu wesentlich höheren Konzentrationen des Dotierungsmaterials verschiebt.

7. Schlußfolgerungen

1. Die Gleichgewichtsform nichtpolarer Kristalle darf, um der Forderung nach einem Minimum der freien Volumenenergie zu genügen, nur aus den wichtigsten Gleichgewichtsflächen (G_I) bestehen.
2. Der fast ideale, frei wachsende Kristall strebt zur Form des Gleichgewichtskristalls, der aus einem Minimum von Flächen mit der größten Fähigkeit zum Schichtwachstum besteht, die notwendig und ausreichend sind zur Bildung eines geschlossenen Polyeders.

Ein Kristall, der in dieser Form wächst, stößt am wirksamsten nichtstrukturelle Verunreinigungen ab, erhält die Einheit der potentiell selbständigen Wachstumsbereiche des Kristalls parallel den dichtesten Gittergeraden und enthält infolge der geringen Anzahl Kanten eine minimale Anzahl von Versetzungen, die durch nichtkohärentes Zusammenwachsen der sich in Kanten zusammenfügenden Schichten hervorgerufen werden.

Für wertvolle Hinweise danke ich V. V. Voronkova, V. F. Dorfmana, und A. N. Stepanov, für die Bereitstellung der Fotografien P. P. Butorina und S. P. Grischin.

Literatur

Bliznakov, G. M.: Izv. na Blgr. AN SSSR phys. 4, 135 (1954)

Bryzgalov, A. N., Kleščev, G. V.: Zap. Vses. mineral. onšč. č. 98, 760 (1969)

Chaimov-Malkov, V. Ja.: Artikelsammlung Kristallwachstum 2, 5 (1959)

Chaimov-Malkov, V. Ja.: Artikelsammlung Kristallwachstum 2, 6 (1969)

Chaimov-Malkov, V. Ja.: Artikelsammlung Kristallwachstum 2, 17 (1959)

Curie, P.: Bull. Soc. Min. France 8, 145 (1885)

Curie, P.: Séances Soc. phys. Paris 53—74 (1894)

Distler, G. J.: Artikelsammlung Kristallwachstum 9, 201 (1972)

Falkevič, E. S., Blezkan, N. I., Neimark, K. N., Osovskij, M. I.: Artikelsammlung Kristallwachstum 9, 189 (1972)

Fomin, V. G., Milvidskij, M. G., Grischina, S. P., Beljazkaja, N. S.: Gurevič, M. A.: Kristallografija 9, (2) 219 (1964)

Gibbs, J. W.: On the equilibrium of heterogeneous substances. 1875—1878 (Leipzig 1892)

Honigmann, B.: Gleichgewichts- und Wachstumsformen von Kristallen. Darmstadt 1958

Kern, R.: Artikelsammlung Kristallwachstum 8, 5 (1968)

Kleščev, G. V., Bryzgalov, A. N., Kaschkurov, K. F., Simonov, A. V., Safronov, G. M., Butorin, P. P.: Z. Neorg. mat. 4, (3) 362 (1968)

Klija, M. O.: DAN SSSR 100, (2) 259 (1955)

Mirgalovskaja, M. S., Rauchmann, M. R., Strelnikova, I. A.: Artikelsammlung Kristallwachstum 9, 142 (1972)

Scheftal, N. N.: DAN SSSR, 31, 33 (1941)

Scheftal, N. N.: Artikelsammlung Kristallwachstum 1, 3 (1957)

Scheftal, N. N.: Artikelsammlung Kristallwachstum 3, 9 (1961)

Scheftal, N. N., Schpilko, I. A., Dobrshanskij, G. F.: Artikelsammlung Kristallwachstum 9, 279 (1972)

Scheftal, N. N., Stepanov, I. V., Chaimov-Malkov, V. Ja.: Pat. Nr. 132614 vom 25. 11. 1959a

Scheftal, N. N., Stepanov, I. V., Chaimov-Malkov, V. Ja.: Pat. Nr. 132613 vom 25. 11. 1959b

Scheftal, N. N., Popov, S. K.: Pat. Nr. 108804 vom 26. 9. 1950

Schubnikov, A. V.: Wie wachsen Kristalle (russ.) Moskau 1935

Stepanov, I. V., Vasiljev, M. A., Scheftal, N. N.: Artikelsammlung Kristallwachstum 3, 239 (1961)

Stranski, I. N., Kaishew, R.: Physik Z. 36, 393 (1935)

Stranski, I. N., Kaishew, R.: Ann. Phys., 23, 330 (1935)

Strickland-Constable, R.: Kinetik und Mechanismen der Kristallisation. Moskau 1971

Trejvus, E. B., Petrov, T. G., Kamenzev, A. P.: Kristallografija 10, (3) 380 (1965)

Vadilo, P. S.: J. exp. theor. Physics 8, 10 (1938)

Wulff, J. V.: Ausgewählte Arbeiten zur Kristallphysik und Kristallografie (1952), Original (1895)
Wulff, J.: Z. Krist. 22, 473 (1893)
Wulff, J. V.: Ž. Priroda (russ.) Sept. 1091 (1915)
Zinober, L. I., Chadgi, V. E., Gordienko, A. A., Samoilovič, M. I.: Artikelsammlung Kristallwachstum 6, 22 (1965)

(Eingegangen am 18. September 1972)

Anschrift des Verfassers:

Prof. Dr. N. N. Scheftal
Institut für Kristallographie
der Akademie der Wissenschaften der UdSSR
117333 Moskau
Leninskij Prospekt 59

Kristall und Technik	8	1–3	1973	167–176

P. Fischer, G. Kühn, R. Bindemann, B. Rheinländer, W. Hörig

Sektion Chemie der Karl-Marx-Universität Leipzig
Bereich Kristallographie und
Sektion Physik der Karl-Marx-Universität Leipzig
Arbeitsgemeinschaft $A^{III}B^{V}$-Halbleiter

Herstellung und physikalische Grundcharakterisierung von $Al_{1-x}Ga_xAs$-Kristallen

Durch Kristallisation aus einer Galliumschmelze wurden $Al_{1-x}Ga_xAs$-Kristalle ($x \approx 0{,}2$) hergestellt und der Wachstumsmechanismus diskutiert. Es wurde festgestellt, daß Se und Te einen Einfluß auf die Morphologie ausüben. Photolumineszenzuntersuchungen zeigen, daß im undotierten $Al_{1-x}Ga_xAs$ eine Reihe von Störstellen (Si, Mg und noch nicht identifizierte Reststörstellen) enthalten sind, über die verschiedenartige strahlende Rekombinationsmechanismen ablaufen. Es besteht ein Zusammenhang zwischen der Si-Konzentration und Photolumineszenzspektren. Aus Messungen des Infrarot-Faraday-Effekts und des Hall-Effekts wurden die Konzentration und Beweglichkeit der freien Ladungsträger ermittelt.
$Al_{1-x}Ga_xAs$ ($x \approx 0.2$) crystals were grown by crystallization from the Ga melt and the mechanism of crystal growth was discussed. Se and Te have a influence on the morphology. By photoluminescence studies a few impurities (Si, Mg and unidentified centers) were observed. The mechanism of recombination was discussed on the basis of their relations with Si concentration of the samples. Infrared Faraday effect and Hall effect measurements were used for the determination of the carrier concentration and mobility.

1. Einleitung

AlAs besitzt als indirektes Halbleitermaterial eine Breite der verbotenen Zone von 2,238 eV bei 4,2 K (Lorenz, Chicotka, Pettit, Dean). Diese Tatsache allein würde es rechtfertigen, AlAs als Werkstoff für Lumineszenzbauelemente im sichtbaren Spektralbereich in Erwägung zu ziehen. Bekanntlich zeigen aber alle AlB^{V}-Verbindungen an der Luft eine hohe Korrosionsfähigkeit (Kischio). Dagegen besitzen $Al_{1-x}Ga_xAs$-Kristalle mit einem Gehalt von ca. 20 Mol.-% GaAs eine wesentliche geringere Neigung zur Oxydation. Es sind viele Arbeiten bekannt geworden, in denen $Al_xGa_{1-x}As$-Schichten auf GaAs-Substrate abgeschieden wurden. Auf Grund der stark unterschiedlichen Löslichkeiten von GaAs und AlAs in Gallium weisen diese Schichten jedoch stets ein stark ansteigendes Aluminiumkonzentrationsprofil von der Oberfläche ausgehend in Richtung Substrat auf (z. B. Woodall, Rupprecht, Reuter).

In dieser Arbeit werden Herstellungsverfahren und Wachstumsmechanismus (Abschnitt 2 und 3) sowie Photolumineszenz- und Transporteigenschaften (Abschnitt 4) von $Al_{1-x}Ga_xAs$-Einkristallen diskutiert, die eine homogene Ga/Al Verteilung besitzen und in ihrem Al-Gehalt den am Übergang Substrat-Schicht herrschenden Konzentrationsverhältnissen nahekommen.

2. Prinzip der Kristallherstellung

Als geeignete Methode erwies sich analog zur Liquidphasenepitaxie die Kristallisation aus der Galliumschmelze. Die Synthese von AlAs bzw. $Al_{1-x}Ga_xAs$ erfolgte in einer Quarzampulle nach Gleichung 1:

$$GaAs + Al \rightarrow AlAs + Ga \quad (1)$$

Die Werte für die Einwaagen wurden dem Gallium-reichen Teil des ternären Phasendiagramms entnommen (Panish, Sumski; Ilegems, Pearson). Folgende Ausgangssubstanzen wurden eingesetzt: Gallium 99,9999%, Aluminium 99,99% und GaAs mit Halbleiterqualität. Die Züchtungstiegel bestanden aus Reinst-Al_2O_3 (Kawenit S) mit Graphitmantel bzw. aus Graphit. Nach der Füllung wurde die Quarzampulle auf 10^{-5} Torr evakuiert, abgeschmolzen und in einen Röhrenofen mit dem in Figur 1 schematisch dargestellten Temperaturprofil eingesetzt. Nach einer Lösezeit von 24 Stunden bei 1150 °C gelangten im wesentlichen zwei Kristallzüchtungsmethoden zur Anwendung:

1. Züchtung im Temperaturgradienten (ΔT 5 – 10 °C/cm) bei konstanter Temperatur im Lösungs- und Wachstumsraum des Tiegels: Die Einwaagen waren so bemessen, daß unmittelbar nach der Lösephase keine ungelöste Substanz mehr vorlag. Nach einer kurzen Abkühlungsperiode fiel ein Teil des $Al_xGa_{1-x}As$ aus, bewegte sich zur Schmelzoberfläche und diente dann für die eigentliche Kristallzüchtung als Quellmaterial.
2. Programmierte Abkühlung der Schmelzlösung: Die Abkühlungsgeschwindigkeit lag bei 5–10 °C/h. Zur Verhinderung zu starker Unterkühlung wurde die Kristallisation durch eine lokalisierte Kühlung eingeleitet. Die erhaltenen Mischkristalle waren in bezug auf die Al/Ga-Verteilung homogen, enthielten je nach Einwaage ca. 15–25 Mol-% GaAs und erreichten eine Größe von 12 × 12 × 2 mm Fig. 2, s. Taf. I).

Durch Spektralanalyse wurden folgende Verunreinigungen festgestellt: Si, Cu, Ca, Mg, Fe. Der Aluminiumgehalt wurde polarographisch ermittelt. Die Homogenitätsprüfungen erfolgten mit der Elektronenstrahlmikrosonde.

3. Diskussion der Züchtungsergebnisse in Verbindung mit dem Wachstumsmechanismus

3.1. Ga/Al-Verteilung

Panish und Sumski ermittelten den Aluminium-Verteilungskoeffizienten $k = \frac{x_{Al(s)}}{x_{Al(l)}}$ für 1000 °C. Die stärkste Konzentrationsabhängigkeit ergab sich bei Al-Konzentrationen in der Schmelze von kleiner als 10 At.-%. Der Verteilungskoeffizient steigt mit abnehmendem Al-Gehalt der Schmelze stark an. Wie Ilegems und Pearson zeigen konnten, ist die Temperaturabhängigkeit dieses Verteilungskoeffizienten bei Al-Konzentration in der Schmelze bis etwa 5 At.-% besonders groß. Die k-Werte vergrößern sich mit sinkender Temperatur. Auf Grund dieser Verhältnisse ergeben sich die in Abschnitt 1 aufgeführten Züchtungsverfahren. Sie gestatten jedoch nur die Herstellung homogener Kristalle im Konzentrationsbereich von 70–80 Mol-% AlAs. Für niedrigere AlAs-Gehalte in der festen Phase wären Bedingungen erforderlich, bei denen der Verteilungskoeffizient nicht mehr annähernd als konzentrations- und temperaturabhängig betrachtet werden kann.

Während des Wachstumsprozesses verarmt die Lösung vorrangig an Aluminium. Daß auch bei einem extrem hohen Al/As-Verhältnis in der Schmelze Kri-

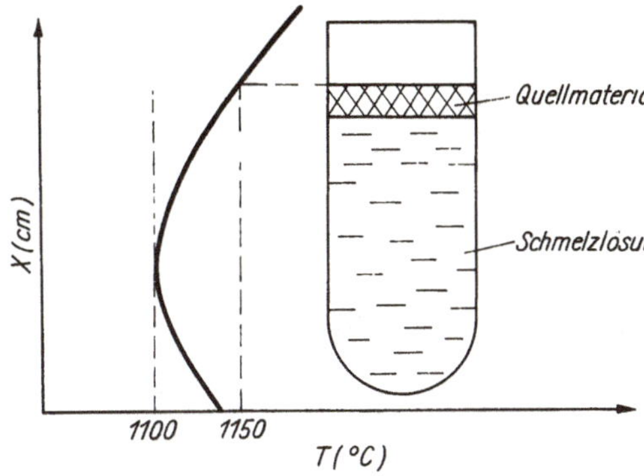

Fig. 1. Temperaturprofil des Kristallzüchtungsofens

Fig. 2. $Al_{0,8}Ga_{0,2}As$-Kristall, (111)-Fläche einseitig mechanisch poliert

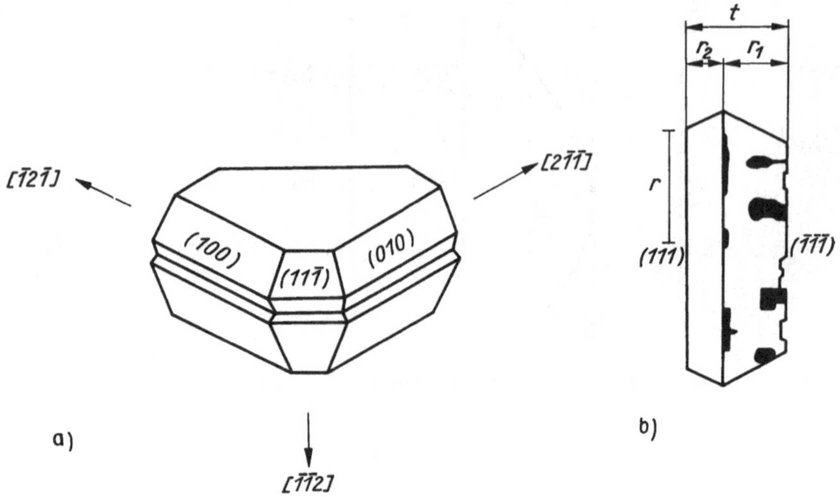

Fig. 3. Schematische Darstellung der charakteristischen Kristallform (*a*); Kristallquerschnitt mit einer Zwillingsebene (*b*)

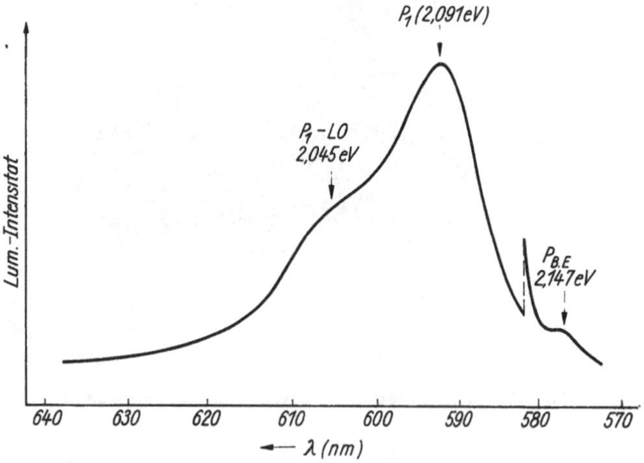

Fig. 4. Photolumineszenzspektrum einer undotierten $Al_{0,78}Ga_{0,22}As$-Probe bei $T = 4{,}2$ K

stalle entstehen, die stets Gallium enthalten, könnte darauf hindeuten, daß Arsen schneller zur Phasengrenzfläche diffundiert als Aluminium und zusammen mit Gallium in den Kristall eingebaut wird. Diese bevorzugte Mischkristallbildung wird durch die annähernde Gleichheit der kovalenten Radien von Gallium und Aluminium begünstigt. Berechnungen zeigten, daß die Mischungsenthalpie für die feste Phase gering ist (Kühn, Leonhardt; Stringfellow). Demnach wäre eine statistische Verteilung der Aluminium- und Galliumatome im A^{III}-Untergitter zu erwarten. Röntgenographische Untersuchungen von Schmidt und Brühl konnten diese Vermutung experimentell bestätigen.

3.2. Morphologie und Wachstumsmechanismus

$Al_{1-x}Ga_xAs$-Kristalle zeigen die für die aus metallischen Lösungen kristallisierten $A^{III}B^{V}$-Verbindungen typische Kristallform (Fig. 3). Sie kommt durch den bereits von Faust und John ausführlich diskutierten „twin plane reentrant edge" (TPRE)-Mechanismus zustande. Die Voraussetzung dafür ist infolge der starken Unterkühlbarkeit des Systems (durch DTA-Versuche wurden für die eingesetzten Substanzmengen ca. 300 °C festgestellt) stets gegeben, denn es ist bekannt, daß die $A^{III}B^{V}$-Verbindungen ohnehin stark zu Zwillingsbildung neigen. Kern und Simon führen die niedrigen Werte der Stapelfehlerenergien und damit die hohe Wahrscheinlichkeit der Zwillingsbildung beim Diamantgitter vor allem auf die kovalente Bindung zurück. Wie Bolling, Tiller und Rutter am Beispiel des Germaniums zeigen konnten, beeinflussen grenzflächenaktive Verunreinigungen ebenfalls die Zwillingsbildung. Als Ursache wird eine Abnahme der Kantenenergie der $[1\bar{1}0]$-Kanten auf den (111)-Flächen angesehen, die ihrerseits zu einer Erniedrigung der zweidimensionalen Keimbildungsarbeit der beiden für die Zwillingsbildung notwendigen Keimorientierungen auf der (111)-Fläche führt (Kern, Simon). Auch im vorliegenden Fall dürfte dieser Mechanismus eine Rolle spielen, da die Gallium-Schmelzlösung eine relativ komplizierte Zusammensetzung besitzt und der Kristall sehr gut benetzt wird.

Die Plättchenbildung erklärt sich wie folgt: Nach Stranki wird die Keimbildungsarbeit in einer „Hohlkante" im Vergleich zur zweidimensionalen Keimbildungsarbeit auf einer glatten Fläche erniedrigt. Die Folge ist, daß beim adsorptionsfreien Wachstum die Atomanlagerung an den einspringenden Kanten gegenüber den vorspringenden Rücken sowie an den großen {111}-Flächen energetisch bevorzugt ist. Das führt im Endresultat dazu, daß die Wachstumsgeschwindigkeiten der $[\bar{1}\bar{1}2]$, $[2\bar{1}\bar{1}]$ und $[\bar{1}2\bar{1}]$-Richtungen bezogen auf die [111]- und $[\bar{1}\bar{1}\bar{1}]$-Richtung dominieren.

Die {111}-Flächen besitzen charakteristische Unterschiede. Da eine röntgenographische Absolutbestimmung noch nicht vorliegt, bezeichnen wir die glatte Seite mit (111) und die rauhe zerklüftete Seite mit $(\bar{1}\bar{1}\bar{1})$. In der $[\bar{1}\bar{1}\bar{1}]$-Richtung treten in der Regel Galliumeinschlüsse und Hohlräume auf. Qualitative Angaben über den Wachstumsmechanismus können in Anlehnung an Faust und John an Hand der Größenverhältnisse r_1/r_2 und r/t gemacht werden (Fig. 3): Während der erstere Werte den polaritätsabhängigen Unterschied in den Wachstumsgeschwindigkeiten in [111]- und $[\bar{1}\bar{1}\bar{1}]$-Richtung und damit Aussagen über die Lage der Zwillingsebene liefert, spiegelt das Verhältnis r/t die Wirksamkeit des TPRE-Mechanismus in Relation zur Keimbildung auf der (111)- und $(\bar{1}\bar{1}\bar{1})$-Fläche wider.

In Tabelle 1 sind repräsentative Werte von r/t und r_1/r_2, die durch Vermessung von ca. 100 Kristallen erhalten wurden, für die Dotierungselemente Se, Te, Bi und Si aufgeführt. Eine durchgreifende Wirkung der Dotierungsstoffe auf die Kristallmorphologie konnte nur in zwei Fällen beobachtet werden: Ein Zusatz von 10^{-2} At.-% Tellur bewirkt, daß in [111]- und [$\bar{1}\bar{1}\bar{1}$]-Richtung stark unterschiedliche Wachstumsgeschwindigkeiten ($WG_{[\bar{1}\bar{1}\bar{1}]}/WG_{[111]} = 10/1$) anzutreffen sind. Dieses Ergebnis steht in Widerspruch zu den Angaben von Faust, John

Tabelle 1
Einfluß von Dotierungselementen auf die Kristallmorphologie

Dotierungs-element	Konzentration (At%)	r/t	r_1/r_2	{hkl}
Se	10^{-2}	~ 2	0,6	{110}, {531}, {642}
Te	10^{-2}	~10	~10	{111}, {100}
Bi	2–8	5	0,5	{111}, {100}
Si	2–4	~ 3	1	{111}, {100}
undotiert	–	5	0,5	{111}, {100}

und Pritchard, nach denen Te die Keimbildung in besonderem Maße an den einspringenden Winkeln blockiert und so zu einem verstärktem Dickenwachstum beiträgt. Die Anwesenheit von Se bewirkt, daß die für die ZnS-Struktur wichtigen Flächen {111} und {100} verschwinden, und daß an Stelle dieser {110}, {642} und {531}-Flächen auftreten und die Kristalle prismatische Gestalt erhalten.

Offenbar haben Se und Te auf die Kristallmorphologie im Gegensatz zum Zn, Cd, Si, Bi deshalb einen Einfluß, weil sie in den metallischen Lösungen als stabile Cluster vorliegen und in dieser Gestalt auch zur Phasengrenze fest/flüssig gelangen. Einen Anhaltspunkt für die Stabilität der Cluster erhält man, in dem man die den Elektronegativitätsdifferenzen proportionalen Bindungsenergien im System möglichen Elementkombinationen in Relation setzt. Es zeigt sich z. B., daß die Werte für Al–Se und Al–Te im Vergleich zu Ga–Se, Ga–Te, Al–As, Ga–As, Zn–As und Cd–As besonders hoch sind.

In der Praxis führt eine intensive lokale Kühlung in der Anfangsphase der Züchtung zu einem schnellen Abbau der Übersättigung in einem begrenzten Gebiet des Lösungsvolumens. Die dabei ausgefallenen dentridenartigen Kriställchen wachsen nach Aussetzen der Kühlung durch Diffusion bei kleinen Übersättigungen über den TPRE-Mechanismus zu großflächigen Kristallen heran, die nur wenig Galliumeinschlüsse enthalten. Einen gewissen Einfluß auf die Qualität der Kristalle besitzt dabei auch das Verhältnis Durchmesser (d): Höhe (h) des Züchtungstiegels. Bei $d:h \gg 1$ (flacher Tiegel) ist die Aufrechterhaltung des vertikalen Temperaturgradienten und bei $d:h \ll 1$ (röhrenförmiger Tiegel) des horizontalen Temperaturgradienten sehr schwierig. Bei beiden Varianten entstehen stark verschachtelte Kristalle und die Neigung zur Krustenbildung am Tiegelboden und Schmelzoberfläche ist sehr ausgeprägt. Günstigere Bedingungen liegen vor, wenn $d:h \approx 1$ ist. Bei zeitweiliger lokaler Kühlung an der unteren Tiegelhälfte ist die Wärmeableitung nicht so groß, daß Kristallisation an der Schmelzoberfläche bzw. an der gegenüberliegenden Tiegelwand, wie es bei engen Röhrentiegeln der Fall ist, stattfindet. Da bei isometrischen Tiegeln die Kristallisation örtlich begrenzt eingeleitet werden kann, ist für die meisten Kristalle ein weitreichenderes homogenes Diffusionsfeld vorhanden. Daher besitzen sie größere Flächen und Dicken.

4. Physikalische Grundcharakterisierung der Kristalle

4.1. Photolumineszenzuntersuchungen

Zur Charakterisierung der grundlegenden Lumineszenzeigenschaften (Einfluß des Ga-Gehaltes und der Art und Konzentration der an der strahlenden Rekombination beteiligten Reststörstellen) der Kristalle wurden Photolumineszenzuntersuchungen bei tiefen Temperaturen durchgeführt. Das Experiment wurde bereits in einer früheren Arbeit (BINDEMANN, FISCHER, KÜHN, UNGER) beschrieben.

Ein typisches Lumineszenzspektrum (Probe 70) bei $T = 4{,}2$ K ist in Figur 4 dargestellt.

Zur Bestimmung der Bandlücke wurden an dem gleichen Kristall Absorptionsmessungen bei $T = 77$ K durchgeführt (HÖRIG, NEUMANN, FISCHER, KÜHN), aus denen sich für das freie Exziton eine Energie von 2,158 eV ergab. Aus Analogiebetrachtungen zum GaP, dessen Bandstruktur (COHEN, BERGSTRESSER) der des $Al_{1-x}Ga_xAs$ bei geringen Galliumgehalten sehr ähnlich ist (STUCKEL, EUWEMA), kann man die Bindungsenergie des freien Exzitons mit $E_{exc.} \approx 10$ meV ansetzen. Die Breite der verbotenen Zone dieser Probe beträgt bei $T = 4{,}2$ K $E_g = 2{,}173$ eV, der Ga-Gehalt 22%. Die Differenz zwischen den Bandlücken von AlAs (E_g = 2,238 eV) und $Al_{0,78}Ga_{0,22}As$(E_g = 2,173 eV bei $T = 4{,}2$ K) beträgt 65 meV. Somit ergibt sich eine Schrumpfung der Bandlücke von 3 meV pro Prozent Ga bei $x \approx 0{,}2$.

Die Ionisationsenergie für die erste Bande (P_{BE}) beträgt etwa 25 meV, für die zweite etwa 85—90 meV und für die dritte Bande etwa 130 meV. Die Differenz zwischen der zweiten und dritten Bande ergibt sich zu $\Delta E_{2-3} \approx 45$ meV.

Die analog hergestellte Probe B 8 ($x \approx 0{,}16$; E_g ($T = 4{,}2$ K) $\approx 2{,}188$ eV zeigt das in Figur 5 dargestellte Spektrum. Die Bande P_1 wird bei einer Energie von $E(P_1) - E(LO)$ und $E(P_1) - 2\,E(LO)$ wiederholt (nach ILEGEMS und PEARSON 1970 ist $E(LO) \approx 45$—47 meV bei $x \approx 0{,}2$). Bei Verringerung der Anregungsintensität[1]) verschieben sich die Banden in Richtung geringer Energien und ihre Halbwertsbreiten verringern sich ebenfalls. Dieses Verhalten ist für einen Donator-Akzeptor-Paar(DAP)-Rekombinationsmechanismus charakteristisch. Nach MALM nimmt bei der DAP-Rekombination die Phononenkopplung (LO-Phononen) mit wachsendem R (Abstand zwischen Donator und Akzeptor) zu. Da bei geringen Anregungsintensitäten $I_{Anreg.}$ die Rekombination vorwiegend über Donator-Akzeptor-Paare mit großem Abstand R erfolgt, müssen entsprechend dem angeführten Modell die LO-Phononensatelitten klarer hervortreten, was auch tatsächlich beobachtet wird. Die abgestrahlte Photonenenergie für die DAP-Nullphononenlinie ergibt sich aus Gleichung 2:

$$h\nu = E_g - (E_A + E_D) + \frac{e^2}{\varepsilon R}, \tag{2}$$

[1]) Durch den geringeren Absorptionskoeffizienten bei 546 nm wird ein um den Faktor $\approx 10^3$ größeres Volumen angeregt. Das entspricht einer Verringerung des Anregungsniveaus um insgesamt das $\approx 5 \cdot 10^5$-fache.

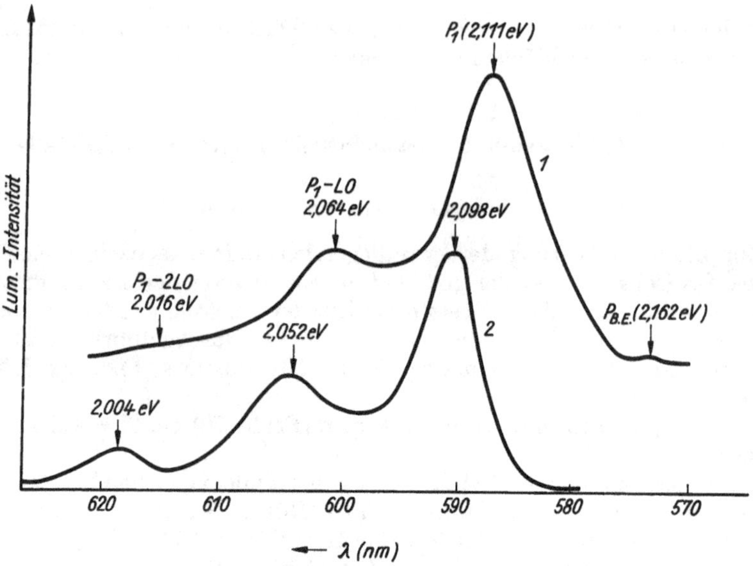

Fig. 5. Photolumineszenzspektrum einer undotierten $Al_{0,84}Ga_{0,16}As$-Probe bei $T = 4{,}2$ K und verschiedenen Anregungsniveaus 1 ($\lambda = 365$ nm) − J_0; 2 ($\lambda = 546$ nm) − $J_0 \cdot 10^{-6}$ (ähnliche Spektren für $x \approx (0{,}3 - 0{,}4)$ erhielten ALFEROV et al.)

wobei e die Elementarladung und ε die Dielektrizitätskonstante ist. Wenn man annimmt, daß das Maximum der Nullphononenlinie einem DA-Abstand von $R \approx 50-60$ Å (TRUMBORE et al.; MORGAN et al.) entspricht, erhält man $\frac{e^2}{R\,\varepsilon} \approx 25-30$ meV. Die Summe der Bindungsenergien ist demnach

$$E_A + E_D = 100 \pm 10 \text{ meV}$$

Da die Kristalle neben Cu, Ca, Fe vorwiegend Si und Mg enthalten, liegt der Schluß nahe, daß Si als Donator und Mg als Akzeptor wirksam wird und die Summe von $E_A(\text{Mg}) + E_D(\text{Si}) = 100 \pm 10$ meV beträgt.

In Figur 6 deutet sich auf dem Anstieg zur P_1-Bande bei hohen Anregungsintensitäten eine Schulter an. Diese Bande (P_0) liegt etwa 25—35 meV höher als P_1. Da P_0 in p-Proben auftritt, ist anzunehmen, daß bei hohen Anregungsintensitäten der DAP-Mechanismus gesättigt wird und zusätzlich eine Leitungsband-Akzeptor-Rekombination einsetzt. Für die Bindungsenergie des flachen Donators ergibt sich unter Berücksichtigung von $\frac{e^2}{\varepsilon R}$ $E_D(\text{Si}) \approx 65 \pm 10$ meV, woraus für $E_A = 35 \pm 10$ meV folgt.

In allen Proben tritt bei 26 meV unterhalb Eg bei hohen Anregungsintensitäten und $T = 4{,}2$ K eine schmale Linie (Halbwertsbreite 5—7 meV) auf. Bei Verringerung der Anregungsintensität bzw. Erhöhung der Temperatur ($T \approx 15$K) verschwindet diese Linie. Ein derartiges Verhalten ist für Exzitonen die an einen neutralen Donator gebunden sind, charakteristisch. In einigen Proben zeigt diese Linie eine Dublett-Struktur (Fig. 7). Wahrscheinlich entsteht diese Dublett-Struktur durch Rekombination an verschiedenartigen neutralen Donatoren gebundender Exzitonen.

Spektren mit höherem Si-Gehalt (qualitativer Vergleich mit der spd-Skala bei der Spektralanalyse), zeigen bei etwa 1,82 eV eine weitere breite Lumineszenz-

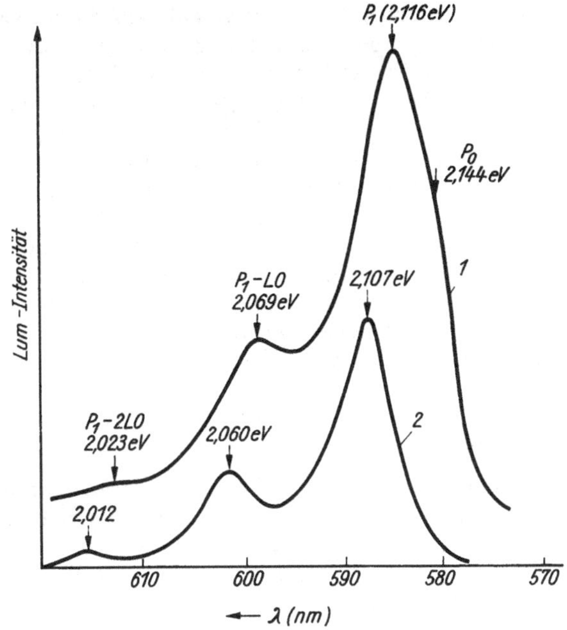

Fig. 6. Photolumineszenzspektrum einer undotierten $Al_{0,85}Ga_{0,15}As$-Probe (p-Typ) bei $T = 4,2$ K und verschiedenen Anregungsniveaus 1 – J_0; 2 – $J_0 \cdot 5 \cdot 10^{-3}$

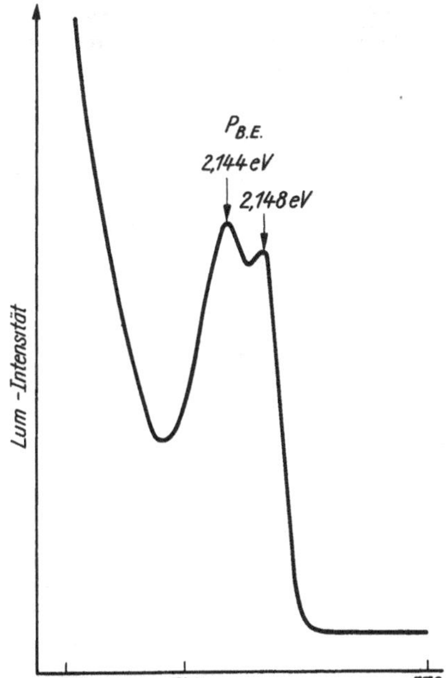

Fig. 7. Photolumineszenzspektrum einer undotierten $Al_{0,78}Ga_{0,22}As$-Probe bei $T = 4,2$ K im Bereich von 575 bis 585 nm

bande (P_3). In Proben, die einen geringen Si-Gehalt aufweisen, erscheint diese Bande nicht oder nur sehr schwach. Dotiert man unter sonst gleichen Arbeitsbedingungen mit Si (5 mg Si/g Ga), so tritt diese Bande wieder auf.

Si wird in $A^{III}B^{V}$-Verbindungen in Abhängigkeit von der Konzentration und der Abkühlungsgeschwindigkeit amphoter in den Kristall eingebaut. Bei geringen Konzentrationen tritt es vorwiegend als Donator in Erscheinung, während es bei höheren Konzentrationen auch als Akzeptor wirkt (z. B. im GaP nach DEAN, FROSCH, HENRY).

Die eindeutige Si-Abhängigkeit des P_3-Bandes läßt den Schluß zu, daß Si entweder als tiefer Akzeptor ($E_A \approx 200$ meV) eingebaut wird und die Rekombination über Si—Si-Paare erfolgt oder daß unter Beteiligung anderer Störstellen (z. B. Si-Donatoren) oder Gitterstörungen (Vakanzen u. ä.) ein energetisch tief liegender Komplex gebildet wird, über den die Rekombination erfolgt.

4.2. Leitungstyp, Konzentration und Beweglichkeit der freien Ladungsträger

Zur Messung dieser Größen wurden der Hall- und der Infrarot-Faraday-Effekt herangezogen. Der Faraday-Effekt äußert sich in einer Drehung der Polarisationsebene von linear polarisiertem Licht beim Durchgang des Lichtes durch die Kristallprobe parallel zum Magnetfeld B. Für den Drehwinkel Θ gilt die Gleichung 3 (BALKANSKI, AMZALLAG):

$$\Theta \propto \frac{\lambda^2 B}{m_F^{*2}} \cdot N \propto \frac{1}{R} \tag{3}$$

Hierbei sind: λ — Wellenlänge des Lichtes, m_F^* — effektive Faraday-Effekt-Masse, B — Stärke des Magnetfeldes, R — Hall-Koeffizient, N — Konzentration der freien Ladungsträger. Die Vorzeichen von Θ und R hängen vom Leitungstyp der Probe ab.

Hall-Effekt- und Leitfähigkeitsmessungen wurden an Proben der Charge 121 durchgeführt. Die in Tabelle 2 angegebenen μ_H-Werte liegen z. T. erheblich unter den von ETTENBERG und Mitarbeitern genannten Werten für reines AlAs, das durch Gasphasenepitaxie hergestellt wurde. Die Ursache dafür dürfte einmal in dem relativ hohen Si-Gehalt bei zugleich geringer Kompensation zu

Tabelle 2
Vergleich verschiedener $Al_{1-x}Ga_xAs$-Proben

Proben-Nr.	GaAs-Gehalt (Mol-%)	Leitungs-typ	μ_H bei 300 °K (cm²/Vs)	Eg(eV) Ab-sorptions-messung bei 300 K	Eg(eV) Photo-lumines-zenz bei 4,2 K	N (10^{17}cm^{-3})
70/01	24	n	—	2,065	—	3,5
121/1	17	n	140	—	2,090P_1	6,4
121/2	17	n	85	—	2,090P_1	7,0
121/5	17	n	—	—	—	6,8
121/6	17	n	—	—	—	7,1
2	20	n	—	—	—	1,0
3	20	p	—	—	—	6···10
4	20	n	—	—	—	0,78
6	20	n	—	—	—	0,72

suchen sein und zum anderen in dem bei Mischkristallen stets auftretenden „alloy scattering"-Effekt. Die durch Hall-Messungen erhaltenen R-Werte wurden benutzt, um mit Hilfe des Faraday-Effektes die Größe der effektiven Masse m_F^* zu bestimmen. Es wurde der Wert $m_F^* = 0{,}29\ m_0$ (m_0-Masse des freien Elektrons) gefunden (RHEINLÄNDER et al. 1972). Damit war es möglich, an kleinen, planparallelen, polierten Proben verschiedener Kristallchargen die Ladungsträgerkonzentration zu bestimmen. Einige Beispiele für gemessene Θ-Spektren sind in Figur 8 dargestellt. Das Abweichen der Drehwinkel nach höheren Werten bei Annäherung an den Koordinatenursprung ist auf Beiträge von Interbandübergängen zur Gesamtdrehung zurückzuführen (RHEINLÄNDER, NEUMANN 1971). Leitungstyp und Ladungsträgerkonzentrationen sind in Tabelle 2 vermerkt. Die bei den Proben Nr. 2, 4 und 6 gegenüber den Proben 121 wesentlich geringere Elektronenkonzentration N scheint zunächst auf eine

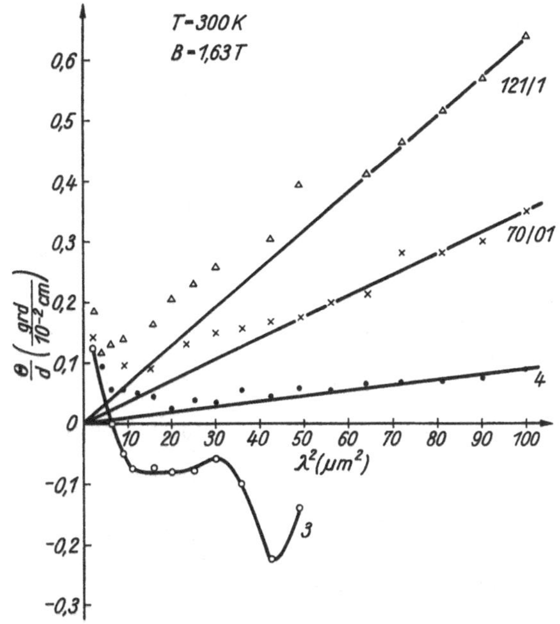

Fig. 8. Abhängigkeit des spezifischen Faraday-Drehwinkels vom Quadrat der Wellenlänge für drei n-leitende und eine p-leitende Probe $Al_{1-x}Ga_xAs$ ($0{,}15 < x < 0{,}25$)

schwache Dotierung hinzudeuten. Da die Photolumineszenzdaten jedoch zeigten, daß sich alle untersuchten Proben nur wenig unterscheiden, ist es wahrscheinlich, daß die tieferen N-Werte auf eine höhere Si-Selbstkompensation zurückzuführen sind. Im Falle der Probe Nr. 3 hat die Selbstkompensation bis zum Umschlag in den p-Leitungstyp geführt. Das Θ-Spektrum dieser Probe ist ebenfalls in Figur 8 eingetragen. Es hat einen von den anderen Proben erheblich abweichenden Charakter. Das negative Vorzeichen der Θ-Werte zeigt, Löcherleitung an. Die für $\lambda^2 > 10\ \mu m^2$ vom λ^2-Gesetz gemäß Gleichung 3 abweichende Wellenlängenabhängigkeit des Drehwinkels ist typisch für $A^{III}B^{V}$-Verbindungen und wird durch Elektronenübergänge zwischen jeweils zwei der drei Unterbänder des Valenzbandes hervorgerufen (WALTON und MISHRA). Eine quantitative Deutung dieses Effektes kann noch nicht gegeben werden.

Herrn Dr. Streubel danken wir für die Elektronenstrahlmikrosondenuntersuchungen und Frau Ing. L. Fischer für die Anfertigung der Spektralanalysen.

Literatur

Alferov, Zh. I., Garbuzov, D. Z., Ninua, O. A., Trofim, V. G.: Fiz. Tekh. Poluprov. 5 1116 (1971)
Balkanski, M., Amzallag, E.: phys. stat. solidi 30, 407 (1968)
Bindemann, R., Fischer, P., Kühn, G., Unger, K.: phys. stat. solidi (a) 7 K121 (1971)
Brühl, H. G., Schmidt, W.: Kristall und Technik (dieses Heft)
Bolling, G. F., Tiller, W. A., Rutter, J. W.: Canad. J. Phys. 34, 234 (1956)
Cohen, M. L., Bergstresser, T. K.: Phys. Rev. 141 789 (1966)
Dean, P. J., Frosch, C. J., Henry, C. H.: J. appl. Phys. 39, 5631 (1968)
Ettenberg, M., Sigai, A. G., Dreben, A., Gilbert, S. L.: J. electrochem. Soc. 118, 1355 (1971)
Faust, J. W., John, H. F.: J. Phys. Chem. Solids 25, 1407 (1964)
Faust, J. W., John, H. F.; Pritchard, D.: J. Crystal Growth 3, 4 321 (1968)
Hörig, W., Neumann, M., Fischer, P., Kühn, G.: phys. stat. solidi 42 K193 (1970)
Ilegems, M., Pearson, G. L.: Proc. Int. Symp. on GaAs 1968 (London: The Institute of Physics and the Physical Society) p. 3
Ilegems, M., Pearson, G. L.: Phys. Rev. B1 1576 (1970)
Kischio, W.: Z. anorg. allgem. Chem. 328 187 (1964)
Kühn, G., Leonhardt, A.: unveröffentlichte Ergebnisse
Kern, R., Simon, B.: Acta Metallurgica 15, 911 (1967)
Lorenz, M. R., Chicotka, R., Pettit, C. D., Dean, P. J.: Solid State. Comm 8, 693 (1970)
Malm, H. L., Haering, R. R.: Canadian J. Phys. 49 2970 (1971)
Morgan, T. G., Plaskett, T. S., Pettit, G. D.: Phys. Rev. 180, 845 (1969)
Panish, M. B., Sumski, S.: J. Phys. Chem. Solids 30, 129 (1968)
Rheinländer, B., Neumann, H., Fischer, P., Kühn, G.: phys. stat. solidi (b) 49, K167 (1972)
Rheinländer, B., Neumann, H.: phys. stat. solidi (b) 45, K9 (1971)
Stranski, J. N.: Discussions Faraday Soc. 5, 69 (1949)
Stringfellow, G.: J. Phys. Chem. Solidis 33, 668 (1972)
Stuckel, D. J., Euwema, R. N.: Phys. Rev. 188, 1193 (1969)
Trumbore, F. A., Thomas, D. G.: Phys. Rev. 137A, 1030 (1965)
Walton, A. K., Mishra, U. K.: Proc. Phys. Soc. 90, 1111 (1967)
Woodak, I. M., Rupprecht, H., Reuter, W.: I. electrochem. Soc. 116 899 (1969)

(Eingegangen 20. September 1972)

Anschriften der Verfasser:

Dr. G. Kühn
Dr. P. Fischer
Sektion Chemie der Karl-Marx-Universität Leipzig
Bereich Kristallographie
703 Leipzig
Scharnhorststr. 20
Dipl.-Phys. R. Bindemann
Dr. B. Rheinländer
Dr. W. Hörig
Sektion Physik der Karl-Marx-Universität Leipzig
701 Leipzig
Linnéstr. 5
DDR

Kristall und Technik	8	1—3	1973	177—179

W.-H. PETZKE, V. GOTTSCHALCH, E. BUTTER

Sektion Chemie, Karl-Marx-Universität, Leipzig

Die autoepitaktische Abscheidung von GaAs im System $Ga(CH_3)_3-AsH_3-H_2$

Die epitaktische Abscheidung von $A^{III}B^{V}$-Halbleitern durch Pyrolyse metallorganischer Verbindungen erfolgte bisher vorzugsweise auf isolierenden Substraten (MANASEVIT). In der Literatur wurde die Abscheidung von GaAs auf GaAs und Ge erwähnt (MANASEVIT, SIMPSON; RAI-CHOUDHURY).

Im Rahmen der vorliegenden Arbeit wurde versucht, dünne, spiegelglatte GaAs-Schichten auf GaAs zu erhalten. Die Substrattemperaturen lagen zwischen 600 und 830 °C, der Partialdruck von Galliumtrimethyl variierte zwischen $2{,}0 \times 10^{-4}$ und $3{,}3 \times 10^{-3}$ atm. Das Verhältnis $Ga(CH_3)_3 : AsH_3$ betrug 1:6 bis 1:8. Damit wurden Wachstumsraten zwischen 0,1 und 0,8 $\mu m\, min^{-1}$ erreicht. Die Substrate waren sowohl n- als auch p-leitend und mechanisch poliert.

Die Versuche sind in einem vertikalen, wassergekühlten Quarzreaktor mit Widerstandsheizung durchgeführt worden. Die Vereinigung der Gasströme erfolgte in der kalten Zone über dem Substrat.

Die erhaltenen autoepitaktischen GaAs-Schichten sind planparallel und zeigen an den Rändern keine Abrundungen. Die Oberflächenstruktur wird weitgehend durch die gleichen Erscheinungen geprägt, wie sie auch bei chemischen Transportreaktionen im $Ga-AsCl_3-H_2$- bzw. $GaAs-J_2-H_2$-System auftraten (HOLLOWAY, BOBB; ŠEFTAL, MAGOMEDOW).

So konnte festgestellt werden, daß bei niedrigen Temperaturen Einfachzwillinge auftraten, die mit steigender Substrattemperatur über Wachstumshügel und Plateaus (Fig. 1) zu glatten Schichten übergingen. Ausgeprägte

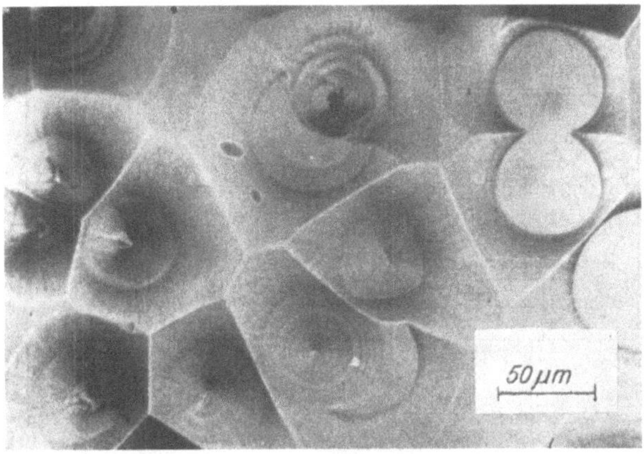

Fig. 1. Oberfläche einer (111) Ga-Fläche mit Plateaus und Wachstumshügeln

Fig. 2. Oberfläche einer (111)-As-Fläche mit Einfachverzwilligung

Zwillingsbildung zeigt sich auf (111)-As-Seiten (Fig. 2), während die Schichten auf (100)-Flächen immer relativ glatt waren.

Durch Verändern der Züchtungstemperatur wurde versucht, die aufgezählten Defekte auf ein Minimum zu reduzieren. Zur Registrierung der Defektdichte ist die relative Reflexion mittels eines Lichtmikroskops und Photozelle gemessen worden.

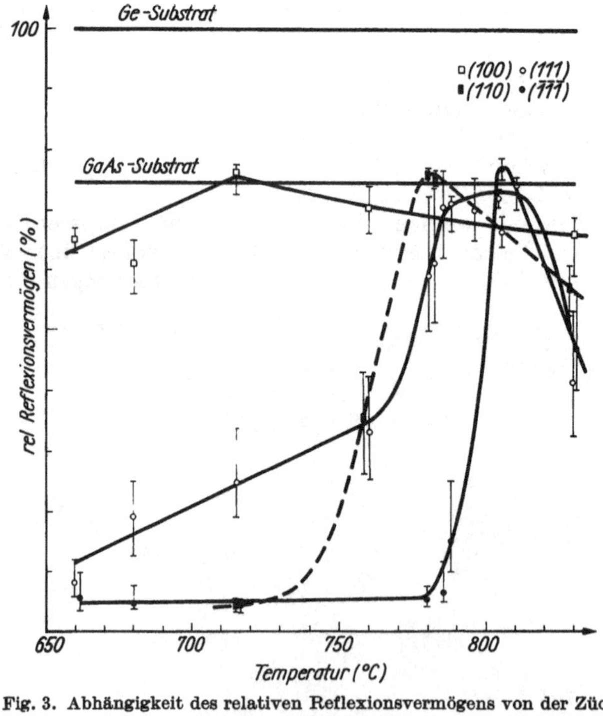

Fig. 3. Abhängigkeit des relativen Reflexionsvermögens von der Züchtungstemperatur für GaAs auf GaAs. (Der Wert bei 805 °C für die (111)-Ga-Fläche liegt unterhalb der Kurve, da ein Ga:As Verhältnis von 1:11 verwendet wurde)

Tabelle 1

Orientierung	Optimale Substrattemperatur (°C)	Winkel zwischen der Wachstums- und ⟨111⟩-Richtung
{100}	715	55°
{110}	780	35°
{111} Ga	790–810	0°
{111} As	805	0°

Entsprechend der Anzahl und Größe der auftretenden Störungen nimmt die Intensität des reflektierten Lichtes ab. Auf diese Weise können natürlich nur solche Defekte erfaßt werden, die zur Störung der Oberfläche führen.

Figur 3 zeigt die relative Reflexion von GaAs-Schichten auf (111)Ga-, (111)As-, (110)- und (100)-GaAs-Substraten als Funktion der Substrattemperatur. Als Standard wurden ein wischpoliertes GaAs- und Ge-Substrat verwendet. Aus der Tabelle 1 sind die Temperaturen ersichtlich, bei denen sich Schichten mit der geringsten Defektdichte bildeten. Die Defektdichte wird noch entscheidend vom Ga—As-Verhältnis in der Gasphase beeinflußt.

Wie aus Figur 1 und 2 ersichtlich ist und durch HOLLOWAY und BOBB ausführlich im Ga—$AsCl_3$—H_2-System untersucht wurde, ist Zwillingsbildung die Ursache der auftretenden Defekte, wodurch auch die Werte der optimalen Substrattemperaturen erklärt werden. Nach HOLLOWAY, WOLLMANN und JOSEPH ist eine um so höhere Substrattemperatur für zwillingsfreies Wachstum nötig, je kleiner der Winkel zwischen Wachstumsrichtung und einer ⟨111⟩-Richtung ist. Dementsprechend werden für die {111}-Flächen die höchsten Substrattemperaturen benötigt, um glatte, zwillingsfreie Schichten zu erhalten. Ein ähnlicher Verlauf ergibt sich für Ge-Substrate, nur wird die Schichtperfektion durch zusätzliche Faktoren (Symmetrieunterschiede, Bildung neuer Phasen) beeinflußt.

Eine ausführliche Darstellung der Ergebnisse zur Autoepitaxie des GaAs sowie der Heteroepitaxie auf Ge-, Verneuil-Spinell- und Korundsubstraten wird zu einem späteren Zeitpunkt erfolgen.

Literatur

HOLLOWAY, H., BOBB, L. C.: J. appl. Physics **38**, 2893 (1967)
HOLLOWAY, H., WOLLMANN, K., JOSEPH, A. S.: Phil. Mag. **11**, 263 (1965)
MANASEVIT, H. M., SIMPSON, W. J.: J. Electrochem. Soc. **116**, 1725 (1969)
MANASEVIT, H. M.: Appl. Physics Lett. **12**, 156 (1968)
RAI-CHOUDHURY, P.: J. Electrochem. Soc. **116**, 1745 (1969)
ŠEFTAL, N. N., MAGOMEDOW, Ch. A.: Kristall und Technik **2**, 193 (1966)

(Eingegangen am 26. September 1972)

Anschrift der Verfasser:
Prof. Dr. sc. E. BUTTER
Dipl.-Chem. W.-H. PETZKE
Dipl.-Min. V. GOTTSCHALCH
Arbeitsgruppe Festkörperchemie der
Sektion Chemie der Karl-Marx-Universität
701 Leipzig
Liebigstr. 18
DDR

Kristall und Technik	8	1–3	1973	181–191

M. Schulz, H. Schaefer, M. Seifert, H. Heckert

Kombinat VEB Halbleiterwerk Frankfurt (Oder)
Bereich Materialforschung Stahnsdorf

Ergebnisse bei der Darstellung von GaAs-Einkristallen[1])

Es wird über Arbeiten zur Züchtung von ⟨111⟩ und ⟨100⟩ orientierten GaAs-Einkristallen nach der Czochralski-Technik mit Abdeckschmelze berichtet. Dargestellt werden Versuchsergebnisse zur Kristallperfektion und zur Dotierung. Für Zinn- und Tellur-dotierte GaAs-Einkristalle werden Zusammenhänge zwischen eingesetztem Dotierungsmaterial und den Kristalleigenschaften experimentell untersucht und diskutiert. Der bei den Untersuchungen ermittelte Verteilungskoeffizient für Sn in GaAs wird mit früher veröffentlichten Werten verglichen. Des weiteren werden Ergebnisse über die Homogenität hinsichtlich der Dotierung und der Perfektion dargestellt.

Investigations of GaAs-crystals, grown by liquid encapsulation technique in ⟨111⟩ and ⟨100⟩ directions are reported. The results of investigation on crystal perfection and contaminations of tin and tellurium are represented and discussed. The dependence of the crystal properties on the used dopands is given. The segregation koefficient of tin in galliumarsenide obtained experimentally is compared with earlier published values.

Further, results on homogenity with regard to distribution of contaminations and defects are represented.

1. Einleitung

Die Bedeutung des GaAs für die Konstruktion von Halbleiterbauelementen führte insbesondere wegen der steigenden Beachtung, die die Optoelektronik in den letzten Jahren fand, zu einer intensiven Forschung auf dem Gebiet der GaAs-Einkristallzüchtung. Daneben hat die GaAs-Entwicklung entscheidende Impulse durch die Arbeiten zum Gunn-Oszillator erhalten. Obwohl heute bekannt ist, daß man hochreines GaAs zweckmäßigerweise durch epitaktische Abscheidung auf kompaktem GaAs erzeugt, wurde die Forschung zur GaAs-Einkristallzüchtung doch durch die Elektronentransferelemente mit stimuliert. Insbesondere technisch-ökonomische Gesichtspunkte aber auch die Tendenz, optoelektronische Bauelemente möglichst über die Epitaxieplanartechnik zu realisieren, hat dazu geführt, vorwiegend GaAs als Substratmaterial einzusetzen und GaAs sowie auch andere binäre oder ternäre $A^{III}B^{V}$-Verbindungen epitaktisch auf derartigem Substratmaterial abzuscheiden. Die vielseitigen Anwendungsmöglichkeiten des GaAs erfordern natürlich auch unterschiedlichste Eigenschaften des einkristallinen Materials. Selbst bei der Her-

[1]) Erweiterte Fassung eines Vortrages auf der Jahrestagung der Deutschen Vereinigung für Kristallographie im November 1971 in Berlin.

stellung von Substratmaterialien für Epitaxiezwecke werden sehr spezifische Forderungen hinsichtlich der Dotierung, der Reinheit, der Orientierung und der Perfektion an den Einkristall gestellt.

Über Arbeiten zur Darstellung und Charakterisierung von GaAs-Einkristallen nach der Czochralski-Technik wird im folgenden berichtet. Dargestellt und diskutiert werden Versuchsergebnisse zur Dotierung und zur Kristallperfektion sowie Fragen der Homogenität im Zusammenhang mit entsprechenden Charakterisierungsverfahren.

Für die Darstellung von GaAs-Einkristallen sind, wie bei den Elementhalbleitern, das tiegelfreie Zonenschmelzen, das Bridgman- und das Czochralski-Verfahren bekannt. Bedingt durch die extrem unterschiedlichen Gleichgewichtsdampfdrücke für die beiden Elemente werden insbesondere für das Czochralski-Verfahren in der Literatur (Gremmelmeier; Richards; Wickham; Mullin et al., Weiner et al.) die verschiedensten Varianten beschrieben. Hauptanliegen aller Techniken ist, das Ausdampfen des leicht flüchtigen Arsens zu vermeiden, was eine Verarmung der Schmelze an Arsen zur Folge hätte, bzw. eine Kondensation dieses Elementes an den Rezipientenwänden zu verhindern. Das Kondensieren wird meistens durch Erwärmen (~ 600 °C) des gesamten Rezipienten herabgesetzt, während zur Vermeidung der Ausdampfung technisch unterschiedliche Lösungen bekannt sind (Gremmelmeier; Richards; Wickham).

Die hier zur Diskussion stehende Variante wurde erstmals von Mullin und neuerdings von Weiner u. Mitarbeitern beschrieben und hat den wesentlichen Vorteil, daß auf das Erwärmen des gesamten Rezipienten verzichtet werden kann. In Figur 1 ist eine entsprechende schematische Anordnung dargestellt. Das Ausdampfen des Arsens wird durch Überschichten der Halbleiterschmelze mit einer inerten durchsichtigen Abdeckschmelze verhindert.

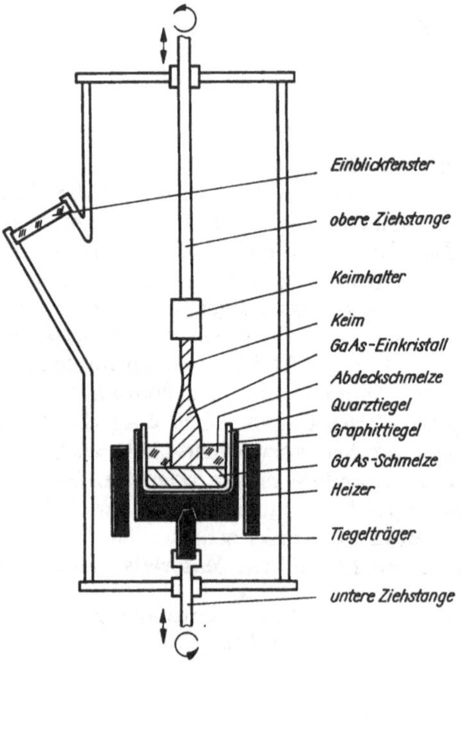

Fig. 1. Schematische Darstellung zum Czochralski-Verfahren mit Abdeckschmelze

Für die GaAs-Einkristallzüchtung hat sich dabei das B_2O_3 durchgesetzt, das vor dem Einsatz durch Ausheizen im Hochvakuum sorgfältig entwässert wird. Die Einkristallzüchtung erfolgt gewöhnlich aus Quarztiegeln. Die Erwärmung der Schmelze auf 1238 °C findet, wie bei den Elementhalbleitern, sowohl durch induktive als auch ohmsche Widerstandsheizung statt. Der inerte Gasüberdruck beträgt üblicherweise 0,5—1 atü.

Die Güte eines Halbleitereinkristalls wird im allgemeinen durch seine elektrischen und kristallographischen Parameter bestimmt:

a) Fremdstoffgehalt (Dotierung, Verunreinigung)
b) Perfektion (Versetzungsdichte, Feinkorngrenzen)
c) Homogenität hinsichtlich a) und b).

Diese charakteristischen Parameter sollen nun an Beispielen untersucht und diskutiert werden, wobei sich unsere Aussagen auf GaAs-Einkristalle beziehen, die nach der skizzierten Czochralski-Technik in ⟨111⟩ oder ⟨100⟩ gezogen wurden. Bei der Dotierung erfolgt hier eine Beschränkung auf Zinn und Tellur.

2. Dotierung von GaAs-Einkristallen

2.1. Konzentration der Dotierungselemente

Zur Einstellung der Konzentration freier Ladungsträger wurden Dotierungen des GaAs-Materials mit Sn und Te durchgeführt. Die Konzentration der Elektronen im Leistungsband wird nicht nur durch das Dotierungselement festgelegt, sondern auch durch die Gegenwart anderer chemischer Verunreinigungen und Strukturdefekte. Dabei ist zu beachten, daß die beiden von uns verwendeten Dotierungselemente unterschiedlich in GaAs eingebaut werden können. Te wird nur auf Ga-Plätzen eingebaut, während Sn sowohl auf Ga-Plätzen als Donator als auch auf As-Plätzen als Akzeptor eingebaut werden kann.

Diese Überlegungen führen zu Experimenten, die den Zusammenhang zwischen der Konzentration der Dotierungselemente Sn und Te und der Konzentration der freien Elektronen liefern. Halleffektsmessungen und Messungen der elektrischen Leitfähigkeit dienten zur Bestimmung der Trägerkonzentration und der Elektronenbeweglichkeit. Aus diesen Messungen kann nach einem von Friedel vorgeschlagenen Verfahren die elektrisch wirksame Donatorkonzentration ermittelt werden. Für unsere weiteren Betrachtungen haben wir diese Donatorkonzentration verwendet und sie mit der chemisch ermittelten Konzentration der Dotierungselemente verglichen. Zum Nachweis der Dotierungselemente konnte eine polarographische Methode verwendet werden (Kohl). Die Genauigkeiten beider Nachweismethoden liegen für die Trägerkonzentration und für das chemische Verfahren bei $\pm$ 10%. Die mit Hilfe des Modellverfahrens ermittelte Donatorkonzentration ist wegen auftretender Inhomogenitäten, die die Halleffekt- und Leitfähigkeitsmessung beeinflussen, und einschränkender Voraussetzungen, die dem Modell anhaften (Friedel), noch mit einer zusätzlichen Unsicherheit behaftet.

Auf Figur 2 sind die elektrisch wirksamen Donatorkonzentrationen über die chemisch ermittelten Konzentrationen des Dotierungselementes dargestellt.

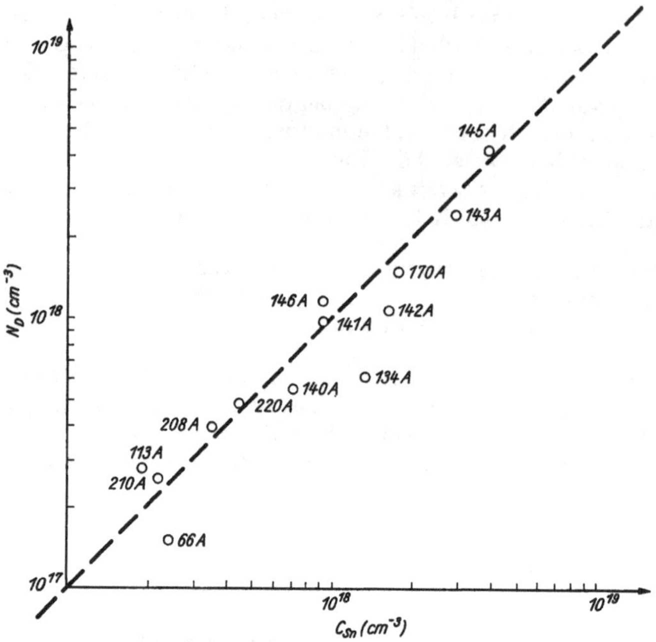

Fig. 2. Einfluß der Sn-Konzentration auf die Donatoren-Konzentration in GaAs-Kristallen, die nach der Czochralski-Technik hergestellt wurden

Es wurden Scheiben aus verschiedenen Kristallen verwendet. Die Meßproben für diese Untersuchungen wurden aus den Kristallanfängen entnommen, um vergleichbare Versuchsbedingungen zu haben, die am Kristallende nicht immer gewährleistet sind. Die Abweichungen von der Paritätskurve können durch die weiter oben erwähnten Ungenauigkeiten der Meßverfahren erklärt werden. Wesentlich ist, daß danach die gesamte Sn-Konzentration als Donator wirksam ist.

Zur Bestätigung dieser Ergebnisse wurden Messungen an aufeinanderfolgenden Scheiben aus einem Kristall durchgeführt. Aus Figur 3 folgt, daß auch hier die Sn-Konzentration und die Konzentration des Donators innerhalb der Fehlergrenzen übereinstimmen. Auf Grund dieser guten Korrelation konnten Versuche zur reproduzierbaren Einstellung der Donatorkonzentration angestellt werden.

Es wurde die Donatorkonzentration in Abhängigkeit von der Sn-Einwaage untersucht, wobei die in den Figuren 2 und 3 dargestellten Ergebnissen die Anwendung der zeitaufwendigen chemischen Analyse ersparten. Donatorkonzentration und Sn-Einwaage sind in Figur 4 gegeneinander aufgetragen. Aus der von Pfann angegebenen Beziehung

$$\frac{c}{c_0} = k_{\text{eff}}\,(1-g)^{k_{\text{eff}}-1}$$

wurde der für unsere Züchtungsbedingungen geltende effektive Verteilungskoeffizient k_{eff} bestimmt, wobei g das Verhältnis des erstarrten Kristallvolumens zum eingesetzten GaAs-Volumen ist, c die Konzentration des Dotierungsele-

Fig. 3. Abhängigkeit der Donatorkonzentration von der Sn-Konzentration in einem GaAs-Kristall, der nach der Czochralski-Technik hergestellt wurde

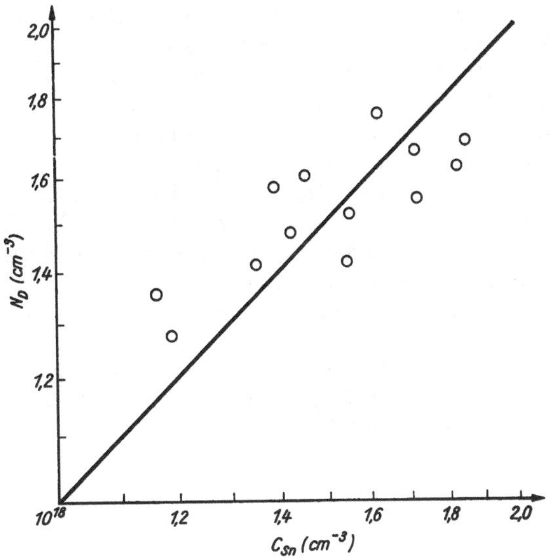

mentes an der Stelle g (konstanter Kristallquerschnitt vorausgesetzt) und c_0 die Ausgangskonzentration des Dotierungselementes in der Schmelze bedeuten. Ein aus der Literatur (Weisberg) bekannter effektiver Verteilungskoeffizient von $k_{eff} = 3 \cdot 10^{-2}$ wurde benutzt, um den Zusammenhang zwischen Sn-Einwaage

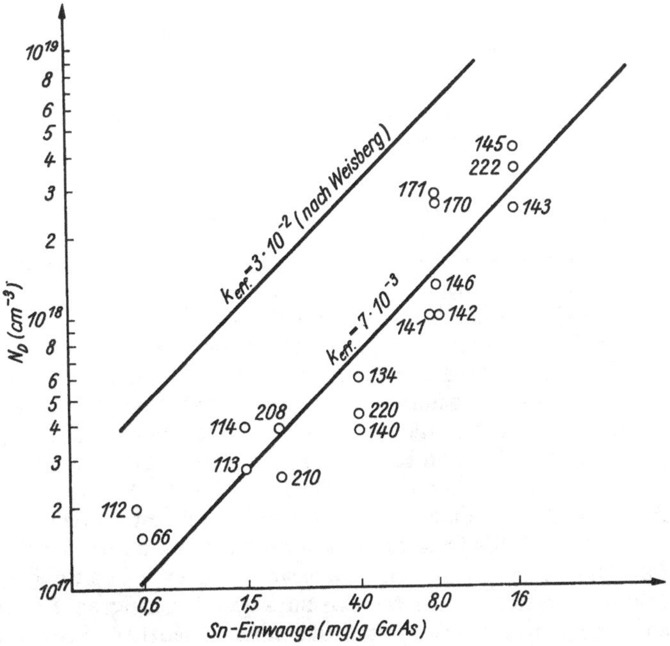

Fig. 4. Abhängigkeit der Donatoren-Konzentration von der Sn-Einwaage in verschiedenen GaAs-Einkristallen

und Donatorkonzentration zu berechnen. Dabei stellt sich heraus, daß der von uns ermittelte Koeffizient mit $7 \cdot 10^{-3}$ etwa nur ein Viertel des Literaturwertes beträgt. Derartige Unterschiede sind auch zu erwarten, da der so definierte effektive Verteilungskoeffizient erheblich von den experimentellen Bedingungen abhängt. Schon die unterschiedlichen Temperaturverhältnisse für die verschiedenen Kristallzüchtungsverfahren müßten ein unterschiedliches k_{eff} ergeben, so daß also Werte, die z. B. an Bridgman-Kristallen gefunden wurden, mit an Czochralski-Kristallen ermittelten nicht übereinstimmen müssen. Zur Prüfung unseres Ergebnisses wurden an aufeinanderfolgenden Scheiben aus einem Kristall Halleffektsmessungen durchgeführt und N_D bestimmt. Aus einem Vergleich der Verteilung der Donatorkonzentration über die Kristallänge mit dem von uns ermittelten effektiven Verteilungskoeffizienten von $7 \cdot 10^{-3}$ konnte eine sehr gute Übereinstimmung festgestellt werden (Fig. 5). Mit Hilfe der bisher dargestellten Ergebnisse ist natürlich eine relativ hohe Einstellgenauigkeit der Donatorkonzentration gegeben.

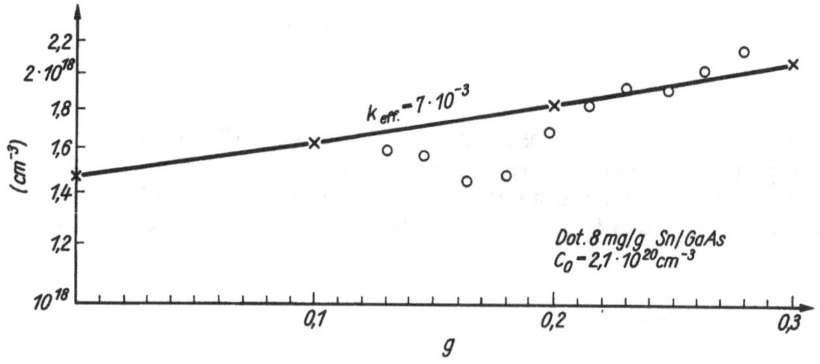

Fig. 5. Verteilung der Donatorenkonzentration in Wachstumsrichtung in einem Sn-dotierten GaAs-Einkristall

2.2. Die örtliche Verteilung der Dotierung

Für die Anwendung des GaAs-Materials zur Entwicklung von Bauelementen spielt die Verteilung der Dotierung eine wesentliche Rolle. Bereits in Figur 5 ist die Verteilung in Wachstumsrichtung zu erkennen. In den Figuren 6a und 6b sind die Träger- bzw. Donatorkonzentrationen für jeweils einen Sn- und einen Te-dotierten Kristall entlang der Züchtungsachse dargestellt. Der durch den effektiven Verteilungskoeffizienten bedingte Konzentrationsanstieg zum Kristallende wird durch Schwankungen der Konzentration überlagert. Diese Schwankungen sind z. T. durch Reglereingriffe während des Züchtungsprozesses zur Durchmesserkorrektur bedingt (z. B. Figur 5 die Absenkung der Konzentration bei $g = 0{,}17$). In Figur 6b ist sowohl die chemisch nachgewiesene Sn-Konzentration als auch die freie Trägerkonzentration über der Kristallänge dargestellt. Auch hier wird die gute Übereinstimmung zwischen Sn-Konzentration und Trägerkonzentration deutlich. Die zu Figur 7 gezeigten Konzentrationsänderungen über den Kristallquerschnitt sind wesentlich durch die Phasengrenze bedingt. Auf die Form der Phasengrenze wird im nächsten Abschnitt eingegangen.

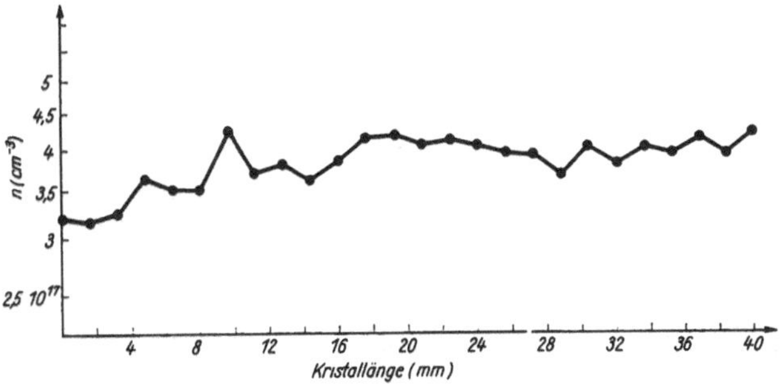

Fig. 6a. Verteilung der Elektronenkonzentration in Wachstumsrichtung in einem Te-dotierten GaAs-Einkristall

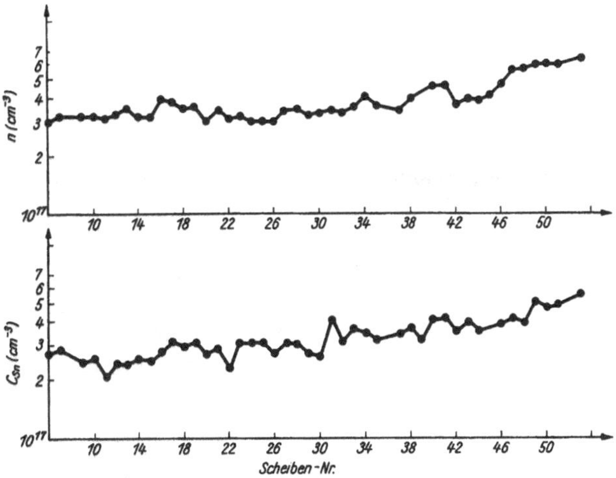

Fig. 6b. Verteilung der Elektronen- und der Sn-Konzentration in Wachstumsrichtung in einem Sn-dotierten GaAs-Einkristall

3. Perfektion

Die Versetzungsdichte und Versetzungsverteilung, insbesondere durch die Wechselwirkungen zwischen Versetzungen und atomaren Kristallbaufehlern, sind äußerst kritische Größen für die Güte von Halbleitereinkristallen. Es ist bekannt, daß die Perfektion entscheidend von der Keimgüte, den Anschmelzbedingungen, der Phasengrenze und den Züchtungsparametern bestimmt wird. Der Einfluß der beiden letzten wird im folgenden an Beispielen diskutiert.

Die Bestimmung der Versetzungsdichte erfolgte durch metallographische Nachweisverfahren. Hierzu wurden die Meßscheiben senkrecht zur Züchtungsrichtung herausgeschnitten und nach Beseitigung der Schneidstörungen durch Ätzpolieren geglättet und anschließend selektiv geätzt. Die Versetzungsdichten wurden durch Auszählen unter einem Lichtmikroskop ermittelt.

Die Versetzungsdichten des Kristallanfanges und -endes einer größeren Anzahl von Czochralski-Kristallen wurden in einem Diagramm dargestellt (Figur 8). Die Ordinate gibt die Summenhäufigkeit in Prozent wieder und ist nach dem

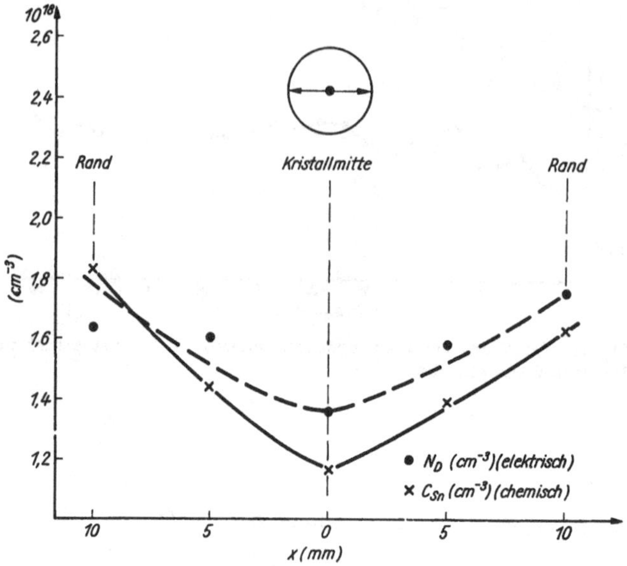

Fig. 7. Sn- und Donatorverteilung über den Kristallquerschnitt (senkrecht zur Wachstumsrichtung) in einem Sn-dotierten GaAs-Einkristall

Gauß'schen Fehlerintegral geteilt. Auf der Abszisse sind in logarithmischer Teilung die Versetzungsdichten aufgetragen. Die aus der Steilheit der Kurven abgelesene Streubreite beträgt für die Anfangswerte der untersuchten Kristalle etwa eine halbe Größenordnung, die σ-Grenzen liegen im Bereich von $5 \cdot 10^3$ bis

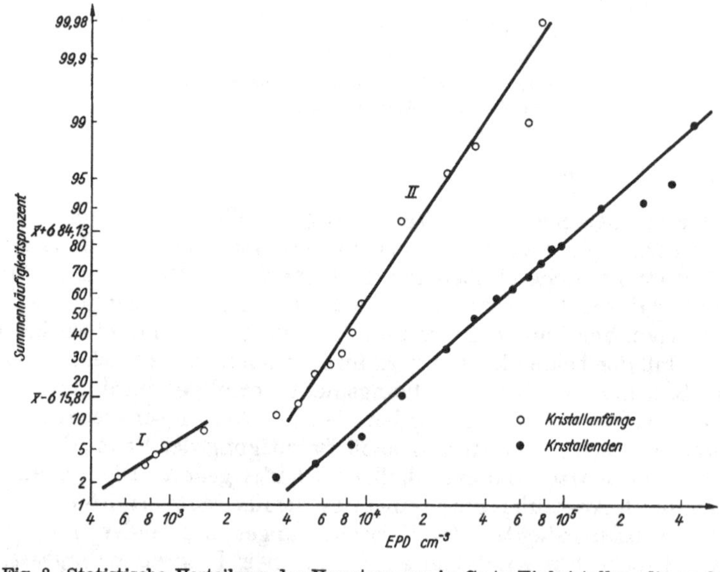

Fig. 8. Statistische Verteilung der Versetzungen in GaAs-Einkristallen, die nach dem Czochralski-Verfahren hergestellt wurden

$1,5 \cdot 10^4$ cm^{-2}. Die Streubreite der Endwerte beträgt etwa eine Größenordnung im Bereich von $1,5 \cdot 10^4$ bis $1 \cdot 10^5$ cm^{-2}. Dabei ist zu den Endscheiben zu bemerken, daß die Fixierung der Meßscheibe nicht immer eindeutig festliegt und der Streubereich naturgemäß größer sein muß. Insbesondere werden die Anfangswerte von der Keimqualität, den Anschmelzbedingungen und der ersten Wachstumsphase stark beeinflußt. Günstig bemerkbar macht sich eine Querschnittsverringerung unterhalb der Keimanschmelzstelle. Eine gezielte Beeinflussung der Versetzungsdichte am Ende des Kristalls gelingt verständlicherweise auf diesem Wege nicht. Mit steigendem Kristallquerschnitt nimmt die Versetzungsdichte stark zu und bleibt nach Erreichen des Solldurchmessers konstant, wie in Figur 9 aufgezeigt wird.

Die starke Zunahme der Versetzungsdichte mit steigendem Querschnitt wird einer vom Durchmesser abhängigen Verspannung der Kristalle zugeschrieben. Da die Form der Phasengrenze für die Verspannung im Kristall von entscheidender Bedeutung ist, wurde diese durch Abreißen des Kristalls von der Schmelze sowie durch anodisches Ätzen sichtbar gemacht. Durch beide Methoden konnte festgestellt werden, daß die Phasengrenze bei den hier dargestellten Versuchen stark konkav ist, wie aus den Figuren 10 und 11 ersichtlich ist. Da durch die Verringerung der Krümmung eine Verbesserung der Kristallstruktur

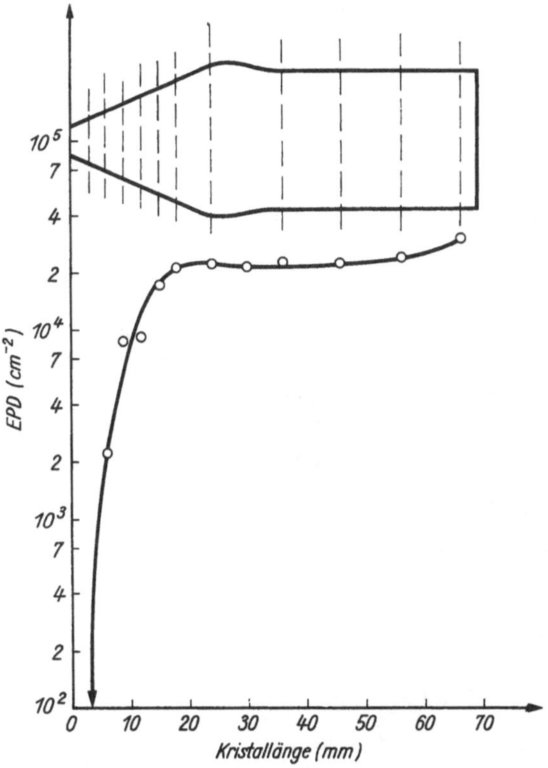

Fig. 9. Verteilung der Versetzungsdichte in Wachstumsrichtung in einem GaAs-Einkristall, der nach der Czochralski-Technik hergestellt wurde

Fig. 10. Der Verlauf der Phasengrenze am Kristallende (stark konkav)

zu erwarten ist, wurde versucht, durch Änderung des Temperaturfeldes die Phasengrenze zu beeinflussen. Durch Senken des Schmelztiegels im Heizer konnte eine teilweise konvexe, im mittleren Bereich ebene Phasengrenze erreicht werden (Fig. 12). Dabei ergaben sich jedoch leichte Dissoziationserscheinungen an der Kristallmantelfläche. Um diesen Nachteil zu beheben, wurden Versuche mit zusätzlicher Inertgaskühlung der Kristallmantelfläche durchgeführt, wobei jedoch der obige Effekt teilweise aufgehoben und zusätzlich die Umschlagshäufigkeit durch Bildung eines Grades am Rand der Phasengrenze erhöht wurde.

Spezielle Schwierigkeiten bei der Züchtung von GaAs-Einkristallen liegen in der Temperaturregelung zur optimalen Gestaltung der Phasengrenze und in der Steuerung des Kristalldurchmessers. Die Ursachen dafür sind in der apparativen Anordnung (Wärmeträgheit des Heizsystems bei Widerstandsheizung) sowie in der schlechten Wärmeleitfähigkeit des GaAs, die nur etwa ein Fünftel der der Elementhalbleiter beträgt, zu sehen.

Obwohl bekannt ist, daß die Umschlagwahrscheinlichkeit bei der Züchtung in ⟨100⟩-Richtung gegenüber der ⟨111⟩-Züchtung größer ist, wurden keine deut-

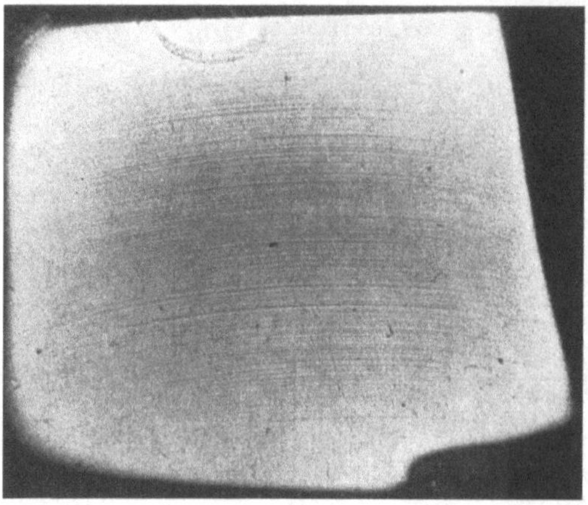

Fig. 11. Verlauf der Phasengrenze durch anodisches Ätzen sichtbar gemacht

Fig. 12. Phasengrenze am Kristallende mit in der Mitte ebenem Verlauf

lichen Unterschiede in der Perfektion der hergestellten GaAs-Einkristalle beobachtet (Fig. 8, 9). Desgleichen war auch bei den gewählten Dotierungsbereichen keine Abhängigkeit von der Konzentration oder dem Dotierungselement für die kristallographische Güte feststellbar.

Den Kollegen der Kristall- und Meßlaboratorien sind wir für die Überlassung unveröffentlichter Arbeitsergebnisse zu Dank verpflichtet.

Literatur

FRIEDEL, J., W. HÖRIG: Wiss. Zeitschr. Karl-Marx-Universität Leipzig, Math.-Naturwiss. R. 20. Jg. (1971) H. 1

GREMMELMEIER, R.: Z. Naturforsch. **119**, 11 (1956)

KOHL, W.: unveröff. Forschungsbericht, Stahnsdorf 1971

MULLIN, J. B., B. W. STRANGHAM, W. S. BRICKEL: J. Physic. Chem. Solids **26**, 782 (1962)

PFANN, W. G.: J. Metals, Juli, 741 (1972)

RICHARDS, J. L.: J. Sci. Instr. **34**, 289 (1957)

WEINER, M. E., D. T. LASSOTA, B. SCHWARTZ: J. Electrochem. Soc. Solid State Science **118**, 301 (1971)

WEISBERG, C. R., F. D. ROSI, P. G. HERKART: Properties of Elemental and Compound Semiconductors New-York–London 1960, S. 28 "Materials Research on GaAs and InP"

WICKHAM, R.: J. Sci. Instr. **38**, 396 (1961)

(Eingegangen am 19. September 1972)

Anschrift der Verfasser:

Dozent Dr. M. SCHULZ
Dipl.-Phys. H. SCHAEFER
Dipl.-Met. M. SEIFERT
Ing. H. HECKERT
Kombinat VEB Halbleiterwerk Frankfurt (Oder)
Bereich Materialforschung
1533 Stahnsdorf
Ruhlsdorfer Weg
DDR

Kristall und Technik	8	1–3	1973	193–198

H.-J. BAUTSCH, L. DÄWERITZ

Humboldt-Universität zu Berlin
Sektion Physik, Bereich Kristallographie

Strukturelle Deutung der Hochdrucktransformationen der Zink- und Cadmiumchalkogenide

Die bei Normaldruck in der Sphalerit- bzw. Wurtzitstruktur kristallisierenden Zn- und Cd-Chalkogenide gehen unter hohem Druck in die NaCl-Struktur über. Die im Vergleich zu den Zn-Chalkogeniden wesentlich niedrigeren Transformationsdrücke der Cd-Chalkogenide lassen sich auf Grund der Radienquotienten erklären. Analog der Abhängigkeit der Stabilität der Sphalerit- bzw. Wurtzitstruktur von der Größe des u-Wertes kann eine Beziehung zwischen den Transformationsdrücken und den nach einer Näherungsformel berechneten u-Werten aufgezeigt werden.

Zn- and Cd-chalcogenides crystallize at normal pressures in the sphalerite and wurtzite structure and transform at high pressures into the NaCl-structure. The essential lower transformation pressures of the Cd-chalcogenides in relation to the Zn-chalcogenides are explicable by the radius ratio. In analogy to the dependence of the stability of sphalerite and wurtzite structure on the size of u, it can be demonstrated a relation between the transformation pressures and the calculated u-values.

1. Einleitung

Die zur Gruppe der $A^{II}B^{VI}$-Verbindungen gehörenden Zink- und Cadmiumchalkogenide sind wegen ihrer Halbleitereigenschaften von Interesse. Da diese Verbindungen sowohl in der kubischen Sphaleritstruktur als auch in der hexagonalen Wurtzitstruktur kristallisieren, kommt kristallstrukturellen Fragen eine besondere Bedeutung zu. Beide Strukturen weisen die Koordinationszahl vier auf und treten wegen ihres geringen energetischen Unterschiedes häufig gleichzeitig auf. Bei hohen Drücken werden sie instabil und gehen in die NaCl-Struktur mit der Koordinationszahl sechs über. Diese Hochdruckphasen sind unter Normalbedingungen nicht metastabil, sondern instabil (KLEMENT, JAYARAMAN).

Bei der Untersuchung des Hochdruckverhaltens der Zink- und Cadmiumchalkogenide stellte sich heraus, daß es schwierig ist, einen einfachen Zusammenhang zwischen den für die einzelnen Verbindungen erforderlichen Transformationsdrücken zu finden (ONODERA; RANGE).

Die Deutung der bei den Untersuchungen zur relativen Stabilität der Sphalerit- und Wurtzitstruktur und deren Beeinflussung durch Abweichungen von der stöchiometrischen Zusammensetzung erhaltenen Ergebnisse (DÄWERITZ) zog in Betracht, daß die Koordinationspolyeder im Falle der Wurtzitstruktur keine idealen Tetreder darstellen. Es ist deshalb anzunehmen, daß diese Abweichungen von der idealen tetredrischen Koordination auch einen Einfluß auf das Hochdruckverhalten der $A^{II}B^{VI}$-Verbindungen haben.

2. Hochdruckverhalten der Zink- und Cadmiumchalkonide

Unter Normaldruck kristallisieren die Zink- und Cadmiumchalkogenide in der Spahlerit- bzw. Wurtzitstruktur. Unter entsprechend hohen Drücken erfolgt der Übergang in die Halitstruktur, ein Vorgang, wie er durch die Druckkoordinationsregel interpretiert wird. Die Hochdruckform des ZnS [240 kbar, 20 °C] hat ein um ca. 20% geringeres Molvolumen gegenüber dem Sphalerit (SMITH, MARTIN), was den häufiger gefundenen Werten für den Übergang der tetraedrischen Koordination in die oktaedrische Koordination entspricht (NEUHAUS). Bei Druckentlastung erfolgt die Rückumwandlung, bei den Cd-Chalkogeniden mit einer charakteristischen Hysterese des elektrischen Widerstandes (YU, GIELISSE). Daraus werden die Schwierigkeiten der strukturellen Untersuchungen deutlich.

Die bekanntgemachten Daten über die Umwandlungsdrücke (Tabelle 1) weisen für die Zinkchalkogenide Werte von $\geq$ 100 kbar aus, während die Werte für die Cadmiumchalkogenide zwischen 15 und 35 kbar liegen. Die Daten der Transformationsdrücke für die Zink- und Cadmiumchalkogenide lassen zunächst keine einfachen Homologiebeziehungen erkennen. Im Falle der Zinkchalkogenide ist vom ZnO zum ZnS eine Zunahme des Transformationsdruckes zu verzeichnen, während er für ZnSe und ZnTe gegenüber letzterem wieder abfällt. Die Abnahme des Transformationsdruckes vom ZnS zum ZnSe und ZnTe erscheint wegen der Zunahme des Ionenradius — die Zink- und Cadmiumchalkogenide weisen überwiegend ionogene Bindungsanteile auf (PHILLIPS; BAILLY) — der B-Komponente verständlich, wenn man in Analogie zum AgJ (HUGGINS) annimmt,

Tabelle 1
u-Werte (DÄWERITZ) und Transformationsdrücke der hexagonalen Zn- und Cd-Chalkogonide

Verbindung	u	Δu	p_T (kbar)	Literatur
ZnO	0,3848[1])	+0,0098	100	RANGE
ZnTe	0,3713	−0,0037	140	SAMARA, DRICKAMER; MINOMURA et al.
ZnSe	0,3723[2])	−0,0027	165	SAMARA, DRICKAMER
ZnS	0,3732	−0,0018	245	SAMARA, DRICKAMER; MINOMURA et al.
CdS	0,3780	+0,0030	23	OSUGI et al.
			28,5−31,5	YU, GIELISSE
CdSe	0,3761	+0,0011	25	ONODERA
			30−31,5	YU, GIELISSE
CdTe	0,3739	−0,0011	33	ONODERA
	0,3745[3])	−0,0005	35,5	YU, GIELISSE

[1]) Dieser u-Wert wurde aus den Gitterkonstanten nach REEBER bestimmt.

[2]) Angenommener Wert, der zwischen den aus den Gitterkonstanten nach GORYUNOVA et al. und den nach CRUCEANU, ČISTYAKOV sich ergebenden u-Werten liegt.

[3]) Berechnet aus den Gitterkonstanten nach STUCKES, FARRELL.

daß die Umwandlung durch Verschiebung der leichter beweglichen Kationen bei Erhaltung des Teilgitters der größeren Anionen erfolgt.

Eine ähnliche Erniedrigung der Transformationsdrücke mit steigender Ordnungszahl der B-Komponente ist auch von den $A^{III}B^{V}$-Verbindungen bekannt (Tabelle 2). Allerdings weist hier die Hochdruckphase nur bei einigen Verbindungen die NaCl-Struktur auf. Die übrigen Verbindungen gehen in den Strukturtyp des β—Sn über, der sich geometrisch auch aus der NaCl-Struktur beschreiben läßt.

Im Falle der Cadmiumchalkogenide nimmt der Transformationsdruck vom Sulfid zum Selenid und Tellurid zu. Das Cadmiumoxid liegt bereits bei normalem Druck in der NaCl-Struktur vor.

Tabelle 2
Transformationsdrücke einiger $A^{III}B^{V}$-Verbindungen (nach MINOMURA et al.; MINOMURA, DRICKAMER; HANNEMAN et al.)

Verbindung	p_T(kbar)
GaP	>550
GaAs	245
GaSb	80
InP	128
InAs	100
InSb	23

Das aufgezeigte Hochdruckverhalten der Zink- und Cadmiumchalkogenide ist weder mit Hilfe der Ionenradienquotienten noch der ionogenen Bindungsanteile der einzelnen Verbindungen befriedigend erklärbar. Wie sich am Beispiel der Zinkchalkogenide zeigt, ist solch eine Interpretation nicht einmal innerhalb einer homologen Reihe möglich.

Es ist jedoch bekannt, daß Verbindungen mit Wurtzitstruktur im allgemeinen keine ideale tetraedrische Koordination aufweisen (JEFFREY et al.; ABRAHAMS, BERNSTEIN; SABINE, HOGG). Dieser Fakt wird auch Einfluß auf das Hochdruckverhalten der einzelnen Verbindungen haben.

3. Strukturelle Betrachtungen

Sowohl in der Sphalerit- als auch in der Wurtzitstruktur liegt eine tetraedrische Koordination der A-Atome bezüglich der B-Atome und umgekehrt vor. In der Sphaleritstruktur besitzt das Koordinationspolyeder aus Symmetriegründen vier AB-Abstände von exakt gleicher Länge. In der Wurtzitstruktur ist das nicht notwendigerweise der Fall. Veränderungen der Teilsymmetrie des Koordinationspolyeders drücken sich bereits im kristallographischen Achsenverhältnis c/a durch Abweichungen vom Wert 1,633 aus.

Die Wurtzitstruktur wird durch folgende Atomkoordinaten beschrieben:

$$2\,A \text{ in } 1/3, 2/3, 0; \quad 2/3, 1/3, 1/2\,,$$

$$2\,B \text{ in } 1/3, 2/3, u; \quad 2/3, 1/3, 1/2 + u\,.$$

Für die ideale Struktur hätte u den Wert $3/8 = 0{,}375$. Die tatsächlichen u-Werte liegen jedoch unterhalb oder oberhalb dieses Wertes, was einem entweder etwas kürzeren oder längeren Bindungsabstand $A - B$ parallel der c-Achse gegenüber den drei übrigen Bindungsabständen entspricht.

Wie am Beispiel des BeO und AlN gezeigt wurde (JEFFREY et al.), kann die Abweichung Δu nach folgender Näherungsformel aus den Gitterkonstanten a_0 und c_0 bestimmt werden:

$$\Delta u = 2/3\ (a_0/c_0)^2 - \frac{1}{4}.$$

Aus dieser Formulierung wird ein Zusammenhang zwischen dem kristallographischen Achsenverhältnis und dem u-Wert deutlich, der sich in dieser Form geometrisch nicht ableiten läßt. Die bereits in einer früheren Arbeit ermittelten u-Werte der Zink- und Cadmiumchalkogenide sind in der Tabelle 1 angeführt. Die in Figur 1 vorgenommene Darstellung des Transformationsdruckes p_T als Funktion der Abweichung vom idealen u-Wert $|\Delta u|$ zeigt, daß zwischen p_T und $|\Delta u|$ für die homologen Reihen der Zink- und Cadmiumchalkogenide ein Zusammenhang besteht: Je größer die Abweichung von der idealen tetraedrischen Koordination in der Wurtzitstruktur — ausgedrückt in dem Verschiebungsbetrag $|\Delta u|$ — ist, desto geringer sind die aufzuwendenden Transformationsdrücke.

4. Diskussion

Die im Vergleich zu den Zinkchalokogeniden wesentlich niedrigeren Transformationsdrücke der Cadmiumchalkogenide lassen sich auf Grund der Ionenradien-

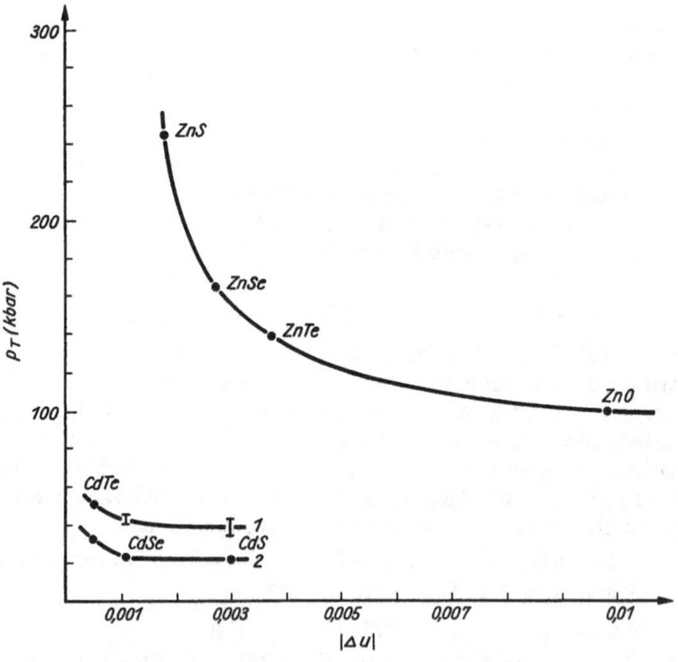

Fig. 1. Transformationsdrücke der $A^{II}B^{VI}$-Verbindungen als Funktion der Abweichungen vom idealen u-Wert (1 — nach YU, GIELISSE, 2 — nach ONODERA; OSUGI et al).

quotienten erklären. Die Radienquotienten der Cadmiumchalkogenide liegen höher als die der entsprechenden Zinkverbindungen und sind daher besser mit dem für die NaCl-Struktur zulässigen Radienquotienten-Intervall vereinbar. Innerhalb der homologen Reihen ist eine derartige Interpretation der Transformationsdrücke nicht möglich.

Bei der Umwandlung von der Sphalerit- bzw. Wurtzitstruktur in die Halitstruktur handelt es sich um eine Umwandlung in erster Koordination. Es ist dabei nicht notwendig, daß alle Bindungen nächster Nachbarn getrennt werden. Der Übergang in die NaCl-Struktur ist bereits bei Trennung einer Bindung und Veränderung der Winkel und Abstände der übrigen Bindungen möglich. Geometrisch wird der Verschiebungsbetrag auf die oktaedrische Lückenposition des B-Teilgitters mit steigendem Δu geringer. Der offenbar bestehende Zusammenhang zwischen den Transformationsdrücken der Zink- und Cadmiumchalkogenide und der Verzerrung bzw. der Deformierbarkeit der Koordinationspolyeder findet so eine näherungsweise einfache strukturgeometrische Interpretation. Daraus können auch einige Hinweise auf die Kinetik der Phasenumwandlung abgeleitet werden. Im Einklang damit stehen die Ergebnisse bei der Abschätzung der relativen Stabilität der Sphalerit- und Wurtzitstruktur und deren Beeinflußbarkeit durch Abweichungen von der stöchiometrischen Zusammensetzung (Däweritz). Die Stöchiometrieabweichungen drücken sich in Veränderungen der Gitterparameter und damit auch der kristallographischen Achsenverhältnisse sowie der u- bzw. Δu-Werte aus. Die Beobachtungen der Eigenschaftsänderungen der $A^{II}B^{VI}$-Verbindungen bei Druckbeanspruchung und und Druckentlastung, die mit einer Hysterese reversibel verlaufen, ist durch das Auftreten von Zwischengitterplätzen und Leerstellen zu erklären (Kleber, Wilke).

Die Ergebnisse der röntgenographischen Untersuchungen von Rooymans und Yu, Gielisse an CdS und CdSe weisen darauf hin, daß beim Übergang von der Wurtzit- in die Halitstruktur eine Ordnungs-Unordnungs-Umwandlung mit Ausbildung der kubischen Stapelfolge der Sphaleritstruktur erfolgt. Eine Interpretation der Transformationsdrücke mit Hilfe der Δu-Werte führt dann notwendigerweise zu der Annahme, daß auch in der kubischen Stapelfolge AB_4-Tetraeder mit nicht gleichwertigen Bindungen vorliegen.

Literatur

Abrahams, S. C., Bernstein, J. L.: Acta Crystallogr. B **25**, 1233 (1969)
Bailly, F.: J. Physics **27**, 335 (1966)
Bates, C. H., White, W. B., Roy, R.: Science **137**, 993 (1962)
Cruceanu, E., Čistyakov, J. D.: Kristallografija **5**, 364 (1960)
Däweritz, L.: Kristall u. Technik **6**, 101 (1971)
Däweritz, L.: Dissertation, Humboldt-Universität Berlin 1971
Goryunova, N. A., Kotovich, U. A., Frank-Kamenetzky, V. A.: Ž. Tekhn. Fiz. SSSR **25**, 2419 (1955)
Hanneman, R. E., Banus, M. D., Gatos, H. C.: J. Physics. Chem. Solids **25**, 293 (1964)
Huggins, M. L.: in Phase Transformations in Solids, 238, Ed.: Smoluchowski, R. et al., New York 1951
Jeffrey, G. A., Parry, G. S., Mozzi, R. L.: J. Chem. Physics **25**, 1024 (1956)
Kleber, W., Wilke, K.-T.: Kristall u. Technik **4**, 165 (1969)
Klement, W., Jayaraman, A.: Progr. Solid State Chem. **3**, 289 (1967)

MINOMURA, S., DRICKAMER, H. G.: J. Physics. Chem. Solids **23**, 451, (1962)
MINOMURA, S., SAMARA, G. A., DRICKAMER, H. G.: J. Appl. Physics **33**, 3196 (1962)
NEUHAUS, A.: Chimia **18**, 93 (1964)
ONODERA, A.: Rev. Physic. Chem. Japan **39**, 65 (1969)
OSUGI, J., SHIMIZU, K., NAKAMURA, T., ONODERA, A.: ibid. **36**, 59 (1966)
PHILLIPS, J. C.: Physics Today **23**, 23 (1970)
RANGE, K.-J.: Chemiker-Z. **95**, 3 (1971)
REEBER, R. R.: J. appl. Physics **41**, 5063 (1970)
ROOYMANS, C. J. M.: Advances in High Pressure Research **2**, 1 London/New York 1969
SABINE, T. M., HOGG, S.: Acta Crystallogr. B**25**, 2254 (1969)
SAMARA, G. A., DRICKAMER, H. G.: J. Physics. Chem. Solids **23**, 457 (1962)
SMITH, P. L., MARTIN, J. E.: Physics Lett. **19**, 541 (1965)
STUCKES, A. D., FARRELL, G.: J. Physics. Chem. Solids **25**, 477 (1964)
YU, W. C., GIELISSE, P. J.: Mat. Res. Bull. **6**, 621 (1971)

(Eingegangen am 23. September 1972)

Anschrift der Verfasser:
Prof. Dr. habil. H.-J. BAUTSCH
Dr. L. DÄWERITZ
Sektion Physik der Humboldt-Universität zu Berlin
Bereich 11, Kristallographie
104 Berlin
Invalidenstr. 43
DDR

Kristall und Technik	8	1–3	1973	199–206

J. Barthel, M. Jurisch

Zentralinstitut für Festkörperphysik und
Werkstofforschung Dresden der Akadamie der Wissenschaften der DDR

Oszillation der Erstarrungsgeschwindigkeit beim Kristallwachstum aus der Schmelze mit rotierendem Keimkristall

Es wird ein einfaches geometrisches Modell untersucht, das die Berechnung der momentanen Erstarrungsgeschwindigkeit eines unter Rotation aus der Schmelze gezogenen Kristalles erlaubt. Die Erstarrung erfolgt voraussetzungsgemäß mit rauher Phasengrenzfläche. Das Modell ist geeignet, den Einfluß experimentell zugänglicher Züchtungsparameter, wie Ziehgeschwindigkeit, Drehgeschwindigkeit und Phasengrenzflächenform auf die momentane Erstarrungsgeschwindigkeit zu studieren. Die Berechnung der Grenzflächenform in Abhängigkeit von äußeren Einflußgrößen wird ebenso wenig versucht wie die Beschreibung des Zusammenhanges zwischen Erstarrungsgeschwindigkeit und inkorporiertem Verunreinigungsgehalt.

The instantaneous solidification rate of a crystal grown under rotation from the melt is calculated on the basis of a simple geometrical model. It is supposed that the solidification process occurs with a rough interface, i. e. growing interface and solidification isotherm coincide. The model allows to study the influence of experimentally determined growth parameters as pulling rate, rotation rate, and shape of solidification isotherm on the instantaneous solidification rate. The evaluation of the interface shape from external parameters and the relations between instantaneous solidification rate and impurity distribution are not reported in this paper.

1. Einführung

Wachstumsstreifen und Wachstumskerne (striations and cores) gehören zu den auffälligsten Wachstumsinhomogenitäten in Kristallen, die aus einer verunreinigten bzw. dotierten Schmelze gezüchtet wurden. Nach einer auf Baralis, Perosino zurückgehenden Einteilung lassen sich folgende vier Grundtypen unterscheiden:

a) A-Streifen — longitudinale Verunreinigungsinhomogenitäten, die mit der Drehbewegung des Keimes oder Tiegels ursächlich verknüpft sind.
b) B-Streifen — longitudinale Inhomogenitäten als Folge thermischer Fluktuation in der Schmelze.
c) A-Kerne — transversale Inhomogenitäten, verursacht durch das Auftreten singulärer Wachstumsflächen.
d) B-Kerne — transversale Inhomogenitäten, die nicht in Beziehung zu kristallographischen Eigenschaften des wachsenden Kristalles stehen, jedoch durch Konvektion in der Schmelze verursacht werden.

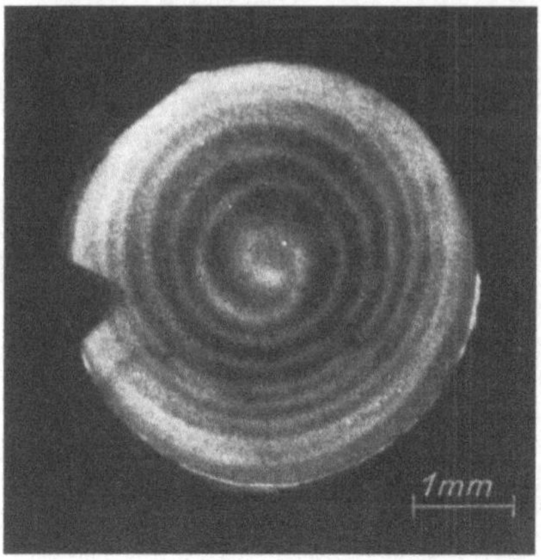

Fig. 1. *A*-Streifen in einem mit *W*-185 dotierten Molybdänkristall – Autoradiogramm eines Querschliffs.
($R = 3\ \mathrm{mm \cdot min^{-1}}$, $\omega = 188\ \mathrm{min^{-1}}$, $c_W = 10^3$ Mppm)

Die vorliegende Arbeit beschäftigt sich mit den *A*-Streifen. Die Verunreinigungen bzw. Dotierungselemente weisen hierbei auf einer die Rotationsachse des Kristalles wendeltreppenartig umlaufenden Fläche eine veränderte Konzentration auf. Auf einem Querschliff wird daher bei einfacher Form der Phasengrenzfläche eine Spirale gefunden. Der Streifenabstand auf einem Längsschliff berechnet sich aus der Ziehgeschwindigkeit R und der Drehzahl n des Keimes gemäß $\Delta h = R/n$. Unter ungünstigen Züchtungsbedingungen wird ein Wiederaufschmelzen bereits erstarrter Kristallteile beobachtet, das sich im Auftreten von Rückschmelzstreifen äußert und eine Rekonstruktion der Phasengrenzflächenform aus dem Streifenverlauf erschwert. Die Untersuchung der mikroskopischen Wachstumsgeschwindigkeit durch Aufbringen von periodischen Wachstumsstörungen (WITT et al.) erbrachte den Beweis, daß die Streifung mit einer periodischen Veränderung der Erstarrungsgeschwindigkeit verbunden ist. Veränderungen der Erstarrungsgeschwindigkeit ziehen Konzentrationsunterschiede im Kristall nach sich (HURLE et al.). Wegen dieser Korrelation sind wesentliche Informationen über die Einflußgrößen der *A*-Streifung bereits aus einer Analyse des Feldes der lokalen Wachstumsgeschwindigkeit für jeden

Fig. 2. Autoradiogramm eines Längsschliffes eines mit *W*-185 dotierten Molybdänkristalls.
($R = 3\ \mathrm{mm \cdot min^{-1}}$, $\omega = 188\ \mathrm{min^{-1}}$, $c_W = 10^3$ Mppm)

Punkt der Phasengrenzfläche zu erwarten. Die periodischen Schwankungen der lokalen Erstarrungsgeschwindigkeit werden durch die Rotation des Kristalles in einem bezüglich der Rotationsachse asymmetrischen Temperaturfeld verursacht. Erste Ansätze einer Berechnung des Feldes der Erstarrungsgeschwindigkeit finden sich in einer Arbeit von MORIZANE et al.

Ziel der vorliegenden Arbeit ist es, auf der Grundlage eines einfachen geometrischen Modelles diese Vorstellungen zu einer phänomenologischen Theorie der lokalen Erstarrungsgeschwindigkeit bei Rotation des Keimkristalles auszubauen. Mit dieser Theorie kann der Einfluß der thermischen Asymmetrie, der Form der Erstarrungsisothermen, der Zieh- und Drehgeschwindigkeit untersucht werden.

2. Das physikalische Modell

Die Berechnung des Feldes der lokalen Erstarrungsgeschwindigkeit wird unter folgenden Annahmen durchgeführt:

a) Der Kristall wird mit der Geschwindigkeit R unter Drehung mit der Winkelgeschwindigkeit ω aus der Schmelze gezüchtet. In der Schmelze bildet sich unter dem Einfluß der Drehbewegung ein stationäres Temperaturfeld aus, die Schmelzpunktisotherme wird also als zeitlich konstant vorausgesetzt.
b) Wachstum bzw. Wiederaufschmelzen erfolgen mit verschwindender kinetischer Unterkühlung bzw. Überhitzung, d. h., Phasengrenzfläche und Schmelzpunktisotherme fallen in jedem Augenblick zusammen.
c) Für numerische Berechnungen wird die Schmelzpunktisotherme durch eine bezüglich einer „thermischen Achse" rotationssymmetrischen Fläche (z.B. Kugelfläche mit dem Radius ϱ) angenähert. Thermische Achse und Rotationsachse des Kristalles verlaufen parallel, sind jedoch um einen Abstand d gegeneinander verschoben.

Eine Herleitung der Phasengrenzflächenform aus experimentell realisierten Züchtungsbedingungen (Wärmezufuhr, Wärmeableitung, Zieh- und Drehbewegung usw.) wird nicht versucht.

3. Ableitung der mathematischen Beziehungen

Nach Voraussetzung a) und b) kann die Schmelzpunktsisotherme in einem raumfesten Zylinderkoordinatensystem $\sum(r, \varphi, z)$ (z ist die Rotationsachse des Kristalles) durch

$$z = f(r, \varphi) \tag{1}$$

charakterisiert werden. Eine Beschreibung der raumfesten Phasengrenzfläche von einem kristallfesten Koordinatensystem $\bar{\sum}(\bar{r}, \bar{\varphi}, \bar{z})$ aus, das mit $\sum$ durch die Transformationsbeziehungen $\bar{z} = z + R\,t$, $\bar{\varphi} = \varphi - \omega\,t$ und $\bar{r} = r$ verbunden ist, erlaubt es, für jeden Punkt des Kristalles zu jeder Zeit t die momentane Lage der Schmelzpunktsisothermen anzugeben, d. h., die Koordinate $\bar{z}(t)$ für festgehaltenes $\bar{r}, \bar{\varphi}$ im Kristall:

$$\bar{z} = R\,t + f(\bar{r}, \bar{\varphi} + \omega\,t)\,. \tag{2}$$

Hieraus errechnet sich unmittelbar die $\bar{z}$-Komponente der momentanen Erstarrungsgeschwindigkeit am Orte $\bar{r}, \bar{\varphi}$ zur Zeit t:

$$v_z = \left.\frac{\partial \bar{z}}{\partial t}\right|_{\bar{r}, \bar{\varphi}} = R + \omega \left.\frac{\partial f}{\partial \varphi}\right|_{\substack{r=\bar{r} \\ \varphi=\bar{\varphi}+\omega t}}\,. \tag{3}$$

Die Geschwindigkeit $|\mathfrak{v}|$ ergibt sich hieraus durch Multiplikation mit dem cos des Winkels α zwischen dem Normalenvektor der Schmelzpunktsisotherme im Punkte $(\bar{r}, \bar{\varphi}, \bar{z})$ und der Rotationsachse. Da dieser Winkel im allgemeinen klein ist, wird auf seine Berechnung im folgenden verzichtet und stets $|\mathfrak{v}| \approx v_z$ gesetzt.

An Orten maximaler und minimaler Erstarrungsgeschwindigkeit im Kristall bzw. wegen einer möglichen Phasendifferenz zwischen Geschwindigkeit und inkorporiertem Fremdelementgehalt in der Nähe solcher Orte sind minimale bzw. maximale Werte von $|k_{\text{eff}} - 1|$ mit k_{eff} als dem effektivem Verteilungskoeffizienten zu erwarten. Die Orte extremaler Geschwindigkeit $(\bar{r}, \varphi)_E$ in Abhängigkeit von t bzw. $\bar{z}$ ergeben sich aus:

$$\left.\frac{\partial v_z}{\partial t}\right|_{\bar{r},\, \bar{\varphi}+\omega t} = \left.\frac{\partial^2 \bar{z}}{\partial t^2}\right|_{\bar{r},\, \bar{\varphi}+\omega t} = 0\,, \tag{4}$$

was auf $\bar{\varphi}_E = \bar{\varphi}(\bar{r}\; t)$ und mit $\bar{z} = \bar{z}(\bar{r}, \bar{\varphi}, t)$ schließlich auf $\bar{z}_E = \bar{z}(\bar{r}, \bar{\varphi})$ führt. Rückschmelzen tritt auf, wenn $v_z < 0$ wird, d. h., wenn

$$R + \omega \left.\frac{\partial f}{\partial \varphi}\right|_{\substack{\bar{r} \\ \bar{\varphi}+\omega t}} < 0 \tag{5}$$

ist. Diese Gleichung stellt eine Bestimmungsgleichung für diejenigen r dar, oberhalb der Rückenschmelzen auftritt bzw. für den Winkelbereich φ, in dem bei vorgegebenem r Rückschmelzen erfolgt.

Das Feld der momentanen Erstarrungsgeschwindigkeit, die Flächen extremaler Geschwindigkeiten im Kristall und die Gebiete, in denen Rückschmelzen erfolgt, können explizit angegeben werden, wenn gemäß Annahme c) die Schmelzpunktsisotherme durch die Kugelfläche $z = (\varrho^2 - r^2 - d^2 + 2\, r\, d \cos \varphi)^{1/2} - \varrho$ beschrieben wird. Man erhält:

$$v \approx v_z = R - \frac{\omega\, \bar{r}\, d \sin(\bar{\varphi} + \omega t)}{\sqrt{\varrho^2 - d^2 - \bar{r}^2 + 2\, \bar{r}\, d \cos(\bar{\varphi} + \omega t)}} \tag{6}$$

Gl. (6) geht unter der experimentell begründeten Voraussetzung, daß $d/\varrho \ll 1$ ist, in die folgenden Näherungsbeziehungen über:

$$\begin{aligned} v_z &\approx R - \frac{\omega\, \bar{r}\, d}{\varrho} \sin(\bar{\varphi} + \omega t) \\ \bar{z} &\approx R\, t + \frac{\bar{r}\, d}{\varrho} \cos(\bar{\varphi} + \omega t) - \frac{d^2 + \bar{r}^2}{2 \varrho}\,. \end{aligned} \tag{6a}$$

Aus Gl. (4) folgt:

$$\left.\begin{aligned} &\cos(\bar{\varphi} + \omega t)_E = -\frac{1}{2\, \bar{r}\, d} \{(\varrho^2 - \bar{r}^2 - d^2) - \sqrt{(\varrho^2 - \bar{r}^2 - d^2) - 4 \bar{r}^2 d^2}\} \\ &\text{und} \\ &\bar{\varphi}_E = (2n+1)\pi - \omega t \pm \operatorname{arc\,cos} \left\{\left(\frac{\varrho^2 - \bar{r}^2 - d^2}{2\, \bar{r}\, d}\right) - \sqrt{\left(\frac{\varrho^2 - \bar{r}^2 - d^2}{2\, \bar{r}\, d}\right)^2 - 1}\right\}. \end{aligned}\right\} \tag{7}$$

Wird t aus Gl. (7) in Gl. (2) eingesetzt, so erhält man die Gleichung der Fläche extremaler Geschwindigkeit:

$$\begin{aligned} \bar{z}_E = \frac{R}{\omega} &\left\{(2n+1)\pi - \bar{\varphi}_E \pm \operatorname{arc\,cos}\left(\frac{\varrho^2 - \bar{r}^2 - d^2}{2\bar{r} d} - \sqrt{\left(\frac{\varrho_z - \bar{r}^2 - d^2}{2 \bar{r} d}\right)^2 - 1}\right)\right\} + \\ &\{(\varrho^2 - \bar{r}^2 - d^2)^2 - 4\, \bar{r}^2\, d^2\}^{1/4} - \varrho\,. \end{aligned} \tag{8}$$

(arc cos bezeichnet den Hauptwert der entsprechenden inversen trigonometrischen Funktion).

Für die extremalen Geschwindigkeiten selbst findet man:

$$v_{zE} = R - \frac{\omega}{\sqrt{2}} \sqrt{\varrho^2 - \bar{r}^2 - d^2} \sqrt{1 - \sqrt{1 - \left(\frac{2\bar{r}d}{\varrho^2 - \bar{r} - d^2}\right)^2}} \cdot \operatorname{sign}(\sin(\bar{\varphi} + \omega t)_E) \,. \quad (9)$$

Unter Berücksichtigung von $\bar{r}d/\varrho^2 \ll 1$ entsteht hieraus die Näherungsformel:

$$v_{zE} \approx R - \frac{\omega \bar{r} d}{\sqrt{\varrho^2 - \bar{r}^2 - d^2}} \operatorname{sign}(\sin[\bar{\varphi} + \omega t]_E) \,. \quad (10)$$

Aus Gl. (9) ist ersichtlich, daß das positive Vorzeichen in Gl. (7) bzw. (8) für maximale Geschwindigkeiten, das negative Vorzeichen für minimale Geschwindigkeiten gilt.

Nach Gl. (5) tritt im diskutierten Spezialfall der kugelförmigen Phasengrenzfläche Rückenschmelzen nur für

$$d^2\left[\varrho^2 - d^2 - 2\left(\frac{R}{\omega}\right)^2\right] \leqq \left(\frac{R}{\omega}\right)^4 \quad (11\,\mathrm{a})$$

und dann für alle Radien $\bar{r}$ auf, die der Bedingung:

$$\bar{r}^2 > \left(\frac{R}{\omega}\right)^2 \left\{\frac{\varrho^2}{(R/\omega)^2 + d^2} - 1\right\} \quad (11\,\mathrm{b})$$

genügen. Für alle $\bar{r}$, die die Gl. (11) erfüllen, berechnet sich der Winkelbereich $\bar{\varphi}$, in dem Rückschmelzen erfolgt, zu:

$$\bar{\varphi}_R = \\ = (\bar{\varphi} + \omega t)_R \pm 2\pi n = \arccos\left\{\left(\frac{R}{\omega}\right)^2 \frac{1}{\bar{r}d} \pm \sqrt{1 - \left(\frac{R}{\omega}\right)^2 \frac{1}{\bar{r}^2 d^2}\left(\varrho^2 - \bar{r}^2 - d^2 - \left(\frac{R}{\omega}\right)^2\right)}\right\}. \quad (12)$$

Das positive Vorzeichen gilt für den Beginn des Rückschmelzens $(\partial v/\partial t) < 0)$, das negative Vorzeichen für den Wiederbeginn der Erstarrung $(\partial v/\partial t < 0)$.

Die Gleichung der Fläche, für die $v_z = 0$ und $\partial v/\partial t < 0$ ist (Rückschmelzstreifen), ist gegeben durch:

$$\bar{z}_R = \frac{R}{\omega}\left\{2\pi n - \bar{\varphi} + \arccos\left[\left(\frac{R}{\omega}\right)^2 \frac{1}{\bar{r}d} - \sqrt{1 - \left(\frac{R}{\omega \bar{r} d}\right)\left(\varrho^2 - \bar{r}^2 - d^2 - \left(\frac{R}{\omega}\right)^2\right)}\right]\right\} + \\ + \left\{\varrho^2 - \bar{r}^2 - d^2 + 2\bar{r}d\left[\left(\frac{R}{\omega}\right)^2 \frac{1}{\bar{r}d} - \sqrt{1 - \left(\frac{R}{\omega \bar{r} d}\right)^2 \left(\varrho^2 - \bar{r}^2 - d^2 - \left(\frac{R}{\omega}\right)^2\right)}\right]\right\}^{1/2} - \varrho \,. \quad (13)$$

Die Gleichungen (12) und (13) lassen sich unter Berücksichtigung der experimentell verwirklichten Parameter wieder in leichter zugängliche Näherungsformeln umschreiben.

4. Ergebnisse und Diskussion

Der allgemeine Ausdruck Gl. (3) für die momentane Erstarrungsgeschwindigkeit läßt folgende Aussagen zu:

a) Die Differenz zwischen tatsächlicher Verschiebungsgeschwindigkeit der Phasengrenzfläche und der Ziehgeschwindigkeit R in einem betrachteten

Punkt $P(\bar{r}, \bar{\varphi}, \bar{z})$ im Kristall ist der Winkelgeschwindigkeit ω direkt proportional.

b) Momentane Erstarrungsgeschwindigkeit und Ziehgeschwindigkeit stimmen für $\bar{r} = 0$, d. h., längs der Drehachse des Kristalles überein. Für beliebiges $\bar{r}$ gilt nur dann $v_z = R$, wenn die Gleichung der Phasengrenzfläche nicht explizit vom Azimutwinkel φ abhängt, die Isothermenfläche also eine Rotationsfläche mit der Drehachse des Kristalles als Symmetrieachse ist ($\partial f/\partial \varphi = 0$).

c) Der Grad der Abweichung der momentanen Erstarrungsgeschwindigkeit von R in einem beliebigen Punkt $P(\bar{r}, \bar{\varphi}, \bar{z})$ im Kristall hängt allein von der Steigung der „azimutalen Tangente" in diesem Punkt der Phasengrenzfläche ab.

In der Figur 3 ist die aus den Gl. (6a) berechnete Geschwindigkeit v_z als Funktion von $\bar{z}$ bei festgehaltenem $\bar{\varphi}$ mit dem Asymmetrieparameter d bzw. dem Radius $\bar{r}$ als Parameter dargestellt. Die in der Bildunterschrift angegebenen Werte für Drehzahl, Ziehgeschwindigkeit, Kristalldurchmesser r_0 und Krüm-

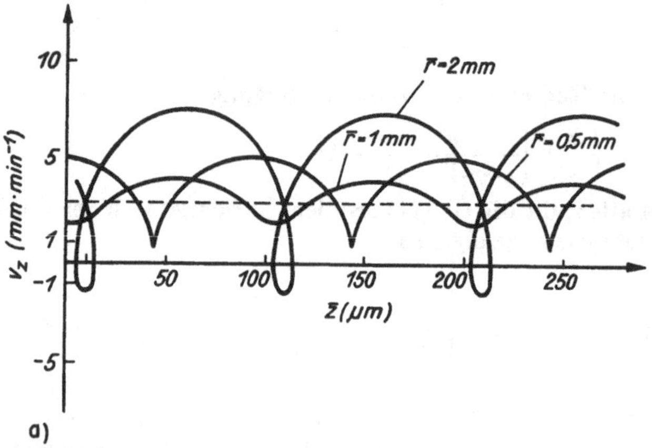

Fig. 3a. Die momentane Erstarrungsgeschwindigkeit gemäß Gl. (6a) als Funktion der Ortskoordinate $\bar{z}$ mit dem Radius $\bar{r}$ als Parameter.
(R = 3 mm · min^{-1}, ω = 188 min^{-1}, ϱ = 6,5 mm, d = 74 µm)

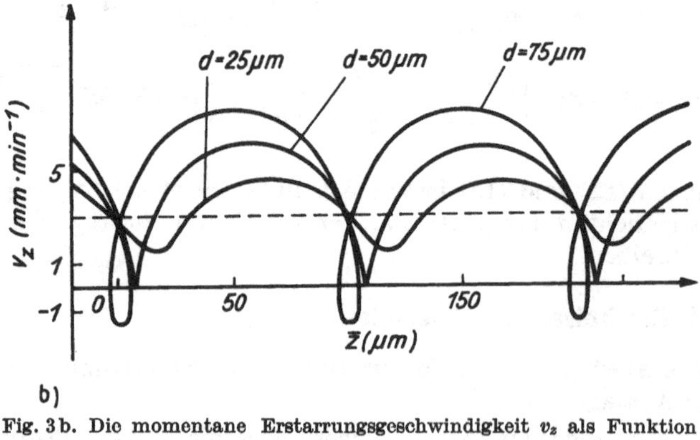

Fig. 3b. Die momentane Erstarrungsgeschwindigkeit v_z als Funktion von $\bar{z}$ mit der Asymmetrie d als Parameter.
(R = 3 mm · min^{-1}, ω = 188 min^{-1}, ϱ = 6,5 mm, $\bar{r}$ = 2 mm)

mungsradius ϱ sind den beim Elektronenstrahlzonenschmelzen beobachteten Werten angepaßt, so daß die errechneten Geschwindigkeitsschwankungen zumindest die richtige Größenordnung erkennen lassen. Den Abbildungen entnimmt man, daß bereits außerordentlich kleine Werte für d zu erheblichen Unterschieden in der lokalen Erstarrungsgeschwindigkeit führen. Damit wird aber verständlich, warum es selbst bei sorgfältigerst Justierung der Energieeinstrahlung nicht gelingt, streifenfreie Kristalle herzustellen. Der Abbildung entnimmt man ferner, daß sich mit wachsendem Radius $\bar{r}$ bzw. d nicht nur die absoluten Werte der Geschwindigkeit ändern, sondern auch die Form der Geschwindigkeitsverteilung. Bei kleinem $\bar{r}$ bzw. d ist die Funktion angenähert sinusförmig, die Änderungen von v_z mit $\bar{z}$ sind klein, so daß man, setzt man Korrelation zwischen v_z und k_{eff} voraus, unscharfe A-Streifen erwarten sollte. Mit zunehmendem $\bar{r}$ bzw. d tritt jedoch ein scharfes Minimum bei gedehntem Maximum auf. Dementsprechend sollten die Streifen, die der minimalen Geschwindigkeit entsprechen, scharf sein. Schließlich wird bei zunehmendem $\bar{r}$ die Geschwindigkeit negativ, der Kristall zeigt also partielles Wiederaufschmelzen. Der Betrag des Rückschmelzens ist auf der Abszisse ablesbar.

Gl. (8) ist geeignet, den Verlauf der Linien extremaler Geschwindigkeit auf einem Querschliff (gegeben durch $\bar{z}_E = 0$) oder Längsschliff (gegeben durch $\bar{\varphi} = 0, \pi$) zu berechnen. Da nun gemäß Gl. (7) zu jedem $\bar{r}$ ein bestimmtes $\bar{\varphi}_E$ gehört, geben die Linien extremaler Geschwindigkeit nur genähert den Verlauf der Phasengrenzfläche wieder. Dieser Umstand ist bei dem Versuch zu berücksichtigen, die Phasengrenzflächenform aus dem Streifenverlauf zu rekonstruieren.

In Figur 4 sind mit den oben angegebenen Parametern ein Quer- bzw. Längsschliff berechnet worden. Dabei wurde berücksichtigt, daß im Rückschmelzgebiet die Linien minimaler Geschwindigkeit durch die Rückschmelzlinien nach

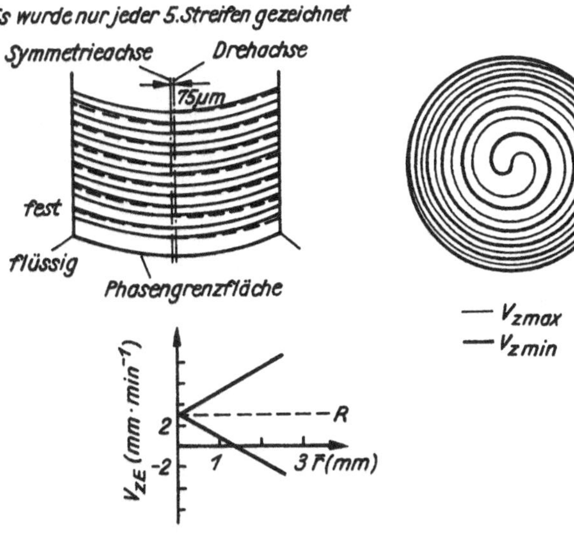

Fig. 4. Linien maximaler und minimaler momentaner Erstarrungsgeschwindigkeit auf einem Längsschliff (links) und Querschliff (rechts).
($R = 3$ mm · min^{-1}, $\omega = 188$ min^{-1}, $\varrho = 6{,}5$ mm, $d = 75$ µm)

Gl. (13) zu ersetzen sind. Auch hierdurch wird die Rekonstruktion der Phasengrenzfläche aus dem Streifenverlauf verfälscht. Neben den hier gezeigten exakten Quer- und Längsschliffen lassen sich grundsätzlich alle möglichen Übergangsformen berechnen.

Ein Vergleich der Figur 4 mit 1 und 2 offenbart, daß das entwickelte Modell für eine qualitative Beschreibung experimenteller Ergebnisse gut geeignet ist. Neben der hier ausführlicher diskutierten kugelförmigen Phasengrenzfläche wurden auch kompliziertere Grenzflächenformen untersucht. Hierüber und über Besonderheiten, die sich ergeben, wenn neben rauhem Wachstum auch Wachstum mit atomar glatten Phasengrenzflächen auftritt, wird in einer späteren Arbeit berichtet.

Literatur

BARALIS, G., PEROSINO, M. C.: J. Crystal Growth **3/4**, 651 (1968)
BARTHEL, J., JURISCH, M.: J. Crystal Growth **11**, 293 (1971)
HURLE, D. T. J., JAKEMAN, E., PIKE, E. R.: J. Crystal Growth **3/4**, 633 (1968)
MORIZANE, K., WITT, A. F., GATOS, H. C.: J. Electrochem. Soc. **114**, 738 (1967)
WITT, A. F., GATOS, H. C.: J. Electrochem. Soc. **115**, 70 (1968)

(Eingegangen am 14. September 1972)

Anschrift der Verfasser:
Dr. J. BARTHEL, Dr. M. JURISCH
Zentralinstitut für Festkörperphysik und Werkstofforschung
der Akademie der Wissenschaften der DDR
8027 Dresden
Winterbergstr. 28
DDR

Kristall und Technik	8	1–3	1973	207–215

E. Höhne, I. Seidel, H. Schmittler-Fichtner, P. Leibnitz

Zentralinstitut für physikalische Chemie der Akademie der Wissenschaften der DDR, Bereich Physikalische Methoden der analytischen Chemie, Berlin-Adlershof

Röntgenkristallstrukturanalyse von Piperidino-acet-o-chlor-anilid (P-o-Cl) – $C_{13}H_{17}N_2OCl$

Die Kristallstruktur des Piperidino-acet-o-chlor-anilid besitzt die monokline Raumgruppe $P\,2_1/c$ mit vier Molekülen $C_{13}H_{17}N_2OCl$ in der Elementarzelle. Die Gitterkonstanten sind a = 10,969 Å; b = 10,928 Å; c = 12,109 Å; β = 111,52°.

Es wurde die Kristallstruktur der Verbindung einschließlich aller H-Atome bestimmt. Das Molekül besitzt eine intramolekulare N(1)–H···N(2)- und eine schwache intramolekulare C(5)–H(5)···O-Wasserstoffbrückenbindung. Die Ebene des Benzolrings ist gegenüber der Ebene, die die Carbonamidgruppe enthält, um 7,73° verdreht.

The crystal structure of piperidino-acet-o-chloro-anilide is monoclinic, space group $P\,2_1/c$ with 4 molecules in the unit cell. The cell parameters are a = 10,696 Å; b = 10,928 Å; c = 12,109 Å; β = 111,52°.

The crystal structure has been determined, including all H-atoms. In the molecule are two intramoleculare H-bonds: N(1)–H···N(2) and C(5)–N(5)···O. The latter bond is rather weak. The angle between the plane of the phenyl-ring and the plane of the carbonamide-group is 7,73°.

1. Einleitung

Verbindungen vom Typ der Piperidino- und der Piperidinium-acetanilide erwiesen sich als Hemmstoffe des Wurzelwachstums von Keimpflanzen (Brassica napus) sowie der Entwicklung und Vermehrung einzelliger Grünalgen (Clorella pyrenoidosa, Chlorella vulgaris). Zur Ermittlung molekularer Parameter zur quantitativen Struktur-Wirkungs-Analyse ist eine möglichst genaue Kenntnis des Aufbaues der Wirkstoffmoleküle bedeutungsvoll.

In der vorliegenden Arbeit sollten vor allem die räumliche Konfiguration, die Existenz von intra- und intermolekularen Wasserstoffbrücken und möglichst genaue Bindungsabstände und -winkel im Piperidino-acet-o-chlor-anilid (P-o-Cl) bestimmt werden.

2. Experimentelles

Von einem etwa kugelförmigen Kristall ($\mu\,r$ = 0,06) wurden zur Raumgruppenbestimmung Schwenk- und Weißenbergaufnahmen mit CuK_α-Strahlung angefertigt. Aus der beobachteten Lauesymmetrie 2/m und den systematischen Auslöschungen ($h0l$ mit $l = 2n + 1$ und $0k0$ mit $k = 2n + 1$) der Reflexintensitäten konnte eindeutig auf die monokline Raumgruppe $P\,2_1/c$ geschlossen werden. Die Zahl der Moleküle in der Elementarzelle beträgt Z = 4. Die Gitterkonstanten der Elementarzelle wurden aus Guinier-Aufnahmen erhalten und nach einem speziellen „least squares"-Programm verfeinert:

$$a = 10{,}696 \pm 0{,}0024\ \text{Å},\ b = 10{,}928 \pm 0{,}009\ \text{Å},\ c = 12{,}109 \pm 0{,}004\ \text{Å},$$
$$\beta = 111{,}52° \pm 0{,}04°.$$

Die Röntgendichte beträgt $\varrho_{Rö} = 1{,}272\ g/cm^3$.

Die Intensitätswerte von insgesamt 1800 symmetrieunabhängigen Reflexen wurden mit dem computergesteuerten 4-Kreis-Röntgendiffraktometer mit MoK_α-Strahlung gemessen und anschließend mit dem Lorentz- und Polarisationsfaktor korrigiert. Wegen geringer Absorption ($\mu\, r = 0{,}06$) wurde auf eine Absorptionskorrektur verzichtet.

3. Strukturbestimmung

Die Intensitätsverteilung ließ im reziproken Raum keine Systematik erkennen, und da Chlor als schwerstes Atom in der Struktur vorkommt, waren günstige Voraussetzungen gegeben, um für diese zentrosymmetrische Struktur die Vorzeichen der Strukturfaktoren $F(hkl)$ auf direkte Weise mit der SAP-Methode (Symbolic Addition Procedure) zu bestimmen. Dafür benutzten wir ein Rechenprogramm nach Hall, bearbeitet von Mitarbeitern der DAW. Damit konnten von den meisten starken normalisierten Strukturfaktoren — $E(hkl)$ — die Vorzeichen bestimmt werden. Mit den so bestimmten $E(hkl)$-Werten wurde eine erste räumliche Fouriersynthese — eine sogenannte E-Synthese — berechnet (Fig. 1). Sie zeigte bereits, abgesehen von einigen falsch liegenden Nebenmaxima

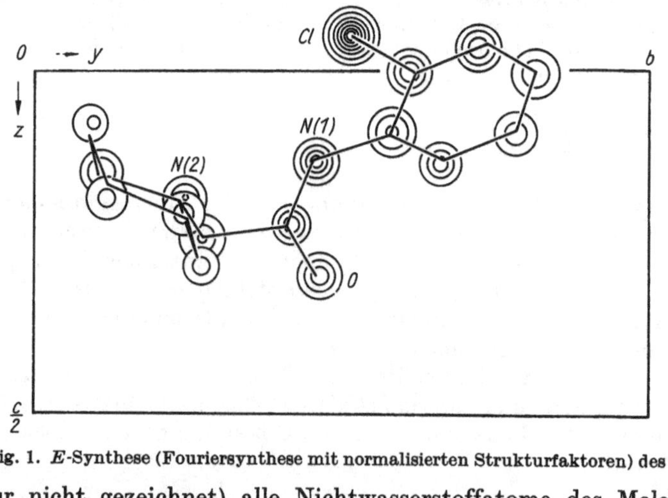

Fig. 1. E-Synthese (Fouriersynthese mit normalisierten Strukturfaktoren) des P—o—Cl

(in der Figur nicht gezeichnet) alle Nichtwasserstoffatome des Moleküls in ihrer räumlichen Lage in der Elementarzelle. Zum Vergleich ist die Lage des Moleküls nach Abschluß der Untersuchung (als Gerüst dargestellt) mit eingezeichnet. Man erkennt eine bereits gute Näherung der Lagen mit der richtigen Struktur. Dies ist vor allem auf die relativ hohe Genauigkeit der Zählrohrmeßdaten und auf die große Zahl der Reflexe zurückzuführen.

In zwei weiteren Differenz-Fouriersynthese-Zyklen konnten die Lagen der Atome verbessert werden. Nach Verfeinerung der Koordinaten und der anisotropen Temperaturfaktoren der Atome mittel „least squares"-Rechnungen im

Block-Diagonal-Verfahren wurden die danach erhaltenen Atomlagen in einer folgenden Differenz-Fouriersynthese vollständig abgezogen (Fig. 2). Unter Berücksichtigung der inzwischen bekannten Lagen der Nichtwasserstoffatome

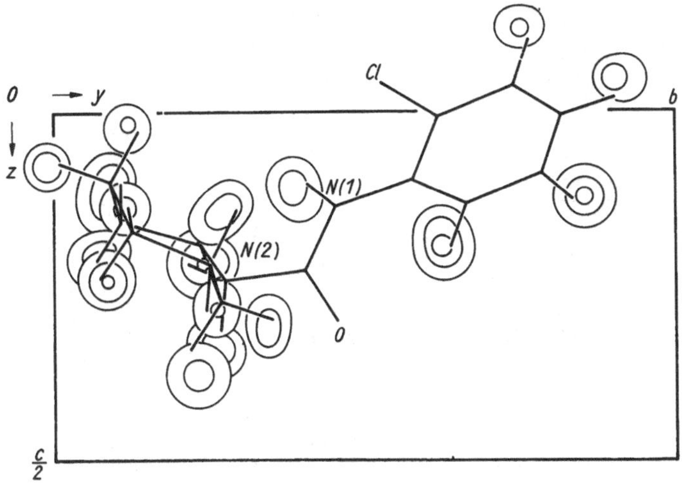

Fig. 2. Differenz-Fouriersynthese des P – o – Cl (die Beiträge aller Nichtwasserstoffatome – als Molekülgerüst gezeichnet – sind hierbei von den Strukturfaktoren abgezogen). Die Elektronendichtemaxima entsprechen den Lagen der *H*-Atome

konnten nun die übrigbleibenden Elektronendichtemaxima als H-Atome in erster Näherung lokalisiert werden, wie aus Figur 2 deutlich zu erkennen ist. Auch hier wurde in der Abbildung zum Vergleich die Lage des Moleküls nach Abschluß der Untersuchung (als Gerüst dargestellt) mit eingezeichnet. Auf diese Weise konnten alle 17 H-Atome ihren jeweiligen Bindungspartnern zugeordnet werden.

Schließlich wurden in weiteren „least squares"-Verfeinerungszyklen neben den Atomparametern der Nichtwasserstoffatome auch die Atomkoordinaten der H-Atome verfeinert. Als individuelle isotrope Temperaturfaktoren für die Atome H(1) bis H(17) wurden die der C-Atome verwendet, an denen die entsprechenden H-Atome gebunden sind. Der abschließende *R*-Wert für alle Strukturfaktoren beträgt $R(hkl) = 0{,}112$. Die Atomparameter sind in Tabelle 1, die resultierenden Bindungsabstände in Tabelle 2 und die Bindungswinkel in Tabelle 3 (alle Werte mit ihren Standardabweichungen) aufgeführt.
Die Ergebnisse der Molekül- und Kristallstruktur sind in den Figuren 3, 4, 5, 6 sowie in den Tabellen 2 und 3 enthalten. Die Atome C(1) bis C(6) des Benzolrings liegen in einer Ebene, die der Ebenengleichung

$$(-0{,}6148)\,x + (-0{,}2862)\,y + (-0{,}7349)\,z - (-3{,}34210) = 0$$

genügt. Die mittlere Abweichung dieser Atome von der Ebene beträgt 0,0118 Å. In dieser Ebene liegen auch die Atome Cl, N(1), H(2), H(3), H(4) und H(5), dabei weicht Cl um 0,0225 Å, N(1) um 0,0028 Å von dieser Ebene ab; die mittlere Abweichung der vier H-Atome beträgt 0,0982 Å.

In einer anderen Ebene des Moleküls liegen die Atome C(6), N(1), C(7), C(8) und O. Die Ebenengleichung lautet:

$$(-0{,}7139)\,x + (-0{,}2745)\,y + (-\,0{,}6443)\,z - (-3{,}3486) = 0\,.$$

Tabelle 1
Atomkoordinaten und isotrope Temperaturfaktoren
(Standardabweichungen in Klammern)

Atom	x/a	y/b	z/c	B_{iso}
Cl	0,2976 (4)	0,5124 (2)	−0,0433 (2)	6,24
O	0,1088 (7)	0,4610 (5)	0,2910 (5)	6,51
N(1)	0,1774 (7)	0,4589 (5)	0,1329 (5)	4,03
N(2)	0,2920 (7)	0,2408 (5)	0,1922 (5)	4,46
C(1)	0,2098 (9)	0,6168 (7)	0,0063 (6)	4,56
C(2)	0,1925 (10)	0,7343 (8)	−0,0390 (7)	4,98
C(3)	0,1201 (10)	0,8181 (8)	0,0009 (7)	5,72
C(4)	0,0682 (11)	0,7843 (8)	0,0843 (8)	5,81
C(5)	0,0834 (10)	0,6657 (8)	0,1303 (6)	5,14
C(6)	0,1567 (8)	0,5806 (6)	0,0916 (6)	3,92
C(7)	0,1568 (10)	0,4087 (7)	0,2268 (6)	5,03
C(8)	0,1946 (11)	0,2724 (7)	0,2417 (7)	5,33
C(9)	0,2835 (10)	0,1120 (7)	0,1534 (8)	5,15
C(10)	0,3827 (10)	0,0875 (8)	0,0925 (7)	5,85
C(11)	0,5259 (11)	0,1221 (8)	0,1672 (9)	7,16
C(12)	0,5316 (12)	0,2549 (8)	0,2138 (10)	6,68
C(13)	0,4284 (10)	0,2715 (8)	0,2713 (7)	5,55
H(1)	0,2361 (85)	0,4064 (82)	0,1063 (68)	
H(2)	0,2156 (92)	0,7571 (82)	−0,1031 (79)	
H(3)	0,1238 (98)	0,8985 (95)	−0,0258 (86)	
H(4)	0,0045 (99)	0,8299 (96)	0,1178 (80)	
H(5)	0,0349 (95)	0,6382 (83)	0,1895 (80)	
H(6)[1]	0,0872 (713)	0,2068 (544)	0,2154 (532)	
H(7)	0,2237 (99)	0,2584 (84)	0,3251 (87)	
H(8)	0,2703 (97)	0,0622 (91)	0,2185 (79)	
H(9)	0,2022 (93)	0,1053 (87)	0,0943 (78)	
H(10)	0,3618 (98)	0,1362 (95)	0,0232 (86)	
H(11)	0,4145 (103)	0,0046 (93)	0,0696 (84)	
H(12)	0,5776 (107)	0,0672 (107)	0,2420 (90)	
H(13)	0,6111 (107)	0,1092 (101)	0,1354 (88)	
H(14)	0,5551 (110)	0,2455 (94)	0,2943 (100)	
H(15)	0,4948 (108)	0,2937 (101)	0,1363 (93)	
H(16)	0,4159 (96)	0,2175 (87)	0,3562 (81)	
H(17)	0,4044 (94)	0,3511 (93)	0,2951 (82)	

[1]) Das Atom H (6) konnte in den „least squares"-Zyklen nicht lokalisiert werden, daher sehr große Standardabweichungen.

Die mittlere Abweichung der Atome von dieser Ebene beträgt 0,0555 Å. Die letztgenannte Ebene, die die Carbonamidgruppe enthält, ist gegenüber der Ebene des Benzolrings um 7,73° verdreht. Wesentlich stärker — um etwa 40° — sind die beiden entsprechenden Ebenen im Piperidinium-acet-o-chlor-anilid verdreht (G. Reck, et al.) Der Grund für die wesentlich geringere Verdrehung im P-o-Cl scheint die Existenz einer schwachen intramolekularen C(5)—H(5) · · · 0 — Wasserstoffbrückenbindung zu sein. Der H(5) · · · O-Abstand von 2,27 Å (Fig. 5) ist deutlich kürzer als ein entsprechender H · · · O-Van der Waals-kontakt von 2,60 Å. Durch diese H(5) · · · O-Brücke entsteht ein 6-Ring, bestehend aus den Atomen O, C(7), N(1), C(6), C(5) und H(5).

Tabelle 1 (Forts.)
Anisotrope Temperaturfaktoren[1]) ($\times$ 10^5) definiert als
$\exp - (B_{11} h^2 + B_{22} k^2 + B_{33} l^2 + B_{23} kl + B_{13} hl + B_{12} hk)$

Atom	B_{11}	B_{22}	B_{33}	B_{23}	B_{13}	B_{12}
Cl	0,03151	0,01238	0,01487	0,00219	0,03194	0,00897
O	0,02210	0,01030	0,01203	−0,00011	0,02089	0,00135
N(1)	0,01292	0,00782	0,00809	−0,00150	0,01181	0,00144
N(2)	0,01424	0,00656	0,00871	−0,00127	0,00878	0,00007
C(1)	0,01408	0,00975	0,00825	0,00132	0,01245	−0,00260
C(2)	0,01366	0,01190	0,00907	0,00304	0,01006	0,00024
C(3)	0,01725	0,00995	0,01041	−0,00287	0,01008	−0,00432
C(4)	0,02010	0,01000	0,01118	0,00227	0,00943	−0,00818
C(5)	0,01594	0,01021	0,00922	0,00068	0,00998	−0,00580
C(6)	0,01018	0,00897	0,00683	0,00090	0,00849	−0,00138
C(7)	0,02013	0,00888	0,00814	−0,00245	0,01333	−0,00328
C(8)	0,01806	0,00861	0,01026	0,00029	0,01280	0,00080
C(9)	0,02169	0,00768	0,01104	−0,00272	0,01073	−0,00195
C(10)	0,01750	0,01108	0,01013	−0,00193	0,00942	0,00644
C(11)	0,01808	0,01066	0,01603	−0,00151	0,01447	0,00287
C(12)	0,02012	0,01052	0,01646	0,00052	0,01213	0,00212
C(13)	0,01637	0,00906	0,01039	−0,00255	0,00336	−0,00039

[1]) Die B_{ij}-Werte beziehen sich auf die Atomlagen im Elementarzellenbereich $0 \leq x \leq 1$, $0 \leq y \leq 1/2$, $0 \leq z \leq 1/2$.

Tabelle 2
Bindungsabstände in Å
(Standardabweichungen in Klammern)

O — C(7)	= 1,219	(11)
N(1) — C(6)	= 1,409	(09)
N(1) — C(7)	= 1,351	(10)
N(1) — H(1)	= 0,988	(92)
N(2) — C(8)	= 1,421	(14)
N(2) — C(9)	= 1,476	(09)
N(2) — C(13)	= 1,461	(12)
C(1) — Cl	= 1,721	(09)
C(1) — C(2)	= 1,382	(11)
C(1) — C(6)	= 1,406	(11)
C(2) — C(3)	= 1,395	(14)
C(2) — H(2)	= 0.931	(95)
C(3) — C(4)	= 1,369	(13)
C(3) — H(3)	= 0,942	(104)
C(4) — C(5)	= 1,396	(12)
C(4) — H(4)	= 1,039	(108)
C(5) — C(6)	= 1,403	(12)
C(5) — H(5)	= 1,070	(100)
C(7) — C(8)	= 1,537	(11)
C(8) — H(6)	= 1,292	(731)[1])
C(8) — H(7)	= 0,954	(98)
C(9) — C(10)	= 1,521	(16)
C(9) — H(8)	= 1,010	(96)
C(9) — H(9)	= 0,905	(96)
C(10) — C(11)	= 1,514	(16)
C(10) — H(10)	= 0,949	(100)
C(10) — H(11)	= 1,041	(104)
C(11) — C(12)	= 1,547	(13)
C(11) — H(12)	= 1,058	(108)
C(11) — H(13)	= 1,120	(119)
C(12) — C(13)	= 1,517	(17)
C(12) — H(14)	= 0,918	(113)
C(12) — H(15)	= 0,973	(106)
C(13) — H(16)	= 1,235	(96)
C(13) — H(17)	= 0,980	(102)
N(2) ··· H(1)	= 2,064	(87)
O ··· H(5)	= 2,275	(91)
Cl ··· H(1)	= 2,435	(86)

Lineare H-Brückenabstände

N(1) ··· N(2)	= 2,656
N(1) ··· Cl	= 2,926
O ··· C(5)	= 2,912

[1]) Das Atom H (6) konnte nicht richtig lokalislert werden, daher die hohe Standardabweichung.

Tabelle 3
Bindungswinkel in Grad
(Standardabweichungen in Klammern)

Cl	– C(1)	– C(2)	= 119,2 (7)
Cl	– C(1)	– C(6)	= 119,3 (6)
C(2)	– C(1)	– C(6)	= 121,5 (8)
C(1)	– C(2)	– C(3)	= 118,8 (8)
C(2)	– C(3)	– C(4)	= 120,4 (9)
C(3)	– C(4)	– C(5)	= 121,7 (9)
C(4)	– C(5)	– C(6)	= 118,7 (8)
C(5)	– C(6)	– C(1)	= 119,0 (7)
C(1)	– C(6)	– N(1)	= 118,2 (7)
C(5)	– C(6)	– N(1)	= 122,8 (7)
C(6)	– N(1)	– C(7)	= 129,0 (7)
O	– C(7)	– N(1)	= 125,7 (8)
N(1)	– C(7)	– C(8)	= 112,0 (7)
O	– C(7)	– C(8)	= 122,2 (8)
C(7)	– C(8)	– N(2)	= 112,8 (7)
C(8)	– N(2)	– C(9)	= 113,4 (7)
C(8)	– N(2)	– C(13)	= 112,2 (7)
C(9)	– N(1)	– C(13)	= 110,9 (7)
N(2)	– C(9)	– C(10)	= 110,5 (7)
C(9)	– C(10)	– C(11)	= 113,6 (8)
C(10)	– C(11)	– C(12)	= 110,3 (9)
C(11)	– C(12)	– C(13)	= 110,1 (9)
C(12)	– C(13)	– N(2)	= 113,0 (8)
N(1)	– H(1)	– N(2)	= 116,4 (6,5)[1])
N(1)	– H(1)	– Cl	= 110,1 (6,1)[1])
C(6)	– N(1)	– H(1)	= 117,9 (5,1)
C(7)	– N(1)	– H(1)	= 111,0 (5,1)
C(8)	– N(2)	– H(1)	= 83,0 (2,5)[1])
C(1)	– C(2)	– H(2)	= 122,8 (5,9)
C(3)	– C(2)	– H(2)	= 117,7 (5,9)
C(2)	– C(3)	– H(3)	= 113,2 (6,4)
C(4)	– C(3)	– H(3)	= 125,8 (6,4)
C(3)	– C(4)	– H(4)	= 131,3 (5,8)
C(5)	– C(4)	– H(4)	= 106,7 (5,7)
C(4)	– C(5)	– H(5)	= 120,9 (5,2)
C(6)	– C(5)	– H(5)	= 120,3 (5,2)
C(5)	– H(5)	– O	= 116,4 (6,6)[1])
C(7)	– O	– H(5)	= 101,4 (2,5)[1])
C(7)	– C(8)	– H(6)	= 109,7(29,8)
N(2)	– C(8)	– H(6)	= 119,0(29,7)
H(7)	– C(8)	– H(6)	= 95,0(30,4)
C(7)	– C(8)	– H(7)	= 104,4 (6,1)
N(2)	– C(8)	– H(7)	= 113,7 (6,1)
N(2)	– C(9)	– H(8)	= 106,0 (5,7)
C(10)	– C(9)	– H(8)	= 127,3 (5,7)
H(9)	– C(9)	– H(8)	= 101,8 (8,3)
N(2)	– C(9)	– H(9)	= 105,0 (6,1)
C(10)	– C(9)	– H(9)	= 104,0 (6,1)
C(9)	– C(10)	– H(10)	= 110,5 (6,4)
C(11)	– C(10)	– H(10)	= 104,3 (6,4)
H(11)	– C(10)	– H(10)	= 104,3 (8,6)
C(9)	– C(10)	– H(11)	= 129,5 (5,8)

Tabelle 3 (Fortsetzung)

C(11)	– C(10)	– H(11)	=	91,1 (5,8)
C(10)	– C(11)	– H(12)	=	117,8 (6,2)
C(12)	– C(11)	– H(12)	=	106,3 (6,2)
H(13)	– C(11)	– H(12)	=	89,2 (8,4)
C(10)	– C(11)	– H(13)	=	122,4 (5,7)
C(12)	– C(11)	– H(13)	=	108,4 (5,7)
C(11)	– C(12)	– H(14)	=	104,2 (7,2)
H(15)	– C(12)	– H(14)	=	158,1 (9,8)
C(11)	– C(12)	– H(15)	=	96,4 (6,7)
C(13)	– C(12)	– H(15)	=	89,1 (7,3)
C(12)	– C(13)	– H(16)	=	130,1 (4,7)
N(2)	– C(13)	– H(16)	=	92,8 (4,6)
H(17)	– C(13)	– H(16)	=	93,4 (7,5)
C(12)	– C(13)	– H(17)	=	123,8 (5,9)
N(2)	– C(13)	– H(17)	=	95,1 (5,9)

[1]) Bindungswinkel in H-Brücken.

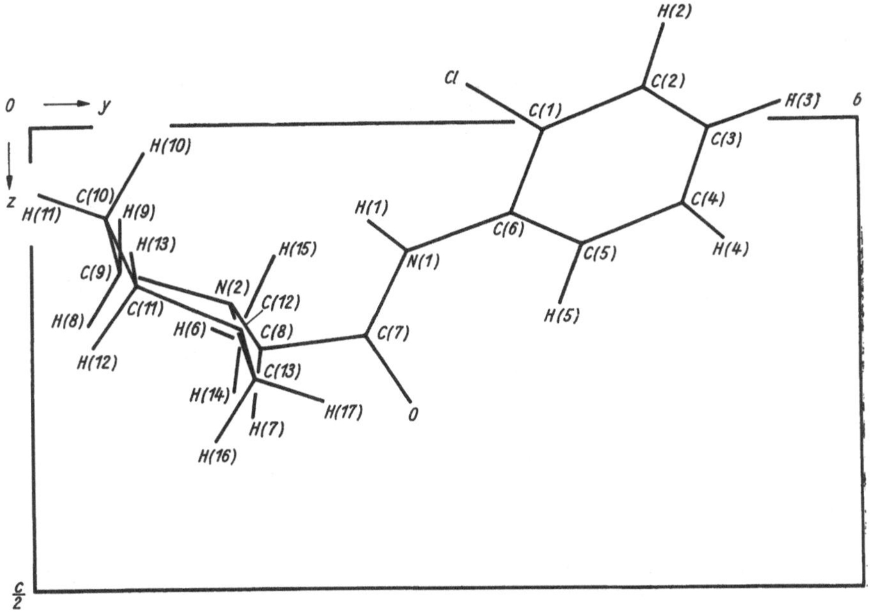

Fig. 3. Molekülgerüst mit Atombezeichnung

Der Piperidinring ist mit N(2) über C(8) an die Carbonamidgruppe gebunden. Das freie Elektronenpaar am N(2) ist Akzeptor für die intramolekulare N(1)–H···N(2)-Wasserstoffbrückenbindung, dafür spricht vor allem der Abstand H(1)···N(2) von 2,06 Å. Offen bleibt hingegen, ob eine schwache intramolekulare N–H(1)···Cl-Brücke existiert, dies wäre nur durch eine Gabelung an H(1) möglich. Der Abstand H(1)···Cl von 2,44 Å, der um 0,56 Å kleiner als die Summe der Van der Waalsradien ist, läßt eine Brückenbindung erwarten.

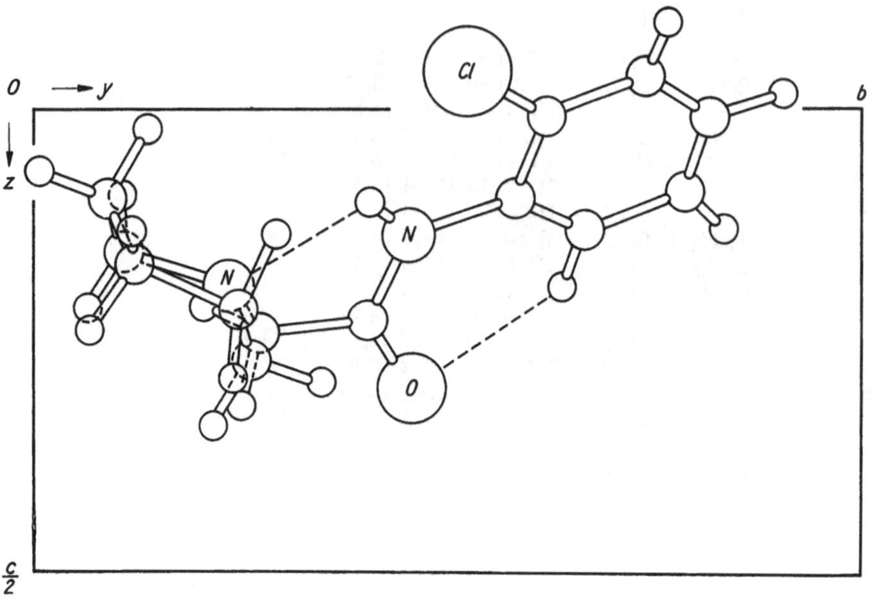

Fig. 4. Räumliche Molekülstruktur des P – o – Cl als Atommodell parallel zur *a*-Achse gezeichnet (Atombezeichnung sh. Abb. 3)

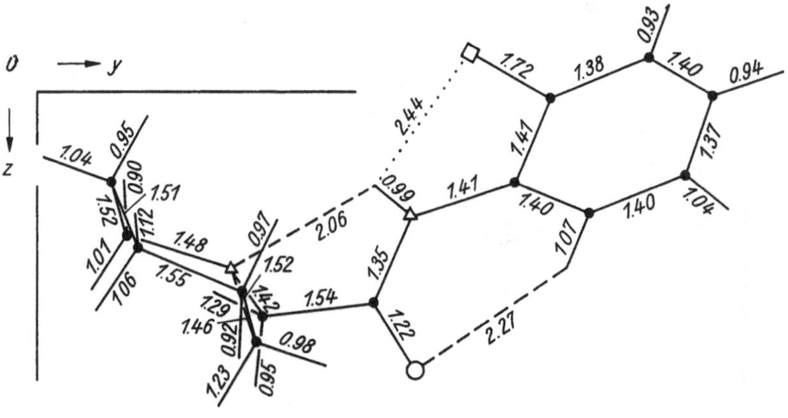

Fig. 5. Intramolekulare Bindungsabstände (gerundet) im P – o – Cl-Molekül (Atombezeichnung sh. Fig. 3)

N—H · · · Cl-Brücken wurden in o-chlor-aniliden auch NMR-spektroskopisch nachgewiesen (GRIBBLE, BOUSQUET).

Als zwischenmolekulare Wechselwirkungen besitzt die Struktur nur Van der Waalskontakte. Lediglich der zwischenmolekulare Kontakt C(4)—H(4) · · · O mit einem H(4) · · · O-Abstand von 2,39 Å (Fig. 6) läßt auf eine sehr schwache intermolekulare C—H · · · O Wasserstoffbrückenbindung schließen.

Die Autoren danken den Herren Prof. Dr. A. Barth und Dr. R. Franke für die Anregung zu dieser Arbeit und für wertvolle Diskussionen, Herrn H. G. Weiß, K. H. Benens, G. Kretschmer, Frau Ch. Krause und Frau H. Schrauber (Mitarbeiter der DAW) für die Programmierung der erforderlichen Rechenarbeiten.

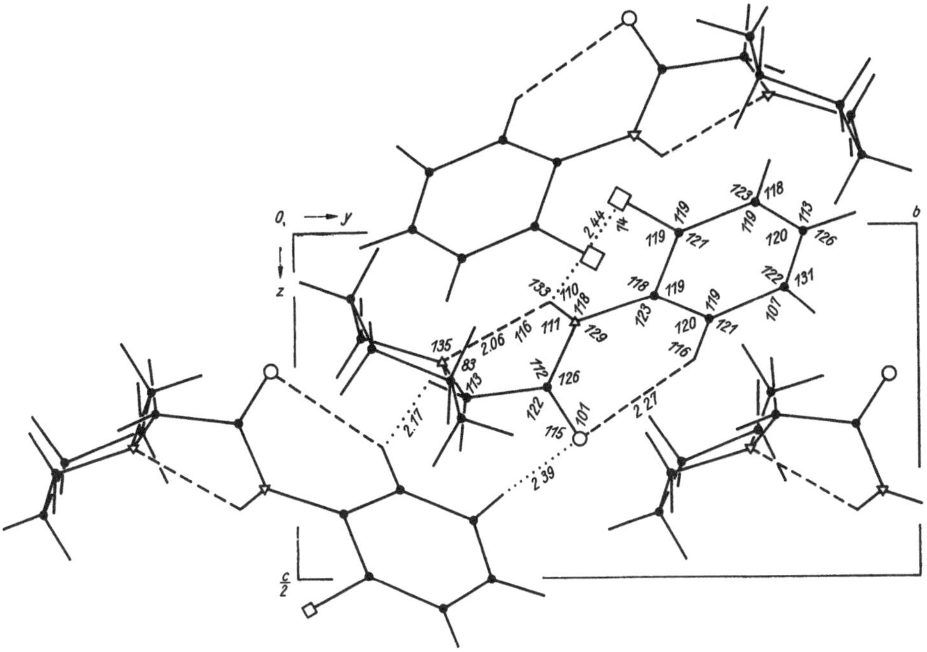

Fig. 6. Relativanordnung der P – o – Cl-Moleküle in der Kristallstruktur und Bindungswinkel (gerundet). (Atombezeichnung sh. Fig. 3)

Literatur

GRIBBEL, G. W., BOUSQUET, F. P.: Tetrahedron Vol. 27, **16**, 3785 (1971)

HALL, S. R.: Division of Pure Physics, National Research Council, Ottawa 1968

RECK, G., SCHMITTLER-FICHTNER, H., LEIBNITZ, P.: (in Vorbereitung, J. Prakt. Chem.)

(Eingegangen am 24. August 1972)

Anschrift der Verfasser:

Prof. Dr. E. HÖHNE,
I. SEIDEL
Dr. Helga SCHMITTLER-FICHTNER,
P. LEIBNITZ
Zentralinstitut für physikalische Chemie
der Akademie der Wissenschaften der DDR
Bereich Physikalische Methoden der analytischen Chemie
1199 Berlin-Adlershof
Rudower Chaussee 5
DDR

Kristall und Technik	8	1–3	1973	217–226

L. KUTSCHABSKY, H. SCHRAUBER

Zentralinstitut für physikalische Chemie der Akademie der Wissenschaften der DDR, Berlin-Adlershof und
Zentrum für Rechentechnik der Akademie der Wissenschaften der DDR, Berlin-Adlershof

Die Kristall- und Molekülstruktur des 4-Chlor-3,5-dimethylphenylcyanats

Das 4-Chlor-3,5-dimethylphenylcyanat kristallisiert in der triklinen Raumgruppe $P\bar{1}$ mit vier Molekülen C_9H_8ClNO in der Elementarzelle. Die Gitterkonstanten sind $a = 8{,}575$, $b = 18{,}004$, $c = 7{,}165$ Å; $\alpha = 106{,}27$; $\beta = 103{,}43$; $\gamma = 114{,}29°$. Die Struktur wurde mit der Methode der kleinsten Quadrate bis zu $R = 0{,}12$ verfeinert. Die mittleren Abstände der Cyanatgruppe sind: C—N = 1,14Å und C—O = 1,27 Å. Der kurze C—O-Abstand erklärt sich aus der *sp*-Hybridisation des *C*-Atoms.

Crystals of 4-Chloro-3,5-dimethylphenylcyanate are triclinic, space group $P\bar{1}$ with four molecules C_9H_8ClNO in the unit cell of dimensions $a = 8{,}575$, $b = 18{,}004$, $c = 7{,}165$ Å; $\alpha = 106{,}27$; $\beta = 103{,}43$; $\gamma = 114{,}29°$. The structure was refined by least squares methods to $R = 0{,}12$. The mean bond length in the cyanate group are C—N = 1,14 Å and C—O = 1,27 Å. The short C—O bond is caused by the *sp*-hybridization of the carbon atom.

1. Einleitung

Die Röntgenkristallstrukturanalyse des 4-Chlor-3,5-dimethylphenylcyanats wurde durchgeführt, um die Bindungsabstände und Valenzwinkel zu ermitteln und damit das Konjugationsverhalten von Heteroatomen gegenüber sp- und sp^2-hybridisierten C-Atomen zu klären. Die Molekülgeometrie ist weiterhin von Interesse in Zusammenhang mit der Aufspaltung der —O—C≡N Valenzschwingungsbande im IR-Spektrum bei 2200—2300 cm^{-1}, die für eine Reihe von Cyansäureestern von REICH und MARTIN beobachtet wurde. Einkristalle wurden uns von MARTIN, Zentralinstitut für Organische Chemie der Akademie der Wissenschaften der DDR, zur Verfügung gestellt.

2. Experimentelles

Zur Datengewinnung wurde ein nadelförmiger Einkristall mit einem näherungsweise quadratischen Querschnitt von $180 \times 190\ \mu m^2$ verwendet. Der Kristall wurde in ein Lindemannröhrchen eingeschmolzen, um ein Zersetzen zu verhindern. Aus nicht integrierten Weißenbergaufnahmen (hkL) $L = 0, 1, \cdots 5$, die mit Cu K_α-Strahlung hergestellt und mit einem Zeiss-Schnellphotometer (ebenfalls nicht integrierend) ausgewertet wurden, konnten 1973 unabhängige Reflexe (einschließlich Nullreflexe) von insgesamt 3950 möglichen gewonnen werden. Die Intensitäten wurden auf den Lorentz- und Polarisationsfaktor und einen Faktor, der die α_1, α_2-Aufspaltung in Abhängigkeit von Θ berücksichtigt, korrigiert. Eine Korrektur auf Absorption und Extinktion erfolgte nicht. Der lineare Absorptionskoeffizient beträgt $\mu = 34{,}6\ \mathrm{cm}^{-1}$ für Cu K_α-Strahlung. Es wurden weder Auslöschungen noch Symmetrien für die Reflexe festgestellt, die über die Zentrosymmetrie hinausgehen. Als Raumgruppen kamen daher P1 oder P$\bar{1}$ in Frage. Aus der Verteilung der E-Werte (Tab. 2) folgte P$\bar{1}$. Es wurde beobachtet, daß die Reflexe (*hkl*) mit $k = 2n + 1$ im Mittel wesentlich schwächer sind als die Reflexe (*hkl*) mit $k = 2n$.

Die Gitterkonstanten (Tab. 1) wurden von Frau Dr. H. Fichtner aus Guinieraufnahmen bestimmt.

Tabelle 1
Gitterkonstanten

Nicht reduzierte Zelle	Reduzierte Zelle
$a = 8{,}575 \pm 0{,}003$ Å	$a = 8{,}575 \pm 0{,}003$ Å
$b = 18{,}004 \pm 0{,}006$ Å	$b = 14{,}872 \pm 0{,}006$ Å
$c = 7{,}165 \pm 0{,}003$ Å	$c = 7{,}165 \pm 0{,}003$ Å
$\alpha = 106{,}27 \pm 0{,}06°$	$\alpha = 90{,}49 \pm 0{,}06°$
$\beta = 103{,}43 \pm 0{,}06°$	$\beta = 103{,}43 \pm 0{,}06°$
$\gamma = 114{,}29 \pm 0{,}05°$	$\gamma = 88{,}09 \pm 0{,}05°$

Tabelle 2
Verteilung der E-Werte für die Reflexe *h*, 2 *k*, *l* beim Cl-Derivat

	Beobachtet	Theor. Wert zentrosymm.	Theoret. Wert nicht zentrosymm.
$\langle \lvert E \rvert \rangle$	0,826	0,798	0,886
$\langle \lvert E^2 - 1 \rvert \rangle$	0,886	0,968	0,736
$\lvert E \rvert < 1$	30,81%	31,73%	37,0%
$\lvert E \rvert < 2$	4,25%	4,55%	1,8%
$\lvert E \rvert < 3$	0,53%	0,27%	0,01%

Alle im folgenden gemachten Angaben beziehen sich auf die nicht reduzierte Zelle. Aus der pygnometrisch bestimmten Dichte von $\varrho_{\mathrm{exp}} = 1{,}34\ \mathrm{g/cm^3}$ ergibt sich die Zahl der Moleküle C_9H_8ClNO in der Elementarzelle zu $N = 4$. Die theoretische Dichte ist $\varrho_{\mathrm{rö}} = 1{,}35\ \mathrm{g/cm^3}$.

Zusätzlich zu dem untersuchten Cl-Derivat lag noch ein Br-Derivat vor, dessen Gitterkonstanten bis auf eine Halbierung der b-Achse den Gitterkonstanten des Cl-Derivats entsprechen. Da die Kristalle relativ schlecht waren, wurden für das Br-Derivat nur die Reflexe *hk*0 aufgenommen. Aus der Ähnlichkeit der Intensitäten dieser Reflexe mit den Intensitäten der Reflexe *h*, 2 *k*, 0 des Cl-Derivats wurde geschlossen, daß die Mittelwertstruktur oder Superpositionsstruktur des Cl-Derivats isomorph der Struktur des Br-Derivats ist.

3. Strukturbestimmung

Zur Bestimmung der Koordinaten der Atome in der Mittelwertstruktur des Cl-Derivats wurden die Reflexe *hkl* mit $k = 2n$ verwendet. Vom Cl-Derivat und vom Br-Derivat wurden die Pattersonprojektionen $P(u, v)$ berechnet. Ein Vergleich dieser Projektionen lieferte die x, y-Koordinaten des Chloratoms. Vom Cl-Derivat wurde eine räumliche Pattersonsynthese mit den Reflexen $k = 2n$ berechnet. Eine Minimumfunktion $M_2(x, y, z)$, die entsprechend den bisherigen

Kenntnissen über die Lage des Cloratoms hergestellt wurde, lieferte einen Vorschlag für die Mittelwertstruktur, dessen Richtigkeit durch Verfeinerung mit der Methode der kleinsten Quadrate unter Verwendung der Reflexe $(h, 2\,k, l)$ bestätigt werden konnte.

Bevor die systematisch schwachen Reflexe hkl mit $k = 2\,n + 1$ zur weiteren Strukturbestimmung herangezogen werden konnten, mußte geklärt werden, worauf die geringe Intensität dieser Reflexe zurückzuführen ist. Hierfür gibt es zwei Möglichkeiten:

A) Die Lage der Moleküle wechselt in b-Richtung derart ab, daß zwar für die meisten Atome in x_j, y_j, z_j ein entsprechendes Atom in $x_j, y_j, + 1/2, z_j$ auftritt, jedoch für einige Atome von $x_j, y_j + 1/2, z_j$ stärker abweichende Lagen vorliegen. Die in b-Richtung aufeinanderfolgenden Moleküle könnten z.B. um etwa 180° gegeneinander verdreht sein.

B) Die Moleküle sind in b-Richtung gegeneinander etwas verdreht oder verkippt, so daß sich eine Pseudotranslation von $0, k/2, 0$ ergibt.

Bei einer Anordnung der Moleküle entsprechend Fall A) müßten in der Elektronendichteverteilung der Mittelwertstruktur zusätzliche Maxima auftreten. Eine Molekülanordnung entsprechend Fall B) dürfte sich nur in einer leichten Verformung der räumlichen Elektronendichtemaxima bemerkbar machen.

Aus der mit den Reflexen hkl mit $k = 2\,n$ berechneten räumlichen Pattersonsynthese und aus der Minimumfunktion $M_2(x, y, z)$ ließ sich nicht entscheiden, ob Fall A) oder Fall B) vorliegt. Die Deutung der mit $|F(h, k, l)|^2$ und $k = 2\,n + 1$ berechneten räumlichen Pattersonsynthese erwies sich zunächst als schwierig. Um festzustellen, welcher der beiden Fälle realisiert ist, wurde ein von den bisherigen Ergebnissen unabhängiger Weg eingeschlagen.

Mit der direkten Methode zur Phasenbestimmung von Hauptman, Karle konnten die Vorzeichen der 130 stärksten normierten Strukturfaktoren $E(hkl)$ mit $k = 2\,n$ bestimmt werden. Die mit diesen Strukturfaktoren berechnete räumliche Fouriersynthese (E-Map) zeigte eindeutig, daß Fall A) nicht vorliegen kann. Es wurden zwar einige zusätzliche Maxima festgestellt, aber sie konnten aufgrund ihrer räumlichen Anordnung nicht mit dem Molekül in Zusammenhang gebracht werden.

Die Vorzeichenbestimmung erfolgte mit Hilfe des SAP-Programms von Hall, welches die von Karle, Hauptman eingeführte Beziehung

$$\sum_2\text{: sign } E_s = \text{sign} \sum E_p\, E_{s-p}$$

benutzt. Zur SAP-Rechnung wurden nur die Reflexe hkl mit $k = 2\,n$ herangezogen. Der Index k wurde durch den Hilfsindex $k' = k/2$ ersetzt. Für die Parameter EOPT und EMIN wurde 1,8 bzw. 1,3 eingesetzt. Die Anzahl der Reflexe mit $|E| \leqq$ EOPT beträgt 45, die der Reflexe mit $|E| \geqq$ EMIN 130. Es wurden 243 Reflextripel $E_s\, E_p\, E_{s-p}$ mit $E_s \geqq$ EMIN und $E_p\, E_{s-p} \geqq$ EOPT ermittelt, welche der Indizesbeziehung von $\sum_2$ genügen. Die drei ursprungsfestlegenden Reflexe und die vier Reflexe, denen als symbolische Phasen Buchstaben zugeordnet wurden sind in Tabelle 3 zusammengestellt.

Mit Hilfe des SAP-Programms gelang es nicht, den Buchstaben Phasenwerte zuzuweisen, da alle 16 Vorzeichenkombinationen für die Buchstaben A, B, C, D in fast allen Fällen zu widerspruchsfreien $\sum_2$-Beziehungen führten. Es gab nur 1 Hinweis für $B \triangleq +$, 3 Hinweise für $D \triangleq +$ und 2 Hinweise für $A = C$.

Tabelle 3
Anfangsphasen der SAP-Rechnung
Die ersten drei Reflexe legen den Ursprung fest

h	*k'*	*l*	$E_{hk'l}$	Phase
1	2	$\bar{4}$	3,37	π
5	1	1	3,18	0
0	$\bar{1}$	2	2,81	π
2	$\bar{7}$	0	2,49	*A*
4	3	$\bar{1}$	2,46	*B*
1	1	3	2,27	*C*
2	4	$\bar{2}$	2,06	*D*

Für eine endgültige Entscheidung hätten 16 räumliche *E*-Synthesen berechnet werden müssen. Um diese Anzahl zu reduzieren, wurden zunächst für jede Vorzeichenkombination der vier Buchstaben mit den 130 *E*-Werten die Elektronendichtewerte an den Stellen der Symmetriezentren berechnet. Weil bekannt war, daß bei dieser Struktur in den Symmetriezentren keine Atome liegen, konnten 4 Vorzeichenkombinationen (in Tabelle 4 mit * bezeichnet), für welche

Tabelle 4
Quadratsumme der Werte der mit den *E*-Werten gerechneten Fouriersynthesen in den Symmetriezentren und an der Stelle des Cl-Atoms für alle 16 Vorzeichenkombinationen der Buchstaben

A B C D		$\sum_{i=1}^{8} \varrho_i^2$	ϱ_{Cl}^2
− − − +	*	121	2
+ − − +		8	2
− + − +		6	1
+ + − +		3	67
− − + +	*	251	2
+ − + +	*	29	2
− + + +		11	25
+ + + +		**15**	**148**
− − − −		19	2
+ − − −		5	0
− + − −		4	0
+ + − −		8	7
− − + −	*	86	1
− + + −		15	12
+ − + −		20	0
+ + + −		22	45

die Elektronendichte in den Symmetriezentren relativ hoch war, ausgeschieden werden. Da die Lage des Chloratoms aus der Pattersonsynthese bekannt war, konnte durch Berechnung der Elektronendichte an dieser Stelle die richtige Vorzeichenkombination $A \triangleq +$, $B \triangleq +$, $C \triangleq +$, $D \triangleq +$ (in Tabelle 4 durch Fettdruck hervorgehoben) eindeutig bestimmt werden.

4. Verfeinerung der Struktur

Zunächst wurde die Mittelwertstruktur verfeinert, indem nur die $F(hkl)$ mit $k = 2n$ verwendet wurden. Die räumlichen Koordinaten der Nichtwasserstoffatome wurden aus der Minimumfunktion $M_2(x, y, z)$ bestimmt. Die x- und y-Koordinaten wurden zunächst durch Fourier- und Differenzfouriersynthesen in der x, y-Projektion verfeinert. Es lagen nur Reflexe bis zur 5. Ordnung in l vor, deshalb waren die aus der $M_2(x, y, z)$ ermittelten z-Koordinaten ungenau. Weil der Phenylring eben sein muß, wurde eine mittlere Ebene durch alle Nichtwasserstoffatome außer der C≡N-Gruppe berechnet und die z-Koordinaten so bestimmt, daß die Atome auf dieser Ebene liegen. Informationen aus der E-Map wurden nicht verwendet, da diese Synthese erst zu einem späteren Zeitpunkt vorlag. Zu Beginn der Verfeinerung mit der Methode der kleinsten Quadrate nach dem Block-Diagonalverfahren war der Diskrepanzfaktor $R = 0{,}31$. Es wurde die Funktion $\sum w\,(|F_{\text{obs}}(hkl)| - |F_{\text{calc}}(hkl)|)^2$ zum Minimum gemacht, wobei als Wichtungsfunktion $w = 1/(1 + ((|F_0| - P_2)/P_1)^2)$ verwendet wurde. Die zunächst benutzten Werte $P_1 = 16{,}0$ und $P_2 = 8{,}0$ änderten sich im Verlauf der Verfeinerung zu $P_1 = 13{,}0$ und $P_2 = 6{,}5$. Die ersten Verfeinerungszyklen mit isotropen Temperaturfaktoren verkleinerten den R-Wert für diese Reflexe auf 0,18. Die Streukurven wurden den Internationalen Tabellen Bd III entnommen.

Um von der Mittelwertstruktur zur wirklichen Struktur zu gelangen, wurde eine räumliche Pattersonsynthese nur mit den $|F(hkl)|^2$ mit $k = 2n + 1$ gerechnet. Die Auswertung dieser Synthese bestätigte, daß die Schwächung der Reflexe mit $k = 2n + 1$ auf Fall B) zurückzuführen ist.

Für den Übergang von der Mittelwertstruktur zur wirklichen Struktur wurden die Koordinaten der Chloratome zweier in b-Richtung translationsäquivalenter Moleküle der Mittelwertstruktur entsprechend der räumlichen Pattersonsynthese, berechnet mit $|F(hkl)|^2$ und $k = 2n + 1$, neu bestimmt. Dabei wurde vorausgesetzt, daß eine Molekülanordnung entsprechend Fall B) vorliegt.

x (Cl 1) = 0,249	y (Cl 1) = 0,313	z (Cl 1) = − 0,007
x (Cl 2) = 0,249	y (Cl 2) = 0,813	z (Cl 2) = − 0,007

Neue Koordinaten der Chloratome:

x (Cl 1) = 0,249	y (Cl 1) = 0,313	z (Cl 1) = − 0,027
x (Cl 2) = 0,249	y (Cl 2) = 0,813	z (Cl 2) = 0,013

Die Koordinaten der übrigen Atome wurden nicht verändert. Zu Beginn der Verfeinerung mit allen (hkl) war $R = 0{,}33$. Es wurden einige Verfeinerungszyklen mit isotropen Temperaturfaktoren gerechnet. Der R-Wert sank auf 0,17. Alle Atome veränderten in Übereinstimmung mit der mit den Reflexen $k = 2n + 1$ berechneten Pattersonfunktion ihre Lagen so, wie es dem Fall B) entsprechen würde. Weitere Zyklen mit anisotropen Temperaturfaktoren verkleinerten den R-Wert auf 0,120. Der hohe abschließende R-Wert ist auf die große Zahl Nullreflexe und sehr schwacher Reflexe zurückzuführen. Das durchschnittliche Verhältnis zwischen Koordinatenverschiebung und Standardabweichung betrug am Ende der Verfeinerung 0,2. Die endgültigen Atomparameter sind in Tabelle 5 zusamengestellt. Die B_{ij} sind die Koeffizienten des Ausdrucks $\exp - (B_{11}h^2 + B_{22}k^2 + B_{33}l^2 + B_{12}hk + B_{13}hl + B_{23}kl)$.

Tabelle 5
Atomkoordinaten und anisotrope Temperaturfaktoren ($\times 10^4$)
(Standardabweichungen in Klammern)

Molekül I

Atom	x/a	y/b	z/c
Cl	0,2413 (3)	0,3082(1)	−0,0369 (3)
O	0,8221(70)	0,6802(3)	0,5428 (8)
N	0,7664(12)	0,8041(5)	0,6157(14)
C(1)	0,6739 (9)	0,5920(4)	0,4006(11)
C(2)	0,7331 (9)	0,5314(4)	0,3338(12)
C(3)	0,5977 (9)	0,4435(4)	0,1953(11)
C(4)	0,4102 (9)	0,4201(4)	0,1342(11)
C(5)	0,3550 (9)	0,4804(4)	0,2019(11)
C(6)	0,4904 (9)	0,5700(4)	0,3389(11)
C(7)	0,7865(11)	0,7435(5)	0,5818(14)
C(8)	0,6564(12)	0,3752(5)	0,1179(15)
C(9)	0,1521(10)	0,4535(5)	0,1327(13)

Atom	B_{11}	B_{22}	B_{33}	B_{12}	B_{13}	B_{23}
Cl	183 (4)	34(1)	220 (6)	51 (3)	134(8)	50 (3)
O	178(11)	34(2)	206(17)	53 (8)	90(21)	33 (9)
N	294(21)	68(5)	319(29)	151(17)	91(39)	61(18)
C(1)	141(14)	32(3)	66(28)	52(10)	46(26)	30(12)
C(2)	148(15)	40(3)	165(23)	82(13)	130(29)	77(13)
C(3)	155(14)	33(3)	134(23)	73(11)	125(27)	65(12)
C(4)	134(14)	40(3)	123(23)	67(11)	125(27)	86(13)
C(5)	142(14)	42(3)	95(21)	85(11)	113(26)	77(12)
C(6)	130(13)	43(3)	101(21)	75(11)	99(26)	65(13)
C(7)	195(18)	44(4)	218(28)	72(14)	55(35)	58(16)
C(8)	230(19)	46(4)	339(30)	131(15)	257(38)	84(17)
C(9)	118(14)	53(4)	247(26)	87(12)	76(30)	82(15)

Molekül II

Atom	x/a	y/b	z/c
Cl	0,2582 (3)	0,8182(1)	0,0275 (3)
O	0,8336 (7)	1,1981(3)	0,5121 (9)
N	0,7747(11)	1,3200(5)	0,5857(13)
C(1)	0,6866 (9)	1,1077(4)	0,3899(11)
C(2)	0,7443(10)	1,0458(5)	0,3410(12)
C(3)	0,6140 (9)	0,9561(4)	0,2300(11)
C(4)	0,4273(10)	0,9317(4)	0,1714(12)
C(5)	0,3685 (8)	0,9938(4)	0,2191(11)
C(6)	0,5042 (9)	1,0851(4)	0,3319(11)
C(7)	0,7932(11)	1,2596(5)	0,5450(14)
C(8)	0,6740(12)	0,8865(6)	0,1759(16)
C(9)	0,1643(11)	0,9654(5)	0,1494(14)

Atom	B_{11}	B_{22}	B_{33}	B_{12}	B_{13}	B_{23}
Cl	215 (4)	39(1)	271 (7)	57 (3)	168(9)	61 (4)
O	155(11)	34(2)	277(17)	46(8)	106(22)	22(10)
N	270(19)	54(4)	371(30)	102(15)	101(37)	54(17)
C(1)	142(14)	33(3)	131(22)	42(11)	75(28)	43(12)
C(2)	146(15)	51(4)	162(23)	101(12)	134(29)	103(14)
C(3)	166(14)	34(3)	117(21)	85(11)	103(27)	61(12)
C(4)	156(14)	35(3)	138(23)	54(11)	95(28)	55(12)
C(5)	114(12)	35(3)	85(20)	57(10)	71(24)	40(11)
C(6)	127(13)	34(3)	115(21)	58(10)	82(26)	39(12)
C(7)	194(18)	43(4)	220(28)	53(13)	36(34)	38(16)
C(8)	232(20)	52(5)	459(37)	134(16)	331(44)	120(20)
C(9)	140(15)	55(4)	271(28)	80(13)	113(33)	63(17)

5. Diskussion der Struktur

Die Differenzen zwischen den einander entsprechenden Bindungsabständen und -winkeln der beiden kristallographisch unabhängigen Moleküle (Fig. 1) sind in fast allen Fällen kleiner als die Standardabweichungen. Die beiden Moleküle sind als chemisch gleichwertig anzusehen. Die Standardabweichungen betragen

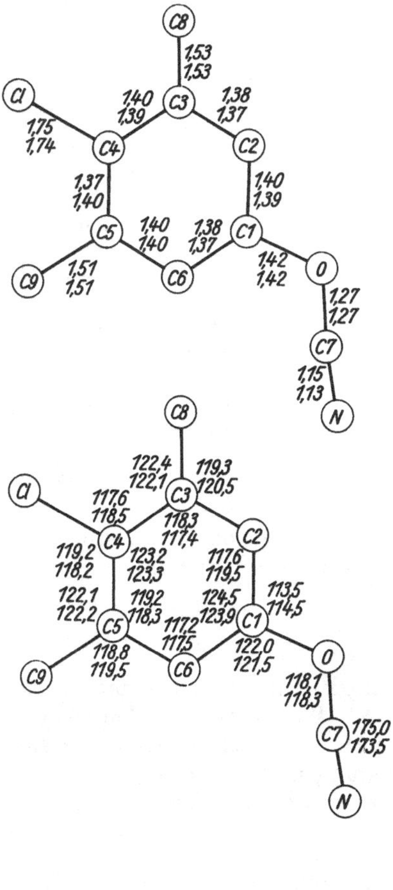

Fig. 1. Bindungsabstände in Å und Bindungswinkel in Grad für die beiden symmetrieunabhängigen Moleküle des 4-Chlor-3,5-dimethyl-phenylcyanats

für die C—Cl-Abstände $\sigma = 0{,}008$ Å und für die übrigen Abstände $\sigma = 0{,}014$ Å. Für die Winkel ist $\sigma = 1{,}1°$. Die Abstände Cl—C(4) und O—C(1) entsprechen Einfachbindungen und sind nicht durch den Einfluß des aromatischen Rings verkürzt. Der Winkel C(1)—O—C(7) von 118,1° bzw. 118,3° läßt vermuten, daß das Sauerstoffatom sp^2 hybridisiert ist (GUGGENBERGER, JACOBSON). Die sp-Hybridisation des C(7) führt zu dem kurzen Abstand O—C(7) von 1,27 Å (IWASAKI, AIHARA). Die Aufweitung des Winkels C(6)—C(1)—O auf 122,0° bzw. 121,5°, die Verkleinerung von C(2)—C(1)—O auf 113,5° bzw. 114,5° sowie die Abweichung des Winkels O—C(7)—N von 180° erklärt sich aus der sterischen Behinderung der Cyanatgruppe durch das an das Atom C(6) gebundene H-Atom Dieser sterische Effekt wirkt allerdings ebenfalls in Richtung einer Vergrößerung des Winkels C(1)—O—C(7). Der Abstand C(7)—N ist mit 1,15 Å bzw. 1,13 Å gegenüber dem Abstand von 1,16 Å, wie er mit anderen Methoden im freien Molekül gefunden wurde, etwas verkürzt. Diese Verkürzung erklärt sich dadurch, daß infolge der Dreifachbindung zwischen N und C(7) die Schwerpunkte der Elektronendichte nicht mit der Lage der Atomkerne übereinstimmen sondern jeweils in Richtung der Dreifachbindung verschoben sind. Entsprechende Werte wurden auch bei anderen kristallisierten Verbindungen für eine C—N-Dreifachbindung gefunden (KOBAYASHI, OHASHI, MARUMO, SAITO; LAING, SPARROW, SOMMERVILLE). Die Bindungsabstände im Phenylring stimmen gut überein mit den Werten, die für ein konjugiertes System zu erwarten sind. Tabelle 6 zeigt die Abweichung der Atome von den mittleren Ebenen, die für

Tabelle 6
Abweichungen von der mittleren Ebene
(Standardabweichung 0,009 Å)

Atom	Molekül 1	Molekül 2
Cl	−0,016 Å	−0,007 Å
C(1)	0,004	0,013
C(2)	−0,004	0,017
C(3)	0,009	0,006
C(4)	0,000	−0,011
C(5)	0,033	−0,006
C(6)	0,015	0,012
C(7)	0,235	0,106
C(8)	0,007	−0,003
C(9)	−0,001	0,004
O	−0,017	−0,026
N	0,520	0,205

beide Moleküle durch die Atome Cl, O, C(1) bis C(6), C(8) und C(9) gelegt wurden und durch die Gleichungen

$$0{,}140\,X + 0{,}609\,Y - 0{,}780\,Z - 3{,}323 = 0$$

$$0{,}166\,X + 0{,}494\,Y - 0{,}853\,Z - 5{,}809 = 0$$

(bezogen auf ein orthogonales Achsensystem) beschrieben werden.

Der Winkel zwischen den beiden mittleren Ebenen und damit die Verkippung der Moleküle gegeneinander beträgt 7,9°. Die durch die Atome O, C(7), N der Cyanatgruppe näherungsweise gebildeten Geraden schließen mit den jeweiligen Ebenennormalen Winkel von 78° bzw. 85° ein. Die Packung der Moleküle im

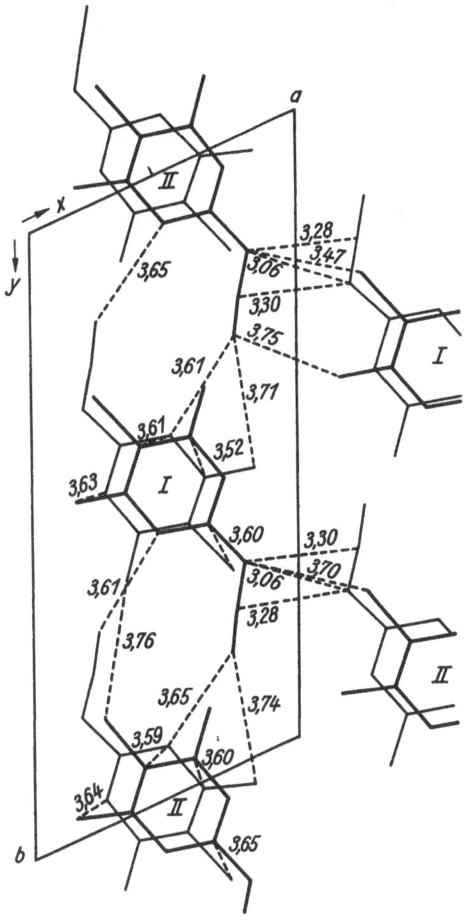

Fig. 2. Packung der Moleküle im Kristall. Die symmetrieunabhängigen Moleküle sind mit I und II bezeichnet. Die kürzesten intermolekularen Abstände sind eingezeichnet

Kristall sowie die kürzesten intermolekularen Kontakte sind in Figur 2 dargestellt.

Die Autoren sind Herrn Prof. Dr. E. Höhne für wertvolle Diskussionen und die Durchsicht des Manuskripts sehr zu Dank verpflichtet. Herrn H. G. Weiß und H. Benens vom Zentrum für Rechentechnik der Akademie der Wissenschaften der DDR sei für die Programmierung und Frau H. Schulz und Frl. Chr. Wunderlich für die Durchführung der technischen Arbeiten gedankt.

Literatur

Guggenberger, L. J., Jacobson, R. A.: Acta Cryst B **25**, 888 (1969)
Hall, S. R.: Rechenprogramm Symbolic Addition Procedure, Division of Pure Physics, National Research Council, Ottawa
Hauptman, H., Karle, J.: Solution of the Phase Problem. The Centrosymmetric Cristal. A. C. A. Monograph No. 3. Pittsburgh 1953

Iwasaki, F., Aihara, A.: Acta Cryst B 26, 91 (1970)
Kobayashi, H., Ohashi, Y., Marumo, F., Saito, Y.: Acta Cryst B 26, 459 (1970)
Laing, M., Sparrow, N., Sommerville, P.: Acta Cryst B 27, 1986 (1971)
Reich, P., Martin, D.: Chem. Ber. 98, 2063 (1965)

(Eingegangen am 24. Augist 1972)

Anschrift der Verfasser:

Dr. L. Kutschabsky
Zentralinstitut für physikalische Chemie der Akademie der Wissenschaften der DDR
H. Schrauber
Zentrum für Rechentechnik
der Akademie der Wissenschaften der DDR
1199 Berlin-Adlershof
Rudower Chaussee 6
DDR

Kristall und Technik	8	1—3	1973	227—235

W. Falkenberg, E. Höhne, J. Sieler, R. Wagener

Karl-Marx-Universität Leipzig, Sektion Chemie und
Zentralinstitut für physikalische Chemie der Akademie der Wissenschaften der DDR, Berlin-Adlershof

Die Kristall- und Molekülstruktur des 3,3'-Diäthylthiacarbocyanin-dichloroaurats

Die Kristall- und Molekülstruktur von $C_{21}H_{21}N_2S_2AuCl_2$ wurde mit Hilfe der Röntgenkristallstrukturanalyse bestimmt. Die Kristalle sind monoklin, Raumgruppe P $2_1/c$ mit 4 Molekülen in der Elementarzelle mit $a = 15{,}97$ Å, $b = 8{,}17$ Å, $c = 17{,}09$ Å, $\beta = 89{,}4°$. Die Intensitätsdaten wurden nach der Filmmethode aus „equi-inclination"-Weissenbergaufnahmen gewonnen. Die Struktur wurde durch Schweratom-Technik gesichert und durch least-squares-Methode bis zu einem R-Wert von $R = 0{,}18$ verfeinert. Das Farbstoffkation ist nicht ganz planar, die beiden Benzthiazolringe sind um einen Winkel von etwa 7° verdrillt. Im Kristall ordnen sich die Kationen zu zentrosymmetrischen Paaren an, die sich entlang der b-Achse stapeln. Zwischen diesen Stapeln liegen die $AuCl_2$-Anionen in Abständen, die nur als van der Waalssche Kontakte zu interpretieren sind. Es wird ein intramolekularer Au—S-Abstand von 3.50 Å beobachtet.

The crystal- and molecular structure of the compound $C_{21}H_{21}N_2S_2AuCl_2$ has been determined by means of X-ray crystal structure analysis. The crystals are monoclinic, space group P $2_1/c$ with 4 molecules in the unit cell with $a = 15{,}97$ Å, $b = 8{,}17$ Å, $c = 17{,}09$ Å, $\beta = 89{,}4°$. The intensity data collected by film technique from „equi-inclination"-Weißenberg photographs. The structure was solved by heavy-atom technique and refined by least-squares to a R-value of R = 0,18. The dye cation is not quite planar, the two benzthiazolcycles being twisted through an angle of about 7°. In the crystal the cations arrange to centrosymmetric pairs, which stacked parallel to the b-axis. The $AuCl_2$-anions lie between these stacks in distances, which are only to interprete as van der Waals contacts. An intramolecular Au—S-distance with 3.50 Å is observed.

1. Einleitung

Das 3,3'-Diäthylthiacarbocyanin-dichloroaurat ist ein Vertreter der offenkettigen Polymethinfarbstoffe (Cyaninfarbstoffe):

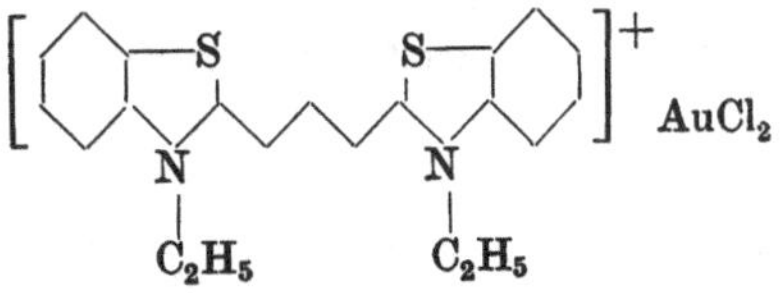

Den Polymethinzustand kann man wie folgt charakterisieren (Dähne):

— Alternierung der π-Elektronendichte
— weitgehender Bindungsausgleich entlang der Polymethinkette
— ausgeprägte π-Elektronenbeweglichkeit entlang der Polymethinkette

Diese Eigenschaften werden für die hervorragende Eignung der Polymethinfarbstoffe als spektrale Sensibilisatoren verantwortlich gemacht. Im vorliegenden Fall enthält das Farbstoffkation fünf sp^2-hybridisierte Kohlenstoffatome in der konjugierten Kette und als Kettenendatome Stickstoffatome, die zu je einem Benzthiazolring gehören. Entsprechend der allgemeinen Darstellung

$$\begin{array}{c}(p+1)\,\pi\\ \cdots\cdots\cdots\cdots\cdots\\ X \quad (Y) \quad X'\end{array}$$

X, X', Y = Atome der IV., V. oder VI. Hauptgruppe $p = n + 2$ sind acht π-Elektronen über einer planaren siebengliedrigen Polymethinkette verteilt. Die positive Ladung des Farbstoffkations wird von dem $AuCl_2$-Anion neutralisiert.

Das 3,3'-Diäthylthiacarbocyanin-dichloroaurat wurde einer Röntgenkristallstrukturanalyse (RKSA) unterzogen, um die bisherigen Vorstellungen über offenkettige Polymethinfarbstoffe experimentell zu überprüfen, das Verständnis für die Kristall- und molekülstruktur zu verbessern und die röntgenkristallstrukturanalytischen Arbeiten über diese Substanzgruppe zu ergänzen. Speziell interessierte dabei, ob das goldhaltige Anion auf das große organische Kation einen besonderen Einfluß ausübt.

2. Experimentelles

Rotbraune, glänzende, spröde Einkristalle mit plättchenförmigem Habitus
linearer Absorptionskoeffizient $\mu = 170\ cm^{-1}$ für $Cu_{K\alpha}$-Strahlung
Gitterkonstanten aus Weißenbergaufnahmen $a = 15{,}97 \pm 0{,}2$ Å, $b = 8{,}17 \pm 0{,}15$ Å,
$c = 17{,}09 \pm 0{,}2$ Å, $\beta = 89{,}4 \pm 0{,}1°$
systematische Auslöschungen $h0l$ für $l = 2n + 1$, $0k0$ für $k = 2n + 1$
Raumgruppe $P\,2_1/c$
$\varrho_{\text{röntgen.}} = 1{,}89\ g/cm^3$
Zahl der Formeleinheiten/Elementarzelle: $Z = 4$

Ein Einkristall von der Abmessung $170 \times 100 \times 18\ \mu m$ wurde mit der b-Achse als Drehachse aufgeklebt. Die Intensitäten der Reflexe hKl für $K = 0, 1, 2, \ldots, 5$ wurden nach der Filmmethode mit ungefilterter $Cu_{K\alpha}$-Strahlung aus „equi-inclination"-Weissenbergaufnahmen gewonnen. Von 1586 unabhängigen Reflexen (davon 472 unbeobachtete, für die $I_{\min} = 1$ gesetzt wurde) wurde der überwiegende Teil der Intensitäten mit einem Schnellphotometer (VEB Carl Zeiss Jena) mit angeschlossenem Umzeichengerät nach Seemann vermessen. Die schwachen Intensitäten wurden visuell geschätzt. Die Intensitäten wurden mit Lorentz-, Polarisations- und einen die $K\alpha_1$, $K\alpha_2$-Aufspaltung berücksichtigenden Faktor korrigiert.

3. Bestimmung und Verfeinerung der Struktur

Das Strukturprinzip wurde nach der Schweratommethode aus der dreidimensionalen Patterson-Synthese bestimmt. Dabei konnte die Lage des äußerst schweren Goldatoms (Ordnungszahl 79) in der Elementarzelle auf Grund der hohen Elektronendichte relativ leicht ermittelt werden. Eine dreidimensionale

Minimumfunktion $M_2(x, y, z)$, die durch den Verschiebungsvektor Au—Au über das Symmetriezentrum erzeugt wurde, ergab neben der linearen Cl—Au—Cl Gruppierung noch die beiden S-Atome. Die Lagen der übrigen Nichtwasserstoffatome wurden aus einigen Fourier-Zyklen bestimmt. Die so erhaltenen Parameter wurden mit Hilfe von least-squares-Rechnungen nach dem Blockdiagonalen-Näherungsverfahren verfeinert, wobei für das Goldatom und die beiden Chloratome die anisotropen Temperaturfaktoren und für die übrigen Atome die isotropen Temperaturfaktoren berechnet wurden. Es wurde eine Gewichtsfunktion nach Cruickshank benutzt:

$$\sqrt{w} = 1/\{1 + [F - p_2)/p_1]^2\}^{1/2}$$

Es wurde $p_2 = 40$ und $p_1 = 25$ gesetzt.

Tabelle 1
Atomkoordinaten und Temperaturfaktoren
(Standardabweichungen in Klammern)

Atom	x	y	z	B
Au	0,2264(2)	0,0498(3)	0,2263(1)	2,50
Cl(1)	0,0930(9)	0,000(2)	0,2705(8)	4,39
Cl(2)	0,3627(5)	0,086(1)	0,1826(5)	0,89
S(1)	0,2150(8)	0,540(2)	0,5267(8)	3,87
S(2)	0,5189(8)	0,286(2)	0,5277(7)	3,61
N(1)	0,145(2)	0,517(4)	0,390(1)	0,33
N(2)	0,548(2)	0,113(4)	0,407(1)	0,56
C(1)	0,114(3)	0,639(7)	0,514(3)	3,63
C(2)	0,062(4)	0,715(9)	0,567(4)	7,59
C(3)	−0,008(3)	0,810(8)	0,539(3)	5,63
C(4)	−0,036(4)	0,753(9)	0,468(4)	6,36
C(5)	0,016(3)	0,682(7)	0,414(3)	3,97
C(6)	0,092(3)	0,604(8)	0,434(3)	4,42
C(7)	0,116(3)	0,443(6)	0,314(3)	3,81
C(8)	0,164(4)	0,563(8)	0,262(4)	6,54
C(9)	0,210(4)	0,458(8)	0,432(3)	5,68
C(10)	0,281(3)	0,376(6)	0,405(2)	2,60
C(11)	0,361(3)	0,343(6)	0,434(2)	2,67
C(12)	0,423(2)	0,252(5)	0,401(2)	0,88
C(13)	0,492(3)	0,210(6)	0,438(2)	2,82
C(14)	0,544(3)	0,018(7)	0,331(3)	3,45
C(15)	0,583(3)	0,115(8)	0,265(3)	5,02
C(16)	0,614(3)	0,078(6)	0,453(3)	3,83
C(17)	0,692(3)	0,013(7)	0,438(3)	3,85
C(18)	0,749(4)	0,001(8)	0,494(3)	4,40
C(19)	0,740(4)	0,069(8)	0,566(3)	5,43
C(20)	0,675(3)	0,175(8)	0,574(3)	5,60
C(21)	0,606(3)	0,159(7)	0,525(3)	3,63

Anisotrope Temperaturfaktoren ($\times 10^4$)

Atom	B_{11}	B_{22}	B_{33}	B_{12}	B_{13}	B_{23}
Au	75(2)	176(9)	34(1)	1(3)	−9(2)	−3(4)
Cl(1)	59(8)	167(37)	35(6)	−1(22)	29(11)	−5(27)
Cl(2)	20(4)	95(26)	10(3)	59(13)	1(7)	132(13)

Bei der Verfeinerung aller Atome in 6 Zyklen wurden bei einem R-Wert von $R = 0{,}18$ keine weiteren Koordinatenverschiebungen für das Goldatom erhalten und der letzte Zyklus brachte keine Verringerung des R-Wertes. Einige Leichtatomlagen wurden durch eine Differenzfourier-Synthese mit Totalabzug korrigiert, jedoch blieb der R-Wert dabei erhalten. Die Ursache für die Stagnation der least-squares-Verfeinerung bei $R = 0{,}18$ ist das äußerst schwere Gold, das die Intensitäten aller Reflexe sehr stark beeinflußt. Deshalb wird die Übereinstimmung der $F_0(hkl)$ und $F_c(hkl)$ (R-Wert) mit der genauen Fixierung des Schweratoms für die Lagen der Leichtatome relativ unempfindlich.

Tabelle 2
Bindungsabstände und Bindungswinkel
(Standardabweichungen in Klammern)

Bindungsabstände

Au	– Cl(1)	= 2,29(2) Å
Au	– Cl(20)	= 2,31(1)
S(1)	– C(1)	= 1,81(5)
S(1)	– C(9)	= 1,76(6)
N(1)	– C(6)	= 1,34(6)
N(1)	– C(7)	= 1,50(6)
N(1)	– C(9)	= 1,36(7)
C(1)	– C(2)	= 1,38(9)
C(1)	– C(6)	= 1,44(7)
C(2)	– C(3)	= 1,44(9)
C(3)	– C(4)	= 1,38(9)
C(4)	– C(5)	= 1,36(8)
C(5)	– C(6)	= 1,41(7)
C(7)	– C(8)	= 1,53(8)
C(9)	– C(10)	= 1,40(8)
C(10)	– C(11)	= 1,39(6)
S(2)	– C(21)	= 1,76(6)
S(2)	– C(13)	= 1,71(5)
N(2)	– C(16)	= 1,36(5)
N(2)	– C(14)	= 1,52(6)
N(2)	– C(13)	= 1,30(5)
C(21)	– C(20)	= 1,40(7)
C(21)	– C(16)	= 1,40(7)
C(20)	– C(19)	= 1,36(8)
C(19)	– C(18)	= 1,37(8)
C(18)	– C(17)	= 1,34(7)
C(17)	– C(16)	= 1,38(7)
C(14)	– C(15)	= 1,50(8)
C(12)	– C(13)	= 1,33(5)
C(11)	– C(12)	= 1,35(6)

Bindungswinkel

Cl(1)	– Au	– Cl(2)	= 177(0,5)°
S(1)	– C(1)	– C(2)	= 131(4)
S(1)	– C(1)	– C(6)	= 105(4)
C(2)	– C(1)	– C(6)	= 123(5)
C(1)	– C(2)	– C(3)	= 119(6)
C(2)	– C(3)	– C(4)	= 111(6)
C(3)	– C(4)	– C(5)	= 122(6)
C(4)	– C(5)	– C(6)	= 124(5)
C(5)	– C(6)	– C(1)	= 111(5)
C(5)	– C(6)	– N(1)	= 127(5)
C(1)	– C(6)	– N(1)	= 119(4)
C(6)	– N(1)	– C(7)	= 120(3)
C(6)	– N(1)	– C(9)	= 112(4)
C(7)	– N(1)	– C(9)	= 124(4)
N(1)	– C(7)	– C(8)	= 94(4)
C(1)	– S(1)	– C(9)	= 90(2)
S(1)	– C(9)	– N(1)	= 113(4)
S(1)	– C(9)	– C(10)	= 116(4)
N(1)	– C(9)	– C(10)	= 127(5)
C(9)	– C(10)	– C(11)	= 136(5)
C(10)	– C(11)	– C(12)	= 128(4)
S(2)	– C(21)	– C(20)	= 124(4)
S(2)	– C(21)	– C(16)	= 112(4)
C(20)	– C(21)	– C(16)	= 121(4)
C(19)	– C(20)	– C(21)	= 120(5)
C(18)	– C(19)	– C(20)	= 115(5)
C(17)	– C(18)	– C(19)	= 124(5)
C(16)	– C(17)	– C(18)	= 120(4)
C(17)	– C(16)	– C(21)	= 115(4)
C(17)	– C(16)	– N(2)	= 129(4)
C(21)	– C(16)	– N(2)	= 110(4)
C(14)	– N(2)	– C(16)	= 115(3)
C(13)	– N(2)	– C(16)	= 115(3)
C(14)	– N(2)	– C(13)	= 120(3)
N(2)	– C(14)	– C(15)	= 110(4)
C(13)	– S(2)	– C(21)	= 89(2)
S(2)	– C(13)	– N(2)	= 114(3)
S(2)	– C(13)	– C(12)	= 124(3)
N(2)	– C(13)	– C(12)	= 122(4)
C(11)	– C(12)	– C(13)	= 123(4)

Die Endparameter der Verfeinerung mit ihren Standardabweichungen sind in Tabelle 1 gegeben.[1])

Alle Rechnungen wurden auf der BESM 6 des Rechenzentrums Zeuthen der Deutschen Akademie der Wissenschaften zu Berlin durchgeführt. Als Programm diente eine CPA-Programmbibliothek für die RKSA.

4. Beschreibung und Diskussion der Struktur

In Tabelle 2 sind die Bindungsabstände und Bindungswinkel mit den zugehörigen Standardabweichungen aufgeführt. Da sich die Fehlergrenzen infolge der hohen Standardabweichungen überschneiden, werden die über gleichartige Bindungen gemittelten Bindungsabstände und Bindungswinkel diskutiert. Figur 1 zeigt ein Molekül des 3,3'-Diäthylthiacarbocyanin-dichloroaurats in dieser Darstellung.

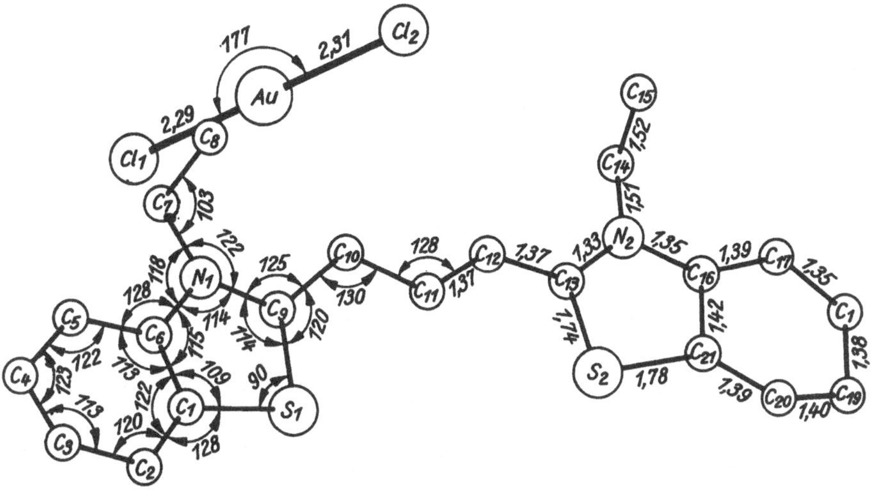

Fig. 1. Molekül des 3,3 -Diäthylthiacarbocyanin-dichloroaurats; Bindungsabstände und Bindungswinkel im Farbstoffkation sind über gleichartige Bindungen gemittelt

Die gemittelten Bindungsabstände der Polymethinkette liegen im Bereich bisher gefundener Abstände in analogen Verbindungen. Eine Übersicht von röntgenkristallstrukturanalytisch untersuchten ebenen Polymethinfarbstoffen zeigt Tabelle 3. In ihr sind die gemittelten Bindungsabstände für die charakteristischen Bindungen der Polymethinkette aufgeführt.

In dem konjugierten System der Polymethinkette entsprechen die Abstände der C—C-Bindungen von 1,37 Å in etwa dem für aromatische C—C-Bindungen typischen Wert von 1,394 Å (Sutton). Auch die N—C-Abstände von 1,33 Å liegen im Bereich des für heterozyklische Moleküle bekannten N—C-Abstands von 1,34 Å (Sutton). Damit bestätigen die Bindungsabstände des konjugierten Systems im Farbstoffkation den Bindungsausgleich entlang der Polymethinkette. Die anderen Bindungsabstände in den Benzthiazolringen und Äthyl-

[1]) Die Tabelle der beobachteten ($F_0(hkl)$) und der berechneten ($F_c(hkl)$) kann beim Verfasser angefordert werden.

Tabelle 3
Gemittelte konjugierte Bindungsabstände einiger Polymethinfarbstoffe

	Substanz	Summenformel	Raumgruppe	Z	Konjugierte C···C	Abstände (Å) C···N	Literatur
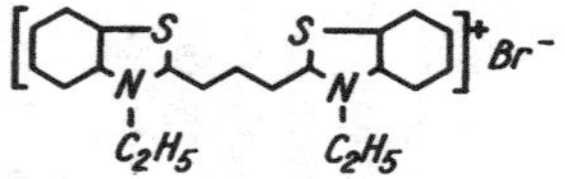	3,3′-Diäthylthiacarbocyanin-bromid	$C_{21}H_{21}N_2S_2Br$	P $2_1/c$	4	1,46	1,38	Wheatley
	3,3′-Diäthylthiacarbocyanin-bromid + Äthanol	$C_{21}H_{21}N_2S_2Br$ + C_2H_6O	P $\bar{1}$	2	1,43	1,41	Wheatley
	1,7-Diphenylpentamethincyanin-bromid	$C_{17}H_{17}N_2Br$	C 2/c	8	1,40	1,35	Springer
	Bisdimethyltrimethincyanin-perchlorat	$C_7H_{11}N_2ClO_4$	C c	4	1,40	1,33	Sieber
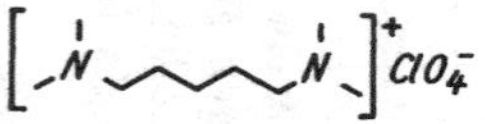	Bisdimethylpentamethincyanin-perchlorat	$C_1H_{17}N_2ClO_4$	P $2_1/c$	4	1,39	1,31	Sieber
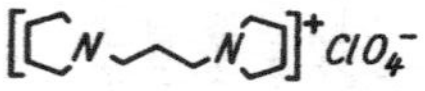	Dipyrrolidyltrimethin: cyanin-perchlorat	$C_{11}H_{19}N_2ClO_4$	P bca	8	1,38	1,32	Zedler Kulpe
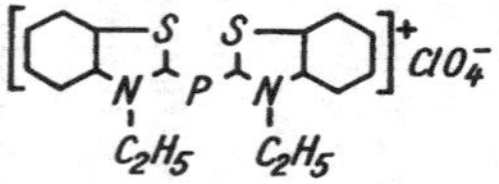	Bis-[N-äthyl-benzthiazol-(2)]-phosphamethincyanin-perchlorat	$C_{18}H_{18}N_2S_2PClO_4$	P $\bar{1}$	2	C···P 1,76	1,36	Allmann
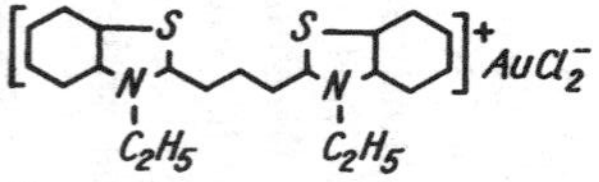	3,3′-Diäthylthiacarbocyanin-dochloroaurat	$C_{21}H_{21}N_2S_2AuCl_2$	P $2_1/c$	4	1,37	1,33	diese Arbeit
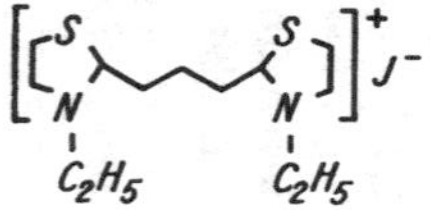	1,1′-Diäthyl-2,2′-thiazolcarbocyanin-jodid	$C_{13}H_{17}N_2S_2J$	P $2_1/a$	4	1,38	1,32	Borowjak et al.

gruppen stimmen mit bekannten Werten überein (SUTTON). Die Winkel im Farbstoffkation sind im Rahmen ihrer Fehlergrenzen als normal anzusehen. Die Cl—Au—Cl-Gruppierung bildet einen Winkel von 177°. Die Au—Cl-Abstände betragen 2,29 Å und 2,31 Å.

Die Berechnung der mittleren Ebene durch das Farbstoffkation ohne die Methylgruppen der Äthylsubstituenten ergab für die Atome des konjugierten Systems nur eine maximale Abweichung von 0,14 Å, womit eine hinreichende Planarität für diese Anordnung bestätigt werden kann. Tabelle 4 enthält die

Tabelle 4
Abweichungen der Atome von der mittleren Ebene im Kation
(0,4062 x + 0,8299 y − 0,3825 z − 1,7815 = 0)

S(1)	−0,13 Å	C(7)	−0,06	C(13)'	0,00	C(19)	−0,12
C(2)	−0,03	N(1)'	0,14	N(2)'	0,09	C(20)	0,11
C(2)	−0,07	C(9)'	−0,05	C(14)	−0,27	C(21)	−0,15
C(3)	0,18	C(10)'	0,03	C(16)	−0,17	S(2)	0,11
C(4)	0,06	C(11)'	0,10	C(17)	−0,03	C(8) *	1,41
C(5)	0,27	C(12)'	0,07	C(18)	−0,11	C(15) *	1,01
C(6)	0,11						

' bezeichnet Atome des konjugierten Systems
* wurden nicht in die Berechnung der Ebene einbezogen

Abweichungen für alle Atome des Farbstoffkations von der mittleren Ebene. Man sieht auch, daß die beiden Methylgruppen der Äthylsubstituenten auf der gleichen Seite des Farbstoffkations liegen. Die Berechnung der mittleren Ebenen durch die beiden Benzthiazolringe ergab einen Dihedralwinkel von etwa 7°. Das bedeutet eine Verdrillung der beiden Benzthiazolringe gegeneinander um die Längsachse des Kations. Ohne Berücksichtigung der Methylgruppen der beiden Äthylsubstituenten läßt sich somit dem Farbstoffkation eine zweizählige Symmetrie zuordnen, indem man eine zweizählige Achse so durch das Atom C(11) legt, daß sie den Verdrillungswinkel von ca. 7° halbiert. Diese symmetrische Atomanordnung spricht für eine symmetrische Ladungsverteilung auf die beiden Kationenhälften. Es ist anzunehmen, daß diese zweizählige Symmetrie nicht eine spezifische Eigenschaft des einzelnen Kations ist, sondern durch die Kristallpackung hervorgerufen wird.

Die Anordnung der Moleküle im Kristallverband zeigt Figur 2. Entsprechend der Raumgruppensymmetrie $P\,2_1/c$ ordnen sich die Farbstoffkationen mit ihren größten Flächen zu zentrosymmetrischen Paaren an, die sich durch die Translationsperiode b = 8,17 Å entlang der b-Achse stapeln. Der mittlere senkrechte Abstand zwischen den Kationen beträgt 3,5 Å. Zwischen den Stapeln liegen die $AuCl_2$-Anionen in Abständen, die nur als van der Waalssche Kontakte zu interpretieren sind. Die gleichartigen Abstände S(1)—Cl(2) = 3,72 Å und S(2)—Cl(2) = 3,77 Å stimmen mit der Summe der van der Waalsschen Radien für diese Atome gut überein, 1,85 + 1,80 = 3,65 Å (PAULING). Sie bestätigen einen symmetrischen Aufbau des Farbstoffkations. Aus dieser Korrelation zwischen Kation und Anion resultiert ein relativ kurzer Au—S(1)-Abstand von 3,49 Å, der signifikant größer als die kovalente Radiensumme für diese Atome ist, 1,33 + 1,04 = 2,37 Å (PAULING), aber wiederum geringer als die Summe der van der Waalsschen Radien, 2,2 + 1,85 = 4,05 Å (PAULING). Entsprechend einer Regel nach Pauling wurde für Gold der van der Waalssche Radius zu 2,2 Å geschätzt (kovalenter Radius + 0,8 = van der Waalsscher Radius). Der relativ kurze Au—S-Abstand läßt auf einen geringen kovalenten Bindungsanteil schließen.

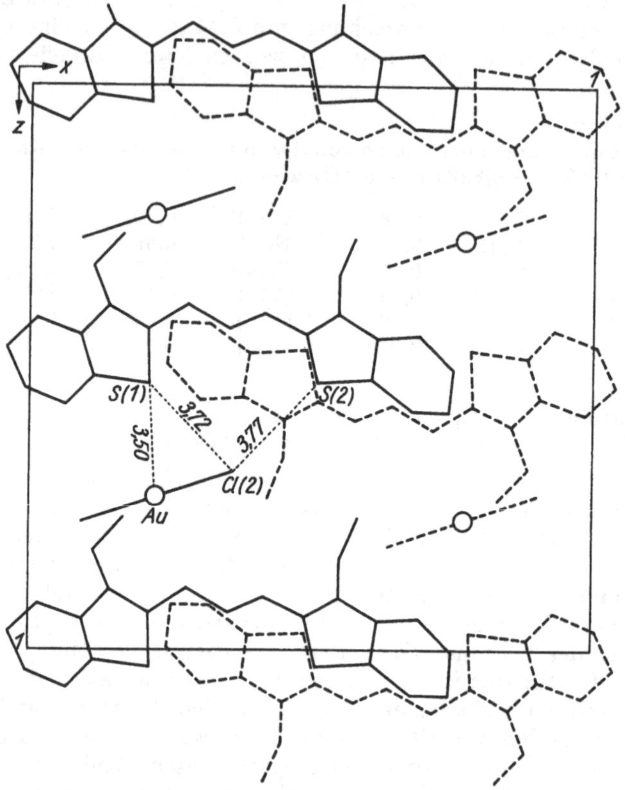

Fig. 2. Kristallstruktur des 3,3'-Diäthylthiacarbocyanin-dichloroaurats; die intramolekularen Abstände, die als von der Waalssche Kontakte in Betracht kommen, sind punktiert und die zentrosymmetrischen Moleküle in Strichdarstellung gezeichnet

Die RKSA zeigt, daß das 3,3'-Diäthylthiacarbocyanin-dichloroaurat Molekülkristalle bildet. Die Moleküle bestehen aus Baugruppen, die entgegengesetzte Ladungen tragen — aus großen organischen Farbstoffkationen, deren positive Ladung durch die Dichloroaurat-Anionen neutralisiert werden. Die intermolekularen Abstände sind in allen Richtungen größer als 3,4 Å und lassen nur auf van der Waalssche Bindungskräfte schließen. Es existiert kein Bindungsabstand zwischen den ladungstragenden Baugruppen, der auf eine Ionenbindung hinweist, wie sie normalerweise zwischen Kationen und Anionen nach dem Ionenbindungsmodell erwartet werden könnte.

Wir danken Fräulein I. Seidel, Deutsche Akademie der Wissenschaften zu Berlin, Zentralinstitut für physikalische Chemie für wertvolle technische Mitarbeit bei der Durchführung der numerischen Rechnungen.

Literatur

ALLMANN, R.: Chem. Ber. **99**, 4 (1966)
BOROWJAK, T. E., BOKIJ, N. G., STRUTSCHKOW, J. T.: Ž. strukt. chim. **13**, 3 (1972)
DÄHNE, S.: Z. Chem. **10**, 5 (1970)
PAULING, L.: Die Natur der chemischen Bindung, Weinheim/Bergstr. 1962
SEEMANN, H.: Exp. Techn. Physik, Bd. **14** (1960)
SIEBER, K.: Dissertation Humboldt-Universität, Berlin 1971
SPRINGER, J.: Dissertation TH München, 1965
SUTTON, L. E.: Tables of interatomic distances and configurations in molecules and ions, Special Publication No. 11, London 1958, The chemical Society
WHEATLEY, P. J.: chem. Soc. (London) 3245, 4096 (1959)
ZEDLER, A., KULPE, S.: Z. Chem. **10**, 7 (1970)

(Eingegangen am 30. August 1972)

Anschrift der Verfasser:
W. FALKENBERG
Dr. J. SIELER
Dr. R. WAGENER
Sektion Chemie der
Karl-Marx-Universität
701 Leipzig
Liebigstr. 18

Prof. Dr. E. HÖHNE
Zentralinstitut für physikalische Chemie
der Akademie der Wissenschaften der DDR
1199 Berlin-Adlershof
Rudower Chaussee 5
DDR

Kristall und Technik	8	1–3	1973	237–245

A. P. Kapustin, O. A. Kapustina

Institut für Kristallographie der Akad. der Wiss. der UdSSR, Moskau
Akustisches Institut der Akad. der Wiss. der UdSSR, Moskau

Über einige Eigenschaften flüssiger Kristalle im akustischen Feld

In den letzten Jahren erhielten die flüssigen Kristalle ihre Anerkennung als lohnendes Objekt der Forschung und der praktischen Anwendung in einem für sie neuen Bereich der Physik, in der Akustik. Analysiert man die aus der Literatur bekannten Mitteilungen über Untersuchungen flüssiger Kristalle, so kann man diese in folgende Hauptrichtungen aufteilen: 1) Untersuchung optoakustischer Effekte in flüssigen Kristallen mit Volumen- und Oberflächenwellen; 2) Sichtbarmachen akustischer Felder mit Hilfe flüssiger Kristalle; 3) Ausnutzung akustischer Methoden zur Untersuchung von Phasenübergängen und Vorordnungszuständen in flüssigen Kristallen; 4) Erforschung der akustischen Anisotropie flüssiger Kristalle in äußeren elektrischen und magnetischen Feldern; 5) Untersuchung der orientierenden Wirkung akustischer Wellen auf flüssige Kristalle.

In der vorliegenden Arbeit werden einige Untersuchungsergebnisse der Autoren zu den ersten der drei genannten Richtungen veröffentlicht.

Betrachtet man die flüssigen Kristalle vom Standpunkt ihrer Struktur auf molekularer Ebene, so muß man bemerken, daß die Moleküle dieser Stoffe, wie bekannt, längliche oder abgeflachte Form haben und über ein großes Dipolmoment verfügen, das einen bestimmten Winkel mit der Molekülachse bildet. Zwischen den Molekülen wirken Dispersionskräfte und Wasserstoffbindungskräfte. Das führt zu einer orientierten Ordnung und zur Entstehung der makroskopischen Anisotropie der optischen, magnetischen, elektrischen, hydrodynamischen, akustischen usw. Eigenschaften der Mesophasen. Es ist bekannt, daß der Stoff im flüssigkristallinen Zustand ungeachtet der definierten Ordnung der Moleküle seine Fließfähigkeit behält. Die Verbindung der Fließfähigkeit mit der Elastizität und der Anisotropie der Eigenschaften stellt die charakteristische Besonderheit der Mesophasen dar und ermöglicht ihre verschiedenartigen Anwendungen.

Die Eigenschaften flüssiger Kristalle hängen von einem empfindlichen Gleichgewicht der Molekülverteilung ab. Eine Änderung dieser Verteilung (Änderung der Molekülform, Umbau der Stoffstruktur), hervorgerufen durch die Wirkung verschiedener Faktoren, führt zu einer starken Änderung der physikalischen Eigenschaften. Z. B. ändern sich infolge der großen optischen Anisotropie und der geringen Viskosität der nematischen Phase bei Einwirkung eines akustischen Feldes wesentlich ihre optischen Eigenschaften (opto-akustischer Effekt). Diese Änderung kann man leicht in einer sog. Normalschicht feststellen, in der die optischen Achsen der Moleküle bevorzugt senkrecht zu den Wänden, zwischen denen der Stoff eingeschlossen ist, orientiert sind. Ihren optischen Eigenschaften nach ähnelt eine solche Schicht dem Plättchen eines einachsigen Kristalls, der senkrecht zur optischen Achse geschnitten wurde. Wird er zwischen gekreuzte Nicols gebracht, erscheint er dunkel. Bei impulsartiger Deformation (Zusammendrücken, Verschieben, Verdrehen) wird die Schicht im Ergebnis der Doppelbrechung plötzlich durchsichtig.

Die erste Arbeit, in der der Einfluß impulsförmiger mechanischer Einwirkung auf die optische Durchlässigkeit von Schichten aus Äthyläther der p-Asoxi-Zimtsäure untersucht wurde, wurde von Lehmann durchgeführt. Um eine stationäre Erregung in der Probe zu erhalten, wurde der nematische flüssige Kristall zwischen rotierenden gläserne Wände gebracht. Beobachtet man das Präparat zwischen gekreuzten Nicols mit durchgehendem weißen Licht, im parallelen Strahlengang, kann man ein farbiges konoskopisches Bild sehen, daß durch die Interferenz der Strahlen des polarisierten Lichtes entsteht. Das Aussehen dieses Bildes wird durch die Schichtdicke der Mesophase, ihre Temperatur und die Rotationsgeschwindigkeit der Platten bestimmt (Kapustin, Kuvatov, Trofimov). Der Übergang in die isotrope Phase wird von einem plötzlichen Verschwinden des konoskopischen Bildes begleitet. Der Effekt der Änderung der optischen Durchlässigkeit der Schicht wird in vielen flüssigen Kristallen beobachtet. Der Schwellwert des mechanischen Impulses, der zur Beobachtung dieses Effektes notwendig ist, beträgt im Durchschnitt $6\ g \cdot cm \cdot s^{-1}$. Bei Erhöhung der Temperatur wird der Effekt abgeschwächt und verliert sich vollkommen im isotropen und smektischen Zustand. Die Zeit zur Wiederherstellung eines Gleichgewichtszustandes in der Schicht der Mesophase nach Entfernung der Deformation hängt von deren Größe ab und schwankt von Mikrosekunden bis zu einigen Sekunden.

Frederiks, Zolina erhielten in der Normalschicht einer nematischen Phase unterschiedlicher Dicke ein Interferenzbild, indem sie diese den Schwingungen einer Stimmgabel von 200—600 Hz aussetzten. Mittels dieser Versuchsergebnisse gelang es, ein Diagramm der Richtungen, in denen die optischen Achsen der Moleküle schwingen, zu konstruieren, und die Neigung dieser Achsen gegenüber der Senkrechten zu bestimmen (bei den Versuchsbedingungen dieser Autoren betrug sie 10°). Die Drehung der orientierten Moleküle in der Schicht bei Deformation ist auch die Ursache ihrer Durchsichtigkeit.

Untersuchungen im Frequenzbereich 20 Hz—20 kHz mit Normalschichten Äthyl-Äther und Paratäthoxybenzalamin–Methyl-Zimtsäure (Kapustina) zeigten, daß die Abhängigkeit der Größe I, die der Durchsichtigkeit der Schicht proportional ist, vom Quadrat der Verschiebungsamplitude ξ_H in der akustischen Longitudinalwelle nichtlinearen Charakter trägt, und daß bei einem bestimmten ξ_H-Wert Sättigung eintritt (Figur 1). Die minimale Verschiebung in der Welle, bei der eine Durchstrahlung der Schicht beobachtet werden konnte, beträgt etwa $0{,}05\ \mu$.

Man kann auch beobachten, wie sich die Durchsichtigkeit der orientierten Normalschicht eines nematischen Kristalls bei Ausbreitung einer Oberflächen-Ultraschallwelle entlang der Unterlage ändert. Dieser Effekt konnte theoretisch beschrieben werden, indem man voraussetzte, daß das mit der Oberflächenwelle verbundene Gradientenfeld der Schwingungsgeschwindigkeit infolge des Maxwell-Effektes (Landau, Lifschiz) eine Drehung der orientierten Moleküle um den Winkel Θ hervorruft. Dabei dreht sich die optische Achse OO′ der Schicht um den gleichen Winkel (Figur 2).

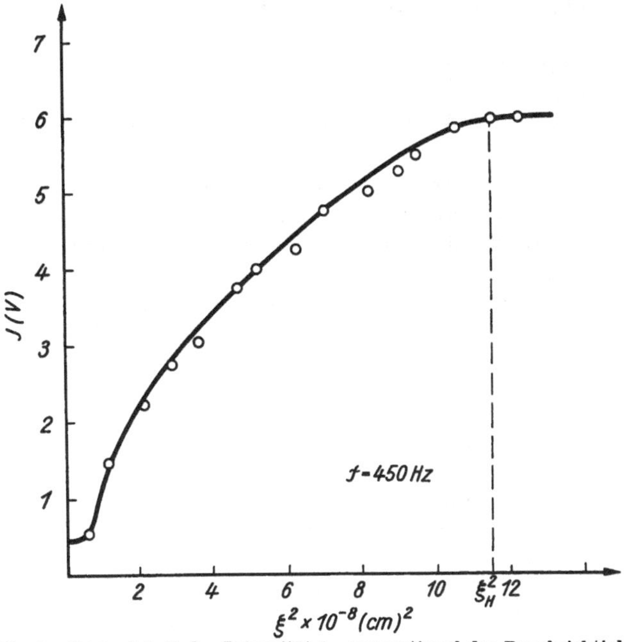

Fig. 1. Abhängigkeit der Intensität (= proportional der Durchsichtigkeit der Schicht) vom Quadrat der Verschiebungsamplitude ξ_H in der akustischen Longitudinalwelle

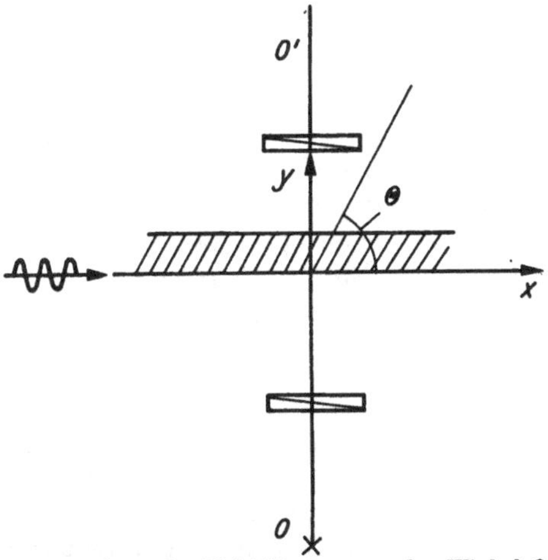

Fig. 2. Drehung der Molekülachsen um den Winkel Θ bei Einwirkung einer Ultraschallwelle entlang der x-Achse; 00′ = optische Achse

Abschätzungen zeigen, daß man bei hohen Ultraschallfrequenzen in der Oberflächenwelle nur den Anteil der Schwingungsgeschwindigkeit V_x in Ausbreitungsrichtung der Welle x zu beachten braucht:

$$V_x = V_{0x}\, e^{-\beta y} \cos(\omega t - k x) \tag{1}$$

mit $\beta = \sqrt{\frac{\omega}{\gamma}}$

γ — kinematische Viskosität des Kristalls
ω — $2\pi f$
f — Schwingungsfrequenz
k — Wellenzahl
V_{ox} — Amplitude des Anteiles der Schwingungsgeschwindigkeit in x-Richtung.

Die Reibungskraft, die dem Gradienten der Schwingungsgeschwindigkeit in der Oberflächenwelle proportional ist und entlang der x-Achse gerichtet ist, ruft die Drehung der Moleküle hervor. Es ist bekannt, daß die Eigenschaften des Kristalls durch die Symmetrie seines dielektrischen Tensors charakterisiert werden. Berücksichtigt man die Änderung dieses Tensors bei Drehung der Moleküle und wendet die von Jeffris, Svirs dargelegte Methode an kann man zeigen, daß der Drehungswinkel der Molekülachsen

$$\Theta = \operatorname{arctg} \frac{\Lambda \frac{\partial V_x}{\partial y}}{\varepsilon_{\parallel}} \tag{2}$$

ist, mit Λ Maxwellkonstante
$\varepsilon_{\parallel}$ = Anteil des Tensors der dielektrischen Suszeptibilität in Richtung der x-Achse (Kapustina Statnikov).

Entsprechend der Drehung der Achse erfolgt eine Durchstrahlung der Schicht, wobei die mittlere Lichtintensität pro Schwingung, die durch den Analysator geht, gleich

$$\langle I \rangle = A \left\{ \frac{\pi}{4} - \frac{1}{\sqrt{1 + a^2 \beta^2 V_{ox}^2}} \operatorname{arctg} \frac{1}{\sqrt{1 + a^2 \beta^2 V_{ox}^2}} \right\} \tag{3}$$

ist, mit A = const und $a = \frac{\Lambda}{\varepsilon_{\parallel}}$

Entsprechend (3) ändert sich $\langle I \rangle$ derart, daß man in Abhängigkeit von der Schwingungsgeschwindigkeit zwei Grenzfälle unterscheiden kann. Und zwar kann der Ausdruck $a^2 \beta^2 V_{ox}^2$ in den Wurzelausdrücken von (3) groß oder klein gegenüber eins sein. Im Falle kleiner Schwingungsgeschwindigkeiten ($a^2 \beta^2 V_{ox}^2 \ll 1$) ändert sich der Mittelwert der Intensität proportional V_{ox}. Bei V_{ox}^2-Werten, die der Bedingung $a^2 \beta^2 V_{ox}^2 \gg 1$ entsprechen, erhält diese Intensität den konstanten Wert $\frac{A\pi}{4}$.

In Figur 3 ist die nach Formel (3) berechnete theoretische Abhängigkeit der mittleren (pro Schwingungsperiode) Intensität des Lichtstromes (ausgedrückt durch die proportionale Ausgangsspannung des Fotovervielfachers V) von der Spannung U am akustischen Wandler (wie bekannt ist $V_{ox} = k(f)\, U$, wobei $k(f)$ ein frequenzabhängiger Koeffizient ist) dargestellt (durchgezogene Linie). Als Frequenz wurden 6 MHz angenommen. Auf der gleichen Figur sind durch Kreise experimentelle Ergebnisse, die bei der gleichen Frequenz erzielt wurden, eingetragen. Es wurde eine Schicht aus MBBA von etwa 15 μm benutzt, die zwischen einer Unterlage aus Quarzeinkristall und einem Deckglas eingeschlossen war. Diese Zelle befand sich zwischen gekreuzten Polarisatoren. Die Änderung der Durchsichtigkeit der Schicht wurde mit einem Fotovervielfacher in Verbindung mit einem Elektrometer registriert. Ein Fotozusatz gestattete, die Schicht zu fotografieren. Die Oberflächenwellen wurden auf der optisch polierten Oberfläche eines y-Schnittes des Quarzes mittels eines Wandlers in Form eines Zweiphasen-Elektroden-Systems, das für die Grundfrequenz 6 MHz berechnet war (Abstand zwischen benachbarten Elektroden —250 μ) angeregt. Der Abstand vom Wandler zur Schicht des flüssigen Kristalles betrug ungefähr 1 cm. Man sieht, daß die experimentellen Werte der Ausgangsspannung V des Fotovervielfachers dicht bei der oben beschriebenen Kurve liegen (die Kon-

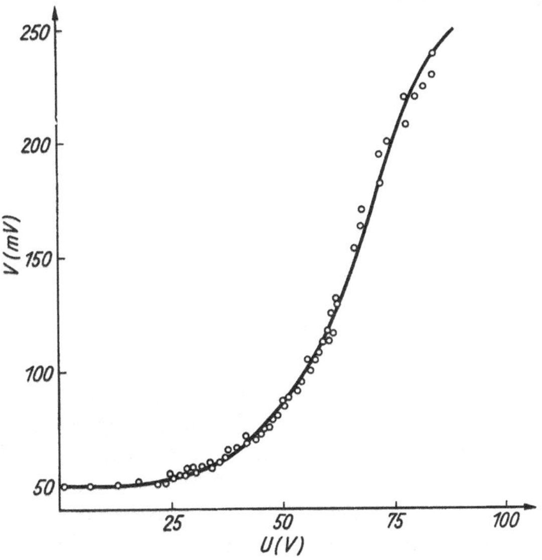

Fig. 3. Abhängigkeit der mittleren (pro Schwingungsperiode) Lichtintensität (ausgedrückt durch die proportionale Ausgangsspannung des Fotovervielfachers V(mV)) von der Spannung U am akustischen Wandler. Durchgezogene Linietheoretische Kurve o – experimentelle Werte

stanten in Formel (3) wurden mit Hilfe zweier experimenteller Punkte bestimmt), was das oben beschriebene Modell der Erscheinung, das auf dem Effekt der Drehung der Polarisationsebene basiert, bestätigt.

Es muß darauf hingewiesen werden, daß die in Figur 3 angeführte experimentelle Abhängigkeit nicht die aus der Theorie folgende Tendenz des Effektes zur Sättigung bei großen U-Werten besitzt. Das hängt damit zusammen, daß für den benutzten Wandler die Bedingung $a^2 \beta^2 V_{0x}^2 \gg 1$, wie Abschätzungen zeigen, bei $U >$ 500 V erfüllt werden, was sich nicht realisieren läßt. Bei einer Frequenz von 30 MHz jedoch (der Wandler arbeitete in der fünften Harmonischen) war der Sättigungseffekt deutlich ausgeprägt und wurde bei Spannungen um 150 V beobachtet.

Da die Intensität des Lichtstromes mit der Schwingungsgeschwindigkeit in der Welle zusammenhängt, kann der Effekt der Änderung der Durchsichtigkeit zur Sichtbarmachung stehender Ultraschall-Oberflächenwellen benutzt werden (Kapustina, Talaschev). Als Beispiel ist in Figur 4 ein Bild dargestellt, das in einer Normalschicht eines flüssigen Kristalles (MBBA) bei einer Frequenz von 6 MHz beobachtet wurde. Man sieht, daß in der Schicht eine exakte Folge heller und dunkler Streifen entsteht, wobei der Abstand d zwischen den hellen Streifen

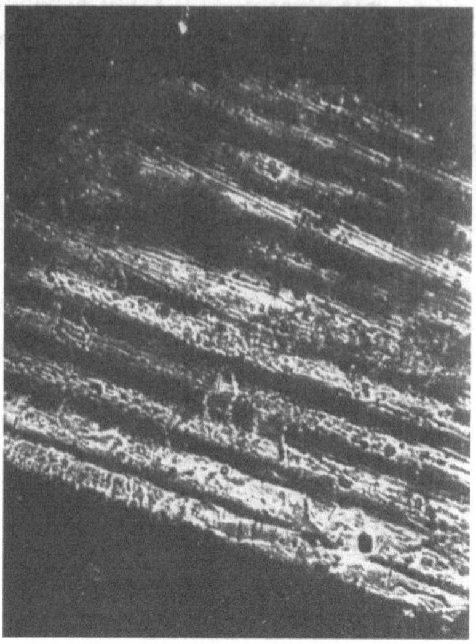

Fig. 4. Stehende Ultraschall-Oberflächenwelle, die mit Hilfe eines flüssigen Kristalls sichtbar gemacht wurde. $f = 6$ MHz

ungefähr die halbe Wellenlänge der Oberflächenwelle beträgt. Abschätzungen zeigen, daß die minimale Intensität in der Welle, bei der im gegebenen Frequenzbereich noch eine Durchstrahlung der Schicht zu erkennen ist, einige hundertstel W/cm^2 beträgt.

Zu bemerken wäre noch, daß analoge Bilder bei den Frequenzen 18 und 30 MHz (dritte und fünfte Harmonische des Wandlers) beobachtet wurden mit dem Unterschied, daß sich bei diesen Frequenzen die Abstände zwischen den hellen Streifen der ganzen Wellenlänge annäherten. Diese offensichtliche Abweichung kann man auf Grund der Abhängigkeit der Form der Wellenoberfläche vom Verhältnis zwischen Wellenlänge in der Flüssigkeit und der Schichtdicke auf der Unterlage erklären (VIKTOROV).

Die oben beschriebenen opto-akustischen Effekte in nematischen Kristallen auf der Grundlage von Volumen- und Oberflächenwellen können möglicherweise in Zukunft in Apparaten zur Indizierung, Wiedergabe und Modulation, gesteuert durch eine akustische Welle, in einem breiten Frequenzbereich ausgenutzt werden.

Untersuchungen von CISTJAKOV und SAVČENKO zeigten, daß flüssige Cholesterin-Kristalle und ihre Gemische ebenfalls ihre optischen Daten unter Einfluß mechanischer Deformation ändern: Die Wellenlänge des abgebeugten Lichts verschiebt sich zu kürzeren Wellenlängen (bei $T = \text{const}$ natürlich). Offensichtlich kann man diesen Effekt ebenfalls zur Sichtbarmachung der Verteilung der Schwingungsamplitude auf der Oberfläche eines festen Körpers ausnutzen.

Wenn der Untersuchung opto-akustischer Effekte in flüssigen nematischen und Cholesterin-Kristallen zum Aufsuchen von Möglichkeiten zur Entwicklung neuer, durch akustische Wellen Apparate gesteuerter Interesse zukommt, so gestattet die Anwendung akustischer Untersuchungsmethoden auf flüssige Kristalle, Kenntnisse über die Struktur dieser Stoffe und ihre Änderung im Bereich der Phasenübergänge und der Vorordnungszustände zu erhalten.

Wie bekannt, beruht die akustische Methode zur Untersuchung eines Stoffes auf der Erforschung des Ausbreitungscharakters (Geschwindigkeit und Absorption) der akustischen Wellen im Medium. Das Studium des flüssigkristallinen Zustandes in den letzten 10—15 Jahren im Bereich von Ultraschallfrequenzen brachte umfangreiches experimentelles Material. Es hat sich herausgestellt, daß die klassische Theorie (STOKES, RAYLEIGH, KIRCHHOFF) viele experimentelle Ergebnisse nicht erklären kann. Man entdeckte eine enge Verbindung der akustischen Parameter der Stoffe mit dem Charakter intermolekularen Wechselwirkung und den molekularkinetischen Prozessen. Die Methoden der Molekularakustik besitzen eine hohe Empfindlichkeit und breite Möglichkeiten bei der Bestimmung einer ganzen Reihe makroskopischer Größen wie: Kompressibilität, molare Wärmekapazität, Molekülabstand, Relaxationszeit, Abmessungen der neuen Phase, die in der alten Phase entstehen usw.

Die Frage über die Schallausbreitung in Flüssigkeiten stellt dem Wesen nach eine Teilaufgabe der linearen Hydrodynamik dar. Sobald man Viskositäts-, Wärmeleitungs- und Relaxationseffekte vernachlässigen kann. kommt dieser Aufgabe kein sonderliches Interesse zu. Und lediglich in Fällen, in denen die gewöhnlich schwachen Effekte leicht meßbar werden, kann man durch Untersuchen der Schallausbreitung im Stoff wertvolle Informationen über seine Struktur gewinnen. In flüssigen Kristallen treten die aufgezeigten Effekte außerordentlich deutlich auf, besonders im Bereich der Phasenübergänge.

Eine ins Medium eingeführte eleastische Volumenwelle ruft in diesem Verschiebungen und Drehungen hervor, was zu einer neuen Anordnung der Moleküle bei Zerstörung der eindimensionalen Fernordnung der Orientierung der Molekülachsen führt. Diese Neuorientierung der Moleküle geht nicht augenblicklich vor sich, sondern trägt Relaxationscharakter. Die Zeit zur Herstellung des neuen Gleichgewichtszustandes wird durch einen Diffusionsprozeß kontrolliert. Die Umorientierung wird auf Grund der Reibung von einer Dissipation der Schallenergie begleitet. Die Dämpfung der Longitudinalwelle wird bedingt durch die Volumenviskosität η_V, die Verschiebungsviskosität η_S, die Rotationsviskosität, die Wärmeleitung und Schallbrechung an den Ketten. Die Rolle jedes dieser Faktoren bei der Dissipation der Energie der Schallwellen hängt von der Struktur des Stoffes und vom Charakter der intermolekularen Kräfte ab. Die Antwort des Mediums auf die Einwirkung der Wellen sind die Kurven der Abhängigkeit der Ausbreitungsgeschwindindigkeit und der Schallabsorption, die die Wechselwirkung der Wellen mit dem Stoff widerspiegelt. Die Struktur des Objektes, seine molekulare Ordnung und Symmetrie beeinflussen das Aussehen der Spektralkurven.

Es wurde bereits eine große Zahl flüssiger Kristalle mit verschiedenen Phasenübergangstypen im Frequenzbereich 2—25 MHz in einem bereiten Temperaturintervall, das den Bereich des Phasenüberganges einschließt, untersucht. Die Messungen der Geschwindigkeit und der Schallabsorption in den Stoffen der homologen Reihe des *p*-Alkoxyazoxybenzols, die einige Phasenübergänge haben, gestatteten einige Schlußfolgerungen. Der Absorptionskoeffizient erreicht in der Nähe der Temperatur der Phasenübergänge ein Maximum. Bei der gleichen Temperatur beobachtet man ein Minimum der Schallgeschwindigkeit. Die Relaxationszeit vergrößert sich mit der Homologennummer und durchläuft im Punkt des isotrop-nematischen Übergangs ein Maximum. Die Relaxationszeit hat stets die gleiche Größenordnung und den gleichen Temperaturgang, was davon zeugt, daß der Relaxationsmechanismus beim isotrop-nematischen Übergang für verschiedene Stoffe der gleiche ist.

Es wurden Schwankungen des Absorptionskoeffizienten und der Schallgeschwindigkeit in Abhängigkeit von der Nummer des Homologen im Bereich des isotrop-nematischen Überganges bemerkt. Es zeigte sich, daß in Stoffen mit einer geraden Anzahl von C-Atomen in der Alkylgruppe die Absorption größer ist als in solchen mit einer ungeraden Zahl. Der Grund dieser Erscheinung sind die Unterschiede in der Wechselwirkungsenergie der Moleküle benachbarter Homologe. Analoge Änderungen wurden für die Schallgeschwindigkeit festgestellt. Die Methode der Ultraschallspektroskopie gestattet, auch für die smektischen Modifikationen anomale Erscheinungen bei den Phasenübergängen festzustellen. So wurde im Äthyläther der Anisalamin-Zimtsäure, die eine nematische und zwei smektische Modifikationen hat, für alle drei flüssigkristallinen Übergänge ein Absorptionsmaximum und ein Geschwindigkeitsminimum festgestellt (Martjanova). Der Charakter der Absorption beim Übergang von T_{sm1} zu T_{sm2} ist mit der Relaxation der Verschiebungsviskosität verbunden.

Es muß darauf hingewiesen werden, daß die Ultraschallspektroskopie in einem Stoff mit mehreren smektischen Phasen, deren Strukturen sich wenig voneinander unterscheiden (die Phasenumwandlungswärme liegt in der Größenordnung 100 J/Mol), ein hohes Auflösungsvermögen hat und die Kurven der Geschwindigkeit und der Absorption die entsprechende Information enthalten.

Die Anwendung der Ultraschallspektroskopie gestattete, interessante Gesetzmäßigkeiten zu finden, die davon zeugen, daß unbedeutende Variationen im Molekülbau mit wachsender Atomzahl in der Alkylgruppe die Eigenschaften einer ganzen Stoffreihe im gesamten Temperaturbereich, in den Mesophasen existieren, beeinflussen, eingeschlossen den Bereich der Phasenübergänge. Außerdem gestattet die Messung der akustischen Parameter, reiche Informationen über die Abmessungen der Keime im Verordnungszustand und ihre Wachstumskinetik in Abhängigkeit von der Temperatur zu erhalten. Zur Abschätzung der Keimgrößen der Mesophasen wurde die Theorie der Schallabsorption von Fixman, Botch benutzt, die für den Phasenübergang Flüssigkeit-Dampf entwickelt wurde. Ihre Anwendung unter Berücksichtigung der Voraussetzungen von Ornstein (Ornstein, Zernicke) zeigen, daß sich im Intervall von 1—5° vor dem Aufhellungspunkt die Keimgrößen für alle Glieder der p-Alkoxyazoxibenzole um das Doppelte ändern, wobei ihre Größe bei den letzten Homologen größer ist als bei den ersten. So beträgt der Radius der orientierten Molekülgruppen beim p-Azoxyphenetol 5° vor dem Aufhellungspunkt ungefähr 27 Å, beim zehnten 35 Å. Die Schlußfolgerungen der Theorie der Heterophasenfluktuation von Frenkel gestatten, die Anzahl der Moleküle in der Gruppe abzuschätzen. Die Zahl 840 entspricht einem Gruppenradius von ungefähr 35 Å.

Die weitere Entwicklung der Untersuchungen auf dem Gebiet der flüssigen Kristalle ist sowohl mit den in letzter Zeit aufgetretenen vielfältigen Anwendungen dieser Stoffe als auch mit der Lösung einer Reihe von Aufgaben der Mikrobiologie verbunden. In diesem Sinne lauten die Hauptrichtungen zukünftiger Forschung: Suche nach neuen flüssigkristallinen Stoffen, Untersuchung der Zustandsdiagramme, der Struktur und der Eigenschaften der Mesophasen im Bereich der Phasenübergänge, Untersuchung der festen Phasen als Vorstufen des mesomorphen Zustandes usf. Bei diesen Untersuchungen sollten unserer Meinung nach die akustischen Untersuchungsmethoden einen gleichwertigen Platz neben anderen lang erprobten und verdienten Methoden einnehmen.

Literatur

FIXMAN, M., BOTCH, W.: J. Chem. Physics 42, 1 (1965)
FREDERIKS, V., ZOLINA, V. V.: Trans. Faraday Soc. **29**, 919 (1933)
JEFFRIS, F., SIRVS, S.: Methoden der mathem. Physik, Moskau 1969
KAPUSTINA, O. A., TALASCHEV, A. A.: Akustisches Journal 19, (1973)
KAPUSTINA, O. A.: Vortragsthesen zur 7. Allunions-Akustik-Konferenz, Leningrad 1971
KAPUSTINA O. A., STATNIKOV U. G.: Z. exp. theoret. Physik, **64**, 1 (1973).
KAPUSTIN, A. P., KUVATOV, Z. A., TROFIMOV, A. N.,: Gelehrte Notizen **99**, 64, Ivanovo 1972
LANDAU, L. D., LIFSCHIZ, E. M.: Die Elektrodynamik komprimierter Medien, Moskau 1954
LANDAU, L. D., LIFSCHIZ, E. M.: Die Mechanik komprimierter Medien, Moskau 1954
LEHMANN, O.: Das Kristallisationsmikroskop und die damit gemachten Entdeckungen, insbesondere der flüssigen Kristalle, Braunschweig 1910
MARTJANOVA, L. I.: Dissertation, Moskau 1971
ORNSTEIN, L. S., ZERNIKE, F.: Physik. Z. 19, B4 (1918)
VIKTOROV, I. A.; Physikalische Grundlagen der Anwendung von Ultraschallwellen RALEIGH und LEMBUS in der Technik, Moskau 1966
ČISTJAKOV, I. G., SAVČENKO, V. E.: Erste wiss. Konferenz über flüssige Kristalle, Ivanovo 1972

(Eingegangen am 17. August 1972)

Anschrift der Verfasser:

Prof. Dr. A. P. KAPUSTIN
Institut für Kristallographie
der Akademie der Wissenschaften der UdSSR
117333 Moskau
Leninskij Prospekt 59

O. A. KAPUSTINA
Akustisches Institut
der Akademie der Wissenschaften der UdSSR
117333 Moskau

Kristall und Technik	8	1–3	1973	247–251

Jiři KVAPIL, B. PERNER, J. SÚLOVSKÝ, JOS. KVAPIL

Monokrystaly Turnov, CSSR

Colour Centre Formation in Corundum doped with Divalent Ions

The colour changes of corundum crystals annealed in hydrogen, oxygen and argon, and exposed to an UV irradiation is described. The comparison of samples doped with Be, Mg, or Fe is given. The change from pink colour to brown of rubies as well as the yellow colour of sapphires is attributed to the O^- centre formation which causes an increase of the absorption between 400 to 480 nm.

Es wird die Farbänderungen von Korundeinkristallen, die in Wasserstoff, Sauerstoff und Argon getempert und einer UV-Bestrahlung ausgesetzt wurden, untersucht. Proben, die mit Be, Mg oder Fe dotiert waren, werden verglichen. Die Farbänderung von rosa nach braun von Rubinen und die gelbe Farbe von Saphiren wird der O^--Zentrenbildung zugeschrieben, die ein Anwachsen der Absorption zwischen 400 und 480 nm hervorruft.

1. Introduction

Radiation induced absorption of corrundum crystals of various types is well known. This absorption was studied particularly in the case of laser ruby, because it lowers the energy output from laser rod exposed to UV content of the flash light (ARKHANGELSKII, MORGENSHTERN, NEUSTRUEV; FLOWERS, JENNEY; JOHNSON; GROW, MARUYAMA, MATSUDA; ROESS; SCHULTZ; STICKLEY, MILLER, HOELL, GALLAGHER, BRADBURY). Similar absorption was found in gamma irradiated sapphire (BARTRAM, SWENBERG, FOURNIER; GAMBLE, BARTRAM, YOUNG, GILLIAM, LEVY; HOSKINS, SOFFER; HUNT, SCHULER) and ruby (FLOWERS, JENNEY). HOSKINS and SOFFER which studied Al_2O_3 crystals containing Cr^{4+} with charge compensation attributed this absorption to a colour centre associated with the anionic charge compensation, because the colour of the crystals did not change when the Cr^{4+} was converted to Cr^{3+} and Al_2O_3 crystals grown under similar charge compensation but without chromium had similar absorption. EPR signal for the colour centre of this type was detected at cryogenic temperatures (HAYES, JONES; HOSKINS, SOFFER; JOLLEY, MC LAUGHLAN). O^- on the anion site was suggested as the best model for the 400 to 480 nm absorption (BARTRAM, SWENBERG, FOURNIER; BORER, GUNTHARD, BALLMER).

BORER et al. described on the basis of this model the defects characteristic of brown ruby as grown by the Verneuil method or ruby coloured by UV irradiation and gave explanation of the gas-solid state reactions in ruby annealed in vacuum, oxygen, and hydrogen, respectively. Finally in the previous paper (KVAPIL, SÚLOVSKÝ, KVAPIL, PERNER) has been shown, that the compression of the O^{2-} anions in the corundum lattice distorted by the presence of large particles facilitates the formation of the smaller O^-. The influence of Ti dopage on the O^- centre formation has also been described.

2. Experimental

Ruby (0.02 wt % Cr) and sapphire crystals were grown by the Czochrolski method from initial material containing at most 0.001 wt % impurities. The crystals were alternatively doped with Be, Mg, or Fe up to 0.01 wt %, respectively. Some crystals were also doped with Ti. Dopants concentrations were determined by a chemical analysis after dissolving the crushed crystals in sulphuric acid at 250 °C in a teflon-coated autoclave. The crystals were annealed in vacuum at 1800 °C for 20 h to avoid a colouration due to growth conditions (MARAUYAMA). Polished plates of 3 mm thickness parallel to the optical axis taken from the crystals were annealed in hydrogen, oxygen, and argon, respectively.

Irradiation was performed with xenon lamp flashing (pumping energy 1.5 kJ, distance from lamp to the sample 3 cm). Absorption spectra were recorded with a Perkin-Elmer 500 spectrophotometer after each step of the thermal treatment or UV irradiation, respectively. The samples damaged by annealing were re-polished.

3. Results

A survey of results is given in Table 1.; typical absorption spectra are given in Figs. 1 and 2. The colour changes induced by the annealing begin at 1100 to 1200 °C and after a treatment at 1800 °C for 15 to 20 h no further changes had been found. All the colour changes induced by the annealing atmosphere or by the irradiation are reversible and similar to those described in the previous paper (KVAPIL, SÚLOVSKÝ, KVAPIL, PERNER). The UV induced defects i. e. yellow or brown appearance may be annealed at temperatures up to 500 to 600 °C, except the samples containing Fe or Ti annealed in oxygen and all the samples treated in argon, where higher temperature is required.

It is remarkable that chromium content causes the yellow or brown colour of the samples doped with Mg or Fe annealed in oxygen or irradiated by flash light to be strenghtened. No similar effect on the Be doped samples was found. Ti dopage suppresses the UV induced colouration of the hydrogen annealed samplex doped with Mg, or Fe, but to a less extent than in the case of sapphire or ruby containing no divalent ions or Be^{2+} only. UV absorption bands of the samples doped with Fe, and Ti are well known (BASHUK, GRUM-GRZHIMAILO)

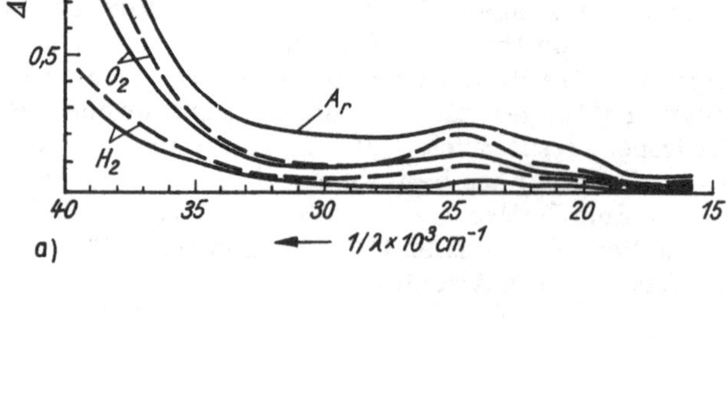

a)

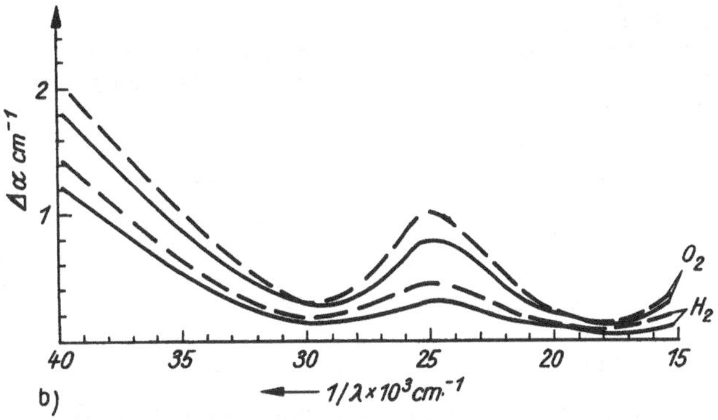

Fig. 1. Additional absorption of corundum containing Mg before UV irradiation (solid line) and after UV irradiation (dashed line). The curves denote the absorption difference of the respective sample and sample containing no Mg. H_2, O_2, and Ar denotes the annealing atmosphere, respectively. a – sapphire, b – ruby

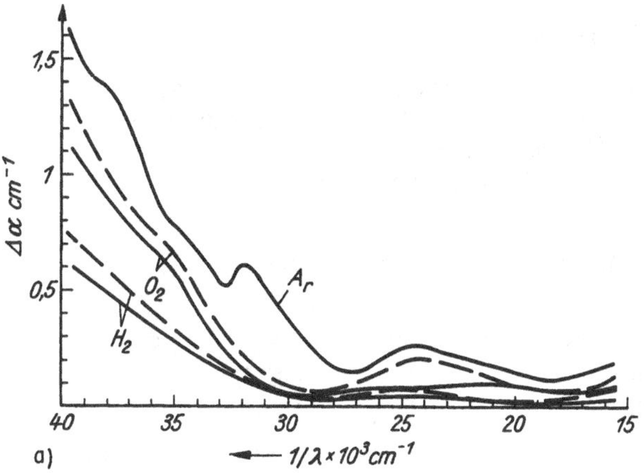

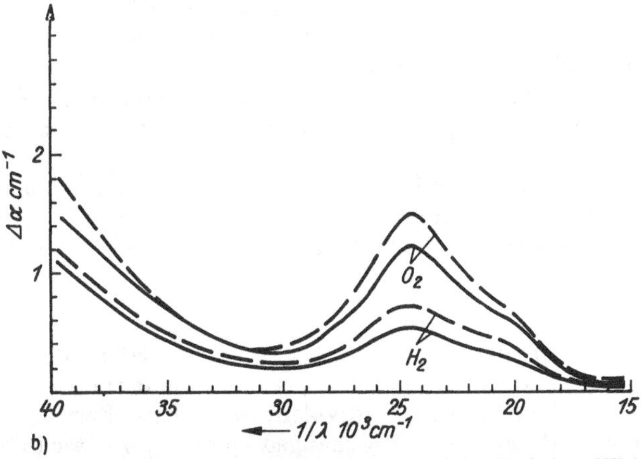

Fig. 2. Additional absorption of corundum containing Fe before UV irradiation (solid line) and after UV irradiation (dashed line). The curves denote the absorption difference of the respective sample and sample containing no Fe. H_2, O_2, and Ar denote the annealing atmosphere, respectively. a – sapphire, b – ruby

Table 1
Anomalous colour appearance of corundum doped by divalent ions before and after (in bracketts) 50 flashes of xenon lamp

annealing 1800 °C, 20 h	Be	Mg	Fe
H_2	colourless (colourless)	colourless (yellow)	colourless (yellow)
O_2	colourless (colourless)	yellow (brown)	yellowish brown (very brown)
Ar	colourless (slightly yellow)	greenish yellow (brown)	yellow (brown)

with the exception of the 315 nm band of the samples annealed in argon, which is similar to this of ruby (GRUM-GRZHIMAILO, PASTERNAK, SVIRIDOV, CHENCOVA, CHERNYSHEVA) (chromium on an interstitial site (BORER, GÜNTHARD, BALLMER)). The explanation of this phenomenon is not the aim of this paper, however.

4. Discussion

The model used in previous work (KVAPIL, SULOVSKY, KVAPIL, PERNER) is based on gas-solid state reactions and O^- on O^{2-} sites involved by BORER, GÜNTHARD and BALLMER. The formation of the UV induced colour centres and their annealing may be described by the equation:

$$O^{2-}_{(s,e)} + h\nu \rightleftarrows O^-_{(s,e)} + e^-_{(Ve)}\ ^{1)} \tag{1}$$

and for samples doped with reducible ions Me^{n+1}:

$$O^{2-}_{(s,e)} + Me^{n+1}_{(s,c)} + h\nu \rightarrow O^-_{(s,e)} + Me^n_{(s,c)}\ ^{1)} \tag{2}$$

Annealing in hydrogen or oxygen can be described by simple equations:

$$2\,Me^n_{(s,c)} + O_{2(g)} \rightarrow 2\,Me^{n+1}_{(s,c)} + O^{2-}_{(s)}\ ^{1)} \tag{3}$$

$$2\,Me^{n+1}_{(s,c)} + H_{2(g)} \rightarrow 2\,Me^n_{(s,c)} + 2\,H^+_{(s)}\ ^{1)} \tag{4}$$

The presence of Fe^{3+} or Ti^{4+} in the oxygen annealed samples respectively, explains their very strong colouration when exposed to an UV irradiation. Another explanation can be used in the case of the samples containing Be^{2+}, or Mg^{2+}, respectively. It is well known thar Al^{3+} ions occupy 2/3 of the octahedral cation sites of corundum lattice only (see e. g. KRONBERG). The electroneutrality of the corundum doped with divalent ions can be maintained by the following ways:

(a) Divalent ions are of small radius (Be^{2+}). No appreciable lattice deformation occurs and excess of cations on the cation sites keep the electroneutrality. The chemical composition of the crystal can be described by the formula

$$Al^{3+}_{2-2/3x}\,Be^{2+}_x\,O^{2-}_3$$

and no colour centres are formed.

(b) Divalent ions are of great radius (Mg^{2+}), so that lattice deformation (compression of the unoccupied cation sites) prevents the entrance of the excessive cations in the neighbourhood of the divalent ions. This effect is more pronounced when smaller Al^{3+} ions are interchanged partly by greater Cr^{3+}. Its role as well as the role of inert Ar was explained in the previous paper (KVAPIL, SÚLOVSKÝ,

[1]) *s*, *g* designate the phase. The second letter, if present, designates the lattice site, i. e. Ve denotes a vacancy at site e, c cation and e anion site, respectively.

KVAPIL, PERNER). The electroneutrality of the oxygen annealed crystal is maintained by the presence of the O^- ions. That is why the crystals are yellow or brown.

(c) When heated oxygen annealed crystals doped with Mg in hydrogen, their colouration vanishes in the consequence of reaction:

$$Al^{3+}_{2-x} Mg^{2+}_{x} O^{2-}_{3-x} O_x + \frac{x}{2} H_2 \rightarrow Al^{3+}_{2-x} Mg^{2+}_{x} H^{+}_{x} O^{2-}_{3} \quad (5)$$

Lattice deformation of corundum doped with Mg do not prevents the entrance of the small H^+ ions.

The differences in the UV induced colouration of the hydrogen annealed samples as well as in the additional colouration of the oxygen annealde samples can also be explained by the different ionic radii of the ions of dopants. We suppose that the compression of O^{2-} in the lattice distorted by the pressence of the large particles facilitates the formation of the smaller O^- from, whereas the smaller particles cause no appreciable effect.

5. Summary

Divalent ions of great ionic radius influences strongly absorption of corundum crystals when annealed in oxygen or exposed to UV irradiation, respectively. This absorption can be attributed to a O^- centre. We suppose that the presence of large divalent ions facilitates the formation of the smaller O^-. That is why the presence of the smaller divalent ions causes no effect.

References

ARKHANGELSKII, G. E., MORGENSTHERM, Z. L., NEUSTRUEV, V. B.: phys. stat. sol. **22**, 289 (1967); **36**, 451 (1969)

BARTRAM, R. H., SWENBERG, C. E., FOURNIER, J. T.: Physic. Rev. **139**, A 941 (1965)

BASHUK, R. P., GRUM-GRZHIMAILO, S. V.: Spektroskopiya kristallov, Moscow 1966, p. 204

BORER, W.J., GÜNTHARD, H. H., BALLMER, P.: Helv. phys. Acta **43**, 74 (1970)

FLOWERS, W., JENNEY, J.: Proc. IEEE **51**, 858 (1963)

GAMBLE, F. I., BARTRAM, R. H., YOUNG, C. G., GILLIAM, O. R., LEVY, P. W.: Physic. Rev. **134**, A 589 (1964)

GRUM-GRZHIMAILO, S. V., PASTERNAK, L. B., SVIRIDOV, D. T., CHENSOVA, L. G., CHERNYSHEVA, M. A.: Spektroskopiya kristallov, Moscow 1966, p. 168

HAYES, W., JONES, D. A.: Proc. Physic. Soc. **71**, 503 (1958)

HOSKINS, R. H., SOFFER, B. H.: Physic. Rev. **133**, A 490 (1964)

HUNT, R. A., SCHULER, R. H.: **89**, 664 (1953)

JOHNSON, W. R., GROW, R. W.: IEEE J. Quantum Electronics **3**, 1 (1967)

JOLLEY, D. G., MC LAUGHLAN, S. D.: Nature (London) **199**, 898 (1963)

KRONBERG, M. L.: Acta Metallurg. **5**, 507 (1957)

KVAPIL, Ji., SULOVSKÝ, J., KVAPIL, Jo., PERNER, B.: phys. stat. sol. (a) **9**, 665 (1972)

MARAUYAMA, M.: Japan J. appl. Physics **5**, 1026 (1966)

MARUYAMA, T., MATSUDA, Y.: J. Physic. Soc. Japan **19**, 1096 (1964)

ROESS, D.: Z. angew. Physik **15**, 32 (1963)

SCHULTZ, C. V.: Physics Letters (Netherlands) **9**, 301 (1964)

STICKLEY, C. M., MILLER, H., HOELL, E. E., GALLAGHER, C. C., BRADBURY, R. A.: J. appl. Physics **40**, 1972 (1968)

(Received September 22, 1972)

Authors' adress:
Jiři KVAPIL, Bahumil PERNER, Juraj SULOVSKÝ, Josef KVAPIL
Monokrystaly
Turnov/ČSSR

Kristall und Technik	8	1–3	1973	253–269

K. H. Brauer, J. Feuerstake, F. Fröhlich, U. Mohr

Sektion Physik der Martin-Luther-Universität Halle-Wittenberg,
Kombinat VEB Halbleiterwerk Frankfurt/Oder, Gleichrichterwerk Stahnsdorf

Infrarotspannungsoptische Untersuchungen an Halbleitereinkristallen

Der piezooptische Effekt in Kristallen, speziell in Kristallen der Klassen m3m und $\bar{4}3$ m des regulären Systems wird erläutert. Unter Beachtung der Symmetrieeigenschaften wird eine Methode zur Messung der Spannungsdoppelbrechungskonstanten $(q_{11} - q_{12})$ und q_{44} an einer einzigen Materialprobe vorgeschlagen und an Si- und GaAs-Einkristallen praktisch angewendet. Zur Messung der Spannungsdoppelbrechungskonstanten wurde eine Apparatur entwickelt, die mit großer Genauigkeit quantitative Bestimmungen erlaubt. Zur Probenpräparation wurden mehrere Verfahren untersucht.

Die Messungen an verschiedenen Si- bzw. GaAs-Einkristallen ergaben unterschiedliche spannungsoptische Werte, die mit den bisher in der Literatur angegebenen Werten verglichen werden. Es wird gezeigt, daß der Begriff „spannungsoptische Konstante" nicht als Materialkonstante, sondern als kristallindividueller Wert aufgefaßt werden muß. Unter Verwendung der gemessenen spannungsoptischen Werte werden die Restspannungen in kompakten Einkristallen aus Doppelbrechungsmessungen an dicken Scheiben rekonstruiert.

The piezooptic effect in crystals is explained, in particular for cubic classes m3m and $\bar{4}3$m. Taking in consideration the properties of symmetry, a method is proposed for measuring the piezobirefringence constants $(q_{11}-q_{12})$ and q_{44} in a single sample only, and its application to Si- and GaAs-single crystals is shown. A device was constructed for exact measurement of the piezobirefringence constants. Some methods for the preparation of the samples were examined.

The measurements on different Si- and GaAs-single crystals lead to different photoelastic values. These values are discussed in comparision to values published up to now in the literature. It is shown that the terminus „photoelastic constant" cannot be used in the meaning of material constant, because these values are specific for every crystal. Taking into consideration the photoelastic values measured the residual stresses in crystal ingots are reconstructed by birefringence measurements on thick slices.

1. Einleitung

Für die Herstellung elektronischer Festkörperbauelemente sind die Qualitätsparameter des Kristallmaterials von besonderer Bedeutung. Qualitätsparameter des Kristallmaterials sind strukturelle Perfektion, Dotierung und Fremdstoffverteilung. Von grundsätzlicher Bedeutung ist die Einschränkung der strukturellen Perfektion durch den Realbau des Kristalls und die dadurch bedingten inneren mechanischen Spannungen. Unter mechanischen Spannungen sollen dabei die thermoelastischen Spannungen während der Züchtungsphase, die eingefrorenen Spannungen im kompakten abgekühlten Kristall und die Mikrospannungen in der Umgebung der Baufehler verstanden werden.

Grundlegende Hinweise auf eine Möglichkeit zur infrarotlichtoptischen Untersuchung an Halbleitermaterialien findet man erstmals bei DASH. Eine erste detaillierte Untersuchung mit Hilfe dieser Methode im Hinblick auf die mechanischen Verspannungen des Si-Kristallmaterials gab LEDERHANDLER. Dabei handelt es sich im wesentlichen um Begriffsbestimmungen und um qualitative Aussagen zum Verspannungszustand des Materials. Die zugrunde gelegte „spannungsoptische Konstante“ kann aber nicht schlechthin für Silizium gültig sein. Weiterhin wurde das Material als mechanisch isotroper Stoff behandelt und nicht das an die Kristallklasse gebundene Auftreten von drei piezooptischen Konstanten beachtet[1]).

Über Baufehleruntersuchungen an Silizium haben erstmals BOND und ANDRUS berichtet. BULLOUGH teilte eine theoretische Behandlung der bei der IR-Abbildung von Spannungszuständen um Stufen- und Schraubenversetzungen auftretenden Intensitätsverhältnisse mit und diskutierte insbesondere die von BOND und ANDRUS aus ihren Aufnahmen gezogenen Schlußfolgerungen. Detaillierte Ausführungen zur Baufehlerproblematik finden sich weiterhin bei INDENBOM, NIKITENKO und MILEVSKIJ.

Das spannungsoptische Grundgesetz legt für die Kristallklassen m3m und $\bar{4}3$ m im Gegensatz zur Behandlung isotroper Medien[2]) eine tensorielle Verknüpfung zwischen den Komponenten ΔB_{ij} des reziproken DK-Tensors und den Komponenten σ_{kl} der einwirkenden Spannung wie folgt fest (NYE):

$$\Delta B_{ij} = - q_{ijkl}\, \sigma_{kl} \qquad (i, j, k, l \ldots 1, 2, 3) \tag{1}$$

wobei aus Symmetriegründen von den 36 voneinander unabhängigen Komponenten q_{ijkl} des Tensors der piezooptischen Konstanten nur 3 übrig bleiben. Figur 1 zeigt die Form der piezooptischen q-Matrix. Die Bedeutiung der Konstanten ist die folgende: q_{11} beschreibt den Zusammenhang zwischen dem Einwirken einer mechanischen Spannung entlang einer [100]-Richtung und der Differenz der Brechungsindizes zwischen dem unverspannten und dem verspannten Zustand in dieser Richtung.

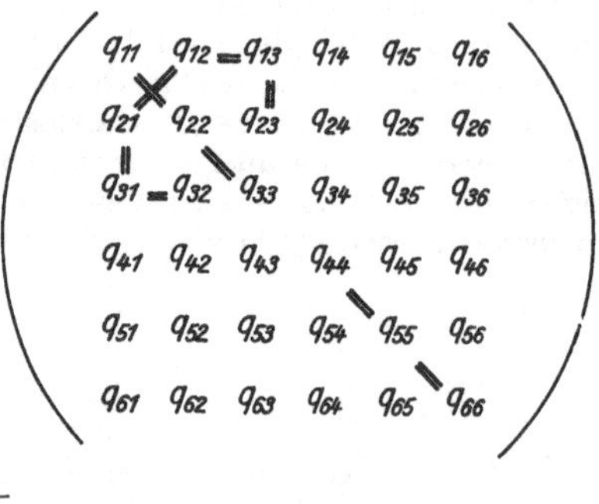

Fig. 1. Matrix der piezooptischen Konstanten für Kristalle der Klassen m3m und $\bar{4}3$ m, (die Doppelstriche sollen die Identität der jeweiligen Konstanten verdeutlichen)

---

[1]) Unter bestimmten von VOIGT angegebenen Voraussetzungen, ist eine isotrope Betrachtungsweise möglich. In der zitierten Arbeit sind aber diese Voraussetzungen nicht gegeben.

[2]) Falls keine inneren Spannungen bzw. keine von außen einwirkenden Belastungen vorliegen, würden sich auch die Halbleitermaterialien mit regulärem Gittertyp optisch isotrop verhalten.

q_{12} beschreibt den Zusammenhang zwischen dem Einwirken einer mechanischen Spannung entlang einer [100]-Richtung und der Differenz der Brechungsindizes zwischen dem unverspannten und dem verspannten Zustand in einer Richtung senkrecht dazu.

q_{44} beschreibt den Zusammenhang zwischen dem Einwirken einer mechanischen Spannung entlang einer [111]-Richtung und der Differenz der Gangunterschiede in dieser Richtung und einer Richtung senkrecht dazu.

Die Behandlung jeder der drei piezooptischen Konstanten für sich bereitet, wie GIARDINI gezeigt hat, große experimentelle Schwierigkeiten. Man kann aber aus einer definierten Biegung eines rechtwinkligen Quaders die Doppelbrechungskonstanten $(q_{11} - q_{12})$ bzw. q_{44} durch Messung der Doppelbrechung gewinnen:

$$q = \frac{2\,\Gamma\,\lambda}{(n^\circ)^3\,d\,\sigma} \qquad (2)$$

Dabei bedeuten Γ den Gangunterschied in Einheiten der Wellenlänge, λ die Wellenlänge der zur Messung verwendeten Strahlung, n° den Brechungsindex des unverspannten Materials, d die Probendicke und σ die Biegespannung. In (2) sind für q keine Indizes notiert, da für die Bestimmung der Doppelbrechungskonstanten $(q_{11}-q_{12})$ bzw. q_{44} mehrere Möglichkeiten der Probenorientierung bezüglich Beobachtungsrichtung bzw. Spannungszustand existieren. Die Tabelle 1 zeigt eine Zusammenstellung einiger Möglichkeiten, wobei die zuletzt genannte die günstigste ist. Bei ihr sind nur je ein Biegeversuch um die [001]- und die [$\bar{1}$10]-Achse nötig, die gleichzeitig Beobachtungsrichtungen sind (FEUERSTAKE).

Im folgenden wird eine entsprechende IR-spannungsoptische Anordnung mit Biegevorrichtung für definiert vorgebbare Biegekräfte zur Ermittlung der spannungsoptischen Konstanten beschrieben und ausführlich auf die mit dieser Anordnung erzielten Untersuchungsergebnisse eingegangen.

Tabelle 1
Möglichkeiten der Probenorientierung zur Bestimmung der piezooptischen Konstanten

Uniaxialer Spannungszustand längs	Beobachtungsrichtung längs	Gangunterschied Γ in Einheiten der Wellenlänge
[100]	[010]	$\pm\,1/2\,(n^\circ)^3\,(q_{11}-q_{12})\,\sigma\,d/\lambda$
	[001]	$\pm\,1/2\,(n^\circ)^3\,(q_{11}-q_{12})\,\sigma\,d/\lambda$
	[011]	$\pm\,1/2\,(n^\circ)^3\,(q_{11}-q_{12})\,\sigma\,d/\lambda$
	[01$\bar{1}$]	$\pm\,1/2\,(n^\circ)^3\,(q_{11}-q_{12})\,\sigma\,d/\lambda$
[111]	alle Richtungen ⊥ zu [$\bar{1}$11] ([$\bar{1}$10] u. [$\bar{1}\bar{1}$2])	$\pm\,1/2\,(n^\circ)^3\,q_{44}\,\sigma\,d/\lambda$
[110]	{ [001]	$\pm\,1/2\,(n^\circ)^3\cdot(2\,q_{44})\,\sigma\,d/\lambda$
	{ [$\bar{1}$10]	$\pm\,1/2\,(n^\circ)^3\,[(q_{11}-q_{12}) + 2\,q_{44}]\,\sigma\,d/\lambda$

2. Meßanordnung

Als Grundgerät der Meßanordnung wurde das Zeißpolarisationsmikroskop „Polmi A“ eingesetzt. Bis auf die Biegevorrichtung enthält dieses Mikroskop alle Bauteile einer spannungsoptischen Apparatur. Die ursprünglichen Polarisatoren wurden im Herstellerbetrieb gegen spezielle IR-Polarisatoren ausgetauscht. Die im Fuß untergebrachte Metallfadenlampe gibt einen genügenden Anteil an Infrarotstrahlung ab und wurde daher als Strahler beibehalten. Anstelle der sog. Filteraufnahme wurde ein Metallinterferenzfilter vom Typ IR—IF 1130 (VEB Carl Zeiß Jena) mit einem maximalen Transmissionskoeffizient bei 1133 nm verwendet. Die Industriefernsehlampe FBA 1 (VEB Studiotechnik Berlin) übernahm die Bildtransformation vom IR in das sichtbare Spektralgebiet. Die Kamera war mit einem IR-empfindlichen Vidicon (VEB Werk für Fernsehelektronik Berlin) ausgerüstet. Sie war über den MF-Grundkörper an das Mikroskop angeschlossen. Der Figur 2 ist zu entnehmen, daß zur Messung des Gangunterschiedes wahlweise ein Ehringhaus-Kompensator (mit umgerechneter Funktionstafel) bzw. ein $\lambda/4$-Kompensator nach Senarmont eingesetzt werden konnte.

Mit Hilfe der in Figur 3 dargestellten Apparatur wurde die balkenförmige Probe über eine 4-Schneidenbelastung einer reinen Biegung unterworfen, so daß keine Querkräfte auftraten und mithin die wirksame Spannung durch die Entfernung von der neutralen Faser bestimt war. Die reine Biegung hat den Vorteil, daß das spannungsoptische Bild, d. h. die Anordnung der Isochromaten von vornherein bekannt ist. Das erweist sich bei der Bestimmung der Isochromatenordnung als außerordentlich günstig.

Grundbaustein der Biegeapparatur ist der Mikroskoptisch K2 (VEB Carl Zeiß Jena). Er hat 2 Feintriebe zur Objektführung. Da bei der gewählten Belastungsform eine Verschiebung der Probe in ihrer Längsrichtung unnötig ist, wurde der 2. Feintrieb direkt zum Spannen einer Feder ausgenutzt. Diese Feder wirkt über einen Winkelhebel auf einen Lastbalken. Von der Mitte des Lastbalkens wird die Kraft

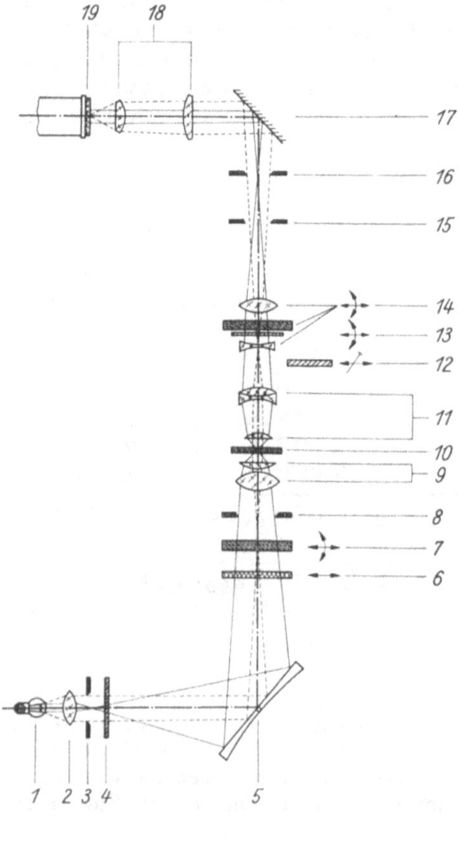

Fig. 2. Strahlengang des IR-Fernsehpolarisationsmikroskops
(1 Metallfadenlampe; 2 Lampenkollektor; 3 Leuchtfeldblende; 4 Mattglasscheibe; 5 Mikroskopspiegel; 6 IR-Interferenzfilter; 7 Polarisator; 8 Aperturirisblende; 9 Kondensor; 10 Probe; 11 Objektiv; 12 einschiebbarer Ehringhaus-Kompensator; 13 $\lambda/4$-Kompensator; 14 anastigmatischer Tubusanalysator; 15 Irisblende für den konoskopischen Strahlengang; 16 Sehfeldblende; 17 Umlenkprisma; 18 Okular; 19 IR-Vidicon)

Fig. 3a

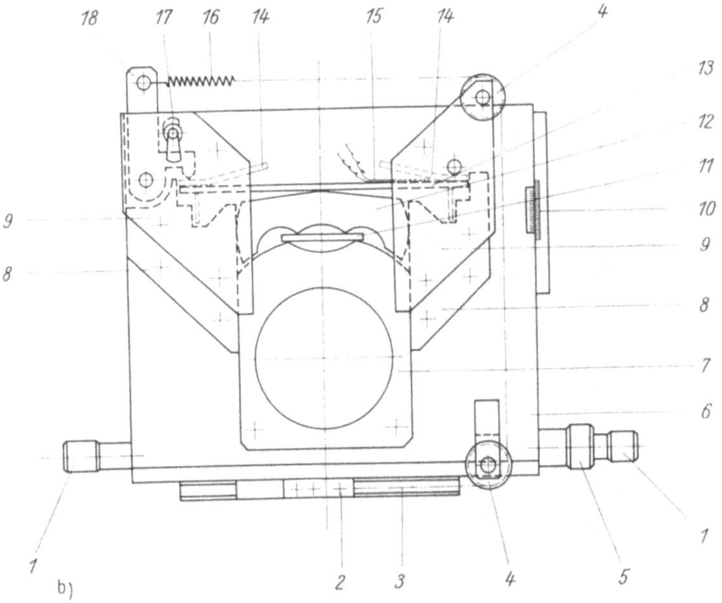

Fig. 3. Biegevorrichtung
a) Ansicht
b) Übersichtszeichnung
1 Feintrieb I, 2 Drahtseilbefestigung; 3 Drahtseil; 4 Umlenkrolle; 5 Feintrieb II, 6 Mikroskoptisch K 2; 7 fester Laststempel; 8/9 Führungen; 10 Skala; 11 Probe; 12 beweglicher Laststempel; 13 Lastbalken; 14 Distanzstreifen; 15 Dehnungsmeßstreifen; 16 Zugfeder; 17 Exzenter; 18 Winkelhebel)

auf den beweglichen Lasttempel übertragen. Die spezielle Geometrie der Laststempel resultiert aus achsenparallel geschliffenen Zylinderflächen, deren Schnittgerade als Schneiden untereinander hinreichend genau parallel und senkrecht zur Tischebene verlaufen. Ein Exzenter diente auf den Winkelhebel wirkend zum Ent- bzw. Belasten der Probe. Die Kraftmessung erfolgte über die Dehnung an der Oberseite des Lastbalkens mit einem Dehnungsmeßstreifen. Zur Kompensation eines möglichen Temperaturganges wurde ein 2. Meßstreifen an einer Stelle der Apparatur aufgeklebt, die keiner Deformation ausgesetzt ist. Die beiden Dehnungsmeßstreifen bilden mit 2 Festwiderständen in einer Trägerfrequenzmeßbrücke UM 111 (VEB Meßelektronik Dresden) eine Brückenschaltung. Figur 4 zeigt den vollständigen Versuchsaufbau mit Polarisationsmikroskop, Fernsehkamera und Monitor sowie auf dem Monitor das Röhrenvoltmeter URV 2 zur Anzeige der Biegekraft und am linken Bildrand die Trägerfrequenzmeßbrücke.

Zur Messung wurde die Biegevorrichtung, d. h. der Mikroskoptisch um 45° im positiven Sinn gegen die Schwingungsrichtung des Polarisators gedreht. Die eigentliche Messung beschränkt sich auf die Messung des Gangunterschiedes durch Doppelbrechung am Rande der Probe. Die Randspannung der Probe ist aus dem angezeigten Wert der Biegekraft und den Abmessungen der Probe errechenbar. Die Orte gleicher Hauptspannungsdifferenz liegen als äquidistante Linien beiderseits der auf der Neutralfaser liegenden Nullisochromaten. Die ganzen Werte des Gangunterschiedes in Einheiten der Wellenlänge ergaben sich einfach durch Abzählen der Isochromaten, die Bruchteile am Rand wurden mit den bereits erwähnten Kompensatoren bestimmt. Figur 5 gibt ein Isochromatenbild wieder.

3. Probenherstellung

Entsprechend Tabelle 1 sind Kristallproben verschiedener Orientierung verwendet worden. Als Ausgangsmaterial standen nur Kristalle zur Verfügung, deren Züchtungsachse nahezu mit der [111]-Richtung zusammenfiel. Die Orientierung der

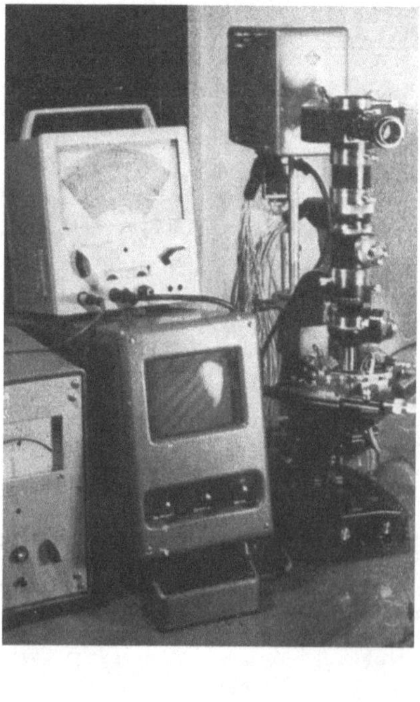

Fig. 4. Versuchsaufbau für IR-spannungsoptische Untersuchungen

Fig. 5. Isochromatenverteilung in einer gebogenen Si-Probe. (Die scheinbare Krümmung wurde durch eine Verzeichnung im Fernsehkreis hervorgerufen)

durch Trennschleifen aus den Einkristallen herausgeschnittenen ca. 2,5 × 2,5 × 30 mm³ großen Proben wurde röntgenographisch überprüft. Zur Vergütung der Oberfläche wurden verschiedene Poliermethoden angewendet. Die chemische Politur nach dem Läppen mit Läppmittel F5 erwies sich für die spannungsoptische Untersuchung als ausreichend. Das Ätzbad hatte die folgende Zusammensetzung: HF; HNO_3 und CH_3COOH zu gleichen Anteilen. Die Konzentrationen waren: HF 40% (halbleiterrein), HNO_3 60% (halbleiterrein) und CH_3COOH 96%. Eine Ätzung von 4 min bei 40 °C und anschließend 6 min bei Raumtemperatur ergab die günstigsten Werte. Relativmessungen zum Transmissionsverhalten derartig behandelter Proben zeigten, daß die Durchlässigkeit nur ca. 8 bis 10% schlechter gegenüber mechanisch feinpolierten Proben war.

4. Ergebnisse und Diskussion

In der Einleitung wurde bereits bemerkt, daß die bisher in der Literatur mitgeteilten Werte der spannungsoptischen Konstanten von Silizium nicht schlechthin für Si-Einkristallmaterial gültig sein können. Wie Tabelle 3 ausweist, streuen sie um mehr als 50%. Über das verwendete Kristallmaterial wurden von den Autoren keine Angaben gemacht. Auch wenn nicht in allen Fällen Fehlerangaben vorliegen, darf man annehmen, daß es sich um probenspezifische und nicht den Stoff Silizium charakterisierende Werte handelt. Die in Tabelle 4 angegebenen Werte aus eigenen Messungen streuen ebenfalls in dieser Größenordnung. Das zur Verfügung stehende Kristallmaterial war aber auch sowohl in Bezug auf die Züchtungsart als auch in Bezug auf die Dotierung unterschiedlich (vgl. Tab. 2). Einheitlich war nur die Züchtungsrichtung [111].

Die spannungsoptischen Werte c_1 und c_2 wurden experimentell aus dem Gangunterschied beim Biegeversuch im oben beschriebenen IR-Fernsehpolarisationsmikroskop bestimmt. Die Doppelbrechungskonstanten $(q_{11}-q_{12})$ und q_{44} wurden aus den spannungsoptischen Konstanten berechnet[1]). Der hierfür

[1]) Es besteht der Zusammenhang $q = \frac{2}{(n^\circ)^3} c$.

Tabelle 2
Züchtungsparameter und weitere Daten der untersuchten Kristalle

Nr. des Kristalls	Züchtungsparameter	elektr. Werte	Bemerkungen
Nr. 1	tiegelfrei unter Hochvakuum $v_z = 20$ cm/h $v_R = 15$ U/min Stabdurchmesser: 28 mm, keine Dot.	ϱ: ca. 10^3 Ω cm τ: ca. 350 μs *p*-Typ	epd: (im Mittel) $2{,}8 \cdot 10^4$ ep/cm^2
Nr. 2	tiegelfrei unter Schutzgas: Ar/H_2 $v_z = 20$ cm/h $v_R = 20$ U/min Stabdurchmesser: 28 mm, P dotiert	ϱ: ca. 140 Ω cm τ: ca. $2 \cdot 10^3$ μs *n*-Typ	$2{,}6 \cdot 10^4$ ep/cm^2
Nr. 3	tiegelfrei unter Hochvakuum mit Nachheizer $v_z = 12$ cm/h $v_R = 20$ U/min Stabdurchmesser: 28 mm, B dotiert	ϱ: ca. 10^3 Ω cm *p*-Typ	
Nr. 4	tiegelgezogen unter Ar, $v_z = 9$ cm/h Stabdurchmesser: 26 mm, P dotiert	ϱ: ca. 15 Ω cm *n*-Typ	$3{,}25 \cdot 10^3$ ep/cm^2
Nr. 5	tiegelgezogen Stabdurchmesser: 35 mm, B dotiert	ϱ: ca. 10 Ω cm *p*-Typ	$5 \cdot 10^3$ ep/cm^2 Fremdstoffgehalt O ca. 10^{18} At/cm^3 C ca. $6 \cdot 10^{17}$ At/cm^3
Nr. 6	tiegelfrei unter Hochvakuum Stabdurchmesser: 30 mm, B dotiert	ϱ: ca. 10^3 Ω cm τ: ca. 270 μs *p*-Typ	$2{,}5 \cdot 10^4$ ep/cm^2 O ca. 10^{16} bis 10^{17} At/cm^3 C ca. 10^{17} At/cm^3
Nr. 7	Pedestal unter Hochvakuum mit Strahlungsnachheizung $v_z = 10$ cm/h $v_R = 20$ U/min Stabdurchmesser: ca. 20mm keine Dotierung	ϱ: ca. $(1{,}52-1{,}78) \cdot 10^3$ Ω cm τ: ca. 550 μs	ca. $4{,}5 \cdot 10^3$ ep/cm^2 (relativ homogene Verteilung der etchpits über den gesamten Kristallquerschnitt)

bei der verwendeten Wellenlänge von 1133 nm benötigte Brechungsindex $n°$ für spannungsfreies Silizium wurde aus den Arbeiten von SALZBERG und VILLA und von BRIGGS ermittelt.

Der Figur 2 in der Arbeit von SALZBERG und VILLA ist für eine Wellenlänge von 1,1 μm ein Brechungsindex $n° = 3{,}53$ zu entnehmen. Tabellarische Werte beginnen aber erst bei $\lambda = 1{,}357$ μm, so daß die geringe Fehlerbreite der tabellarischen Werte von $\pm$ 2 in der 4. Stelle nach dem Komma nicht ausgeschöpft werden konnte. Durch Interpolation wurde aus der von BRIGGS angegebenen Tabelle 1 für den Brechungsindex ein Wert von 3,547 ermittelt. SALZBERG und VILLA haben in Figur 4 ihrer Arbeit ihre Werte mit denen von BRIGGS verglichen. Im überschneidenden Wellenlängenbereich sind die Briggs'schen Werte in der 3. Stelle nach dem Komma bereits um 5 größer als die von SALZBERG und VILLA angegebenen. Berücksichtigt man weiterhin, daß mit einer Zunahme des Wertes bei steigender Temperatur zu rechnen ist und daß auch der Brechungsindex für spannungsfreies Kristallmaterial von der Dotierung abhängt, so kommt den berechneten piezooptischen Konstanten nur ein orientierender Wert zu.

Wie im folgenden noch durch IR-spannungsoptische Messungen belegt wird, weisen die Einkristallstäbe als Ausgangsmaterial für experimentelle Untersuchungen innere Spannungen auf. Die aus diesen entnommenen Proben bedürfen also einer entsprechenden Vorbehandlung, wenn an ihnen die spannungsoptischen Konstanten als kristallspezifische Materialkonstanten gemessen werden sollen. Beim Herausschneiden einer Probe aus dem Einkristallstab wird zwar der Spannungszustand weitgehend abgebaut, doch bleiben je nach Probengeometrie und Lage im ursprünglichen Einkristallstab in unterschiedlicher Weise Restspannungen erhalten. Als Beispiel hierfür ist in Figur 6a und b die Ortsabhängigkeit der spannungsoptischen Werte dargestellt. Aus Figur 6a sind Lage und Orientierung von Biegeproben im Si-Einkristallstab ersichtlich. In Figur 6b sind die für die einzelnen Biegeproben notwendigen Kippwinkel des Kompensators gegen die Lage im Si-Einkristallstab aufgetragen. Da in den Versuchen λ und σ konstant gehalten wurden, und die Probendicke stets die gleiche war, ist der Kippwinkel und damit der Gangunterschied ein direktes Maß für die spannungsoptischen Werte und damit auch ein Maß für die in den Proben

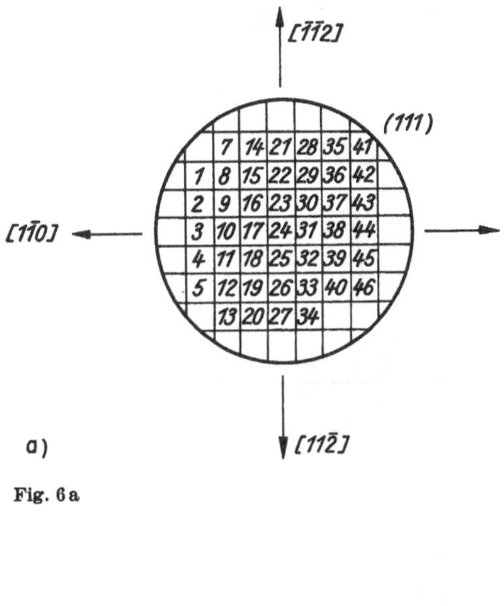

Fig. 6a

Tabelle 3
Aus der Literatur entnommene Meßergebnisse verschiedener Autoren

Beobachter		Giardini (1958)	Hornstra/Penning (1959)	Leder-Handler (1959)	Grandjean (1961)
beobachtete Werte	$\sim (q_{11}-q_{12})$	$-14{,}4 \cdot 10^{-14}$ cm²/dyn	60° mm/kg	$1{,}16 \cdot 10^{-6}$ cm²/kg	—
	$\sim q_{44}$	$-10{,}0 \cdot 10^{-14}$ cm²/dyn	25° mm/kg		(1,97) *
spannungs-optische Werte (umger.)	$c_1 \times 10^{-6}$ cm²/kp	−3,14	1,92	1,16	—
	$c_2 \times 10^{-6}$ cm²/kp	−2,18	1,60		1,22
piezooptische Werte	$(q_{11}-q_{12}) \times 10^{-8}$ cm²/kp	−14,1	8,6		—
	$q_{44} \times 10^{-8}$ cm²/kp	− 9,8	7,2	5,52	5,48
Anisotropie (%)		ca. 30	ca. 16,5	?	—
$c_{\{111\}} \times 10^{-6}$ cm²/kp		2,50	1,71	—	—
Messung bei λ (μm)		1,11	1,15	$1{,}1<\lambda<1{,}2$	ca. 1,1
Belastungsfall und sonstige Versuchsparameter		uniaxialer Druck $t=(26\pm1)$°C	Biegung	?	Biegung
Fehlerbreite (%)		±2,5	ca. ±20	?	±5

*) Elastooptischer Wert

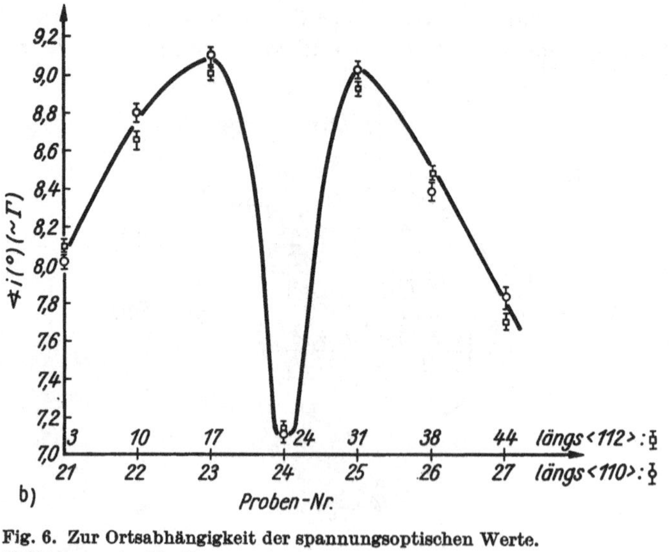

Fig. 6. Zur Ortsabhängigkeit der spannungsoptischen Werte. (Erläuterung im Text)

APPEL/BETZ/ PONTARELLI (1965)	NIKITENKO/INDENBOM (1965)		NEUBAUER† (1967)	NIKITENKO/DEDUKH (1970)	
	Si	GaAs		Si	GaAs
$2{,}1 \cdot 10^{-12}$ cm²/dyn	$2{,}57 \cdot 10^{-6}$ cm²/kg	$1{,}35 \cdot 10^{-6}$ cm²/kg	$1{,}6 \cdot 10^{-6}$ cm²/kg	$1{,}43 \cdot 10^{-12}$ cm²/dyn	$2{,}1 \cdot 10^{-12}$ cm²/dyn
	$1{,}55 \cdot 10^{-6}$ cm²/kg	$2{,}34 \cdot 10^{-6}$ cm²/kg			
2,1	2,57	1,35	1,6	1,39	2,03
	1,55	2,34			
9,2	11,50	6,05	7,2	6,32	9,24
	6,95	10,50			
?	ca. 40	ca. 42	—	?	?
—	1,56	2,01	—	—	—
ca. 1,1	1,13		$1{,}1 < \lambda < 1{,}25$	1,0 (?)	
Pressung an Mantelflächen eines Zylinders	uniaxialer Druck; Dispersion im Bereich $0{,}9 \leqq \lambda \leqq 1{,}4$ gemessen		punktförmiger Druck auf Zylindermantel	?	
?	?		?	?	

verbliebenen Restspannungen. Sie vermitteln einen Eindruck von der Spannungsverteilung über den Einkristallstabquerschnitt als Superposition der radialen, tangentialen und axialen Spannungskomponenten.

Um die soeben aufgezeigte Fehlerquelle möglichst auszuschalten, wurden die zur Bestimmung der spannungsoptischen Konstanten benutzten Biegeproben getempert. Die in Zeile 1 der Tabelle 4 angegebenen Werte entsprechen Messungen an solchen getemperten Proben.

Die in den Si-Einkristallstäben bereits erwähnten inneren Spannungen entstehen während des Züchtungsprozesses durch die Temperaturgradienten im Kristall als thermoelastischen Spannungen. AKIYAMA und YAMAGUCHI haben versucht, die Temperaturverteilung in zylindrischen Si-Einkristallen während des Kristallwachstums analytisch zu behandeln. Eine Weiterführung der Rechnungen zur analytischen Darstellung der Restspannungen würde voraussetzen, daß der Kristall die thermoelastischen Spannungen nicht durch die Bildung von Versetzungen wieder abschwächt.

Bei den üblichen Verfahren der Kristallzüchtung durch Anwachsen an die Stirnfläche eines prismatischen oder zylindrischen Keimes in Abhängigkeit von der relativen Lage der Zone, in der der Kristall sich tatsächlich verfestigt, zur Wachstumsfläche muß man 2 charakteristische Fälle unterscheiden:

Tabelle 4
Meßergebnisse von den in Tabelle 2 angegebenen Kristallen

Beobachter		Feuerstake (1971)							
		Si							GaAs
		Nr. 1	Nr. 2	Nr. 3	Nr. 4	Nr. 5	Nr. 6	Nr. 7	
spannungs-optische Werte	$c_1 \times 10^{-6}$cm²/kp	1,64	2,04	2,45	2,56	3,06	2,64	2,71	1,28
	$c_2 \times 10^{-6}$cm²/kp	1,20	1,72	2,08	2,04	1,84	2,34	1,89	1,96
piezo-optische Werte	$(q_{11}-q_{12}) \times 10^{-8}$cm²/kp	7,35	9,12	10,95	11,52	13,71	11,78	12,11	–
	$q_{44} \times 10^{-8}$cm²/kp	5,37	7,68	9,33	9,12	8,25	10,44	8,89	–
Anisotropie (%)		ca. 27	ca. 16	ca. 15	ca. 20	ca. 40	ca. 11	ca. 27	ca. 35
$c_{\{111\}} \times 10^{-6}$ cm²/kp		1,35	1,83	2,20	2,21	2,25	2,44	2,22	1,73
Messung bei λ (μm)		für alle Proben: 1,135							
Belastungsfall und sonst. Versuchsparam.		reine Biegung prismatischer Stäbe; $t=(21\pm1)$°C							
Fehlerbreite (%)		± 3							

1. Der Kristall ist über im Vergleich zum Durchmesser große Entfernungen plastisch. Infolge der Abkühlung der Mantelfläche, durch die ein radialer Wärmestrom entsteht, bilden sich Restspannungen aus.
2. Der Kristall ist in einer im Vergleich zum Durchmesser schmalen Zone in der Nähe der Wachstumsfläche plastisch. Die Restspannungen entstehen in der Wachstumsfront und werden durch die axialen Temperaturgradienten bestimmt. Die radialen Temperaturgradienten in der Wachstumsfläche sind verhältnismäßig klein. Sie führen nur zu vorübergehenden thermoelastischen Spannungen.

Im 1. Fall sollte man eine Spannungsverteilung über den Kristallquerschnitt erwarten, bei der die Peripherie Druckspannungen und der Kern Zugspannungen ausgesetzt ist. Die Verteilung der Versetzungen über den Kristallquerschnitt, die die thermoelastischen Spannungen abschwächen, wird durch die tangentialen Spannungen bewirkt, die auf aktive Gleitsysteme einwirken. Das führt bei in [111]-Richtung gezogenen Si-Einkristallen zum Entstehen der typischen Maxima der Versetzungsdichte im Kern sowie in den oberflächennahen Teilen des Kristalls.

Im 2. Fall beseitigen die entstehenden Versetzungen die entstehenden thermoelastischen Spannungen schon an der Kristallstirnfläche während des Wachstums.

Die quantitative Bestimmung der Restspannungen ist durch IR-spannungsoptische Messungen möglich. Sie setzt die Messung der spannungsoptischen Werte voraus. Deshalb wurden sie an dem Kristallmaterial durchgeführt, an dem bereits die spannungsoptischen Werte bestimmt worden waren. Es wurde die Doppelbrechung an senkrecht zur Züchtungsachse herausgeschnittenen

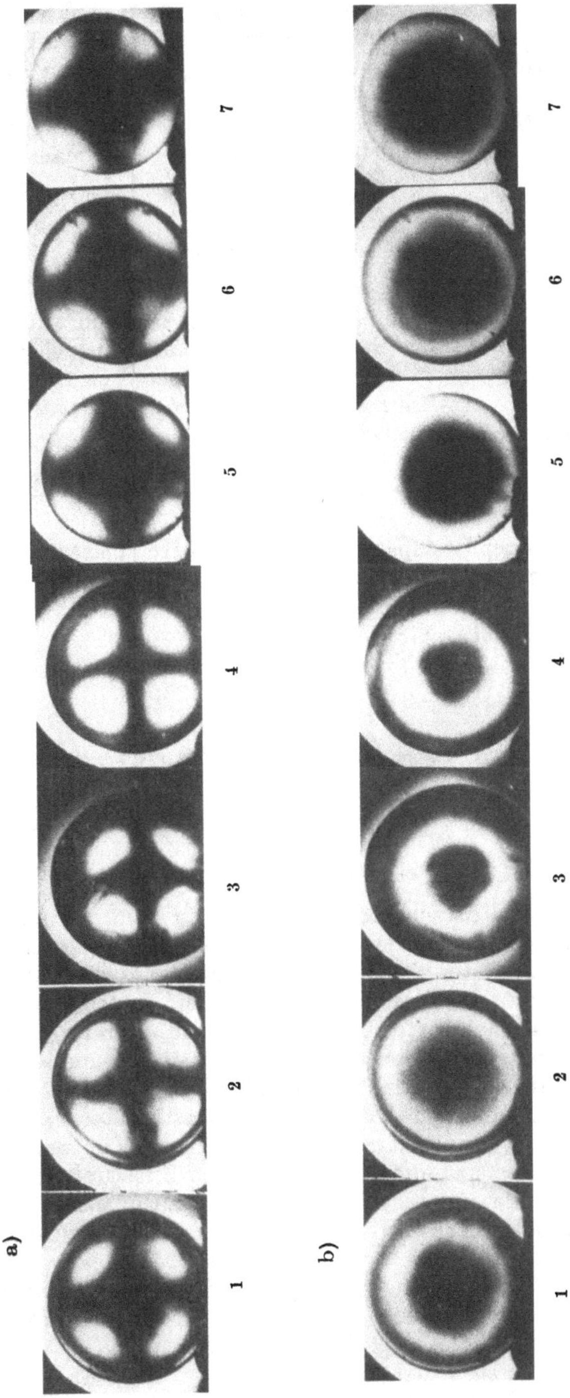

Fig. 7. Isoklinen (*a*) bzw. Isochromaten (*b*) an senkrecht zur Züchtungsrichtung [111] geschnittenen Si-Einkristallscheiben. Die hellen Randbereiche stellen nicht in jedem Fall eine neue Ordnung dar, da Randeffekte nicht immer zu vermeiden waren. Die Randstörungen bei der Abbildung von Kristall Nr. 6 sind wahrscheinlich auf Mikrorisse zurückzuführen, da der Kristall vom Hersteller rundgeschliffen geliefert wurde.

Scheiben gemessen. Die Messung erfolgte längs zweier senkrecht aufeinander stehender Radien mit einem PbS-Photowiderstand und auch mit Kompensatoren. Vorausgesetzt — und durch die spannungsoptischen Abbildungen in Figur 7 gestützt — wird, daß die Doppelbrechung in guter Näherung axialsymmetrisch ist. Ebenso wird vorausgesetzt, daß es sich um einen zweidimensionalen Spannungszustand handelt. Nach FROCHT erhält man für die Hauptspannungen

$$\sigma_r = \frac{1}{c_{\{111\}}} \int_r^R \frac{\delta}{r'}\, dr'; \quad \sigma_t = \frac{\delta}{c_{\{111\}}} + \sigma_r \tag{3}$$

Hierbei bedeuten R den Scheibenradius, r den Abstand vom Zentrum der Scheibe und $\delta = \delta(r)$ die aus dem Gangunterschied berechenbare Doppelbrechung als Funktion von r. Die so aus den gemessenen Gangunterschieden (Fig. 8a) berechneten Restspannungen (Fig. 8b) liegen recht gut auf den von SOKOLNIKOFF angegebenen Parabeln

$$\sigma_r = \sigma_0\left(1 - \left(\frac{r}{R}\right)^2\right) \quad \text{und} \quad \sigma_t = \sigma_0\left(1 - 3\left(\frac{r}{R}\right)^2\right) \tag{4}$$

Für die Verteilung der Restspannungen vor dem Heraustrennen der scheibenförmigen Proben gilt nach SIROTIN (bei parabolischem Temperaturverlauf)

$$\begin{aligned} \bar{\sigma}_r &= \frac{a}{b} s_{44}\, \sigma_0\left(1 - \left(\frac{r}{R}\right)^2\right) \\ \bar{\sigma}_t &= \frac{a}{b} s_{44}\, \sigma_0\left(1 - 3\left(\frac{r}{R}\right)^2\right) \\ \bar{\sigma}_z &= \frac{a\,[2\,(s_{11} - s_{12}) + 5\, s_{44}]\, \sigma_0}{3\, b}\left(1 - 2\left(\frac{r}{R}\right)^2\right) \end{aligned} \tag{5}$$

mit $a = 9\,[2\,(s_{11} + s_{12}) + s_{44}]$ und

$$b = 2\,[2\,(s_{11}^2 + s_{11}\, s_{12} + s_{44}^2) - 4\, s_{12}^2 + 13\, s_{11}\, s_{44} + 20\, s_{12}\, s_{44}]$$

Die für Kristall Nr. 6 berechneten Werte sind in Figur 8c graphisch dargestellt. Eine Zusammenfassung der Werte für den Gangunterschied am Rand, für die Restspannung in den Scheiben und im Ausgangsmaterial jeweils in der Mitte und am Rand gibt die Tabelle 5 wieder. Da die Restspannungen $\bar{\sigma}_r$ und $\bar{\sigma}_t$ im Ausgangsmaterial nach (5) den Restspannungen σ_r und σ_t in den Kristallscheiben proportional sind, geben die an den Scheiben gemessenen Werte die Verhältnisse am Kristallstab qualitativ recht gut wieder. Naturgemäß hängt der Propotionalitätsfaktor von den Elastizitätskoeffizienten s_{ij} des jeweiligen Kristallmaterials ab. Trotzdem sind durch die Messungen an den Scheiben auch Abschätzungen der Restspannung in Richtung der Züchtungsachse möglich.

In Figur 7 sind die untersuchten Kristallscheiben spannungsoptisch im linear und zirkular polarisierten IR-Licht mit den durch die Spannungsdoppelbrechung auftretenden Isoklinen bzw. Isochromaten abgebildet. Die Numerierung der einzelnen Teilabbildungen entspricht der Numerierung des verwendeten Kristallmaterials in Tabelle 2. Zur Herstellung der Aufnahmen diente eine bereits von MOHR beschriebene Versuchsanordnung.

Ergänzend wurden erste Untersuchungen auch an GaAs-Einkristallen durchgeführt. Es wurden dazu in Analogie zur Präparation der Si-Proben GaAs-

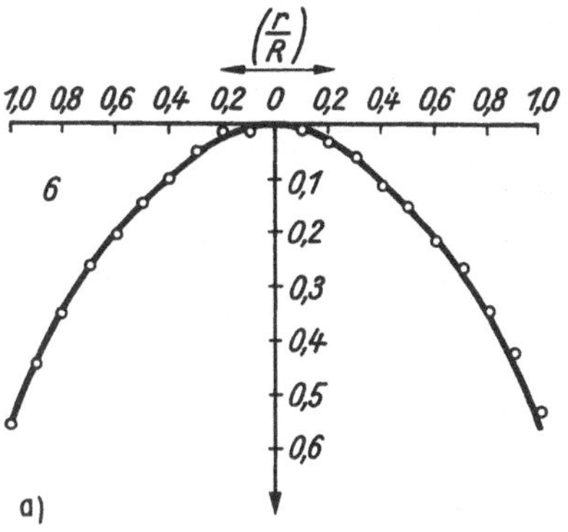

Fig. 8. Abhängigkeit des Gangunterschiedes von normierten Radiuskoordinaten (*a*).
Die Spannungen σ_r und σ_t in der Kristallscheibe (*b*) und die Spannungen $\bar{\sigma}_r$, $\bar{\sigma}_t$ und $\bar{\sigma}_z$ im Kristallstab vor dem Heraustrennen der Scheiben (*c*)

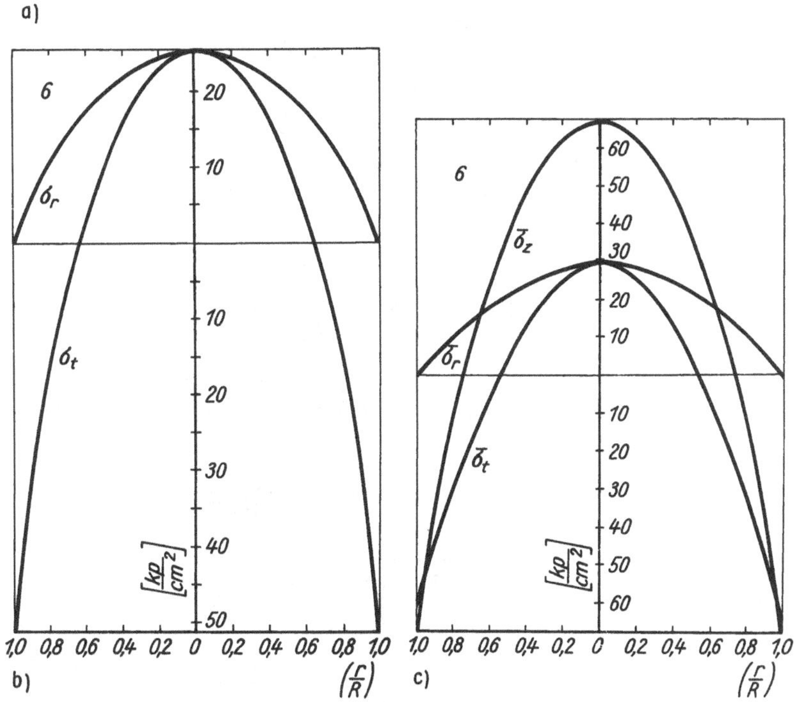

Prismen geschnitten, vorbehandelt und in Biegeversuchen der Gangunterschied in Abhängigkeit von der Biegelast gemessen. Die daraus ermittelten wirksamen spannungsoptischen Werte gibt Tabelle 4 wieder. Für diese Werte gilt ebenso wie für die Werte am Silizium, daß sie nicht schlechthin für GaAs gültig sein können, sondern daß sie probenspezifische Werte darstellen ebenso wie die von Nikitenko und Indenbom sowie von Nikitenko und Dedukh mitgeteilten (vgl. Tab. 3). Sie weichen sicher außerhalb der Fehlergrenze voneinander ab. Abschließend sei bemerkt, daß die maximale Fehlerbreite aller im Rahmen dieser Arbeit ermittelten Werte $\pm 3\%$ beträgt. Eine ausführliche Fehlerdiskussion hierzu ist von Feuerstake durchgeführt worden.

Tabelle 5

Kristall-Nr.	1		2		3		4		5		6		7	
r/R	0	1	0	1	0	1	0	1	0	1	0	1	0	1
Γ	0	1,32	0	1,38	0	0,98	0	0,96	0	0,42	0	0,55	0	0,37
σ_r (kp/cm²)	111	0	86	0	51	0	49	0	21	0	26	0	19	0
σ_t (kp/cm²)	111	−222	86	−172	51	−101	49	−99	21	−42	26	−51	19	−38
$\bar{\sigma}_r$ (kp/cm²)	132	0	100	0	61	0	59	0	26	0	31	0	23	0
$\bar{\sigma}_t$ (kp/cm²)	132	−268	100	−203	61	−121	59	−119	26	−51	31	−61	23	−45
$\bar{\sigma}_z$ (kp/cm²)	300	−300	225	−225	134	−134	130	−130	57	−57	68	−68	51	−51

Den an den Untersuchungen Beteiligten sei auch an dieser Stelle nochmals gedankt besonders den Herren H. Kalinna und D. Kieback für das sorgfältige Schneiden der Proben.

Literatur

Akijama, K., Yamaguchi, J.: J. appl. Physics **33**, 1899 (1962)
Appel, A. V., Betz, H. F., Pontarelli, D. A.: Appl. Optics **4**, 1475 (1965)
Bond, W. L., Andrus, J.: Physic. Rev. **101**, 1211 (1956)
Briggs, H. B.: Physic. Rev. **77**, 287 (1950)
Bullough, R.: Physic. Rev. **110**, 620 (1958)
Dash, W. C.: Physic. Rev. **98**, 1536 (1955)
Feuerstake, J.: Diplomarbeit, Halle 1971
Frocht, M. M.: Photoelasticity, New York 1941 (Vol. 1), 1948 (Vol. 2)
Giardini, A. A.: Amer. Mineralog. **43**, 249 (1958)
Grandjean, C.: Philips Res. Repts. **16**, 343 (1961)
Hornstra, J., Penning, P.: Philips Res. Repts. **14**, 237 (1959)
Indenbom, V. L.: Dokl. Akad. Nauk SSSR **141**, 1360 (1961); Kristallografija **2**, 594 (1957); Kristallografija **9**, 74 (1964)
Lederhandler, S. R.: J. Appl. Phys. **30**, 1631 (1959)
Milevskij, L. S.: FTT **4**, 1878 (1962); FTT **4**, 2447 (1962)
Mohr, U.: Halbleiterwerkstoffe (Hrsg. H. F. Hadamovsky), Leipzig 1968, Kap. 16.2
Nikitenko, V. J., Dedukh, L. M.: phys. stat. sol. (a) **3**, 383 (1970)
Nye, J. F.: Physical Properties of Crystals, Oxford 1957
Salzberg, C. D., Villa, J. J.: J. Opt. Soc. **47**, 244 (1957)
Sirotin, J. I.: Kristallografija **1**, 708 (1956)
Sokolnikoff, I.: Math. Theory of Elasticity, New York 1965
Voigt, W.: Lehrbuch der Kristallphysik, Leipzig 1910

(Eingegangen am 14. September 1972)

Anschriften der Verfasser:
Doz. Dr. rer. nat. habil. F. Fröhlich
Dr. rer. nat. habil. K. H. Brauer
Sektion Physik der Martin-Luther-Universität
Halle-Wittenberg
402 Halle/Saale
Friedemann-Bach-Platz 6

Dr. U. Mohr
Dipl.-Phys. J. Feuerstake
Kombinat VEB Halbleiterwerk Frankfurt/Oder
Gleichrichterwerk Stahnsdorf
1533 Stahnsdorf
Ruhlsdorfer Weg
DDR

Kristall und Technik	8	1–3	1973	271–278

A. TEMPEL, M. SCHULZ

Karl-Marx-Universität Leipzig
Sektion Chemie, Fachbereich Kristallographie
Karl-Marx-Universität Leipzig
Sektion Chemie, Fachbereich Kristallographie
Arbeitsgemeinschaft „$A^{III}B^{V}$-Halbleiter"
und Kombinat VEB Halbleiterwerk
Frankfurt (Oder)
Bereich Materialforschung Stahnsdorf

Realstrukturuntersuchungen an GaAs mit elektronenmikroskopischen Methoden

Mittels der elektronenmikroskopischen Durchstrahlungstechnik und der Abdrucktechnik werden nach dem Czochralskiverfahren in [111]-Richtung gezogenes GaAs-Kompaktmaterial und GaAs-Epitaxieschichten untersucht. Die hierzu benutzten Präparationstechniken, die Strahlätzung für die Transmission und die „insitu-Bekohlung" für die Abdruckuntersuchung werden beschrieben. Sowohl bei {100}- als auch bei {111}-orientierten Proben treten Bildkontraste auf, die auf Materialinhomogenitäten zurückzuführen sind. Die Ergebnisse der Abdruckuntersuchungen, unter Ausnutzung einer speziellen Zielpräparation, bringen den Beweis, daß die Bildkontraste durch unterschiedliche Probendicken erzeugt werden, die auf Volumeninhomogenitäten zurückzuführen sind.

Gallium arsenide bulk material grown by Czolchraski method in [111] direction and gallium arsenide epitaxial layers are investigated by means of electron microscopcal transmission and replica technique. The required preparation techniques, jet etching for the transmission and the" in situ-C-deposition" for the replica technique are described.

Image contrasts occur with samples orientated in {100} as well as in {111} they are attributed to bulk inhomogeneities. The results of the replica investigations show, by using a special preparation, that the image contrasts are caused by varying sample thicknesses which are due to bulk inhomogeneities.

1. Einführung

Es ist aus der Literatur bekannt, daß in GaAs auch bei Dotierungen $< 10^{18}cm^{-3}$ Präzipitationen auftreten (MEIERAN; KRESSEL, NELSON, MCFARLANE, ABRAHAMS, LE FUR, BUIOCCHI; ECKHARDT), die entweder aus Galliumoxid oder aus Komplexen von Gallium bzw. Arsen und dem Dotierungselement bestehen. Derartige Inhomogenitäten können bei elektronenmikroskopischer Durchstrahlung infolge des Beugungskontrastes (Gitterverbiegung der Matrix) und des Streuabsorptionskontrastes (unterschiedliches Verhalten bezüglich der Streuung von schnellen Elektronen) sichtbar gemacht werden. Größe und Anzahl der Präzipitationen sind im allgemeinen von der Dotierungskonzentration und vom Dotierungselement abhängig. Die Ausscheidungen lagern sich bevorzugt in

{110}- und {111}-Ebenen an (MEIERAN) und treten meist als sphärische oder flächige Präzipitationen auf.

2. Präparation

In den letzten zehn Jahren sind mehrere Verfahren entwickelt worden, um elektronenmikroskopisch durchstrahlbare GaAs-Proben herzustellen (HILL, HOLT, UNVALA; ABRAHAMS, BUIOCCHI, COUTTS). Für die Transmission mit 65-kV-Elektronen benötigt man GaAs-Präparate, deren Dicke kleiner als 1000 Å ist. Die durchstrahlbaren Proben werden mittels chemischer Strahlätzung hergestellt (HILL, HOLT, UNVALA). Das Wirkungsprinzip der verwendeten Apparatur ist aus Figur 1 ersichtlich. Als Ätzmittel wurde eine Lösung aus konzentrierter Salzsäure, 20%igem Wasserstoffperoxid und Wasser verwendet (HILL, HOLT, UNVALA; BIEDERMANN, BRACK):

$$HCl:H_2O_2:H_2O = 40:4:1$$

Mit diesem Ätzmittel konnten geeignete Untersuchungsobjekte in gewünschten Orientierungsrichtungen und unabhängig von der Dotierung gewonnen werden.

Als Ausgangsmaterial für die Präparation dienten ca. 150···200 μm dicke GaAs-Scheiben mit den Abmessungen 2,5 × 2,5 mm², die nach dem mechanischen Polieren mit Leitsilber auf elektronenmikroskopische Objektträger (Lochblende) aufgekittet wurden. Dabei ist wichtig, daß das Leitsilber den Probenrand um ca. 200···300 μm überlappt, um stabile Probenränder zu gewährleisten. Die vorbereitete Probe wird in einen speziellen PVC-Probenhalter eingeklebt, in den Ätzstrahl gebracht und während der Ätzung lichtmikroskopisch beobachtet. Der Ätzangriff wurde zweckmäßigerweise an Ober- und Unterseite der Probe durchgeführt. Bei beginnender Lichtdurchlässigkeit (dunkelrot) wurde die Grobätzung gestoppt (Ätzrate ≅ 6 μm/min) und mit einer stark mit Wasser verdünnten Ätzlösung eine Feinätzung (Ätzrate < 1 μm/min) bis zur Perforation oder kurz davor durchgeführt. Nach gründlicher Reinigung wurden die Präparate bei 65 kV Strahlspannung in einer EF-Anlage des VEB Carl Zeiß Jena untersucht.

Die Zielpräparation von direkten Abdrücken der Oberfläche der durchstrahlten Objektbereiche wird weiter unten beschrieben.

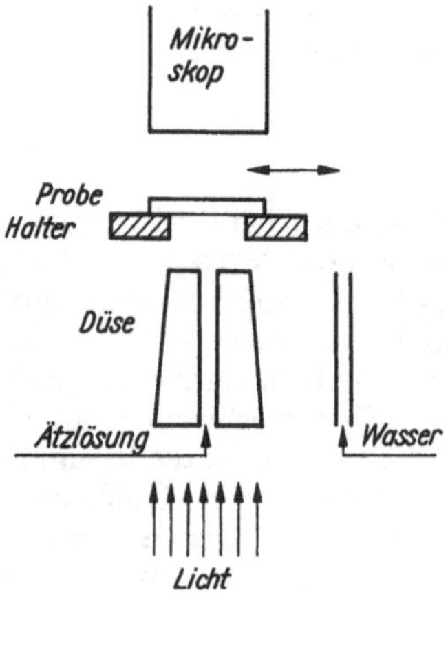

Fig. 1. Prinzipskizze der verwendeten Apparatur für die Herstellung durchstrahlbarer GaAs-Proben

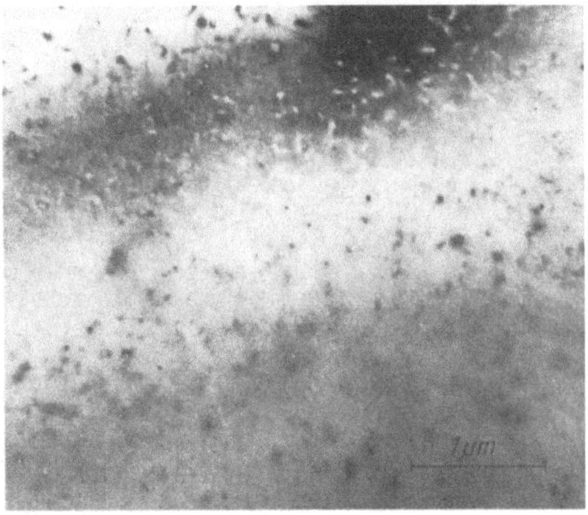

Fig. 2. Probe C17 (Fremdstoffkonzentration: 10^{17} Atome pro cm^3, Dotierungselement: Cr). Auflage (111)

3. Ergebnisse

Bei {111}-orientierten Proben zeigen die Durchstrahlungsaufnahmen punktförmige Kontraste unterschiedlicher Größe. Sie liegen in den Größenordnungen 0,01 ··· 0,05 µm und 0,2 ··· 0,5 µm. Figur 2 zeigt eine Transmissionsaufnahme der Probe C17 (Fremdstoffkonzentration: 10^{17} cm^{-3}, Dotierungselement: Cr). Man erkennt eine Vielzahl von kleinen Präzipitationen. Die Dichte der Inhomogenitäten lag bei dieser Probe bei ca. 10^{15} cm^{-3}.

In Figur 3 ist ein Bereich der Probe C10 ($n = 10^{17}$ cm^{-3}, Dotierungselement: Sn) abgebildet. Man erkennt in fast allen Fällen eine eindeutige Korrespondenz zwischen Präzipitation und Erhebung auf der Objektfläche. Die Verteilungs-

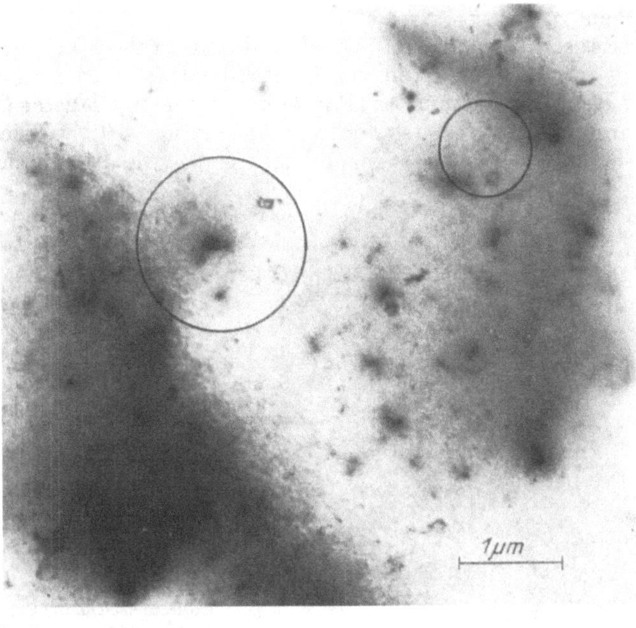

Fig. 3a

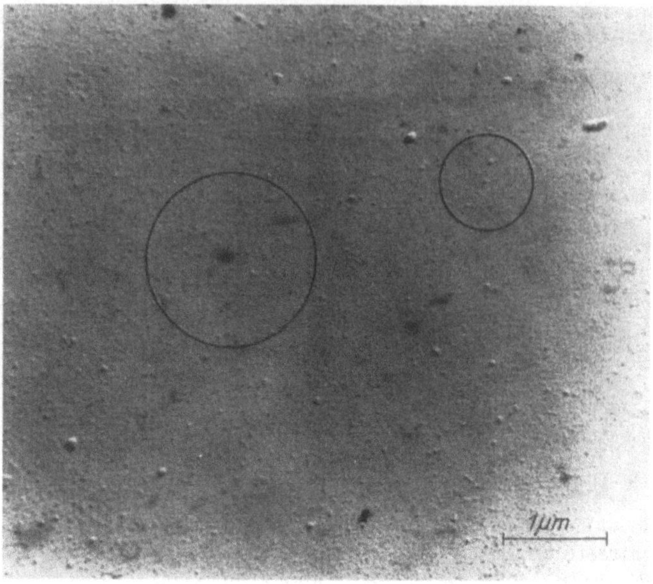

Fig. 3b

Fig. 3. Probe C10 ($n \approx 2 \cdot 10^{17}$, Dotierungselement: Sn)
Auflage (111).
a – Transmissionsaufnahme
b – Kohleabdruck der durchstrahlten Objektstelle nach Schwermetallbeschattung

dichte der Inhomogenitäten, ermittelt an einer größeren Anzahl äquivalenter Proben, liegt für die kleinen Kontraste bei ca. $5 \cdot 10^{14}$ cm^{-3}, für die größeren bei ca. 10^{13} cm^{-3}.

Charakteristisch für alle [100]-durchstrahlten Proben-[111]-gezogen, {100}-geschnitten- war das Auftreten von Streifenkontrasten in zwei verschiedenen Varianten: Reine Streifenmuster (Fig. 4) und netzartige Muster (Fig. 5). Diese Streifen waren in allen Fällen gerichtet, und zwar in ⟨110⟩, wie sich an defokussierten Beugungsbildern leicht nachweisen ließ. Die Streifenbreite variierte

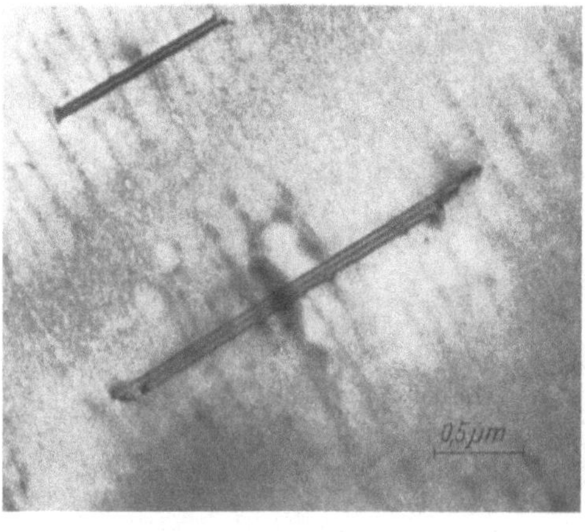

Fig. 4. Probe C20 ($n \approx 2{,}8 \cdot 10^{18}$, Dotierungselement: Sn).
Auflage (100)

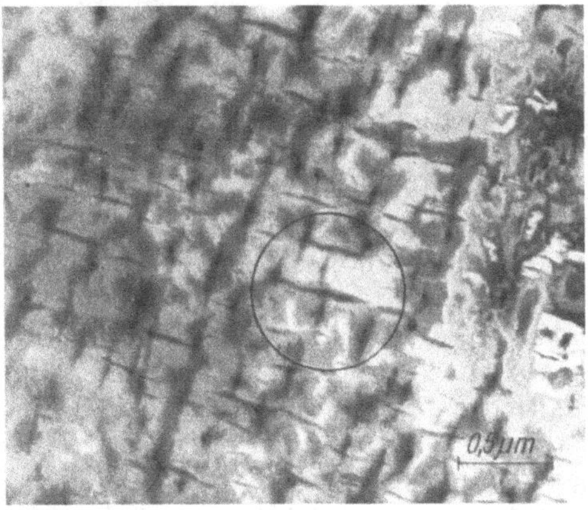

Fig. 5a

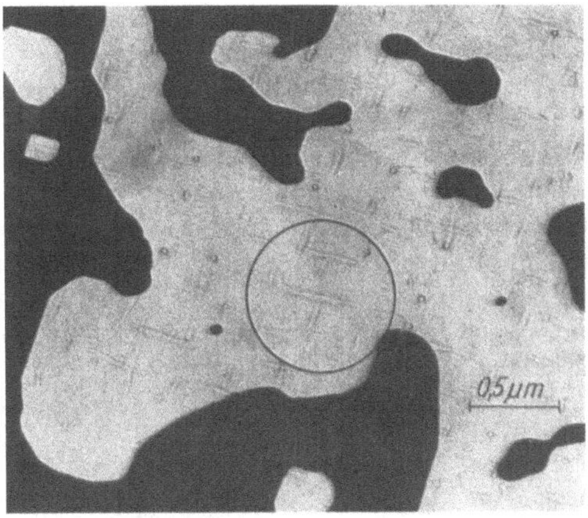

Fig. 5b

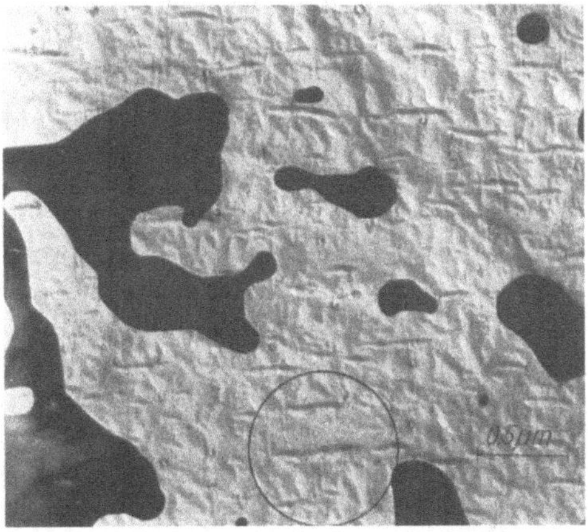

Fig. 5c

Fig. 5. Probe C24 ($n \approx 2{,}8 \cdot 10^{18}$, Dotierungselement: Sn). Auflage (100)
a – Transmissionsaufnahme
b – Kohleabdruck der durchstrahlten Objektstelle
c – Derselbe Kohleabdruck nach anschließender Schwermetallbeschattung

zwischen 0,02 ··· 0,2 μm, der Streifenabstand zwischen 0,1 ··· 1 μm. Punktförmige Kontraste, wie sie bei {111}-orientierten Proben auftraten, wurden fast nie beobachtet.

Da eine klare Abhängigkeit der auftretenden Kontraste weder von der Dotierungskonzentration ($n = 1 \cdot 10^{17} - 3 \cdot 10^{18}$) und dem Dotierungselement (Sn, Te, Si, Cr), noch von den Züchtungsparametern feststellbar war, wurden die Untersuchungen auf Gasphasen- und Liquidepitaxieschichten der Orientierungen {111} und {100} ausgedehnt, ohne daß sich jedoch neue Gesichtspunkte hinsichtlich der Interpretation der Kontrasteffekte in Abhängigkeit von den verfügbaren Parametern ergeben hätten. Um weitere Informationen zur Identifizierung der Durchstrahlungskontraste zu erhalten, schien es aussichtsreich, die Oberfläche der durchstrahlten GaAs-Proben abzubilden. Wegen der benötigten Auflösung kommt neben der Rasterelektronenmikroskopie nur noch die elektronenmikroskopische Abdrucktechnik in Betracht. KRAUSE gibt ein Verfahren an, mit dem von verschiedenen GaAs-Flächen direkte Kohleabdrücke gewonnen werden können. Bei dieser Methode scheinen jedoch die bei der Zuordnung von Kohleabdruck und durchstrahlter Objektfläche auftretenden Schwierigkeiten kaum überwindbar zu sein. Die Anwendung der bekannten Zielpräparationstechniken erschien gleichermaßen wenig erfolgversprechend. Als bequemer und zuverlässiger Ausweg bot sich die Verwendung der auf dem kristallinen Objekt während des Mikroskopierbetriebes aufwachsenden Kohleschichten infolge der Kontamination an: Eine starke Aufheizung der durchstrahlbaren Objektstelle durch drastische Erhöhung des Strahlstromes bewirkt, daß die dünne GaAs-Objektfolie verdampft und nur die aufgewachsenen Kohleschichten beider Objektseiten übrigbleiben, die ihrerseits die Oberflächentopographie des Objektes exakt wiedergeben. Eine mögliche sich anschließende Schwermetallbeschattung gestattet es, zusammen mit dem vorher aufgenommenen Transmissionsbild, sowohl Erhebungen von Vertiefungen der Objektoberfläche zu unterscheiden, als auch die Details der Objektoberseite von denen der Unterseite zu trennen.

Nach Figur 5a scheint es noch möglich, daß es sich in den Fällen von netzartigen Kontrasten bei {100}-orientierten Proben um ein waffelartiges Muster auf Ober- und/oder Unterseite der Objektfolie handelt. Durch die Figuren 5c bzw. 6 wird jedoch eindeutig ausgewiesen, daß sich die Netzmuster aus je einem Streifensystem auf der Ober- bzw. Unterseite der Probe zusammensetzen. Beide Streifensysteme sind um einen Winkel von 90 Grad gegeneinander verdreht. Besonders anschaulich wird dies in Figur 6 (Kohleabdruck einer durchstrahlten Objektstelle nach anschließender Schrägbeschattung), wo ein Kohlefilm gerissen ist und durch einseitige Schrägbeschattung beide Kohlefolien dekoriert werden. Der gleiche Tatbestand ist auch aus Figur 4 erkennbar: Die Stapelfehlerstreifen sind nur an einer Seite an jenen Stellen ausgebuchtet, an denen der Stapelfehler von den streifenförmigen Objektunebenheiten geschnitten wird. Die Objektoberfläche muß daher auch auf einer Seite völlig eben sein.

Bei allen Proben waren die untersuchten Bereiche frei von Versetzungen und Stapelfehlern. Einzige Ausnahme war Probe C20 ($n = 3 \cdot 10^{18}$ cm^{-3}, Dotierungselement: Sn), in der Stapelfehler beobachtbar waren (Fig. 4). Nach der ätztechnisch ermittelten Versetzungsdichte ($\approx 10^4$ cm^{-2}) sollte die Wahrscheinlichkeit, eine einzelne Versetzung im durchstrahlten Bereich zu beobachten, bei etwa 0,1 liegen. Daß bei mehr als 1000 durchstrahlten Objekten (untersuchtes Festkörpervolumen ca. 10^{-4} mm^3!!) keine Versetzungen sichtbar waren, darf

Fig. 6. Kohleabdruck nach Schwermetallbeschattung der Objektoberfläche von Probe C 25 ($n \approx 2{,}8 \cdot 10^{18}$, Dotierungselement: Sn Probenauflage (100)

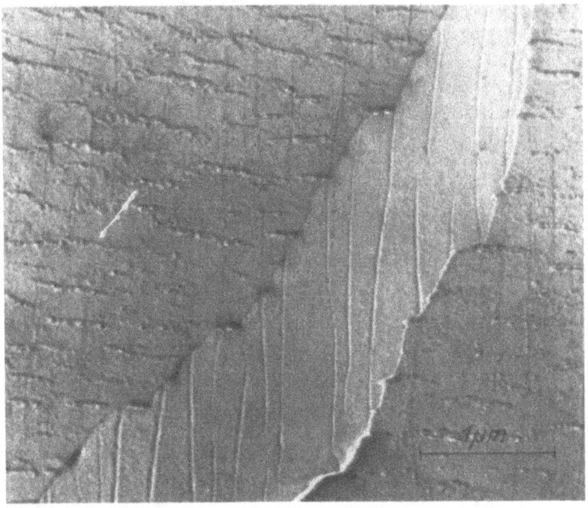

man der Tatsache zuschreiben, daß Folien der untersuchten Dicke hinsichtlich ihrer Realstruktur nicht mehr repräsentativ für den kompakten Kristall sind.

4. Diskussion

Nach der dynamischen Theorie der Elektronenbeugung ist die Intensität des gestreuten Strahles nach dem Durchgang durch die Objektfläche (Absorptionseffekte unberücksichtigt) durch

$$I_g = \Psi_g^2 = \frac{\sin^2 \pi s t_0}{(s \xi_g)^2}$$

gegeben (Whelan).
Dabei bedeuten:

Ψ_g — Amplitude des Streustrahls;
ξ_g — Extinktionstiefe;
s — Anregungsfehler der dynamischen Theorie;
t_0 — Kristalldicke

Aus obiger Gleichung ist ersichtlich, daß die Intensität des Streustrahls eine empfindliche Funktion sowohl des Anregungsfehlers s, der die Beleuchtungsbedingungen beschreibt (Orientierung der beugenden Netzebenen zum einfallenden Elektronenstrahl), als auch der Kristalldicke t_0 ist. Genauer gesagt, variiert die Streuintensität periodisch mit der Kristalldicke; die Periode der Schwankungen ist ξ_g (Ewaldsche Pendellösungen). Da nach den Figuren 3b, 5b und 5c die Variation Δt der Objektdicke infolge einer möglichen selektiven Ätzung gegen die Extinktionstiefe ξ_g nicht mehr vernachlässigbar ist, muß bei der Diskussion der Kontrasteffekte bei durchstrahlten GaAs-Proben, die mittels chemischer Strahlätzung präpariert worden sind, die Änderung der Objektdicke berücksichtigt werden: Die streifigen Kontraste in den Durchstrahlungsbildern sind also nicht allein auf Ausscheidungen oder Präzipitationen zurückführbar. Dem von den Inhomogenitäten herrührenden Beugungskontrast überlagert sich ein Dickenkontrast dynamischen Ursprungs. Da sich prinzipiell auch bei {111}-durchstrahlten Proben jeder im Transmissionsbild auftretenden Präzipitation eine entsprechende Oberflächenunebenheit zuordnen ließ, kann bei der chemischen Strahlätzung von GaAs bezüglich Volumeninhomogenitäten von einem selektiven Ätzangriff in Mikrobereichen gesprochen werden. Aus dieser Tatsache leitet sich im Zusammenhang mit dem dynamischen Dickenkontrast die Forderung ab, in allen wichtigen Fällen einer Transmissionsaufnahme von GaAs den entsprechenden Oberflächenabdruck zur Seite zu stellen, um Unkorrektheiten in der Interpretation des Transmissionsbildes zu vermeiden. Andererseits kann gesagt werden, daß durch den selektiven Ätzangriff bei der Strahlätzung schon ein Kohleabdruck der Objektoberfläche gewisse Rückschlüsse auf das Auftreten von Inhomogenitäten in GaAs zuläßt.

Da einerseits zwischen dem Auftreten der Präzipitationen und den zur Verfügung stehenden Materialparametern wie Dotierungskonzentration, Dotierungselement und Züchtungsmethode keine quantitative Abhängigkeit feststellbar war und andererseits eine Abschätzung der in den Inhomogenitäten enthaltenen Fremdatome einen Wert liefert, der mindestens eine ganze Größenordnung über der Dotierungskonzentration liegt, kann für das Auftreten der Präzipitationen nicht allein die Dotierungsverunreinigung verantwortlich gemacht werden. Als eine wahrscheinliche Interpretationsmöglichkeit für die beobachteten Punkt- und Streifenkontraste kommt der im GaAs stets vorhandene Sauerstoff in Frage. Nach Rachmann, Biermann und nach Wolfe, Stillman, Owens sind im Galliumarsenid bis zu 10^{20} Sauerstoffatome pro cm^3 enthalten. Zur eindeutigen Identifizierung der auftretenden Präzipitationen sind weitere Experimente geplant.

Die Autoren möchten sich für die erwiesene Unterstürzung bei Herrn Prof. H. Neels, Sektion Chemie der Karl-Marx-Univeristät Leipzig/Fachbereich Kristallographie, und Herrn Dr. J. Heydenreich, Zentralinstitut für Festkörperphysik und Elektronenmikroskopie, Halle, der Akademie der Wissenschaften der DDR, herzlich bedanken.

Literatur

Abrahams, M. S., Buiocchi, C. J., Coutts, M. D.: Rev. Sci. Instr. **39**, 1944 (1968)
Biedermann, E., Brack, K.: J. Electrochem. Soc. **119**, 1088 (1966)
Eckhardt, G.: J. appl. Physics **35**, 1016 (1962)
Hill, M. J., Holt, D. B., Unvala, B. A.: J. Sci. Instr. **2**, 301 (1968)
Krause, J.: Diplomarbeit Karl-Marx-Universität Leipzig 1972
Kressel, H., Nelson, H., McFarlane, S. U., Abrahams, M. S., Le Fur, P., Buiocchi, C. J.: J. appl. Physics **40**, 3587 (1969)
Meieran, E. S.: J. appl. Physics **36**, 2544 (1965)
Rachmann, J., Biermann, R.: Solid State Commun. **7**, 1771 (1969)
Whelan, M. J.: Modern Diffraction and Imaging Techniques in Material Science, Amsterdam 1970
Wolfe, C. M., Stillman, C. E., Owens, E. B.: J. Electrochem. Soc. **117**, 129 (1970)

(Eingegangen am 19. September 1972)

Anschrift der Verfasser:
A. Tempel
Sektion Chemie der Karl-Marx-Universität Leipzig
Fachbereich Kristallographie
703 Leipzig
Scharnhortstraße 20

Dr. M. Schulz
Kombinat VEB Halbleiterwerk
Frankfurt (Oder), Werkteil Stahnsdorf
Ruhlsdorfer Weg

Kristall und Technik	8	1–3	1973	279–285

R. Horyń

Institute for Low Temperature and Structure Research,
Polish Academy of Sciences, Wroclaw

Preparation and X-Ray Study of Single Crystals of Solid Solutions of γ-Tungsten Oxide with Germanium and Silicon

Single crystals of two solid solutions of γ-tungsten oxide with germanium and silicon have been obtained with HCl as transport reagent. Improved values of lattice constants of the γ-tungsten oxide phase have also been determined.

Einkristalle von festen Lösungen des γ-Wolframoxides mit Germanium und Silicium wurden über chemische Transportreaktionen mit HCl als Transportgas erhalten. Verbesserte Werte der Gitterkonstanten des γ-Wolframoxides werden mitgeteilt.

1. Introduction

The increasing interest in tungsten bronzes which is recently observed has been mainly initiated by the discovery that some of them behave as superconductors: Raub, Sweedler, Jensen, Broadson, Matthias; Sweedler, Raub, Matthias; Sweedler, Hulm, Matthias; Bierstedt, Bither, Darnell; Remeika, Geballe, Matthias, Coopes, Hull, Kelly; Gier, Pease, Sleight, Bither; Bouchard, Gilson.

It is interesting to note that in the bronze systems studied so far superconductivity has been observed only in the tetragonal I and hexagonal structures containing all of the alkali metals, including the NH_4^+ ion as well as the metals of the IIa and IIIa group, i. e., Ca, Sr, Ba, In and Tl.

The transition temperatures to the superconducting state in the above mentioned compounds do not exceed 7 °K.

There are only few reports on the preparation and properties of tungsten bronzes with the IVa group of elements. Tetragonal lead as well as tin tungsten bronzes (Gier, Pease, Sleight, Bither; Bernoff, Conroy), and the hexagonal tin tungsten bronze (Gier, Pease, Sleight, Bither) are known. There exist no data concerning similar silicon and germanium tungsten bronzes.

Until now, for the preparation of these nonstoichiometric metallic oxides a large number of methods has been tested and adapted. Nevertheless, only few reports regarding single crystal preparation of these compounds by chemical transport reaction are published (Conroy, Yokokawa; Conroy, Podolsky).

As for the preparation of single crystals of pure tungsten oxides two reports should be mentioned, i. e. Kleber, Raidt, Dehlwes; Ahmad, Capsimalis.

In this paper we present results on the preparation of silicon and germanium tungsten bronze prepared by chemical transport reactions, using HCl gas.

2. Experimental

Materials: Tungsten (99,9% purity) and germanium (99,99% purity) from Koch-Light Laboratories LTD, Colnbrook-Bucks-England; tungsten trioxide (99,9% purity) from BDH Laboratory Chemicals Division-England, silicon of spectral purity from Zaklady Azotowe, Tarnów, Poland, and rubidium carbonate of reagent grade from Lachema Laboratory Chemicals-Prague, Czechoslovakia. All other chemicals used in this work were of reagent grade.

Preparation: As starting materials for the chemical transport processes, mixtures consisting of appropriate amounts of WO_3 and Ge or Si of the general formula $M_{1/3}WO_3$ were used. The chemical transport reactions were carried out in quartz ampoules (ca 60 cm^3 volume) previously evacuated to 10^{-4} mm of Hg, filled with dry HCl and then sealed. Before filling the ampoules with HCl the substrates, contained inside, were always heated in vacuum to 600 °C for several hours. The pressure of HCl was changed from 100 to 560 mm of Hg at 20 °C. The weight of each sample subjected to chemical transport amounted from 3 to 4 g. The processes of chemical transport lasted from several hours to several days. The substrates subjected to transport were always put into the higher temperature region. The temperature gradient applied to the chemical transport processes was varied from 20° to 150° in the range of 1000° to 700°C.

Chemical analysis: All main transport products were purified in concentrated HNO_3 to remove oxychlorides of metals, then in a mixture of HF with a small amount of HNO_3 added to remove traces of WO_2 and SiO_2 and subsequently washed in H_2O. The purified products were subjected to spectral analysis to check their purity. All transport products obtained in this work were of high purity. Their densities were determined pycnometrically using carbon tetrachloride at 25° $\pm$ 0.1 °C. For the chemical analysis of the obtained products we used the method described by Bernoff and Conroy, this using the reduction of a sample with purified hydrogen. The reduction process of the transport products was carried out at 750 ° up to 800 °C during 24 hrs. Oxygen was thus determined on the basis of the weight loss of the sample. The reduced samples, the mixtures of tungsten and germanium or silicon, were then oxidized in air at 750 °C for 24 hrs. The oxidized samples were assumed to be the mixtures of WO_3 and GeO_2 or SiO_2. From this stoichiometry and the weights of the reduced and oxidized samples, the W and Ge or Si contents were calculated. The weight of the samples subjected to analysis was about 2 g. The temperature of 750° for the oxidization of the samples was chosen mainly to avoid some losses of WO_3 caused by its volatility which becomes noticeable at 800 °C.

In order to check the accuracy of the analysis of the transport products, the product containing silicon was analysed in a different way. The sample was preliminary oxidized before having been reduced. The product of the reduction was assumed to be the mixture of W and SiO_2 since hydrogen does not reduce SiO_2. The results obtained in this way were in excellent agreement ($\pm$ 0,01%) with those obtained by reduction of the sample followed by its oxidization.

X-ray analysis: All transport products were identified by X-ray method from powder photographs in a Guinier camera (diameter 114.6 mm) using copper K_α radiation and NaCl as internal standard. Intensities of reflections were estimated photometrically. Because of some difficulties connected with indexing the powder photographs of the transport products, single crystal photographs were also recorded. Rotation and zero-layer Weissenberg photographs were taken with filtered copper K_α radiation.

3. Results and discussion

On the basis of chemical and X-ray analyses of the transport products it has been established that these are some solid solutions of silicon or germanium in a

γ-tungsten oxide matrix, instead of tungsten bronzes in the strict sense of the word. The most convenient conditions for growing crystals of silicon solid solutions in the γ-tungsten oxide phase are: 865 °C down to 850 °C under 400 mm Hg of HCl, whereas in the case of germanium they are: 800 °C down to 750 °C under 300 mm Hg of HCl. These transport processes depend on the temperature gradient rather than on the HCl content. Under the above mentioned conditions the transport products consisted of wool-like, red-violet crystal whiskers.

When the temperature of the product-collecting part of the ampoule was 880 °C or higher, the transport product consisted of a mixture of golden coloured WO_2 single crystals and red-violet whiskers of the silicon or germanium solid solution in the γ-tungsten oxide phase. The rise in the temperature of the transport product resulted in the increase of WO_2 crystal content and, for instance, at 930° down to 900° the transport product consisted mainly of WO_2 crystals, independently on the nature of the substrate.

The longest whiskers of the germanium or silicon solid solution in the γ-tungsten oxide phase were nearly 80 mm and even more. Results of chemical and X-ray analysis of the transport product are presented in Table 1 and 2. As the X-ray powder photographs of both the solid solutions of the γ-tungsten oxide phase with germanium and silicon are identical with regard to their lattice constants and intensities of the reflections, only the X-ray data for the solid solution containing silicon are presented.

From the values of Table 1 and 2 it is obvious that both the formulas of the obtained products as well as their lattice constants show some differences, especially in the value of the β-angle, as compared with that of $W_{18}O_{49}$ reported by MAGNELI ($a = 18.32$ Å, $b = 3.79$ Å, $c = 14.04$ Å, $\beta = 115° 2'$. $d_x = 8.01$ g · cm^{-3}). We did not expect that such small quantities of germanium or silicon built into the γ-tungsten oxide matrix could result in such a serious change in the value of the β-angle.

In order to explain it, a sample of $W_{18}O_{49}$ was prepared by solid state reaction and submitted to X-ray and chemical analyses. The results obtained are also shown in Table 1.

The following factors have to be taken into account to explain the above mentioned differences: a) the homogeneity range of the γ-tungsten oxide phase must have been wider than reported by MAGNELI; CHOAIN and MARION and many others (γ—WO_x: $2.66 \leqq x \leqq 2{,}72$). Our point of view seems to be supported by BERGER, SEVASTJANOV, PUTILINA (γ—WO_x: $2.2 \leqq x \leqq 2.8$) as far as the upper limit of the oxygen index is concerned; b) the β-angle of the $W_{18}O_{49}$ unit cell must have been probably inaccurately determined. The new value of the β-angle presented in this paper has been determined on the basis of a zero-layer Weissenberg photograph of the γ-tungsten oxide solid solution with silicon.

According to WADSLEY the γ-tungsten oxide phase may be described as a "tunnel compound" since it contains wide empty tunnels formed by rings of five or six "WO_6" octahedra which run straight through the structure. With respect to the tunnel formation this phase is closely related to the tetragonal and hexagonal tungsten bronzes, where the alkali metal atoms are situated in tunnels formed by the tungsten-oxygen matrix.

Our results are in accordance with those mentioned above. The germanium and silicon atoms in solid solutions of γ-tungsten oxide are almost certain to be placed in wide tunnels of the γ-tungsten oxide framework. It seems that they

Table 1
Chemical analysis of solid solutions of γ-tungsten oxide with germanium and silicon

Product	Component	Contents (wt.-%)	Formula	Lattice constants Å	Densities (g/cm³) calc.	Densities (g/cm³) obs.	Suscept. to oxidization (wt.-%)
Ge_xWO_y	W Ge O	80.545 0.063 19.390	$Ge_{0.0351}W_{17.708}O_{49}$ $[Ge_{0.002}WO_{2.7672}]$	$a = 17.757$ $b = 3.787$ $c = 14.059$ $\beta = 110° 56'10''$	7.606	7.55	1.638
Si_xWO_y	W Si O	79.826 0.521 19.649	$Si_{0.7412}W_{17.318}O_{49}$ $[Si_{0.0428}WO_{2.829}]$	as above	7.506	7.45	1.756
pure γ-tungsten oxide	W O	80.877 19.122	$W_{18.03}O_{49}$ $[WO_{2.7177}]$	as above	7.713	7.67	1.963

Table 2
X-ray data of $Si_{0.0428}WO_{2.829}$ (Guinier camera, Cu $K\alpha_1$ radiation)
$a = 17.757 \pm 0.005$ Å
$b = 3.787 \pm 0.002$ Å
$c = 14.059 \pm 0.005$ Å
$\beta = 110° 56'10''$

No line	hkl	$\sin^2 \Theta_c$	$\sin^2 \Theta_0$	I_0
1	0 0 1	0.00344	0.00344	20
2	1 0 $\bar{1}$	0.00367	0.00359	172
3	2 0 $\bar{1}$	0.00822	0.00819	37
4	2 0 0	0.00863	0.00853	47
5	0 0 2	0.01374	0.01367	16
6	2 0 1	0.01592	0.01583	30
7	3 0 $\bar{2}$	0.02161	0.02162	24
8	2 0 $\bar{3}$	0.02800	0.02795	33
9	3 0 1	0.02863	0.02855	27
10	2 0 2	0.03007	0.03007	46
11	0 0 3	0.03092	0.03082	21
12	1 0 3	0.03886	0.03884	15
13	0 1 0	0.04145	0.04137	377
14	4 0 $\bar{3}$	0.04234	0.04240	292
15	3 0 2	0.04471	0.04467	262
16	4 0 1	0.04566	0.04574	15
17	5 0 $\bar{2}$ 1 1 1	0.04843 0.04897	0.04852	18
18	2 1 $\bar{1}$	0.04967	0.05000	44
19	2 0 3 3 0 $\bar{4}$	0.05110 0.05129	0.05120	280
20	1 1 $\bar{2}$ 5 0 0	0.05350 0.05394	0.05378	24
21	5 0 $\bar{3}$	0.05598	0.05595	57
22	2 1 1	0.05737	0.05735	18
23	3 1 $\bar{1}$ 4 0 $\bar{4}$	0.05853 0.05869	0.05882	114
24	4 0 2	0.06366	0.06355	62
25	1 0 4	0.06483	0.06481	56
26	5 0 1	0.06700	0.06697	28
27	3 0 3	0.06767	0.06752	87
28	6 0 $\bar{2}$	0.06831	0.06852	102
29	6 0 $\bar{1}$	0.06956	0.06966	195
30	2 1 2 4 1 $\bar{1}$	0.07153 0.07171	0.07172	42
31	2 0 $\bar{5}$ 4 1 0	0.07527 0.07598	0.07531	53
32	3 0 $\bar{5}$	0.07644	0.07656	26
33	6 0 0	0.07767	0.07775	112
34	1 0 5 2 0 4	0.07843 0.07900	0.07845	173

No line	hkl	$\sin^2 \Theta_c$	$\sin^2 \Theta_0$	I_0
35	4 1 $\bar{3}$	0.08380	0.08383	285
36	3 1 2 6 0 $\bar{4}$	0.08617 0.08644	0.08603	222
37	5 0 $\bar{5}$	0.09171	0.09120	15
38	2 1 3 3 1 $\bar{4}$	0.09256 0.09274	0.09274	286
39	5 1 0 7 0 $\bar{1}$	0.09539 0.09568	0.0947	38
40	7 0 $\bar{3}$	0.09622	0.09607	16
41	5 1 $\bar{3}$	0.09744	0.09764	61
42	4 1 $\bar{4}$	0.10015	0.10019	99
43	4 1 2	0.10512	0.10498	43
44	1 1 4	0.10629	0.10626	54
45	3 1 3	0.10912	0.10901	85
46	6 1 $\bar{2}$	0.10977	0.10974	112
47	6 1 $\bar{1}$	0.11101	0.11104	151
48	5 1 $\bar{4}$	0.11186	0.11196	111
49	2 1 $\bar{5}$	0.11673	0.01681	58
50	6 1 0	0.11913	0.11923	100
51	1 1 $\bar{5}$	0.11988	0.11980	170
52	0 1 5	0.12735	0.12706	21
53	5 1 2	0.12839	0.12839	18
54	5 1 $\bar{5}$	0.13316	0.13348	24
55	1 0 6 7 1 $\bar{3}$	0.13740 0.13767	0.13759	28
56	3 1 4	0.13895	0.13889	14
57	7 0 2	0.14642	0.14619	10
58	8 0 $\bar{5}$ 7 1 0 6 1 $\bar{5}$ 5 0 4	0.14697 0.14718 0.14727 0.14742	0.14733	71
59	7 1 $\bar{4}$	0.14824	0.14803	47
60	7 0 $\bar{6}$ 4 0 $\bar{7}$	0.14855 0.14897	0.14892	56
61	5 1 $\bar{6}$	0.16133	0.16106	32
62	0 1 6 6 0 $\bar{7}$ 7 1 $\bar{5}$ 0 2 0	0.16514 0.16517 0.16569 0.16582	0.16566	300
63	0 0 $\bar{7}$	0.16835	0.16817	21
64	8 0 $\bar{6}$	0.16937	0.16937	110

also play an important role in the nucleation of the needle-shaped crystals by initiating the tunnel formation along the needles.

Unfortunately, we could not prove this supposition by a more detailed X-ray study of the single crystals, because they were always twinned. In any case, the small quantity of silicon in addition with its small atomic scattering factor as compared with that of tungsten would render the problem very difficult.

The above mentioned twinning of single crystals of both silicon and germanium solid solutions in the γ-tungsten oxide phase arises from a mutual turning of two crystals around the [101] direction by 180° and their subsequent junction along the [010] direction.

For the mechanism of the chemical reaction occurring in the transport processes carried out, we propose the following scheme:

1) A complex reduction of WO_3 by silicon or germanium to a mixture of WO_2 and the γ-tungsten oxide phase. In this respect it was established that the higher the reaction temperature the "deeper" the reduction, higher contents of WO_2.
2) Simultaneous chemical transport of WO_2, γ-tungsten oxide and traces of metallic germanium or silicon through oxychlorides to lower temperatures.
3) Formation of tungsten oxides or their solid solutions with germanium or silicon as the results of reversibility of the second reaction.

To estimate the participation of HCl in the first process, several chemical transport processes were applied to pure WO_3 and carried out under the same conditions as those with the mixtures of WO_3 and Ge or Si. It was found that HCl has only a very slight effect. The transport product of these processes consisted of dark-green crystals of $WO_{2.98}$ with monoclinic symmetry and lattice constants equal to $a = 7.348$ Å, $b = 3.847$ Å, $c = 7.584$ Å, $\beta = 90° 36'$, $d_m = 7.20\ g \cdot cm^{-3}$, $d_x = 7.22\ g \cdot cm^{-3}$ ($Z = 4$) which are in agreement with those obtained by Gebert and Ackermann.

The high similarity of the properties of the described above solid solutions of Ge or Si in the γ-tungsten oxide phase to alkali metal tungsten bronzes has been also confirmed in their electrical conductivity and resistivity against chemical reactants including air at 400 °C.

The easy way of their preparation in the shape of long whiskers as well as other above mentioned advantages allow to expect that these materials could prove very useful in electronics and other thechnological areas.

The author is greatly indebted to Professor W. Trzebiatowski for encouragement and also wishes to thank Dr. K. Lukaszewicz for helpful discussions.

References

Ahmad, I., Capsimalis, G. P.: in Crystal Growth; Preiser (ed.), Oxford, London, New York etc. 1967, p. 325

Berger, I. I., Sevastjanov, N. G., Putilina, L. K.: Zh. neorg. khim. 1, 1713 (1956)

Bernoff, R. A., Conroy, L. E.: J. Amer. Chem. Soc. 82, 6261 (1960)

Bierstedt, P. E., Bither, T. A., Darnell, F. J.: Solid State Commun. 4, 25 (1966)

Bouchard, R. J., Gilson, J. L.: Inorg. Chem. 7, 969 (1968)

Chain, C., Marion, F.: Compt .rend. 252, 3258 (1961)

Conroy, L. E., Podolsky, G.: Inorg. Chem. 7, 615 (1968)

Conroy, L. E., Yokokawa, T.: Inorg. Chem. 4, 994 (1965)

GEBERT, E., ACKERMANN, R. J.: Inorg. Chem. **5**, 136 (1966)
GIER, T. E., PEASE, D. C., SLEIGHT, A. W., BITHER, T. A.: Inorg. Chem. **7**, 1646 (1968)
KLEBER, W., RAIDT, H., DEHLWES, U.: Kristal u. Technik **3**, 153 (1968)
MAGNELI, A.: Arkiv. Kemi. **1**, 223 (1949a)
RAUB, C. J., SWEEDLER, A. R., JENSEN, M. A., RROADSON, S., MATTHIAS, B. T.: Physics Rev. Lett. **13**, 746 (1964)
REMEIKA, J. P., GEBALLE, T. H., MATTHIAS, B. T., COOPES, A. S., HULL, G. W., KELLY, E. M.: Physics Lett., **24 A**, 565 (1967)
SWEEDLER, A. R., HULM, J. K., MATTHIAS, B. T.: Physics Lett. **19**, 82 (1965)
SWEEDLER, A. R., RAUB, C. J., MATTHIAS, B. T.: Physics Rev. Lett. **15**, 108 (1965)
WADSLEY, A. D.: Rev. Pure Appl. Chem. **5**, 165 (1955)

(Received August 10, 1972)

Authors' address:

Dr. R. HORYŃ
Institute of Low Temperature and
Structure Research, Polish Academy of Sciences
Wrocław/Poland
P. O. Box 42

Kristall und Technik	8	1—3	1973	287—298

G. Becherer, R. Gradewald, F. Kuhlmann, P. Lieckfeldt

Sektion Physik der Universität Rostock

Untersuchung von pn-Übergängen mit und ohne Oxidschicht mittels Elektronenspiegelmikroskopie in Schattenabbildung

Für die Abbildung der Proben setzt die Kontrastübersteuerung eine Grenze, die theoretisch und durch Aufnahmen demonstriert wird. Der Kontrast der *pn*-Übergänge mit Oxidschicht im Bild in Abhängigkeit von der Objektspannung wird mittels Äquipotentialflächenmodell diskutiert. Der Kontrast von *pn*-Übergängen ohne Oxidschicht im Bild in Abhängigkeit von der Querspannung wird mit Fotometerkurven und durch Rechnung demonstriert. Es wird die Aufnahme einer kreisförmigen, positiven Aufladung gezeigt, deren Kontrast eine gute Übereinstimmung mit den Rechnungen von Lenz und Krimmel besitzt.

The contrast distortion is the limit for the investigation of the samples. This effect is discussed theoretically and experimentally. The contrast of *pn*-junctions covered with oxide layers is demonstrated as a function of the bias voltage and by a model of the equipotential surfaces. The contrast of *pn*-junctions without oxide layers is demonstrated theoretically by a model of a voltage step and experimentally by curves of the photometer. The picture of a circular positive charge shows a good conformity with a theory from Lenz and Krimmel.

1. Einleitung

Bei der großtechnisch angewandten rein elektronischen Überwachung der elektrischen Parameter miniaturisierter Präzisionsbausteine der Elektronik wird mit deren Kompliziertheit die für die Entwicklung interessante Lokalisierung von Fehlern im Bauelement schwierig. Den Nachweis mechanischer und elektrischer Fehler gestattet unter anderem die Elektronenspiegelmikroskopie. Daher entwickelten Cline, Morris, Schwartz ein Elektronenspiegelmikroskop, bei dem der fokussierte beleuchtende Strahl das auf Hochspannungspotential liegende Bauelement abrastert. Zunehmend werden derartige Bauelemente auch mit Elektronenspiegelmikroskopen herkömmlicher Bauart untersucht (Guittard; Bernard; Oman), wobei von Igras, Warminski betont wird, daß die Abbildung ohne Oxidschicht erfolgte. Isolatorschichten im Dickenbereich von 10^2—10^4 Å werden sowohl bei der Fabrikation von Festkörpereinzelbauelementen als auch in der Mikroelektronik vielseitig zur dielektrischen Isolation, zur Oberflächenpassivierung, als Diffusionsmasken und zur Umhüllung statt der schützenden Kapselung eingesetzt (Füssel). Dünne isolierende Schichten bis einige μm Dicke können im Elektronenspiegelmikroskop ohne größeren Aufwand untersucht werden, wenn sie auf eine metallische oder halbleitende Unterlage aufgebracht wurden (Heydenreich). Interessant dürfte daher die Frage sein, inwieweit sich trotz der prinzipiellen Nichtunterscheidbarkeit von topografischem und elektrischem Kontrast in einem elektronenspiegelmikroskopischen Bild bei mit isolierenden Deckschichten versehenen Bauelementen der topografische Kontrast der Deckschichten vom elektrischen Kontrast unterhalb derselben befindlicher Strukturen, wie beispielsweise pn-Übergänge, im Bild getrennt werden kann. Der Nachweis dieser elektrischen Strukturen durch die isolierende Deckschicht hindurch ist insofern zu erwarten, als nach einer von Oman beschriebenen Abbildungstechnik Strukturen außerhalb des Vakuumssystems befindlicher Proben durch ein aus einem isolierendem Material gefertigtes Vakuumfenster hindurch nachgewiesen werden können.

Das topografische Elektronenspiegelbild wird sich dabei vom lichtmikroskopischen Vergleichsbild dadurch unterscheiden, daß wegen eines Verschiebungseffektes tiefer liegende Gebiete der Objektoberfläche im spiegelmikroskopischen Bild kleiner abgebildet werden als im lichtmikroskopischen Vergleichsbild gleichen Abbildungsmaßstabes (Bethge, Heydenreich).

Eine Grenze für die Abbildung im Elektronenspiegelmikroskop mit Schattenabbildung besteht in der Kontrastübersteuerung, die für stark in der Höhe strukturierte Objekte keine auswertbare Abbildung mehr zuläßt. Auf diese Erscheinung wurde beispielsweise bereits theoretisch (Schwartze; Barnett, England; Sedow) und nach Modellversuchen hingewiesen (Brand, Schwartze).

2. Zur Kontrastübersteuerung

Der Kontrast in der Bildebene entsteht bei der Elektronenspiegelmikroskopie mit Schattenabbildung durch eine Richtungsmodulation. Eine derartige Richtungsmodulation bedeutet eine Auslenkung der die Störung erreichenden Elektronen von einer als gerade und achsenparallel angenommenen Bahn mit der Radialgeschwindigkeit $v_y = 0$ zu einer Parabelbahn mit $|v_y| > 0$. Sie bedingt, daß die gespiegelten Elektronenstrahlen gegenüber dem jeweils parallelen Teil der Bahn um die Strecke Δy verschoben sind. Infolgedessen tritt eine lokal variierende Elektronenstromdichte in der Bildebene auf, die einen Helligkeitskontrast bewirkt. Für die Interpretation der elektronenspiegelmikroskopischen Bilder genügt es auch, die durch die Objektstörung erzeugte Verteilung der Auftreffpunkte der gespiegelten Elektronen in der der Leuchschirmebene parallelen Blendenebene des Elektronenspiegels zu kennen. Ist der Abstand der Spiegelblende z_2 von der Probenoderfläche groß gegenüber dem Radius R_0 der Spiegelblende ($z_2 \leqq 3\,R_0$), so kann eine Trennung des Kontrastentstehungsmechanismus und der Linsenwirkung der Spiegelblende vorgenommen werden. Figur 1 verdeutlicht die Verhältnisse in einem derartigen Spiegelsystem. Bok konnte durch Integration der klassischen Bewegungsgleichungen für Elektronen

$$-e \cdot \frac{\partial \Phi (y, z)}{\partial y} = -e \cdot \frac{\partial \varphi (y, z)}{\partial y} = \mathrm{m} \cdot \frac{d^2 y}{dt^2} \tag{1}$$

$$-e \cdot \frac{\partial \Phi (y, z)}{\partial z} = e \cdot F_z - e \cdot \frac{\partial \varphi (y, z)}{\partial z} = m \cdot \frac{d^2 z}{dt^2} \tag{2}$$

für beliebige gerade periodische Störfunktionen, die in Fourierreihen entwickelbar sind

$$\varphi(y, z) = \sum_{n=1}^{\infty} \varphi_n \cdot \cos 2\pi n \cdot \nu \cdot y \cdot \exp(-2\pi \cdot n \cdot \nu \cdot z) \tag{3}$$

$$\Delta y \,\Big|_{z=z_2} = y_r - y_e$$

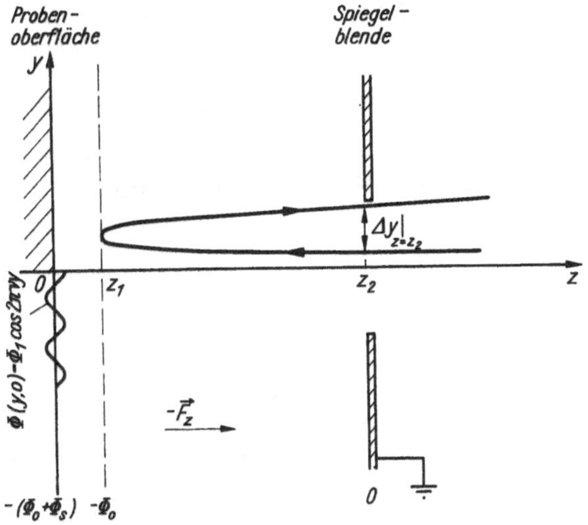

Fig. 1. Modell des Elektronenspiegels (Φ lies φ)

zu

$$\Delta y \,\Big|_{z=z_2} = \frac{2\,\pi}{Fz} (2\,\nu \cdot z_2)^{1/2} \sum_{n=1}^{\infty} \varphi_n \cdot n^{1/2} \cdot \sin 2\,\pi \cdot \nu \cdot y \cdot \exp(-2 \cdot n \cdot \nu \cdot z_1) \tag{4}$$

errechnen, wodurch sich der Modulationseffekt einer willkürlichen periodischen Objektstörung durch Summierung der Modulationseffekte der zu superponierenden Harmonischen ermitteln läßt. In (1) und (2) ist $\Phi(y, z) = \varphi_0 + \varphi_s + \varphi(y, z)$. φ_0 bedeutet die Beschleunigungsspannung, φ_s das sich nach

$$\varphi_s = \varphi_{sc} + \varphi_{sv} \approx \varphi_{sv} \tag{5}$$

als Summe des Kontaktpotentials φ_{sc} zwischen dem Probenmaterial und der Wolframkathode des Strahlerzeugers und der variablen negativen Objektspannung φ_{sv}, die die Distanz z_1 zwischen der spiegelnden Äquipotentialfläche und der Probenoberfläche bestimmt, ergibt. φ_{sc} ist vernachlässigbar. F_z ist die Feldstärke des homogenen elektrostatischen Bremsfeldes:

$$F_z = |\vec{F_z}| = \left| \frac{\partial(\varphi_0 + \varphi_s)}{\partial z} \right| \tag{6}$$

y_r und y_e sind die Koordinaten des einlaufenden bzw. gespiegelten Elektronenstrahls. In der gemäß (3) exponentiell in z-Richtung abfallenden Störfunktion $\varphi(y, z)$ sind φ_n die Amplitude der n-ten Harmonischen, ν die Ortsfrequenz der Störfunktion, die über $\lambda = 1/\nu$ mit deren Wellenlänge λ zusammenhängt. Voraussetzung bei diesen Betrachtungen ist, daß die monoenergetischen Elektronen bis nahe zur Probenoberfläche vordringen, diese aber nicht erreichen ($\varphi_s < \varphi_0$). Außerdem soll das Störfeld in z-Richtung sehr klein gegenüber dem Bremsfeld sein:

$$\left| \frac{\partial \varphi\,(y, z)}{\partial z} \right| \ll \vec{F_z} \tag{7}$$

Nur schwache lokale Unebenheiten werden für den topografischen Kontrast zugelassen. Der in (3) nicht enthaltene konstante Term der Fourierreihendarstellung entspricht einem Potential $\varphi_{sA} \leqq 0$. Für die reine Kosinusstörung folgt mit $\varphi_n = 0$ für $n > 1$ aus (4)

$$\Delta y \Big|_{z=z_2} = \frac{2\pi}{F_z} (2\nu \cdot z_2)^{1/2} \cdot \varphi_1 \sin 2\pi\nu \cdot y \cdot \exp(-2\pi \cdot \nu \cdot z_1). \tag{8}$$

φ_{sA} ist hierbei durch $\varphi_{sA} = \varphi_s \varphi_{sv} - \varphi_1 \leqq 0$ bestimmt. Die Bedingung, daß φ_1 größer oder gleich dem maximalen Wert der Störamplitude ist, garantiert, daß keine Elektronen auf der Probe landen. Aus

$$z_1 = \frac{\varphi_1 + \varphi_{sA}}{F_z} = \frac{\varphi_{sv}}{E_z}$$

folgt der Minimalwert $z_{1\min} = \varphi_1/F_z$, für den gemäß (8) die größte Empfindlichkeit der Elektronenstrahlen gegenüber Objektstrukturen besteht. — Wegen der als flach angenommenen topografischen Objektstörungen wird die y-Komponente des Störfeldes vernachlässigt und vorausgesetzt, daß die z-Komponente des Feldes gleich F_z ist. — Durch Substitution von $\varphi_n = d_n \cdot F_z$ und $z_1 = \varphi_{sv}/F_z$ bei einer geraden topografischen Störfunktion

$$d(y, 0) = \sum_{n=1}^{\infty} d_n \cdot \cos 2\pi n \cdot \nu \cdot y$$

wird

$$\Delta y \Big|_{z=z_2} = 2\pi (2\nu \cdot z_2)^{1/2} \cdot d_1 \sin 2\pi\nu \cdot y \cdot \exp\left(-2\pi \cdot \nu \cdot \frac{\varphi_{sv}}{F_z}\right) \tag{9}$$

mit $d_n = 0$ für $n > 1$, wenn d_n die Amplitude der Oberflächenunebenheit der n-ten Harmonischen ist. Die Besonderheit im Gegensatz zum elektrischen Kontrast ist, daß alle topografischen Störungen in einer Äquipotentialfläche enthalten sind, d. h. es enden keine Äquipotentialflächen auf der Probenoberfläche. $z_1 = \varphi_{sv}/F_z$ kann gleich 0 werden.

Die Auswertung der Formel (9) für verschieden starke Objektunebenheiten ($d_1 = d_{11}$; $d_1 = 2\,d_{11}$; $d_1 = 4\,d_{11}$) zeigt Figur 2. Es sind die Auftreffpunkte der gespiegelten Elektronen und die jeweils bei einer photometrischen Auswertung zu erwartenden Schwärzungskurven für eine Periode der Störfunktion

$$d(y, 0) = d_1 \cdot \cos 2\pi\nu \cdot y \tag{10}$$

mit $\nu = 1/2\pi$ aufgetragen.

Δy wir dann:

$$\Delta y = A \cdot \sin y \tag{11}$$

wenn

$$\Delta y \Big|_{z=z_2} = A \cdot \sin y = 2(\pi \cdot z_2)^{1/2} \cdot d_1 \cdot \sin y \cdot \exp(-z_1)$$

und

$$A = 2(\pi \cdot z_2)^{1/2} \cdot d_1 \exp(-z_1)$$

sind. Für $z_1 = 0$ wird $A = 2(\pi \cdot z_2)^{1/2} \cdot d_1$. A ist dabei für $d_1 = d_{11}$ und $z_1 = 0$ auf 1 normiert.

In Figur 2 ist für $d_1 = 4\,d_{11}$ die bei der elektronenspiegelmikroskopischen Abbildung zu beobachtende „Übersteuerung" des Kontrastes für grobe Objektunebenheiten zu erkennen. Es sei bemerkt, daß eine ähnliche Abhängigkeit auch zwischen Δy und ν besteht.

Grobe Objektunebenheiten in diesem Sinne sind solche mit einem möglichst großen Werte von $d \cdot \nu^{1/2} \propto \Delta y$. Für $\nu \approx 1$ entspricht das einer maximalen

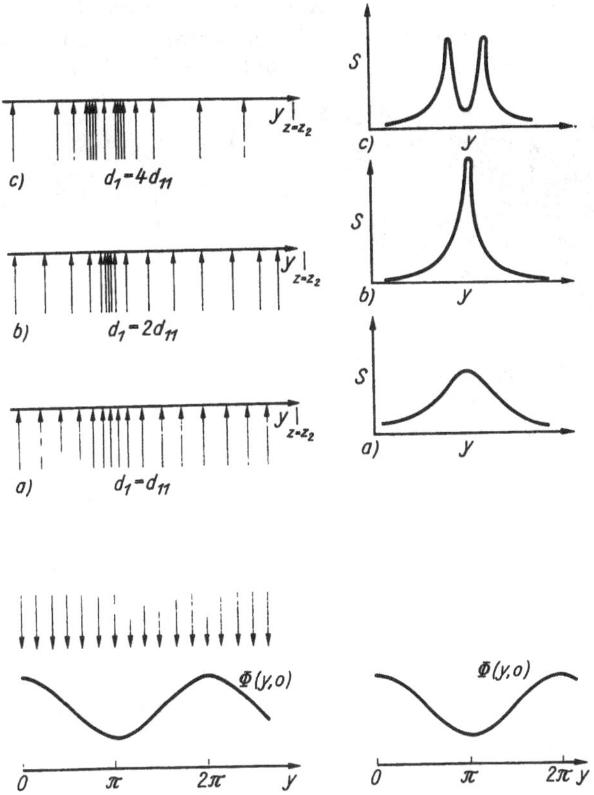

Fig. 2. Schema zur Kontrastübersteuerung (Φ lies φ)

Neigung von

$$\left|\frac{\partial d(y, 0)}{\partial y}\right| = 2\pi \cdot d_1 \cdot \nu \approx 2\pi \cdot d_1 \cdot \nu \tag{12}$$

$$\left(y = \frac{2n+1}{4\nu} \text{ mit } n = 0, 1, 2, \ldots\right)$$

der realen Objektoberfläche gegen die y-Achse.

Figur 3 demonstriert den Effekt der Kontrastübersteuerung durch Abbildung einer tiefen, rotationssymmetrischen, konkaven Unebenheit mit relativ schrägen Wänden mit dem Elektronenspiegelmikroskop. In Figur 3a sind die optimalen Bedingungen zur Kontrastentstehung vorhanden, da das elektronenspiegelmikroskopische Bild das erwartete Abbild dieser Mulde ist.

Ab $U_{\text{Obj}} = -12$ V ($U_{\text{Obj}} = \varphi_{sv}$) zeichnet sich bereits der Übersteuerungseffekt ab, der mit der Heranführung des Strahlumkehrbereichs an die Objektoberfläche wegen der dann stark ansteigenden Amplitude des Störpotentials verstärkt auftritt. Um die elektrische Natur des in Figur 3 gezeigten Effektes auszuschließen, wurde die Probe einem 10-minütigen Elektronenbombardement ausgesetzt.

Eine positive elektrische Ladung in negativer Umgebung ruft eine der nichtübersteuerten Abbildung ähnliches Bild in der Leuchtschirmebene hervor; der übersteuerten Abbildung der Mulde entspräche das Bild einer negativen Aufladung in positiver Umgebung. In anderem Zusammenhang haben SOMEYA, KABAYASHI für derartige elektrische Verhältnisse den Kontrast im Bild be-

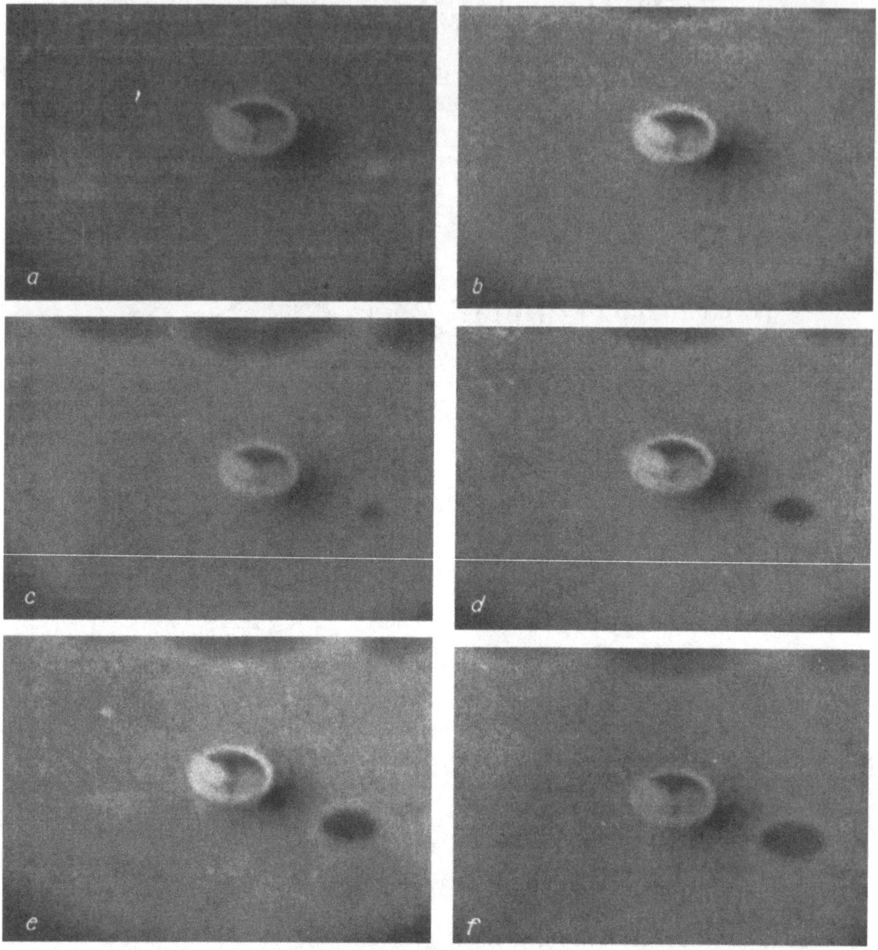

Fig. 3. Bildreihe mit Kontrastübersteuerung an einer Vertiefung $U_B = 12$ kV. a – $U_{obj} = -30$ V; b – $U_{obj} = -18$ V; c – $U_{obj} = -12$ V; d – $U = -18$V; e – $U_{obj} = -2$ V; f – $U_{obj} = -2$ V

schrieben, wobei auch Landungskontrast (BARTZ, WEISSENBERG; BAUER) zugelassen wird. Derartige Mulden lassen sich auch nach einer von KUHLMANN, LIECKFELDT, GRADEWALD beschriebenen Kombination von Elektronenstrahlbearbeitung und Spiegelmikroskopie im Gerät direkt herstellen, nachdem diese Möglichkeit bei Elektronenbeschuß von Ag-Aufdampfschichten in einem von BECHERER, FITTING, KUHLMANN angegebenen Elektronenspiegelmikroskop mit getrenntem Strahlengang gefunden wurde.

Sinnvoll ist eine Abbildung nur, wenn keine Kontrastübersteuerung vorliegt.

3. Experimentelles

Die Untersuchungen wurden mit einem bereits von BECHERER und KUHLMANN beschriebenen geradlinigen Elektronenspiegelmikroskop unter Verwendung der UHV-Baueinheit, allerdings im Hochvakuumbereich, durchgeführt. Als Proben standen Dioden, die durch Bordotierung von Si-Einkristallscheiben hergestellt worden waren, zur Verfügung. Der spezifische Widerstand des n-leitenden Grundmaterials betrug $0{,}6-0{,}9\ \Omega \cdot \mathrm{cm}$. Die Bordotierung liegt bei $2 \cdot 10^{20}\ \mathrm{cm}^{-3}$. Sowohl das p-leitende als auch das n-leitende Gebiet waren an der Oberfläche durch Oxidschichten abgedeckt (SiO_2 bzw. B_2O_3). Durch Abätzen der Oxidschichten wurde der pn-Übergang freigelegt, Ätzmittel war 40%ige Flußsäure (HF); die Ätzzeit betrug etwa 3 min. Figur 4 zeigt die Probe vor (a) und nach dem Ätzen (b). Die Daten der Dioden wurden vom Hersteller (VEB Halbleiterwerk Frankfurt/Oder) angegeben.

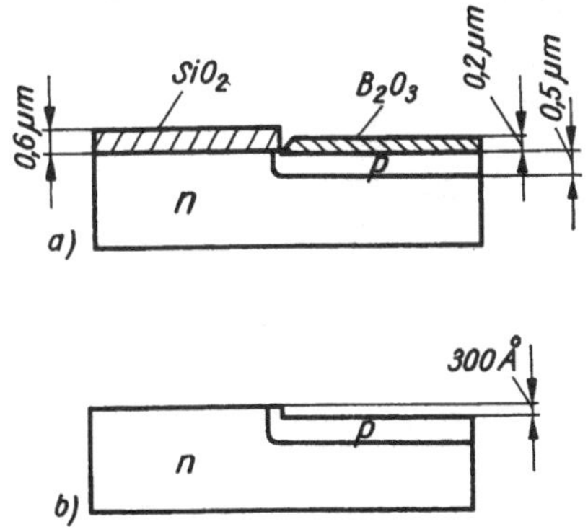

Fig. 4. Probenquerschnitt mit und ohne Oxidschicht

4. Abbildung der Proben vor dem Ätzen

Vor dem Ätzen wurde die Probe im Elektronenspiegelmikroskop in Abhängigkeit von der Objektvorspannung untersucht. Figur 5 zeigt die Aufnahmen und Fotometerkurven dazu. Die Fotometerkurven lassen bei schwacher negativer Objektspannung (bis 2 V) vier, bei stärkerer Vorspannung drei Stufen erkennen. Mittels Figur 6, die den angenommenen Äquipotentialflächenverlauf vor der Probenoberfläche zeigt, kann der erhaltene Kontrast interpretiert werden. Der pn-Übergang und das gesamte n-Gebiet liegen unter der isolierenden SiO_2-Schicht, während der größte Teil des p-Gebietes von der B_2O_3-Isolatorschicht bedeckt ist. Die Dielektrizitätskonstanten von SiO_2 und B_2O_3 sind voneinander verschieden ($\varepsilon_{SiO_2} \approx 4$; $\varepsilon_{B_2O_3} \approx 5$). Daher wird sowohl an der Grenzfläche zwischen den beiden Dielektrika, als auch an den Grenzen der Isolatoren zum Vakuum die Normalkomponente der elektrischen Feldstärke einen Sprung aufweisen. Außerdem werden die Unebenheiten der Isolatoroberfläche Äquipotentialflächenverbiegungen hervorrufen und daher im Bild sichtbar werden. Es besteht die Möglichkeit, eine räumliche Vertauschung der Stufen 1 und 2 in Figur 6 anzunehmen, wenn man einen steilen Abfall der durch Ätzen des SiO_2 im Herstellungsprozeß entstandenen Isolatorstufe annähme ($a > b$). Da der Kontrast der zweiten Stufe aber unter nahezu gleichen Abbildungsbedingungen etwa dem des freigelegten pn-Übergangs ohne Querspannung entspricht, kann $a < b$ angenommen werden. Die feine Stufe 3, entstanden durch die Oxydation einer dünnen Oberflächenschicht des dotierten Materials zu B_2O_3, ist nur bei schwachen Objektspannungen sichtbar. Bei der Spiegelung an der weit vorgelagerten Äquipotentialfläche φ_{s3} wird nur die unsymmetrisch zu A' liegende Rinne sicht-

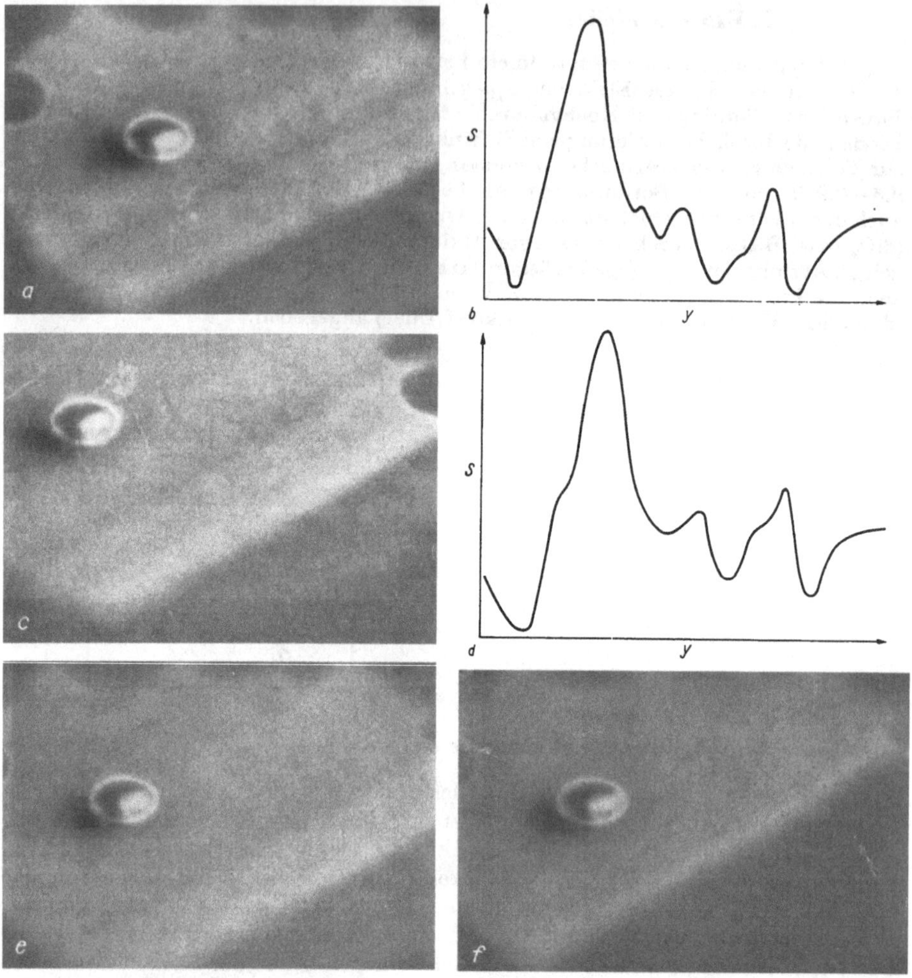

Fig. 5. Abbildungen und Fotometerkurven des p_B-Übergangs mit Oxidschicht $U = 10$ kV.
a – $U_{obj} = -2$ V; b – Fotometerkurve zu 5a; c – $U_{obj} = -7$ V; d – Fotometerkurve zu 5b; e – $U_{obj} = -10$ V; f – $U_{obj} = -30$ V

bar. Stufe 4 erfüllt die optimalen Abbildungsbedingungen und wird daher intensiv abgebildet. Der *pn*-Übergang unterhalb der Isolatorschicht ist im Bild nachweisbar und läßt sich von der Topografie der Probe unterscheiden.

5. Abbildung des pn-Übergangs ohne Oxidschicht

Von Bartz, Weissenberg wurden erstmalig *pn*-Übergänge mit dem Elektronenspiegelmikroskop untersucht. Für unsere eigenen Messungen wurden die Proben nach dem Abätzen mehrmals in destilliertem Wasser gespült und anschließend getrocknet. Im Mikroskop konnte an den *pn*-Übergang in Sperr- und Durchlaßrichtung eine Spannung gelegt werden. Da die Zuführungen der

Querspannung so nahe wie möglich am *pn*-Übergang lagen, wurde auf die Zuführung der Hochspannung mittels Symmetrierschaltug (Bethge, Heydenreich) verzichtet.

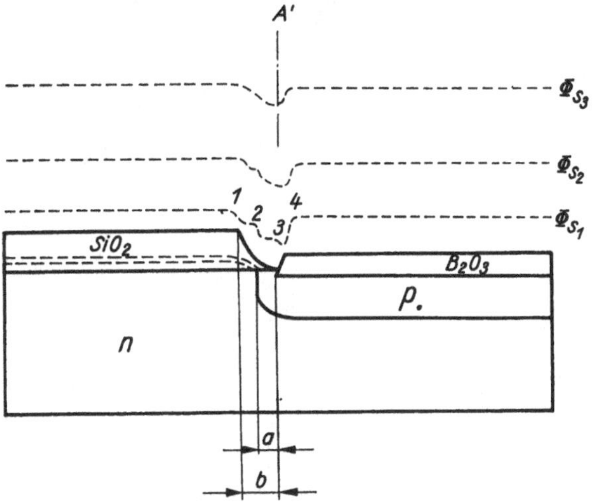

Fig. 6. Schnitt mit Äquipotentialflächen vor dem *pn*-Übergang mit Oxidschicht

Die Figur 7 läßt die Abbildungen der abgeätzten Diode erkennen. In Figur 7b ist die Potentialstufe zu erkennen, wenn der *pn*-Übergang stromlos ist. Es handelt sich hier um die durch die Ladungsträgerdiffusion von Elektronen ins, *p*-Gebiet und von Defektelektronen in das *n*-Gebiet bedingte Diffusionsspannung die auch in Figur 5 nachgewiesen wurde. Besonders die dazugehörige Fotometerkurve zeigt die Richtung des Überganges an und ermöglicht so die seitenrichtige Zuordnung von *p*- und *n*-Gebiet im Bild. Im stromlosen Fall wird der helle Bildstreifen immer auf der Seite des *p*-leitenden Bereichs liegen.

Wird das Objekt in Sperrichtung vorgespannt, so erhöht sich die über dem hochohmigen Übergang abfallende Spannung. Die abzubildende Potentialstufe wird höher und steiler. Der Kontrast steigt mit der Sperrspannung an (7). Bei der Polung in Flußrichtung wird bei Erhöhung der Querspannung zunächst die Diffusionsspannung abgebaut. Der Kontrast muß verschwinden (7). Die Querspannung dürfte dabei in der Nähe der Diffusionsspannung liegen. Wird die Querspannung weiter erhöht, so ist eine Kontrastumkehr zu beobachten. Ein wesentlicher Teil der relativ geringen Durchlaßspannung fällt direkt im Übergangsgebiet zwischen den zwei Diodengebieten ab. Figur 8 zeigt die Fotometerkurven des *pn*-Überganges für a) den stromlosen Fall, b) bei Polung in Sperrichtung und c) bei Polung in Durchlaßrichtung.

Der Kontrast wurde mittels einer stufenförmigen Verbiegung in der spiegelnden Äquipotentialfläche abgeschätzt. Eine Potentialstufe läßt sich durch eine Kosinusfunktion beschreiben:

$$\varphi(y,0) = \begin{bmatrix} \varphi_1 \cdot \cos 2\pi \cdot \nu \cdot y + \varphi_1 & \text{für } 0 \leqq y \leqq \frac{1}{2\nu} \\ 2\varphi_1 & \text{für } y < 0 \\ 0 & \text{für } y < \frac{1}{2\nu} \end{bmatrix} \tag{12}$$

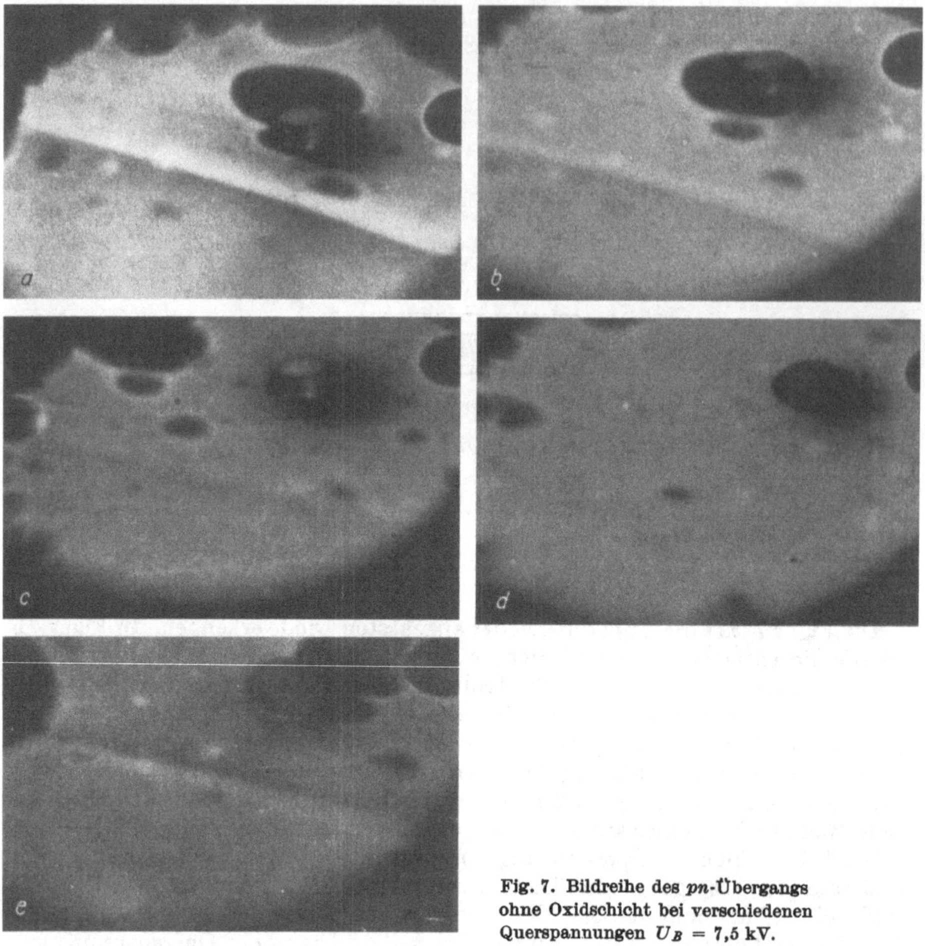

Fig. 7. Bildreihe des *pn*-Übergangs ohne Oxidschicht bei verschiedenen Querspannungen $U_B = 7{,}5$ kV.

$U_{obj} = -2$ V
a – $U = 3{,}5$ V; b – $U_{sp} = 1{,}3$ V; c – $U_{quer} = 0$ V; d – $U_{Du} = 0{,}2$ V; e – $U_{Du} = 0{,}9$ V

Die Figur 9 zeigt die grafische Darstellung des Ergebnisses der Auswertung von Formel (8) für die obige Funktion bei einer Periodenlänge von 2π. Es besteht qualitative Übereinstimmung der theoretisch gefundenen Kontrastverteilung mit der experimentell bestimmten. Durch Erhöhung der Ortsfrequenz bei konstanter Amplitude läßt sich mittels $\varphi(y, 0) = \varphi_1 \cdot \cos 2\pi \cdot \nu \cdot y$ der senkrechte Potentialsprung, bei niedriger Ortsfrequenz der Störung der lineare Potentialanstieg, der von BETHGE, HEYDENREICH bzw. WARMINSKI betrachtet wurde, approximieren.

Der Vergleich der Abbildungen in Figur 5 und Figur 8 läßt in Figur 5 eine gleichmäßige Aufladung der Probenoberfläche erkennen, während bei der Untersuchung der abgeätzten Diode die nach LENZ und KRIMMEL für positive Aufladungen charakteristischen Kaustiksternchen bzw. negativen Aufladungen zuzuordnenden, von einem hellen Rand umgebenen, dunklen runden Bereiche im Bild nachgewiesen werden. Gelegentlich lassen sich dabei auch die von LENZ

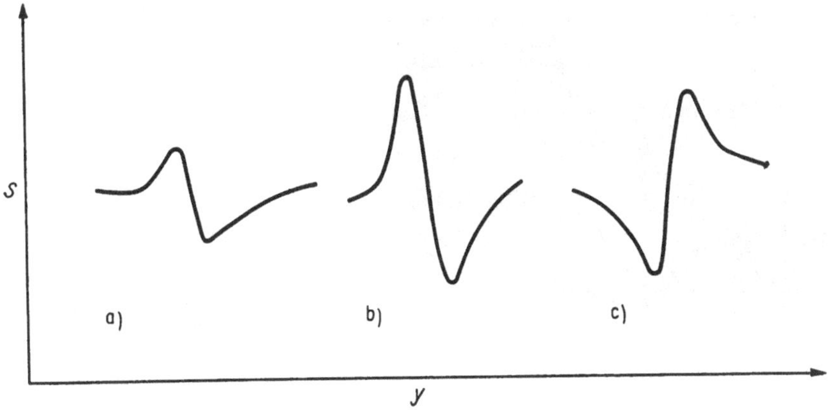

Fig. 8. Fotometerkurven zur Bildreihe in Figur 7.
a – ohne Querspannung: b – Querspannung in Sperrichtung; c – Querspannung in Durchlaßrichtung

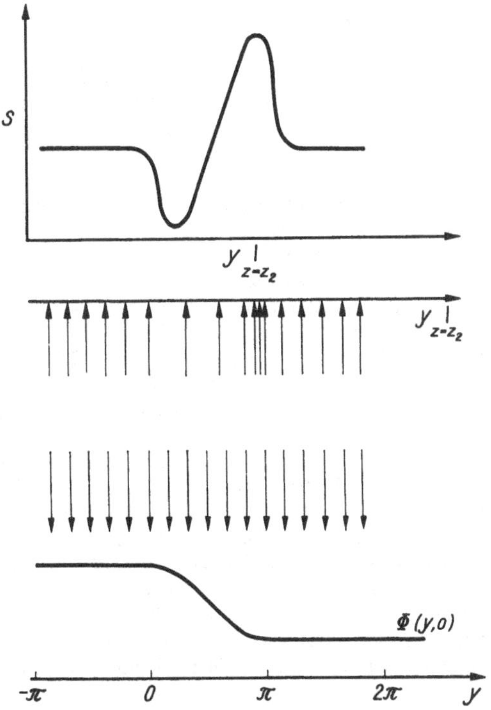

Fig. 9. Potentialstufenmodell des *pn*-Übergangs (Φ lies φ)

und Krimmel mittels Elektronenrechner für positive Aufladung durch Lösung der Bewegungsgleichung für Elektronen bei nicht parallelem Einfall für das Feld eines aus dieser punktförmigen Ladung und an der der Oberfläche gespiegelten Ladung gebildeten Dipols gefundene Intensitätsverteilung bildmäßig erfassen. Die Figur 10 zeigt das Bild einer makroskopischen, kreisförmigen positiven Aufladung auf einer Si-Einkristalloberfläche mit einer derartigen Struktur. Da sich diese Effekte durch Elektronenbeschuß beseitigen ließen, ist die elektrische Natur der Erscheinungen gesichert.

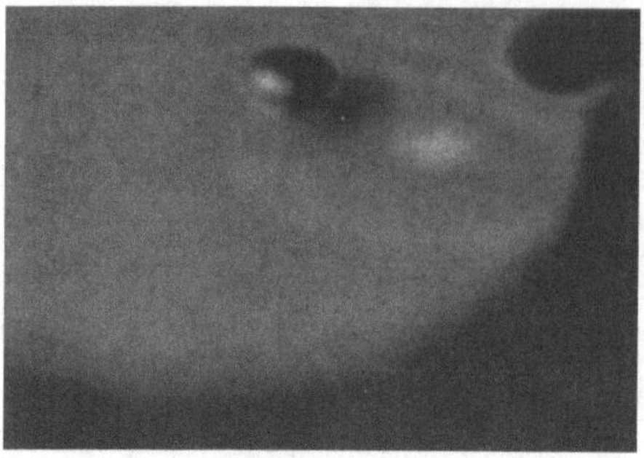

Fig. 10. Abbildung einer kreisförmigen positiven Aufladung

Literatur

Barnett, M. E.; England, L.: Optik **27**, 341 (1968)
Bartz, G., Weissenberg, G.: Naturwissenschaften **44**, 229 (1957)
Bartz, G., Weissenberg, G., Wiskott, D.: Proc. Int. Conf. on Electron Microscopy, London 1954
Bauer, K.: Z. angew. Physik **20**, 294 (1966)
Becherer, G., Fitting, H.-J., Kuhlmann, F.,: Exp. Techn. Phys. **18**, 385 (1970)
Becherer, G., Kuhlmann, F.: Exp. Techn. Physik **19**, 119 (1971)
Bethge, H., Hellgardt, J., Heydenreich, J.: Exp. Techn. Physik **8**, 49 (1960)
Bethge, H., Heydenreich, J.: Exp. Techn. Physik **8**, 63 (1960)
Bethge, H., Heydenreich, J.: Adv. in Opt. and Electron Microscopy, Vol. 4, Oxford, London, New York etc. 1971
Bethge, H., Heydenreich, J.: Exp. Techn. Physik **19**, 375 (1971)
Bok, A. B.: Modern Diffraction and Imaging Techniques in Material Sciences, Amsterdam 1970
Brand, U., Schwartze, W.: Exp. Techn. Physik **11**, 18 (1963)
Cline, J. E., Morris, J. M., Schwartz, S.: JEEE Transaction ELECTRON DIVICES, ED **16**, 371 (1969)
Füssel, W.: Proc. d. Arbeitstagung HLO, Binz 1970, S. 54
Heydenreich, J.: Vortrag Arbeitstagung Elektronenmikroskopie, Berlin 1971
Igras, E., Warminski, T.: 4th European Regional Conference on Electron Microscopy, Rom 1968
Kuhlmann, F., Lieckfeldt, P., Gradewald, R.: Exp. Techn. Physik **20**, 63 (1972)
Kuhlmann, F.: Proc. d. Arbeitstagung HLO, Binz 1970
Kuhlmann, F.: DDR-Wirtschaftspatent Nr. 91, **100**, 1972
Lenz, F., Krimmel, E.: Z. Physik, 175, 235 (1963)
Oman, R. M.: Adv. in Electronics and Electron Physics **26**, New York—London 1969
Schwartze, W.: Optik **25**, 260 (1967)
Sedow, N. N.: J. A. N. **34**, 1529 (1970)
Someya, T., Kobayashi, J.: phys. stat. sol. (a) **4**, K 161 (1971)
Warminski, T.: mündl. Mitteilung, Warschau 1971

(Eingegangen am 4. August 1972)

Anschrift der Verfasser:
Prof. Dr. G. Becherer
Prof. Dr. R. Gradewald
Dipl.-Phys. F. Kuhlmann
Dipl.-Phys. P. Lieckfeldt
Sektion Physik der Universität Rostock
25 Rostock
Universitätsplatz 3
DDR

Kristall und Technik	8	1–3	1973	299–301

J. Kaiser, R. Beltzig, R. Richter, J. Sieler

Karl-Marx-Universität Leipzig, Sektion Chemie

Magnetische Untersuchungen des Systems $LaMg_{1-x}Ni_xFeO_4$

Im Verlaufe von Strukturuntersuchungen (Sieler, Kaiser) einer Reihe von Verbindungen, die im $CaFe_2O_4$-Typ (Decker, Kasper) kristallisieren, wurde das System $LaMg_{1-x}Ni_xFeO_4$ dargestellt und magnetisch untersucht.

Die Darstellung der Verbindungen erfolgte durch Tempern äquimolarer Mischungen der Ausgangsoxide an der Luft bei 1300 °C. Sämtliche Ferrate fielen als schwarze Pulver an und waren frei von Verunreinigungen an Nickel (III) und Eisen (II).

Mittels Debye-Scherrer-Aufnahmen wurden die Verbindungen röntgenographisch untersucht. Einphasige Systeme wurden im Falle $x = 0{,}2$ bis 0,8 erhalten. Für $x = 0{,}9$ und 1,0 wurden mehrphasige Systeme mit NiO- und $LaFeO_3$-Ausscheidungen beobachtet. Unter Annahme der beim $CaFe_2O_4$ vorliegenden Raumgruppe D_{2h}^{16}—Pnam konnten die Substanzen orthorhombisch indiziert und die Gitterkonstanten zu

$$a = 10{,}08\,\text{Å}$$
$$b = 9{,}93\,\text{Å}$$
$$c = 3{,}90\,\text{Å}$$ berechnet werden.

Die Bestimmung der spezifischen Sättigungsmagnetisierung $\sigma(T, H)$ erfolgte bei einer Feldstärke von 7 kOe über den Temperaturbereich von 95 K bis 700 K, und das molekulare magnetische Sättigungsmoment M_s wurde nach der Beziehung

$$M_s = \frac{\sigma_s^0 \cdot M}{L \cdot MB}$$ bestimmt.

M — Molekulargewicht
L — Loschmidtsche Zahl
MB — Bohrsches Magneton
σ_s^0 — $\sigma\,(H = \infty, T = 0\text{K})$

Die Ergebnisse sind in den Tabellen 1 und 2 zusammengefaßt. Corliss; et al. und Watanabe et al. sowie Bertaut et al. und Allain et al. studierten eingehend die magnetische Struktur des $CaFe_2O_4$, in der in Abhängigkeit von der Temperatur eine ferromagnetische (A-Phase) und eine antiferromagnetische (B-Phase) Struktur existieren, die beide als Grenzstruktur aufzufassen sind. Zur Interpretation unserer Ergebnisse konstruierten wir auf der Basis der ferromagnetischen $CaFe_2O_4$-Struktur ein Modell, in dem auf Grund ähnlicher Ionenradien die La^{3+}-Ionen die Plätze der Ca^{2+}-Ionen besetzen werden und die Mg^{2+}- und Fe^{3+}-Ionen alternierend in der Me—O—Me Kette verteilt sind (Fig. 1).

Die starken antiferromagnetischen Superaustauschwechselwirkungen, die im $CaFe_2O_4$ entlang der Zickzack-Kette mit Me—O—Me-Bindungswinkeln von 130° (β) vorliegen, werden im $LaMgFeO_4$ durch die diamagnetischen Mg^{2+}-Ionen unterbrochen. Zwischen den Fe^{3+}-Ionen in 99°-Lage (α) existiert eine

Tabelle 1
σ_s-Werte (T = 0 K, H_a = 7 kOe) und Curie-Temperaturemn

	$\sigma_s(G \cdot cm^3/g)$	T_c (K)
$LaMgFeO_4$	1,88	561
$LaMg_{0,9}Ni_{0,1}FeO_4$	2,44	570
$LaMg_{0,8}Ni_{0,2}FeO_4$	3,03	646
$LaMg_{0,7}Ni_{0,3}FeO_4$	2,62	666
$LaMg_{0,6}Ni_{0,4}FeO_4$	2,53	716
$LaMg_{0,5}Ni_{0,5}FeO_4$	2,67	714
$LaMg_{0,4}Ni_{0,6}FeO_4$	3,11	732
$LaMg_{0,3}Ni_{0,7}FeO_4$	3,22	735
$LaMg_{0.2}Ni_{0,8}FeO_4$	3,28	753
$LaMg_{0,1}Ni_{0,9}FeO_4$	3,20	760
$LaNiFeO_4$	3,09	730

Tabelle 2
σ_s (H, T = 0 K) -, $\sigma_s°$ ($H = \infty$, T = 0 K)- und M_s-Werte für eine ausgewählte Reihe von $LaMg_{1-x}Ni_xFeO_4$-Substanzen

	H [k0e]	$Ni_{0,0}$	$Ni_{0,1}$	$Ni_{0,4}$	$Ni_{0,8}$	$Ni_{1,0}$
$\sigma_s(G \cdot cm^3/g)$	12,75	3,50	4,55	3,83	4,21	3,90
	15,75	3,58	4,76	3,94	4,31	3,96
	17,13	3,63	4,85	4,03	4,34	3,99
$\sigma_s°/2(G \cdot cm^3/g)$	∞	3,82	5,34	4,43	4,48	4,06
$M_s(\mu B)$	∞	0,187	0,261	0,228	0,234	0,223

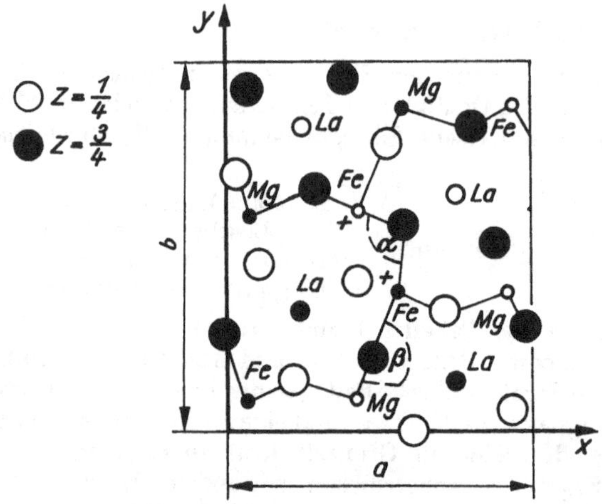

Fig. 1. Magnetische Struktur des $LaMgFeO_4$

schwache ferromagnetische Wechselwirkung. Diese schwache Wechselwirkung kann eine Me—O—Me-Austauschwechselwirkung oder Ergebnis direkter Kopplung zwischen den Ketten sein, da der Winkel (α) infolge der veränderten Gitterdimensionen im $LaMgFeO_4$ unter gleichzeitiger Aufweitung des Winkels (β) verkleinert wird.

Nach GOODENOUGH führt die Substitution der Mg^{2+}- durch Ni^{2+}-Ionen zu einer zunehmenden ferromagnetischen Austauschwechselwirkung von Ni^{2+}-Paaren. Deshalb steigt die spezifische Sättigungsmagnetisierung mit steigendem Ni^{2+}-Gehalt, was mit unseren Ergebnissen gut übereinstimmt.

Die röntgenographische Phasenanalyse wurde durch die Verringerung der σ_s-Werte für $x = 0,9$ und 1,0 bestätigt (NiO und $LaFeO_3$ sind antiferromagnetisch).

Literatur

ALLAIN, Y., BOUCHER, B., IMBERT, P., PERRIN, M.: C. R. Acad. Sci. **263**, B-9 (1966)

BERTAUT, E. F., CHAPPERT, J., APOSTOLOV, A., SEMENOV, V.: Bull. Soc. Franc. Minéral. Crist. **89**, 206 (1966)

CORLISS, L. M., HASTINGS, J. M., KUNNMANN, W.: Phys. Rev. **160**, 408 (1967)

DECKER, B. F., KASPER, J. S.: Acta crystallogr. **10**, 332 (1957)

GOODENOUGH, J. B.: Physic. Rev. **100**, 564 (1955)

SIELER, J., KAISER, J.: Z. anorg. allg. Chem. **377**, 316 (1970)

SIELER, J., KAISER, J., HOLZAPFEL, H.: Z. Chem. **8**, 153 (1968)

WATANABE, H., YAMAUCHI, H., OHASHI, M., SUGIMOTO, M., OKADA, T., FUKASE, M.: J. Physic. Soc. [Japan] **22**, 939 (1967)

(Eingegangen am 30. August 1972)

Anschrift der Verfasser:

Dr. J. KAISER
R. BELTZIG
R. RICHTER
Dr. J. SIELER
Sektion Chemie der
Karl-Marx-Universität
701 Leipzig
Liebigstr. 18
DDR

| Kristall und Technik | 8 | 1–3 | 1973 | 303–309 |

H. D. KÜRSTEN, J. BOHM, C. SCHEIDING, H. BLUMBERG

Zentralinstitut für Optik und Spektroskopie der Akademie der Wissenschaften der DDR und Sektion Physik der Martin-Luther-Universität, Halle

Zu einigen Eigenschaften des polaren Gadoliniummolybdats (I) Optische Untersuchungen zum Umschaltverhalten

Es wurde das Verhalten der Domänen in ferroelektrischem GMO während des Umschaltens mittels eines elektrischen Feldes sowie mittels einachsigen Druckes zwischen Raumtemperatur und 160 °C untersucht. Die spezifischen Bewegungen der Domänenwände während des Umschaltens werden detailliert beschrieben. Außerdem wurde die elektrische Hysterese im Wechselfeld verfolgt.

Ferroelectric GMO is switched using electrical fields or uniaxial stress at temperatures between ambient temperatures and 160 °C. A detailed investigation was made of the specific motions of domain walls during the switching process. The electric hysteresis was studied in an low-frequency field.

1. Einführung

Einkristalle aus Gadoliniummolybdat (GMO), $Gd_2(MoO_4)_3$, können nach der Czochralski-Methode gezüchtet werden (BORCHARDT, BIERSTEDT; BOHM, KÜRSTEN). Bei der Abkühlung erfahren die Kristalle eine ferroelektrische Umwandlung, die zwischen 159° und 163 °C liegt (BORCHARDT, BIERSTEDT; AIZU, KUMADA, YUMOTO, ASHIDA). Die paraelektrische Modifikation ist tetragonal mit der Punktgruppe $\bar{4}2$ m. Die ferroelektrische Modifikation ist orthorhombisch mit der Punktgruppe mm 2. Wegen seiner ungewöhnlichen dielektrischen und elektromechanischen Eigenschaften am Umwandlungspunkt zählt man GMO zu den sogenannten uneigentlichen Ferroelektrika (DVORAK), da hier die spontane Polarisation nicht als Umwandlungsparameter angesehen werden kann. Im Gegensatz zu den eigentlichen Ferroelektrika ($BaTiO_3$, KDP) ist beim GMO die spontane Polarisation auf die Kopplung mit anderen Parametern zurückzuführen.

Beim Übergang in die ferroelektrische Modifikation erscheinen in den Kristallen Domänen mit entgegengesetzter Polarisationsrichtung. Die Domänen können polarisationsoptisch sichtbar gemacht werden; die Domänenstruktur der GMO-Kristalle ist kürzlich von uns untersucht worden (KÜRSTEN, BOHM).

Die Herstellung des Eindomänenzustandes sowie das Umschalten der Kristalle von einer Polarisationsrichtung in die andere wird im wesentlichen von Domänenprozessen bedingt. Die kristallographischen Zusammenhänge beim Umschalten sind gleichfalls bei KÜRSTEN, BOHM dargelegt; im wesentlichen werden die c-Richtung umgekehrt, sowie die (rhombischen) a- und b-Richtungen miteinander vertauscht.

2. Umschalten mittels elektrischem Feld

Geschliffene und polierte, etwa 0,4 mm dicke Plättchen senkrecht zur c-Richtung, welche gleichzeitig die Ziehrichtung der Einkristalle darstellt, wurden beiderseitig mit halbdurchlässigen Elektroden aus Gold bedampft. Das Verhalten der Domänen beim Anlegen eines elektrischen Feldes wurde — zunächst bei Raumtemperatur — direkt unter dem Polarisationsmikroskop beobachtet. Die Beweglichkeit der Domänen beginnt bei Feldstärken zwischen 1,8 ··· 2 kV · cm^{-1} sichtbar zu werden, indem vorhandene, keilförmig zugespitzte Domänenlamellen der dem Feld entsprechenden Orientierung sich in Richtung der Spitze etwas ausdehnen; gleichzeitig setzt auch bereits die Bildung neuer Domänenlamellen ein.

Einen besseren Einblick in die Vorgänge gewinnt man, wenn man von einem Eindomänenzustand ausgeht. Als erstes bilden sich zwischen 1,8 ··· 2 kV · cm^{-1} einzelne Lamellen der neuen Polarisationsrichtung, die stets vom Probenrand ausgehen und in Richtung des gegenüberliegenden Randes wachsen (Fig. 1a). Wenn sie sich ungestört ausbreiten können, erreichen diese Lamellen den gegenüberliegenden Rand, wobei sie sich zunächst nur geringfügig verbreitern. Somit besteht die Probe aus streifenförmigen Domänen (Fig. 1b). Bei weiterer Erhöhung der Feldstärke bewegen sich die 180°-Domänenwände seitwärts (Fig. 1c und 1d): erst damit werden größere Volumenbereiche vom Umschaltvorgang erfaßt. Die Ausbreitung der Domänen erfolgt dabei durchaus ungleichmäßig, meist wird der Hauptanteil des Kristallvolumens durch die Ausbreitung von ein oder zwei Domänen umgeschaltet. Bei einer Feldstärke von 5 kV · cm^{-1}, der Koerzitivfeldstärke (Borchardt, Bierstedt), werden die größten Kristallbereiche umgeschaltet. Dabei geht die Bewegung der Domänenwände nicht kontinuierlich vor sich, sondern es wird ein „Stocken" und „Rennen" beobachtet, worüber schon Rabinovich, Reutberg berichteten. Dieses Verhalten wird nach unserer Meinung durch den Realbau der Kristalle und damit im Zusammenhang stehende mechanische Spannungen bewirkt. Auch das Auftreten der anfänglichen Lamellen am Probenrand wird wahrscheinlich durch den Realbau bestimmt.

Bei fortgesetzter seitlicher Ausbreitung der Domänenstreifen kommt es durch Verschmelzung zur Bildung von „Blockdomänen", welche den Umschaltprozeß schnell vollenden. Da die Domänenwände nicht genau den $\{110\}_{\text{rhomb.}}$-Flächen entsprechen, sondern in geringem Maße keilförmig sind, bleiben bei der Verschmelzung der Domänenstreifen Lamellen der ursprünglichen Polarisationsrichtung stehen. Diese verschwinden zuletzt, wobei bei Feldstärken von 7 kV · cm^{-1} viele Proben völlig umgeschaltet und damit wieder eindomänig waren. Häufig bleibt jedoch ein Teil dieser restlichen Lamellen am Rande hartnäckig stehen und kann oft erst bei 25 kV · cm^{-1} umgeschaltet werden. Diese Randlamellen stehen im Zusammenhang mit gröberen Baufehlern am Rand der Probe, die von der Bearbeitung herrühren. So wurden z. B. oft Spaltrisse an den Probenrändern beobachtet, die Mikrosprünge in ihrer Umgebung erzeugen und direkt solche Lamellen festklemmen können.

Somit setzt sich die Gesamtheit des Umschaltprozesses im GMO aus folgenden Schritten zusammen (Fig. 2a—d):

1. Bildung von Domänenlamellen am Probenrand,
2. Wachstum dieser Lamellen zum gegenüberliegenden Rand,

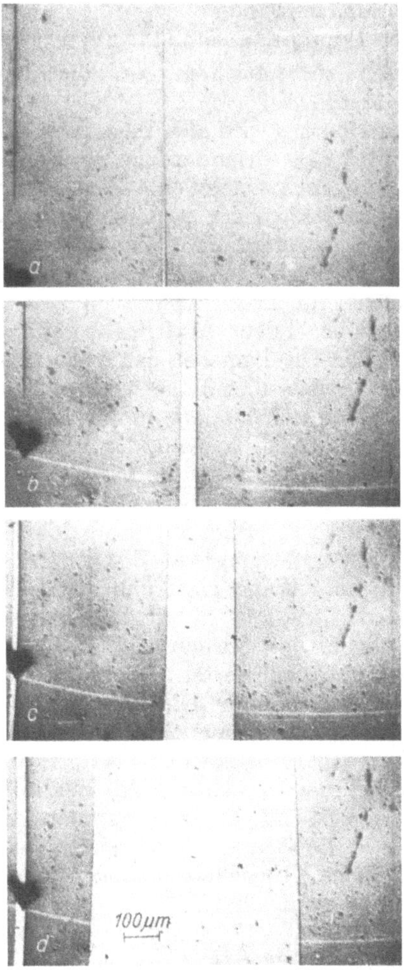

Fig. 1a – d. Umschalten einer Probe aus GMO mittels elektrischem Feld

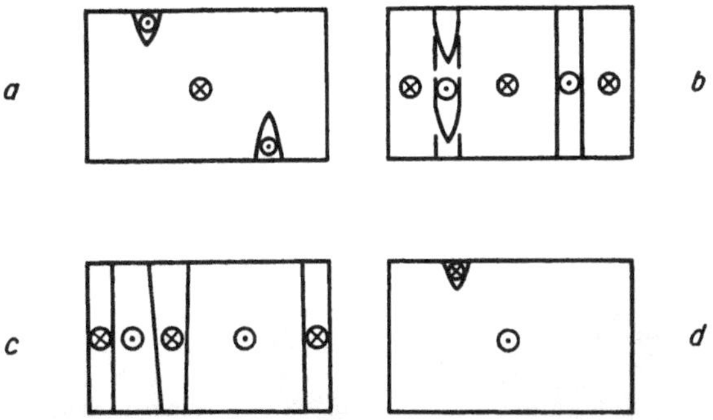

Fig. 2a – d. Schema des Umschaltmechanismus in GMO
(⊙ und ⊗ kennzeichnen die Orientierung der Domänen)

3. Seitwärtsbewegung der 180°-Domänenwände,
4. Verschmelzung der wachsenden Domänen und Bildung von Randlamellen.

Dieses Grundschema ist auch dann zu beobachten, wenn die Ränder der Proben eine andere Orientierung besitzen.

Dieses einfache Schema des Umschaltens wird allerdings noch dadurch modifiziert, daß entsprechend der $\{110\}_{\text{rhomb.}}$-Orientierung der Domänenlamellen bzw. -streifen jeweils zwei Anordnungen derselben entstehen können, die senkrecht zueinander verlaufen. Das führt zu einer starken gegenseitigen Behinderung der Wandbewegungen, was auch in erhöhten Umschaltfeldstärken zum Ausdruck kommt. Auf der linken Bildhälfte der Figur 3a konnten sich die Lamellen bis zum gegenüberliegenden Probenrand ausdehnen und die üblichen, seitwärts wachsenden Domänenstreifen bilden. (Auf Fig. 3 wachsen die dunklen Domänen auf Kosten der hellen). Die Lamellen der rechten Bildhälfte jedoch konnten nicht bis zum gegenüberliegenden Rand wachsen. Dadurch wird auch die seitliche Bewegung ihrer Wände behindert, weil damit die „Spitzen" dieser Lamellen einen größeren Winkel bilden müssen, der offenbar energetisch ungünstiger ist. Das führt schließlich dazu, daß die Spitzen aufspalten und damit wieder einen kleineren Winkel bilden (Fig. 3a rechts oben). Schließlich verschmelzen auch die Domänen der rechten Bildhälfte, wobei ihre Spitzen eine Zick-Zack-Wand bilden (Fig. 3b, vgl. auch KÜRSTEN, BOHM). Bei weiterer Erhöhung der Feldstärke zieht sich diese Wand glatt und verschmilzt mit der links von ihr wachsenden Domäne.

Zusammenfassend kann man sagen, daß ein einfaches Streifensystem das Umschalten erleichtert, während ein kompliziertes Domänenmuster den Umschaltprozeß stark erschwert. Nach Wegnahme des Feldes erscheinen im allgemeinen wieder einzelne Lamellen der ursprünglichen Polarisationsrichtung, und zwar eben diejenigen, die hartnäckig bis zu den maximal angewendeten Feldstärken stehengeblieben waren. Bei Umkehrung des Feldes verläuft das Schalten nach demselben Schema, ausgehend von den genannten Randlamellen. Nach mehrmaligen Umschalten einer Probe wachsen die benötigten Feldstärken an. Häufig kommt es nach zahlreichen Umschaltvorgängen zum Zerbrechen der Probe, worüber schon CUMMINS berichtet hat.

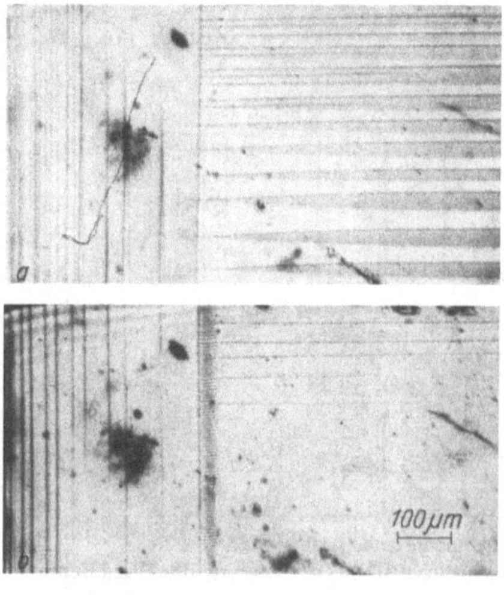

Fig. 3a–b. Behinderung des Umschaltvorgangs in GMO durch senkrecht zueinander verlaufende Domänenordnungen

Fig. 4. Hysteresekurven von GMO im Wechselfeld in Abhängigkeit von der Feldstärke

Erwähnenswert ist die Beobachtung, daß einzelne Proben beim Schalten von dem beschriebenen Schema abweichen: Beim Anlegen des Feldes bilden sich nicht erst Domänenlamellen aus, sondern es erscheint an einem Rand eine einzelne, glatte Domänenwand, die, sich seitwärts verschiebend, die ganze Probe überstreicht und damit die Umschaltung bewirkt. Nach Umpolen des Feldes vollzieht sich das „Zurückschalten" in derselben Weise, wobei die neue Domänenwand wieder vom selben Rand ausgeht, wie beim ersten Schalten. D. h., die Wand läuft nicht zurück, sondern in derselben Richtung durch die Probe. Ein solchen Schaltverhalten ist als am günstigsten zu beurteilen; es scheint an Proben gebunden zu sein, die hinsichtlich des Realbaus und der Oberflächenqualität besonders geeignet sind, wobei diese Eigenschaften jedoch noch nicht reproduzierbar präpariert werden können.

Bereits von Kürsten, Bohm wurde festgestellt, daß einzelne Domänengrenzen im Temperaturbereich von 100—120 °C beweglich werden. Untersuchungen des Umschaltverhaltens bei höheren Temperaturen ergaben, daß schon ab ungefähr 80 °C mit relativ geringeren Feldstärken (2 ··· 3 kV · cm^{-1}) das Umschalten der Proben erreicht wird. Zum Unterschied von den Versuchen bei Raumtemperatur nehmen alle Domänenwände an der Seitwärtsbewegung mehr oder weniger teil, die Bewegungen erfolgen auch schneller. Hat die Bewegung erst einmal begonnen, so vollzieht sich der Umschaltvorgang ohne weitere Erhöhung der Feldstärke durch ein stetiges „Fließen" der Domänenwände. Die Beobachtungen stehen in Übereinstimmung mit den Ergebnissen von Kumada. Wir führen dieses Verhalten darauf zurück, daß in diesem Temperaturbereich mechanische Spannungen, die die Domänenwandbewegung behindern, durch plastische Vorgänge (z. B. Bewegung von Versetzungen oder Teilversetzungen) abgebaut werden. Für das Umschalten ist dieses Temperaturgebiet am günstigsten. Die vorn erwähnten Randeffekte in Form des hartnäckigen Stehenbleibens restlicher Domänenlamellen werden durch die Temperaturerhöhung nicht wesentlich beeinflußt.

An einer Reihe von Proben wurden bei Raumtemperatur mit einem Oszillographen Hystereseschleifen mit niederfrequenten Wechselfeldern in Abhängigkeiten von der Amplitude aufgenommen (Fig. 4). Bis etwa 2 KV · cm^{-1} Wechselfeldamplitude besteht eine lineare Beziehung zwischen Polarisation der Probe und der Feldstärke, bei höheren Wechselfeldamplituden treten Nichtlinearitäten auf. Dabei sind die Hysteresekurven asymmetrisch. Diese Asymmetrien können durch Überlagern eines Gleichfeldes je nach Polarität vermindert oder verstärkt werden. Das weist auf eine Vorzugsorientierung der Polarisation beim Umschalten hin, die auch bei den optischen Beobachtungen deutlich wird. In der Vorzugsrichtung wird eine relativ niedrigere Feldstärke zum Umschalten benötigt. Bei Wechselfeldamplituden von ca. 5 kV·cm^{-1} zeigen die Hystereseschleifen einen sprunghaften Anstieg der Polarisation mit der Feldstärke, was dem durch die Seitwärtsbewegung der Domänenwände charakterisierten Umschaltbereich entspricht. Zu höheren Wechselfeldamplituden werden die Hystereseschleifen symmetrisch und kommen allmählich zur Sättigung.

Polarisationsoptische Untersuchungen im Wechselfeld zeigten, daß bei Sättigung der Hysteresekurven der von der Umschaltung erfaßte Volumenanteil — erkennbar an den vibrierend verschwommenen Domänengrenzen — ca. 70 bis 80% des Pobenvolumens beträgt. Eine Variation der Frequenz des Wechselfeldes im Bereich von 10 ··· 50 Hz zeigte keinen wesentlichen Einfluß.

Bei höheren Temperaturen verschiebt sich ab etwa 80 °C der Bereich, in welchem die sprunghaften Veränderungen der Hystereseschleife auftreten, zu niedrigeren Wechselfeldamplituden. Die Sprünge sind jedoch nicht mehr so ausgeprägt und verschwinden bei 120 °C gänzlich. Etwa ab 140 °C kommt es zu einer deutlichen Ausweitung der Hystereseschleife. Bei Annäherung an die Curie-Temperatur ($\approx$ 159 °C) verschwindet schließlich die Hysterese.

3. Umschalten mittels mechanischem Druck

Analog dem ferroelektrischen Umschalten durch Anlegen eines elektrischen Feldes kann die spontane Polarisation im GMO durch Anlegen eines mechanischen Druckes in Richtung der b-Achse umgekehrt werden (ferroelastisches Umschalten). Untersucht wurden 1—2 mm dicke Platten senkrecht zur c-Achse, deren Rand aus $\{100\}_{\text{rhomb.}}$- bzw. $\{010\}_{\text{rhomb.}}$-Flächen gebildet wurde. Diese Probendicke ließ noch eine gute polarisationsoptische Beobachtung der Domänen zu. Zunächst erfolgten die Untersuchungen bei Raumtemperatur. Bei Anlegen eines einachsigen Druckes zeigen sich erst Bewegungen der Domänenwände, wenn der Druck die Größenordnung der Koerzitivkraft von 1,5 kp · cm^{-2} ($\approx$ 1,5 · 10^5 N · m^{-2}) überschreitet. Geht man von einer Probe aus, die weitgehend aus einer Domäne mit einigen Randlamellen besteht, so ist folgendes zu beobachten: Erfolgt ein einachsiger Druck in der Richtung, daß die Orientierung der Randlamellen begünstigt wird, dann breitet sich eine Vielzahl von solchen Domämenlamellen über die gesamte Probe aus; bei weiterer Erhöhung des Druckes zerspringen die Proben, bevor es zum Verschmelzen der Domänen kommt. Erfolgt der Druck in der anderen, dazu senkrechten Richtung, dann ziehen sich die Randdomänen noch weiter zum Rand zurück und verschwinden teilweise. Bei Wegnahme des Druckes bleibt die jeweilige Domänenstruktur unverändert.

Bei höheren Temperaturen oberhalb 80 °C genügen schon relativ geringere Drücke, um ein Lamellenmuster zu erzeugen; bei weiterer Druckerhöhung kommt es auch zur Verschmelzung von Lamellen zu Blockdomänen mit Zick-Zack-Wänden (siehe oben), die sich anschließend glattziehen. Ein vollständiges Umschalten des gesamten Volumens wird aber auch bei höheren Temperaturen nicht erreicht, bevor die Probe zerspringt.

Zusammenfassend läßt sich feststellen, daß das mechanische Schalten mit den Ergebnissen des elektrischen Umschaltprozeß in Einklang steht, hinsichtlich der Anwendung kann es jedoch nicht konkurrieren.

Literatur

Aizu, K., Kumada, A., Yumoto, H., Ashida, S. J.: J. Physic. Soc. Japan **27**, 511 (1969)

Bohm, J., Kürsten, H. D.: Kristall und Technik **6**, 213 (1971)

BORCHARDT, H. J., BIERSTEDT, P. E.: Appl. Physics Letters **8**, 50 (1966)
CUMMINS, S. E.: Ferroelectrics **1**, 11 (1970)
DVORAK, V.: phys. stat. sol. (b) **46**, 763 (1971)
KUMADA, A.: Physics Letters **30 A**, 186 (1969)
KÜRSTEN, H. D., BOHM, J.: erscheint in Kristall u. Technik **8**, (1972)
RABINOVICH, A. S., REUTBERG, M. B.: Kristallografija **15**, 1171 (1970)

(Eingegangen am 29. August 1972)

Anschrift der Verfasser:
Dipl.-Min. H. D. KÜRSTEN
Dr. habil. J. BOHM
Dipl.-Phys. H. BLUMBERG
Akademie der Wissenschaften der DDR
Zentralinstitut für Optik und Spektroskopie
1199 Berlin-Adlershof
Rudower Chaussee 6
DDR

Dipl.-Phys. C. SCHEIDING
Martin-Luther-Universität Halle -Wittenberg
Sektion Physik
402 Halle/S.
Friedemann-Bach-Platz 6
DDR

Kristall und Technik	8	1–3	1973	311–321

C. SCHEIDING, G. SCHMIDT, H. D. KÜRSTEN

Sektion Physik der Martin-Luther-Universität, Halle
Zentralinstitut für Optik und Spektroskopie der Akademie der Wissenschaften der DDR

Zu einigen Eigenschaften des polaren Gadoliniummolybdats (II) Morphische piezoelektrische und elastische Koeffizienten

Für das ferroelektrische GMO wurden die elastischen Nachgiebigkeiten s_{11} und s'_{11} für die [110]-Richtung sowie die morphischen Piezomoduln d_{31} und d_{33} bestimmt. Alle diese Stoffgrößen steigen bei Annäherung an den Umwandlungspunkt an. Die Ergebnisse lassen einige qualitative Aussagen über Kopplungen mit den Umwandlungsparametern im Rahmen der thermodynamischen Theorie zu.

The elastic compliances s_{11} and s'_{11} for the [110]-direction as well as the morphic piezoelectric moduli d_{31} and d_{33} are determined. All these coefficients increase with rising temperature up to the transition point. Some qualitative conclusions can be drawn about the coupling with the transition parameters in terms of the thermodynamic theory.

1. Einleitung

Wie bereits in Teil I erwähnt, unterscheidet sich Gadoliniummolybdat (GMO) in seinen Stoffeigenschaften von den normalen Ferroelektrika sehr wesentlich bezüglich der Dielektrizitätskonstanten (DK). Sie hat einen relativ kleinen Betrag ($\varepsilon_r \approx 10$) und weist eine sehr geringe Temperaturabhängigkeit am Umwandlungspunkt ($T_c = 159$ °C) auf. Beim geklemmten Kristall ist keine Temperaturabhängigkeit der DK zu beobachten (CROSS, FOUSKOVA, CUMMINS). Auffallend ist das starke anomale Verhalten der elastischen Eigenschaften in der Nähe des Umwandlungspunktes (CROSS et al.; EPSTEIN, HERRICK, TUREK).

Die ersten Versuche einer theoretischen Interpretation gingen deshalb auch dahin, daß man in Analogie zur Phasenumwandlung eigentlicher Ferroelektrika, die sich auf die Instabilität eines langwelligen transversal-optischen Phonons (Cochranmode) zurückzuführen und makroskopisch durch eine thermodynamische Potentialfunktion mit der Polarisation als Umwandlungsparameter beschreiben läßt, versuchte, die Eigenschaften von GMO auf eine akustische Instabilität zurückzuführen und dementsprechend eine Dehnungskomponente als wesentlichen Entwicklungsparameter zu benutzen (z. B. CROSS usw.). Die spontane Polarisation wäre in diesem Falle eine Folge der spontanen Dehnung aufgrund piezoelektrischer Kopplung.

LEVANYUK hat nachgewiesen, daß weder die Polarisation noch die Dehnung, sondern vielmehr ein „verborgener" Umwandlungsparameter in Frage kommen. Einen entsprechenden Ausdruck für die freie Energie, welcher die Symmetrieänderung am Phasenumwandlungspunkt exakt beschreibt, hat Dvorak angegeben.

Als Variable sind darin neben der Temperatur Dehnung und Polarisation zwei weitere, makroskopisch nicht meßbare Parameter enthalten. Auf diese Weise konnte eine Beziehung zwischen den (morphischen) Stoffgrößen der polaren Phase und denen der Bezugsphase angegeben werden.

Eine Überprüfung dieser Theorie war bisher nicht möglich, da hierfür noch nicht die notwendige Anzahl von Stoffgrößen und deren Temperaturabhängigkeit bekannt ist.

2. Schema der elastischen, piezoelektrischen und dielektrischen Koeffizienten des GMO

Anknüpfend an frühere Untersuchungen über die Temperaturabhängigkeit der elastischen Nachgiebigkeit s_{66} und des Piezomoduls d_{36} (Scheiding, Schmidt), sollten möglichst alle elastischen und piezoelektrischen Koeffizienten in Abhängigkeit von der Temperatur unterhalb des Umwandlungspunktes gemessen werden.

Wir beschreiben die Stoffeigenschaften in beiden Phasen in dem der paraelektrischen Bezugsphase zugeordneten rechtwinkligen Koordinatensystem. Oberhalb T_c hat GMO die Symmetrie $\bar{4}2$ m. Das Schema für die elastischen, piezoelektrischen und dielektrischen Koeffizienten s_{ij}, d_{mi}, ε_{mn} hat hier die Form

	T_1	T_2	T_3	T_4	T_5	T_6	E_1	E_2	E_3	
S_1	s_{11}	s_{12}	s_{13}	.	.	.	.	.	.	
S_2	s_{12}	s_{11}	s_{13}	.	.	.	.	.	.	(1)
S_3	s_{13}	s_{13}	s_{33}	.	.	.	.	.	.	
S_4	.	.	.	s_{44}	.	.	d_{14}	.	.	
S_5	.	.	.	.	s_{44}	.	.	d_{14}	.	
S_6	.	.	.	.	.	s_{66}	.	.	d_{36}	
D_1	.	.	.	d_{14}	.	.	ε_{11}	.	.	
D_2	.	.	.	.	d_{14}	.	.	ε_{11}	.	
D_3	.	.	.	.	.	d_{36}	.	.	ε_{33}	

Es bedeuten S_i und T_j $(i, j = 1 \cdots 6)$ die Dehnungs- bzw. Spannungskomponenten und D_m und E_n $(n, m = 1 \cdots 3)$ die Komponenten der dielektrischen Verschiebung bzw. des elektrischen Feldes.

Unterhalb T_c ist die Symmetrie mm 2. Das Koeffizientenschema lautet hier (Dvorak):

s_{11}	s_{12}	s_{13}	.	.	s_{16}	.	.	d_{31}	(2)
s_{12}	s_{11}	s_{13}	.	.	s_{16}	.	.	d_{31}	
s_{13}	s_{13}	s_{33}	.	.	s_{36}	.	.	d_{33}	
.	.	.	s_{44}	s_{45}	.	d_{14}	d_{15}	.	
.	.	.	s_{45}	s_{44}	.	d_{15}	d_{14}	.	
s_{16}	s_{16}	s_{36}	.	.	s_{66}	.	.	d_{36}	
.	.	.	d_{14}	d_{15}	.	ε_{11}	ε_{12}	.	
.	.	.	d_{15}	d_{14}	.	ε_{12}	ε_{11}	.	
d_{31}	d_{31}	d_{33}	.	.	d_{36}	.	.	ε_{33}	

Einige Autoren (z. B. Epstein et al.) beschrieben das polare GMO in dem Koordinatensystem, das dem orthorhombischen System zugeordnet ist. Es entsteht durch eine Drehung der tetragonalen a-Achsen um 45° um die c-Achse. Die auf dieses System bezogenen Größen werden im Folgenden durch den oberen Index 0 gekennzeichnet.

In der Theorie von DVORAK werden nur die Koeffizienten berücksichtigt, die einen wesentlichen Beitrag zur Phasenumwandlung liefern, also diejenigen, die mit der ferroelektrischen Achse verknüpft sind. Von den in dieser Theorie enthaltenen Größen liegen bisher Aussagen über die freie und geklemmte DK vor (CROSS et al.). Aus den Ergebnissen der Ultraschallmessungen von EPSTEIN et al. ergab sich für den Koeffizienten c_{11}^0 eine starke Anomalie in der Umgebung des Umwandlungspunktes. CUMMINS macht aufgrund von Resonanzuntersuchungen qualitative Aussagen über die Größenverhältnisse der morphischen Piezomoduln so wie über d_{36}. Im Vergleich zu d_{31}^0 sind d_{32}^0 und $d_{33}^0 = d_{33}^0$ sehr klein, weil sich weder [010]-Stäbe zu Längsschwingungen noch [001]-Platten zu Dickenschwingungen anregen ließen. Von AIZU und Mitarbeitern werden Angaben über Raumtemperaturwerte von d_{36} und s_{66} gemacht ($d_{36} = 4 \cdot 10^{-12}\,\mathrm{m{\cdot}V^{-1}}$ $s_{66} = 2{,}5 \cdot 10^{-11}\,\mathrm{m^2 \cdot N^{-1}}$).

Mit den von uns benutzten Methoden werden piezoelektrische d- und elastische s-Konstanten gemessen, d. h. die elektrische Feldstärke und die mechanische Spannung sind unabhängige Zustandsvariable, während DVORAK hierfür die Polarisation und die Dehnung benutzt. Um also über die in der Dvorak'schen Theorie angegeben Größen Aussagen machen zu können, wäre es erforderlich, das gesamte Schema der s-Konstanten zu bestimmen. Nur die Größen $a_{36} = \frac{\partial T_6}{\partial P_3}$ und $c_{66} = \frac{\partial T_6}{\partial S_6}$ lassen sich relativ leicht aus d_{36} und s_{66} errechnen ($c_{66} = 1/s_{66}$, $a_{36} = d_{36}/s_{66}^E\,\varepsilon_{33}$).

3. Experimentelle Methoden

Die piezoelektrischen und elastischen Koeffizienten wurden mit der Resonanzmethode bestimmt (MASON). Die Untersuchungsobjekte hierfür waren Stäbe, die aus senkrecht zur c-Achse orientierten Platten herausgeschnitten worden waren. Ergebnisse bezüglich s_{66}^E und d_{36}, aus Scherschwingungen von [100]-Stäben bestimmt, sind bereits veröffentlicht (SCHEIDING, SCHMIDT). Aus Längsschwingungen von [110]-Stäben konnten ermittelt werden:

$$s_{11}' = \frac{1}{2} s_{11} + \frac{1}{4} (2\, s_{12} + s_{66}) \tag{3}$$

oberhalb T_c und

$$s_{11}' = \frac{1}{2} s_{11} + \frac{1}{4} (2\, s_{12} + s_{66}) + s_{16} \tag{4}$$

unterhalb T_c sowie die Piezomoduln

$$d_{31}' = \frac{1}{2} d_{36} \tag{5}$$

bzw.

$$d_{31}' = \frac{1}{2} (d_{36} \pm 2\, d_{31})\,. \tag{6}$$

Um im ferroelektrischen Zustand eindeutige und reproduzierbare Ergebnisse zu erhalten, ist es erforderlich, durch Überlagerung eines Gleichfeldes den Kristall eindomänig zu machen (s. Teil I). Je nach Richtung der spontanen Polarisation gilt in Gl. (6) das positive bzw. negative Vorzeichen. Der Mittelwert

$$\frac{d'^{+}_{31} + d'^{-}_{31}}{2} = \frac{1}{2} d_{36} \tag{7}$$

ist also durch den Piezomodul d_{36} bestimmt. Aus der Transformationsformel für s_{11} ist ersichtlich, daß oberhalb T_c bei Kenntnis von s_{66} noch ein weiterer Schnitt, z. B. ein 30°-Schnitt ausreicht, um s_{11} und s_{12} bestimmen zu können.

Da unterhalb des Umwandlungspunktes an einem zu Längsschwingungen angeregten [100]-Stab zugleich mit dem morphischen Piezomodul d_{31} die elastische Nachgibigkeit s_{11} direkt gemessen werden kann, müßte sich mit zwei weiteren Schnitten außer s_{12} auch der morphische Koeffizient s_{16} ermitteln lassen. In einem Fall wurden auch Untersuchungen an einem *a*-Schnitt durchgeführt.

Die piezoelektrischen Koeffizienten wurden außerdem mit einer quasistatischen Methode bestimmt, und zwar durch Messung der piezoelektrischen Dehnung mit Hilfe der Frequenzmodulationstechnik (SCHMIDT). Da hierbei die Dehnungs-Feldstärke-Kurven oszilligraphiert werden können, lassen sich auch die Vorzeichen der elektromechanischen Stoffgrößen ermitteln.

An einer quadratischen, senkrecht zur *c*-Achse geschnittenen Platte, deren Kanten parallel zu den *a*-Achsen lagen, konnten die Piezomodulen d_{31} und d_{36} bestimmt werden. Zur Bestimmung von d_{36} wurde die Dehnung in Richtung einer Flächendiagonalen gemessen. Es gelten hier die gleichen Transformationsformeln (5) und (6) wie für den [110]-Stab. Es erwies sich als zweckmäßig, beide Methoden zur Bestimmung der Piezomuduln anzuwenden, da die Resonanzmethode nur unter gewissen Voraussetzungen richtige Ergebnisse liefert. Andererseits läßt sich bei der quasistatischen Methode eine mechanische Beanspruchung der Probe durch die Meßapparatur nicht vermeiden. Die dadurch erzeugten mechanischen Spannungen könnten ebenfalls die Meßergebnisse, z. B. durch teilweise mechanisches Umschalten (s. Teil I), beeinflussen. Der Piezomodul d_{33} ließ sich nur quasistatisch messen.

4. Experimentelle Ergebnisse

Frühere Untersuchungen an [110]-Stäben (SCHEIDING, SCHMIDT) zeigten oberhalb T_c in der Nähe des Umwandlungspunktes eine starke Anomalie von $d'_{31} = 1/2\ d_{36}$ und unterhalb T_c eine Aufspaltung von d'_{31} für die einander entgegengesetzten Richtungen des überlagerten Gleichfeldes. Die unmittelbare Umgebung von T_c war damals ausgeschlossen. Unsere neueren Ergebnisse bezüglich d_{31} und s_{11} sind in Figur 1 und 2 dargestellt. Hieraus ist zu ersehen, daß in der Umgebung des Umwandlungspunktes sowohl die elektromechanischen als auch die elastischen Eigenschaften stark vom Gleichfeld abhängen. Beide Größen, die piezoelektrische Konstante d_{31} und die elastische Nachgiebigkeit s_{11}, zeigen für positives Gleichfeld ($|E_{=}| > 10$ kV · cm^{-1}) eine wesentlich größere Anomalie, als für negatives. Bei negativem Gleichfeld ist unterhalb 140 °C keine Schwingung mehr nachweisbar. Frühere eigene Ergebnisse und Angaben von CUMMINS wiesen bereits darauf hin, daß der für die Anregung dieser Schwingung verantwortliche Piezomodul d^0_{32} sehr klein ist. Daraus muß man aufgrund von Gl (6) schließen, daß $|d_{31}| \approx |d_{36}/2|$ ist.

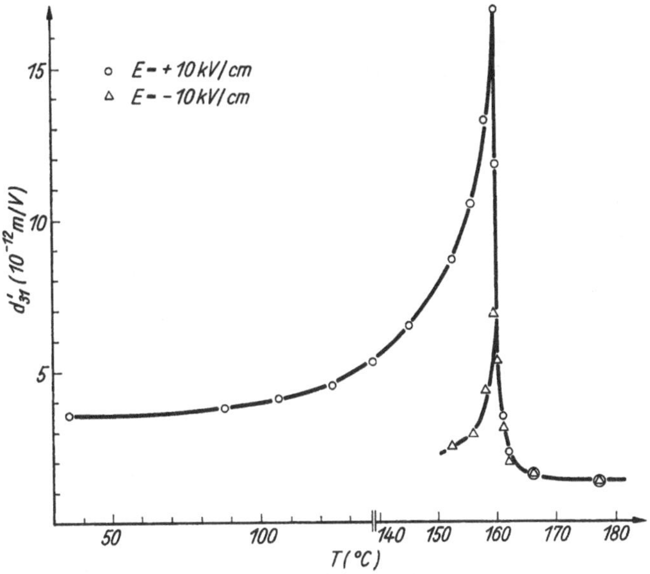

Fig. 1. Temperaturabhängigkeit des Piezomoduls d_{31} eines 45°-Stabes, mit der Resonanzmethode bei überlagertem Gleichfeld $E_=$ gemessen

Aus den Resonanzfrequenzen von Stäben, deren Längen und Breiten mit den tetragonalen Achsen einen Winkel von 45° bzw. 30° einschlossen sowie aus dem bekannten Wert für s_{66} konnte mit den entsprechenden Transformationsformeln (Cady) s_{11} und s_{12} weit oberhalb T_c berechnet werden. Für den 45°-Stab ent-

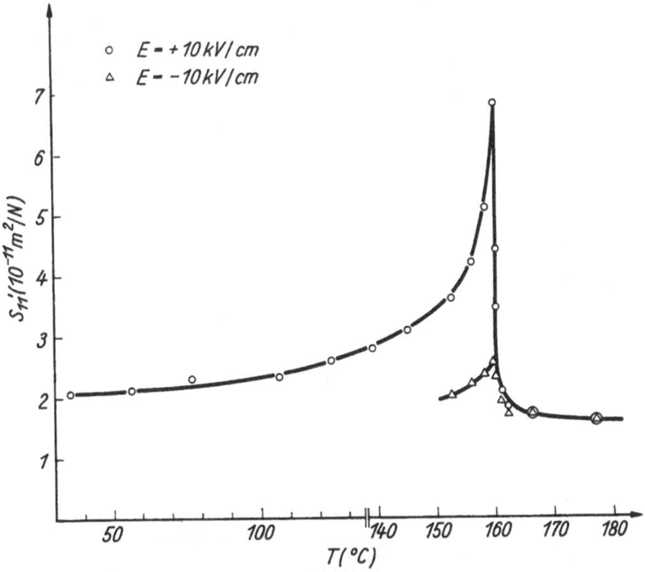

Fig. 2. Temperaturabhängigkeit der elastischen Nachgiebigkeit s_{11} eines 45°-Stabes, mit der Resonanzmethode bei überlagertem Gleichfeld $E_=$ gemessen

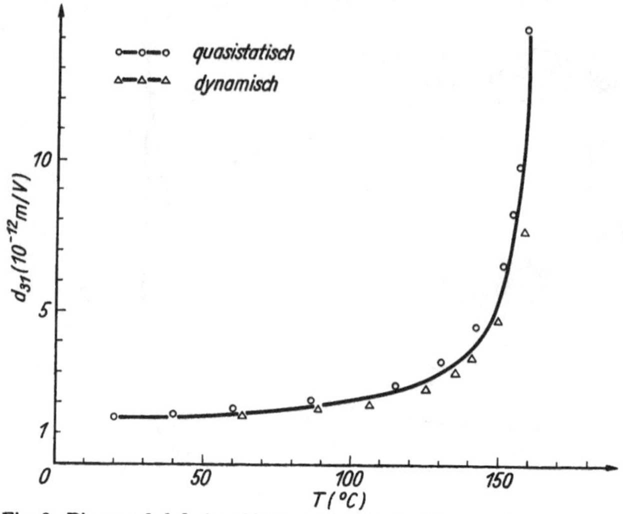

Fig. 3. Piezomodul d_{31} in Abhängigkeit von der Temperatur

spricht diese Formel Gl. (3). Es ergab sich $s_{12} \approx 1{,}3 \cdot 10^{-11}\,m^2 \cdot N^{-1}$ und $s_{11} = 0{,}5 \times \times 10^{-11}\,m^2 \cdot N^{-1}$. Allerdings reichte die Meßgenauigkeit nicht aus, um die Temperaturabhängigkeit dieser Größen sowie von s_{16} im einzelnen bestimmen zu können. Die Temperaturabhängigkeit des dynamisch und quasistatisch gemessenen morphischen Piezomoduls d_{31} ist in Figur 3 dargestellt. Ein systematische Abhängigkeit vom Vorzeichen des überlagerten Gleichfeldes wurde nicht beobachtet. Aus der mit der dynamischen Methode gleichzeitig gemessenen Resonanzfrequenz wurde die elastische Nachgiebigkeit s_{11} bestimmt. Ihre Temperaturabhängigkeit zeigt Figur 4.

Wie bereits bemerkt, ließ sich der morphische Piezomodul d_{33} nur quasistatisch messen. Er ist positiv, besitzt jedoch einen im Vergleich zu d_{31} und d_{36} kleineren Betrag. Daher bewirkt eine ungenaue Orientierung relativ große Meßfehler, weil Beiträge von d_{31} und d_{36} zur gesamten Dehnung hinzukommen. Die letz-

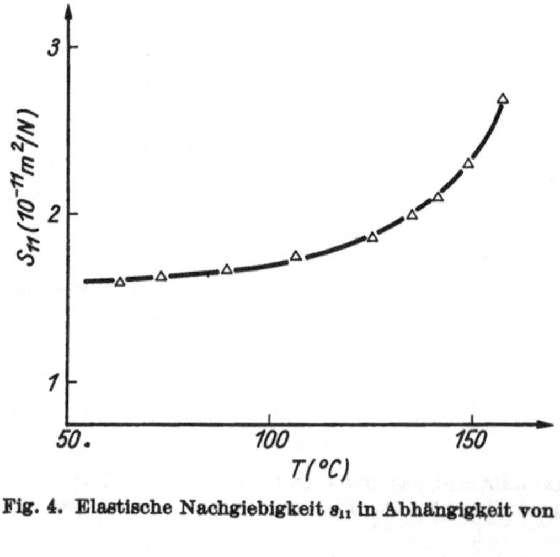

Fig. 4. Elastische Nachgiebigkeit s_{11} in Abhängigkeit von der Temperatur

teren ließen sich leicht erkennen, weil sie bei Umkehr der Richtung des überlagerten Gleichfeldes nicht wie d_{33} das Vorzeichen wechseln. Ein Beitrag von d_{31} läßt sich auf diese Weise nicht feststellen. Weil diese Größe im Gegensatz zu d_{33} negativ ist, wurden diejenigen Meßergebnisse als die zuverlässigsten angesehen, die den größten Betrag hatten. Die Temperaturabhängigkeit von d_{33} zeigt Figur 5.

Alle Untersuchungen am ferroelektrischen GMO mußten bei relativ kleinen Amplituden der anregenden Wechselspannung durchgeführt werden. Anderenfalls konnten zusätzliche Erscheinungen beobachtet werden, die offenbar trotz des überlagerten und viel stärkeren Gleichfeldes auf Veränderungen in der Domänenstruktur zurückzuführen sind.

Bei quasistatischen Untersuchungen im niederfrequenten Wechselfeld überlagerten sich der zunächst linearen, dem umgekehrten Piezoeffekt entsprechenden Dehnungs-Feldstärke-Kurve Schwingungen, wenn die Amplitude einen kritischen Wert überschritt. Dabei war die Form des Oszillogramms und somit auch die Frequenz dieser Schwingungen unabhängig von der Frequenz des Meßfeldes. Das ließe sich am einfachsten durch die Annahme verstehen, daß der mechanische Teil der Meßanordnung durch stoßartige Deformationen der Probe, wie sie bei Domänenprozessen, d. h. bei partieller Umschaltung durch Keimbildung bzw. durch Wandverschiebungen zu erwarten sind, zu Eigenschwingungen angeregt wird. Eine gleichzeitige Beobachtung der Polarisation-Feldstärke-Kurven, ließ zwar noch keine derartigen Umorientierungen erkennen, jedoch ist die spontane Dehnung des GMO so groß, daß bereits die Umpolung kleinster Bereiche genügte, um die erwähnten Effekte hervorzurufen. Die beim vollständigen Umschalten des Kristalls auftretenden Deformationen in [110]-Richtung sind so groß, daß sie mit der vorhandenen Apparatur nicht gemessen werden können. AIZU, KUMADA, YUMOTO, ASHIDA geben für den Betrag der spontanen Dehnung bei Raumtemperatur 0,15% an.

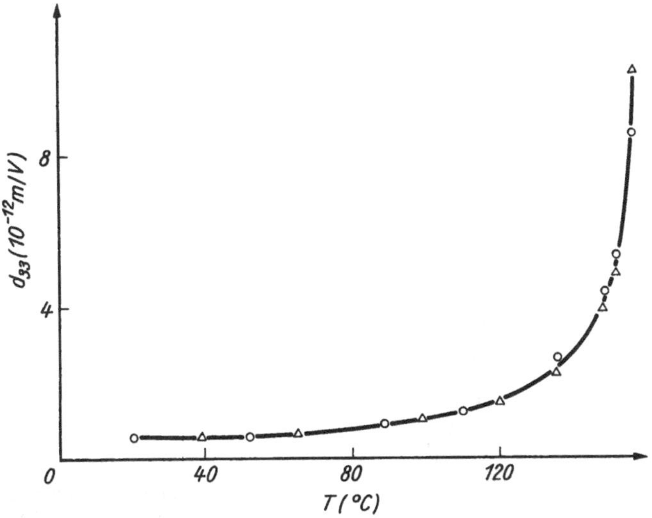

Fig. 5. Piezomodul d_{33} in Abhängigkeit von der Temperatur (schematisch, s. Text)

Bei den dynamischen Messungen führte die Vergrößerung der Anregungsfeldstärke zu einer Verzerrung der Resonanzkurve des Resonatorstromes und schließlich zu einer Aufspaltung in zwei verschiedene Zweige für ansteigende und für abnehmende Frequenzen mit je einer Unstetigkeit, wie es in Figur 6 schematisch dargestellt ist: Bei Annäherung an die Resonanzstelle von tiefen Frequenzen her steigt die Amplitude des Stromes zunächst an, fällt bei f_1 sprunghaft auf einen kleineren Wert ab und geht dann durch das Minimum bei f_A. Bei abnehmender Frequenz liegt das Minimum des Stromes wiederum bei f_A. Dann steigt er an bis zur Frequenz f_2, wo wiederum ein sprunghafter Abfall zu verzeichnen ist. — Mit wachsender Anregungsspannung vergrößert sich der Abstand zwischen f_1 und f_2, und die Resonanzkurven des Stromes werden flacher, bis schließlich das Resonanzgebiet kaum noch nachzuweisen ist. Sehr ähnliche Erscheinungen wurden bereits früher an Längsschwingern aus Strontiumtitanat-Einkristallen unterhalb des 110 °K-Umwandlungspunktes beobachtet (Sorge, Hegenbarth, Schmidt). Auch hier sehen wir die Ursache für die Nichtlinearität des Resonators in Domäneneffekten. Wir nehmen an, daß in der Nähe der Resonanzstelle die mechanischen Spannungen so groß werden, daß sie den Kristall mechanisch teilweise umschalten und damit seine pauschalen elastischen Eigenschaften verändern.

Schließlich soll noch auf einige Beobachtungen hingewiesen werden, die bei der Resonanzmethode in der unmittelbaren Umgebung des Umwandlungspunktes gemacht wurden. Hier sind die Resonanzkurven außerordentlich flach, was auf eine starke Zunahme der Dämpfung schließen läßt. Eine Abhängigkeit von der Anregungsamplitude konnte im paraelektrischen Gebiet nicht festgestellt werden. — Außerdem traten in der Nähe von T_c weitere Resonanzstellen auf, deren Ursache nicht festgestellt werden konnte.

Obwohl das Ziel unserer Untersuchungen darin bestand, die Stoffgrößen zu untersuchen, die durch die Phasenumwandlung bei 159 °C beeinflußt werden sollen bzw. erst unterhalb dieser Temperatur auftreten, wurden in einem Falle orientierende Messungen an einem Stab durchgeführt, der aus einer a-Platte mit der Längsrichtung parallel zur zweiten a-Achse herausgeschnitten war.

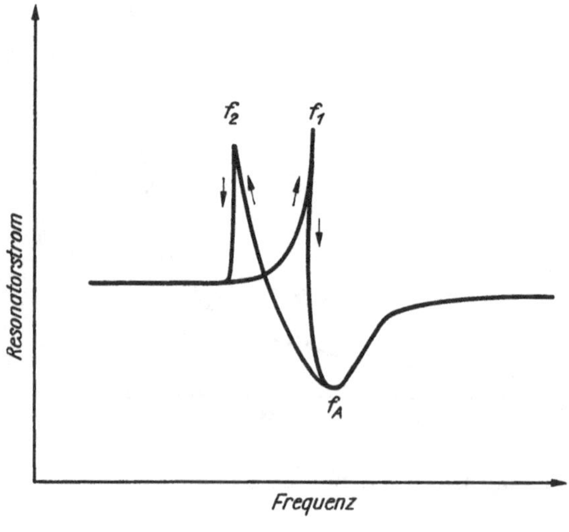

Fig. 6 Abhängigkeit des Resonatorstromes von der Frequenz bei größerer Anregungsspannung (schematisch, s. Text)

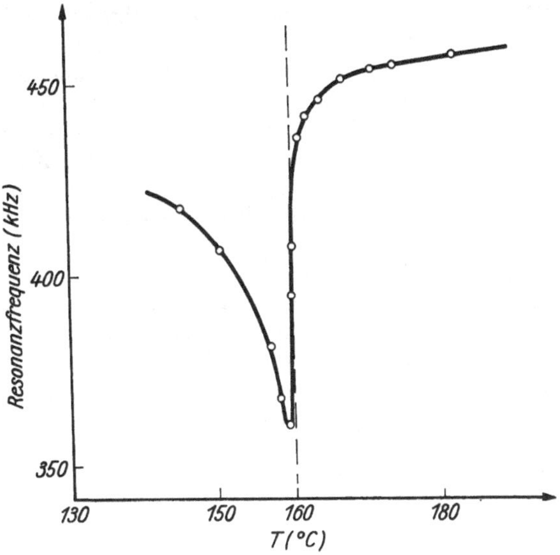

Fig. 7. Resonanzfrequenz einer durch die elastische Nachgiebigkeit s_{44} bestimmten Scherschwingung

Aufgrund des nicht verschwindenden Piezomoduls d_{14}, ließ sich diese Probe zu Scherschwingungen anregen, deren Frequenz durch den Koeffizienten s_{44} bestimmt ist. Wie aus Figur 7 zu erkennen ist, weist diese Resonanzfrequenz eine ähnliche Temperaturabhängigkeit auf wie die der aus c-Platten geschnittenen Stäbe. Es erscheint daher nützlich, auch die Stoffgrößen noch einmal zu untersuchen, die bisher als weitgehend temperaturunabhängig angesehen wurden.

5. Diskussion der Meßergebnisse

Die mit der Resonanzmethode bestimmten elastischen Nachgiebigkeiten s_{11} und s'_{11} für den senkrecht zur c-Achse geschnittenen [110]-Stab lassen sich nicht ohne weiteres mit den bereits von anderen Autoren angegebenen elastischen Steifigkeiten c_{ik}, die mit Ultraschallmessungen bestimmt worden sind, vergleichen. Hierzu wäre die Kenntnis weiterer s_{ik} bzw. c_{ik} notwendig. Mit welchen Schwierigkeiten hierbei zu rechnen ist, ergab sich bei den Versuchen, aus den s'_{11} des 45°- und des 30°-Stabes mit Hilfe der direkt gemessenen s_{11} und s_{66} die Größen s_{12} und s_{16} zu berechnen. Wegen der starken Temperaturabhängigkeit aller elastischen Koeffizienten und wegen der relativ großen Unsicherheit der gemessenen Größen, die vermutlich darauf zurückzuführen ist, daß sich die Kristallproben mit Hilfe eines Gleichfeldes nicht vollständig eindomänig schalten lassen, ergaben sich nur sehr unzuverlässige Resultate. Entsprechendes gilt dann nochmals für die Umrechnung der s_{ik} in die c_{ik}.

In dem Ausdruck für die freie Energie, der von Dvorak angegeben worden ist, sind als elastische Koeffizienten die bei konstanter Polarisation und isotherm zu messenden $c_{ij}^{P,T}$ und als piezoelektrische Koeffizienten die $a_{mi}^{T} = \partial E_m/\partial S_i = \partial T_i/\partial P_m$ (S_i bzw. T_i sind die mechanischen Dehnungen bzw. Spannungen) enthalten.

Der Unterschied zwischen den tatsächlich bestimmten c_{ij}^{E} und den c_{ij}^{P}, der sich aus den piezoelektrischen Koeffizienten berechnen läßt (Cady) dürfte im allgemeinen unter 1% liegen und selbst in der Nähe des Umwandlungspunktes 5% nicht übersteigen, somit also in Anbetracht der sonstigen Unsicherheiten kaum ins Gewicht fallen. Eine Umrechnung der adiabatisch gemessenen auf die isothermen elastischen Koeffizienten erfordert die Kenntnis der thermischen Ausdehnungskoeffizienten. Bei Festkörpern ist der Einfluß der thermischen Bedingungen auf die gemessenen elastischen Konstanten gewöhnlich sehr gering. Zur Bestimmung der a_{mi} aus den gemessenen d_{mi} schließlich ist wiederum die Kenntnis der c_{ji} erforderlich. Somit ist eine quantitative Auswertung nicht möglich.

Aufgrund der bisher vorliegenden Resultate über die morphischen piezoelektrischen und elastischen Koeffizienten lassen sich jedoch die folgenden qualitativen Aussagen machen: Alle gemessenen elastischen Nachgiebigkeiten und Piezomoduln, einschließlich der früher bestimmten s_{66} und d_{36} (SCHEIDING, SCHMIDT) steigen mit zunehmender Temperatur bei Annäherung an den Umwandlungspunkt an, und zwar die d_{mi} stärker als die s_{ik}.

Die Matrix der c_{ji} ist reziprok zu derjenigen der s_{ij}, deshalb werden sie vermutlich mit wachsender Temperatur bei Annäherung an den Umwandlungspunkt abnehmen.

Die in der Theorie von DVORAK vorkommenden a_{31} berechnen sich folgendermaßen aus den d_{31} (MASON):

$$a_{3i} = g_{3j}\, c^P_{ij} \approx d_{3j}\, c^P_{ji}/\varepsilon_{33} .$$

Weil die Dielektrizitätskonstante (DK) des geklemmten Kristalls ε_{33} temperaturunabhängig ist, werden wegen des Abfalls der c_{ji} die a_{3i} etwa im selben Maße mit der Temperatur anwachsen wie die s_{ij}. Es ist also zu vermuten, daß alle Stoffgrößen im ferroelektrischen GMO eine Temperaturabhängigkeit vom selben Typ (von DVORAK mit Typ I bezeichnet) besitzen, d. h. bei Annäherung an den Umwandlungspunkt von tiefen Temperaturen her ansteigen bzw. abfallen und bei T_c auf den Wert in der paraelektrischen Phase (der für die morphischen Koeffizienten gleich Null ist) springen.

Da nach der Theorie von DVORAK

$$a_{33} = \frac{\delta_1}{\delta_2}\, a_{31}$$

ist und a_{33} und a_{31} ebenso wie d_{33} und d_{31} entgegengesetzte Vorzeichen besitzen, müssen diese auch für die Koeffizienten δ_1 und δ_2, welche die Kopplung der Dehnungen S_3 bzw. S_1 und S_2 mit den Umwandlungsparametern beschreiben, verschieden sein.

Interessant wäre es, wenn man noch nähere Aussagen über die Kopplung der Polarisation mit den Umwandlungsparametern machen könnte. Wegen der Temperaturunabhängigkeit der DK sollten die entsprechenden Koeffizienten im Ausdruck für die freie Energie (γ_1 und γ_2) sehr klein sein. Andererseits kann γ_1 nicht gleich Null sein, weil die piezoelektrischen Koeffizienten a_{31} und a_{33} durchaus meßbar sind. Zu derselben Aussage kommt man auch durch die folgende Betrachtung: Wenn $\gamma_1 = 0$ wäre, müßte die spontane Polarisation P^s allein auf piezoelektrische Kopplung mit der spontanen Dehnung S^s_6 zurückzuführen sein:

$$P^s = e_{36}\, S^s_6 = d_{36}\, c^E_{66}\, S^s_6 .$$

(Bei eigentlichen Ferroelektrika ist die spontane Dehnung auf elektromechanische Kopplung mit P^s zurückzuführen). Setzt man für d_{36} und c_{66} die früher bestimmten Werte ein (SCHEIDING, SCHMIDT), und nimmt man an, daß der von AIZU und Mitarbeitern angegebene Wert von 0,15% für die spontane Dehnung gleich 1/2 S_4^s ist, so erhält man für P^s etwa den Wert $0{,}05 \cdot 10^{-2}$ C m^{-2}, was noch wesentlich kleiner ist als der bei Raumtemperatur gemessene Betrag von $0{,}18 \cdot 10^{-2}$ C m^{-2}. Die morphischen Stoffgrößen d_{31} und d_{33} fallen am Umwandlungspunkt von ihrem hier außerordentlich hohen Wert sprunghaft auf Null ab. Bei den übrigen Koeffizienten wie d'_{31} (Fig. 1) und s'_{11} (Fig. 2) sowie bei den früher bestimmten d_{36} und s_{66} (SCHEIDING, SCHMIDT) ist ebenfalls ein steiler, allerdings nicht sprunghafter Übergang auf den betreffenden Wert in der paraelektrischen Phase festzustellen. Die Existenz derartiger „Ausläufer" ist nicht überraschend Schwierig ist jedoch ihre Beschreibung im Rahmen sowohl einer thermodynamischen als auch einer mikroskopischen Theorie. Die Ursache dürfte bei der Phasenumwandlung des GMO, die von 1. Ordnung ist, in Heterophasenfluktuationen zu suchen sein.

Literatur

AIZU, K., KUMADA, A., YUMOTO, H., ASHIDA, S. J.: J. Physic. Soc. Japan **27**, 511 (1969)

CADY, W. G.: Piezoelectricity. New York 1946

CROSS, L. E., FOUSKOVA, A., CUMMINS, S. E.; Physics Rev. Letters **21**, 812 (1968)

CUMMINS, S. E.: Ferroelectrics **1**, 11 (1970)

DVORAK, V.: phys. stat. sol. (b) **46**, 763 (1971)

EPSTEIN, D. J., HERRICK, W. V., TUREK, R. F.: Solid State Commun. **8**, 1491 (1970)

LEVANYUK, A. P., SANNIKOV, D. G.: Fiz. tverd. Tela **12**, 2997 (1970)

MASON, W. P.: Piezoelectric Crystals and their Application to Ultrasonics. New York 1950

SCHEIDING, C., SCHMIDT, G.: phys. stat. sol. (b) **53**, K 95 (1972)

SCHMIDT, G.: Exp. Techn. Physik **6**, 250 (1958)

SORGE, G., HEGENBARTH, E., SCHMIDT, G.: phys. stat. sol. **37**, 599 (1970)

(Eingegangen am 8. September 1972)

Anschrift der Verfasser:
Prof. Dr. G. SCHMIDT
C. SCHEIDING
Sektion Physik der Martin-Luther-Universität
402 Halle
Friedemann-Bach-Platz 6

Dipl. Kristallogr. H. D. KÜRSTEN
Zentralinstitut für Optik und Spektroskopie
der Akademie der Wissenschaften der DDR
1199 Berlin-Adlershof
Rudower Chaussee 6
DDR

Kristall und Technik	8	1–3	1973	323–326

M. DEBES, F. FRÖHLICH

Sektion Physik der Martin-Luther-Universität Halle

Ultramicroscopic and Photoelastic Observations at Deformed KCl:Sr Crystals

With the example of plastically deformed Sr-doped KCl crystals it is shown that the internal structure of slip bands can be made visible by decoration with ultramicroscopically detectable precipipitation particles — created by suitable thermal treatment after deformation — and that the arrangement of the precipitations at the dislocations produces a characteristic change of the photoelastic contrast in the slip band.

Es wird am Beispiel plastisch deformierter KCl-Einkristalle mit Sr-Dotierung gezeigt, daß sich die innere Struktur von Gleitbändern durch Dekoration mit ultramikroskopisch nachweisbaren Ausscheidungspartikeln — die durch geeignete thermische Behandlung nach der Deformation erzeugt werden — sichtbar machen läßt und daß die Anordnung dieser Ausscheidungen an den Versetzungen eine charakteristische Änderung des spannungsoptischen Kontrastes im Gleitband hervorruft.

The process of plastic deformation of transparent crystals can be investigated by means of photoelastic methods (e.g. cf. NYE). Alkali halide single crystals are well suited as model substance for such studies. Thereby, particularly the photoelastic contrast in slip bands occurring during plastic deformation has been studied in detail and interpreted by the arrangement of dislocations in the slip band (OBREIMOV, SCHUBNIKOFF; MENDELSON; SCHAEFFER). A further possibility for making visible deformation pattern in crystals is given by the decoration method (AMELINCKX), where lattice inhomogeneities can be detected by precipitation particles which can ultramicroscopically be observed to occur preferentially at the imhomogeneities. This method is particularly advantageous in the case of doped crystals where by appropriate thermal treatment the doping substances — being in a metastable state of solution — can be caused to precipitate. The precipitating behaviour of strontium in Sr-doped KCl crystals seems to be favourable for the application of the decoration method, as precipitation takes place already at relatively low temperatures (DEBES, FRÖHLICH) and as the deformation state created by thermal treatment practically does not change (with certainty one can say that no curing will occur). Therefore, in the present paper the two methods mentioned for the detection of deformation pattern shall be compared by the example of plastically deformed Sr-doped KCl crystals and the effectivity of the precipitation particles on the photoelastic picture of the decorated slip bands shall be detected.

The microscopic investigations were performed using the research microscope NU from VEB C. Zeiss-Jena. For ultramicroscopic observation a cardioid condenser was applied. The photoelastic pictures were taken with crossed polarizers in so-called 0° position (direction of polarization parallel to the ⟨100⟩ orientation of the

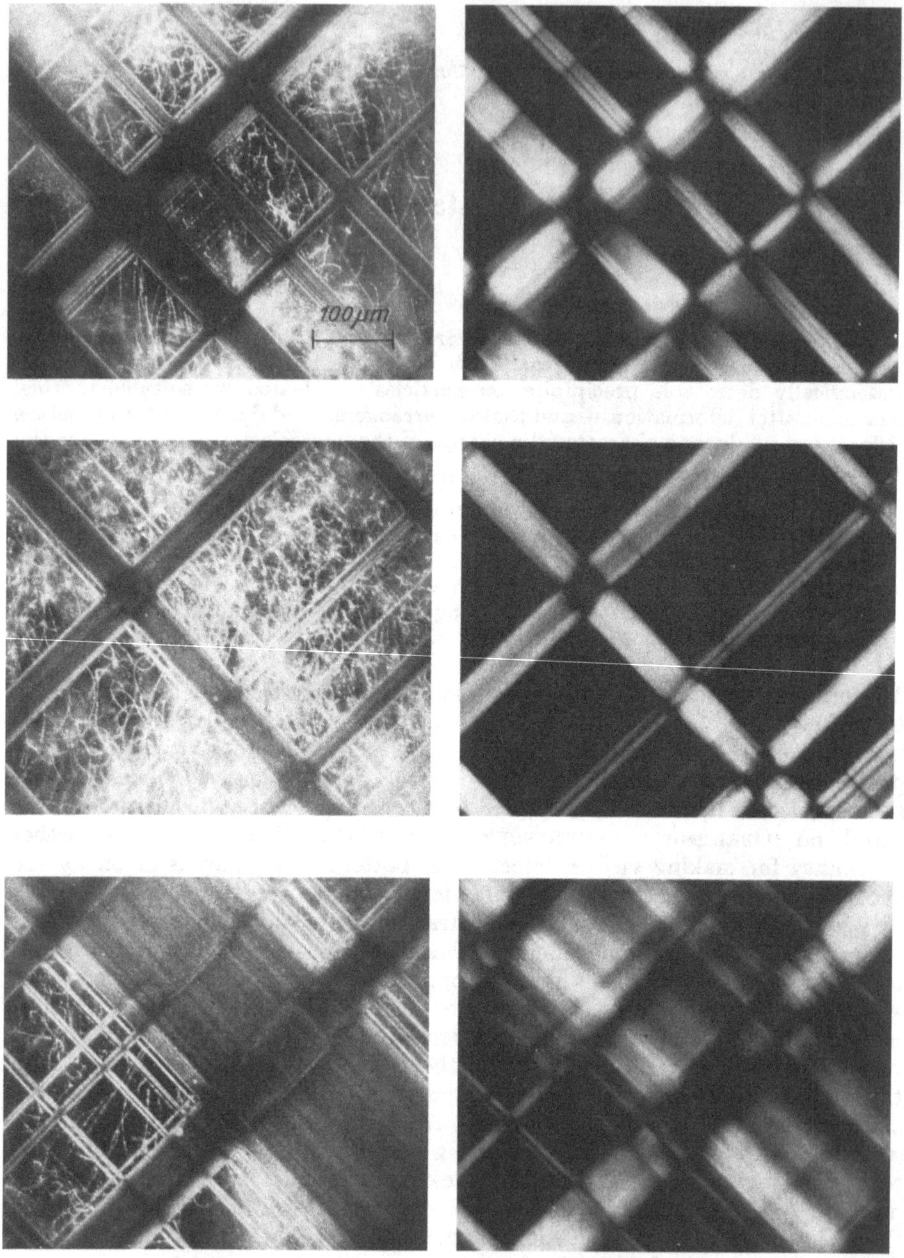

Fig. 1 – 3. Ultramicroscopic pictures (left) and photoelastic pictures (right) of identical regions of deformed and subsequently annealed Sr-doped KCl specimens. Scale each time corresponding to that of Figure 1a (left-hand top)

crystal). The KCl crystals used (Sr content 580 ppm) were grown in the air after the Nacken-Kyropoulos method. Doping was achieved by adding $SrCl_2$ to the melt. The crystal samples (dimension $3 \times 3 \times 10$ mm)[2] cleaved from the single crystals were annealed for 20 hrs at 600 °C and then cooled down to room temperature. Cooling time was chosen so that no precipitations were ultramicroscopically visible and — photoelastically detectable — only minimum thermal stresses were available. Then the specimens were plastically deformed at room temperature by compression in $\langle 100 \rangle$-direction for about 0.5% and subsequently annealed at 280 °C. At this temperature ultramicroscopically visible precipitations of a Sr-containing second phase can be detected after about 5 hrs annealing. In general the annealing periods had been extended to 50—70 hrs for obtaining better contrasts of the decorated slip pattern in the ultramicroscopic observation.

In the Figures 1—3 photos of deformation structures obtained simultaneously by ultramicroscopical and photoelastic observation are compared for specimens after the pretreatment described above. The ultramicroscopic pictures, represented in Figure 1a, 2a und 3a, show decorated slip bands in the two orthogonal slip systems $\{110\}$ and $\{\bar{1}10\}$, resp. It is seen that the slip planes which are isolated and the slip planes limiting the slip bands from the undeformed regions of the crystal are marked by a more intense light scattering as compared with the interior of the slip band. The decoration structures visible in undeformed crystal regions correspond to the defect structure in the initial state of the crystal samples, which might be originated during growth. For comparison Figure 4 shows the ultramicroscopic picture of a crystal specimen of thermally equal pretreatment but without deformation.

The photoelastically detected slip pattern in the Figures 1b, 2b and 3b can unambiguously be coordinated to the corresponding decorated slip bands in the Figures 1a, 2a and 3a. There it is seen that the decoration permits a considerably higher resolution of details in the slip band. Contrary to the normal photoelastic contrast in the 0° position of a non-decorated slip band (compare Figure 5a), as it normally occurs in pure crystals, the slip band interior shows an intensive brightness which does not occur before annealing the crystals. This shall additionally be demonstrated by comparing Figures 5a and 5b. Figure 5a represents the photoelastic picture of a crystal region after deformation (and before annealing). In the slip band running from left-hand top to right-hand bottom the slip band interior is dark. Figure 5b shows the same slip band after annealing for two hours at 280 °C. The slip band interior now is bright.

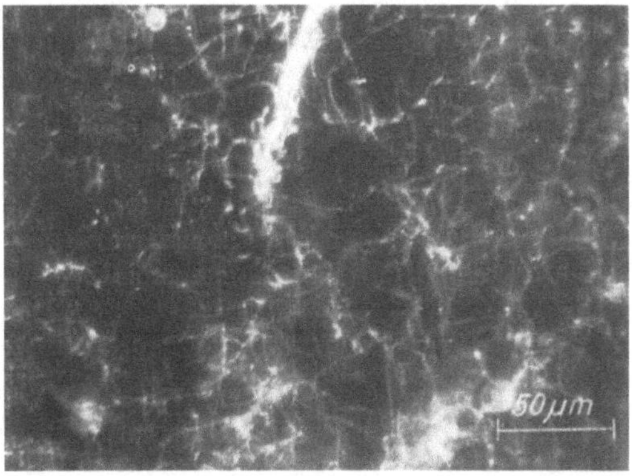

Fig. 4. Ultramicroscopic picture of decorated dislocation structures in an undeformed Sr-doped KCl specimen

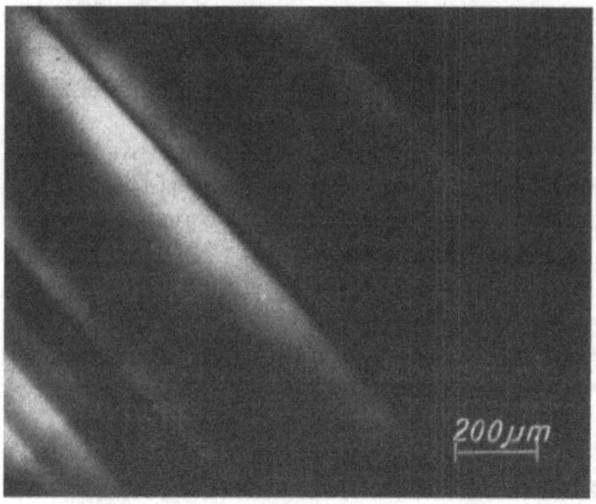

a b

Fig. 5a. Photoelastic contrast of a slip band

Fig. 5b. Photoelastic contrast of the same slip band as represented in Figure 5a, but after annealing of the sample. (Scale corresponding to that of Figure 5a)

Simultaneously performed investigations at pure KCl crystals do not show any changes in the photoelastic contrast after an analogous annealing process at 280 °C for two hours Therefore the strong brightening effect of the slip band core of doped crystals after the appearance of precipitations must be interpreted by internal stresses caused by the arrangement of the precipitations at the dislocations within the slip band region. The directions of the main stresses in this region are parallel and vertical to the slip band.

References

AMELINCKX, S.: Acta Metallurg. **6**, 34 (1958)
DEBES, M., FRÖHLICH, F.: Cryst. Latt. Def. **2**, 55 (1971)
MENDELSON, S.: J. appl. Physics **32**, 1999 (1961)
NYE, J. F.: Physical Properties of Crystals, London 1960
NYE, J. F.: Proc. Roy. Soc. **A200**, 47 (1949)
OBREIMOW, I. W., SCHUBNIKOFF, L. W.: Z. Physik **41**, 907 (1927)
SCHAEFFER, B.: Bull. Soc. franc. Minér. Crist. LXXXIX, 297 (1966)

(Received August 28, 1972)

Authors' address:
Doz. Dr. habil. F. FRÖHLICH
Dipl.-Phys. M. DEBES
Sektion Physik
Martin-Luther-Universität Halle
Friedemann-Bach-Platz 6
402 Halle/Saale
GDR

Kristall und Technik	8	1–3	1973	327–336

F. FRÖHLICH, G. HENSEL

Sektion Physik der Martin-Luther-Universität Halle-Wittenberg

Untersuchungen zum Gyulai-Hartly-Effekt

Es werden Ergebnisse von Experimenten zum Nachweis einer möglichen Zunahme der elektrischen Leitfähigkeit während der plastischen Deformation von reinen und Ca-dotierten NaCl-, KCl- und KBr-Kristallen beschrieben. Die Deformation erfolgte durch einaxiale Kompression und im Scherungsversuch. Es konnte gezeigt werden, daß das für die Leitfähigkeit repräsentative elektrische Signal stets durch Polarisationserscheinungen infolge elektrisch geladener Versetzungen überlagert ist. Eine Leitfähigkeitserhöhung während Deformation konnte im Rahmen der Meßgenauigkeit in keinem Fall nachgewiesen werden.

Results of experiments are reported concerning a possible enhancement of the dc conductivity during plastic deformation of pure and Ca doped NaCl, KCl and KBr crystals. The deformation was performed by uniaxial compression and by shearing. It could be shown that the electrical signal representing the conductivity always is superimposed by a polarization phenomenon due to electrically charged dislocations. In the limits of the measurement accuracy it was impossible in all cases to find an enhancement of the conductivity during deformation.

1. Einleitung

An natürlichen NaCl-Einkristallen wurde von GYULAI und HARTLY 1928 bei Messungen der elektrischen Leitfähigkeit mit Hilfe einer Elektrometeranordnung bei etwa 40 °C im Kompressionsversuch während plastischer Deformation der Kristallproben eine kurzzeitige starke Erhöhung des gemessenen elektrischen Signals beobachtet, das von ihnen als Leitfähigkeitserhöhung gedeutet wurde (GYULAI-HARTLY-Effekt). Diese Erhöhung der (in Alkalihalogenidkristallen im Tieftemperaturgebiet durch Kationenleerstellen vermittelten) Leitfähigkeit fiel nach kurzer Zeit wieder auf Null ab, weitere Erhöhungen konnten nur beobachtet werden, wenn der Kristall erneut höher belastet wurde.

Von SEITZ ist diese Erscheinung über die Entstehung neuer Leerstellen während der plastischen Deformation aus der Wechselwirkung von Versetzungen erklärt und zur Abschätzung der Anzahl der bei plastischer Deformation erzeugten Leerstellen benutzt worden.

Ähnliche Ergebnisse wurden auch von QUITTNER und STEPANOV erhalten. STEPANOV beobachtete dabei zusätzlich zu einer möglichen Leitfähigkeitserhöhung einen „Polarisations"-Effekt, der während der Deformation zu einer Aufladung der Meßelektroden (ohne Anlegen eines elektrischen Feldes) führte. Dieser Ladungseffekt ist auf die Existenz von elektrisch geladenen Versetzungen im Kristall zurückzuführen (SMOLUCHOWSKI; URUSOWSKAJA): Diese Versetzungen induzieren bei ihrer Bewegung durch den Kristall während des Deformationsprozesses elektrische Ladungen an den Elektroden.

Im Anschluß an die Experimente von Gyulai und Hartly und die von Quittner und Stepanov ist wiederholt versucht worden, eine Leitfähigkeitserhöhung während der plastischen Deformation von Alkalihalogenidkristallen nachzuweisen. Die mitgeteilten Ergebnisse sind widersprüchlich. Einerseits konnten von einer Reihe von Autoren Leitfähigkeitserhöhungen nicht gefunden werden, zum anderen wurden nachgewiesene Erhöhungen der Leitfähigkeit als empfindlich von der Probengeometrie und zum Teil auch von der mechanischen Belastung abhängig mitgeteilt (Kassel; Caffyn, Goodfellow; Taylor, Pratt). Weiterhin wurden für die verschiedenen Alkalihalogenidkristalle unterschiedliche Ergebnisse bekannt gemacht. Selbst bei vergleichbarer Probengeometrie ergaben sich widersprüchliche Aussagen (Müller; Kiss).

Zur Klärung der Widersprüche werden nachfolgend die Ergebnisse von gezielt durchgeführten Experimenten zum Nachweis der Leitfähigkeitserhöhung während der Deformation an speziell vorbehandeltem und speziell dotiertem Kristallmaterial mitgeteilt, insbesondere auch von Messungen an Proben mit definierter thermischer Vorgeschichte und unterschiedlichen Ca-Gehalten. Weiter wurden die Untersuchungen von Camagni und Manara an reinen Kristallen auf Proben mit höheren Ca-Gehalten erweitert und die Leitfähigkeit während plastischer Deformation im Scherungsversuch verfolgt, um den Einfluß einer möglichen „Kanal"-Leitung erfassen zu können.

2. Ergebnisse

Nachfolgend werden die Ergebnisse von Experimenten zum Nachweis einer Leitfähigkeitsänderung während einaxialer Kompression (Kap. 2.1) und während Scherung (Kap. 2.2) mitgeteilt.

2.1. Leitfähigkeit während einaxialer Kompression

Bei einaxialer Kompression von Kristallen werden in den Proben mehrere zueinander orthogonale Gleitsysteme bestätigt (vgl. Fig. 2), deren zugehörige Versetzungen in Wechselwirkung treten und zu einer Erhöhung der Leerstellen-

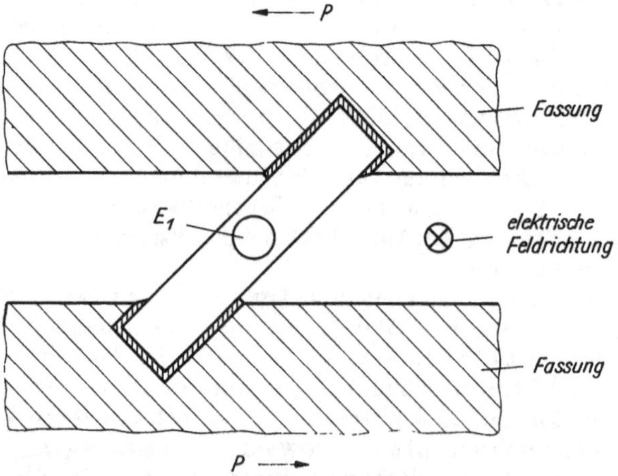

Fig. 1. Darstellung der Probenanordnung bei den Scherungsversuchen, sowie Lage der Elektroden und Richtung des elektrischen Feldes

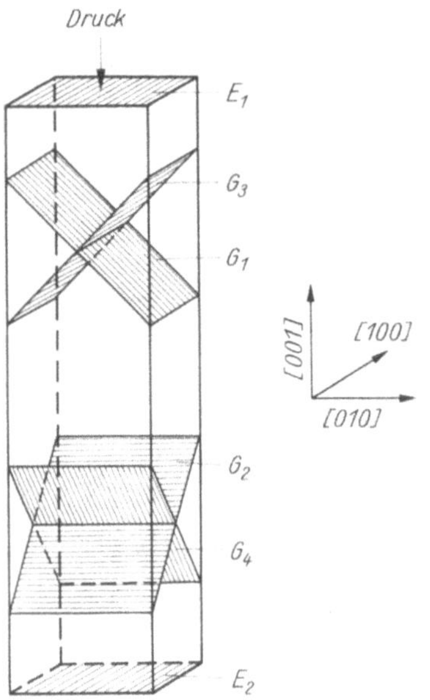

Fig. 2. Darstellung der möglichen Gleitebenen G1 bis G4 bei einaxialer Kompression; E1 und E2: Elektroden

konzentration n führen können. Aus diesem Grunde wurde die Leitfähigkeit von Kristallen während einaxialer Kompression untersucht.

Für die Experimente wurden Kristallproben von $4 \times 4\,\mathrm{mm}^2$ Grundfläche und 6,5 mm Höhe verwendet. Diese Proben wurden von Einkristallen abgespalten, die nach dem Nacken-Kyropoulos-Verfahren an Luft aus der Schmelze hergestellt wurden. Die Deformation erfolgte in Richtung der Kristallhöhe mit einer Geschwindigkeit von ca. $3\,\mu\mathrm{m} \cdot \mathrm{min}^{-1}$. Das Abgleitverhalten wurde spannungsoptisch verfolgt und dabei nur Kristalle zur Auswertung herangezogen, die im spannungsoptischen Bild hinreichend symmetrisches Abgleitverhalten zeigten, d. h. in denen beide Gleitsysteme etwa in gleicher Stärke betätigt wurden. Die Elektroden (E 1 und E 2 in Figur 2) befinden sich im direkten Kontakt mit den hochisolierten Druckstempeln. Als Meßverstärker diente ein Schwingkondensator-Elektrometer Cary 401 mit einem Ableitwiderstand von 10^{11} Ohm. Die Temperatur für die Leitfähigkeitsmessung und die Deformation betrug 52 °C.

Figur 3 zeigt für eine KCl-Probe mit $2 \cdot 10^{-5}$ Ca/KCl den Verlauf des elektrischen Signals während eines Deformationsintervalls in Abhängigkeit von der Meßzeit. Da die Deformationsgeschwindigkeit konstant war, ist der Zeitmaßstab der Verformung direkt proportional. Der Kristall wurde vor dem Versuch einer thermischen Vorbehandlung bei 650 °C 12 h mit nachfolgendem langsamen Abkühlen unterworfen. Danach war der Kristall „optisch" spannungsfrei.

Vor dem Beginn der Deformation wurde die Grundleitfähigkeit (σ_0 in Figur 3) gemessen, die sich als konstanter Wert (des Spannungsabfalls am Ableitwiderstand) einstellt. Bei Deformation tritt eine Veränderung des elektrischen Signals erst nach dem Erreichen der Fließgrenze ein. Das elektrische Signal steigt während der plastischen Deformation stark an (der Abfall in der 9. Minute wird in Kapitel 3 diskutiert) bis fast ein stationärer Wert erreicht wird. Man beachte in Figur 3 den Bereichswechsel von 300 mV auf 1 V. Der Kurvenverlauf ist nicht stetig, sondern setzt sich aus einer Vielzahl von zeitlich auf-

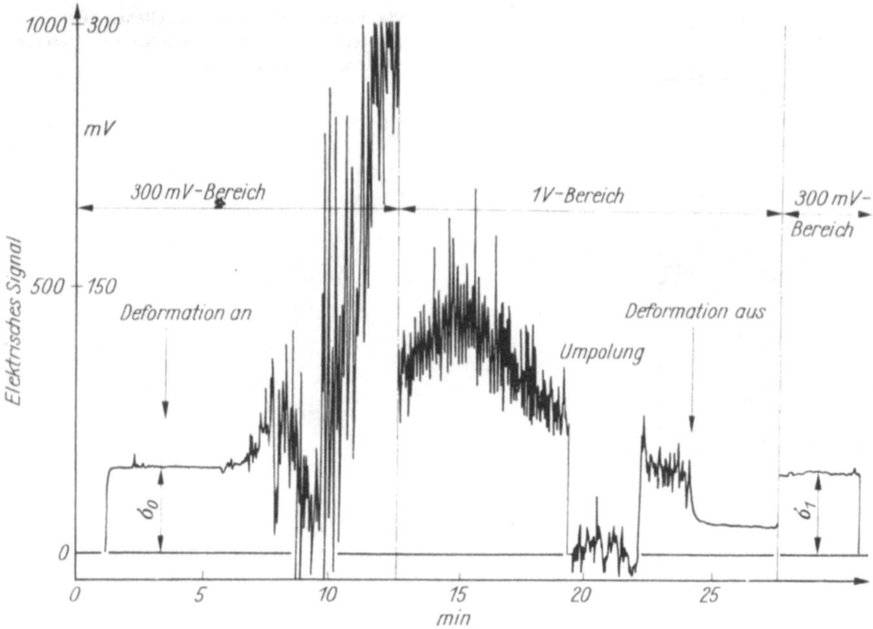

Fig. 3. Verlauf des elektrischen Signals während Deformation einer KCl-Probe mit $2 \cdot 10^{-5}$ Ca/KCl, Temperbehandlung bei 650 °C 12 h, langsam abgekühlt. Leitfähigkeitsmessung und Deformation bei 52 °C. Messung des elektrischen Signals (mV) von $t = 0$ bis $t = 12{,}5$ min im 300 mV-Bereich des Verstärkers, von $t = 12{,}5$ min bis $t = 28$ min im 1 V-Bereich und für $t > 28$ min im 300 mV-Bereich (Ableitwiderstand 10^{11} Ohm). σ_0: Signalgröße (mV) vor Beginn der Deformation, aus der die Grundleitfähigkeit zu $1{,}50 \cdot 10^{-14}\ \Omega^{-1}\,\mathrm{cm}^{-1}$ berechnet wurde; σ_1: Signalgröße nach der Deformation, Leitfähigkeit $1{,}46 \cdot 10^{-14}\ \Omega^{-1}\,\mathrm{cm}^{-1}$; das Deformationsintervall (Deformation an – aus) entspricht einer Deformation der Probe um etwa 1 %. „Umpolung" (in der 20. min) bezeichnet das Intervall, in dem ein Wechsel der elektrischen Feldrichtung während der Deformation vorgenommen wurde

einander folgenden Spitzen zusammen. Die Höhe der Spitzen und der gesamte Kurvenverlauf kann durch eine genügend große Zeitkonstante der Verstärkeranordnung weitgehend eingeebnet werden.

Falls Niveau und Spitzen eine Erhöhung der Leitfähigkeit darstellen, müßten diese beim Umpolen des angelegten elektrischen Feldes (ca. 90 V) ebenfalls das Vorzeichen ändern. Dieser Versuch ist in Figur 3 mit „Umpolung" bezeichnet. Es zeigt sich jedoch statt einer Umklappung des Signals symmetrisch zur Nullinie nur eine Verschiebung bis etwa in die Nähe der Nullinie. Nach Wiederherstellen der ursprünglichen Feldrichtung schließt sich die Größe des elektrischen Signals an den früheren Verlauf direkt an. Nach Beendigung der Deformation fällt das Signal in kurzer Zeit auf einen konstanten Wert σ_1 ab.

Figur 4 zeigt den Verlauf des elektrischen Signals, gemessen an der gleichen Kristallprobe in drei weiteren unmittelbar folgenden Deformationsintervallen. Charakteristisch ist eine langsame Verminderung der Anzahl der Spitzen und ihrer Höhe mit fortschreitendem Deformationsgrad ε. Dabei nimmt die Anzahl der Spitzen, die negative Werte erreichen, zu. Desweiteren ist die Abnahme der stationären Werte σ_i, $i = 1, 2, 3, 4$ zu beobachten.

Untersucht wurden in dieser Weise Proben verschiedener Alkalihalogenidkristalle mit folgenden Dotierungen:

KCl-Proben mit $7 \cdot 10^{-6}$ Ca/KCl, langsam abgekühlt
KCl-Proben mit $2 \cdot 10^{-5}$ Ca/KCl, langsam abgekühlt
KCl-Proben mit $17 \cdot 10^{-5}$ Ca/KCl, abgeschreckt und langsam abgekühlt
NaCl-Proben mit $4{,}5 \cdot 10^{-5}$ Ca/NaCl, langsam abgekühlt
NaCl-Proben mit $9{,}0 \cdot 10^{-4}$ Ca/NaCl, langsam abgekühlt
KBr-Proben mit $1{,}7 \cdot 10^{-5}$ Ca/KBr, langsam abgekühlt
KBr-Proben mit $7{,}8 \cdot 10^{-5}$ Ca/KBr, langsam abgekühlt

Bei allen Experimenten ergaben sich qualitativ die gleichen Ergebnisse, wie sie in Figur 3 und 4 dargestellt wurden. Abweichungen ergaben sich nur in der Höhe des elektrischen Signals und der Anzahl der Spitzen, die auftraten, nicht

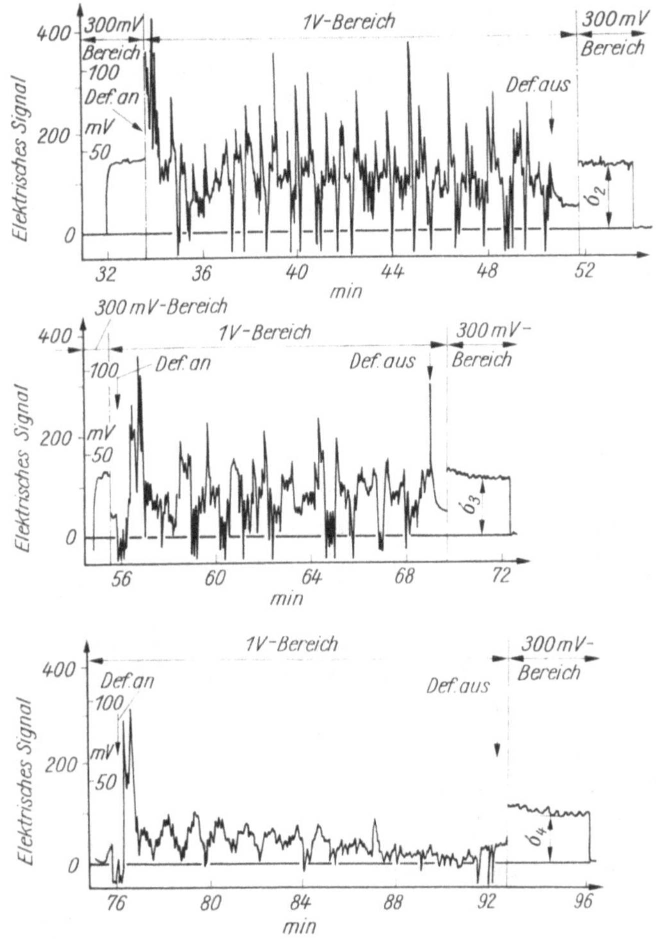

Fig. 4. Verlauf des elektrischen Signals während Deformation einer KCl-Probe mit $2 \cdot 10^{-5}$ Ca/KCl. Fortsetzung des in Figur 3 gezeigten Deformationsverlaufs. Von oben nach unten im Bild: 2., 3. und 4. Deformationsintervall, $\Delta\varepsilon$ jeweils ungefähr 1 %, σ_2, σ_3 und σ_4: elektrische Signalgrößen nach Deformation (man beachte den Bereichswechsel)

jedoch in deren charakteristischem Verlauf. Die Lage des Niveaus stimmte nicht in allen Fällen mit dem Vorzeichen des angelegten elektrischen Feldes überein, es wurden zum Teil auch stationäre negative Werte gemessen. In allen Fällen war σ_t kleiner als σ_0 und nahm mit zunehmender Deformation weiter ab.

2.2. Messung der Leitfähigkeit während Scherung

Neben der Erhöhung der Zahl n der Ladungsträger kann eine Leitfähigkeitssteigerung auch durch eine Erhöhung der Beweglichkeit der vorhandenen Ladungsträger erfolgen. Diese erhöhte Beweglichkeit in gestörten Bereichen, wie Korngrenzen und entlang von Versetzungen, ist aus Messungen der Diffusionskonstanten bekannt. Für KCl- und NaCl-Kristalle wurde von KANZAKI und Mitarbeitern, sowie von FROSCHAUER, ILSCHNER u. a. eine Änderung der Beweglichkeit für eine Leitfähigkeitszunahme nach plastischer Deformation — jedoch bei höheren Meßtemperaturen — verantwortlich gemacht.

Um übersichtliche Randbedingungen zu erhalten wurden hier Experimente durchgeführt, in denen die Leitfähigkeit in Abhängigkeit von der Lage der Versetzungen zur elektrischen Feldrichtung untersucht werden kann. Dazu wurden stäbchenförmige KCl- und NaCl-Proben in einer Deformationsapparatur (KÄSTNER) unter Vorvakuum in Scherung deformiert und die Leitfähigkeit während der Deformation verfolgt. Die Abgleitgeschwindigkeit betrug 10 $\mu m \cdot min^{-1}$. Die Messungen erfolgten bei RT und 49 °C. Die spannungsfrei getemperten Proben (Länge 20 mm, Querschnitt 3×4 mm^2) wurden in Metallfassungen spielfrei eingekittet. Das Abgleitverhalten wurde spannungsoptisch verfolgt. Als Elektroden wurden auf die 4 mm breiten Flächen symmetrisch Silberkontakte aufgedampft. In Figur 1 ist schematisch die Lage der Proben in den Fassungen und die Anordnung der aufgebrachten Elektroden dargestellt. Gemessen wurde mit einem Schwingkondensator-Elektrometer VA-J-51.1, bei einem Ableitwiderstand von 10^{11} Ohm, die angelegte Gleichspannung betrug 250 V.

Nach KÄSTNER tritt bei reiner Scherung vor allem in den Anfangszuständen bevorzugt Gleitung in nur einem Gleitsystem auf. Dies kann durch den Verlauf der mechanischen Spannung (Verfestigungskurve) und im spannungsoptischen Bild verfolgt werden. Die bevorzugte Gleitung führt im Kristall zu einer speziellen Lage der Versetzungen, deren Stufenkomponenten bevorzugt in Richtung des elektrischen Feldes für die Leitfähigkeitsmessungen liegen (vgl. Figur 1).

Eine erhöhte Beweglichkeit der Ladungsträger in diesen Kanälen, die sich über wesentliche Teillängen des gesamten Diffusionsweges erstrecken, könnte zu einer Erhöhung der gemessenen Leitfähigkeit, speziell während der Deformation führen. Untersucht wurden nominell reine NaCl-Proben und KCl-Proben mit 7 ppm Ca. Im Anschluß an die Messung der Grundleitfähigkeit (im undeformierten Zustand) wurde das elektrische Signal während der Scherung verfolgt. In allen Fällen wurde ein Verlauf des während der Deformation auftretenden elektrischen Signals gefunden, der qualitativ mit den Ergebnissen bei einaxialer Kompression übereinstimmt.

3. Diskussion

Bei einer Diskussion der in Kapitel 2 mitgeteilten experimentellen Ergebnisse muß klargestellt werden, ob aus den bei den Messungen registrierten elektrischen

Signalen auf eine Änderung der elektrischen Leitfähigkeit während plastischer Deformation geschlossen werden kann, oder ob möglicherweise die Ladungserzeugung durch elektrisch geladene Versetzungen, die bei der Deformation im Gitter über endliche Strecken transportiert werden, verantwortlich ist.

In den Ausdruck für die Leitfähigkeit σ geht die Ladungsträgerkonzentration n, die Beweglichkeit μ und die Elementarladung e ein:

$$\sigma = n \cdot e \cdot \mu .$$

Eine Änderung der Leitfähigkeit kann mithin über eine Änderung der Konzentration n der für die Leitfähigkeit in diesem Temperaturbereich allein verantwortlichen Kationenleerstellen oder über eine Änderung der Beweglichkeit μ erfolgen.

Um entscheiden zu können, ob die während plastischer Deformation gemessenen elektrischen Signale durch Änderung der Ionenleitfähigkeit verursacht werden, kann durch die folgenden drei Bedingungen überprüft werden:

1. Bei einer Umpolung des elektrischen Feldes muß das elektrische Signal sein Vorzeichen symmetrisch zur Nullinie wechseln (für den Fall, daß die Überführungszahl gleich 1 ist, was für die hier untersuchten Kristalle im Tieftemperaturgebiet sicher der Fall ist (ALLNATT, JACOBS)).
2. Die Größe des für den Strom repräsentativen elektrischen Signals (gemessener Spannungsabfall am Hochohmwiderstand) muß dem Ohmschen Gesetz gehorchen.
3. Ohne Anlegen eines elektrischen Feldes darf kein elektrisches Signal auftreten.

Zu Bedingung 1: in Figur 5 ist aus Gründen besserer Übersicht der Verlauf des elektrischen Signals, der charakteristisch für die Scherungs- und Kompressionsversuche ist, schematisch dargestellt. Nach der Messung der Grundleitfähigkeit σ_0 steigt das elektrische Signal nach Beginn der Deformation bei Erreichen der Fließgrenze bis zu einem bestimmten Niveau an. Dieses Niveau wird aus einer Vielzahl von Spitzen gebildet. Falls dies durch eine erhöhte

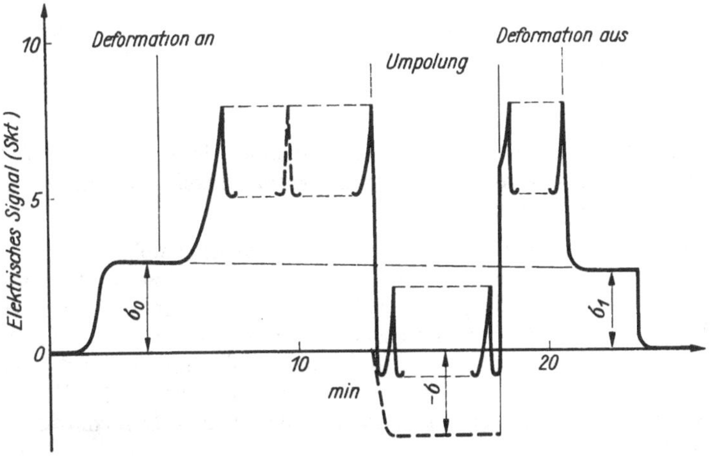

Fig. 5. Schematische Darstellung zum Verlauf des elektrischen Signals während Deformation. σ_0 und σ_1: elektrische Signalgrößen, die direkt der Leitfähigkeit proportional sind. „Umpolung": Wechsel der elektrischen Feldrichtung während der Deformation, dabei ist $-\sigma$ die ohne Deformation bei Umpolung erhaltene Signalgröße

Leitfähigkeit bedingt ist, muß eine Umpolung zu einer Spiegelung des Signals an der Nullinie führen. Erhalten wird jedoch nur eine Verschiebung bis in die Nähe der Nullinie.

Dieses Verhalten läßt sich verstehen, wenn angenommen wird, daß das elektrische Signal aus zwei unterschiedlichen Teilspannungen zusammengesetzt ist. Die eine Teilspannung wird durch eine Größe dargestellt, die dem elektrischen Signal von σ_0 entspricht und die der Bedingung 1 gehorcht. Die zweite Teilspannung muß unabhängig von der Feldrichtung sein, wobei die geometrische Addition dieser beiden Größen dann die gemessene Signalgröße oberhalb der Nullinie liefert (vgl. Figur 5). Nach dem erneuten Umpolen stellt sich der alte Zustand wieder ein. Dies wurde im Rahmen der Meßgenauigkeit bei allen Experimenten gefunden. Nach Beendigung der Deformation stellt sich in kurzer Zeit ein stationärer Wert σ_1 ein, der etwas kleiner ist als die Grundleitfähigkeit σ_0. Dies ist in Übereinstimmung mit den kürzlich mitgeteilten Ergebnissen von Leitfähigkeitsmessungen an NaCl- und KCl-Proben *nach* plastischer Deformation (FRÖHLICH, HENSEL, ZILLER).

Zu Bedingung 2: Eine Änderung des angelegten elektrischen Feldes führt zu keiner proportionalen Änderung des für den Strom repräsentativen elektrischen Signals der Spitzen und des aus ihnen gebildeten mittleren Niveaus. Das Ohmsche Gesetz gilt nicht.

Zu Bedingung 3: Eine Messung ohne Anlegen eines Feldes liefert eine Verschiebung eines gemessenen positiven Signals in Richtung auf die Nullinie. Der Betrag der Verschiebung entspricht etwa der Größe des der Grundleitfähigkeit zuzuordnenden Signals.

Aus diesen Ergebnissen muß gefolgert werden, daß während der plastischen Deformation weder im einaxialen Kompressionsversuch über n noch im Scherungsversuch über μ eine Leitfähigkeitserhöhung auftritt, sowohl in reinen als auch in Ca-dotierten und thermisch unterschiedlich vorbehandelten Kristallen.

Es ist jedoch bekannt (z.B. aus Dichtemessungen (DEBES; ANDREEV, SMIRNOV)), daß beim einaxialen Kompressionsversuch eine erhebliche Anzahl neuer Leerstellen gebildet wird. Da dennoch eine Leitfähigkeitserhöhung nicht nachgewiesen werden konnte, muß geschlossen werden, daß die neugebildeten Leerstellen sehr schnell in größeren Aggregaten (wahrscheinlich in Leerstellenclustern (vgl. ANDREEV, SMIRNOV; FRÖHLICH, HENSEL, ZILLER) festgelegt werden, die nicht am Leitfähigkeitsprozeß teilnehmen.

Das während der Deformation auftretende elektrische Signal kann durch Polarisationserscheinungen — hervorgerufen durch elektrisch geladene Versetzungen — erklärt werden:

Stufenversetzungen können in Ionenkristallen eine elektrische Ladung tragen, vgl. z.B. die zusammenfassenden Arbeiten von SMOLUCHOWSKI und URUSOWSKAJA. Die Versetzungsladung kann sowohl positiv als auch negativ sein. Das Vorzeichen der Ladung richtet sich bei einem vorgegebenem Kristall nach der Konzentration der Anionen- und Kationenleerstellen (und damit nach der Dotierung und thermischen Vorbehandlung) mit denen die Versetzungen bei ihrer Bewegung im Gitter während der plastischen Deformation in Wechselwirkung treten.

Bei einaxialer Kompression können an den säulenförmigen prismatischen Kristallproben je zwei orthogonale Gleitsysteme (G1 bis G4 in Fig. 2) betätigt werden. Die in diesen Gleitebenen betätigten elektrisch wirksamen Stufenver-

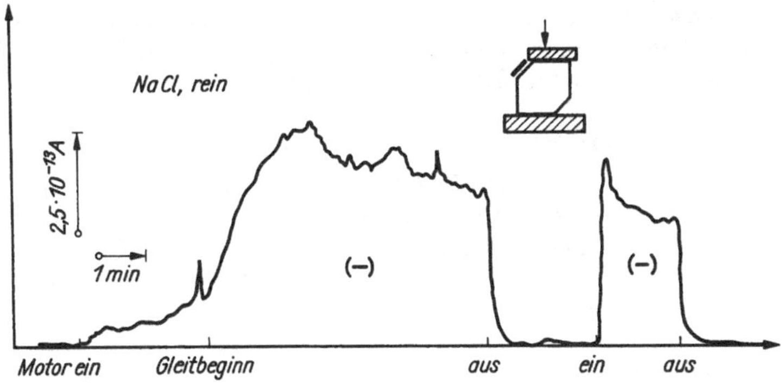

Fig. 6. Registrierkurve des Stromverlaufes während Kompression eines reinen NaCl-Kristalls (FRÖHLICH, SUISKY)

setzungen können sich dabei prinzipiell sowohl von „oben nach unten" (vgl. Figur 2) als auch in entgegengesetzter Richtung bewegen. Eine im Kompressionsversuch praktisch immer vorliegende Unsymmetrie in Bezug auf die Anzahl der in den verschiedenen Richtungen bewegten Versetzungen und in Bezug auf die Blockierung der Versetzungen führt zu einer Ladungstrennung im Kristall und damit zu einer Influenzwirkung auf den Elektroden E1 und E2 (Fig. 2).

Die dabei zwischen E1 und E2 auftretende elektrische Spannung hängt mithin in ihrem Vorzeichen vom gegenseitigen Anteil der in den verschiedenen Richtungen bewegten Versetzungen ab. Dieser Anteil kann sich während der Deformation verändern.[1])

Bei kontinuierlicher Deformation und fortlaufender Registrierung der elektrischen Spannung an den Elektroden im Kompressionsversuch mit stabförmigen Proben (MARTYSHEV) und mit sechseckigen Kristallproben (zur Bevorzugung eines Gleitsystems (FRÖHLICH, SUISKY)) ergibt sich für Ca-dotierte Proben ein durch Spitzen überlagerter Kurvenverlauf, der dem in Figur 3 und 4 völlig analog ist. Beim Auftreten der einem mittleren Niveau (ohne angelegtes Feld) überlagerten Spitzen ist von SUISKY beobachtet worden, daß gleichzeitig damit — im spannungsoptischen Bild sichtbar — neue Gleitbänder entstehen. In gesonderten Experimenten konnte gezeigt werden, daß die Häufigkeit der Spitzen mit dem Ca-Gehalt der Proben steigt. Bei reinem Material ergibt sich ein im Prinzip ähnlicher aber weitgehend glatter Kurvenverlauf wie er in Figur 6 dargestellt ist. Dies ist in Übereinstimmung mit den in der vorliegenden Arbeit erhaltenen Befunden für Kristalle mit unterschiedlicher Ca-Dotierung.

Da bei Scherungsversuchen ähnliche Überlegungen hinsichtlich der Ladungserzeugung durch Versetzungen während der Deformation und der dadurch an den Elektroden (E in Fig. 1) erzeugten Potentialdifferenzen gültig sind, kann mithin geschlossen werden, daß bei den in Kapitel 2 dargestellten Ergebnissen die durch die Ohmsche Leitfähigkeit des Kristalls bewirkte Spannung durch eine zweite von der elektrischen Polarisation infolge geladener Versetzungen entstehenden Teilspannung überlagert ist. Die Richtung der von den geladenen Versetzungen herrührenden Teilspannung wird durch die Einzelheiten des Ab-

---

[1]) Solche Experimente können deshalb auch nicht — wie es anfänglich geschehen ist — zu Aussagen über das Vorzeichen der elektrischen Ladung der Einzelversetzung benutzt werden.

gleitvorganges bestimmt und ist unabhängig von der Richtung des angelegten elektrischen Feldes. So ist auch der z.B. in Figur 3 zur Zeit $t = 9$ min in negativer Richtung auftretende Kurvenverlauf zu verstehen.

4. Zusammenfassung und Folgerungen

1. An den in Kompression und Scherung untersuchten Alkaihalogenidkristallen verschiedener Dotierung und unterschiedlicher Vorbehandlung konnte während plastischer Deformation zwischen RT und 52 °C eindeutig keine Leitfähigkeitserhöhung, d. h. keine als Gyulai-Hartly-Effekt zu beschreibende Erscheinung nachgewiesen werden.
2. Bei allen Deformationsexperimenten wurden starke dem Verlauf der Leitfähigkeit überlagerte Ladungseffekte beobachtet. Es besteht daher die Möglichkeit, daß auch in den bisher mitgeteilten Ergebnissen über eine Leitfähigkeitserhöhung während Deformation (Taylor, Pratt; Kiss; Camagni, Manara) diese stark durch Polarisationseffekte infolge elektrisch geladener Versetzungen verfälscht worden sein können.
3. Die in den Kristallen während der Deformation neugebildeten Leerstellen liegen nicht als freie Ladungsträger im Gitter vor. Sie sind wahrscheinlich in Form von Leerstellenclustern im Gitter eingebaut, ohne damit zur Leitfähigkeit beitragen zu können.

Literatur

Allnatt, A. R., Jacobs, P. W. M.: Transactions of Farad. Soc. **58.1**, 116 (1962)
Andreev, G. A., Smirnov, B. I.: phys. stat. sol. **36**, K37 (1969)
Caffyn, J. E., Goodfellow, T. L.: Nature **176**, 878 (1955)
Camagni, P., Manara, A.: J. Physic. Chem. Solids **26**, 449 (1965)
Debes, M., Sektion Physik, Universität Halle (erscheint demnächst)
Fröhlich, F., Hensel, G., Ziller, J.: phys. stat. sol. (a) **6**, 165 (1971)
Fröhlich, F., Suisky, D.: phys. stat. sol. **4**, 151 (1964)
Froschauer, L., Ilschner, B.: phys. stat. sol. **39**, 329 (1970)
Gyulai, Z., Hartly, D.: Z. Physik **51**, 378 (1928)
Kanzaki, H., Kido, K., Ninomiva, T.: J. appl. Physics Suppl. **33**, 482 (1962)
Kassel, M.: Z. Physik **90**, 287 (1934)
Kästner, G.: Dissertation, Sektion Physik Halle 1968
Kiss, J.: Acta phys. Hungar. **24**, 241 (1968)
Martyshev, Yu. N.: Soviet Physics-Crystallography **10**, No. 2, 167 (1965)
Müller, P.: Diplomarbeit, Sektion Physik Halle 1960
Quittner, F.: Z. Physik **74**, 344 (1932)
Seitz, F.: Physic. Rev. **80**, 239 (1950), Advance Physics **1**, 43 (1952)
Smoluchowski, R.: J. Physic. Radium **24**, 3 (1966)
Stepanov, A. V.: Z. Physik **81**, 560 (1933), **68**, 796 (1931)
Suisky, D.: Diplomarbeit, Sektion Physik Halle 1964
Taylor, A., Pratt, P. L.: Phil. Mag. **3**, 1015 (1958)
Urusowskaja, A. A.: Uspekhi Fiz. Nauk (USSR) **96**, No. 1, 39 (1968)

(Eingegangen am 14. September 1972)

Anschrift der Verfasser:
Doz. Dr. habil. F. Fröhlich
Dr. G. Hensel
Sektion Physik der Martin-Luther-Universität
402 Halle
Friedemann-Bach-Platz 6
DDR

Kristall und Technik	8	1–3	1973	337–354

B. Reh, G. Hötzsch und F. Günther

Sektion Metallurgie und Werkstofftechnik der Bergakademie Freiberg

Einfluß der mechanischen Zwillingsbildung auf die plastische Verformung von Magnesium- und Magnesium-Cadmium-Vielkristallen

Es wird eine Methode beschrieben, die es ermöglicht, den Anteil der Zwillingsbildung an der plastischen Gesamtdeformation anzugeben. Mittels eines quantitativen metallografischen Verfahrens wurde der Flächenanteil der Zwillinge nach Zugverformung von stranggepreßtem vielkristallinen Magnesium- und Magnesium-mit 10 At.-Prozent Cadmium bei 293 und 77 K bestimmt. Unter Verwendung eines mittleren Orientierungsfaktors für Zwillingsbildung konnte die Dehnung infolge Zwillingsbildung berechnet werden. Die experimentellen Ergebnisse führen zu dem Schluß, daß der lineare Anstieg des Bereiches B der Verfestigungskurve der Radialproben auf die erhebliche Zwillingsbildung in diesen zurückzuführen ist.

A method is described which allows to determine the contribution of twinning to total plastic deformation. The proportion of twins after tensile deformation at 293 and 77 K of extruded polycrystalline magnesium and magnesium containing 10 at.-% cadmium has been determined by a quantitative metallographic technique. By use of an average orientation factor for twinning the strain due to twinning could be calculated. From the experimental results it can be concluded that the linear workhardening of the radial specimens in the range B is due to the considerable twinning.

1. Einleitung

Die besondere Geometrie des hexagonalen Gitters ist für die im Vergleich zu den kfz-Metallen relativ starke Beteiligung der mechanischen Zwillingsbildung am Verformungvorgang verantwortlich.

Da die zur Vielkristallverformung allgemein notwendigen fünf unabhängigen Deformationssysteme (Mises-Kriterium) bei vielen hexagonalen Metallen (Mg, Zr, Ti z.B.) nicht durch Gleitung allein realisiert werden können, müssen noch Knickung, Korngrenzengleitung und vor allem Zwillingbildung zur Anpassung der Verformung an den Korngrenzen beitragen (Reh, Hötzsch).

Auf die entscheidende Bedeutung der mechanischen Zwillingsbildung für die Duktilität der hexagonalen Vielkristalle haben unter anderem Kocks und Westlake hingewiesen. So ist z.B. eine Cd–Mg-Legierung mit einem Achsenverhältnis von $c/a = \sqrt{3}$ äußerst spröde, da keine $\{10\bar{1}2\}$-Zwillingsbildung möglich ist. Hingegen kann die gute Verformbarkeit von Re, Zr und Ti der intensiven Zwillingsbildung auf $\{11\bar{2}2\}$, $\{11\bar{2}1\}$ und $\{10\bar{1}2\}$ zugeschrieben werden.

Wesentliche Impulse für die durchgeführten Untersuchungen gingen von den Ergebnissen aus, die bei der Zugverformung von stranggepreßtem Mg (Hötzsch),

Mg–Cd (Cyrener) und Cd–Mg (Männel) gefunden wurden. Dabei wurden je nach Textur unterschiedliche Formen von Verfestigungskurven (VK) beobachtet. Bei Zugverformung von Axialproben der genannten Materialien, die eine Ringfasertextur mit $0° \leqq \chi \leqq 20°$[1]) besitzen, wurden die für den Vielkristall typischen parabolischen VK (Fig. 1a) und bei Verformung der Radialproben mit Lagen im Bereich von $0° \leqq \chi \leqq 90°$ VK mit linearen Verfestigungsanstiegen (Fig. 1b und 1c) gefunden. Wie bereits von Reh, Hötzsch vermutet wird, scheint die Ursache dafür das Auftreten mechanischer Zwillinge zu sein.

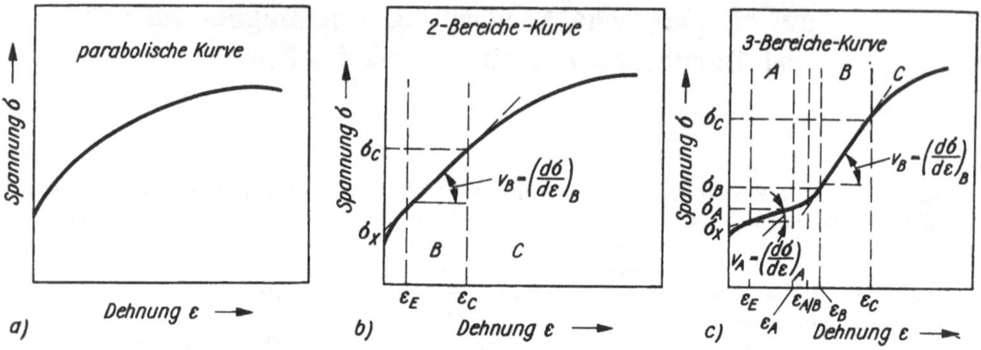

Fig. 1. Schematische Darstellung von verschiedenen Vielkristall-Verfestigungskurven

2. Experimente

Als Probenmaterial stand stranggepreßtes technisch reines Magnesium und Magnesium mit 10 At.-% Cd zur Verfügung. Daraus sind Mikroflachzugpoben mit 20 mm Meßlänge und einem Querschnitt von 3×2 mm² parallel (Axialproben) und senkrecht zur Preßrichtung (Radialproben) hergestellt worden. Die Einstellung der benötigten Korngrößen (50, 100, 200, 300 und 400 μm) erfolgte durch Glühung in ruhender Argonatmosphäre.

Die polierten Proben sind im dynamischen Zugversuch mit $\dot{\varepsilon} = 4{,}6 \times 10^{-4}\,s^{-1}$ schrittweise plastisch verformt worden. Nach jedem Verformungsintervall wurden die Zwillingsgrenzen bei konstanter Ätzdauer mit 1%iger alkoholischer Salpetersäure entwickelt und danach mittels Punktzählverfahren die Zwillingsdichte bestimmt. Im Interesse einer nahezu konstanten Standardabweichung von 1% wurden je nach Zwillingsdichte 510 bis 1000 Punkte bei einer Probe ausgezählt. Zur Untersuchung der Relation zwischen Oberfläche und Probeninnerem sind auch an Querschliffen Zwillingsdichten bestimmt worden.

3. Auswertung

3.1. Volumenanteil der Zwillinge

Auf Grund stereologischer Überlegungen (Underwood, Coons) kann direkt vom Flächenanteil A_A, der aus dem Punktanteil P_P der Punktzählung folgt, auf dem Volumenanteil V_V der Zwillinge geschlossen werden:

$$P_P = A_A = V_V \,. \tag{1}$$

[1]) χ = Winkel zwischen Stabachse (Verformungsrichtung) und Basisebene.

Die an der Oberfläche der Radialproben bestimmten V_V-Werte wurden mittels der an einigen Querschliffen ermittelten Volumenanteile korrigiert.

3.2. Zwillingsdehnung

Die Dehnung infolge mechanischer Zwillingsbildung eines Einkristalles errechnet sich zu (SCHMID, BOAS):

$$\varepsilon_z' = (1 + 2\, s \sin \chi_z \cos \lambda_z - s^2 \sin^2 \chi_z)^{1/2} - 1 \tag{2}$$

(s = Zwillingsschiebung; χ_z, λ_z = Winkel zwischen Stabachse und Zwillingsebene bzw. Schiebungsrichtung) Unter Verwendung der bestimmten Zwillingsvolumina folgt die Zwillingsdehnung eines Vielkristalls nach VÖHRINGER aus

$$\varepsilon_z = \varepsilon_z' \cdot V\,. \tag{3}$$

Zur Berechnung des Dehnungsbeitrages ε_z einer Zwillingslamelle des Vielkristalles muß ein mittlerer Schmid-Faktor $\bar{\mu} = 1/\bar{m}$ berücksichtigt werden, der sich aus einem mittleren Orientierungsfaktor $\bar{m}$ ergibt. Der Term $s^2 \sin^2 \chi_z$ aus Gl. (2) kann bei der Rechnung vernachlässigt werden, da $2\, s\, \bar{\mu} \gg s^2 \sin^2 \chi_z$ gilt.

3.3. Mittlerer Orientierungsfaktor für Zwillingsbildung

Bei hexagonalen Metallen ist es wegen der meist vorhandenen Einfachgleitung nicht möglich, einen Taylor-Faktor zu berechnen wie im Fall der kfz-Metalle. Dagegen lassen sich die Vorstellungen von SACHS auf hexagonale Metalle übertragen, wenn angenommen wird, daß sich die Kristallite durch ein einziges Deformationssystem wie freie Einkristalle verformen. Der SACHS'sche Orientierungsfaktor $\bar{m}_s$ ergibt sich durch Mittelung der reziproken μ_i-Werte über alle Orientierungen des Standarddreiecks, wenn eine statistische Orientierungsverteilung vorliegt. MÄNNEL und HÖTZSCH (1971) berechneten SACHS-Faktoren für Basisgleitung in Cd und Mg, wobei sie auch die ausgeprägte Textur und die in dem kritischen Orientierungsbereich großer $1/\mu_i$-Werte auftretenden Deformationssysteme berücksichtigten.

Durch eine gewisse Abwandlung dieses Verfahrens konnten mittlere Orientierungsfaktoren für Zwillingsbildung in Mg berechnet werden. Wesentliche Voraussetzungen dafür sind die Kenntnis der betätigten Zwillingsmechanismen, deren relativer Häufigkeit, des Verlaufs ihrer Orientierungsfunktionen μ^{hkil} $(\varrho_z, \varkappa)$[1]) und der Probentextur.

Die mechanische Zwillingsbildung in Mg erfolgt überwiegend auf $\{10\bar{1}2\}$- und daneben noch in geringerer Häufigkeit auf $\{10\bar{1}1\}$-, $\{10\bar{1}2\}$-, $\{11\bar{2}2\}$-, und $\{11\bar{2}4\}$-Ebenen (REH, HÖTZSCH).

Es erscheint daher angebracht, den Orientierungsfaktor lediglich durch Mittelung der m_i-Werte des Zwillingssxstems $\{10\bar{1}2\}$ $\langle\bar{1}011\rangle$ zu bestimmen (REH). Als Ausschnitt aus der Orientierungsfunktion $\mu^{10\bar{1}2}(\varrho_z, \varkappa)$ zeigt Figur 2 in flächentreuer Darstellung das Standarddreieck mit den größten Schubspannungen. Wegen der verschiedenen Basispolfiguren von Radial- und Axialproben muß auch die Bestimmung von $\bar{m}_s$ für beide getrennt durchgeführt werden. Im Fall der Radialproben, bei denen die Basisebenen im Bereich von 0° bis 90° zur Stabachse orientiert sind, kann die Mittelung entlang der Dreieckseiten 0001 bis

---

[1]) ϱ_z = Winkel zwischen Zwillingsebenennormale und Stabachse; $\varkappa$ = Azimutwinkel der Projektion.

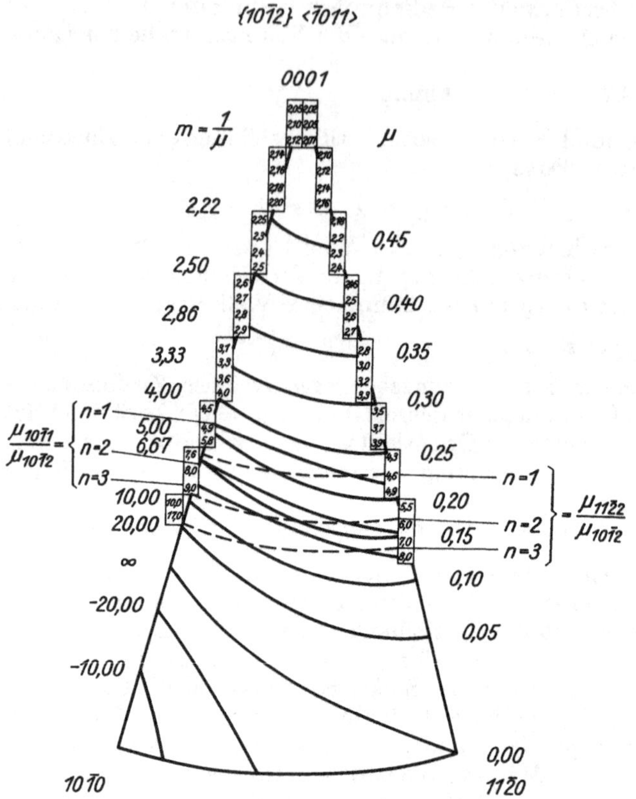

Fig. 2. Orientierungsfaktoren für das Zwillingssystem {10$\bar{1}$2}/⟨10$\bar{1}$1⟩ (flächentreue Darstellung)

11$\bar{2}$0 und 0001—1010 erfolgen, wobei jedoch der Bereich $\mu < 0$ ausgenommen wird. Die Linie $m = \infty$, in deren Nähe die Orientierungsfaktoren stark ansteigen, führt zu erheblichen Schwierigkeiten, die jedoch durch die Existenz der Nebenzwillingssysteme {10$\bar{1}$1}, {10$\bar{1}$3}, {11$\bar{2}$2} und {11$\bar{2}$4} umgangen werden können. Diese Zwillingsmechanismen werden bei Zugverformung von Mg im Orientierungsbereich nahe der Basisebene, wo {10$\bar{1}$2}-Zwillingsbildung nicht möglich ist, betätigt (Fig. 3). Die Bereiche, in denen {10$\bar{1}$2}- bzw. Nebenzwillingsbildung auftritt, können voneinander durch eine Grenze n getrennt werden, die den geometrischen Ort darstellt, für den der Quotient aus den Einsatzspannungen τ_K der beteiligten Systeme konstant ist:

$$\frac{\tau_K^{10\bar{1}l}}{\tau_K^{10\bar{1}2}} = \frac{\mu^{10\bar{1}l}}{\mu^{10\bar{1}2}} = n \quad \text{bzw.} \quad \frac{\tau_K^{11\bar{2}p}}{\tau_K^{10\bar{1}2}} = \frac{\mu^{11\bar{2}p}}{\mu^{10\bar{1}2}} = n \qquad (4)$$

wobei $l = 1; 3 \quad p = 2; 4$

Je nach Wahl von n wird der Bereich des {10$\bar{1}$2}-Systems bei verschiedenen m_i-Werten abgeschnitten (Fig. 2). Über den Betrag von n können keine Angaben gemacht werden, da Zwillingseinsatzspannungen der Nebensysteme unbekannt sind. Die Bestimmung von $\bar{m}_s$ erfolgte durch grafische Mittelung der in flächentreuer Azimutalprojektion (Männel, Hötzsch 1971) dargestellten m-Werte.

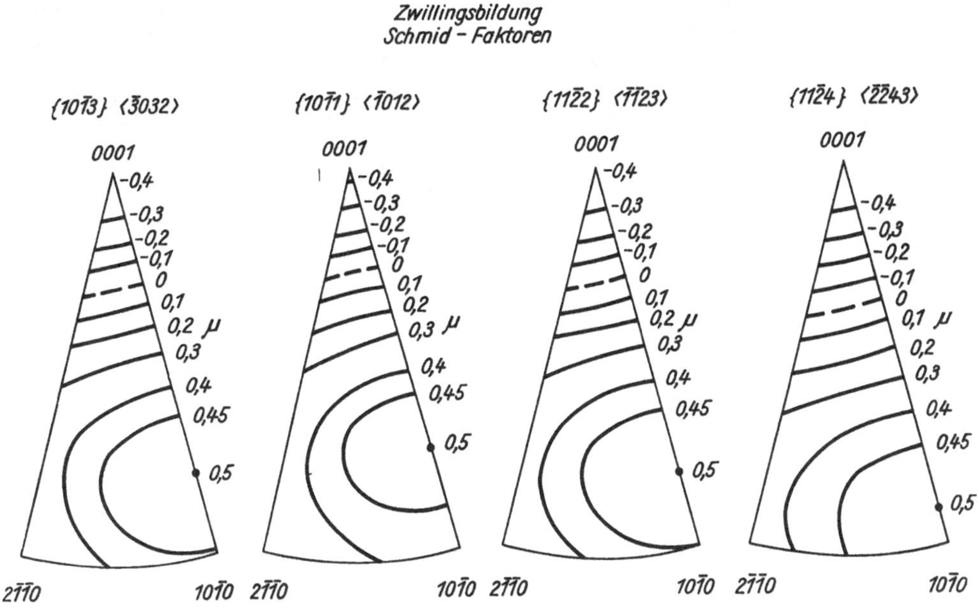

Fig. 3. Standarddreiecke mit Orientierungsfaktoren für verschiedene Zwillingssysteme

Tabelle 1
Mittlere Orientierungsfaktoren $\overline{m}_s^{10\bar{1}2}$
für {1012}-Zwillingsbildung (Mg-Radialproben)

Nebenzwillings-systeme	n	$\overline{m}_s^{10\bar{1}2}$	$\overline{\mu}^{10\bar{1}2}$	$\overline{m}_s^{10\bar{1}2}$	$\overline{\mu}_s^{10\bar{1}2}$
{10$\bar{1}$1} / {11$\bar{2}$2}	1	2,69	0,37}	2,79	0,36
{10$\bar{1}$3} / {11$\bar{2}$4}	1	2,89	0,35}		
{10$\bar{1}$1} / {11$\bar{2}$2}	2	3,02	0,33}	3,14	0,32
{10$\bar{1}$3} / {11$\bar{2}$4}	2	3,25	0,31}		

Tabelle 2
Mittlere Orientierungsfaktor $\overline{m}_s^{1012}$ für {10$\bar{1}$2}-Zwillingsbildung
(Mg-Axialproben)

Winkelabstand von $m = \infty$ (°)	$\overline{m}_s^{10\bar{1}2}$	$\mu_s^{10\bar{1}2}$
4	37,2	0,027
6	31,3	0,033
8	29,6	0,034

Die Grenzen n = konst. wurden mit folgender Kombination der Nebenzwillingssysteme festgelegt: {10$\bar{1}$1}/{11$\bar{2}$2} (Fig. 2) sowie {10$\bar{1}$3}/{11$\bar{2}$4}. Wie Tabelle 1 zeigt, wird das Ergebnis durch die Wahl von n beeinflußt, allerdings nicht entscheidend. Für die Rechnungen wurde der $\overline{m}_s$-Wert für n = 1 benutzt. Für die Axialproben konnte ein mittlerer Orientierungsfaktor nur abgeschätzt werden. Die Festlegung einer Grenze n = konst. ist hierbei nicht möglich, da diese außerhalb der Texturgrenze $\chi = 20°$ liegt. Für die Bestimmung von $\overline{m}_s$ steht somit nur der Bereich zwischen der Texturgrenze und der Linie $m = \infty$ zur Verfügung (Fig. 4). Die Mittelung mußte in einem bestimmten Winkelabstand von der Linie $m = \infty$ abgebrochen werden. Das Ergebnis hängt von der Wahl dieses Winkels ab (Tabelle 2). Für die Berechnungen von ε_z' wurde $\overline{m}_s = 29{,}6$ benutzt.

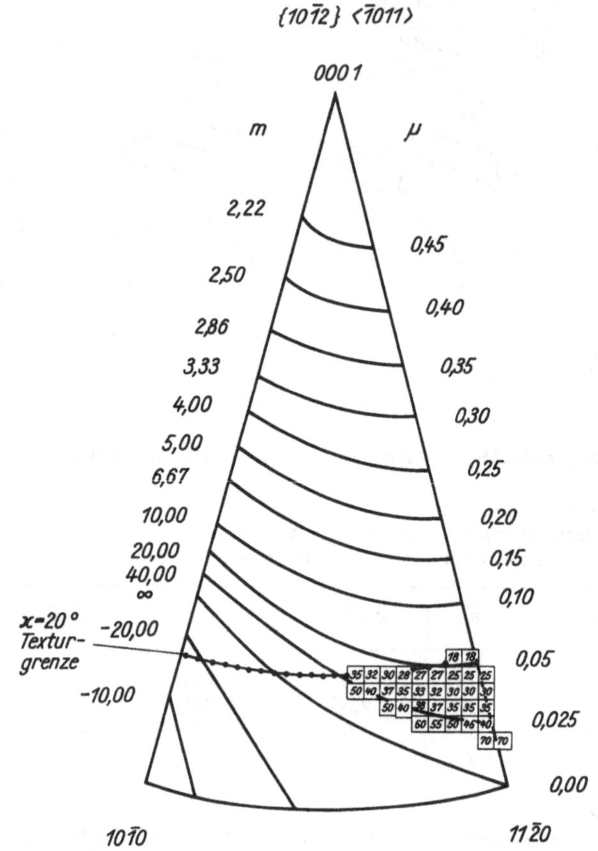

Fig. 4. Orientierungsfaktoren für das Zwillingssystem {10$\bar{1}$2}/⟨10$\bar{1}$1⟩ (flächentreue Darstellung)

4. Ergebnisse

Ein typisches Beispiel für die Abhängigkeit des Zwillingsvolumens von der Dehnung stellt Figur 5 dar. Die Meßpunkte von drei Proben belegen den Kurvenzug recht gut. In den meisten Fällen ergibt sich ein parabolischer Verlauf. Für die Mg-Radialproben wurde ein Exponent von 0,75 ermittelt. Figur 6 läßt den Einfluß von Textur, Korngröße, Temperatur und Legierungsgehalt auf die Zwillingsbildung erkennen. Der verzwillingte Volumenanteil steigt mit zunehmender Korngröße und sinkender Temperatur an. Erwartungsgemäß ist das

Zwillingsvolumen der Radialproben wesentlich größer als das der Axialproben. Die MgCd10-Proben besitzen gegenüber den Mg-Proben eine deutlich geringere Zwillingsbildung.

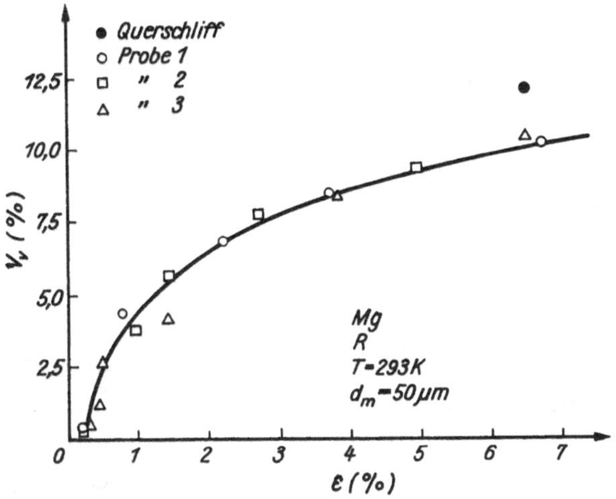

Fig. 5. Abhängigkeit des Zwillingsvolumens von der Dehnung für Magnesium-Radialproben (R) bei 293 K

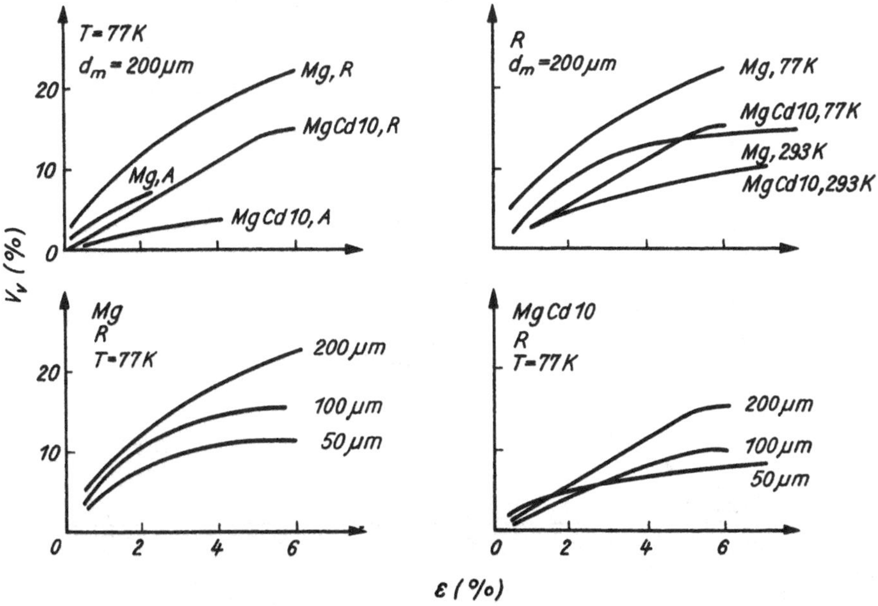

Fig. 6. Abhängigkeit des Zwillingsvolumens von der Dehnung für Mg- bzw. MgCd10-Radial-(R) und Axialproben (A) mit verschiedenen Korngrößen bei 77 K und 293 K

Die mittels Gl. (3) berechneten Zwillingsdehnungen zeigen prinzipiell den gleichen Verlauf wie die Zwillingsvolumina, da sie linear von diesen abhängen (Fig. 7, 8).

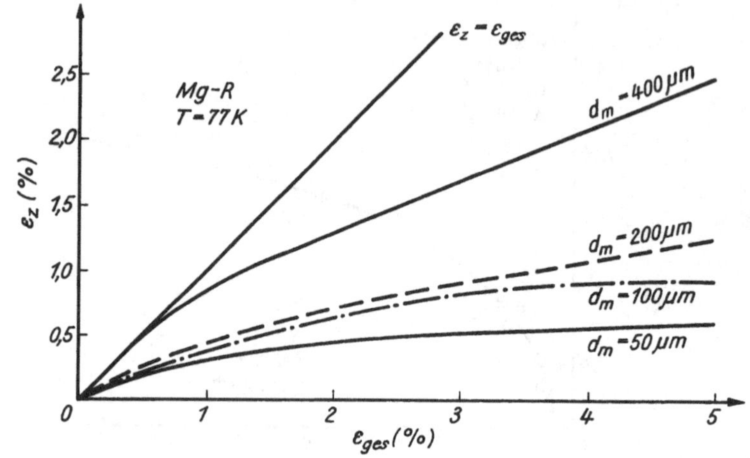

Fig. 7. Abhängigkeit der Zwillingsdehnung ε_z von der Gesamtdehnung ε_{ges} für Mg-Radialproben mit verschiedenen Korngrößen bei 77 K

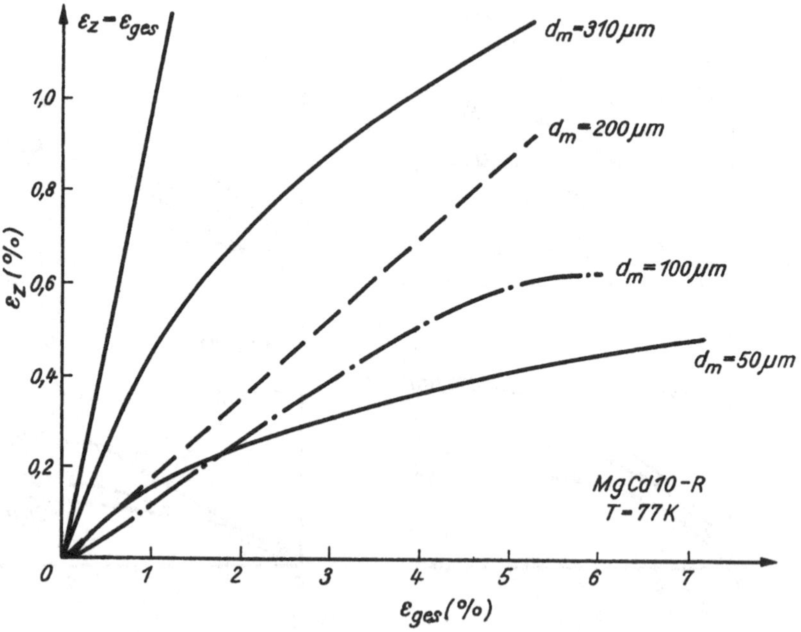

Fig. 8. Abhängigkeit der Zwillingsdehnung ε_z von der Gesamtdehnung ε_{ges} für MgCd10-Radialproben mit verschiedenen Korngrößen bei 77 K

Als sehr instruktive Größe hat sich der Anteil der Zwillingsdehnung an der plastischen Gesamtdehnung $\varepsilon_z/\varepsilon_{ges}$ erwiesen (Fig. 9, 10)- Die Abhängigkeit dieses Quotienten von der Dehnung bestizt bei den Radialproben zumeist ein Maximum, das im Bereich A der Verfestigungskurve liegt- Bei den grobkörnigen Proben wird ein hyperbolischer Verlauf beobachtet Die MgCd10-Proben ergeben flachere Kurvenverläufe als die Mg-Proben. Die $\varepsilon_z/\varepsilon_{ges}$-Werte der Axialproben liegen ein bis zwei Zehnerpotenzen unter denen der Radialproben. Im

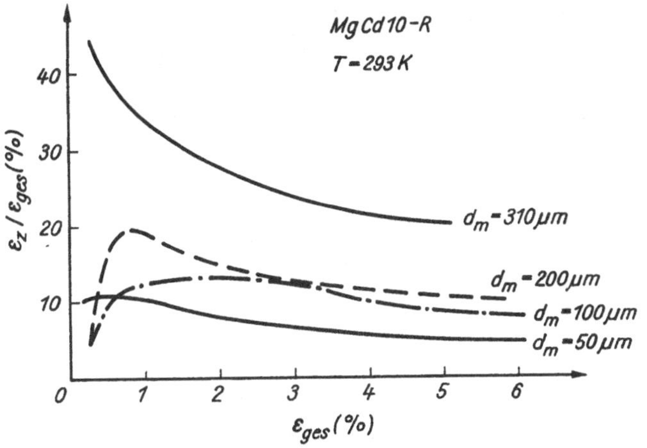

Fig. 9. Verlauf des Verhältnisses $\varepsilon_z/\varepsilon_{ges}$ in Abhängigkeit von der Gesamtdehnung für MgCd10-Radialproben mit verschiedener Korngröße bei 293 K

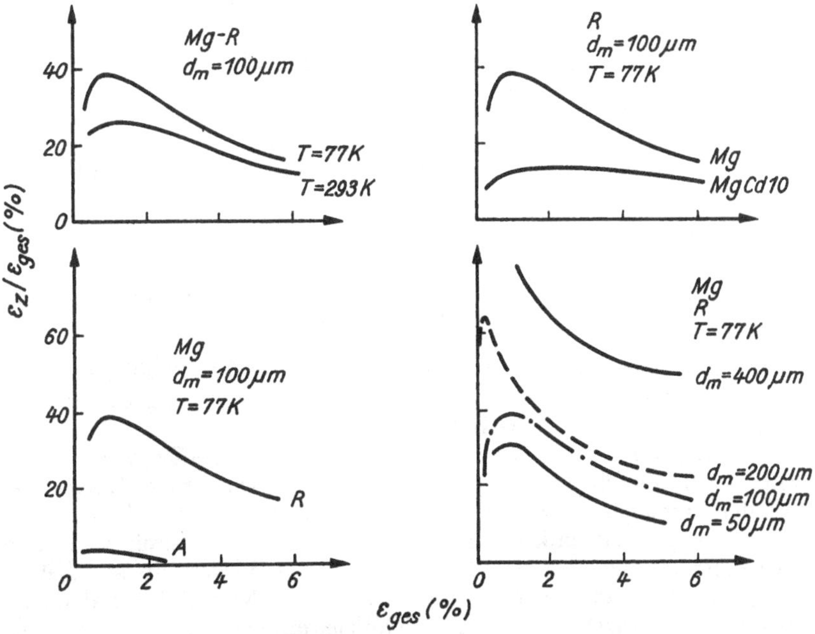

Fig. 10. Verlauf des Verhältnisses $\varepsilon_z/\varepsilon_{ges}$ für Mg- bzw. MgCd10-Radial- und Axialproben mit verschiedenen Korngrößen bei 77 und 293 K

Zusammenhang mit dem Verlauf der VK ist zu erkennen, daß bei den Radialproben das Maximum von $\varepsilon_z/\varepsilon_{ges}$ in der Nähe des Beginns des linearen Verfestigungsanstieges liegt (Fig. 11).

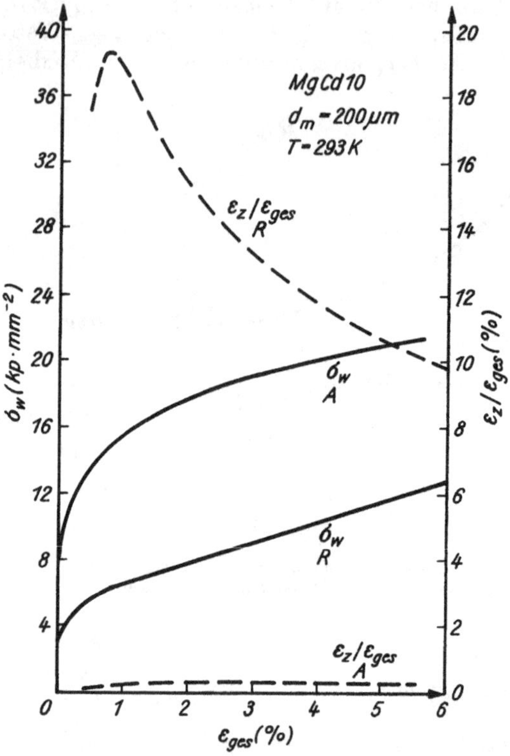

Fig. 11. Gegenüberstellung des Verlaufs der Verfestigungskurven und des Verhältnisses $\varepsilon_z/\varepsilon_{ges}$ als Funktion der Gesamtdehnung für MgCd10-Radial- und Axialproben bei 293 K

5. Diskussion

5.1. Einfluß von Textur, Korngröße, Temperatur und Legierungsgehalt auf die Zwillingsbildung

Wegen der Orientierungsabhängigkeit der mechanischen Zwillingsbildung spielt die Textur bei der Beurteilung der plastischen Verformung hexagonaler Vielkristalle eine sehr wesentliche Rolle.

Die Radialproben beider Materialien verformen sich bei Zug wesentlich stärker durch $\{10\bar{1}2\}$-Zwillingsbildung als die Axialproben. Eine Erklärung dafür liefert der Vergleich der Basispolfiguren (schematische Darstellung in Figur 12) mit der Orientierungsfunktion $\mu^{10\bar{1}2}(\varrho_z, \varkappa)$, deren Standarddreieck mit den größten Schubspannungen in den Figuren 2 bzw. 4 dargestellt ist. Daraus geht hervor, daß die Radialproben eine Vielzahl von Kristalliten mit ausreichend hohen Orientierungsfaktoren bzw. Schubspannungen auf $\{10\bar{1}2\}$-Ebenen besitzen. Lagen in Nähe des (0001)-Poles ($\chi \approx 90°$) sind für $\{10\bar{1}2\}$-Zwillingsbildung prädestiniert. Die Ringfasertextur der Axialproben schließt dagegen

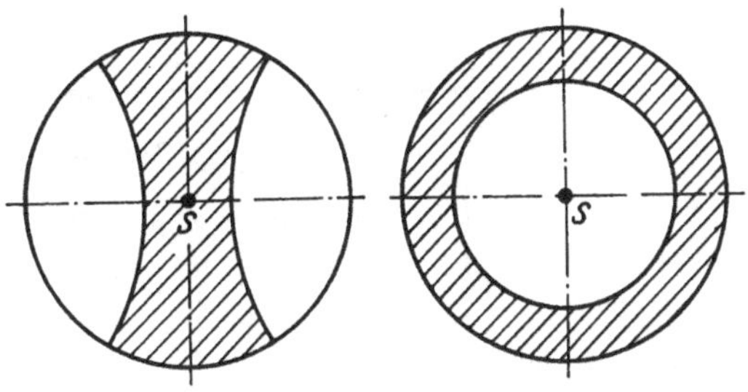

Fig. 12. Schematische Darstellung der Basispolverteilung für a) Axialproben und b) Radialproben

eine intensive Zwillingsbildung auf {10$\bar{1}$2} aus, da die meisten Kristallite kleine und auch negative μ-Werte besitzen (Fig. 4). Die in den Axialproben dennoch beobachteten Zwillinge sind Körnern, die Orientierungen außerhalb der Texturgrenze $\chi = 20°$ besitzen (Fig. 4), bzw. eventuell auftretenden Druckspannungen zuzuschreiben.

Das Zwillingsvolumen steigt mit zunehmender Korngröße an (Fig. 6), da bei grobem Korn eine geringere Behinderung des Zwillingswachstums durch die Korngrenzen vorhanden ist (KELLEY, HOSFORD) und die Bildung der Zwillingskeime mit abnehmender Korngröße erschwert wird (KLASSEN-NEKLYUDOVA; GARBER et al.). Der Korngrenzeneinfluß spiegelt sich auch in dem für 2 Volumenprozent Zwillinge definierten Spannungen $\sigma_{Z\,2\%}$ wider (Fig. 13 und 14). Die Auftragung über $d^{-1/2}$ läßt eine Hall-Petch-Beziehung vermuten Die zahlreichen Untersuchungen zur Zwillingsbildung in krz-Vielkristallen ergaben für die Zwillingsspannung σ_z die gleiche Gesetzmäßigkeit (Armco-Eisen (DRACINSKIJ et al.); Fe–Be (BOLLING et al.); Fe–Si (SAITH, WORTHINGTON; WORTHINGTON, SMITH); Cr (MARCINKOWSKI et al.):

$$\sigma_z = \sigma_{0z} + k_z\, d^{-1/2} \quad , \tag{5}$$

wobei σ_{0z} der Spannung entspricht, die nötig ist, um die Zwillingsversetzungen durch das Gitter zu bewegen (CHUN et al.), während k_z ein Maß für den Korngrenzeneinfluß darstellt. In Anlehnung an (MÄNNEL MARCINSKOWSKI) kann Gl. (5) auch in der Form:

$$\sigma_z = m_1 \cdot \tau_z^w + m_1 \cdot m_2 \tau_z^k \cdot r^{1/2} \cdot d^{-1/2} \tag{6}$$

geschrieben werden. Die jeweils für das betreffende Zwillingssystem geltenden Orientierungsfaktoren m_1 und m_2 beziehen sich auf die Relation zwischen äußerer Spannung und Schubspannung in der Zwillingsebene sowie auf die Orientierungsunterschiede zwischen benachbarten Körnern. Die Schubspannung τ_z^w treibt die Zwillingsversetzungen über die Zwillingsebene und ist mit der Zwillingswachstumsspannung identisch. Für die Keimbildung der Zwillinge im Abstand r von der Korngrenze ist die Schubspannung τ_z^k verantwortlich. Die Größe k_z beinhaltet somit sowohl den Einfluß der Nachbarkörner als auch die Hinderniswirkung der Korngrenzen (MARCINKOWSKI et al.). Die im Vergleich zur Gleitung großen Keimbildungsspannungen τ_z^k ergeben für Zwillingsbildung auch höhere k-Werte (SMITH, WORTHINGTON; WORTHINGTON, SMITH; MARCINKOWSKI et al.) MÄNNEL konnte anhand dieses Unterschiedes das Auftreten von Gleitung bzw. Zwillingsbildung bei Cd-Vielkristallen unterscheiden.

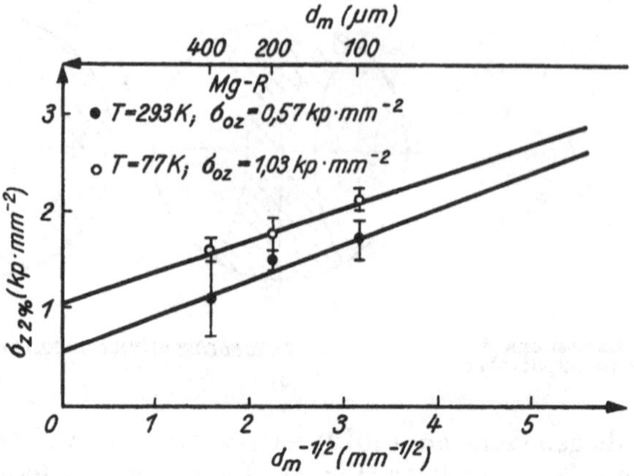

Fig. 13. Abhängigkeit der Spannung $\sigma_{z\,2\,\%}$ von der Korngröße für Mg-Radialproben bei 77 K und 293 K

Die Petch-Auftragung der Spannungen $\sigma_{z\,2\%}$ (Fig. 13, 14) liefert als Ordiantenabschnitt a eine Einkristallspannung σ_{0z} (Gl. 5), wenngleich die Extrapolation auf $d^{-1/2} = 0$ physikalisch nicht exakt ist. Mit Hilfe des mittleren Orientierungsfaktors $\overline{m}_s^{10\bar{1}2}$ kann daraus eine Wachstumsspannung τ_z^w für die $\{10\bar{1}2\}$-Zwillinge berechnet werden, wie aus Tabelle 3 hervorgeht. In der letzten Spalte sind mittlere Zwillingsspannungen zu finden, die sich aus Beobachtungen an Einzelkristalliten ergeben haben. Die äußere Spannung, bei der die ersten Zwillingslamellen auftreten, wurde mit dem μ-Faktor des betreffenden Kornes umgerechnet. Die auf diese Weise ermittelten Werte liegen im Bereich der Zwillingsspannungen τ_s^w aus der Petch-Analyse. Die von Asada und Yoshinaga

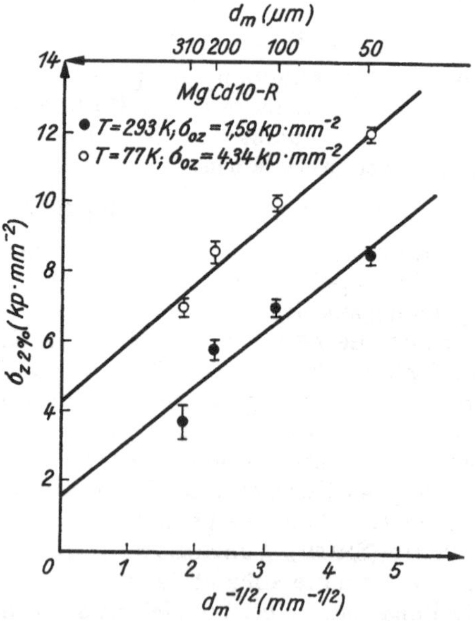

Fig. 14. Abhängigkeit der Spannung $\sigma_{z\,2\,\%}$ von der Korngröße für MgCd10-Radialproben (R) bei 77 K und 293 K

Tabelle 3
Zwillingsspannungen für $\{10\bar{1}2\}$-Zwillingsbildung

Probe	T (K)	$\sigma_{0,2}$ (kp · mm^{-2})	$1/\overline{m}_s^{10\bar{1}2}$	τ_z^w (p · mm^{-2})	τ_z (p · mm^{-2})
Mg-R	293	0,57	0,36	205	179
	77	1,03		371	340
MgCd10-R	293	1,59		572	1730
	77	4,34		1560	2280

bei RT an Mg-Einkristallen gemessenen Zwillingsspannungen von $\tau_z = 200$ bis 300 p mm^{-2} stimmen gut mit den eigenen Werten überein. Für Mg–Cd liegen keine vergleichbaren Angaben vor. An Mg–Zn-Einkristallen, die für kurze Zeit ausgehärtet wurden, haben Chun et. al. (Chunetal.) bei 77 K eine kritische Zwillingsspannung von ca. 1,75 kp mm^{-2} gemessen. Der Tieftemperaturwert von MgCd10 liegt etwa in diesem Bereich.

Die allgemein bekannte Tatsache, daß die Zwillingsbildung durch Verformung bei tiefen Temperaturen begünstigt wird, (Bolling et al.; Christian; Hall), geht auch aus den eigenen Untersuchungen hervor (Fig. 6). Eine Erklärung dafür sollte aus der Temperaturabhängigkeit der Zwillingsspannungen abzuleiten sein. Die an Cd- (Risebrough et al.) und MgZn-Einkristallen (Chun et al.) gemessenen Einsatzspannungen für $\{10\bar{1}2\}$-Zwillinge nehmen mit steigender Temperatur geringfügig zu. Diese Befunde stehen im Einklang mit der Vorstellung, daß die mechanische Zwillingsbildung ein athermischer Vorgang ist. Die Spannungsabnahme im Tieftemperaturbereich kann möglicherweise darauf zurückgeführt werden, daß bei tiefen Temperaturen größere lokale Spannungskonzentrationen vorhanden sind, die bei einem geringeren makroskopischen Spannungswert Zwillingsbildung auslösen. Die günstige Wirkung tiefer Temperaturen auf die Zwillingsbildung wird auch durch die mit abnehmender Temperatur ansteigenden kritischen Schubspannungen für Gleitung verständlich. Die Zwillingsbildung kann bei Vielkristallen außerdem die bei tiefen Temperaturen meist fehlende Korngrenzengleitung ersetzen.

Es überrascht zunächst, daß die ermittelten Zwillingsspannungen mit sinkender Temperatur zunehmen. Das verwendete Bestimmungsverfahren macht es jedoch verständlich, daß diese Erscheinung ein Ausdruck der Temperaturabhängigkeit der beteiligten Gleitprozesse ist.

Durch das Zulegieren von Cd ergab sich eine Verminderung der Zwillingsbildung[1]), was mit den Ergebnissen von (Urban) an MgCd-Einkristallen übereinstimmt. Im Gegensatz dazu begünstigt die Mischkristallbildung bei kfz- und krz-Metallen die Zwillingsbildung (Vöhringer 1963; Bolling et al.). Kfz-Legierungen, bei denen die Stapelfehlerenergie eine eindeutige Funktion der Valenzelektronenkonzentration ist, bilden mit steigendem Legierungsgehalt leichter Zwillinge. Im Fall der krz-Legierungen wird analog angenommen, daß durch Konzentrationserhöhungen die Stapelfehlerenergie auf den Zwillingsebenen $\{112\}$ abnimmt (Cahn).

[1]) Dieser Sachverhalt kann auch so verstanden werden, daß mit zunehmendem Legierungsgehalt die kritische Schubspannung für Prismen- und Pyramidengleitung abnimmt und damit Zwillingsbildung als Anpassungsmechanismus nicht mehr in dem Maße erforderlich ist (Reh, Hötzsch).

5.2. Bedeutung der Zwillingsbildung für die Verfestigung

Von Vöhringer (1969) ist der Einfluß der mechanischen Zwillingsbildung auf die Form der VK von α-CuSn-Legierungen untersucht worden. In Anlehnung daran wurde die Zwillingsdehnung ε_z bei verschiedenen Spannungswerten von der plastischen Gesamtdehnung ε_{ges} subtrahiert:

$$\varepsilon_{ges} - \varepsilon_z = \varepsilon_G \,. \tag{7}$$

Es wird dabei vorausgesetzt, daß am Verformungsvorgang nur Gleitung (ε_G) und Zwillingsbildung (ε_z) beteiligt sind und mit der Zwillingsbildung keine Verfestigung verbunden ist.

Die resultierende Kurve $\sigma = \sigma(\varepsilon_G)$ sollte die für Gleitung typische Form der VK besitzen. An Hand von Figur 15 ist zu sehen, wie sich die graphische Subtraktion von ε_G auf die zwei Formen der VK von Radialproben (2-Bereiche- und 3-Bereiche-Kurve) auswirkt. Die für intensive Zwillingsbildung typische 3-Bereiche-VK (Mg) erhält einen parabolischen Verlauf, der für Mehrfachgleitung charakteristisch ist. Der lineare Verfestigungsanstieg ist

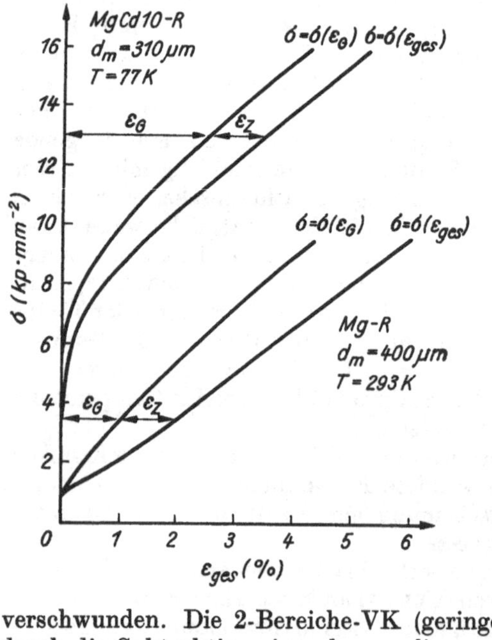

Fig. 15. Verfestigungskurve von Mg- bzw. MgCd10-Radialproben als Funktion der Gesamtdehnung ε_{ges} bzw. nach Subtraktion der Zwillingsdehnung ε_z

verschwunden. Die 2-Bereiche-VK (geringe Zwillingsbildung; MgCd10) behält durch die Subtraktion einen kurzen linearen Bereich bei größeren Dehnungen. Der parabolische Anfangsteil wird jedoch verstärkt. Diese Verfahrensweise hat allerdings nur qualitative Bedeutung, da die Verfestigung infolge Zwillingsbildung vernachlässigt wird. Andererseits wird durch Figur 15 eindrucksvoll die von (Reh, Hötzsch; Hötzsch; Männel) ausgesprochene Vermutung bestätigt, daß lineare Bereiche in den VK hexagonaler Vielkristalle auf Zwillingsbildung zurückzuführen sind.

Zu der gleichen Schlußfolgerung führt auch eine genauere Untersuchung des Zusammenhanges zwischen der Lage des Maximums von $\varepsilon_z/\varepsilon_{ges}$ und der VK. Für die VK wurde aus diesen Gründen eine Spannung σ^x definiert, deren Abszissenwert ε^x dem Sekantenschwerpunkt (2-Bereiche-VK) bzw. dem Maximum

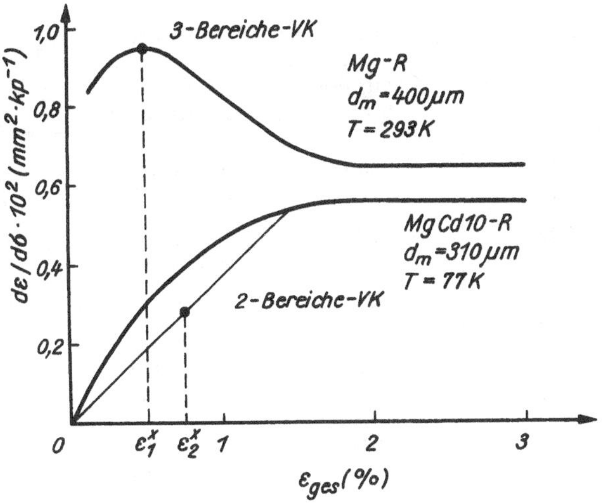

Fig. 16. Differenzierte Verfestigungskurven von Mg- bzw. MgCd10-Radialproben (R)

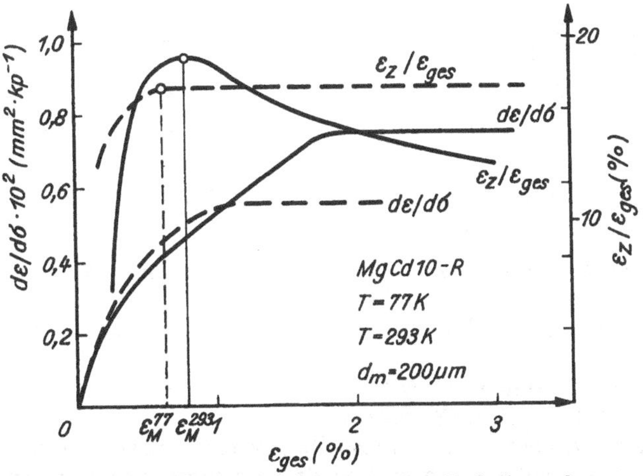

Fig. 17. Gegenüberstellung der differenzierten Verfestigungskurven und des $\varepsilon_z/\varepsilon_{ges}$-Verlaufs als Funktion der Gesamtdehnung für MgCd10-Radialproben (R) bei 77 K und 293 K

(3-Bereiche-VK) der differenzierten Verfestigungskurve — $d\varepsilon/d\sigma(\varepsilon_{ges})$ — entsprechen (Fig. 16). Diesen σ^x-Werten sind Spannungen σ_M gegenübergestellt worden, die sich aus den Abszissenwerten ε_M des Maximums oder des Plateaubeginns der Abhängigkeiten $\varepsilon_z/\varepsilon_{ges}(\varepsilon_{ges})$ ergeben (Fig. 17).

Die in Tabelle 4 zusammengestellten σ^x und σ_M-Werte weisen eine gute Übereinstimmung auf. Daraus folgt, daß das Maximum der Zwillingsbildung bereits im Bereich A bei einer durch die Form der VK definierten Spannung liegt.

Die im Bereich A im Verhältnis zur Gleitung umfangreiche Zwillingsbildung erklärt auch den geringen Verfestigungsanstieg in diesem Teil der VK. Mit zunehmender Dehnung steigt der Anteil der Gleitdeformation. Da sich jedoch auch das Zwillingsvolumen weiter erhöht (Fig. 6), macht sich die Wechselwirkung zwischen Gleitversetzungen und Zwillingsgrenzen immer stärker bemerkbar.

Tabelle 4
Spannungswerte σ_M und σ^x von Radialproben

Probe	Temperatur (K)	Korngröße (μm)	σ_M (kp · mm^{-2})	σ^x (kp · mm^{-2})
Mg—R	293	400	1,6 ± 0,2	1,8 ± 0,2
	77		3,5 ± 0,2	3,5 ± 0,2
	293	200	2,2 ± 0,05	1,9 ± 0,05
	77		1,7 ± 0,05	2,4 ± 0,2
	293	100	2,0 ± 0,2	2,0 ± 0,2
	77		3,2 ± 0,2	3,0 ± 0,2
	293	50	4,1 ± 0,1	4,0 ± 0,2
	77		11,8 ± 1,0	11,2 ± 1,0
MgCd10—R	293	310	3,7 ± 0,6	4,7 ± 0,6
	77		7,7 ± 0,3	8,4 ± 0,4
	293	200	6,6 ± 0,5	6,7 ± 0,4
	77		8,7 ± 0,5	8,7 ± 0,5
	293	100	7,4 ± 0,2	6,8 ± 0,2
	77		10,5 ± 0,1	9,2 ± 0,2
	293	50	7,8 ± 0,2	8,0 ± 0,2
	77		12,9 ± 0,2	13,3 ± 0,2

Das äußert sich in dem erheblichen linearen Verfestigungsanstieg des Bereiches *B*. Die Zwillinge können zur Erhöhung der Fließgrenze beitragen durch:

1. Verkleinerung der effektiven Korngröße im Sinne von Gl. (5), wenn sie stabile Gleithindernisse darstellen.
2. Basisgleitung im Zwilling, die eine Erhöhung von m_1 (s. Gl. (6)) bewirkt (Männel).
3. Orientierungsunterschiede zwischen Matrix und Zwilling, die eine Zunahme von m_2 (Gl. (6)) ergeben (Männel).
4. Reaktionen zwischen Gleit- und Zwillingsversetzungen, die zu einer Gestaltsänderung des Zwillings führen und dabei Energie verbrauchen (Sleeswyk, Verbraak).

Aus den experimentellen Befunden kann geschlossen werden, daß die linearen Bereiche in den VK der Radialproben eine Folgeerscheinung der mechanischen Zwillingsbildung sind. Die Untersuchungen an Cd- bzw. an Cd–Mg-Vielkristallen (Risebrough et. al.; Männel, Hötzsch 1970) deuten an, daß diese Feststellung für hexagonale Vielkristalle im allgemeinen zutrifft, falls eine ähnliche Texturausbildung vorliegt.

6. Zusammenfassung

Die auf quantitativ metallographischem Wege bestimmten Zwillingsvolumina von zugverformten Mg- und Mg–Cd-Vielkristallen verschiedener Korngröße wurden unter Verwendung eines mittleren Orientierungsfaktors $\overline{m}^{10\bar{1}2}$ für $\{10\bar{1}2\}$-Zwillingsbildung in Zwillingsdehnungen umgerechnet. Die Untersuchungen haben ergeben, daß die Zwillingsbildung durch abnehmende Temperatur und zunehmende Korngröße begünstigt wird. Die Radial- zeigen gegenüber den Axialproben ebenso wie die Mg- gegenüber den Mg–Cd-Proben eine intensivere Zwillingsbildung.

Mittels Petch-Analyse sind Zwillingseinsatzspannungen bestimmt worden, die mit Einkristallwerten übereinstimmen. Den größten Anteil an der plastischen Gesamtdeformation der Radialproben besitzt die Zwillingsbildung im Bereich *A* der VK. Der lineare Verfestigungsanstieg des Bereiches *B* ist eine Folge der Wechselwirkung von Gleitversetzungen mit Zwillingsgrenzen.

Die unterschiedliche Form der VK von Axial- und Radialproben hexagonaler Vielkristalle kann somit auf die erhebliche Zwillingsbildung in den Radialproben zurückgeführt werden.

Literatur

Bolling, G. F., Richmann, R. H.: Canad. Metall. Quarterly **5**, 143 (1966)

Bolling, G. F., Richmann, R. H.: Canad. J. Physics **45**, 541 (1967)

Cahn, R. W.: in Deformation Twinning, hrsg. von Read-Hill, R. E., Hirth, J. P., Rogers, H. C., New York 1964

Christian, J. W.: The Theory of Transformations in Metals and Alloys, Oxford, London, Edinburgh, New York, Paris, Frankfurt 1965

Chun, J. S., Byrne, J. G., Bornemann, A.: Phil. Mag. **20**, 291 (1961)

Cyrener, K.: Dissertation Bergakademie Freiberg 1972

Dracinskij, A. S., Moiseer, V. F., Trefilov, V. I.: a) Fiz. met. i. metallov **19**, 602 (1965) b) phys. stat. sol. **18**, 881 (1966)

Garber, R. I., Gindin, I. A., Konstantinovskij, M. G.: Z. Tech. Fiz. **23**, 2127 (1953)

Hall, E. P.: Twinning and Diffusionless Transformations in Metals, London 1954

Hötzsch, G.: Habilitationsschrift, Bergakademie Freiberg 1970

Kelley, E. W., Hosford, W. F.: Trans. MS AIME **242**, 654 (1968)

Klassen-Neklyudova, M. V.: Mechanical Twinning of Crystals, New York 1964

Kocks, U. F., Westlake, D. G.: Trans. MS AIME **239**, 1107 (1967)

Männel, P.: Dissertation Bergakademie Freiberg 1970

Männel, P., Hötzsch, G.: Metall **24**, 943 (1970)

Männel, P., Hötzsch, G.: phys. stat. sol. (a) **6**, 597 (1971)

Marcinkowski, M. J., Lipsitt, H. A.: Acta Metallurg. **10**, 551 (1962)

Mises, R. v.: Z. angew. Math. u. Mech. **8**, 161 (1928)

Reh, B., Hötzsch, G.: phys. stat. sol. (a) **8**, 423 (1971)

Reh, B.: Dissertation Freiberg (demnächst)

Risebrough, N. R., Teghtsoonian, E.: Canad. J. Physics **45**, 591 (1967)

Sachs, G.: Z. VDI, **72**, 734 (1928)

Schmid, E., Boas, W.: Kristallplastizität, Berlin 1935

Sleeswyk, A. W., Verbraak, Acta Metallurg. **9**, 917 (1961)

Smith, E., Worthington, P. J.: Acta Metallurg **14**, 1866 (1966)

Underwood, E. E., Coons, W. C.: in Deformation Twinning, hrsg. von Reed-Hill, R. E., Hirth, J. P., Rogers H. C., New York 1964
Urban, G.: Diplomarbeit Bergakademie Freiberg 1966
Vöhringer, O.: Z. Naturforsch. **24a**, 479 (1963)
Vöhringer, O.: Vortrag zum Berg- und Hüttenm. Tag, Freiberg 1969
Vöhringer, O.: Math. Sci. Engng. **3**, 299 (1968/69)
Worthington, P. J., Smith, E.: Acta Metallurg. **14**, 35 (1966)

(Eingegangen am 24. August 1972)

Anschrift der Verfasser:

Prof. Dr. F. Günther
Dr. G. Hötzsch
B. Reh
Sektion Metallurgie und Werkstofftechnik der Bergakademie
Lehrstuhl für Physikalische Metallkunde
92 Freiberg
Gustav-Zeuner-Str. 5
DDR

Kristall und Technik	8	1–3	1973	355–361

Hans-Joachim Bunge, Eberhard Irmer

Zentralinstitut für Festkörperphysik und Werkstofforschung Dresden
der Akademie der Wissenschaften der DDR

Texturuntersuchungen an Taylordrähten

Wird ein Glasrohr, in dessen Innerem sich geschmolzenes Metall befindet, zu einer feinen Kapillare ausgezogen, so entsteht nach Abkühlung ein sehr dünner, glasummantelter Draht (Taylor-Draht). Die Orientierungsverteilung der Kristallite solcher Drähte weicht stark von derjenigen normaler Drähte ab. Bei dickeren Drähten wurde ein starker regelloser Anteil gefunden. Dünne Kupfer und Bleidrähte (< 10 μm) zeigten eine sehr scharf ausgebildete ⟨100⟩-Textur.

If a glass tube containing liquid metal is drawn into a fine capillary then after solidification a fine glasscoated wire is formed (Taylor-wire). The orientation distribution of the crystallites in such wires is strongly different from the distribution in normal wires. In comparatively thick wires a strong random component was found. Thin copper and lead wires (< 10 μm) showed a very strong ⟨100⟩-texture.

1. Einleitung

Drähte aus metallischen Werkstoffen werden normalerweise auf dem Wege der plastischen Umformung hergestellt. Die Dickenabnahme wird dabei durch Ziehen durch konische Düsen erreicht. Um zu sehr dünnen Drähten im Bereich von einigen μm zu gelangen sind dabei sehr viele Ziehschritte (Größenordnung 50) erforderlich. Ferner müssen die Drähte zwischen den Verformungsschritten häufig noch einer Wärmebehandlung unterzogen werden oder der Ziehprozeß selbst muß bei erhöhter Temperatur durchgeführt werden. Daher wurde schon seit längerer Zeit nach anderen Verfahren gesucht, die es gestatten sollen, dünne Drähte in rationeller Weise herzustellen. Ein solches Verfahren geht auf Taylor zurück. Das zum Draht zu verarbeitende Metall befindet sich dabei im flüssigen Zustand in einem Glasrohr, das an einem Ende bis auf seinen Erweichungsbereich erhitzt wird. Das Rohr kann dann in der aus der Glastechnik bekannten Weise zu einer sehr dünnen Kapillare ausgezogen werden, wobei das geschmolzene Metall die Kapillare ausfüllt. Nach der Abkühlung entsteht auf diese Weise ein dünner, glasummantelter Draht. Im Gegensatz zu den normalen, durch plastische Verformung hergestellten Drähten entstehen Taylor-Drähte also direkt aus der flüssigen Phase. Daher können ihre Eigenschaften zum Teil beträchtlich von denen normaler Drähte abweichen. Eine zusammenfassende Darstellung der Eigenschaften solcher Drähte sowie die Beschreibung eines automatisierten Verfahrens zu ihrer Herstellung wurde von Nixdorf gegeben.

Bei Drähten interessieren häufig nur die in Richtung der Drahtachse gemessenen Eigenschaftswerte bzw. die Eigenschaften in radialer Richtung sind nach ganz anderen Gesichtspunkten zu beurteilen, als die in Längsrichtung. Betrachtet man anisotrope, also von der Kristallrichtung abhängige Eigenschaften, so ist klar, daß die Orientierungsverteilung oder Textur der Kristallite eine wesentliche Rolle für die Eigenschaften von Drähten spielt. Bei Kupferdrähten ergibt sich z. B. eine Änderung des Elastizitätsmoduls um den Faktor 3 je nach dem, ob die Kristallite vorzugsweise mit einer ⟨100⟩- oder einer ⟨111⟩-Richtung in Drahtachsenrichtung orientiert sind. Bei normalen, durch plastische Verformung hergestellten Drähten, erfolgt die Kristallausrichtung durch Drehung infolge der Gleitprozesse und eventuell durch Rekristallisation während der Wärmebehandlung, bei Tyalor-Drähten dagegen während der Erstarrung aus der flüssigen Phase, also auf Grund eines völlig anderen Mechanismus. Es ist also damit zu rechnen, daß Taylor-Drähte völlig andere Texturen und damit eine völlig andere Richtungsverteilung ihrer Eigenschaften aufweisen können als normale Drähte.

Es war der Zweck der vorliegenden Arbeit, einen qualitativen Einblick zu gewinnen in das Auftreten verschiedener Texturen beim Taylor-Verfahren.

2. Durchführung der Untersuchungen

Die Drähte wurden in einer einfachen Versuchsapparatur entsprechend dem von Nixdorf beschriebenen Prinzip hergestellt. Die Ziehgeschwindigkeiten lagen dabei im Bereich von 60 m/min bis 350 m/min, die untersuchten Drahtdurchmesser lagen im Bereich von 3—300 μm. Die Untersuchungen wurden durchgeführt mit Kupfer, Blei, einer eutektischen Blei-Wismut-Legierung sowie einem Kobalt-Nickel-Molybdänstahl.

Eine qualitative Beurteilung der Texturen der Drähte erfolgte anhand von Planfilm-Durchstrahlaufnahmen mit ungefilterter Mo-Strahlung. Dabei wurden im allgemeinen mehrere Drähte gemeinsam in einem Markröhrchen untersucht, so daß die Aufnahmen einen Mittelwert längs eines längeren Drahtabschnittes repräsentieren. In speziellen Fällen wurden jedoch auch einzelne Drähte verwendet, die entweder stillstehend untersucht oder während der Aufnahme rotiert wurden. In diesen Fällen entsprechen die gefundenen Orientierungsverteilungen einem Bereich des Drahtes von ca. 1 mm Länge. Bei stillstehendem Präparat und quasi-einkristalliner Textur erhält man auf diese Weise also Einkristall-Laue-Aufnahmen.

Quantitative Texturuntersuchungen wurden mit Zählrohrgoniometer und einem von Bunge beschriebenen speziellen Fasertexturzusatz durchgeführt. Dabei werden viele Drähte parallel gelegt, so daß ein flächenhaftes Präparat entsteht, das während der Untersuchung in zwei zueinander senkrechten Richtungen hin und her bewegt werden kann. Das Präparat wird in der symmetrischen Durchstrahlstellung untersucht und die reflektierte Intensität wird automatisch in Winkelschritten von 1° registriert und auf einem Drucker ausgedruckt.

3. Ergebnisse

3.1. Kupfer

Innerhalb des Bereiches der angewandten Versuchsbedingungen wurden bei Kupfer in allen Fällen mehr oder weniger stark ausgebildete Vorzugsorientierungen gefunden, die jedoch zum Teil von wesentlich abweichenden Orientierungen begleitet waren (Fig. 1). Die Schärfe der Textur wird sehr wesentlich durch den

Durchmesser der Drähte beeinflußt. Figur 2 zeigt einen Draht von ca. 15 μm Durchmesser, der bereits eine wesentlich schärfere Textur aufweist als der in Figur 1 gezeigte. Schließlich zeigt Abb. 3 einen Draht von ca. 5 μm Durchmesser mit quasi-einkristalliner Orientierung. Weitere Untersuchungen ergaben, daß die Ziehgeschwindigkeit offenbar einen geringeren Einfluß ausübt als der resultierende Drahtdurchmesser. Da jedoch in der verwendeten einfachen Versuchsapparatur die übrigen Versuchsparameter nicht sehr gut konstant gehalten werden konnten, ist dieses Ergebnis nicht sehr sicher und bedarf noch weiterer Untersuchungen.

Wie bereits aus den Figuren 2 und 3 zu erkennen, ist die entstehende Textur eine reine und sehr scharfe ⟨100⟩-Orientierung. Figur 4 zeigt eine Texturgoniometermessung der (200)-Reflexion in der Umgebung der Drahtachsenrichtung. Die Streuung der Orientierungen weist in diesem Falle eine Halbwertsbreite von etwa 4° auf. In Figur 5 ist die Verteilung eines anderen Drahtes dargestellt. Hier wurde eine Halbwertsbreite von 2,5° gefunden. Das liegt bereits in der Größenordnung des Winkelauflösungsvermögens der verwendeten Meßmethode (Parallelität der einzelnen Drähte im zusammengesetzten Präparat). In diesem Falle ist die Orientierungsstreuung besser aus Aufnahmen der Art Figur 3 abzuschätzen und man kommt zu einem Wert der unterhalb von 1° liegt. Allerdings bezieht sich diese Angabe, im Gegensatz zu der aus Figur 5 erhaltenen, nur auf einen etwa 1 mm langen Bereich des Drahtes.

3.2. Blei

Ähnliche Ergebnisse wie an Kupfer wurden auch an Blei erhalten. Auch hier besteht die Tendenz zur Ausbildung scharfer ⟨100⟩-Texturen bei kleineren Drahtdurchmessern. Figur 6 zeigt eine Aufnahme eines Drahtes, der an der untersuchten Stelle aus wenigen nahe ⟨100⟩-orientierten Bereichen bestand.

3.3. Blei-Wismut

Wesentlich abweichende Ergebnisse wurden erwartungsgemäß an einer eutektischen Blei-Wismut-Legierung erhalten. Die Erstarrung erfolgt hier sehr feinkörnig und praktisch völlig regellos.

3.4. Kobalt-Nickel-Molybdän-Stahl

In diesem Falle erfolgt die Erstarrung als homogener Mischkristall in kubischflächenzentrierten γ-Gebiet mit anschließender Umwandlung zu α'-Martensit. Wie Figur 7 zeigt, bildet sich ein relativ grobkörniges Gefüge aus jedoch ohne erkennbare Vorzugsorientierungen. Allerdings wurden in diesem Falle nur relativ große Drahtdurchmesser untersucht ($>$ 100 μm).

4. Diskussion der Ergebnisse

In der vorliegenden Arbeit wurde nicht der Zweck verfolgt systematisch die Abhängigkeit der Texturen von Taylordrähten von den Herstellungsparametern zu untersuchen. Es sollte lediglich ein Überblick gewonnen werden über das Spektrum der auftretenden Texturen überhaupt. Wie die erhaltenen Ergebnisse zeigen, reicht dies von völlig regellosen Orientierungsverteilungen bis zu quasi-einkristallinen Drähten. Damit ergibt sich also die Möglichkeit die Eigen-

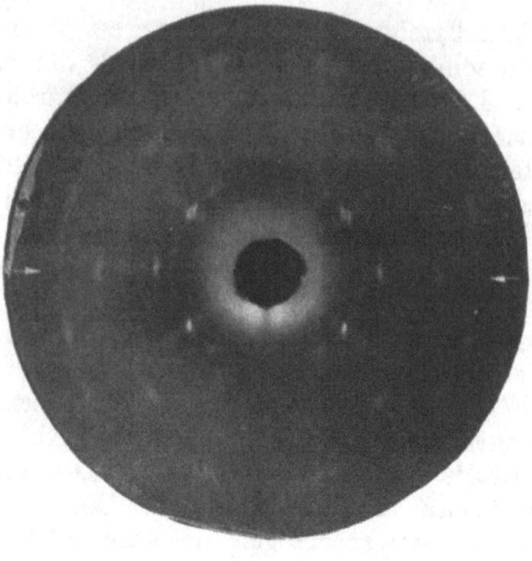

Fig. 1. Kupfer (mehrere Drähte) Durchmesser etwa 30 μm, Ziehgeschwindigkeit 90m · min⁻¹

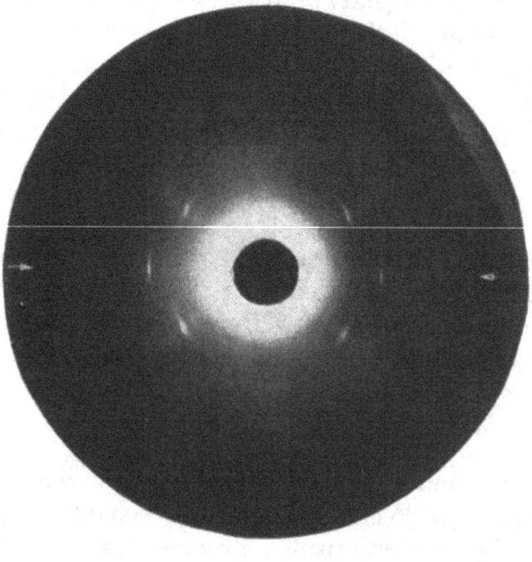

Fig. 2. Kupfer (Einzeldraht) Durchmesser 15 μm, Ziehgeschwindigkeit 315 m.min⁻¹

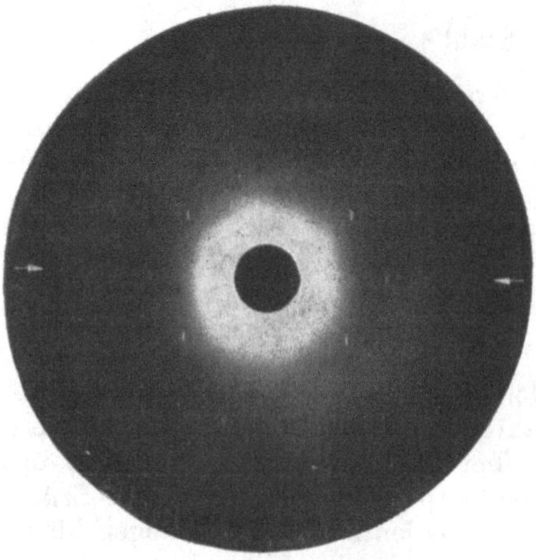

Fig. 3. Kupfer (Eiuzeldraht) Durchmesser 5 μm, Ziehgeschwindigkeit 325 m·min⁻¹

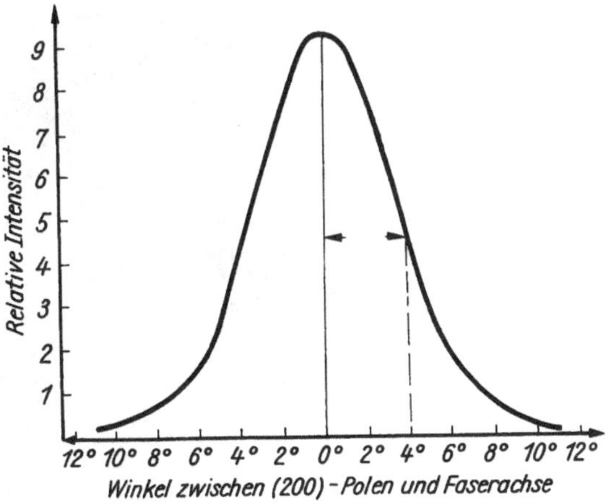

Fig. 4. Kupfer (mehrere Drähte) Durchmesser ca. 10 μm, Ziehgeschwindigkeit 120 m · min⁻¹, (200)-Reflexion

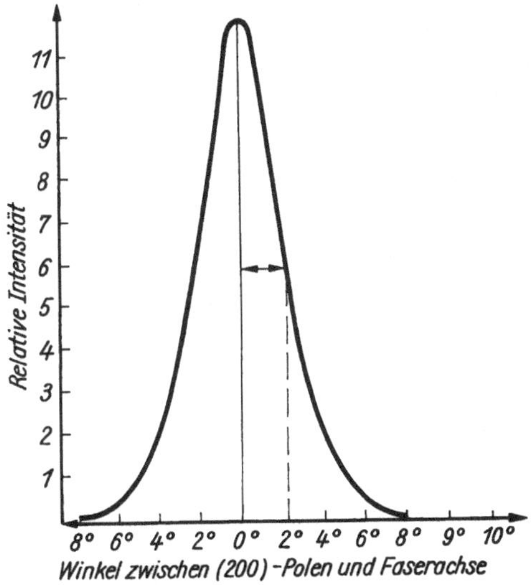

Fig. 5. Kupfer (mehrere Drähte) Durchmesser etwa 7 μm, Ziehgeschwindigkeit 315 m · min⁻¹, (200)-Reflexion

schaften von TAYLOR-Drähten durch gezielte Erzeugung bestimmter Texturen sehr stark zu beeinflussen. Allerdings ist dazu noch ein systematisches Studium der entstehenden Texturen in Abhängigkeit von den Herstellungsparametern erforderlich. Einige allgemeine Feststellungen lassen sich jedoch bereits aus den bis jetzt vorliegenden Ergebnissen ableiten.

Am einfachsten zu übersehen sind offenbar die Verhältnisse in der eutektischen Pb-Bi-Legierung. Hier muß die Kristallisation in kleinen Bereichen in den beiden Phasen unabhängig voneinander und insbesondere ohne Orientierungskorrelationen erfolgen, so daß ein feinkristallines, regelloses Gefüge entsteht. Obwohl von dieser Legierung nur einige wenige Proben untersucht wurden, ist doch anzunehmen, daß sich an diesem Verhalten innerhalb weiter Grenzen der Herstellungsparameter nichts ändert.

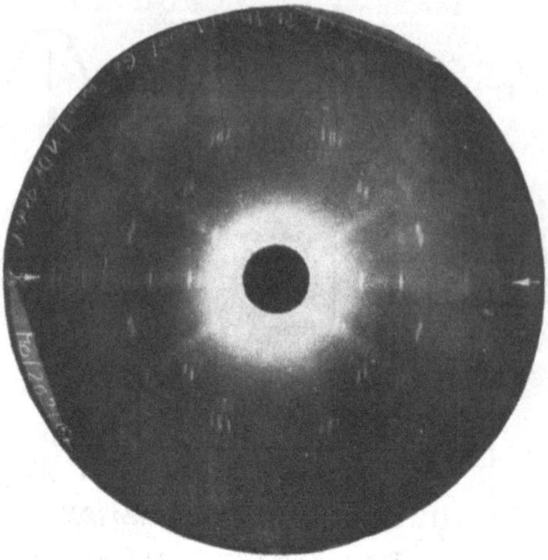

Fig. 6. Blei (mehrere Drähte) Durchmesser etwa 10 μm, Ziehgeschwindigkeit 120 m · min^{-1}

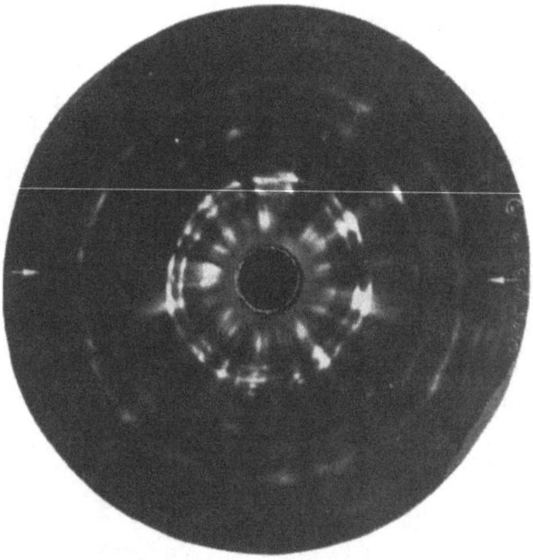

Fig. 7. Stahl (Einzeldraht) Durchmesser 150 μm

Die einphasigen kubisch-flächenzentrierten Metalle Kupfer und Blei zeigten entweder regellose Orientierung der Kristallite oder eine mehr oder weniger scharf ausgeprägte ⟨100⟩-Textur. Die letztere ist in Übereinstimmung mit der durch bevorzugtes Wachstum entstehenden Gußtextur, die für die meisten kubischen Metalle als ⟨100⟩ parallel zum Temperaturgradienten angegeben wird (vergl. z. B. Wassermann, Grewen 1962). Die ⟨100⟩-Richtung ist dabei die Richtung höchster Wachstumsgeschwindigkeit. Die erhaltenen Ergebnisse legen nahe, daß die Entstehung eines quasi-einkristallinen Drahtes im wesentlichen an einen geringen Drahtdurchmesser, < 10 μm, gebunden ist. Die Abkühlungsgeschwindigkeit (Ziehgeschwindigkeit der Drähte), schien dagegen von geringerem Einfluß zu sein. Dieses Ergebnis ist verständlich, wenn man annimmt, daß mit geringer werdendem Durchmesser der Kapillare die Wahrscheinlichkeit der Entstehung eines neuen Keimes unter sonst gleichen Bedingungen ebenfalls geringer wird, während die Wachstumsgeschwindigkeit des vorhandenen Kristalles dadurch nur wenig beeinflußt wird. Auf diese Weise müssen bei kleiner werdendem Durchmesser immer längere einkristalline Bereiche entstehen. Infolge der Wachstumsauslese setzen sich dabei nur solche Keime durch, deren am schnellsten wachsende $\langle 100 \rangle$-Richtung parallel zur Drahtachse orientiert ist.

Bei dem ebenfalls untersuchten kubisch-raumzentrierten Stahl liegen die Verhältnisse wesentlich komplizierter. Zunächst ist anzunehmen, daß die Schmelze bei den auftretenden hohen Abkühlungsgeschwindigkeiten (einige 100 grd $\cdot$ s^{-1}) zu einem homogenen γ-Mischkristall erstarrt. Damit sollten die Verhältnisse denen bei reinen kfz-Metallen ähneln. Anschließend erfolgt dann jedoch im festen Zustand die Umwandlung zu kubisch-raumzentriertem α'-Martensit, die orientiert verlaufen sollte. Da jedoch nur relativ dicke Drähte untersucht wurden ($>$ 100 μm) ist entsprechend den Ergebnissen an den reinen kfz-Metallen bereits ein regellos orientiertes γ-Gefüge zu erwarten und damit auch eine regellose Verteilung der α'-Kristallite.

Entsprechend den für die reinen kfz-Metalle angestellten Überlegungen müßte man jedoch auch bei dieser Legierung bei kleineren Drahtdurchmessern ein orientiertes γ-Gefüge erwarten und unter Annahme einer orientierten Umwandlung eine nicht-regellose Verteilung der Kristallite im α' Zustand. Entsprechende Versuche sind zur Zeit in Vorbereitung.

Für die Herstellung der Drähte sowie wertvolle Diskussionen sind wir Herrn Dr. Paul sowie Herrn Dipl. Ing. Wiesner zu Dank verpflichtet.

Literatur

BUNGE, H. J.: Z. Metallkde. **56**, 38 (1965)
NIXDORF, J.: Draht-Welt **53**, 696 (1967)
TAYLOR, G. F.: Physic. Rev. **23**, 655 (1924)
WASSERMANN, G., GREWEN, J.: Texturen metallischer Werkstoffe, Berlin, Göttingen, Heidelberg 1962

(Eingegangen am 20. September 1972)

Anschrift der Verfasser:

Dr. habil. H.-J. BUNGE
Dipl. Phys. E. IRMER
Zentralinstitut für Festkörperphysik und Werkstofforschung
der Akademie der Wissenschaften der DDR
8027 Dresden
Helmholtzstr. 20
DDR

Kristall und Technik	8	1–3	1973	363–367

S. MEYER, H. G SCHNEIDER

VEB Werk für Fernsehelektronik Berlin
TH Karl-Marx-Stadt, Sektion Physik-Elektronische Bauelemente

Eine Methode zur röntgenographischen Orientierungsbestimmung dünner einkristalliner Schichten auf einem Substrat, angewandt bei der Untersuchung von Tantal auf Saphir

Durch Schrägbestrahlung und Verwendung charakteristischer Strahlung kann man eine einkristalline dünne Schicht einer röntgenographischen Orientierungsbestimmung auf einem Substrat zugänglich machen. Bei definierter Bewegung von Schicht und Zählrohr sind die entsprechenden Lauereflexe genau bestimmbar und ermöglichen eine vollständige Orientierungsangabe. Die Methode und Besonderheiten der Auswertung werden beschrieben. Diese Methode wurde für Orientierungsbestimmungen an einkristallinen Tantalschichten auf Saphir angewendet.

By oblique irradiation with X-rays and application of characteristic radiation it is possible to determine the orientation relations of a thin single crystalline layer on a substrate. Defined motion of layer and counter is necessary for the exact determination of the corresponding Laue spots and the complete orientation data. The method and the characteristics of the interpretation of the investigations are described. This method was applied to some orientation determinations of single crystalline tantalum layers on sapphire.

1. Einleitende Bemerkungen

Zur Erzeugung von Interferenzen an kristallinen Substanzen gibt es ein ganzes Spektrum von Verfahren. Je nach Konstitution des zu untersuchenden Materials sind diese zu modifizieren, um lagemäßig genau definierte, intensive Reflexe erzeugen zu können.

Röntgeninterferenzen dünner Schichten sind wesentlich schwächer als solche kompakten Materials (siehe z. B. die Ergebnisse von KOREKOWA, WEINER, WOLF; WEINER; WEYERER).

Diese Schwierigkeit kann man abschwächen, wenn man die effektive, reflektierende Schichtdicke dadurch erhöht, daß der Primärstrahl unter sehr flachem Winkel auf die Schicht trifft und die charakteristische Strahlung wegen ihrer größeren Intensität angewendet wird. Eine für die Auswertung genügend große Anzahl von Reflexen läßt sich durch eine definierte Bewegung von Schicht und Zählrohr erreichen. Filmaufnahmen vermitteln gute Übersichtsdarstellungen, enthalten allerdings weniger Informationen als Zählrohraufzeichnungen.

2. Grundzüge der Methode

Von diesen Gedanken ausgehend wurde der Versuch unternommen, die Orientierung dünner einkristalliner Schichten auf einem Substrat röntgenographisch zu bestimmen. Bei der Erläuterung des experimentellen Vorgehens im Zusammenhang mit der geometrischen Anordnung von Probe, Primärstrahl, Film bzw. Zählrohr wird mit der Beschreibung der Verhältnisse im Falle der Verwendung eines Filmes zur Registrierung der gebeugten Strahlen begonnen.

Figur 1 zeigt schematisch die Anordnung von Probe und Film. Der Abstand Probe-Film ist in den üblichen Maßen zu wählen. Ein günstiger Wert ist 30 mm. Der Winkel zwischen Primärstrahl und Film sei 90°, um notwendige Rechnungen nicht zu komplizieren. Die Probe wird, wie in Figur 1 dargestellt, bewegt. Da zunächst unbekannt ist, bei welchem Drehwinkel ein Reflex wiederholt auf dem Film entsteht, kann man aus den festgelegten Winkelbedingungen über die Bragg'sche Gleichung nur die Verwachsungsebene Schicht-Unterlage berechnen.

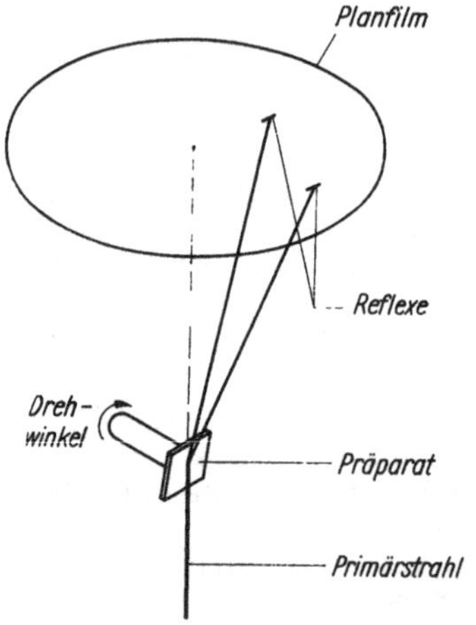

Fig. 1. Aufnahmeanordnung Präparat-Film

Auf Figur 2 sind die für die Rechnung wichtigen drei Großkreise (1 ··· 3) eingezeichnet, mit deren Hilfe die Winkel ϑ, $2\,\vartheta$ und φ definiert werden. Der Winkel $2\,\vartheta$ liegt in Figur 2 zwischen dem Schnittpunkt des Grundkreises mit dem Großkreis 2 und dem Austrittspunkt des Reflexes, d. h. es ist definitionsgemäß der Winkel zwischen dem Primärstrahl und dem reflektierenden Strahl. Der Winkel ϑ liegt zwischen dem Schnittpunkt der Großkreise 2 und 3 (Großkreis 3 steht senkrecht auf dem Grundkreis) und dem Austrittspunkt der Normalen der reflektierenden Fläche. Die Großkreise 1 und 2 stehen senkrecht auf Großkreis 3. Aus dem Film (Fig. 3) sind die Größen φ und $2\,\vartheta$ bei bekanntem Abstand Probe-Film (z. B. 30 mm) zu entnehmen.

Da der Austrittspunkt des Reflexes und der Normalenaustrittspunkt der reflektierenden Fläche auf dem Großkreis 2 jeweils in einem bestimmten Verhältnis zueinander stehen, kann man zwischen dem Scheitel dieses Großkreises und dem Normalenaustrittspunkt nochmals den Winkel ϑ finden (s. o.). Der Kippwinkel der Probe zum Primärstrahl ist bekannt, somit ist auch der Winkel zwischen dem Austrittspunkt der Oberflächennormalen und dem Scheitel des Großkreises 1 gegeben. Durch mehrfache Anwendung des Seitenkosinussatz der sphärischen Trigonometrie ist der Winkel r_b zu errechnen (z. B. SCHRÖDER; MEYER). Da der zur Rechnung hier ausgewählte Reflex selbst schon über die Bragg'sche Gleichung indizierbar ist, ist durch einen Winkelvergleich mit Hilfe von Tabellen (z. B. TAYLOR) die Oberfläche der Schicht — indirekt also die Verwachsungs-

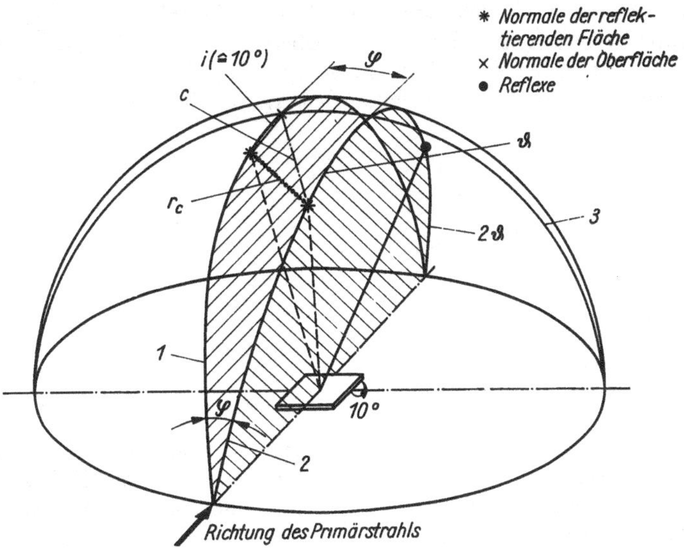

Fig. 2. Skizze zur Auswertung von Röntgenaufnahmen von dünnen Schichten auf einem Substrat zur Orientierungsbestimmung

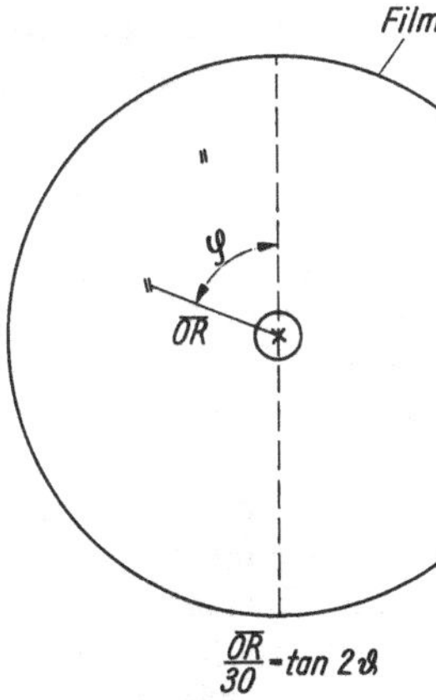

Fig. 3. Schematische Filmdarstellung

ebene unter der Annahme, daß die Schichtoberfläche parallel zur Verwachsungsebene verläuft — zu identifizieren. Die Reflexe von Schicht und Unterlage sind leicht durch eine zusätzliche Aufnahme der Unterlage im unbeschichteten Zustand zu trennen.

Um Astherismen durch Bremsstrahlung zu verhindern, sollte bei $1^2/_3 \cdot$ Anregungsspannung (Neff) oder mit einem Monochromator gearbeitet werden.

Zur vollständigen Angabe der Orientierungsgesetzmäßigkeit ist neben der Flächenparallelität auch eine Richtungsparallelität gefordert. Für die röntgenographische Ermittlung der Richtungsangabe ist es notwendig, den Rotationsvorgang der Probe und die Reflexentstehung zeitlich definiert zu verfolgen, um feststellen zu können, in welcher Rotationsstellung die entsprechende Beugung erfolgt.

Diese Analyse ermöglicht ein mit einigen Zusatzteilen ausgerüstetes Zählrohrgoniometer (siehe Abschnitt 3). In diesem Fall wird die Probe, wie in Figur 4 gezeigt, wieder unter einem Winkel von 10° bestrahlt. Allerdings stehen jetzt zwei Drehkreise senkrecht aufeinander, deren Drehgeschwindigkeit definiert

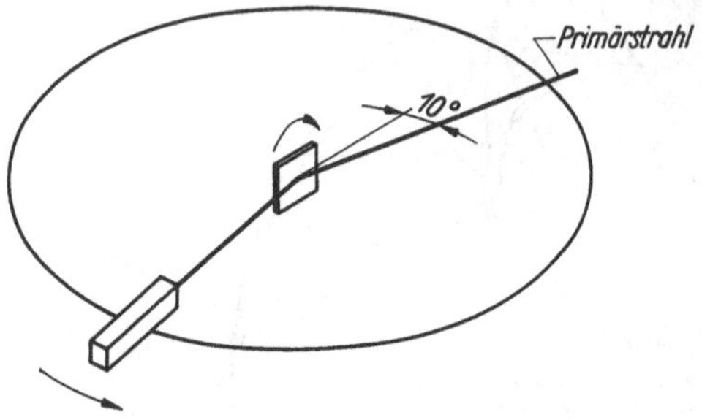

Fig. 4. Aufnahmeanordnung Präparat-Zählrohr

ist. Wenn man beide Bewegungen theoretisch zusammenfaßt, kann man eine spiralförmige Bewegung wiederum auf einer Halbkugel, die die bestrahlte Fläche der Probe überspannt, definieren. Dieser Gedanke gestattet es, zur weiteren Auswertung das Wulff'sche Netz zu benutzen, um die über die Bragg'sche Gleichung bestimmten Reflexindizierungen in eine flächenhafte Darstellung einzutragen. Die Spirale kann durch geringe Geschwindigkeiten des Zählrohrs beliebig dicht gestaltet werden. Außerdem besteht die Möglichkeit, bei einer Wiederholungsmessung den Anfangszustand des Probendrehkreises um z. B. 60°, 90°, 120° oder 180° zu verändern, um im $^1/_6$-, $^1/_4$-, $^1/_3$- oder $^1/_2$-Abstand weitere Spiralen in eine erste einzufügen.

3. Technische Realisierung

Da das Freiberger Horizontalzählrohrgoniometer HZG 1 nur zwei in einer Ebene liegende Drehkreise hat, ist es notwendig, einen weiteren Drehkreis zu errichten, der senkrecht auf den beiden ersten steht und die Probe mit beliebig einstellbarer Geschwindigkeit bewegt (im vorliegenden Fall 5 Umdrehungen pro Stunde). Mit Bauteilen einer Universalflachkammer und einer Universalröntgenkammer URK 3 nach Ruscher (VEB Präzisionsmechanik Freiberg) sowie selbstgefertigten Verbindungsstücken ist dieser Aufbau möglich. Auch ein Texturgoniometer nach Siemens ist für den beschriebenen Zweck abänderbar.

Die definierten Bewegungen beider aufeinander senkrecht stehenden Drehkreise ermöglichen das spiralförmige Abtasten der erwähnten Halbkugel. Die gemessenen Impulsdichten werden durch einen Schreiber aufgezeichnet, der die Winkelmarken des Zählrohrkreises mitschreibt. Eine gleichzeitige Überlagerung der Winkelmarken des Probendrehkreises wäre günstig. Im Gegensatz zur Filmaufnahme gehören hier zu jedem Intensitätswert zwei Winkelangaben, mit deren Hilfe die Lage einer Fläche im Wulff'schen Netz festgelegt werden kann.

Da man eine Anzahl von Reflexen bekommt, kann man mit Hilfe der tabellierten Winkel zwischen den einzelnen Netzebenen mehrfach Verwachsungsebene und Verwachsungsrichtung bestimmen und, falls Filmaufnahmen angefertigt worden sind, diese mit der errechneten Verwachsungsebene aus der Filmaufnahme vergleichen.

Die Genauigkeit der Aussage hängt also von der Dichte der Meßpunkte und der Zahl der erhaltenen Reflexe ab. Unter den angegebenen Bedingungen wird ein sehr großer Teil der Nutzebenen nicht in Reflexionsstellung kommen. Wenn man die Genauigkeit der Aussage erhöhen will, muß man Röntgenröhren mit unterschiedlichem Anodenmaterial verwenden, den Einstrahlwinkel ändern und einen dritten Drehkreis senkrecht auf den beiden anderen errichten.

4. Untersuchungsergebnisse an dünnen monokristallinen Tantalschichten auf Saphir

Als Substratmaterial dienten Saphirkristalle, an denen (0001)- und (10$\bar{1}$0)-Oberflächen mit hoher Präzision und Reinheit hergestellt worden sind. Auf diese Flächen kam Tantal durch Elektronenstoßverdampfung zur Abscheidung. Die mittlere Dicke der abgeschiedenen einkristallinen Schichten betrug 1000 Å. Auf die Beschreibung weiterer experimenteller Einzelheiten der Saphirbearbeitung und der Tantalabscheidung wird verzichtet, da sie im Zusammenhang mit der hier notwendigen Aussage nicht von Interesse sind.

Eine nach der in den vorstehenden Abschnitten beschriebenen Methode vorgenommene Orientierungsbestimmung führte zur Ermittlung folgender Verwachsungsgesetzmäßigkeiten, die in mehreren Experimenten wiederholt erzielt werden konnten:

1. $(100)\,[110]_{\mathrm{Ta}}\,(10\bar{1}0)\,[0001]_{\mathrm{Saphir}}$
Substrattemperatur 1150 °C, Aufdampfrate 60 Å min^{-1}, Vakuum 10^{-6} Torr (weitere Abscheidungsbedingungen siehe bei LANGER und MEYER)
2. $(110)\,[00\bar{1}]_{\mathrm{Ta}}\,//\,(0001)\,[10\bar{1}0]_{\mathrm{Saphir}}$
Substrattemperatur 1100 °C. Übrige Bedingungen s. o.

Auf höherindizierten Ebenen als Substratoberfläche, z. B. (20$\bar{1}$1) konnten ebenfalls einkristalline Tantalschichten mit definierten Orientierungen abgeschieden werden. Auf die dabei notwendige höhere Substrattemperatur (> 1200 °C) bei sonst gleichen Bedingungen sei besonders hingewiesen. Die Halbwertsbreite der Reflexe war breiter als in den Fällen 1 und 2. Die Ursachen dafür sind offensichtlich geringere Perfektion der Schichten und Phasengrenzbereiche.

Literatur

KOREKOWA, M., WEINER, K. L., WOLF, D.: Z. Kristallographie **125**, 226 (1967)
MEYER, S.: Dissertation Technische Hochschule Ilmenau 1970
NEFF, H.: Grundlagen und Anwendung der Röntgenfeinstrukturanalyse, München 1962
LANGER, H.-D.: Dissertation Technische Hochschule Ilmenau 1970
SCHRÖDER, K.: Mathematik für die Praxis, Berlin, 1964
TAYLOR, A.: X-Ray Metallography, New York 1961
WEINER, K. L.: Z. Kristallographie **123**, 315 (1966)
WEYERER, H.: Z. Naturforsch. **22a**, 574 (1967)

(Eingegangen am 18. August 1972)

Anschrift der Verfasser:
Dr. S. MEYER
VEB Werk für Fernsehelektronik Berlin
Prof. Dr. habil. H. G. SCHNEIDER
TH Karl-Marx-Stadt
Sektion Physik-Elektronische Bauelemente
901 Karl-Marx-Stadt
PSF 964
DDR

Kristall und Technik	8	1–3	1972	369–378

R. SCHRADER, G. HORN, Br. HOFFMANN

Freiberg

Mechanische Aktivierung von Magnesiumoxid für chemische Reaktionen

Kristall- und Gelmagnesit werden bei verschiedenen Temperaturen gebrannt. Das erhaltene MgO wird chargenweise in einer Schwingmühle mechanisch aktiviert. Anschließende Löseversuche mit CO_2/H_2O und Hydratationsversuche zeigen, daß die Reaktionsgeschwindigkeiten wesentlich ansteigen. Der Gang der Reaktionsausbeuten kann durch die Störungen des Kristallgitters erklärt werden. Die mechanische Aktivierung bewirkt eine systematische Veränderung der Grenzschichtdicke am MgO beim Lösevorgang.

Crystal magnesite and gel magnesite are burned at various temperatures. MgO so obtained is mechanically activated in a vibration mill. Subsequent dissolving tests with CO_2/H_2O and hydration tests show, that the rates of reaction considerably increase. The course of reaction yields may be explained by disturbances of crystal lattice. A systematic change of the interface thickness on MgO during dissolving process is caused by mechanical activation.

1. Einleitung

Eine intensive mechanische Bearbeitung von Festkörpern führt zu erheblichen Veränderungen der Oberflächengröße (Vergrößerung, Verkleinerung) und des Ordnungszustandes des Kristallgitters (Einbau und Ausheilung von Gitterstörungen, Versetzungen, Amorphisierung). Bei Valenzkristallen können zusätzlich Radikale (paramagnetische Zentren) entstehen (THIESSEN, MEYER, HEINICKE; SCHRADER, TETZNER; VOLLAND, SCHRADER, SCHNEIDER).

Diese Effekte ließen sich im Falle des Magnesiumoxids für die Sinterung ausnutzen (Naeser, Scholz; Schrader, Kneschke). Die vorliegende Arbeit soll zeigen, wie sich eine mechanische Aktivierung von MgO auf dessen chemisches Verhalten auswirkt.[1])

2. Ausgangsprodukte

Als Ausgangsprodukte für MgO dienten natürlicher Kristallmagnesit (Sowjetunion) und natürlicher Gelmagnesit (Türkei) der Korngrößen 3 bis 5 cm mit folgender chemischer Zusammensetzung (Tabelle 1).

Calcination

Die Darstellung der MgO-Proben erfolgte durch Calcination der beiden Magnesittypen unter nachstehenden Brennbedingungen:
Brenntemperaturen: 700, 800, 900 und 1000 °C

---

1) Herrn Prof. Dr. Wehner, Bitterfeld, sind wir für technische Beratungen zu Dank verpflichtet.

Brennregime: Aufheizen der Proben auf die gewünschte Temperatur, Haltezeit 4 Stunden, Abkühlen der Proben im geöffneten Ofen auf < 100 °C.

Anschließend wurden die calcinierten Produkte in einer Laborkugelmühle (Kristallmagnesit) bzw. Labor-Schlagkreuzmühle (Gelmagnesit) auf 8% Siebrückstand 100 μm zerkleinert. Die MgO-Gehalte der Calcinationsprodukte sind in Tabelle 2 aufgeführt.

Tabelle 1
Chemische Zusammensetzung der Ausgangsprodukte

Bestandteile	Kristallmagnesit (%)	Gelmagnesit (%)
MgO	45,1	45,0
CO_2	50,1	50,6
Säureunlösl.	0,65	1,95
CaO	1,10	1,19
Fe_2O_3	0,58	0,08
Al_2O_3	0,91	0,30
Mn	0,01	0,03

Tabelle 2
MgO-Gehalte der Calcinationsprodukte des Kristall- und Gelmagnesits (%)

	Calcinationstemperatur (°C)			
	700	800	900	1000
Kristallmagnesit	91,3	92,4	93,8	93,1
Gelmagnesit	88,3	90,8	90,7	91,7

Mechanische Aktivierung

Die mechanische Aktivierung der so erhaltenen MgO-Proben erfolgte in einer diskontinuierlich arbeitenden Laborschwingmühle (Stahltöpfe, Stahlkugeln). Aktivierungszeiten: 10, 30, 100, 300, 600 und 1200 Minuten.

3. Löseverhalten

Zum Nachweis eines Aktivierungseffektes wurde das Löseverhalten des MgO gegenüber CO_2/H_2O untersucht:

$$MgO + 2\,CO_2 + H_2O \rightarrow Mg\,(HCO_3)_2\,.$$

Dieser Prozeß ist als „Magnesitlaugung“ für die Gewinnung industriell nutzbarer reiner Magnesiumverbindungen aus natürlichen Rohmagnesiten von technischem Interesse.

Für den Lösevorgang wurden die einzelnen MgO-Proben in Wasser eingetragen und unter ständigem Rühren mit einer CO_2-Luft-Mischung beaufschlagt, wobei sich ein CO_2-Partialdruck von 1,1 at bei einem Gesamtdruck von 3 at einstellte. Während des Versuches erwärmte sich die Suspension infolge der exothermen Lösereaktion von 20 °C auf ca. 28 °C. Dieser Temperaturanstieg ist jedoch hinsichtlich der Sättigungskonzentration des MgO zu vernachlässigen und blieb daher trotz der nicht exakt isothermen Arbeitsweise unberücksichtigt. Der Gehalt an gelöstem MgO wurde komplexometrisch ermittelt.

Als Maß für den Aktivierungseffekt diente der wie folgt definierte Lösegrad L:

$$L = \frac{\text{Konzentration an gelöstem MgO}}{\text{Sättigungskonzentration von MgO}} \cdot 100\ (\%)\,.$$

Der Lösegrad von MgO, das aus Kristallmagnesit gewonnen wurde, läßt sich durch eine intensive mechanische Bearbeitung des Festkörpers wesentlich erhöhen (Fig. 1). Eine mechanische Aktivierung über 100 Minuten hinaus führt allerdings zu einem wenn auch geringen, so doch meßbaren Rückgang des Lösegrades (Desaktivierung). Bei den mechanisch aktivierten MgO-Proben wird der maximale Lösegrad von 96% bereits nach ca. 100 Minuten Lösezeit erreicht, während dies bei dem unaktivierten Material erst nach 7 Stunden der Fall ist.

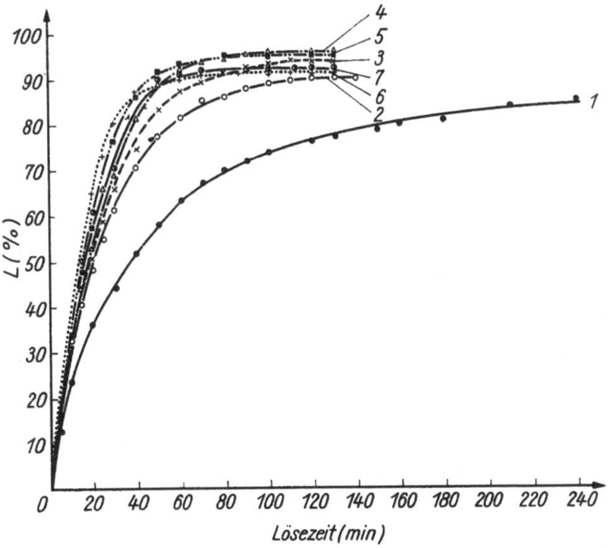

Fig. 1. Abhängigkeit des Lösegrades L von der Lösezeit für MgO aus Kristallmagnesit (Brenntemperatur 800 °C).
1 – unaktiviert; 2 – 10 min aktiviert; 3 – 30 min aktiviert; 4 – 100 min aktiviert; 5 – 300 min aktiviert; 6 – 600 min aktiviert; 7 – 1200 min aktiviert

Das Löseverhalten von MgO aus Gelmagnesit, das bereits auf Grund seiner Genesis hochaktiv ist, kann durch eine mechanische Aktivierung nicht weiter verbessert werden. Dieses Material wird durch die Schwingmahlung sogar geringfügig wieder desaktiviert. Die große Reaktionsgeschwindigkeit des MgO kann aber auch durch die Lösegeschwindigkeit von CO_2 in Wasser bedingt sein, die hier der langsamste Schritt ist, wie Sonderversuche auswiesen.

Die Abnahme des Lösegrades mit steigender Brenntemperatur ist die Folge eines Rekristallisationsprozesses beim Brennen des Magnesits (Fig. 2). Dieser bei unaktiviertem MgO aus Kristallmagnesit besonders stark ausgeprägte Effekt (Fig. 2, Kurve 1) wird durch die mechanische Aktivierung weitgehend aufgehoben (Fig. 2, Kurven 2–5). Je schonender die Brennbedingungen, desto größer ist auch der Aktivierungseffekt. Durch die mechanische Aktivierung kann aus Kristallmagnesit ein MgO erhalten werden, das annähernd die gleiche Aktivität

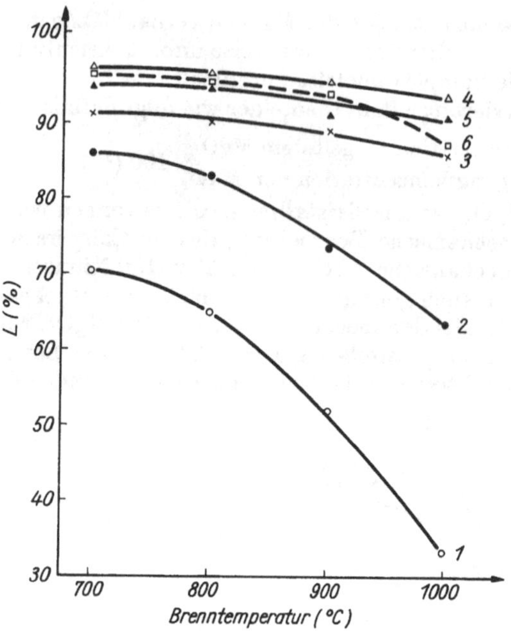

Fig. 2. Abhängigkeit des Lösegrades L von der Brenntemperatur (Lösezeit = 60 min) 1 – MgO aus Kristallmagnesit, unaktiviert; 2 – 10 min aktiviert; 3 – 30 min aktiviert; 4 – 300 min aktiviert; 5 – 600 min aktiviert; 6 – MgO aus Gelmagnesit unaktiviert

besitzt wie das aus Gelmagnesit allein durch Brennen hergestellte reaktionsfähige MgO (Fig. 2, Kurve 6). Damit ist es möglich, durch mechanische Aktivierung auch Kristallmagnesite, die bisher für die „Magnesitlaugung" ungeeignet waren, technisch einzusetzen. Diese Erkenntnis läßt sich dahingehend erweitern, daß auch totgebrannte Magnesiumoxide durch eine mechanische Aktivierung der Laugung zugänglich werden.

4. Hydratationsverhalten

Neben dem Löseverhalten wurde das Hydratationsverhalten des MgO zum Nachweis eines Aktivierungseffektes untersucht:

$$MgO + H_2O \rightarrow Mg(OH)_2 .$$

Die Hydratation erfolgte durch Suspendieren der MgO-Proben bei (50 ± 0,5) °C in Wasser im Thermostaten in einzelnen Chargen unter ständigem Schütteln. Alle 30 Minuten wurde eine Charge entnommen, das Wasser abgesaugt, mehrmals mit Aceton geschüttelt und die Probe bei 150 °C getrocknet. Das gebildete $Mg(OH)_2$ ließ sich aus dem Masseverlust nach Glühen bei 1000 °C ermitteln.

Als Maß für den Aktivierungseffekt diente in Analogie zu den Löseversuchen der wie folgt definierte Hydratationsgrad H:

$$H = \frac{\text{tatsächlich aufgenommene } H_2O\text{-Masse}}{\text{theoretisch aufnehmbare } H_2O\text{-Masse}} \cdot 100\ (\%) .$$

Die durch die Schwingmahlung verursachte Aktivierung des MgO aus Kristallmagnesit äußert sich analog dem Löseverhalten in höheren Hydratationsgraden (Fig. 3). Infolge Reaktionshemmung durch Bedeckung der MgO-Oberfläche mit dem gebildeten $Mg(OH)_2$ verläuft die Reaktion selbst bei den aktivierten Proben relativ träge und zeigt nicht vollständigen Umsatz. Langzeitmahlungen über 300 Minuten hinaus bewirken eine geringe Desaktivierung des MgO, die bereits bei der Lösereaktion sichtbar wurde.

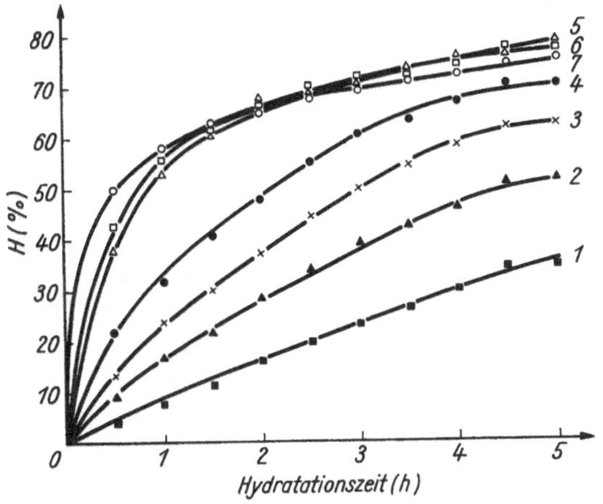

Fig. 3. Abhängigkeit des Hydratationsgrades H von der Hydratationszeit für MgO aus Kristallmagnesit (Brenntemperatur 800 °C)
1 – unaktiviert; 2 – 10 min aktiviert; 3 – 30 min aktiviert; 4 – 100 min aktiviert; 5 – 300 min aktiviert; 6 – 600 min aktiviert; 7 – 1200 min aktiviert

5. Diskussion der Ergebnisse

5.1. Reaktionsausbeute

Sowohl die Veränderung des Lösegrades als auch die des Hydratationsgrades von MgO aus Kristallmagnesit mit der Aktivierungszeit (Fig. 4) lassen erkennen, daß durch die intensive mechanische Bearbeitung des MgO die freie Reaktionsenthalpie als Triebkraft einer chemischen Reaktion erhöht worden sein muß.

Zur Charakterisierung des erzielten aktiven Zustandes des MgO wurden die spezifische Oberfläche O nach der Einpunktmethode (BET-Prinzip) und durch röntgenographische Feinstrukturuntersuchungen die Primärteilchengröße λ (kohärent streuende Bezirke) und die Gitterverzerrung da/a (Abweichung der Netzebenenabstände a) bestimmt (Fig. 5). Auf Grund der Verunreinigungen des Ausgangsproduktes war es nicht möglich röntgenographisch die Gitterstörung u_x (Deplacierung einzelner Gitterbausteine senkrecht zu den Netzebenen) exakt zu bestimmen. Allerdings lassen die Röntgenaufnahmen prinzipiell den Einbau von Gitterstörungen durch die mechanische Aktivierung erkennen.

Eine Vergleich zwischen den Reaktionsausbeuten (Löse- und Hydratationsgrad, Fig. 4) mit den Festkörpereigenschaften spezifische Oberfläche, Primärteilchengröße und Gitterverzerrung (Fig. 5) zeigt, daß keine dieser Größen allein die Reaktionsausbeuten des mechanisch aktivierten MgO erklären kann. Auffallend ist vor allem. daß die Oberflächengröße für die beiden Reaktionsausbeuten nicht ausschlaggebend ist. Einem steilen Anstieg der Reaktionsausbeuten in den ersten 100 Minuten Aktivierungszeit steht nur ein relativ geringer Oberflächenzuwachs gegenüber. – Eine mögliche Begründung des Ver-

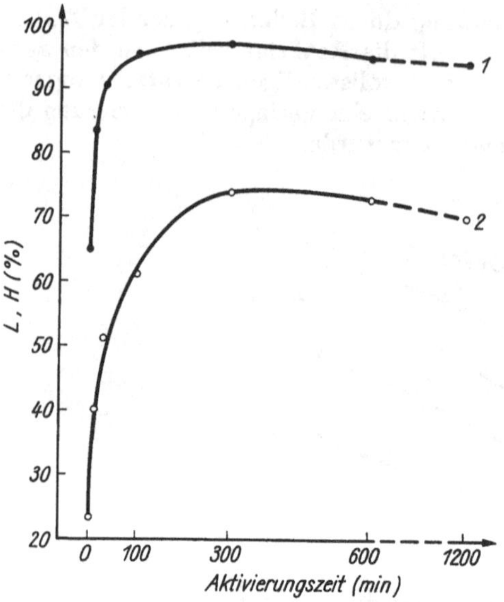

Fig. 4. Reaktionsausbeuten von MgO aus Kristallmagnesit in Abhängigkeit von der Aktivierungszeit (Brenntemperatur 800 °C) 1 – Lösegrad (Lösezeit = 60 min); 2 – Hydratationsgrad (Hydratationszeit = 3 h)

laufs der Reaktionsausbeuten läßt sich aus früheren Untersuchungen an mechanisch aktivierten MgO, hergestellt durch thermische Spaltung von $MgCl_2 \cdot x\,H_2O$ (SCHRADER und KNESCHKE) ableiten (Fig. 6). Spezifische Oberfläche, Primärteilchengröße und Gitterverzerrung zeigen prinzipiell den gleichen Verlauf wie die vorliegenden Ergebnisse (Fig. 5). Diese Tatsache rechtfertigt den Analogieschluß, daß auch die Gitterstörung u_x im Falle des MgO aus Kristallmagnesit entsprechend verlaufen dürfte. Wegen unterschiedlicher Mühlenver-

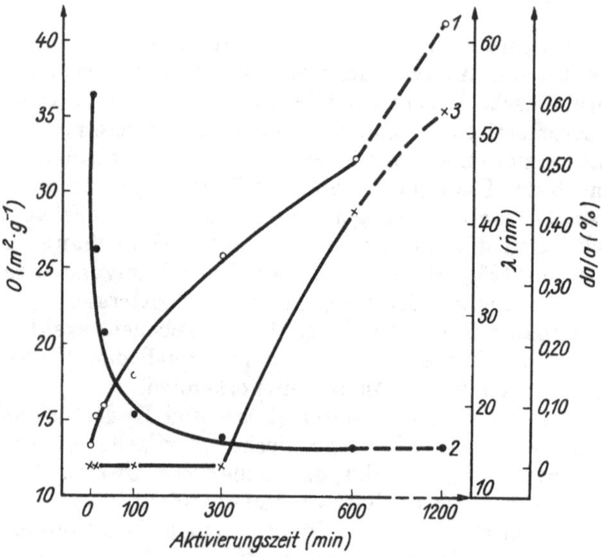

Fig. 5. Abhängigkeit der Festkörpereigenschaften von MgO aus Kristallmagnesit von der Aktivierungszeit (Brenntemperatur 800 °C).
1 – spezifische Oberfläche O; 2 – Primärteilchengröße λ,; 3 – Gitterverzerrung *da/a*

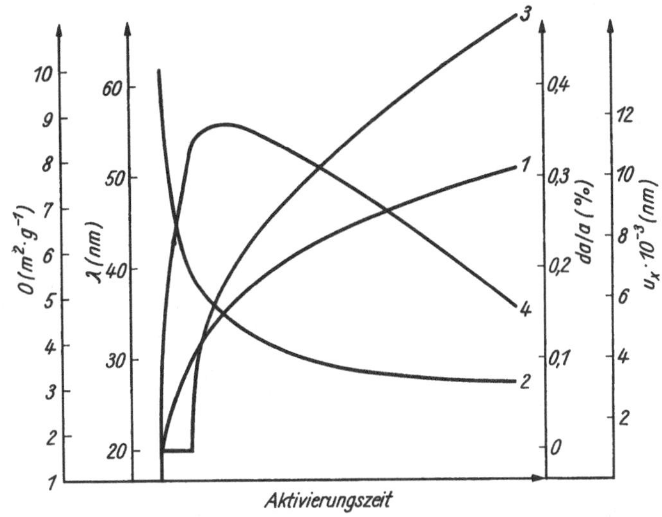

Fig. 6. Abhängigkeit der Festkörpereigenschaften von MgO aus der thermischen Spaltung von $MgCl_2 \cdot xH_2O$ von der Aktivierungszeit.
1 – spezifische Oberfläche O; 2 – Primärteilchengröße λ; 3 – Gitterverzerrung da/a; 4 – Gitterstörung u_x

hältnisse ergeben sich lediglich andere Aktivierungszeiten. Damit kann das chemische Verhalten des mechanisch aktivierten MgO hinsichtlich Reaktionsausbeute bei der Löse- und bei der Hydratationsreaktion hauptsächlich durch die Gitterstörung u_x erklärt werden. Der Einbau von Gitterstörungen ist gleichbedeutend mit einer Steigerung der Reaktionsausbeute, das Ausheilen der Gitterstörungen (Verminderung der u_x-Werte) geht mit dem Rückgang des Löse- und Hydratationsgrades konform. Dieser Ausheileffekt ist aber nicht voll wirksam, weil bei höheren Aktivierungszeiten ($>$ 300 Minuten) der andere aktivitätssteigernde Störtyp Gitterverzerrung bedeutenden Einfluß gewinnt.

Die festgestellte Erhöhung der Reaktionsausbeute bei der Löse- und Hydratationsreaktion durch mechanische Aktivierung des Ausgangsproduktes MgO beruht damit im wesentlichen auf der Vergrößerung des Unordnungszustandes des Kristallgitters.

5.2. Reaktionsgeschwindigkeit

Aus den Umsatz-Zeit-Kurven (Fig. 1 und 3) lassen sich die Reaktionsgeschwindigkeiten für den Löse- und Hydratationsvorgang entnehmen (Fig. 7). Die mechanische Aktivierung vermag die Reaktionsgeschwindigkeit wesentlich zu steigern, was mit Erfahrungen an anderen Stoffsystemen in Einklang steht.

Löse- und Hydratationsreaktion werden an der Phasengrenzfläche ablaufen. Wenn diese Annahme zutrifft, muß eine lineare Beziehung zwischen Reaktionsgeschwindigkeiten RG und der zur Verfügung stehenden Oberfläche des Festkörpers gemäß der Nernst-Noyes-Whitney-Gleichung existieren:

$$\mathrm{RG} = \frac{D \cdot O\,(c_s - c_t)}{\delta}$$

D = Diffusionskoeffizient
O = Oberflächengröße
c_s = Sättigungskonzentration
c_t = Konzentr. nach der Lösezeit t
δ = Dicke der Grenzschicht

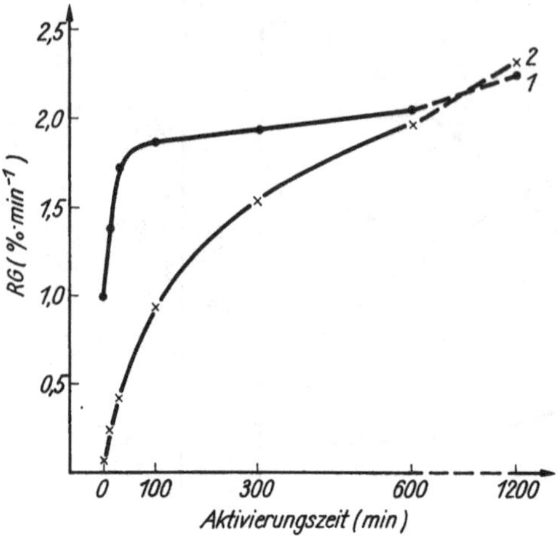

Fig. 7. Abhängigkeit der Reaktionsgeschwindigkeit RG von MgO aus Kristallmagnesit von der Aktivierungszeit (Brenntemperatur 800 °C).
1 – Lösegeschwindigkeit; 2 – Hydratationsgeschwindigkeit

Das ist auch tatsächlich der Fall. (Auf die sprunghafte Änderung des Anstiegs der Funktion beim Lösevorgang soll nicht näher eingegangen werden; Fig. 8).

Die integrierte NNW-Gleichung

$$\frac{V}{t_1 - t_2} \cdot \lg \frac{(c_s - c_{t1})}{(c_s - c_{t2})} = \frac{D \cdot O}{2{,}303 \cdot \delta} \qquad V = \text{Volumen der Lösung} \qquad \text{(Gl. 1)}^{1)}$$

gestattet es zu überprüfen, ob neben der Oberflächengröße O weitere Einflüsse wirksam sind. Unter der Annahme, daß der Diffusionskoeffizient D und die Dicke der Grenzschicht δ der Feststoffteilchen im Lösungsmittel durch die mechanische Bearbeitung des MgO keine Veränderung erfahren, muß obige Gleichung (linker Ausdruck = $f(0)$) eine Gerade darstellen. – Für die Löseserie mit MgO, das bei verschiedenen Brenntemperaturen aus Kristallmagnesit aber ohne mechanische Aktivierung hergestellt wurde, trifft diese Erwartung auch zu (Fig. 9, Kurve 1 a). Überraschenderweise besteht aber zwischen dem linken Aus-

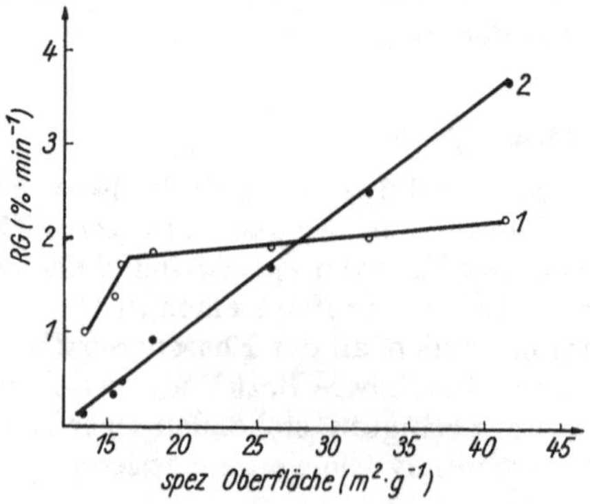

Fig. 8. Abhängigkeit der Reaktionsgeschwindigkeit RG von MgO aus Kristallmagnesit von der spezifischen Oberfläche O (Brenntemperatur 800 °C).
1 – Lösegeschwindigkeit; 2 – Hydratationsgeschwindigkeit

[1]) Für den Hydratationsvorgang gilt eine analoge Gleichung.

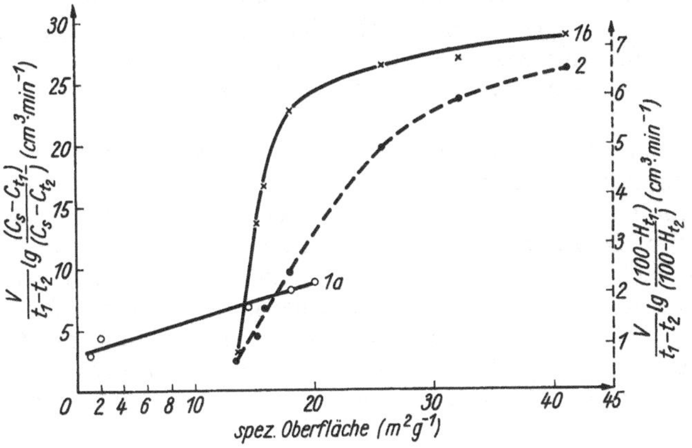

Fig. 9. Prüfung von Gleichung 1 für MgO aus Kristallmagnesit (Brenntemperatur 800 °C).
1a – Lösereaktion – unaktiviert; 1b – Lösereaktion – aktiviert; 2 – Hydratationsreaktion – aktiviert

druck von Gleichung 1 und der Oberfläche für den Löse- und den Hydratationsvorgang der mechanisch aktivierten MgO-Proben keine Linearität (Fig. 9, Kurven 1 b und 2). Da für eine Nichtkonstanz von D keine plausiblen Gründe bestehen, muß die Grenzschichtdicke δ infolge der mechanischen Aktivierung eine Änderung erfahren haben. — Für die Lösereaktion ergibt sich bei einem konstanten Diffusionskoeffizienten der hier chemisch wirksamen Ionen von $1 \cdot 10^{-5}\ cm^2 \cdot s^{-1}$ für die Grenzschichtdicke in Abhängigkeit von der Aktivierungszeit eine Minimumsfunktion (Fig. 10, Kurve 1). Die Dicke der Grenzschicht an den MgO-Teilchen in der Lösung sinkt vom Anfangswert beim nicht aktivierten Material von $5{,}5 \cdot 10^{-3}$ cm auf den niedrigsten Wert von $2{,}3 \cdot 10^{-3}$ cm nach 300 Minuten Aktivierungszeit, um bei längerer Mahldauer wieder anzusteigen. — Für die Hydratationsreaktion läßt sich unter unseren experimentellen Bedin-

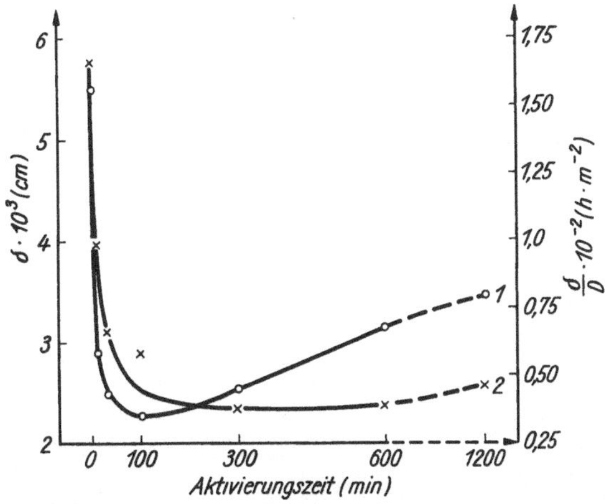

Fig. 10. Abhängigkeit der Grenzschichtdicke δ von MgO aus Kristallmagnesit von der Aktivierungszeit (Brenntemperatur 800 °C).
1 – Lösereaktion; 2 – Hydratationsreaktion (Diffusionskoeffizient D = konst.)

gungen kein sinnvoller Wert für den Diffusionskoeffizienten angeben, so daß besser der Quotient δ/D gegen die Aktivierungszeit aufgetragen wurde (Fig. 10, Kurve 2). Aus den gemessenen Hydratationsgraden H und unter der berechtigten Annahme der Konstanz von D resultiert ein analoger Kurvenzug wie bei der Löseserie.

Die Funktion Grenzschichtdicke/Aktivierungszeit scheint dem Gang der Gitterstörung u_x im MgO zu entsprechen (Fig. 6). Diese Störungen werden sich vom Kristallinneren an die Phasengrenzfläche fortsetzen. Mit steigenden Gitterstörungen des Kristallits im Volumen verändert sich der Ordnungszustand an seiner Oberfläche sinngemäß. Die vorliegenden Experimente zeigen, daß die Grenzschicht an der MgO-Oberfläche dabei geringer wird. Weitere Aussagen über die Wechselwirkung der gelösten Ionen zur Qualität der Oberfläche des Festkörpers zur Interpretation der gefundenen Beziehung zwischen Grenzschichtdicke und Gitterstörungen bedürfen zusätzlicher Untersuchungen.

Literatur

Naeser, G., Scholz, W.: Ber. Dtsch. Keram. Ges. **39**, 106 (1962)
Schrader, R., Tetzner, G.: Z. anorg. allg. Chem. **309**, 55 (1961)
Schrader, R., Kneschke, G.: Silikattechn. **18**, 239 (1967)
Thiessen, P. A., Meyer, K., Heinicke, G.: Grundlagen der Tribochemie, Berlin 1967
Voland, U., Schrader, R., Schneider, H.: Z. anorg. allg. Chem. **368**, 317 (1969)

(Eingegangen am 31. Juli 1972)

Anschrift der Verfasser:

Prof. Dr. R. Schrader
92 Freiberg
Bertholdsweg 46
DDR

Dr. Br. Hoffmann
92 Freiberg
Ziolkowski-Str. 29
DDR

Kristall und Technik	8	1–3	1973	379–391

G. Heinicke, H.-P. Hennig, U. Steinike

Zentralinstitut für Physikalische Chemie der
Akademie der Wissenschaften der DDR

Einfluß von Tribosorption und tribochemischen Prozessen auf das grenzflächenmechanische Verhalten von Siliciumcarbid

Am Beispiel von SiC werden erhebliche Unterschiede in der Primär- und Sekundärteilchengröße, der Spinkonzentration, der Oberfläche und der Porosität bei der tribomechanischen Bearbeitung in H_2- und in Ar-Atmosphäre nachgewiesen. Ursache hierfür sind die in der Phasengrenzschicht des Festkörpers ablaufenden Tribosorptions- und Triboreaktionsprozesse. Auf die technische Bedeutung solcher Prozesse wird hingewiesen.

The influence of tribosorptions- and triboreactionsprocesses was investigated with respect to the primary and secondary structure of SiC after mechanical treatment. This influence is very different with regard to specific properties. The reasons of these effects are to be saught in tribosorptions- and triboreactionsprocesses which take place in the phase boundary layer of the solid. The technical meaning of such processes is referred too.

1. Einleitung

Der Energieaufwand zur Mahlung vieler technischer Produkte, z. B. von Zement, ist beträchtlich. Es werden deshalb seit Jahrzehnten Versuche unternommen, den Wirkungsgrad von Mahlaggregaten zu erhöhen. Eine Möglichkeit zur erheblichen Verbesserung der Mahlwirkung wird durch den Zusatz von sog. Mahlhilfsmitteln erreicht, die zu einer 3—5fach höheren Energieausnutzung beim Mahlprozeß führen können (Schneider).

Einen wesentlichen Beitrag zur Aufklärung der Wirkung von Mahlhilfsmitteln haben Rehbinder und Mitarbeiter geleistet. Wie die genannten Autoren zeigen konnten, wird durch Adsorption von oberflächenaktiven Substanzen die Oberflächenenergie und damit der Widerstand gegen plastische Deformation und Bruchprozesse an mechanisch beanspruchten Festkörpern herabgesetzt. Außerdem besteht die Wirkung von Mahlhilfsmitteln in der Zurückdrängung der Agglomeratbildung der bei der Zerkleinerung entstehenden feinen Teilchen (z. B. Seebach).

Unter dem Einfluß einer tribomechanischen Beanspruchung laufen neben Bruch- und Verformungsprozessen in Anwesenheit eines reaktiven Mediums auch Tribosorptionsvorgänge und tribochemische Reaktionen ab (Thiessen, Meyer, Heinicke; Heinicke, Schober; Hennig 1963). Diese verändern ihrerseits die Struktur des Festkörpers, insbesondere auch seinen Fehlordnungsgrad, und nehmen auf diese Weise Einfluß auf Verformungs- und Bruchprozesse. Dieser bisher weniger berücksichtigte Effekt tritt sowohl bei kurzen Mahldauern als auch bei Langzeitmahlungen auf, die zu einem sog. „Mahlungsgleichgewicht" führen.

In den folgenden Abschnitten sollen diese Verhältnisse an den Systemen SiC/H_2 und SiC/Ar dargestellt werden.

2. Experimentelles

Die tribomechanische Beanspruchung des SiC erfolgte auf Laborschwingmühlen des VEB KEFAMA Katzhütte vom Typ LS 16 und LS 60 (1430 Umdrehungen/min; Amplitude 1–3 mm). Es wurden Korundgefäße (Volumen ≈ 1 l) und Porzellankugeln verwendet. Da sich bei den Langzeitmahlungen der Abrieb störend auf die Sekundärteilchengrößenbestimmung auswirkte, wurden für Versuche mit Bearbeitungsdauern > 100 h Stahlgefäße (Volumen ≈ 2 l) und -kugeln verwendet. Hier ließ sich der Abrieb, zumindest an der Oberfläche des Mahlgutes, leicht mit HCl entfernen. Das verwendete grüne SiC (0,1 bis 0,5 mol) vom VEB Stickstoffwerk Piesteritz wurde vor dem Einsatz einer Naßreinigung unterzogen.

Zur Bestimmung der Wechselwirkung der Gase (verwendeter Druck: 0,8–1 atm) mit dem Festkörper während der Bearbeitung dienten manometrische Druckmessungen sowie Gasanalysen mit einem Gaschromatographen (Modell G C-2) und einem Flammenionisationsdetektor der Fa. Beckman Instruments GmbH, München. Im Anschluß an die Bearbeitung erfolgte jeweils die Untersuchung des Festkörpers.

Die Sekundärteilchengröße wurde aus elektronenmikroskopischen Aufnahmen bestimmt. Für die Ermittlung der Porosität stand ein Quecksilberhochdruck-Porosimeter der Fa. Carlo Erba, Italien (Modell AG-60) zur Verfügung. Mit diesem Gerät werden Poren mit Radien zwischen 75 und 75000 Å erfaßt.

Zur röntgenographischen Bestimmung der Primärstruktur diente ein Bertholdsches Goniometer mit einem Interferenzzählrohr. Die Ermittlung der mittleren Primärteilchengröße erfolgte aus den Halbwertsbreiten der SiC-Reflexe nach der Methode von Kochendörfer. Die Gitterstörungen (mittlere, statistisch regellose Verschiebungen der Atome aus ihrer Normallage, die betreffenden Netzebenen bleiben erhalten) wurden nach der Methode von Fricke und der Amorphanteil nach der Methode von Klug und Alexander jeweils aus den Integralintensitäten mehrerer SiC-Reflexe ermittelt.

Mit einem X-Band-Spektrometer ERS-X der Akademiewerkstätten für Forschungsbedarf der DAW Berlin und unter Verwendung eines $CuSO_4 \cdot 5\,H_2O$-Einkristalles als Standort erfolgte die Bestimmung der paramagnetischen Zentren im SiC.

3. Störung der Gitterschichten bei tribomechanischer Beanspruchung von SiC

Bei tribomechanischer Beanspruchung von Siliciumcarbid in einer Schwingmühle findet eine starke Zerkleinerung des Korngutes statt. Gleichzeitig kommt es zur Änderung der Gitterstruktur durch das Auftreten von Fehlordnungen und durch die Abnahme der Primärteilchengröße. In Figur 1 sind die röntgenographisch erfaßbaren Fehlordnungen und die Primärteilchengröße in Abhängigkeit von der Bearbeitungsdauer dargestellt.

Während unter dem Einfluß der Bearbeitung die Primärteilchengröße ständig abfällt, steigen die Gitterstörungen und der Amorphanteil mit zunehmender Bearbeitungsdauer stetig an. Allen drei Bestimmungsgrößen ist gemeinsam, daß die jeweilige Änderung pro Zeiteinheit mit Fortschreiten der Beanspru-

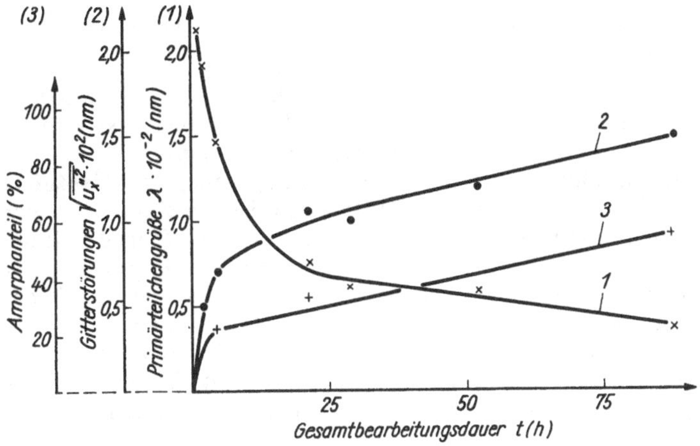

Fig. 1. Primärstruktur von tribomechanisch beanspruchtem SiC in Abhängigkeit von der Bearbeitungsdauer

chungsdauer immer geringer werden. Dieser Verlauf wird unabhängig vom Typ der Schwingmühle beobachtet.

Gitterverzerrungen konnten an den SiC-Mahlproben — abgesehen von 2 Ausnahmefällen — nicht nachgewiesen werden. Demnach lassen sich auf Grund der hohen Stabilität des SiC-Gitters entsprechend den gemessenen Gitterstörungen zwar einzelne Atome aus ihren Normallagen verschieben, nicht dagegen ganze Netzebenen.

Die auf röntgenographischem Wege bestimmten Gitterstörungen gestatten nur eine Aussage über die mittlere Abweichung der Gitterbausteine aus ihrer Normallage. Die Gitterstörungen am SiC reichen aber von geringen Verschiebungen bis zur Sprengung chemischer Hauptvalenzbindungen.

Wie ESR-Messungen zeigten, findet bei der Schwingmahlbeanspruchung von Siliciumcarbid die Sprengung von SiC-Bindungen unter Bildung langlebiger Festkörperradikale statt (Hennig). Nach Tabelle 1 wächst die Spin-Konzentration mit steigender Bearbeitungsdauer an, wobei die Konzentration zunehmend einem Sättigungswert zustrebt.

Die hier dargelegten Untersuchungsergebnisse stehen in Übereinstimmung mit den an SiO_2-Proben erhaltenen Resultaten anderer Autoren (Schrader, Dusdorf; Schneider).

Tabelle 1
Spinkonzentration am tribomechanisch beanspruchten Siliciumcarbid (Schwingmühle LS 60, Porzellan; Mahlatmosphäre: Argon)

Bearbeitungsdauer t(h)	Spinkonzentration $S \cdot 10^{-18}$ (g^{-1})
3	2,9
10	7,5
20	8,8

4. Tribosorption und tribochemische Reaktion am SiC

Wird Siliciumcarbid in Wasserstoffatmosphäre tribomechanisch beansprucht, so findet eine Gasaufnahme durch den Festkörper statt (Tribosorption). Gleichzeitig wird die Bildung von Methan und anderen Kohlenwasserstoffen, wie Äthan und Acetylen, beobachtet (tribochemische Reaktion).

Wie im einzelnen gezeigt werden konnte, erfolgt die Gasaufzehrung nicht allein durch Adsorption an der Oberfläche des Festkörpers, sondern wird im wesentlichen durch die Überführung von Wasserstoff in das Innere des Festkörpers bedingt. So kann unter bestimmten Bearbeitungsbedingungen (HENNIG 1970) die Menge des Tribosorbats etwa 10mal größer sein als die bei einmolekularer Belegung der Oberfläche berechenbare Sorbatmenge.

Von verschiedenen Autoren wird festgestellt, daß SiC auch bei Temperaturen noch oberhalb 1000 °C gegenüber H_2 beständig ist (GMELIN). Das ist auch von der Lage des thermodynamischen Gleichgewichtes aus gesehen zu erwarten (vgl. Tab. 2).

Bei Zufuhr von mechanischer Energie findet jedoch die Bildung zahlreicher Kohlenwasserstoffe statt. Diese werden zu einem großen Teil im Innern des Festkörpers in der mechanisch beanspruchten Grenzschicht gebildet und erst bei weiterer Bearbeitung an die umgebende Gasatmosphäre durch „Tribodesorption" abgegeben. Eine quantitative Darstellung der Tribosorption von Wasserstoff und der Bildung von Methan als Hauptreaktionsprodukt ist in Figur 2 in Abhängigkeit von der Bearbeitungsdauer wiedergegeben. Während die H_2-Tribosorptionsgeschwindigkeit mit zunehmender Bearbeitung immer mehr zurückgeht (Sättigung des Festkörpers mit Gas) und damit die vom Festkörper aufgenommene H_2-Menge (Tribosorbat) ebenso wie die in Figur 1 dargestellten Strukturgrößen zunehmend einem Grenzwert zustreben, bleibt die CH_4-Tribodesorptionsgeschwindigkeit auch nach längerer Bearbeitungsdauer konstant. Sie wird durch die konstant bleibende Zahl der Impakte pro Zeiteinheit bestimmt und nach einer sehr kurzen Anklingphase (in Figur 2 nicht eingezeichnet) nicht mehr vom steigenden Störgrad und H_2-Tribosorbat des Festkörpers beeinflußt.

Das parallele Ansteigen des Störungsgrades und der Menge des Tribosorbats führt zu der Annahme, daß zwischen diesen beiden Größen ein kausaler Zusammenhang besteht. Dafür sprechen auch die in Figur 3 dargestellten Ergebnisse.

Wird eine in H_2-Atmosphäre vorbearbeitete SiC-Probe im Vakuum konstante Zeiten auf verschiedene Temperaturen erhitzt, so kommt es zu Gittererholungsprozessen. Symbat mit den Gitterausheilungen nimmt auch das H_2-Tribosorbat

Tabelle 2
Thermodynamische Gleichgewichtskonstanten K_p einiger SiC–H_2-Reaktionen

Reaktionsgleichung	K_p bei T(°C) 300	1000	2000
$SiC + 2\,H_2 \rightleftarrows Si + CH_4$	10^{-10}	10^{-6}	10^{-5}
$2\,SiC + 3\,H_2 \rightleftarrows 2\,Si + C_2H_6$	10^{-31}	10^{-14}	10^{-10}
$2\,SiC + H_2 \rightleftarrows 2\,Si + C_2H_2$	10^{-75}	10^{-20}	10^{-8}

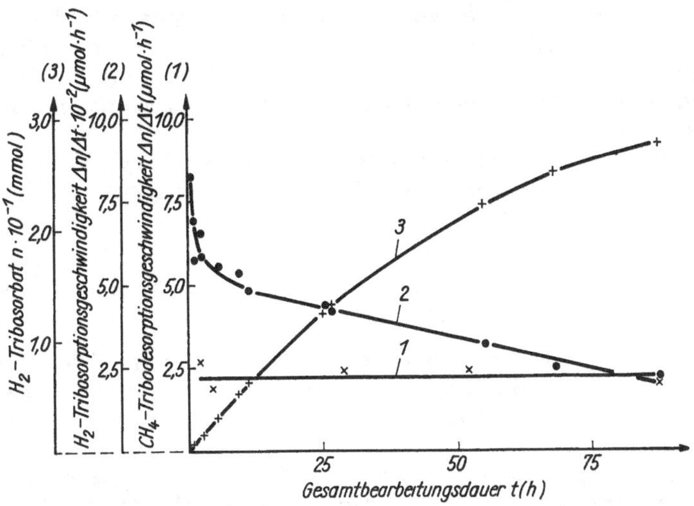

Fig. 2. Tribosorption und tribochemische Umsetzung (Tribodesorption) am SiC/H_2-System in Abhängigkeit von der Bearbeitungsdauer

durch H_2-Desorption ab. Die Primärteilchengröße ändert sich dagegen wegen der hohen thermischen Stabilität des SiC-Gitters im gewählten Temperaturbereich nicht.

5. Der Einfluß der umgebenden Atmosphäre auf tribomechanisch bewirkte Strukturänderungen am SiC

Die Wirkung von Wasserstoff und seinen mit SiC sich ergebenden Reaktionsprodukten auf tribomechanisch ausgelöste Strukturänderungen läßt sich auch durch vergleichende Untersuchungen mit Argon als umgebendes Medium nach-

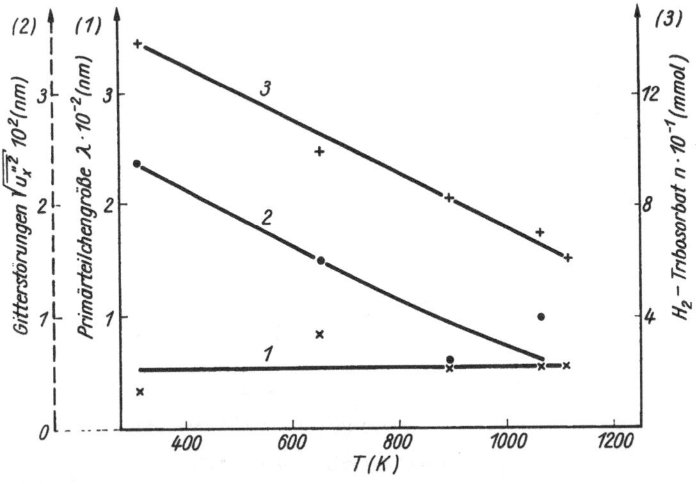

Fig. 3. Einfluß der thermischen Aktivierung auf das H_2-Tribosorbat und die Primärstruktur von vorbearbeitetem SiC

weisen. Nach HENNIG (1963) sowie HEINICKE und SCHOBER ist die Tribosorption von Argon auf Grund seines inerten Charakters unter den gewählten Versuchsbedingungen zu vernachlässigen, so daß eine Beeinflussung des Störungsgrades vom bearbeiteten SiC durch anwesendes Argon sicherlich nur in einem sehr geringen Maße zu erwarten ist.

In den folgenden Abschnitten sollen die bei sonst gleicher Versuchsführung in Argon- und in Wasserstoffatmosphäre auftretenden Strukturänderungen miteinander verglichen werden.

5.1. Veränderung der Primärstruktur bei Mahlung in verschiedener Gasatmosphäre

Der Einfluß der Gasatmosphäre wurde am Beispiel der Primärteilchengröße und der Radikalkonzentration untersucht. Wie stark die Primärteilchengröße von SiC während der Mahlung durch die Gasatmosphäre beeinflußt werden kann, geht aus Figur 4 hervor.

Während der gesamten Versuchsdauer liegt der in Wasserstoff gemessene Wert etwa 3mal niedriger als in Argon. Eine Annäherung der beiden Kurven ist auch nach sehr langer Mahldauer nicht zu erkennen.

Offensichtlich wird durch die Anwesenheit von H_2 und der gebildeten Kohlenwasserstoffe im SiC die Fehlordnungskonzentration so stark erhöht, daß die Zerkleinerung der Primärteilchen insbesondere durch Bruchprozesse bei gleicher mechanischer Beanspruchung weiter fortschreitet als in Argon, d. h. in Abwesenheit von Tribosorbaten.

Die erhöhte Fehlordnungskonzentration bei der Mahlung in einer Wasserstoffatmosphäre gegenüber einer Inertmahlung ist auch durch Verfolgung der Spinkonzentration nachzuweisen. Wie Figur 5 zeigt, liegt die Spinkonzentration

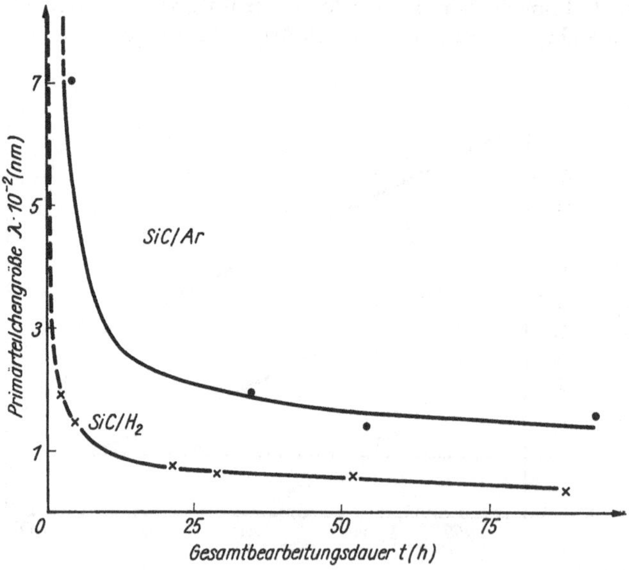

Fig. 4. Änderung der Primärteilchengröße von SiC mit der Bearbeitungsdauer bei verschiedenen Gasatmosphären

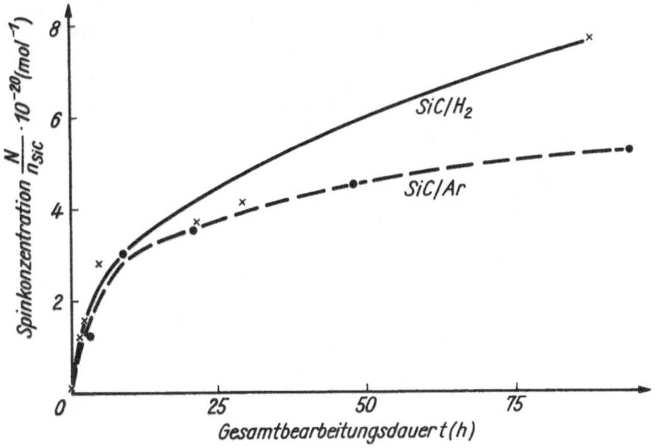

Fig. 5. Änderung der Spinkonzentration am beanspruchten SiC mit der Bearbeitungsdauer bei verschiedenen Gasatmosphären $\left(\text{Ordinate lies } N\cdot 10^{-20} \text{ anstatt } \frac{N}{n_{SiC}}\cdot 10^{-20}\right)$

der in H_2 gemahlenen Proben über der in Argon-Atmosphäre sich einstellenden Konzentration.

Wie ein Vergleich der Kurven in Figur 5 mit der Kurve 2 in Figur 1 ergibt, verändern sich die röntgenographisch erfaßbaren Gitterstörungen und die durch ESR-Messungen bestimmbaren freien Radikale symbat mit der Bearbeitungsdauer. Es ist daher naheliegend, daß die Konzentration an Gitterstörungen ebenfalls bei Mahlung in Wasserstoff höher liegt als bei der Beanspruchung in Argon.

Bei Wechselwirkung beispielsweise von C-Radikalen mit Wasserstoff ist auf Grund ihrer hohen Reaktivität mit einer schnellen Reaktion unter Bildung von C—H-Bindungen zu rechnen.

Durch Anwesenheit von H_2-Tribosorbat wird deshalb ein Teil der im SiC bei der Bearbeitung entstandenen Radikale unter Bildung von C-H-Gruppen und Si-H-Gruppen abgesättigt werden und sich auf diese Weise der Bestimmung durch ESR-Messungen entziehen. Der durch Verwendung einer H_2- bzw. Ar-Atmosphäre bedingte Unterschied in den Gitterstörungen dürfte also noch größer sein als der aus ESR-Messungen sich ergebende Unterschied.

Insgesamt zeigen die Messungen, daß die umgebende Atmosphäre die bei Mahlung sich einstellende Primärstruktur wesentlich beeinflußt und daß durch Anwesenheit eines chemisch mit dem Festkörper in Reaktion tretenden Gases ein verstärkter Abfall der Primärteilchengröße eintritt und eine erhöhte Fehlordnungskonzentration erzielt wird.

5.2. Veränderung der Sekundärstruktur bei Mahlung in verschiedener Gasatmosphäre

Der Einfluß der Gasatmosphäre auf die Sekundärstruktur wird im folgenden an Hand der Kornverteilung (Sekundärteilchengröße), der Oberfläche und der Porosität dargelegt. Hierbei soll besonders auf die Verhältnisse im Mahlungsgleichgewicht näher eingegangen werden.

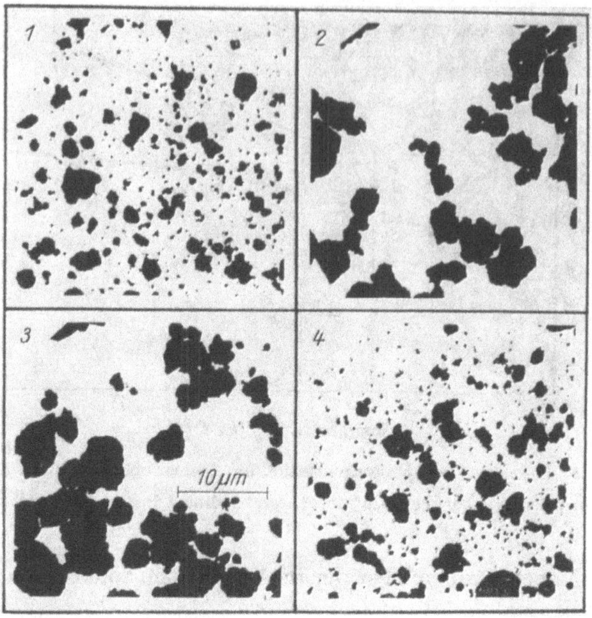

Fig. 6. Elektronenmikroskopische Aufnahme verschieden beanspruchter SiC-Proben. 1 – SiC in H_2 gemahlen; 2, 3 – SiC in Ar gemahlen; 4 – SiC in Ar gemahlen, anschließend in H_2

Figur 6 gibt eine Übersicht über die in verschiedenen Atmosphären sich einstellenden SiC-Korngrößen.

Bei Mahlung in H_2-Atmosphäre liegt die häufigste Sekundärteilchengröße um 0,1–0,2 µm (Bild 1 in Figur 6). Sie wird nach kurzer Mahldauer erreicht und ändert sich auch bei Mahldauern > 1000 h nicht mehr wesentlich. Die entspre-

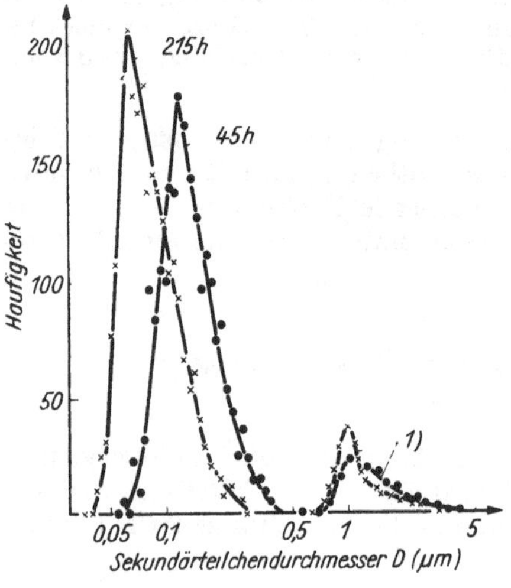

Fig. 7. Kornverteilungskurven zweier SiC/H_2 Mahlproben nach verschiedenen Bearbeitungsdauern. 1) Diese Maxima wurden um den Faktor 10 vergrößert gezeichnet

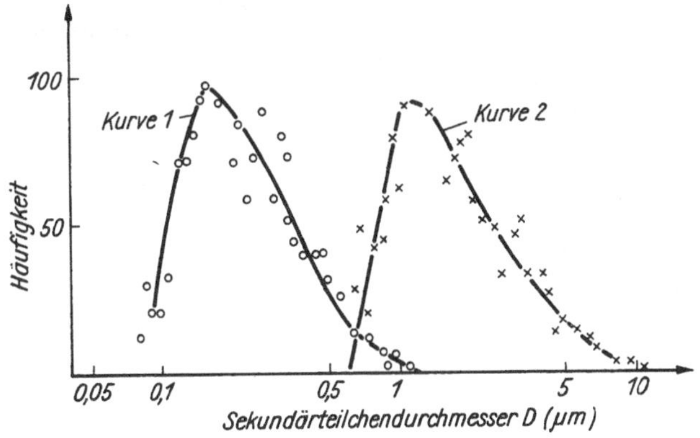

Fig. 8. Einfluß der Bearbeitungsatmosphäre auf die Kornverteilung. Kurve 1: Ar/1655 h + H_2/555 h; Kurve 2: Ar/1150 h

chenden Kornverteilungskurven sind aus Figur 7 zu ersehen. Neben einem steilen Hauptmaximum bei ≈ 0,1 μm tritt jeweils ein schwaches Nebenmaximum bei ≈ 1 μm auf.

Bei Bearbeitung von SiC in Ar-Atmosphäre stellt sich eine häufigste Sekundärteilchengröße von ≈ 1—2 μm ein (Fig. 6, Bild 2 und 3; Fig. 8, Kurve 2), die sich auch bei sehr langen Bearbeitungsdauern (1600 h) dann nicht mehr ändert. In beiden Fällen ist das Mahlungsgleichgewicht erreicht.

In Anwesenheit von Gasen, die sich mit dem Festkörper tribochemisch umsetzen und zu einer starken Tribosorption führen, wird also das Mahlungsgleichgewicht bedeutend in Richtung kleinerer Korndurchmesser verschoben.

Wie aus Figur 6, Bild 4 und Figur 8, Kurve 1, zu ersehen ist, fällt der häufigste Sekundärteilchendurchmesser der in Argon gemahlenen Proben auf den bei Mahlung in Wasserstoff erhaltenen Wert ab, wenn bei fortlaufender Mahlung die Argonatmosphäre durch Wasserstoff ersetzt wird. Das Mahlungsgleichgewicht reagiert also empfindlich auf die Tribosorptions- und Reaktionsprozesse, die bei Zugabe von Wasserstoff in den Mahlraum am Siliciumcarbid ablaufen. Das drückt sich natürlich auch in der gemessenen Oberfläche der in verschiedenen Atmosphären bearbeiteten SiC-Proben aus (Tab. 3).

Aber auch die Porenverteilung und das Porenvolumen werden durch die Bearbeitungsatmosphäre beeinflußt. So ist einmal das Porenvolumen bei Bearbeitung in H_2-Atmosphäre insgesamt größer als bei Argon (Tab. 3). Andererseits wird aber auch die Porenverteilung durch die auflockernde Wirkung des Wasser-

Tabelle 3
Einfluß der Mahlatmosphäre auf die Sekundärstruktur von SiC im Mahlungsgleichgewicht

Atmosphäre	häufigste Sekundärteilchengröße (μm)	Oberfläche (nach BET) (m^2/g)	Porenvolumen (cm^3/g)	häufigster Porenradius (μm)
H_2	0,1—0,3	5	0,50	0,07
Ar	1 —2	1	0,45	0,2

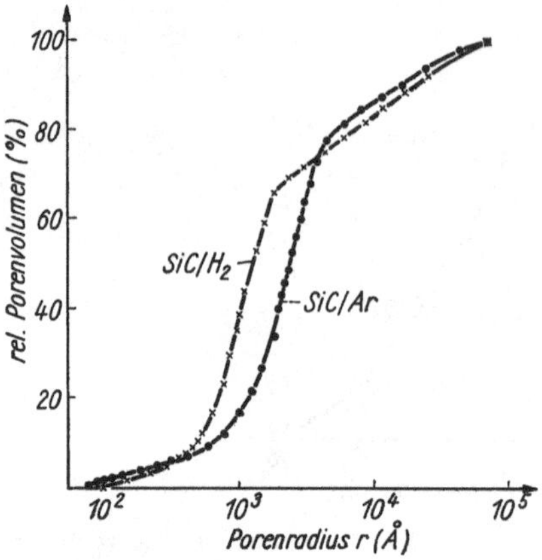

Fig. 9. Änderung der Porenverteilung (Summenkurve) mit der Gasatmosphäre bei gleicher Bearbeitungsdauer

stoffs in Richtung kleinerer Poren verschoben (Fig. 9). Ein großer Teil der Poren liegt in einem Bereich, der der Größe der Korndurchmesser entspricht, so daß die gemessene Porosität im wesentlichen durch das Zwischenkornvolumen bedingt wird und damit auch ein Maß für die Kornverteilung darstellt.

In der Literatur ist oft der Einfluß des umgebenden Mediums auf die Schleiffestigkeit beschrieben worden (z. B. V. ENGELHARDT; V. EICHBORN). Im allgemeinen wird eine Verminderung der Schleiffestigkeit kristalliner Stoffe durch Adsorption oberflächenaktiver Stoffe hervorgerufen.

Bei den eigenen Untersuchungen trat ebenfalls ein unterschiedlicher Abrieb an den Mahlkugeln und den Wandungen des Mahlgefäßes auf, wenn statt einer Argonatmosphäre z. B. Luft als Gasmedium verwandt wurde. Wie Figur 10 zeigt, lag dieser in Luft im Durchschnitt um 50% höher als in Argon. Nach HENNIG (1963) ist bei der Mahlung von SiC in Luft wie in H_2-Atmosphäre mit Tribosorptionsprozessen und tribochemischen Umsetzungen zu rechnen. Bei der Mahlung in Argon fehlen solche Prozesse weitgehend. Die bei der tribomechanischen Beanspruchung erzeugten freien Valenzen werden nicht abge-

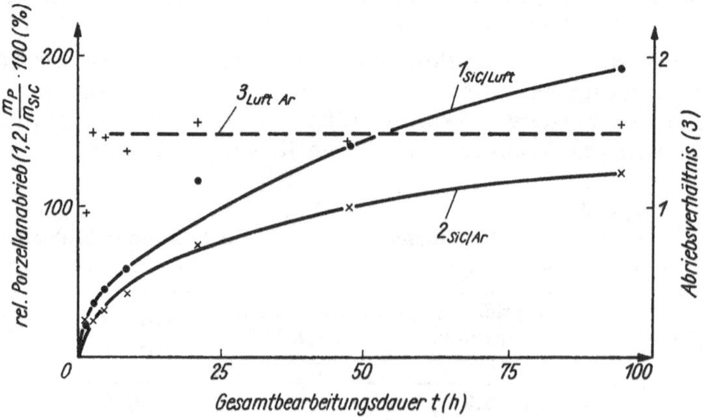

Fig. 10. Einfluß der Bearbeitungsatmosphäre auf die Abriebsbildung

sättigt und bewirken deshalb eine starke Agglomerationstendenz des Mahlgutes an den Mahlkugeln. Hierdurch bildet sich eine Art Schutzschicht aus, die die Abriebsbildung zurückdrängt. Auf der anderen Seite führt in einer reaktiven Gasatmosphäre die Gasaufnahme durch die Mahlkugeln zu verstärkten Ausbrüchen und damit zur erhöhten Abriebsbildung.

6. Schlußfolgerungen

Durch tribomechanische Bearbeitung von Festkörpern wird deren chemische Aktivität oft beträchtlich erhöht. Auch solche Reaktionen, die bei rein thermischer Aktivierung vom Standpunkt der reversiblen Thermodynamik nicht möglich sind, wie z. B. die oben erörterte Bildung von Kohlenwasserstoffen aus SiC und H_2, laufen bei tribomechanischer Anregung der Festkörperphase ab. Die Untersuchung der Kinetik dieser Prozesse führte zu dem Ergebnis, daß tribochemische Reaktionen nicht allein an der äußeren Phasengrenze fest-gasförmig ablaufen, sondern bei zahlreichen Systemen im Innern einer Grenzschicht vor sich gehen. Der Antransport der gasförmigen Reaktionspartner vollzieht sich durch Triboabsorption.

Mit dem Ablauf dieser Prozesse verändert sich aber auch die Zusammensetzung der beanspruchten Festkörperphase. Wie die oben dargelegten Ergebnisse zeigen, führen diese Prozesse zu einer erhöhten Fehlordnung im Festkörper. Damit verändern sich wiederum die mechanischen Eigenschaften, so daß bei mechanischer Beanspruchung dieser Phase eine veränderte Primär- und Sekundärkornverteilung, eine veränderte Oberfläche und Porosität und auch eine veränderte Abriebsbildung gemessen werden. Diese Unterschiede zeigen sich nicht nur zu Beginn der tribomechanischen Beanspruchung, sondern bleiben auch im Mahlungsgleichgewicht noch erhalten.

Aus der Literatur sind zahlreiche Beispiele bekannt, wonach die in einen Festkörper hineindiffundierenden Gase zusätzliche Spannungen hervorrufen. Besonders die Wasserstoffversprödung von Metallen ist ausführlich untersucht worden (z. B. Janko, Szummer). So kann Wasserstoff bei Temperaturen von 500 °C in Stahl eindiffundieren und im Innern des Stahls mit dem Kohlenstoff zu Methan reagieren. Hierbei entstehen Innendrücke von mehreren 1000 Atmosphären, was zur Versprödung und Rißbildung führt (Küntscher, Kilger, Biegler).

Zum Unterschied von diesen Erscheinungen, die durch thermische Energiezufuhr ausgelöst werden, konnte an Hand der dargelegten Ergebnisse nachgewiesen werden, daß analoge Effekte auch bei mechanischer Energiezufuhr eintreten.

Wie in der Einleitung bereits ausgeführt wurde, werden nach Rehbinder und Mitarbeiter Festkörper unter der Einwirkung von grenzflächenaktiven Substanzen ebenfalls in ihren mechanischen Eigenschaften verändert. Die Wirkung des Rehbinder-Effekts und des hier beschriebenen tribochemischen Effektes sind oft sehr ähnlich. In ihrem Wesen jedoch unterscheiden sie sich, da dem zuletzt genannten Effekt chemische Prozesse zugrundeliegen, die beim Rehbinder-Effekt gerade ausgeschlossen werden.

Die in der vorliegenden Arbeit am Siliciumcarbid dargestellten Ergebnisse tragen allgemeineren Charakter. So wurden Tribosorptions- und Reaktionsprozesse auch an anderen oxidischen Substanzen, z. B. Al_2O_3 und SiO_2, sowie an

Metallen (HEINICKE, SCHOBER) nachgewiesen. Praktisch sind die hier erörterten Effekte immer dann zu erwarten, wenn unter der Einwirkung einer tribomechanischen Bearbeitung durch Wechselwirkung des umgebenden Mediums mit dem Festkörper Tribosorptions- und Triboreaktionsprozesse ablaufen.

Im Prinzip gelten diese Bedingungen auch bei der Tribosorption und der tribochemischen Reaktion fester Phasen mit dem bearbeiteten Festkörper. Bedingungen dieser Art liegen z. B. bei der tribomechanischen Bearbeitung von Metallen in elektrolytisch wirksamen Lösungen vor, bei denen das aus der Lösung abgeschiedene Metall im Gitter des bearbeiteten Festkörpers eingebaut und unter Bildung einer neuen kristallinen Phase tribochemisch umgesetzt wird (THIESSEN, K.)

Eine große Bedeutung kommt dem hier erörterten tribochemischen Effekt in der Praxis zu. Wie die Untersuchungen zeigten, werden durch diesen Effekt Zerkleinerungs- und Abriebsprozesse stark beeinflußt. Beispielsweise kann die durch eine Zerkleinerung in inerter Atmosphäre erzielbare Mahlgrenze durch diesen Effekt noch bedeutend gesenkt werden.

Auch auf dem Gebiet von Reibung, Schmierung und Verschleiß spielen Tribosorptions- und Triboreaktionsprozesse eine bedeutende Rolle. Schon lange ist bekannt, daß das Reibungsverhalten von Graphit sehr empfindlich von der Art der umgebenden Gasatmosphäre beeinflußt wird. So wird in einer inerten Atmosphäre bzw. im Vakuum ein sehr viel höherer Reibungswert als in einer chemisch-reaktiven Atmosphäre gemessen (SAVAGE).

Bekanntlich werden auch die Eigenschaften von Lagern von der sich bildenden Grenzschicht, der sog. Beilby-Schicht, maßgeblich bestimmt. Der Aufbau dieser Schicht erfolgt hier ebenfalls unter Mitwirkung von Tribosorptions- und Trboreaktionsprozessen.

Auch bei anderen Bearbeitungsvorgängen wie dem Spanen, Bohren, Verformen usw. in Anwesenheit von aktiven Medien dürfte der tribochemische Effekt eine wesentliche Rolle spielen.

Für wertvolle Diskussionen und Anregungen möchten wir Herrn Professor Dr. Dr. h. c. P. A. Thießen unseren herzlichen Dank aussprechen. Für die großzügige Förderung der Arbeit möchten wir ebenfalls Herrn Professor Dr. W. Schirmer unseren besonderen Dank aussprechen. Frau Dr. habil. I. Ebert gilt unser Dank für die Ausführung der ESR-Messungen und die Diskussion der ESR-Ergebnisse.

Literatur

v. EICHBORN, J. L.: Chemiker Ztg. **92**, 803 (1968)
v. ENGELHARDT, W.: Naturwissenschaften **33**, 195 (1946)
GMELIN: Syst. 15: Si. Teil B., 8. Aufl. (1959), S. 851
HEINICKE, G., SCHOBER, E.: Z. Chem. **11**, 219 (1971)
HENNIG, H.-P.: Dissertation, Humboldt-Universität Berlin 1970
HENNIG, H.-P.: Diplomarbeit, Humboldt-Universität Berlin 1963
JANKO, A., SZUMMER, A.: Bull. Acad. polon. Sci. Ser. Sci. chim. **14**, 885 (1966)
KÜNTSCHER, W., KILGER, H., BIEGLER, H.: Technische Baustähle, Halle (Saale) 1958, S. 73
LICHTMAN, W. I., REHBINDER, P. A., KARPENKO, G. W.: Der Einfluß oberflächenaktiver Stoffe auf die Deformation von Metallen, Berlin 1964
REHBINDER, P. A., CHODAKOW, G. S.: Silikattechnik **13**, 200 (1962)
SAVAGE, R. H.: N. Y. Acad. Sci. **53**, 862 (1951)

SCHNEIDER, H.: Chem. Ing. Techn. **41**, 71 (1969)
SCHRADER, R., DUSDORF, W.: Kristall und Technik **1**, 59 (1966)
SEEBACH, H. v. M.: Zement–Kalk–Gips **22**, 202 (1969)
THIESSEN, K.: Mber. der DAW **13**, 46 (1971)
THIESSEN, P. A., MEYER, K., HEINICKE, G.: Grundlagen der Tribochemie Berlin 1967

(Eingegangen am 11. September 1972)

Anschrift der Verfasser:
Prof. Dr. G. HEINICKE
Dr. H.-P. HENNIG
Dr. habil. U. STEINIKE
Zentralinstitut für Physikalische Chemie
der Akademie der Wissenschaften der DDR
1199 Berlin-Adlershof
Rudower Chaussee 5
DDR

Kristall und Technik	8	1–3	1973	393–403

K. Sigrist, G. Heinicke, U. Steinike

Zentralinstitut für Physikalische Chemie der
Akademie der Wissenschaften der DDR

Zu einigen energetischen Aspekten tribomechanisch bewirkter Modifikationsumwandlungen

Phasentransformationen sowohl mit positiver als auch mit negativer Affinität können durch tribomechanische Bearbeitung des Festkörpers bewirkt werden. Bei bestimmten tribochemischen Umwandlungen werden unter Einstellung eines bestimmten Phasenverhältnisses stationäre Zustände, sogenannte tribochemische Gleichgewichte und Schwellenwerte der Bearbeitungsintensität beobachtet, deren Überschreitung erst zu einer meßbaren Umwandlung führt. Die Ursachen hierfür werden diskutiert. Für die untersuchten tribochemischen Umwandlungen mit negativer Affinität ist zur Charakterisierung der Reaktion die Affinität eine geeignete Größe. Die Bedeutung tribochemisch bewirkter Transformationen für die Technik wird eingeschätzt.

Tribomechanical working of solids causes transformation of phases with positive and negative affinity too. In some cases the tribochemical transformations leeds to stationary states with a defined phase-proportion, a socalled tribochemical equilibrium. There has to be exceed a limit impact-intensity to reach the transformation of phases. It is given a detailed discussion of this result. The affinity is suitable for the characterization of the tribochemical transformation with a negative affinity. The estimation is given of the aspect of the technical meaning of tribochemical transformations.

1. Einleitung

In der Literatur ist über eine ganze Reihe von allotropen und polymorphen Modifikationsumwandlungen berichtet worden, die infolge einer mechanischen Bearbeitung, wie z. B. Mörsern, Mahlen und Walzen, vor sich gehen.

Darüber hinaus ist auch aus verschiedenen der Tribochemie verwandten Gebieten, wie der Strahlenchemie, eine größere Anzahl vergleichbarer Modifikationsumwandlungen bekannt geworden (Hauser, Schenk; Leiserowitz, Schmidt, Shamgar). Für strahleninduzierte Phasenumwandlungen, die beispielsweise durch eine Neutronen-, Elektronen- oder Ionen-Bestrahlung bewirkt werden, hat Calais das folgende Einteilungsschema angegeben:

a) stabil → metastabil bzw. instabil ($A < 0$)
b) metastabil → stabil ($A > 0$)
c) Transformationen durch kontinuierliche Veränderung der Gitterparameter

Dieses Einteilungsprinzip soll im wesentlichen auch hier für die Klassifizierung der tribomechanisch bewirkten Modifikationsumwandlungen verwendet werden.

Man kann Phasentransformationen als chemische Reaktionen vom Typ

$$A_{\text{fest}} \rightarrow B_{\text{fest}}$$

auffassen und tribomechanisch bewirkte Umwandlungen demzufolge als tribochemische Reaktionen dieses Typs behandeln. Bei der Gruppe a) handelt es sich um tribochemische Reaktionen mit negativer Affinität ($A < 0$) und bei der Gruppe b) um solche mit positiver Affinität ($A > 0$).

In Tabelle 1 ist eine Auswahl der bekannt gewordenen tribochemischen Phasentransformationen zusammengestellt. Man erkennt, daß sowohl Umwandlungen mit positiver Affinität — beispielsweise beim ZnS — als auch solche mit negativer Affinität realisiert wurden — z. B. beim AgJ. Darüber hinaus ist es aber auch möglich, in ein und demselben System durch eine mechanische Bearbeitung sowohl die Transformation mit positiver als auch die mit negativer Affinität zu verwirklichen.

Beispiele für den letzten Fall wurden von SCHRADER und Mitarbeitern für das $CaCO_3$ und das PbO_2-System angegeben. Die genannten Autoren haben in beiden Systemen durch eine Schwingmahlung sowohl eine Umwandlung der bei Zimmertemperatur und Atmosphärendruck metastabilen in die stabile Phase erhalten, als auch umgekehrt. Unabhängig davon, von welcher Modifikation sie ausgingen, erhielten sie nach längerer Schwingmahldauer das gleiche Mengenverhältnis von metastabiler zu stabiler Phase (Fig. 1). Dieser stationäre Zustand soll als *tribochemisches Modifikationsgleichgewicht* bezeichnet werden.

Tabelle 1
Zusammenstellung einer Anzahl von tribochemischen Modifikationsumwandlungen

Nr.	Substanz	Modifikationsumwandlungen	Affinität	Literatur
1	ZnS	Wurtzit → Spalerit (hexag.) (kub.)	+	SCHLEEDE u. GANTZKOW MATHIEU, MATHIEU, PAIC
2	AgJ	β (hexag.) → γ (kub.)	—	ADAMS, DAVIS
3a	$CaCO_3$	Calcit → Aragonit	—	BURNS, BREDIG
3b		(trig.) ← (rhomb.)	+	SCHRADER u. HOFFMANN
4a	PbO	Litharge → Massicot	—	DACHILLE, ROY
4b		(tetr.) ← (orthorh.)	+	CLARK, ROWAN
5	MnF_2	Tiefdruck → Hochdruck	—	DACHILLE, ROY
6	PbO_2	(tetr.) → (orthorh.)	—	DACHILLE, ROY
7	Sb_2O_3	Senarmontit → Valentinit (kub.) (orthorh.)	—	DACHILLE, ROY
8	SiO_2	α-Quarz → Coesit (trig.) (monokl.)	— —	DACHILLE, ROY
9	CaC_2	III (orthorh.) → II (dto.)	+	BREDIG
10	$UO_3 \cdot H_2O$	bipyramidal → stabförmig	—	HARRIS, TAYLOR
11	Co	kubisch → hexagonal	+	SCHRADER, TETZNER GRUND
12	$Ag_2(HgJ_4)$	gelb → rot	—	NAESER, SCHOLZ
13	$Hg_2(CuJ_4)$	rot → violett	—	NAESER, SCHOLZ

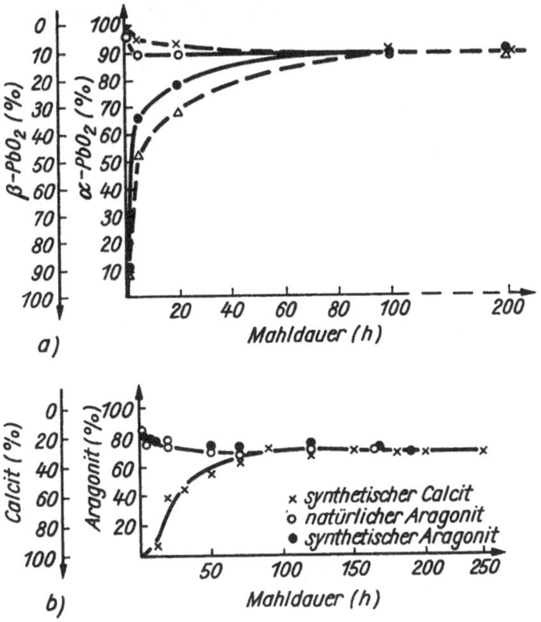

Fig. 1. a – Tribochemische Phasentransformation von PbO_2 nach SCHRADER u. WEIGELT. ——— ohne Stearinsäure; – – – mit Stearinsäure; b) – Tribochemische Calcit–Aragonit-Umwandlung nach SCHRADER u. HOFFMANN

2. Versuchsdurchführung

Für die Untersuchung von Phasentransformationen wurden Schwingmühlen des VEB KEFAMA Katzhütte verschiedenen Typs verwandt. Die Frequenz betrug 1430 U/min. Mittels der einstellbaren Amplitude und durch die Abmessungen der Mahlkörperkugeln konnte die Intensität der Bearbeitung variiert werden.

Zur Bestimmung der Umsetzung $A_{fest} \rightarrow B_{fest}$ wurden qualitative Untersuchungen mit röntgenographischen Methoden ausgeführt. Zur Identifizierung der Substanzen wurden die aus Debye-Scherrer und Zählrohraufnahmen erhaltenen d-Werte mit den Daten der NBS- bzw. ASTM-Kartei verglichen.

3. Auftreten von Schwellenwerten der Bearbeitungsintensität

Die Umwandlung von Calcit in Aragonit bei einer Schwingmahlung wurde schon früher von BURNS, BREDIG beschrieben.

Wie aus dem Zustandsdiagramm des $CaCO_3$ (Fig. 2) hervorgeht, handelt es sich bei Aragonit um eine Hochdruckmodifikation des $CaCO_3$. BURNS, BREDIG schlußfolgerten deshalb aus dem experimentellen Befund der Calcit-Aragonit-Umwandlung, daß während einer Schwingmahlung lokal Drücke von mindestens 4600 at auftreten.

Die entgegengesetzte Transformation von Aragonit in Calcit infolge einer Schwingmahlung haben BURNS, BREDIG nicht beobachtet. Bei eigenen Untersuchungen in kleinen Laborschwingmühlen ließ sich darüber hinaus nicht einmal die Calcit-Aragonit-Umwandlung realisieren. Erst bei einer Erhöhung der Bearbeitungsintensität konnten diese beiden Transformationen in Überein-

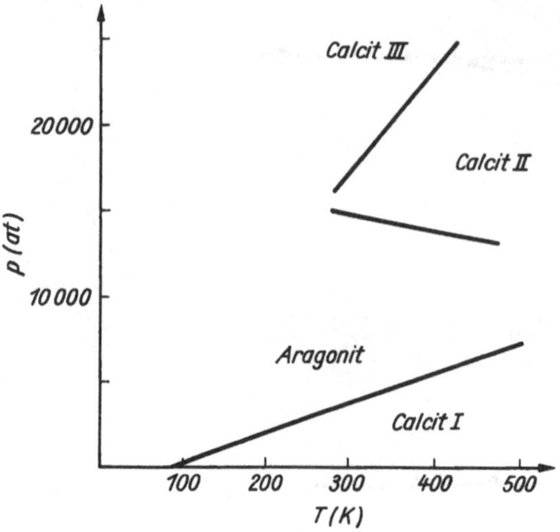

Fig. 2. Zustandsdiagramm von Calciumcarbonat nach JAMIESON

stimmung mit den Ergebnissen von SCHRADER, HOFFMANN nachgewiesen werden. Die Bearbeitungsintensität läßt sich nach RAASCH durch folgende Beziehung beschreiben:

$$E \sim M_0 \cdot (r\,\omega)^2 \qquad (1)$$

wobei E die Schlagenergie, M_0 die Masse der einzelnen Mahlkörper, r der Radius und ω die Winkelgeschwindigkeit der Kreisschwingung ist.

Bei den Experimenten ließ sich die Bearbeitungsintensität durch Vergrößerung der Mahlkörpermasse und des Schwingungsradius erhöhen[1]). Es ergab sich, daß die Umwandlung von Calcit in Aragonit bei

$$M_0 \geqq 1{,}3\ \mathrm{g} \quad \text{und} \quad r \geqq 4{,}5\ \mathrm{mm}\,,$$

die Transformation von Aragonit in Calcit dagegen erst bei

$$M_0 \geqq 9{,}1\ \mathrm{g} \quad \text{und} \quad r \geqq 4{,}5\ \mathrm{mm}$$

erfolgte.

Diese tribochemischen Modifikationsumwandlungen sind demzufolge durch das Auftreten eines Schwellenwertes der Schlagenergie gekennzeichnet.

Solche Schwellenwerte konnten bei anderen tribochemischen Reaktionen, beispielsweise bei solchen zwischen Festkörpern und Gasen, bisher nicht beobachtet werden.

Zur Erklärung dieser Diskrepanz kann man von folgender Überlegung ausgehen: Bei einer tribochemischen Reaktion zwischen einem Festkörper und einem Gas kann ausgehend von der Oberfläche der bearbeiteten Festkörperpartikel ein Gitterbaustein nach dem anderen mit den Gasatomen in Reaktion treten. Das ist bei einer Modifikationsumwandlung nicht möglich, denn nach HILL ist die Wahrscheinlichkeit dafür, daß in ein und demselben Festkörperteilchen gleichzeitig zwei verschiedene Modifikationen vorliegen, bedeutend geringer als die Wahrscheinlichkeit dafür, daß dieses Festkörperteilchen vollständig entweder in der einen oder in der anderen Modifikation existiert. Wieviel Gitterbausteine gleichzeitig umgewandelt werden, läßt sich nicht angeben

[1]) Die Winkelgeschwindigkeit war in jedem Fall $150\ \mathrm{s}^{-1}$.

und dürfte auch von Fall zu Fall verschieden sein. Sicherlich muß aber eine kritische Kennngröße überschritten werden.

Nimmt man beispielsweise die Teilchengröße von 1 μm an, so muß man mit etwa 10^{10} Gitterbausteinen pro Festkörperteilchen rechnen. Eine Modifikationsumwandlung könnte in diesem Fall nur erfolgen, wenn durch die Bearbeitung den Mahlgutteilchen gleichzeitig soviel Energie zur Verfügung gestellt wird, wie zur Überwindung der Energie-Barriere für etwa 10^{10} Gitterbausteine erforderlich ist.

Nach dieser Hypothese muß man annehmen, daß der Schwellenwert der Schlagenergie für Transformationen von der Wurtzit- in die Sphalerit-Struktur und umgekehrt ziemlich niedrig ist. In diesen Strukturen ist durch den besonders leicht erfolgenden Einbau von Stapelfeldern (Kleber; Chadderton, Fitzgerald, Yoffe) eine mehr sukzessive Umwandlung der Kristallit-Netzebenen nacheinander denkbar. Die Tatsache, daß sich diese Umwandlungen, beispielsweise im ZnS- und AgJ-System schon bei geringen Bearbeitungsintensitäten realisieren lassen, kann außer auf die geringen energetischen Unterschiede beider Strukturen auch auf die hier gegebene Deutung des Umwandlungsverlaufes zurückgeführt werden, der einer kontinuierlich verlaufenden Umwandlung nahekommt.

In der Figur 3 sind für kubisches ZnS die aus Röntgenreflexen errechneten Gitterkonstanten gegen die von Taylor, Sinclair sowie Nelson, Riley für das Debye-Scherrer-Verfahren angegebene Korrekturfunktion aufgetragen. Für das ungemahlene ZnS liegen die Reflexe wie zu erwarten mit recht guter Näherung auf einer Geraden, für die schwinggemahlene Substanz ergeben sich dagegen bei manchen Reflexen starke Abweichungen, die mit großer Wahrscheinlichkeit auf das Vorliegen von Stapelfehlern zurückgeführt werden müssen, da sowohl Abweichungen in positiver als auch in negativer Richtung beobachtet werden (vgl. Macherauch). Ähnliche Ergebnisse werden, wie Figur 4 zeigt, auch im AgJ-System erhalten.

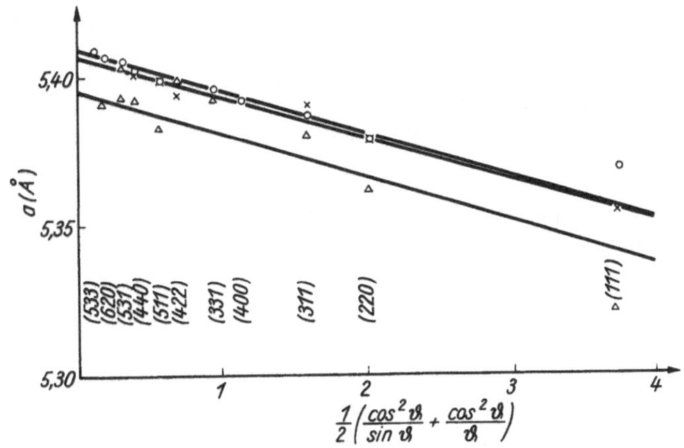

Fig. 3. Abhängigkeit der Gitterkonstante von kubischem ZnS von der Funktion $\frac{1}{2}\left(\frac{\cos^2\vartheta}{\sin\vartheta} + \frac{\cos^2\vartheta}{\vartheta}\right)$.
o – ungemahlen; x – Mahldauer 2 h, Durchmesser der Porzellankugeln 10 mm, Schwingungsamplitude 4,5 mm; Δ – Mahldauer 6 h, Durchmesser der Porzellankugeln 10 mm. Schwingungsamplitude 8 mm

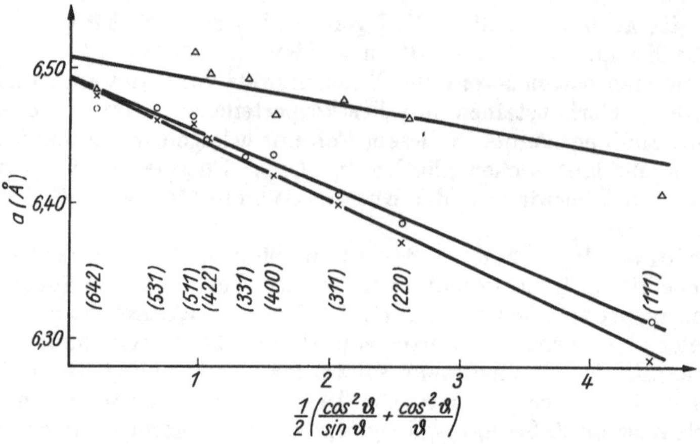

Fig. 4. Abhängigkeit der Gitterkonstante von gemahlenem γ-AgJ von der Funktion $\frac{1}{2}\left(\frac{\cos^2\vartheta}{\sin\vartheta}+\frac{\cos^2\vartheta}{\vartheta}\right)$.
Schwingungsamplitude 10 mm; Mahlkörper: Stahlkugeln mit einem Durchmesser. o – 7 mm; x – 10 mm; Δ – 21,5 mm

4. Tribochemische Modifikationsumwandlungen mit negativer Affinität

Es wurde schon erwähnt, daß BURNS, BREDIG während einer Schwingmahlung mit statischen Drücken von mindestens 4600 at rechnen. Von DACHILLE, ROY werden sogar Drucke von etwa 15000 at angegeben. Diese Autoren haben die Tiefdruckmodifikationen der in Tabelle 2 angeführten Substanzen einer Schwingmahlung unterworfen und dabei für die ersten fünf Substanzen die Bildung der entsprechenden Hochdruckmodifikation nachgewiesen. Sie kommen deshalb zu der Schlußfolgerung, daß während der Schwingmahlung Drücke von maximal 15000 at erreicht werden.

Es ist jedoch nicht anzunehmen, daß unter den Bedingungen einer Schwingmahlung Druckkräfte im Sinne eines allseitig wirkenden hydrostatischen Druckes auftreten. Eher wird man mit Druckspannungen in bestimmte Richtungen

Tabelle 2
Umwandlungsdrucke einer Anzahl anorganischer Substanzen bei Zimmertemperatur (nach DACHILLE und ROY)

Substanz	Umwandlungsdruck ($kp\ cm^{-2}$)
PbO	5500
MnF_2	9500
PbO_2	10000
Sb_2O_3	10000
SiO_2	13500
BeF_2	15500
B_2O_3	18500
$BAsO_4$	30000

innerhalb der Mahlgutteilchen rechnen können, die zu Schubspannungen führen, die Verformungsprozesse auslösen. Diese Verhältnisse entsprechen aber nicht den Bedingungen, wie sie üblicherweise bei einer Hochdruckphasentransformation im thermodynamischen Gleichgewicht vorliegen.

Nach eigenen experimentellen Untersuchungen ist eine Einordnung von tribochemischen Modifikationsumwandlungen im Sinne von DACHILLE, ROY eher gerechtfertigt, wenn man anstelle des Umwandlungsdruckes die Affinität der Transformation für die Einordnung zugrunde legt.

In der Tabelle 3 sind 4 Phasentransformationen von der Tiefdruck- in die Hochdruckform aufgeführt. Die Affinitäten sind deshalb bei Zimmertemperatur und Atmosphärendruck negativ. Durch eine Schwingmahlung läßt sich die erste Umwandlung leicht verwirklichen, während für die zweite, wie schon erwähnt wurde, bereits eine größere Bearbeitungsintensität erforderlich war. Die

Tabelle 3
Umwandlungsdaten einiger tribochemischer Modifikationsumwandlungen

Nr.	Substanz	Umwandlung	Umwandlungsdruck p_{Tr} (at)	molares Umwandlungs-Volumen V (cm³)	Affinität (cal/mol)
1.	PbO	Litharge → Massicot	5500[1])	−0,76	−101
2.	$CaCO_3$	Calcit → Aragonit	3900[2])	−2,76	−260
3.	Sb_2O_3	Senarmontit → Valentinit	10000[1])	−2,20	−532
4.	AgJ	Modif. (II) → Halit-Modifikation (III)	3000[3])	−7,18	−521

[1]) (DACHILLE, ROY). — [2]) (JAMIESON). — [3]) (ADAMS, DAVIS)

übrigen Transformationen konnten nicht realisiert werden, obwohl die Schlagenergie im AgJ-System[1]) durch Erhöhung der Mahlkugelmasse auf 66 g wesentlich erhöht wurde. In der gleichen Reihenfolge wie die Realisierbarkeit der tribochemischen Transformationen abnimmt, wird ihre Affinität negativer. Man muß annehmen, daß unter den gegebenen Beanspruchungsbedingungen die erforderlichen Energiebeträge für die beiden letzten Umwandlungen nicht zur Verfügung stehen. Wenn man die Umwandlungsdrucke als bestimmenden Faktor ansieht, müßte sich die vierte Transformation besser als die zweite und diese wieder leichter als die erste verwirklichen lassen, im Gegensatz zur experimentellen Erfahrung.

Die Affinität der hier behandelten Modifikationsumwandlungen läßt sich am besten mit Hilfe folgender Näherungsformel ermitteln (SIGRIST):

$$A \approx p_{Tr} \cdot \Delta V , \qquad (2)$$

[1]) Bei den Versuchen durch eine Schwingmahlung die Halit-Modifikation des AgJ herzustellen, konnte röntgenographisch der Nachweis für die tribochemische Umwandlung der Sphalerit-Struktur des AgJ in die Wurtzit-Struktur erbracht werden. Die experimentellen Bedingungen waren dabei $M_0 = 24{,}7$ g und $r = 4$ mm. In der Literatur ist bisher in Verbindung mit einer tribomechanischen Bearbeitung nur über die umgekehrte Transformation berichtet worden.

wobei A die Affinität, p_{Tr} der Umwandlungsdruck im thermodynamischen Gleichgewicht und ΔV die molare Volumenveränderung bei der Umwandlung ist.

Ob die zuletzt behandelten Modifikationsumwandlungen während einer tribomechanischen Bearbeitung erfolgen können, hängt nach dieser Gleichung außer vom Umwandlungsdruck auch noch von der erforderlichen Volumenänderung ab. Dabei stellt der Transformationsdruck hier eine reine Rechengröße für die Ermittlung der Affinität dar, und seine Verwendung bedeutet nicht ohne weiteres, daß während der Schwingmahlung auch wirklich solche hohen Drücke auftreten.

Für tribochemische Reaktionen mit negativer Affinität, die während einer Schwingmahlung vor sich gehen, läßt sich folgendermaßen ein Wirkungsgrad definieren:

$$\eta = \frac{-v \cdot A}{N}, \qquad (3)$$

wobei η der Wirkungsgrad, v die Reaktionsgeschwindigkeit, A die Affinität und N die mechanische Leistungsaufnahme der Mahlcharge sind.

Wie man der Tabelle 4 entnehmen kann, liegt der Wirkungsgrad für eine Reihe von tribochemischen Festkörper/Gas-Reaktionen in der Größenordnung von 10^{-5} bis 10^{-4}. Interessant ist, daß man auch für die tribochemische Umwandlung von Calcit in Aragonit einen Wirkungsgrad von gleicher Größenordnung erhält. Diese Transformation läßt sich in dieser Beziehung also zwanglos in den Gesamtkomplex der tribochemischen Reaktionen mit negativer Affinität einordnen.

5. Tribochemische Modifikationsumwandlungen mit positiver Affinität

Bisher wurde im wesentlichen auf Transformationen mit negativer Affinität eingegangen. Tribochemische Umwandlungen mit positiver Affinität können spontan verlaufen, wenn den Mahlgutteilchen durch den Bearbeitungsvorgang die zur Überwindung der Aktivierungsenergiebarriere notwendige Energie zur Verfügung gestellt wird. Diese Aktivierungsenergie-Schwelle sollte bei einer Transformation mit positiver Affinität um den Betrag der Affinität geringer sein, als bei der korrespondierenden Umwandlung mit negativer Affinität.

Die experimentelle Tatsache, daß bei der energetisch bevorzugten Aragonit-Calcit-Umwandlung ein höherer Schwellenwert als bei der umgekehrten Transformation auftritt, zeigt jedoch die Grenzen dieser Hypothese.

Wie HEINICKE, SIGRIST gezeigt haben, können in vielen Fällen tribokinetische Prozesse die Geschwindigkeit einer chemischen Reaktion bestimmen. So ist

Tabelle 4
Der Wirkungsgrad tribochemischer Reaktionen mit negativer Affinität

Nr.	Reaktion	Wirkungsgrad η
1	$Ni + 4\,CO \rightarrow Ni(CO)_4$	$3{,}3 \cdot 10^{-5}$
2	$CdCO_3 \rightarrow CdO + CO_2$	$1{,}3 \cdot 10^{-5}$
3	$2\,NiO + C \rightarrow 2\,Ni + CO_2$	$1{,}7 \cdot 10^{-4}$
4	$MgO + C \rightarrow Mg + CO$	$1{,}2 \cdot 10^{-4}$
5	Calcit $\rightarrow$ Aragonit	$2{,}4 \cdot 10^{-5}$

es denkbar, daß der für die Umwandlung notwendige Stofftransport in den beiden sich ineinander umwandelnden Modifikationen unterschiedlich behindert ist und auf diese Weise den Umwandlungsprozeß bestimmt.

6. Tribochemische Modifikationsumwandlungen durch kontinuierliche Veränderung der Gitterparameter

Ein klassisches Beispiel für die anfangs erwähnte dritte Gruppe von Modifikationsumwandlungen mit kontinuierlicher Phasentransformation ist aus dem Gebiet der Strahlenchemie bekannt geworden. Unter der Einwirkung schneller Neutronen haben WITTELS, SHERRILL eine allmähliche Umwandlung des tetragonalen Ba TiO_3 in die kubische Modifikation beobachtet. Dabei nahm das tetragonale Achsenverhältnis c/a mit wachsender Bestrahlungsintensität bis zur Ausbildung einer kubischen Phase stetig ab. Durch die Bestrahlung wurden vor allem Ba- und O-Ionen auf Zwischengitterplätze gehoben. Neben der Verringerung des Achsenverhältnisses kommt es dabei zu einer Verzerrung und Aufweitung des Gitters.

Über eine Verringerung des tetragonalen Achsenverhältnisses durch mechanische Bearbeitung in einer Kugelmühle wurde von SCHOIJET berichtet.

Bei einer Schwingmahlung sind die Verhältnisse etwas komplizierter.

In Tabelle 5 sind die Gitterkonstanten a und c des $BaTiO_3$ in Abhängigkeit von der Intensität der Schwingmahlung angegeben. Die Bearbeitungsintensität wurde durch Steigerung der Mahlkugelmasse bzw. des Schwingungsradius erhöht. Aus der Tabelle gehen zwei unterschiedliche Effekte hervor. Ein Vergleich der ersten beiden Zeilen ergibt, daß durch Schwingmahlung mit geringerer Intensität eine Umwandlung des tetragonalen $BaTiO_3$ in eine kubische Modifikation erfolgt. Dabei vergrößert sich der Wert von a während der von c kleiner wird. Nach der Mahlung ist ein Unterschied zwischen beiden im Rahmen der Meßgenauigkeit nicht mehr gerechtfertigt. Das Volumen der Elementarzelle verändert sich bei dieser Transformation praktisch nicht. Erst durch eine weitere Steigerung der Bearbeitungsintensität kommt man dann zu einer Gitter-

Tabelle 5
Die Gitterkonstanten von $BaTiO_3$ nach einer Schwingmahlung mit Stahlkugeln (ermittelt aus dem (420)- und (422)-Reflex)

	Amplitude (mm)	Kugeldurchmesser (mm)	Mahldauer (h)	Gitterkonstante *) a (Å)	Gitterkonstante *) c (Å)	Volumen der Elementarzelle $a^2 \cdot c$ (Å³)	relativer Unterschied zwischen a und c (%)
ungemahlen	—	—	—	3,988	4,038	64,21	1,25
gemahlen mit in Pfeilrichtung zunehmender Intensität ↓	4	7	7	4,003	4,006	64,19	0,07
	4	10	7	4,000	4,013	64,22	0,32
	9	10	17	4,024	4,039	65,40	0,37

*) nach SWANSON, FUIJAT beträgt $a = 3{,}994$ Å, $c = 4{,}038$ Å

aufweitung. Dafür dürfte in Übereinstimmung mit den Ergebnissen von WITTELS, SHERRILL die Verlagerung von Gitterionen auf Zwischengitterplätze verantwortlich sein.

7. Schlußfolgerungen

Wie aus den bisherigen Ausführungen insgesamt hervorgeht, wirken sich die strukturellen Eigenschaften der jeweiligen Festkörperphasen auf den Verlauf tribochemischer Modifikationsumwandlungen stärker aus als auf den Verlauf tribochemischer Festkörper-Gas-Reaktionen.

So wurde gefunden, daß einige untersuchte tribochemische Phasentransformationen erst oberhalb eines Schwellenwertes der Bearbeitungsintensität ablaufen. Andere Transformationen erfolgen dagegen schon bei geringer Bearbeitungsintensität. Deshalb ist es besonders wichtig, bei der Beschreibung tribochemischer Phasenumwandlungen neben der Art der Bearbeitung auch die Bearbeitungsintensität anzugeben, was in der bisherigen Literatur meist nicht erfolgte.

Wie von HEINICKE und SIGRIST gezeigt wurde, lassen sich viele tribochemische Reaktionen durch eine thermodynamische Kopplung der chemischen Umsetzung mit anderen während der Bearbeitung ablaufenden irreversiblen Prozessen erklären. Da für die untersuchten Transformationen mit negativer Affinität analoge Bedingungen wie bei den chemischen Umsetzungen bestehen, sollte diese Deutung in vielen Fällen auch auf zahlreiche Modifikationsumwandlungen anwendbar sein.

Für die chemische Technik können tribochemische Modifikationsumwandlungen von Bedeutung sein, wenn die bei der Bearbeitung entstehende Phase eine andere Reaktivität besitzt und auf diese Weise die Nachfolgeprozesse positiv oder negativ beeinflußt werden. Beispielsweise wird nach SCHUMANN und SCHRADER durch Schwingmühlenbearbeitung die γ-Phase des Zements teilweise in die für den Abbindeprozeß aktive β-Phase umgewandelt.

Für wertvolle Diskussionen und Anregungen möchten wir Herrn Prof. Dr. P. A. Thießen unseren herzlichen Dank aussprechen. Für die großzügige Förderung dieser Arbeit gilt unser besonderer Dank Herrn Prof. Dr. W. Schirmer.

Literatur

ADAMS, L. H., DAVIS, B. L.: Proc. N. A. S. **48**, 982–90 (1962)
ADAMS, L. H., DAVIS, B. L.: Amer. J. Sci. **263**, 359–83 (1965)
BREDIG, M. A.,: J. physic. Chem. **46**, 801 (1942)
BURNS, J. H., BREDIG, M. A.: J. chem. Physics **25**, 1281 (1956)
CALAIS, D.: Metaux corrosion industries **36**, 70–84 (1961)
CHADDERTON, L. T., FITZGERALD, A. G., YOFFE, A. D.: J. appl. Physics **35**, 1582–86 (1964)
CLARK, G. L., ROWAN, R.: J. Amer. chem. Soc. **63**, 1302 (1941)
DACHILLE, F., ROY, R.: Nature **186**, 34, 71 (1960)
HARRIS, L. A., TAYLOR, S. J.: J. Amer. ceram. Soc. **45**, 25 (1962)
HAUSER, O., SCHENK, M.: Kernenergie **6**, 655–67 (1963)
HEINICKE, G., SIGRIST, K.: Z. Chem. **11**, 226 (1971)
HILL, T. L.: Thermodynamics of Small Systems, Teil I, New York-Amsterdam 1963, Kap. 5–4, insbesondere Abb. 5–6

JAMIESON, J. C.: J. chem. Physics, **21**, 1389 (1953)
KLEBER, W.: Kristallchemie, Leipzig 1963, S. 35
LEISEROWITZ, L., SCHMIDT, G. M. J., SHAMGAR, A.: J. Phys. Chem. Solids **27**, 1453–57 (1966)
MACHERAUCH, E.: Acta physica austriaca **18**, 364 (1964)
MATHIEU, MATHIEU u. PAIC: C. R. hebd. Séance Acad. Sci. **192**, 416 (1931)
NAESSER, G., SCHOLZ, W.: Kolloid-Z. **156**, 1–8 (1957)
NELSON, J. B., RILEY, D. P.: Proc. physic, Soc. (London) **57**, 160 (1945)
RAASCH, J.,: Chem.-Ing.-Techn. **36**, 125–130 (1964)
SCHLEDDE, A., GANTZKOW, H.: Z. Physik **15**, 184 (1923)
SCHOIJET, M.: J. appl. Physics **15**, 719 (1964)
SCHRADER, R., HOFFMANN, B.: Z. Chem. **6**, 388 (1966); Z. anorg. allg. Chem. **369**, 41 (1969); **372**, 228 (1940)
SCHRADER, R., TETZNER, G., GRUND, H.: Z. anorg. allg. Chem. **342**, 205–219 (1966)
SCHRADER, R., WEIGELT, O.: Z. anorg. all. Chem. **372**, 228 (1970)
SCHUMANN, H., SCHRADER, R.: Vortrag auf dem III. Symposium für Triboemission und Tribochemie Berlin 1971
SIGRIST, K.: Dissertation, Humboldt-Universität Berlin 1967
SWANSON, H. E., FUIJAT, R. K.: Standard X-ray Diffraction Powder-Patterns, US Department of Commerce National Bureau of Standards
TAYLOR, A., SINCLAIR, H.: Proc. physic. Soc. (London) **57**, 108–125, 126–135 (1945)
WITTELS, M. C., SHERRILL, F. A.: J. appl. Physics **28**, 606 (1957)

(Eingegangen am 24. August 1972)

Anschrift der Verfasser:
Prof. Dr. G. HEINICKE
Dr. habil. U. STEINIKE
Dr. K. SIGRIST
Zentralinstitut für physikalische Chemie
der Akademie der Wissenschaften der DDR
1199 Berlin-Adlershof
Rudower Chaussee 5
DDR

Kristall und Technik / Crystal Research and Technology

Zeitschrift für experimentelle und technische Kristallographie

Herausgegeben von H. NEELS, Leipzig

Erscheinungsweise monatlich mit einem Umfang von etwa 128 Seiten im Format 16,7 × 24 cm, mit Abbildungen, Bezugspreis 20,– M.

BEITRÄGE DES VIERTEN HEFTES 1973

Originalbeiträge

AKADEMIE-VERLAG · BERLIN

32237

FSC
www.fsc.org
MIX
Papier | Fördert
gute Waldnutzung
FSC® C083411

Kolibri 360 GmbH
Ferdinand-Jühlke-Straße 7
99095 Erfurt, Deutschland
produktsicherheit@kolibri360.de